钻采工艺技术与实践

刘延平 编

中国石化出版社

图书在版编目(CIP)数据

钻采工艺技术与实践 / 刘延平编 . —北京:中国
石化出版社,2016.2
ISBN 978-7-5114-3824-9

Ⅰ. ①钻… Ⅱ. ①刘… Ⅲ. ①油气钻井-研究-中国
②油气开采-研究-中国 Ⅳ. ①TE2②TE3

中国版本图书馆 CIP 数据核字(2016)第 016312 号

中国石化出版社出版发行

地址:北京市东城区安定门外大街 58 号
邮编:100011 电话:(010)84271850
读者服务部电话:(010)84289974
http://www.sinopec-press.com
E-mail:press@sinopec.com
北京科信印刷有限公司印刷
全国各地新华书店经销

*

787×1092 毫米 16 开本 32 印张 806 千字
2016 年 3 月第 1 版 2016 年 3 月第 1 次印刷
定价:128.00 元

《钻采工艺技术与实践》
编 委 会

前　言

当前，国际石油市场依然是"高天滚滚寒流急"，新常态下的中国经济，油气需求增速明显放缓。而油公司自身在体制和机制方面的深层次矛盾资源劣质化趋势及低油价的连锁效应等问题，也在一定程度上制约着企业的持续发展。凡此种种，交错叠加，使油公司发展面临巨大的压力。

本书收录了钻井、完井、采油、油气田开发、油田化学、油气井测试、海工与地面工程等多个学科论文，集中反映了近年来广大科技人员在油气生产实践中的研究成果，充分展现了各单位的特色技术及其先进性、针对性和实用性，也是应对各种改革重组和风险挑战的宝贵经验，具有很高的学习借鉴价值。

在编写过程中，由于时间紧、工作量大，加之自身知识水平有限，存在问题和不足之处在所难免，敬请各位读者批评指正。

目　　录

第一部分　钻井工程技术

第二部分 采油工程技术

第一部分　钻井工程技术

苏 20 区块防斜打直钻井技术研究与探讨

于成水[1]　刘天恩[1]　卢连霞[2]　张乃彤[1]　王立辉[1]

(1. 大港油田石油工程研究院；2. 大港油田物资供销公司)

摘　要　苏 20 区块在钻井过程中，井斜给钻井速度带来了一系列的影响，并造成很大的损失，这也是影响该地区钻井速度的重要因素之一。常规钻具是实行吊打，以牺牲机械钻速来换取井身质量，本文通过分析该地区的地层特点，优选钻具组合，通过对现场井的实践应用，取得了一定成果，并对以后钻井有着重要参考和指导意义。

关键词　防斜打直　苏 20 区块　钻井速度　钻具组合

1　井斜的概念和控制标准

所谓井斜，即一口井偏离了铅垂线。一般来讲，井斜可由井斜角、方位角、井底位移、井斜变化率等因素来衡量。美国学者 Lubinski 1961 年发表论文提出，应以以下三种条件中最小的一个数值对应的最大允许井眼曲率为标准：①钻杆不发生疲劳损坏；②钻挺螺纹连接处不发生疲劳损坏；③钻杆与井眼的作用力不大于 9071.84N。国外有的把最大井眼曲率定为(1.5°~3°)/30m，现在对此标准又有放宽的趋势。

国内对井斜标准的规定主要是限制井眼曲率 3°/100m，见表 1、表 2。国内对井斜角的规定，随地区不同而略有差异，见表 3。

表 1　井身质量标准

井深/m	水平位移(原标准)/m	水平位移(现标准)/m	井深/m	水平位移(原标准)/m	水平位移(现标准)/m
0~1000	≤30	≤20	3001~4000	≤120	≤70
1001~2000	≤50	≤30	4001~5000	≤140	≤90
2001~3000	≤80	≤50	5001~6000	≤180	≤110

2　发生井斜的原因与危害

2.1　发生井斜的原因

钻井实践表明[1,2]，造成井斜的原因是多方面的，如地质条件、钻具组合、钻井操作、技术措施及设备安装质量等，诸多原因都可能造成井斜。归纳起来造成井斜的原因主要有以下两个方面：一是钻头与岩石的相互作用，即因所钻地层倾斜和非均质性使钻头受力不平衡而造成井斜；二是由于钻具组合受力状况，下部钻具受压发生弯曲变形使钻头偏斜并加剧受力不平衡而造成井斜。

表 2　全角变化率标准

井深/m	井段/m	全角变化率	井深/m	井段/m	全角变化率
井深≤1000	0~1000	≤1°40′	井深≤5000	0~1000	≤1°
				1001~2000	≤1°15′
井深≤2000	0~1000	≤1°40′		2001~3000	≤2°
	1001~2000	≤2°10′		3001~4000	≤2°15′
井深≤3000	0~1000	≤1°15′		4001~5000	≤2°30′
	1001~2000	≤1°40′	井深≤6000	0~1000	≤1°
	2001~3000	≤2°10′		1001~2000	≤1°15
井深≤4000	0~1000	≤1°		2001~3000	≤2°
	1001~2000	≤1°15′		3001~4000	≤2°15′
	2001~3000	≤2°10′		4001~5000	≤2°30′
	3001~4000	≤2°30′		5001~6000	≤3°

表 3　苏里格地区甲方要求的井身质量标准

井段/m	全角变化率(25m)	井底水平位移/m
0~1000	≤1°	
1001~2000	≤1°15″	≤60
2001~3000	≤2°10″	
3001~井底	≤2°10″	

注：井径扩大率：平均≤15%，最大≤20%。

2.1.1　地质条件对井斜的影响

地质条件是产生井斜的重要原因，一般原因有地层倾角、地层产状、各向异性、岩性的软硬交错以及断层等。

2.1.2　下部钻具弯曲的影响

下部钻具在钻压作用下发生弯曲是引起井斜的另一个重要原因，其弯曲程度越严重井斜越严重。下部钻具偏斜，其钻进的方向偏离原井眼轴线，直接导致井斜；下部钻具弯曲使钻压作用方向改变，不沿井眼轴线方向施加给钻头，而是偏离一个角度，即钻头偏斜角，从而产生一个引起井斜的横向偏斜力。下部钻具组合自身特性及钻压决定弯曲程度和对井斜的影响。

2.2　井斜带来的危害

井斜过大，会使井眼偏离设计方向，打乱油田开发布井方案；对钻井工程来说，井打斜了，达不到勘探、开发的目的，同时井斜大了，会造成下套管困难和下套管不居中，造成固井气窜，直接影响固井质量；对采油来说井斜过大，会直接影响井下的分层开采和注水工作。甚至会造成严重的井下事故。

为了克服大井斜带来的危害，长期以来，人们通常采用轻压吊打等消极措施控制井斜不超标，这种办法不能有效解放钻压，不仅严重限制了机械钻速，而且也不能从根本上消除大井斜造成的一系列危害。

3 井斜控制技术

3.1 钟摆法井斜控制技术

3.1.1 钟摆钻具

对于钟摆钻具来讲，稳定器的安放位置十分重要，是组合钟摆钻具的关键。如安放位置低则减斜力小，效果差；如安放位置过高则稳定器以下钻铤会与井壁形成新的切点，使钟摆钻具失效；因此，钟摆钻具中稳定器的理想位置应在保证稳定器以下钻铤不与井壁接触的条件下尽量提高些。稳定器位置主要取决于钻铤尺寸、钻压大小和井眼斜度等。

钟摆钻具使用特点：钟摆钻具能较成功的用于不易斜地区，在使用大钻铤的条件下，能保证较高钻压下钻出垂直井眼，比使用光钻铤钻具可增加钻压，而不会增大井斜。钟摆钻具也是一种有效的纠斜钻具，并广泛用于各油田。

为充分发挥钟摆钻具的作用，应尽可能采用大尺寸钻铤加扶正器，这样形成的钟摆长，减斜效果好。在具体操作上应严格控制钻压，避免因钻压过大使扶正器以下形成新的切点致使钟摆失效；还应与处理地层交界面和加强划眼结合起来。

3.1.2 偏重钻铤

偏重钻铤每钻一转就有一次钟摆力和离心力的重合，对井壁产生较大的冲击纠斜力，同时周期性的旋转不平衡性使下部钻具发生强迫振动，大大提高了钻头下井壁纠斜能力，另外，离心力的作用使偏重钻铤重边在旋转时总是贴向井壁，使下部钻具有公转作用特性，来消除自转对井斜的影响，使偏重钻铤在直井中更具防斜效果。

3.1.3 塔式钻具

塔式钻具特点是下部钻具的重量大、刚度大、重心低、与井眼间隙小，一方面能产生较大钟摆力来防止井斜，另外稳定性好，有利于钻头平稳工作。

塔式钻具是国内外广泛使用的一种防斜钻具，它钻出的井眼规则，井斜变化率小，对井眼易扩大地层特别有效。因带稳定器的钟摆钻具和满眼钻具在井径扩大地层起不到扶正和满眼的作用，相对防斜作用差。实践表明，用好塔式钻具的关键在于下部钻具的重量大、重心低。因此，底部钻铤应尽量使用大钻铤，其直径最好相当于套管螺纹外径，使其后的套管易于下入，钻铤的重心要低于全部钻铤的1/3，所加钻压应控制在全部钻铤重量的75%~80%以内，因循环间隙小，循环钻井液泵压时高，钻盘增大负荷，要特别注意钻头泥包及易坍塌地层卡钻问题。

3.2 刚性满眼法井斜控制技术

满眼钻具一般是由几个外径与钻头直径相近的稳定器及一些外径较大的钻铤构成。其防斜原理：一是由于满眼钻具比光钻铤的刚度大，并能填满井眼，在大钻压下不易弯曲，保持钻具在井内居中，减小钻头的偏斜角，从而减小和限制因钻具弯曲产生的增斜力；二是在地层横向力的作用下，稳定器支撑在井壁上，限制钻头的横向移动，同时能在钻头处产生一个抵抗地层的纠斜力。

（1）垂直井眼中工作时，其作用是保持井眼沿垂直方向钻进，上稳定器抵消其上一根钻具弯曲所产生横向力，使其下钻具居中；中扶正器能抵消其上一钻铤一旦弯曲所产生的横向力，并使其下钻铤处于井眼中心，并帮助下稳定器抵消地层的斜力；下稳定器的作用自然是抵消地层横向力，限制钻头的横向移动。当地层横向力不大时，满眼钻具能保持居中状态，使井眼沿垂直方向前进。

（2）增斜时钻具的防斜作用。当钻遇使井斜增大的地层时，满眼钻具能有效地抵消地层横向力，减小井斜变化。在地层横向力的作用下，下稳定器和钻头靠向井壁的高边，抵抗地层横向力，限制钻头的横向移动。由于短钻铤的刚度大，能有力的反抗地层横向力对于短钻铤的弯曲作用，产生的反力将驱使钻头靠向井壁的低边，产生纠斜作用，中扶正器能帮助下部钻具抵抗地层斜向力，同时在已斜井眼中，钻具还有纠斜作用。

（3）减斜时钻具防斜作用。若井眼已发生偏斜，而地层又使其趋向恢复垂直状态，满眼钻具的作用是防止井斜角过快地减小。下、中稳定器将抵抗地层横向力，限制钻头向下侧移动。短钻铤也抵抗弯曲向井眼的高边，帮助下稳定器抵抗地层横向力。所以满眼钻具在减斜时，能有力地抵抗地层减斜力，减小井眼井眼的减斜率，以防井眼产生狗腿、键槽等不良的现象。

总的来所说，满眼钻具由于具有刚度大和填满井眼两个特点，在直井中，当地层横向力不大时，能保持直眼钻进，在钻遇增斜或减斜的地层时，能有力地控制井斜变化率，使井斜不至于过快增大或减小，不会形成狗腿、键槽等影响井身质量的隐患。

3.3 偏轴钻具井斜控制技术

偏轴防斜打快技术：该技术是由一个特制的偏轴短节和若干根不同尺寸的钻铤组成，钻盘的旋转强迫该组合作稳定的公转回旋运动，使钻头均匀切削井底岩石，克服地层各项异性，实现稳斜、降斜和快速钻进。

3.4 柔性防斜、纠斜钻具组合

这种钻具适合地层倾角大，岩石硬度高，自然造斜能力强的地层，在采用塔式钻具、满眼钻具和钟摆钻具均难以控制井斜的情况下，使用柔性防斜钻具组合能有效地控制井斜增加的趋势。

通过这个地区已完钻井井眼轨迹可以看出，发现存在着一种规律，井眼方位没什么变化的极可能出靶圈，井眼方位不沿一个方位，即使井斜稍大井底位置也不偏离靶圈。

上面两口井井底位移都出了靶圈，方位漂移基本上都朝一个方向，这样即使全角变化率不是很大，它的位移充分叠加，最后导致位移超标。

从图1、图2可以看出，苏20-11-18井和苏20-20-22井井底位移都没有出靶圈，但井底位移的绝对值比苏20-14-18井和苏20-16-14还大，而闭合位移却控制在标准范围内。

从图1、图2上可以看出，钻进中井眼方位是右漂的，全井方位基本界于320°～45°扇面之间，特别是下部井段，方位都在漂向45°左右稳定，这种方位窄区摆动并且趋向稳定的井眼曲线，会把井斜导致的位移充分叠加，容易在井斜不超标的情况下，最终仍然出靶。苏20-16-14井的出靶，我们认为就是与方位摆动小有直接关系。它的最大井斜4.3°/2450m，这不是已完成井中井斜最大和位置最高的。苏20-17-19最大井斜5.67°/1525m，但它没有出靶，得益于其下部出现方位较大摆动。

为了克服苏20区块大井斜带来的危害，长期以来，人们通常采用轻压吊打等消极措施控制井斜不超标，这种办法不能有效解放钻压，不仅严重限制了机械钻速，而且也不能从根本上消除大井斜造成的一系列危害；通过对已完成井水平投影图的分析，这种现象和钻具结构的受力、扶正器的位置有关；根据这一现象认真分析该地层的岩性，调整钻具结构，利用PDC钻头适合于低钻压和高转速条件下能快速钻进的特点，在易斜区采取PDC钻头与钟摆钻具配合使用的防斜钻井方法，最终解决了苏20区块的井斜问题，提高了该地区的钻井安全、快速钻进，保证了井身质量。

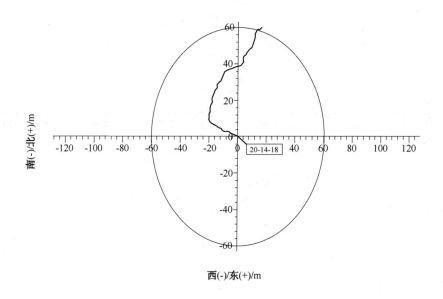

苏20-16-14

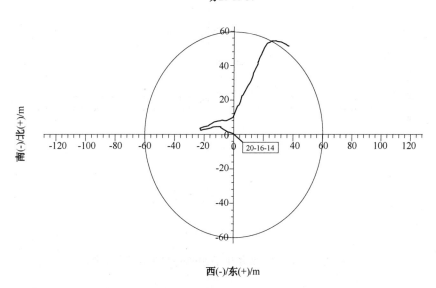

图1 苏20-14-18井和苏20-16-14井水平投影图

4 结论与建议

井斜控制的目的是在保证井身质量情况下，提高机械钻速，降低钻井成本。根据苏20区块的钻井实践和关于井斜控制技术的认识，提出在该地区钻井防斜钻具结构：

（1）钟摆钻具组合：ϕ215.9mm 钻头+ϕ178mm 钻铤×2 根+ϕ214mm 扶正器+ϕ159mm 钻铤×15 根+ϕ127mm 加重钻杆+ϕ127mm 钻杆。

（2）柔性钟摆钻具组合—"刚柔"钻具组合：ϕ215.9mm 钻头+ϕ158.8mm 钻铤 2 根+ϕ214mm 稳定器+ϕ127mm 加重钻杆 1 根+ϕ214mm 稳定器+ϕ158.8mm 钻铤 18 根+127mm 钻杆。

苏20-11-18

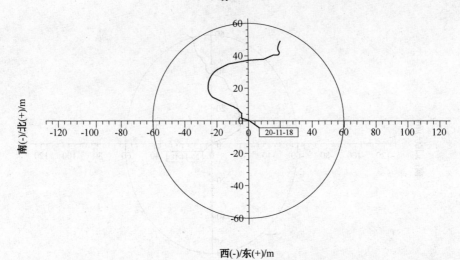

苏20-20-22

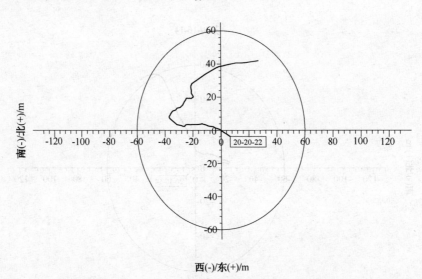

图2 苏20-11-18井和苏20-20-22井水平投影图

参 考 文 献

[1] 张宇，吴义发，秦雪峰，等．稠油浅井套管钻井防斜打直技术探讨[J]．石油地质与工程，2012．，26（3）：91~93.

[2] 吕鹏翔．钻井过程中防斜打直技术的探讨[J]．中国石油和化工标准与质量，2014，5（2）：33~36.

作者简介：

于成水，高级工程师，现在从事钻井工程技术管理工作。地址：天津市大港油田团结东路石油工程研究院，邮编：300280，电话号码：022-25925434，电子邮件：yuchengshui @ sohu．com。

水平分支井技术研究与实践

于成水　刘天恩　王立辉

（大港油田石油工程研究院）

摘　要　分支井是 21 世纪石油工业领域的重大技术之一。多分支井可以在 1 个主井筒内开采多个油气层，实现 1 井多靶和立体开采。多分支井不仅能够高效开发油气藏而且能够有效建设油气藏。我国适合于用多底井分支井开发的油气藏也比较多，不少油田已经立项进行技术攻关，大港油田 2003 年对水平分支井进行立项公关，于 2004 年首次在陆上进行钻井实验，并成功完成第一口鱼骨型水平分支井——家 H2 井，为大港油田利用钻井技术提高单井采收率开辟了一条新的途径，投产后单井产量是周围已钻邻井的产量的 3~5 倍，取得了显著的效果。本文详述了钻水平分支井技术论证的主要内容，并从工程前期工程方案、井身结构、完井方式、技术保证措施等进行了阐述。

关键词　鱼骨型分支井　井身结构　自降解钻井液体系　大港油田

1　发展背景

国外于 20 世纪 20 年代初就提出多底分支井钻井技术[1,2]。进入 90 年代，美国、加拿大等开始大力发展多分支井技术，并取得飞快进步。特别是美国，随着水平井钻井技术、大位移井钻井技术、老井开窗钻井技术、连续油管技术及 MWD、LWD 以及相关技术与工具、仪器的发展，分支井钻井技术获得了更大的发展。他们已成功地开发了多套分支井系统，并能够进行十分复杂高难度的分支井施工。1993 年，Unocal 公司在加利福尼亚近海 Dos Cuadras 油田钻了 5 口 3 层分支井，至 1996 年，国内外已钻出 1000 多口分支井。

美国北海北部 Tern 油田 1996 年钻成该油田的第一口多底井——TAl4 井。该井是一口勘探/评估井下管柱的分支侧钻生产井。与采用常规设计方法相比，其年产量提高 3 倍多。

分支井技术不仅应用在陆上油田，而且在海上油田也都得到了应用，并在一定程度上提高了油田的采收率。如泰国湾的 Bongkot 油田，该油田位于泰国湾海上，发现于 1973 年，自开发以来已钻井 114 口，其中 2/3 是开发井。到 1996 年中期，天然气年产量为 $361×10^8m^3$,凝析油年产量为 $40×10^4t$。1996 年 5 月在 BK-4-M 井钻了双分支水平井。这两个水平分支井段长度均为 1000m，油井产能达到 548 t/d，其钻井成本是常规斜井的 1.7 倍。但采收率比常规斜井提高 13.4%，可多采出油 $41×10^4t$。

委内瑞拉的 Zuata 油田是一个超重油油田，目前 Petrozuata 公司已钻成 306 口多分支水平井，是世界上钻多分支水平井最多的油田。2001 年，原油产量达到 $60×10^4t$。

Norsk Hydro 公司在 Troll 油田利用多分支水平井开发，到 2002 年 5 月，共钻井 80 口，其中，多分支水平井 18 口，使原油储量增加 $1027×10^4t$。

位于北海挪威地区卑而根港口的西南部 100 km 特罗尔奥尔杰油田，其海域水深 315~340m。截至 2002 年初，挪威水上公司在该油田共钻 80 口井，其中包括 13 口双分支多分支井，该公司预计截至 2003 年，还需要钻 15 口多分支井，其中有 2 口 3 分支井，预计将增加可采储量 $13.9 \times 10^6 m^3$。

目前，国外已钻数千口分支井，我国各油田起步较晚，大港油田从 2002 开始进行水平井技术的研究，这几年取得了很大进展，通过不断探索分支水平井钻井技术，现在已日臻成熟，家 H2 井的成功应用就是很好的范例。

2 国内分支井技术分析

由定向井发展起来的多分支水平井钻井技术，作为 20 世纪 90 年代广泛应用的高新技术，在国外已取得了显著的经济效益。技术上已取得巨大突破，应用范围不断扩大，极大促进了低效油田的开发，为石油工业的发展注入了新的活力。但在实践中尚有许多技术需要发展和完善。如分支井回接系统，分支井的后期措施作业、产能预测等。这必将引领工程技术人员寻求突破。国内虽然已经成功的研究和应用了一系列分支井的钻探技术和配套系统，但同国外相比还存在一定差距，深入研究和发展该技术，缩短同国外先进技术的差距是急迫的。

2.1 分支井特点

分支井一般是一个井口多个井底的井，主井眼可以是直井、定向井、水平井，分支井眼也可以是直井、定向井、水平井(图 1、图 2)。分支井的特点是：一是井眼结构不同——存在多个分支井眼连接；二是增大油藏的裸露面积，提高泻油效率，改善油流动态剖面，降低锥进效应，提高重力泄油效果；三是纵向调整油藏的开采可以应用于多种油气藏的经济开采；四是大大减少无效井段，钻井设备的搬迁也大大减少，充分利用海上平台井口槽，从而降低了平台建造费用；五是由于地面井口的减少，相应的地面工程、油井管理等费用也大大降低，增加了油田开发的经济效益。

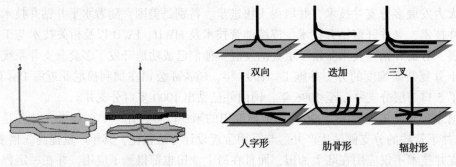

图 1　分支井示意图　　　　　图 2　以形状划分分支井

2.2 分支井的适应性

分支井主要适应以下情况：

（1）单一开采油藏的多分支水平井。

（2）多产层油藏开采的多分支水平井。

（3）块状油藏的分支水平井。

3 工程前期方案技术论证

家 H2 井油藏特征及邻井投产情况：官 107×1 井断块经重新构造落实，孔二段孔二 2 油组初步计算含油面积 $0.42 km^2$，地质储量 $63 \times 10^4 t$（家 K39-25 井东断块预测含油面积 $0.12 km^2$，地质储量 $16 \times 10^4 t$；家 K39-25 井断块含油面积 $0.13 km^2$，地质储量 $17 \times 10^4 t$；家

K41-29 井断块含油面积 0.19km²，地质储量 27×10⁴t；家 K41-33 井东断块含油面积 0.02km²，地质储量 3×10⁴t），该断块井区构造图如图 3 所示。经过地质部门在对该断块各种资料进行了综合研究后，认为该断块具备了钻鱼骨型分支井的条件。主要依据如下：

（1）通过工作精细落实及储层预测，认为该断块构造清楚，断块内储层分布稳定，可以保证钻井成功率。

（2）油层厚度大，此次钻水平井的目的层为孔二段孔二 2 油组上砂层，相对于水平井高部位井家 K39-25 井 12、13 号层，家 K39-27 井 8、9、10 号层，水平井低部位井家 K43-25 井 24、25 号层，预计该井水平段位置处砂岩厚度 20m，没有水层，且有良好的 20m 泥岩盖层。

（3）试油试采情况好：家 K39-27 井投产后，日产油一直稳定在 25t 左右；家 K43-25 井刚刚投产，日产油 10~12t。

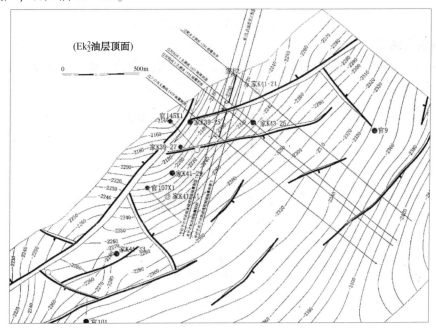

图 3　王官屯油田官 107×1 井井区构造图

4　工程技术方案论证

4.1　井眼轨道及井眼尺寸的确定

如图 4 所示，由于构造比较小，根据地质要求，分支井眼在短的距离内，要尽量离主井远一些可以更好地开发这一区块的剩余油。

分支井眼一：从主井眼着陆点（入口点）之后 20m 侧钻分支，全角变化率为 15°/30m，由于全角变化率比较大，施工 152.4mm 井眼至井底点。

分支井眼二：从主井眼控制点 2 侧钻分支，狗腿度为 10°/30m，施工 215mm 井眼至井底点。

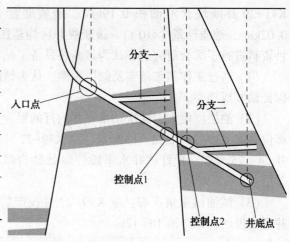

地质分层	井深/m	复杂情况提示
平原组	250	防塌
明化镇组	1255	防塌
馆陶组	1515	防掉、卡
沙河街组	1875	防卡
孔一段	2075	防喷漏、防石膏侵
孔二段	2215.2	防喷漏（目标油层顶深2327.68m，底深2726.33m）

图4　家H2井地质分层及井眼轨迹示意图

4.2　井身结构确定

表层封住上部地表不稳定底层；下一技术套管至着陆点附近，确保下部分支井的顺利施工，油层下入筛管完井。

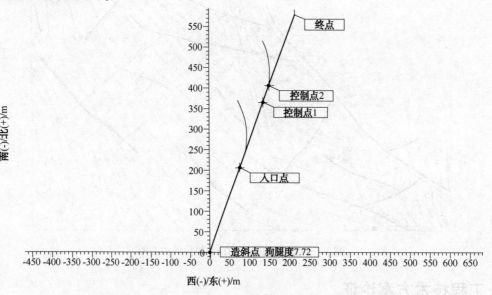

图5　家H2井井眼轨迹示意图

油层完井确定：对于鱼骨型分支井主井眼一般应用割缝筛管完井，各分支井采用裸眼完井。家H2井井眼轨迹及井身结构如图5、表1所示。

表1　家H2井井身结构设计数据表

开钻次序	井深/m	钻头尺寸/mm	套管尺寸/mm	套管下入地层层位	套（筛）管下入深度/m	环空水泥浆返深/m
一开	261	444.5	339.7	明上段	260	地面
二开	2161	311.1	244.5	孔二段	2158	1150

	开钻次序	井深/m	钻头尺寸/mm	套管尺寸/mm	套管下入地层层位	套(筛)管下入深度/m	环空水泥浆返深/m
三开	主井眼	2726.33	215.9	挂139.7筛管	孔二段	2721	/
	分支1	2497.44	152.4	裸眼			
	分支2	2691.19	215.9				

开钻次序	套管尺寸	设 计 说 明
一 开	339.7 mm	封隔平原组及明化镇部分地层,为下部安全钻进建立稳定的井口及井眼
二 开	244.5 mm	封固水平段以前地层,为主井眼水平段及分支井眼的钻井及完井创造条件;防止钻井过程中发生复杂事故;油层上部6m完井
三 开(主井眼)	139.7mm 筛管	按照油层专打的原则,保护好油气层工艺要求采用筛管完井,应用适度防砂技术;油层筛管按地质要求设计。分支1和分支2井眼均裸眼完井

完井管柱应用139.7mm割缝筛管完井,完井管柱244.5mm和139.7mm完井管柱要有封隔封隔悬挂完井,割缝筛管上部地层稳定处安装一个裸眼封隔器隔开油层上部易塌地层。油层之间泥岩段处装两个裸眼封隔器隔开地层,为以后地层出水做后期准备。

应用专用割缝管筛管设计软件对割缝管的缝分布及强度进行详细的计算分析,确保割缝管安全下入,起到有效防砂的目的。具体为:

筛管尺寸:139.7mm套管,钢级N80,壁厚:9.17mm。

缝分布参数:

(1)缝宽:0.5(依据地层砂粒中值进行设计);

(2)缝形:矩形缝;

(3)缝分布:平行分布;

(4)缝长:80mm;

(5)缝间的轴向距离:20mm;

(6)过流面积:缝宽0.5mm,过流面积12800mm²/m;

(7)缝密度:320条/m。

强度校核:外径:139.7套管;摩阻:173kN;扭矩:5800N·m;缝宽:0.5mm;最大拉应力:4.48MPa;最大压应力:-94.3MPa。

最大应力值远远小于N80钢材应用力551.3MPa,在上述工矿下,最小安全系数为5.7,满足应用要求。

5 家 H2 鱼骨型分支井现场施工

家H2水平鱼骨分支井于2004年10月20日搬迁,2004年10月25日11:00一开,2004年10月28日13:00二开,2004年12月1日14:00三开,2004年12月15日14:30完钻。

5.1 井身结构

设计井身结构:

ϕ444.5mm×261m+ϕ339.7mm×260m+ϕ311.1mm×2161m+ϕ244.5mm×2158m+ ϕ215.9mm×2726.33m

实际井身结构：

φ444. 5mm×260m + φ339. 7mm×259. 3m + φ311. 1mm×2171m + φ244. 5mm×2167. 88m + φ215. 9mm×2658m

5.2 油层情况

二开油层情况 1960~2060m，一分支 2369~2450m 油层至 2488m 泥岩，油层进尺 81m，二分支井 2568~2574m 油层至 2593 泥岩，油层进尺 6m，主井眼 2327~2575m 油层至 2658m 泥岩，油层进尺 248m。

5.3 泥浆体系

（1）一开：搬土浆。

泥浆性能：密度 1. 05g/cm³，黏度 40s。

（2）二开：聚合物钻井液。

泥浆性能：密度 1. 12~1. 13/cm³，黏度 33~42s，失水<10，泥饼<0. 8，pH 值 8~10，含砂<0. 5%。

（3）三开：无固相 KCl 聚合物井液。

泥浆性能：密度 1. 13~1. 15g/cm³，黏度 38~55s，失水<6，泥饼<0. 2，pH 值 8~10，含砂<0. 3%。

5.4 实际施工钻具组合以及井眼轨迹

（1）井眼尺寸：215. 9mm。

钻具组合：215. 9mmPDC 钻头+172mm 1. 5°导向马达+194mm 欠尺寸稳定器+165mm 浮阀+172mmLWD 总成+127mm 无磁加重钻杆+127mm 钻杆×15 柱+127mm 加重钻杆+127mm 钻杆

（2）井眼尺寸：152. 4mm。

钻具组合：152. 4mm 钻头+120mm 导向马达+欠尺寸扶正器+120mmLWD+89mm 钻杆+127mm 18° S135 钻杆+127mm 加重钻杆+127mm 震击器+127mm 加重钻杆+127mm 钻杆

从图 5 可以看出，第二个分支井眼较短，是由于地质构造在该处没有油层，这充分说明了，该井正位于构造的边界处。

5.5 层完井

水平段下入带膨胀式封隔器割缝筛管，造斜段下入两组膨胀式封隔器，实现对造斜段卡封。第一分支完钻后，用完井液替出泥浆，裸眼完井，在主水平段（第一分支开口后端）下入膨胀式分隔器，实现对第一分支的合采或分采。第二分支完钻后，用完井液替出泥浆，裸眼完井。主水平段完钻后，首先用洗井液将井内泥浆替出，然后用酸液将泥饼清除，沟通油流主导，最后膨胀各组封隔器，实现完井。

外管：完井尾管管柱组合（自上而下）。

5½in 引鞋+5½in 割缝筛管（1 根）+5½in 洗井回压阀+5½in 割缝筛管+5½in 套管（2 根）+5½in 膨胀式封隔器（2 级）+5½in 套管（1 根）+5½in 割缝筛管（1 根）+5½in 套管（2 根）+5½in 膨胀式封隔器（2 级）+5½in 套管+5½in 膨胀式封隔器（2 级）+5½in 套管（1 根）+9⅝in×5½in 悬挂器（外管）+钻柱

内管：洗井、酸化、胀封一次管柱组合（自下而上）。

回压冲洗器+2⅞in 油管+2⅞in 胀封总成+2⅞in 油管+2⅞in 胀封总成+2⅞in 油管+2⅞in

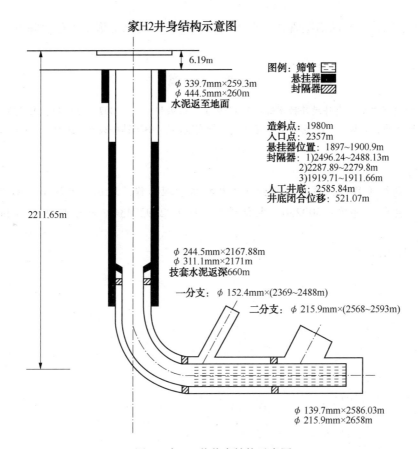

图 6　家 H2 井井身结构示意图

胀封总成+2⅞in 油管+2⅞in 密闭球座+2⅞in 旋转器+9⅝in×5½in 悬挂器(内管)+钻柱。实际完井井身结构图如图 6 所示。

6　结论与建议

（1）通过对分支井的研究，认为分支井为了扩大稠油油藏、枯竭式油藏以及其他油藏的储量开采程度，合理改善油藏效果，提高原油产量是非常有效的手段。

（2）大港油田这次井位选择在油藏结构边缘以及施工了两个不同全角变化率的分支井眼并且获得了成功，为我们在更好的区块施工鱼骨型分支井打下了良好的基础工作。

（3）钻鱼骨型水平分支井相对套管开窗，利用导斜的侧钻工具钻分支井的方案，成本降低巨大。

（4）鱼骨型分支井井眼轨迹优化设计必须和地质以及工程结合并进行科学、合理地工具配套；是确保鱼骨型分支井顺利施工。

（5）用 LWD 加导向马达钻井方式配合特殊的施工工艺措施顺利实现分支井钻井技术，经过详细的力学计算，顺利实现了分支井分支段高造斜率钻井技术，满足了地质开发要求。

（6）采用割缝筛管对水平井进行有效防砂，形成了一套陆上油气田鱼骨型分支井割缝筛管完井技术。

（7）研制开发了自降解钻井液体系，降低了钻具摩阻，确保了钻具以及完井管柱顺利施工。

（8）应用了完井、采油措施管柱一次下入工艺技术，简化了施工程序，降低了对油层的污染伤害。

参 考 文 献

［1］刘明炎. 鱼骨状水平分支井录井技术探讨与实践[J]. 石录井工程，2007.，26(4)：91~93.
［2］王敏生，唐志军，马凤清. 分支水平井完井设计与实践[J]. 中国钻探技术，2003，5(1)：33~36.

作者简介：

于成水，高级工程师，现在从事钻井工程技术管理工作。地址：天津市大港油田团结东路石油工程研究院，邮编：300280，电话号码：022-25925434，电子邮件：yuchengshui @ sohu.com。

滨海探区深层优快钻井技术应用

王文[1]　刘在同[1]　王立辉[1]　窦同伟[1]　周宝义[2]

(1. 大港油田石油工程研究院；2. 大港油田勘探事业部)

摘　要　针对大港油田歧口凹陷滨海深层探区，油藏分布存在多套压力层系，在钻井过程中易出现井涌、井漏、井塌、井斜、卡钻等复杂事故，造成钻井周期的延长和增加钻井成本的投入。为减少井下复杂，提高机械钻速，更好发现保护油气藏，在已完成井的基础上，优选钻头类型，优选钻井液体系，采用控压和PDC+ECD+LWD一体钻井技术，在满足坍塌周期的基础上，最大程度降低钻井液密度，并通过LWD随时监控，随时调整。与常规钻井方式相比减少了井下复杂事故的发生，提高机械钻速，更好地发现和保护油气藏。

关键词　滨海　优快钻井　控压　PDC+ECD+LWD　效果

1　概况

滨海探区位于大港油田歧口凹陷滨海构造。从以往的资料来看，该构造存在目的层埋藏深，岩石可钻性差，且同一裸眼段压力系统多、窗口窄、漏层涌层同存等难点。在滨海探区以往钻井过程中，经常发生漏失和卡钻事故，影响勘探进程并且容易造成严重的储层伤害，勘探成功率低。尤其以滨海4、滨海5井井漏情况最为明显。其中滨海4井进入沙一段后，发生井漏，共漏失泥浆$1351m^3$；滨海5井在沙河街地层发生井漏，共漏失泥浆$600m^3$。这些事故不仅延长了钻井周期，增加了钻井成本，更是对储层形成了伤害，影响了后期产能。为减少滨海探区钻井过程中井漏问题和及时发现保护油气层，准确评价该区块主力目的层含油气情况，提高勘探成功率和勘探精度，在该地区实施的滨海8井储层段选用优质麦克巴泥浆，实施控压钻井和PDC+ECD+LWD一体化钻井技术。通过现场实施提高机械钻速，避免沙河街井段井漏、井涌、卡钻事故，并能及时发现和评价储层。

2　滨海8井基本情况

滨海8井位于大港油田滨海3号构造滨海8井断块(表1)，设计井深5061m，实际井深5061m，2009年3月15日开钻，2009年6月2日完钻，完钻层位沙一下。

表1　地质分层及压力预测结果表

地　层	底界深度/ m	孔隙压力当量密度/ (g/cm³)	坍塌压力当量密度/ (g/cm³)	破裂压力当量密度/ (g/cm³)
明化镇	2325	0.96~1.03	0.96~1.15	>1.52
馆陶	2808	1.00~1.04	1.00~1.17	>1.65
东一	3135	1.00~1.06	1.07~1.24	>1.70
东二	3500	1.06~1.16	1.15~1.34	>1.73

地　层	底界深度/ m	孔隙压力当量密度/ （g/cm³）	坍塌压力当量密度/ （g/cm³）	破裂压力当量密度/ （g/cm³）
东三	3650	1.14~1.21	1.22~1.38	>1.75
沙一上	4200	1.14~1.28	1.27~1.41	>1.80
沙一中	4626	1.26~1.40	1.33~1.48	>1.83
沙一下	4986	1.39~1.47	1.46~1.52	>1.86

滨海 8 井井身结构：660.4mm 钻头×322m+ϕ444.5mm 钻头×2003m+ϕ311.1mm 钻头×4112m+ϕ215.9mm 钻头×5061m。

3　优快钻井关键技术

3.1　控压钻井

井口装置：套管头+钻井四通+2FZ35-70 双闸板防喷器+FZ35-70 单闸板防喷器+FH35-35 环形防喷器+7100EP 旋转控制头。

在控压钻井中，要求钻井液密度加上循环压降当量密度和井口回压当量密度之和，要接近于所钻地层压力当量密度，并且能根据地层压力的变化要求，在一定范围内可自由调节，使井底始终处于一个近平衡状态，以此发现和保护油气层。基于这个条件，在滨海 8 井控压钻井过程中采用在井口加装旋转控制头装置，控制井口回压范围在 5.0MPa 之内。

实际钻井液密度：明化镇钻井液密度为 1.15/cm³；馆陶组钻井液密度为 1.20g/cm³，东营组钻井液密度为 1.27g/cm³，沙一上钻井液密度为 1.33g/cm³，沙一中、沙一下钻井液密度为 1.43g/cm³。

3.2　优选钻井液体系

由于现有钻井液体系无法满足高温条件下钻井和油气层保护的需要，造成井壁易垮塌、盐水钻井液深度侵入，井径扩大严重。为了解决这个难题，通过对钻井液体系的筛选，选择 DURATHERM 泥浆实施油层专打，有效保护储层，创造稳定、有利的评价环境，提升油气层识别能力，井径扩大情况得到了有效的控制，如图 1 所示。

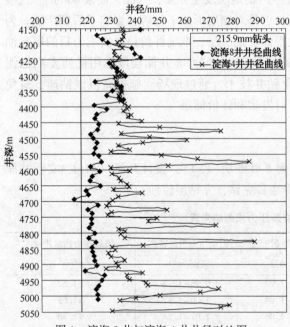

图 1　滨海 8 井与滨海 4 井井径对比图

3.3　PDC+动力钻具+ECD+LWD 一体化技术应用

为了解决滨海斜坡探区压力系统多，涌漏同层，安全密度窗口窄等地质难题，滨海 8 井在钻井过程中，运用 PDC 钻头+动力钻具+ECD 随钻环空压力测量仪+LWD 随钻测井技术，在提高钻井速度的基础上，随时监控井底环空压力变化，及时调整井口回压及钻井液密度，控制井筒内的地层流体流入量，保证钻井施工的安全。同时利用 LWD 随钻测井技术，及时了解井底动态。实际应用效果表明该套技术的运用很好的达到了快钻防漏的目的。

四开动力钻具组合如图2所示：φ215.9mmPDC钻头×0.33m+172mm马达×6.6m+431×410转换接头×0.44m+浮阀411×410×0.81m+ECD仪器×9.6m+165mm钻铤×9.21m+LWD×8.06m+MWD×7.77m+127mm加重钻杆×199.45m+127mm钻杆+411×520转换接头+139.7mm钻杆。

3.3.1 个性化PDC钻头

应用邻井资料和声波时差、中子密度曲线和钻井取心资料，计算地层应力、通过评价岩石的可钻性，针对滨海斜坡沙河街地层沙河街组的泥岩、细砂岩、泥质砂岩、火成岩，个性化设计了HC506ZC钻头，如图3所示。该钻头在深部地层具有较高稳定性和耐久性，破岩效率高，与高效马达配合使用，机械钻速得到了大大提高。滨海8井在井段4641~4749m处使用了该钻头，进尺108m，机械钻速达9.46m/h。个性化见表HC5062C钻头特点见表2。

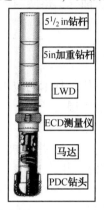

图2　一体化钻具组合图　　　　图3　HC506ZC钻头

表2　个性化贝克HC506ZC钻头特点

稳定性	水力设计	稳定性侧向移动缓解设置	切削齿的耐久性	稳定性和耐久性
平滑切削，具有切入深度控制技术，工作负荷被平衡到多个切削齿上使切削齿的损坏减到最小	使每个钻头的水力配置在排量，切削齿的冷却和防冲蚀之间得到平衡和优化	减少振动程度和保护台肩部分切削齿受冲击负荷	切削齿表面分层技术提供了超强的承受负荷和抗研磨能力并保持切削齿边缘锋利，有效切割岩石	具备后备复合片组件，独特定位的后排复合片排列在最需要的位置，提高在研磨性强及坚硬地层中的破岩效率

3.3.2 实施井底环空压力监控

应用随钻井底环空压力测量技术，在滨海8钻井过程中，利用实时压力监控，有效地控制了井底循环压力，防止井漏、井涌，指导控压钻井作业。

控压钻井作业时，由于钻井液的循环当量密度接近于地层孔隙压力当量密度，井筒中钻井液循环压力与地层压力处于一个近平衡状态。为保证井口不失控，钻井过程中需要及时调节地面节流管汇使井口保持一定的回压，以达到平衡部分地层压力，控制地层油气的侵入量和侵入速度。因此，需要随时监测井底循环压力，及时调整井口回压和钻井液密度，保证既不伤害地层，又能安全钻进。随钻井底环空压力测量仪(图4)可实时监测井底循环压力当量密度，为井口回压控制提供科学依据。

3.3.3 LWD随钻测井

LWD地质导向技术把钻井技术、测井技术和油藏工程技术融合为一体，在钻进过程中，

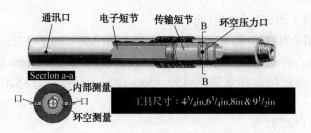

图4 随钻井底环空压力测量仪

利用钻井液压力脉冲将地质参数、钻井参数传输到地面，现场地质师和钻井工程师能及时"看到"所钻井眼的井身轨迹和地层岩性，并以此控制、及时调整和修改钻井轨迹，使钻头能够安全有效地沿着设计的油层目标钻进。同时还可以及时掌握地层变化情况，依据实时反映出的地层特性及其孔隙流体物性，更好地发现和保护储层油气，落实与评价储层含油气真实情况，探明油气藏储量。

4　现场应用效果

滨海8井通过控压钻井和PDC+动力钻具+ECD+LWD一体化技术的应用，不仅大大缩短了钻井周期，避免了复杂事故，而且很好的发现和保护了油气层。

4.1　提高了钻井速度，缩短了钻井周期

滨海8井选用个性化的PDC钻头，大大提高了钻井速度。该井钻机月速为1946m/台月，为邻井滨海4井的165%；机械钻速为8.44m/h，为滨海4井的145%，其中滨海8井从4641～4749m机械钻速达9.46m/h；钻井周期68d，与滨海4井（5505m）相比缩短了58d，钻达同样井深（5052m），滨海4井累计时间91d，而滨海8井仅为61d，节约了30d，明显缩短了钻井周期。

4.2　避免钻井事故，减少井下复杂

通过控压钻井技术和ECD随钻环空压力测量技术，大大降低了实际钻井液密度。滨海8井完钻井深5061m，四开钻进中控立压、控排量，确保ECD小于1.51g/cm³，气测全烃基值在10%～15%，未发生井漏、井涌和地层坍塌现象，缩短了钻井周期，有效保护油气层。

4.3　快速发现评价油气层

选择DURATHERM泥浆实施油层专打，有效的保护了储层，创造稳定、有利的评价环境，提升了油气层识别能力。通过LWD测井解释曲线可快速发现和评价储层。

6　结论

（1）采用PDC+动力钻具+ECD+LWD一体配套技术可达到快钻防漏的目的，解决了滨海探区深层复杂地层涌漏同层、安全密度窗口窄等难题，为滨海深层勘探开发提供了一条新的有效途经。

（2）采用个性化钻头，应用PDC钻头有利于提高钻速。

（3）实施井底环空压力监控和随钻测井能减少井下复杂，并能及时发现保护油气层。

作者简介：

王文：男，助理工程师，2007年毕业于西南石油大学石油工程专业，现在大港油田钻采工艺研究院主要从事钻井工程研究及设计工作。

埕海二区复杂井钻井液适应性分析

郑淑杰　　王小月　　窦同伟　　董德仁　　曾晓辉

（大港油田石油工程研究院）

摘　要　对埕海二区所用钻井液及与钻井液有关的井下复杂事故井段进行了详细的统计、分析，论述适应埕海二区钻井液体系，提出滩海地区钻井液施工重点工作及注意事项。

关键词　大港油田　埕海二区　钻井液　复杂事故　适用性

埕海二区是大港油田一块油层发育良好，油层分布较稳定、储量丰富的储层。为陆地钻机作业模式，与海上钻井作业模式具有较大的差异，并且该区块平均井深较深，垂深超过 3000m。

埕海地区由于特殊地层构造和岩性、特殊固定的井口位置（丛式井）和固定目标点，无法优化井身结构，同时既存在高坍塌压力地层又存在高压水层，部分井断层由此通过。硬脆性泥页岩微裂缝发育，易坍塌、剥落、掉块。大部分井钻遇东营组、沙一段、沙二段时发生卡钻、井塌等复杂事故，从而造成频频出现卡、塌、漏等井下事故，如张海 21-21L 井曾一度 4 次侧钻，张海 13-25L 井 2 次侧钻，重复施工浪费大量人力、物力。

1　埕海二区地质概况及特征简述

1.1　地理环境

埕海油田二区位于位于大港油田滩海区南部埕北断阶区，地理位置位于河北省黄骅市张巨河村以东的滩涂—海域地区，水深 0~2m 的极浅海地区。

区内由 2 个人工井场和 1 个人工岛组成，分别是埕海二区 1 号人工井场（简称 CH2-1J）、埕海二区 2 号人工井场（简称 CH2-2J）和埕海二区 1 号人工岛（简称 CH2-2D）。

1.2　地质简况

埕海油田二区位于歧口生油凹陷向埕宁隆起过渡的斜坡区，是油气运移的主要通道，油源充沛，具有油气成藏的物质基础；经多年钻探证实：该区下第三系沙河街组沙一段、沙二段、沙三段均有发育良好油层段，油层分布比较稳定，储量丰富。合计探明石油地质储量 4386.82×10^4t；探明天然气 65.07×10^8m^3，凝析油地质储量 212.18×10^4t。

沙一段为低孔、低渗储层，碳酸盐含量较高，平均 40.25%。

沙二段为本区的主力含油层系，为中孔、中低渗储层，碳酸盐含量平均 9.03%~13.94%。

沙三段为中低孔、特低渗储层，碳酸盐含量较高，平均 5.29%。

该区地温梯度平均为 3.24℃/100m，为正常温度系统。

1.3　地层概况

埕海油田二区揭示的地层自下而上有中生界三叠系、中下侏罗统，下第三系沙河街组沙三段、沙二段、沙一段、东营组，上第三系馆陶组、明化镇，第四系平原组。中生界、下第三系沙三段、沙三段与沙二段、沙一段与东营组、东营组与上第三系之间为不整合接触关系。沙河街的沙三段、沙二段、沙一段是该区的主要含油目的层，该地区地层分层数据见表1。

表1 埕海油田二区地层分层数据表

地质年代及地层分层				分层数据		
界	系	组	段	岩 性 简 述	底界深度/m	厚度/m
新生界	第四系	平原组	—	灰黄色黏土及散砂	350	350
	上第三系	明化镇	—	灰黄色、浅灰色泥岩与细纱岩不等厚互层	1743	1393
		馆陶组	—	厚层浅灰色沙砾岩、含砾不等粒砂岩、细纱岩与灰绿色泥岩互层	2131	388
	下第三系	东营组	东一段	细砂岩、粉砂岩、泥质粉砂岩与泥岩互层。	2337	206
			东三段	粉砂岩、泥质粉砂岩与灰绿色、灰色泥岩互层。	2611	274
		沙河街组	沙一段	灰色泥灰岩、灰质泥岩及灰褐色泥岩白云岩与灰色、深灰色泥岩互层。底部主要为油斑泥岩白云岩和泥岩互层	2680	69
			沙二段	粉砂岩、灰质粉砂岩、油斑粉砂岩、荧光粉-细砂岩与灰色泥岩互层，顶部夹薄层油页岩	2875	195
			沙三段	粉砂岩、荧光粉-细砂岩与灰色泥岩互层	2920	45

1.4 地层压力预测结果

1.4.1 埕海二区1号人工井场(表2)

表2 地层压力预测结果表

地 层	底界深度/m	孔隙压力当量密度/(g/cm³)	坍塌压力当量密度/(g/cm³)	破裂压力当量密度/(g/cm³)
明化镇组	1729	0.98~1.04	1.03~1.16	>1.38
馆陶组	2127	1.0~1.02	1.08~1.15	>1.65
东营组	2497	1.0~1.04	1.10~1.26	>1.71
沙一段	2880	0.95~1.05	1.05~1.27	>1.75
沙二段	3029	0.95~0.98	1.05~1.12	>1.76
沙三段	3300	0.92~1.02	1.0~1.12	>1.78

注：本井场以张27×1和张海16井作为预测依据。表中标注的地层深度为张27×1井地层底界深度。

1.4.2 埕海二区2号人工井场(表3)

表3 地层压力预测结果表

地 层	深度/m	孔隙压力当量密度/(g/cm³)	坍塌压力当量密度/(g/cm³)	破裂压力当量密度/(g/cm³)
明化镇组	1662	1.00~1.04	0.98~1.16	1.35
馆陶组	2075	1.00~1.04	1.07~1.20	1.63
东营组	2471	0.99~1.04	1.02~1.20	1.68
沙河街组	3199	0.95~1.06	1.04~1.24	1.73

注：本井场以张29×1井作为预测依据。表中标注的地层深度为张29×1井井史地层底界深度。

1.4.3 埕海二区1号人工岛(表4)

表4 地层压力预测结果

地 层	深度/m	孔隙压力当量密度/(g/cm^3)	坍塌压力当量密度/(g/cm^3)	破裂压力当量密度/(g/cm^3)
明化镇组	1645	1.00~1.15	1.03~1.20	>1.59
馆陶组	2125	1.14~1.19	1.18~1.27	>1.71
东营组	2600	1.20~1.30	1.24~1.40	>1.76
沙河街组	2778	1.26~1.35	1.33~1.45	>1.81

注：本井场以张海101(M1)作为预测依据。表中标注的地层深度为张海101(M1)井史地层底界深度。

2 卡钻事故统计及分析

2.1 卡钻事故统计

对埕海二区进行了卡钻事故统计，见表5、表6。

表5 埕海二区卡钻事故统计

井号	复杂事故	层位	原因分析及解决方法
张27×1井	井塌、划眼、侧钻	3319~3295m	1. 泥浆性能差，井眼净化效果不好，导致起下钻困难 2. 泥浆密度偏低，造成东营组地层泥岩地层缩径，沙一段泥岩、泥灰岩坍塌
张27×1井	卡钻、断钻具、井塌、填眼侧钻	东营组	1. 三开井眼钻穿明化、馆陶组、东营和沙一地层，Ultradrill水基体系，泥浆密度1.15~1.24 g/cm^3，低于东营组、沙一上地层坍塌压力系数，造成地层缩径和坍塌，导致井下复杂 2. 在大井眼、高转速条件下，钻具容易产生内部疲劳，在处理井下复杂时，高扭矩促使钻具事故的发生 3. 主要因为长时间泥浆没有调整处理，钻井液性能变差，钻具在井内静止时间长
张海34-17	下尾管至3028m遇阻。该井段实钻最大井斜45.5°	3028m东营组底部，泥岩	开顶驱在3037~3047m反复划眼，下光钻杆打封闭泥浆，下139.7mm套管完井
张海34-19H	扭方位增斜井段钻具卡死，井斜76.81°	3457.49m沙二段	测卡，处理过程中井下出现遇阻、遇卡等复杂现象，无法继续打捞，因此填井侧钻，侧钻井深2550m
张海11-22L	下钻至2916m遇阻，井塌	3402m	本井在三开施工过程中因泥浆密度过低，不能稳定地层，是造成填眼侧钻的根本原因。决定从2750m开始侧钻。后下入旋转导向组合准备侧钻时探不到水泥面，重新注水泥，新的侧钻点为2625m

井号	复杂事故	层位	原因分析及解决方法
庄73-1井	在1931.17m发生卡钻事故	沙河街组一段	1974-6-14 9:28:00柴油8m³, 原油16m³未解卡, 循环泥浆, 二次泡油, 柴油12m³, 原油28m³, 泡油井段钻头以上800m, 浸泡20.40h, 解卡
庄84-1	卡钻事故	明化镇组下段	1974-11-17注原油27m³, 柴油11m³浸泡3h, 每20min活动钻具5次上提到60~80t, 下放到15t, 旋转解卡
张海502FH	溢流, 井漏	沙二段	1. 泥浆密度过低发生溢流, 由1.38g/cm³加重至1.55g/cm³, 打入钻井液密度1.7 g/cm³的重浆 2. 溢流后压井液密度过高造成井漏
张海20-24L	井表层套管脱扣	1271m 明化镇	由于套管上扣扭矩符合标准要求, 套管活动载荷也在套管理论强度载荷内, 因此, 套管抗拉强度达不到质量标准(丝扣理论允许抗拉强度为2330kN)是套管脱扣的主要和直接原因 脱扣后多次对扣未成, 决定起甩套管。落鱼779.662m。打水泥塞封井处理
张海13-25L	3602m中完卡钻钻具落井	沙一段	处理复杂过程中, 由于沙堵造成的憋压、憋顶驱上下放幅度比较大(上提最大1700kN, 下放600kN)顶驱扭矩变化范围较宽(8000~45000kN·m), 频繁上提下放、旋转等造成钻具本体疲劳破坏。填眼侧钻
张海21-21L	卡点位置2627.95m断钻具(8.6) 井深: 3230m断钻具(8.23) 井深: 3582m断钻具(9.25)	东营组	1. 异常井段岩性为泥岩及泥质砂岩, 井眼不规则, 存在砂桥 2. 钻具中扶正器(φ309mm)与井壁的间隙小, 倒划眼产生的大量岩屑通过阻力大, 造成环空不畅通, 造成憋泵, 环空不返泥浆 3. 泥浆携砂能力差, 在划眼过程中不能及时返出, 造成砂子在扶正器附近逐渐堆积, 造成憋泵, 憋钻具。打捞成功 4. 次打捞未有结果放弃打捞, 开创侧钻

表 6 埋海二区卡钻事故统计

序号	井号	完钻日期	(完钻井深/m)/层位	钻井周期/d	造斜点深/最大井斜 m/(°)	钻井液体系	钻井液密度/(g/cm³)	井身结构	复杂情况
1	张海13-25L(原)		3602/ES2		200/77.5	海水钻井液 KCL-PHPA	— 1.14 1.31	导管 φ660mm×60m φ444.5mm×1204m+φ339.7mm×1202.75m φ311.1mm×3602m	三开斯伦贝谢工具落井 三开地层垮塌
	张海13-25L(侧)	2008.10.18	3274/ES2	110	200/63.1	海水钻井液 KCL-PHPA	1.28	导管 φ660mm×60m+ φ444.5mm×1204m+φ339.7mm×139.7mm×1202.75m φ311.1mm×3274m+φ139.7mm×3033.4m	三次断钻具 地层坍塌
	张海13-25L(新)		3972/ES2		195/74.6	PEM (中海油服)	— — 1.48 1.48	导管 φ660mm×60m φ444.5mm×1204m+φ339.7mm×1202.75m φ311.1mm×3274m+φ244.5mm×3033.4m+φ177.8mm 尾管×(2739.206~3972)m	3759m漏失
2	张海21-21L(原)	2008.8.20	3230/ES2	32	170/63	海水钻井液 EZ-MUD 哈利伯顿	— 1.15~1.5	导管 φ508mm×30m φ444.5mm×1205m+φ339.7mm×1202.79m φ311.1mm×3230m+φ244.5mm×3100.21m	3223m卡钻 3230m断钻具
	张海21-21L(侧1)	2008.10.4	3596/ES2	14.17	170/83	EZ-MUD 哈利伯顿	1.51~1.53	φ215.9mm 钻头+旋转导向+LWD 钻具开窗 侧钻井段 3103~3596m	3596m 地层坍塌、卡钻
	张海21-21L(侧2)	2008.11.1	3511/ES2	16.67	170/77.17	EZ-MUD 哈利伯顿	1.48~1.53	φ215.9mm 钻头+旋转导向+LWD 钻具开窗 侧钻井段 2934~3511m	3511m 地层坍塌
	张海21-21L(侧3)	2008.12.24	3511/ES2	23	170/87.56	EZ-MUD KCl聚合物	1.6~1.24~ 1.34~1.4	2951m 开窗侧钻 φ215.9mm×3613m+φ177.8mm 技套尾管×2785.046~3612mφ155.6mm 钻头×3994m	3994m 钻头落井、断钻具
	张海21-21L(新)	2008.12.28	4068/ES2	6.18	170/91.5	EZ-MUD CLAYSEA L	1.55~1.56	3477m 开窗侧钻 φ215.9mm×3613m+φ177.8mm 技套尾管×2785.05~3612m+φ155.6mm 钻头×4070m+φ114.3mm 筛管×3419~4068m	无

2.2 卡钻原因分析

从上表和多方调研分析认为井下事故存在地层和钻井液有关的原因是：

地层方面：

(1) 岩石脆性大，硬度小，在外力作用下很易断裂松散。

(2) 在岩石中存在微裂缝，钻井液进入裂缝后，使泥岩膨胀，很容易形成井壁剥落和坍塌。

(3) 岩石解理性和节理性很强，在外力作用下，井壁很容易沿着解理面向下垮塌。

(4) 泥质含量高。

埕海二区的东营组、沙河街组地层存在大段泥页岩层或砂泥互层，东营组泥质含量为 20%~65%(张海503井20%~65%、张海5井20%~40%)；沙河街组泥质含量主要为 20%~40%。ES2 段地层以伊/蒙混层、高岭石为主，平均含量分别为74.6%、17.3%。

(5) 强水敏。水敏指数高达 0.71~0.802(表7)。

表 7　埕海二区水敏实验数据

井号	深度/m	层位	水敏指数/%	水敏性程度
张海 501	2892.35	ES2	71.0	强水敏
张海 503	2891.32	ES2	80.2	强水敏

(6) 胶结松散。电镜观察蒙脱石、伊/蒙间层多以充填式和桥接式产状产出，存在微裂缝。

以上6点均说明该储层极易发生水化膨胀和水化分散，极易造成井壁垮塌、卡钻或地层漏失等复杂情况。

钻井液方面：

(1) 钻井液抑制性不好。如张海 13-25L 井，3292~3300m 卡钻时岩屑回收率83%，页岩膨胀降低率仅为 23.9%。

(2) 携岩性能不好、含砂较高(张 21-21L 井卡钻井深 2651m，含砂3%)使井眼不清洁，造成沉砂。

(3) 钻井液防漏失性不好。本地区存在诸多细小裂缝性漏失段，钻井液中的滤液一旦进入，就会引起缝内水化物质水化膨胀，极易造成缩径或岩石脱落。如张 21-21L 井在 2942m 时井壁坍塌，防漏失实验 3′59″全失，钻井液没有防漏失功能。

3　钻井液适应性分析

(1) 张海 13-25L 井(用 KCl-PHPA 钻井液，新井眼用 PEM 钻井液)和张海 21-21L 井 (EZ-MUD 白劳德钻井液)复杂情况较多，钻井周期长达 110d 和 92.02d，主要复杂事故为地层坍塌、卡钻。

(2) 其余 7 口井(PEM 钻井液)比较顺利，平均钻井周期 37.28d。

具体情况见表8。

从表中数据来看我们认为：

(1) KCl-PHPA、EZ-MUD(哈利伯顿)钻井液性能抑制性能差，不能抑制地层坍塌，钻井液体系不适应所钻地层。

(2) PEM(中海油服)钻井液性能良好，适合该区块地层钻进。

表 8 埋海二区钻井参数

序号	井号	完钻日期	(完钻井深/m)/层位	钻井周期/d	造斜点深/最大井斜/m/(°)	钻井液体系	钻井液密度/(g/cm³)	井身结构	复杂情况
1	张海13-25L(原)		3602/ES2		200/77.5	海水钻井液 KCL-PHPA	— 1.14 1.31	导管φ660mm×60m φ444.5mm×1204m+φ339.7mm×1202.75m φ311.1mm×3602m	二开斯伦贝谢工具落井 三开地层垮塌
	张海13-25L(侧)	2008.10.18	3274/ES2	110	200/63.1	海水钻井液 KCL-PHPA	1.28	导管φ660mm×60m+ φ444.5mm×1204m+φ339.7mm×1202.75m+φ139.7mm×3033.4m	三次断钻具 地层垮塌
	张海13-25L(新)		3972/ES2		195/74.6	PEM(中海油服)	— — 1.48 1.48	导管φ660mm×60m φ444.5mm×1204m+φ339.7mm×1202.75m φ311.1mm×3274m+φ244.5mm×3033.4m φ215.9mm×3974m+φ177.8mm 尾管×(2739.206~3972)m	3759m漏失
2	张海21-21L(原)	2008.8.20	3230/ES2	32	170/63	海水钻井液 EZ-MUD 哈利伯顿	— 1.15~1.5	导管φ508mm×30m φ444.5mm×1205m+φ339.7mm×1202.79m φ311.1mm×3230m+φ244.5mm×3100.21m	3223m卡钻 3230m断钻具
	张海21-21L(侧1)	2008.11.1	3596/ES2	14.17	170/83	EZ-MUD 哈利伯顿	1.51~1.53	φ215.9mm钻头+旋转导向+LWD钻具开窗侧钻井段3103~3596m	3596m地层坍塌、卡钻
	张海21-21L(侧2)	2008.12.24	3511/ES2	16.67	170/77.17	EZ-MUD 哈利伯顿	1.48~1.53	φ215.9mm钻头+旋转导向+LWD钻具开窗侧钻井段2934~3511m	3511m地层坍塌
	张海21-21L(侧3)	2008.12.24	3511/ES2	23	170/87.56	EZ-MUD KCI聚合物	1.6~1.24~ 1.34~1.4	2951m开窗侧钻 φ215.9mm×3613m+φ177.8mm技套尾管×2785.046~3612mφ155.6mm钻头×3994m	3994m钻头落井、断钻具
	张海21-21L(新)	2008.12.28	4068/ES2	6.18	170/91.5	EZ-MUD CLAYSEA L	1.55~1.56	3477m开窗侧钻 φ215.9mm×3613m+φ177.8mm技套尾管×2785.05~3612m+φ155.6mm钻头×4070m+φ114.3mm筛管×(3419~4068)m	无

序号	井号	完钻日期	(完钻井深/m)/层位	钻井周期/d	造斜点深/最大井斜/m/(°)	钻井液体系	钻井液密度/(g/cm³)	井身结构	复杂情况
3	张海13-21L	2008.12.13	3503/ES2	25.19	262/55.81	PEM（中海油服）	— 1.12 1.41 1.43	导管φ660mm×60m φ444.5mm×717m+φ339.7mm×716.84m φ311.1mm×3067.5m+φ244.5mm×3065.19m φ215.9mm×3503m+φ177.8mm 尾管×(2958~2965)m	无
4	张海10-24L	2008.12.22	3532/ES2	20.08	565/74.85	PEM（中海油服）	— 1.13 1.25 1.43	导管φ660mm×60m φ444.5mm×565m+φ339.7mm×564.18m φ311.1mm×2753.5m+φ244.5mm×2751.62m φ215.9mm×3532m+φ177.8mm 尾管×(2653~3532)m	无
5	张海33-22L	2009.1.27	3718/ES2	44.92	342.04/56.6	PEM（中海油服）	— 1.1~1.39 1.39~1.47	导管φ660.4mm×60.5m φ444.5mm×1004m+φ339.7mm×1002.5m φ311.1mm×3310m+φ244.5mm×3174.89m φ215.9mm×4016m+φ139.7mm×4015.8m	无
6	张海13-26L	2009.1.29	4021/ES2	33.96	100/67.34	PEM（中海油服）	— 1.10~1.12 1.47 1.47~1.42	导管φ660mm×60m φ444.5mm×1200m+φ339.7mm×1198.04m φ311.1mm×3303m+φ244.5mm×3300.7m φ215.9mm×4021m+φ177.8mm 尾管×(3192~4020)m	2974m 卡钻
7	张海13-22L	2009.3.18	3560/ES2	30.44	201/60.58	PEM（中海油服）	— 1.40 1.43	导管φ660mm×60m φ444.5mm×810m+φ339.7mm×809.97m φ311.1mm×2902m+φ244.5mm×2899.49m φ215.9mm×3560m+φ139.7mm 尾管×(2802~3559)m	无
8	张海21-23L	2009.4.2	5112/ES2	87.17	120/92.6	PEM（中海油服）	1.18 1.45~1.4 1.4~1.55	导管φ444.5mm×1507m+φ339.7m×1504.524m φ311.1mm×3674m+φ244.5mm×3672.326m φ215.9mm×5112m+φ139.7mm 尾管×(3560~5110)m	3143.6~3144.46m 井漏3次
9	张海29-22L	2009.4.22	4363/ES2	19.21	2830/71.15	PEM（中海油服）	1.37~1.4	导管φ406.40mm×408m+φ339.7mm×408m φ311.1mm×2809m+φ244.5mm×2806.42m φ215.9mm×4363m+φ139.7mm×4362.38m	无

4 结论和建议

（1）埕海油田已钻井复杂情况主要发生在东营组和沙一段地层，其主要原因如下：

上部地层属于早期成岩，含水较高（特别是明上段 1300～1700m），泥岩塑性强，在地应力作用下，易发生塑性变形，造成缩径。

东营组、沙一段上部地层中黏土矿物以伊/蒙有序间层为主，占 35%～67%；

沙一段下部和沙三段地层中黏土矿物几乎全部是伊/蒙有序间层，占 95%～100%。

（2）针对埕海油田的井壁稳定问题，基于压力平衡理论，首先必须采取合适的钻井经多方调研分析并结合现场经验对埕海二区易发生事故井段钻井液密度提出的建议范围：

1 号人工岛（张海 5 区块）

泥浆密度窗口：东营组 1.25～1.30g/cm³；沙河街组 1.30～1.40g/cm³；

中生界 1.40～1.35g/cm³。

1 号井场（张 27×1 区块）

泥浆密度窗口：东营组 1.24～1.40g/cm³；沙河街组 1.40～1.55g/cm³。

2 号井场（张 2703 区块）

泥浆密度窗口：东营组 1.23～1.30g/cm³；沙河街组 1.30～1.35g/cm³

（3）适宜的钻井液体系：采用优质钻井液保证泥浆性能的稳定，并控制适当的粘切（φ3 读数提高到 8～10，φ6 读数提高到 10～14），提高泥浆携砂能力。

（4）严格控制泥饼失水是控制易破碎地层井壁失稳的关键，API 失水小于 3mL；同时提高泥饼质量，止有虚泥饼产生。

（5）控制钻井液 pH 值在 8.5～9.5 之间，减弱高碱性对泥页岩的强水化作用。

（6）提高钻井液抑制性能，使其页岩膨胀降低率大于 50%。

（7）通过室内评价研究，钻井液中加入 1.5%～2.0%的钻井液封堵剂 BST-1，能够提高钻井液的封堵能力和地层的承压能力。

（8）保证大斜度定向井井眼的润滑性能，润滑剂含量保持在 4%以上，使摩阻降至 0.08 以下。

（9）工程配合：严格循环、划眼、短起下钻等措施，有效清除井壁的岩屑床，保证顺利钻进。

通过对现场钻井液室内评价及现场资料收集、分析，认为 PEM 钻井液性能优于 KCl-PHPA、EZ-MUD 钻井液，比较适合埕海二区安全钻进。

作者简介：

郑淑杰，工程师，1991 年 7 月毕业于大港石油学校钻井工程专业，1998 年毕业于石油大学计算机及应用管理专业，从事钻井液完井液、水泥浆及油层保护技术的研究工作，曾撰写、翻译论文 15 篇，多项科研项目获局级一、二等奖。

侧钻井固井质量技术分析

樊松林　黄义坚　周小平　赵俊峰

（大港油田石油工程研究院）

摘　要　大港油田自1994年开始实施5½in套管开窗侧钻技术，研究应用了纤维防漏水泥浆体系、胶乳水泥浆等固井新技术，促进了大港油田侧钻井技术发展。最近几年，随着侧钻井应用范围不断加大，固井质量受到越来越大的挑战，2008年固井一次合格率低于93%，固井质量成为阻碍大港油田侧钻井技术发展的一个重要瓶颈。为此，本文结合油田实际情况，就侧钻井地质特征、井身结构、完井液性能、水泥浆体系等影响固井质量的重要因素进行了分析研究，提出改进措施，为今后侧钻井固井提供技术参考和借鉴。

关键词　大港油田　侧钻井　水泥浆　钻井液　固井质量

1　大港油田侧钻井发展简况

为有效盘活剩余资源，降低开发成本，大港油田于1994年开始实施5½in套管开窗侧钻技术，至2008年底已累计实施260余口侧钻井。侧钻井及其配套技术得到大力发展，从最初的自由侧钻发展到目前的定向侧钻、水平侧钻，形成了套管开窗、轨迹控制、钻井液体系优选、优快钻井、小井眼完井等系列侧钻技术。最深完钻井深达到3369m，平均裸眼段长从最初的200m发展到如今的592m。为提高固井质量，研究应用了高强度低密度水泥浆、纤维微膨胀水泥浆、胶乳低密度水泥浆3套侧钻井固井水泥浆体系，推动了侧钻井技术在大港油田的发展。

2　大港油田侧钻井完井技术简介

2.1　完井管串

目前这些老井的生产套管尺寸大多是ϕ139.7mm。侧钻采用ϕ120.6mm钻头钻进，完井采用ϕ95.25mm尾管固井。

2.2　完井钻井液体系

早期主要采用废旧钻井液。最近几年为了稳定井眼，保护油气层，采用了抑制性聚合物、无机硅酸盐、有机硅等钻井液体系。

2.3　固井水泥浆体系

2002年以前以G级水泥浆为主，配方简单、性能单一。此后研究应用了纤维微膨胀水泥浆、高强度低密度水泥浆、胶乳低密度水泥浆等适合小井眼固井的水泥浆体系，在水泥浆防漏失、水泥石抗冲击性能方面取得较大发展。

3　大港油田侧钻井问题井简况

最近两年，随着侧钻井不断增多，固井质量受到越来越大的挑战，年固井一次合格率徘徊在 90% 左右，固井质量成为阻碍大港油田侧钻井技术发展的一个重要瓶颈。本油田采油一厂每年实施侧钻井数最多，下面就该厂 4 口固井质量较差的侧钻井为例，进行分析，探讨提高固井质量途径。4 口井侧钻井简况如表 1。

表 1 大港采油一厂 4 口侧钻井简况

井号	井深/m	层位	裸眼长度/mm	压力系数	平均井径/mm	完井钻井液		固井水泥浆			事故复杂
						体系	相对密度	体系	比重	稠化时间/m	
港深 55K	2077	明化-馆陶	754	0.9	127.0	硅基防塌	1.12~1.20	胶乳水泥浆	1.5	176	漏失 45m³
港 49-23K	2146	馆陶兼东营	806	0.87	128	抑制性聚合物	1.18	高强度低密度	1.6	132	漏失 72m³
港 547K	2192	馆陶兼东营	665	0.94	130	抑制性聚合物	1.14	高强度低密度	1.45	220	漏失 30m³
港 380K	2400	馆陶兼东营	850	0.94	128	抑制性聚合物	1.18	高强度低密度	1.6	224	—

4 侧钻井固井质量分析

分析认为，侧钻井固井质量差的原因可以归结为以下 3 个方面。

4.1 地质条件复杂

大港油田断层发育，非均质性突出。多数主力开发区块已经过 40 余年加密井网、注水开发，原有的地层压力系统大多遭到破坏而变得紊乱。而且油水层多，间隔小，难以保证有效的进行层间封隔。

以上问题井目的层主要集中在馆陶、东营。埋藏浅、压实程度低、胶结疏松。深度小于 2500m，压力系数在 0.87~0.94 之间，作业过程漏失严重。如：港深 55K 井，构造位置属于港东二区四断块，该井钻进过程三处穿越断层，在钻至 1468m、2000m、2010m 等处出现钻井液漏失，共漏失钻井液 45m³；港 49-23K 井，属于北大港潜山构造带，在钻馆陶底砾岩时于 1909~1919m、1922~1931m 处发生漏失，漏失钻井液 72 m³。

4.2 固井环空间隙小，套管居中难度大

ϕ139.7mm（内径 124mm 左右）套管开窗侧钻，完井采用悬挂 ϕ95mm 尾管完成，环空间隙在 15mm 左右。受小间隙的影响，扶正器的安放比较困难，套管居中难以保证，固井的顶替效率无法提高。钻井过程中出现井壁垮塌现象，尽管平均井径扩大率控制在 6%~10% 之间，但井径并不规则，局部形成大肚子，在顶替过程中不易被顶替干净。一些井由于地质要求的靶圈半径小，井斜达到 30° 以上。有些井在钻井过程中进行了扭方位，造成井眼轨迹不平滑，加大了套管居中难度，致使注替过程中宽边和窄边流体流速不一样，容易形成窜槽。同时，封固段一般超过 700m，最长如港 380K 达到 1100m，固井时摩阻大，循环泵压高，采用单级固井容易发生漏失，致使顶替排量受到限制，顶替效率不高。

4.3 完井液和固井水泥浆性能影响

（1）完井钻井液采用抑制性聚合物居多，体系稳定性好，容易维护，但静胶凝结构较强，固井时形成的虚泥饼不容易被顶替干净，影响二界面胶结质量。此外，现有完井液最欠缺的性能是防漏失能力不足，无法为固井提供一个稳定、安全的井眼。

（2）低密度水泥浆体系稳定性问题。为了防止固井漏失，4 口侧钻井均采用了低密度固井，体系选用含纤维的高强度低密度水泥浆。密度最低的是港 547K，为 1.45 g/cm³，质量很差，后来连续补挤水泥 3 次。尽管定向侧钻为防止水泥浆析水形成窜槽，设计要求水泥浆零析水。但问题井每口井水泥浆流动度均高于 23cm，也不是零析水，现场没有测试水泥浆的上下密度差。对于长井段小井眼定向侧钻井来说，水泥浆体系的稳定性没有得到有效控制。

（3）稠化时间控制不佳。由于尾管固井要反洗多余的水泥浆，稠化时间设计都比较长。4 口井稠化时间在 200min 左右，40~100Bc 过渡时间在 15~30min 之间。现场配浆时为了保险，往往加更大量的缓凝剂。过长的稠化时间对水泥浆硬化前浆体的稳定不利，增加了油水活跃的调整区块固井过程井下流体窜流风险。

（4）对钻井液的顶替效率不足。固井前钻井液循环没有充分重视。由于担心漏失，循环泥浆时间往往偏少。同时，在漏失井段，清洗液单一，用量保守。漏失井段由于使用了大量的高分子、堵漏材料，井壁上的滤饼必然十分虚厚，室内研究表明，可能高达 3~5cm。因此为了提高顶替效率，需要针对高分子聚合物、堵漏材料采用有效破胶清洗的技术并设计足够的用量。

5 提高侧钻井固井质量途径

在做好井位优选、井身结构优化等基础上，为提高侧钻井固井质量，在以下 5 个方面的工作需要加强。

5.1 加强侧钻井各专业之间的协调配合，联合攻关

侧钻井固井质量问题不仅仅是"固井"的问题，应该是一个综合的、系统的问题，与地质条件、井身结构、钻井、钻井液、水泥浆、套管居中、顶替施工等因素紧密相关。

客观上讲，目前侧钻井各专业均取得很大进步。比如，聚合物钻井液取代废旧钻井液，纤维微膨胀、低密度固井水泥浆取代常规 G 级水泥浆。但是，由于现场实施时各专业环节缺乏统一协调配合，钻井液性能维护不及时、扶正器不按设计认真安装、固井前钻井液性能处理简单等时有发生，导致固井施工环境不理想，影响最终质量。这就需要加强现场监督管理，加强过程控制。针对难点技术，还需要组织各专业单位开展联合攻关。

5.2 固井前处理好漏失，改进防漏、堵漏手段

研究表明，大港主力生产层的储集空间已经发生了很大的变化，平均孔喉半径从原来的 10μm，增加到目前的 40μm 左右。井间形成高渗透、大孔道，作业漏失严重。侧钻过程漏失处理不好，会引发一系列问题。比如，由于担心漏失，常常过度追求水泥浆低密度，过度强调浆体流动性能等等，漏倒是防住了，却带来稳定性、防窜性能问题。目前，侧钻井处理漏失的措施主要采用复合堵漏剂（或配合加单封）、土粉、磺化沥青、石灰石等为材料为主，遇到断层、大孔道，效果不佳。

分析认为堵漏材料的尺寸需要优化，港 5-57K 井是一个很好的例子。港 5-57K 是港东油田一口侧钻井，井深 1616m。该井钻至 1527~1537m 井段，发生严重漏失，漏失钻井液 100m³，加入复合堵漏材料近 10t，静置堵漏未成功。因此，对堵漏材料的尺寸进行了优化调整，利用 50 kg 大尺寸的特种堵漏材料配成堵漏液 10m³，挤入漏失层 0.9m³，封堵成功，后采用密度 1.85g/cm³ 纤维水泥浆进行固井，无任何漏失，固井质量优质，试油日产油量达到 25.13t 以上。现场应用证明，固井前处理好漏失是保证固井质量的关键。

5.3 尽可能采用较高的水泥浆密度

低密度防止固井过程漏失有一定作用，但过低的密度对于提高固井质量不利。现在降低固井水泥浆密度多采用漂珠等减轻剂，但是研究表明，漂珠抗压能力有限，高压下即使不破碎，也容易进水，造成浆体性能不稳。同时，低密度水泥浆过度强调浆体流动性能，现场流动度大于23cm，现场缺乏质量控制手段，没有上限要求，在小井眼、定向井带来稳定性不佳造成的风险较大。

在这种情况下，我们认为开发防漏低密度水泥浆是一个思路。水泥浆密度从1.80g/cm³降到1.60g/cm³要花费大量成本，还要牺牲水泥石的性能，但综合效果可能并不大。因为1000m水泥浆液柱压力只下降2MPa，如果采用合适的防漏剂，提高地层承压能力3~5MPa也许并不困难，而且固井水泥性能也有保证。官962-6K井φ101.6mm尾管固井证明了这一点。该井为孔店潜山构造带上的一口侧钻井，井深1830m，为低压、小井眼、小间隙井。井底压力系数只有0.56，钻井过程漏失严重。为保证固井质量与使用寿命，该井针对水泥浆增韧、防漏、稳定性进行设计，并采用了1.85g/cm³复合纤维水泥浆体系完成施工。固井时前置冲洗液4.0m³、水泥浆4.5m³，后置液2m³。注灰排量600L/min，顶替排量700L/min，整个施工过程顺利，固井一次成功。

5.4 控制好稠化性能

在一些漏失井，固井碰压后，建议按照直接上提全部钻具留塞候凝方式作业，不要因为反洗水泥浆，设计过长的固井水泥浆稠化时间。同时，现场要做好配液体积精确计算，控制好缓凝剂等材料的加量，保证水泥浆达到设计密度，确保稠化时间尽可能的准确。同时，优化水泥浆性能，保证"直角稠化时间"（40~100Bc经过的时间）控制在15min以内，减小油气水窜几率。固井前，采用液气窜仪评价优选防窜性能好的水泥浆配方。

5.5 优化水泥浆稳定性

对于水泥浆流动度指标，应该根据水泥浆稳定性能，设计一个合适的范围，比如控制在22~24cm之间，以免现场过分追求水泥浆流动性能，造成稳定性问题。同时，建议增加上下密度差指标，控制析水为零，加强水泥浆稳定性能控制。

6 结论与建议

（1）大港油田侧钻井固井合格率由早期50%发展到如今的90%，证明综合配套技术已经取得显著的进步。

（2）侧钻井固井质量问题不仅仅是"固井"的问题，应该是一个综合的、系统的问题。与地质条件、井身结构、钻井、钻井液、水泥浆、套管居中、顶替施工等因素紧密相关。提高固井质量技术需要各作业环节统一协调开展。

（3）对大港侧钻井固井质量影响比较大的因素是作业过程漏失。通过针对性的堵漏，提高地层的承压能力，保证固井水泥浆密度可选范围更大，在提高侧钻井固井质量方面具有现实意义。

（4）为保证小间隙、长井段、定向井固井质量，需要在控制稠化时间方面深入研究实践，同时增加固井水泥浆在零析水、上下密度差等稳定性指标控制，防止由于稳定性带来的井下复杂情况。

（5）优化"直角稠化"时间，根据防窜性能评价，调整配方，降低失重窜流风险。

（6）低密度固井质量检测标准存在争议，建议开展对比分析研究。

作者简介：

樊松林，高级工程师，1991 年毕业于西南石油学院应用化学专业，主要从事钻井液完井液、固井水泥浆、修井液以及油层保护技术研究及应用，现为大港油田石油工程研究院油层保护技术服务中心主任。

复杂油藏水平井完井技术

刘长军　齐月魁　曲庆利　聂上振[1]　张东亭　黄满良

（大港油田石油工程研究院）

摘　要　本文针对大港油田港东、港西油田油层胶结疏松，地层出砂现象比较普遍，馆 I 的地层砂粒度中值小，地层砂分选性、均匀性差，采用精密微孔复合防砂管完井防砂效果不好的难题，提出了采用分级控砂筛管完井方式。另外，针对边底水油藏采用筛管完井的水平井含水上升快，出水后无法采取进一步措施的难题，提出了分段控水方案，并投入到现场应用。

关键词　水平井　完井　分级控砂　分级控水　筛管　防砂

引言

大港油田港东、港西油田受油藏埋藏浅、地层胶结疏松等地质因素影响，油井出砂较为严重，馆 I 的地层砂粒度中值在 0.08～0.1mm，其中 0.04～0.06mm 的细粉砂含量达 42%，地层砂分选性、均匀性差，在该地区投产的水平井均采用精密复合防砂管进行防砂完井，挡砂精度 0.1～0.15mm。然而在生产过程中采用精密微孔复合防砂管完井的水平井陆续出现出砂、筛管漏的情况，严重影响了油井正常生产。针对上述问题，由大港油田采油工艺研究院、钻采院和安东石油技术（集团）有限公司共同合作，开展了分级控砂筛管水平井完井现场试验。对于伴有边底水油藏的水平井，完井方式采用裸眼防砂筛管完井。当含水上升后，常规的完井管柱无法进行有效地控制，给水平井高效生产带来了不利，为此开展了水平井分段控水工艺的研究，并投入到现场应用。

1　港东、港西油田分级控砂筛管完井

1.1　出砂因素分析

地层出砂原因主要包括地质因素和开发因素，在地质因素中需要考虑地层因素、构造应力因素和岩石物性因素。

1.1.1　地层因素（表1）

一般来说，地层越新、埋藏越浅，成岩程度越低、胶结越疏松、越容易出砂；胶结物以泥质为主，胶结疏松；胶结方式中以接触式最为疏松。

表1　港东、港西地层因素统计

区块	地层年代	地层埋深/m	粒度中值/mm	岩性	分选系数	胶结物	泥质含量/%	胶结类型	地层因素对出砂影响
港东	上第三系	900～2200	0.06～0.205	岩质细砂-粉砂岩	4.66～5.62	泥质	12	孔隙式、孔隙-接触式	易出砂

区块	地层年代	地层埋深/m	粒度中值/mm	岩性	分选系数	胶结物	泥质含量/%	胶结类型	地层因素对出砂影响
港西	上第三系	602~1500	0.06~0.52	细砂岩	2.73~4.36	泥质	12.2	孔隙式、孔隙－接触式	易出砂

1.1.2 构造应力因素

港东、港西两油田位于黄骅拗陷中部，北大港潜山构造带上，是港东、港西隆起上发育起来的第三系油气田。两开发区均是被断层复杂化的背斜构造。也就是说，在断层附近和背斜顶部构造应力集中。在断层附近或构造高部位，原构造应力很大，天然节理或微裂缝发育，地层强度最弱，也是出砂比较严重的部位。

1.1.3 岩石物性因素

地层孔隙度越高，渗透率越高，地层越容易出砂。港东开发区平均渗透率为 985×10^{-3} μm^2，平均孔隙度31%；港西开发区平均渗透率为 844×10^{-3} μm^2，平均孔隙度31%。可见，港东、港西油田地层属高孔高渗油层，地层容易出砂。

另外，在开发生产过程中，完井参数的选择，采油工作制度的调整，地层敏感性以及生产过程中的含水上升都是引起或加剧地层出砂的因素。

1.2 水平井完井方式

截止到09年7月底，大港油田有各类水平井150口，分别采用精密微孔复合防砂管、射孔完井、割缝/冲缝筛管、砾石充填等4种完井方式。其中，出砂油藏主要以精密微孔复合防砂管为主，其采用的主要完井工艺为顶部注水泥下部筛管完井工艺，具体完井管柱如图1所示，同时配套酸洗管柱如图2所示。

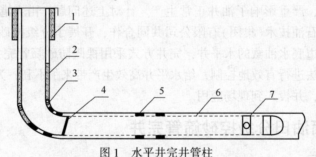

图 1 水平井完井管柱

1—表层套管；2—套管；3—分级箍；4—盲板；
5—裸眼封隔器；6—防砂管；7—多功能洗井阀

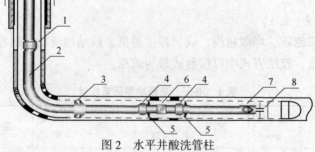

图 2 水平井酸洗管柱

1—泄油器；2—油管；3—洗井封隔器；4—胀封工具；5—扶正器；
6—定压阀；7—打压球座；8—密封插管

在生产过程中发现，在应用精密微孔复合防砂管的水平井中，有9口井出现了筛管漏和出砂等情况。其中，有8口井出现在港东、港西油田。针对生产中存在的问题，对两油田之前采取的几种完井工艺进行了适应性分析，并就精密复合滤砂管在港东、港西油田明化、馆陶储层应用中防挡砂效果差的问题进行了总结、分析，认为在较低的产液强度下，精密微孔复合防砂管基本能够满足生产要求，但在较高采液强度下，精密微孔复合防砂管的适应性较差，针对这些问题，提出了改进措施。确定了分级控砂筛管完井方式。

1.3　分级控砂筛管防砂原理及结构

1.3.1　防砂原理

分级控砂筛管采用独有的分级控砂设计，表面过滤与深度过滤的有机结合，实现了单一筛管双重精度，它由多层过滤网组成，每层过滤网的过滤精度不同，外层过滤网的精度大于内层，一定粒径的地层砂被外层过滤网挡住，形成第一级稳定砂桥；更细的地层砂被内层过滤层第二次过滤，形成第二级砂桥，最终更小的细粉砂随流体产出。

1.3.2　防砂管结构

防砂管由基管、冲孔套、分级控砂过滤结构、外层保护套和支撑环组成（图3）；基管钻有中心孔，过滤结构整体贴敷在冲孔套上，过滤结构焊接在冲孔套上且与冲孔套一起焊接在基管上，过滤结构外部包裹一层带有侧流孔的外层保护套，外层保护套两端分别与支撑环焊接，支撑环与基管焊接。

控砂过滤结构由底层向上依次为：金属丝编织的方孔网，金属丝编织的密纹网、金属丝编织的方孔网，金属纤维烧结毡和保护网（图4）。该防砂管具有高强度、高抗变形能力、抗腐蚀性好的特点。

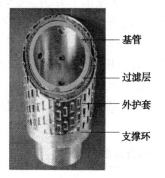
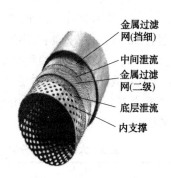

图3　分级控砂筛管结构图　　　　图4　过滤层结构图

1.4　现场应用

由于港东、港西地区地层砂分选差，粒度中值小，按国内外通用做法及软件计算结果，完井应该优先选择砾石充填完井。但是由于在这两个地区所打水平井属老区挖潜，地质配产较低（20~30 t/d），造成使用砾石充填完井投入产出比高，成本回收周期长，且对比筛管完井工艺，后者具有施工相对简单，技术成熟，能够起到挡砂作用，并存在较大的经济优势，因此，推荐选择筛管完井工艺。

筛管防砂精度选择：以地层砂粒度D50、泥质含量、原油物性为设计依据，通过计算、优化，在港东、港西油田所选筛管主要技术参数如下：

筛网挡砂精度：N100μm／W150μm 或 N100μm／W175μm

单位过流面积：177.8mm 筛管：2.79×10^{-2} m²/m；139.7mm 筛管：1.41×10^{-2} m²/m。

自 2009 年 2 月 10 日~3 月 22 日，分级控砂筛管在大港油田港西、港东油田等 4 口井（西 48-8-3H、西 40-6-11H、西 40-6-10H、港 3-38H）投入现场应用，其中，港 3-38H 井采用 8½in 井眼，5½in 套管及筛管完井；西 48-8-3H、西 40-6-11H 和西 40-6-10H 井均采用 9½in 井眼，7in 套管及筛管完井。

四口井自投产以来未出现出砂和筛管漏的问题。从初期产量看，除西 40-6-10H 井含水高，产油相对较低外，其他三口井的产油量分别是邻井的 1.55~6.98 倍，达到了地质配产要求。而西 40-6-11H 和港 3-38H 两口井在生产半年后的产油量仍维持在 15t/d 以上，取得了很好的效果（表 2）。

表 2　4 口采用分级控砂筛管井生产统计

井　号	完井管柱尺寸/mm	挡砂精度/μm	投产日期	采油方式	初期日产液/（m³/d）	初期日产油/（m³/d）	含砂/%
西 40-6-11H	φ177.8	N100/W175	2009.2.15	潜油电泵	48.70	28.68	0
西 40-6-10H	φ177.8	N100/W175	2009.2.16	潜油电泵	54.80	5.86	0
西 48-8-3H	φ177.8	N100/W150	2009.2.18	抽油井泵	32.30	30.60	0
港 3-38H	φ139.7	N100/W175	2009.3.24	潜油电泵	67.40	30.67	0.01

2　边底水油藏分段控水工艺

2.1　大港油田水平井现状

至 2008 年底，大港油田共投产水平井 136 口，其中，常规水平井 128 口，侧钻水平井 10 口，分支水平井 2 口，大位移水平井 11 口，其中以常规水平井为主，占水平井总数的 84%。在完井方面，先后采用射孔、割缝/冲缝筛管、精密复合滤砂管、砾石充填等 4 种完井方式。其中，射孔 30 口，占 22%；割缝/冲缝筛管 29 口，占 21%；砾石充填 5 口，占 4%；精密复合筛管 72 口，占 53%，油藏类型则以边底水和层状砂岩为主，其中边底水油藏占 53 口。占整个开发井数的 39%。表 3 是大港油田部分区块水平井筛管完井情况统计，从表中可以看出，随着水平井筛管完井生产的延续，带来的高含水无法控制问题，已成为制约其高效开发的主要因素。

表 3　大港油田部分区块水平井筛管完井情况统计

区块	统计井数/口	孔隙度/%	渗透率/md	泥质含量/%	D50/mm	挡砂精度/mm	分选性	初期 油/（t/d）	初期 含水/%	初期 含砂/%	目前 油/（t/d）	目前 含水/%	目前 含砂/%
板桥孔店羊三木	16	32.24	1558.2	11.82	0.1~0.26	0.13~0.2	好	17.8	37.1	0.01	8.4	85	0.01
港东港西	40	30.71	1726.5	9.94	0.08~0.25	0.1~0.15	差	36.09	40.25	0.01	12.92	74.9	0.09

2.2　水平井完井控水技术难点

水平井是油气田开发提高采收率和采油速度的一项重要技术。随着石油钻探技术的不断进步，当今的水平井钻井配套技术已日臻完善，水平井的应用已经成为油田快速发展的主要方式。然而，在水平井完井工艺和技术方面还面临许多难题，如何有效解决水平井控水就是一个急需解决的生产难题，主要技术难点包括以下三点。

2.2.1 水平段油、水层的封隔问题

如何有效分隔油水层是水平井完井控水的主要限制因素。水平裸眼井段突出特点是由于技术限制，无法探测判断出油水层的精确相对位置，加之水平段油藏类型多以层状砂岩为主，大大增加了井径的不规则几率，从而导致水平段裸眼封隔器处在一个不规则、不稳定的环形空间环境下工作，影响了密封封隔效果。

2.2.2 水平段内管柱的分段密封

20世纪80年代，国内水平井多以固井射孔完井为主，水平段的底水锥进控水问题可通过管内封堵、优化射孔工艺解决；但随着近年来筛管在水平井完井的广泛应用，随之而来的稳油控水成了新的开发问题，如何通过生产管柱与外管柱的配合，将水平生产井段进行有效分隔是水平井完井控水的关键。

2.2.3 科学合理的工作制度

水平井完井控水技术的核心思想就是最大限度的释放油量，抑制水量，而科学的控制油水同出的比例，对于确定科学合理的生产工作制度显得尤为重要。

2.3 水平段分段控水工艺

结合我油田生产实际和完井工艺现状，综合考虑技术等因素，提出了常规筛管+分段密封(水力压缩封隔器)+中心管采油的水平井分段控水工艺方案。该方案是将比较长的水平段分成两段，先生产其中一段，待含水上升、产油量下降时，将该生产井段封堵，生产另一段。该技术可以充分利用水平井的井下资源，提高采收率，有效实现控水增油。

2.3.1 完井和酸洗管柱

完井管柱自下而上：引鞋+筛管+洗井阀+筛管串(盲管)+分层密封筒+套管短节+管外封隔器+套管串+管外封隔器+套管短节+分层密封筒+筛管串+分层密封筒+筛管串(盲管)+分层密封筒+套管串+盲板+管外封隔器+套管短节+分级箍+套管串(至井口)(图5)。

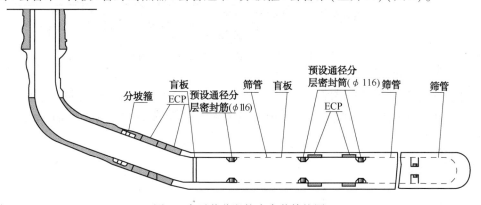

图5 水平井分段控水完井管柱图

酸洗管柱自下而上：打孔管+油管串+脱节冲砂安全接头+116插入管+油管(1~2根)+116插入管+油管串+脱节冲砂安全接头+橄榄型封隔器+116插入管+油管串+108倒扣丢手+油管至井口(图6)。

2.3.2 生产管柱

2.3.2.1 首先生产下段

将生产尾管下到下部油层部位，而通过管外封隔器和分层密封筒将上部油层封隔，实现封上采下的目的。若需要换层，只需将生产管柱提出即可，若由于砂埋等原因上提力过大，

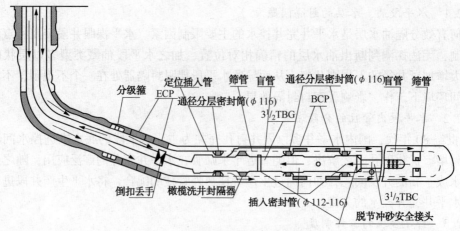

图6 水平井分段控水酸洗管柱图

可将管柱从安全接头处提出，然后下打捞管柱进行打捞(图7)。

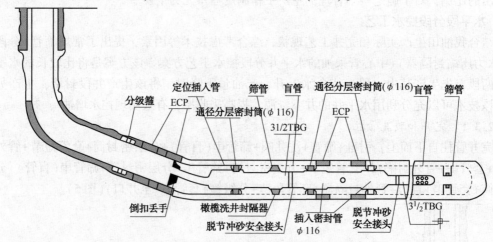

图7 水平井分段控水生产下段生产管柱图

2.3.2.2 后期生产上段

将生产尾管下到下部油层部位，由于生产管柱不带筛管，通过与管外封隔器和分层密封筒配合，将下部油层封隔，而上部油层则通过下入的筛管(打孔管)与上部油层连通，实现封下采上的目的(图8)。

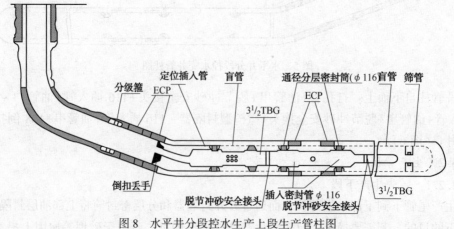

图8 水平井分段控水生产上段生产管柱图

2.4 现场应用

2009 年 7 月，分段控水工艺先后在大港油田庄海和孔店区块应用三口井，从施工过程看，三口井施工都很顺利，从目前情况看，生产比较正常，具体后期效果，还将进一步跟踪、分析。

3 结论

通过在大港油田港东、港西油田 4 口水平井的成功应用，分级控砂筛管满足了该地区对防砂的要求，该技术的成功应用，不仅为今后开发类似油藏的防砂提供了成功经验，而且也为储层防砂工艺探索了一条新途径。分段控水工艺的实施将为今后开发底水油藏水平井提供可靠的借鉴作用。

作者简介：

刘长军，男，1970 年生，中国石油大学在职研究生，高级工程师，现在大港油田钻采院完井中心从事完井工艺研究工作。

水平井快速钻塞完井工艺研究

齐月魁　单桂栋　王晓梅　刘长军　曲庆利　曾晓辉　刘晓晶

（大港油田石油工程研究院）

摘　要　本文主要介绍了一套水平井筛管完井工艺，应用一种可快速钻除盲板以及其他配套工具来实现水平井迅速完井，解决了常规完井钻塞缓慢、施工周期长的问题。本文从工作原理、施工工艺、现场应用等几个方面对其进行了介绍。

关键词　水平井筛管完井　快速钻塞　盲板　压胀裸眼封隔器　反循环酸洗与胀封管柱

1　前言

水平井筛管完井是指将经过特殊工艺制成的具有滤砂功能的筛管，用管柱和辅助工具直接悬挂并放置于裸眼完成或固井射孔完成的水平井段出砂层位。为进一步发挥水平井的技术优势，在完井方式方面，砂岩油藏越来越趋向于筛管完井。

目前水平井上部固井+下部筛管完井工艺工具不完善，完井过程中所使用的常规盲板钻塞时间长，影响了整个作业周期。因此本文中，我们将介绍一种能够快速钻塞的水平井筛管完井技术，通过使用一种特殊设计的盲板及相应配套工具，达到快速完井的目的。

2　相关配套工具

2.1　水泥充填胶木盲板

盲板主要应用于水平井上部固井下部筛管完井固井作业中。盲板安装在管外封隔器下、筛管上部，目的是给管外封隔器和分级箍建立密封压力。具有两大优点。

（1）密封压差大，可钻性好。

（2）应用范围广，可用于水平井和大位移井中。

2.1.1　结　构

水泥胶木盲板主要由 G 级水泥、胶木座、膨胀剂、粘接剂、套管接箍、短节组成，可直接与套管串连接。如图 1 所示。

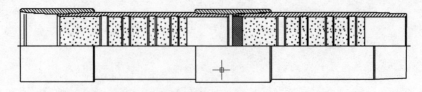

图 1　水泥胶木盲板

2.1.2 技术参数(表1)

表1 技术参数表

井眼尺寸/mm	215.9	
套管尺寸/mm	139.7	177.8
工具长度/mm	1500	1500
工具外径/mm	139.7	177.8
工具内径/mm	121	159
最大外径/mm	156	196
压差/MPa	30	30
连接螺纹	5½LCSG	7LCSG

2.1.3 施工工艺(表2)

(1) 水泥盲板与管外封隔器和下部套管或筛管连接,水泥盲板上下扣必须用锁扣脂连接。上扣扭矩达到 6.8kN·m。

(2) 每钻进 5cm,要上下活动一次,活动不停泵,并保持钻具转动,以便清除钻头周围的橡胶和金属屑。

表2 推荐钻塞参数

钻头直径/mm	钻压/kN	转速/(r/min)	排量/(L/s)
118	10~20	60~70	16~18
152	10~20	60~70	16~18

2.2 压胀裸眼封隔器

目前完成的水平井,在水平段加装一组或两组目裸眼封隔器,便于以后冲砂或酸洗作业,常用的封隔器为 φ177.8mm、φ139.7mm。裸眼封隔器已形成系列,技术参数见表3。

表3 压胀裸眼封隔器技术参数表

公称直径		最大外径/	内径/	总长度/	密封长度/	胀封外径/	耐温/	压差/	连接螺纹 API
mm	in	mm	mm	mm	mm	mm	℃	MPa	套管长圆扣
140	5½	203	121.4	2820	600	305	120	35	5½
178	7	203	160	2860	600	305	120	35	7

压缩式套管外封隔器主要由膨胀胶筒、中心管(一段套管)阀接头、接箍、短节组成,可直接与套管串连接。如图2所示。

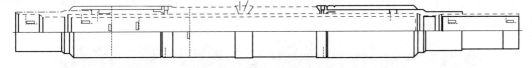

图2 水平井压缩裸眼封隔器

φ140、φ178 两种规格阀接头上装有控制活塞。剪钉控制活塞,当剪销剪断压力达到 13~15MPa,活塞伸出,压缩胶筒,胶筒随井眼变型,液缸伸出 200mm 后或胶筒达到井眼直径后,液缸内的卡簧锁死。此时套管内压力的大小对膨胀胶筒内的压力无任何影响,实现安全坐封。

2.3 反循环酸洗与胀封管柱配套工具

在水平井筛管完井施工中,酸洗作业是一项重要的施工环节。洗井作业的成功与否直接关系到水平井的生产效果。近几年所有筛管完成的水平井,全部实施酸洗作业,取得了良好的效果。酸洗管柱配套工具主要有水力胀封封隔器、洗井封隔器、洗井管柱定压阀、洗井冲洗头和内管柱密封座。

精细筛管(精细筛管包括金属棉筛管、金属毡筛管、金属网筛管、金属网复合筛管、TBS筛管等)完井的水平井必须应用于反循环酸洗。反循环酸洗适用于任何筛管完井的水平井。

2.3.1 打压封隔器(图3)

2.3.1.1 功能

压差在3MPa时就可密封内管柱与完井管柱之间的环空;压差20MPa,完全胀封管外封隔器。

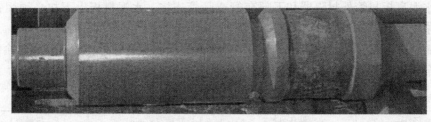

图3 打压封隔器

2.3.1.2 结构参数表(表4)

表4 结构参数表

套管尺寸/mm	139.7	177.8	胶筒长度/mm	200	200
工具长度/mm	780	780	胶筒耐温/℃	160	160
工具外径/mm	116	150	最大胀封外径/mm	140	180
工具内径/mm	60	60	连接螺纹	2⅞TBG	
胶筒外径/mm	114	148			

2.3.2 胀封定位显示装置(图4)

2.3.2.1 功能

连接在两个打压封隔器之间并与定压阀连接。当胀封内管柱下到预定位置后,地面开泵3MPa、整压,使卡块张开,上提管柱到定位接头以上的位置后,再次下放管柱,利用位移和悬重的变化量来判断打压封隔器是否封隔住管外封隔器。该定位机构的优点在于结构简单、判断可靠。

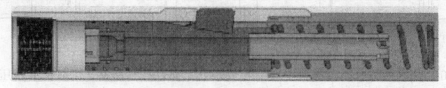

图4 定位显示装置

2.3.2.2 结构参数表(表5)

表5 结构参数表

	定位短接			定位显示装置	
套管尺寸/mm	139.7	177.8	套管尺寸/mm	139.7	177.8
工具长度/mm	650	700	工具长度/mm	800	800
工具外径/mm	156	196	工具外径/mm	116	152
工具内径/mm	124	160	工具内径/mm	60	60
连接螺纹/in	5½LCSG	7LCSG	连接螺纹/in	2⅞UPTBG	2⅞UPTBG

2.3.3 洗井管柱定压阀(图5)

2.3.3.1 功能

连接在两个打压封隔器之间,定压阀压差在6MPa时打开,此时两个打压封隔在3MPa时启封,就可密封内管柱与完井管柱之间的环空。

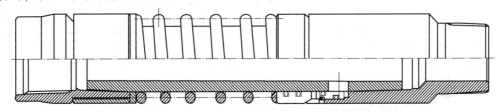

图5 洗井管柱定压阀

2.3.3.2 结构参数表(表6)

表6 结构参数表

套管尺寸/mm	139.7	177.8	工具内径/mm	60	60
工具长度/mm	500	780	打开压差/MPa	6	6
工具外径/mm	114	150	连接螺纹/in	2⅞UPTBG	

2.3.4 洗井管柱扶正器(图6)

2.3.4.1 功能

连接在两个打压封隔之间,起到扶正和保护胶桶的作用。

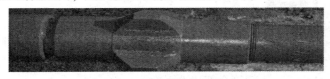

图6 洗井管柱扶正器

2.3.4.2 结构参数表(表7)

表7 结构参数表

套管尺寸/mm	139.7	177.8
工具长度/mm	360	360
扶正体外径/mm	116	152
工具内径/mm	60	60
连接螺纹/in	2⅞UPTBG	

2.3.5 反洗球座(图7)

2.3.5.1 功能

与最下面打压封隔器连接。反洗液体可以从球座处进入，正打压10~16MPa胀封管外封隔器。正打压20MPa，打掉球座，起钻与环空建立连通。

图7 反洗球座

2.3.5.2 结构参数表(表8)

表8 结构参数表

公称直径		外径/	内径/	长度/	剪断剪销泵压/	连接螺纹 AP
mm	in	mm	mm	mm	MPa	
73	$2\frac{7}{8}$	90	60	460	20	$2\frac{7}{8}$inUPTBG

2.3.6 密封插入管(图8)

2.3.6.1 功能

与反洗球座连接，插入到洗井阀内。反洗液体可以从密封插入管进入。

图8 密封插管

2.3.6.2 结构参数表(表9)

表9 结构参数表

公称直径		外径/	内径/	长度/	连接螺纹 AP
mm	in	mm	mm	mm	
73	$2\frac{7}{8}$	71	60	1350	$2\frac{7}{8}$inUPTBG

图9 洗井阀

2.3.7 洗井阀(图9)

2.3.7.1 功能

与筛管连接，密封插入管插入到洗井阀内。反洗液体通过筛管进入到密封插入管内。起到控制液体短路的目的，将筛管全部清洗干净。

2.3.7.2 结构参数表(表10)

表10 结构参数表

公称直径		外径/	内径/	长度/	连接螺纹 AP
mm	in	mm	mm	mm	
139.7	$5\frac{1}{2}$	156	71	350	$5\frac{1}{2}$inLCSG
177.8	7	196	71	380	7inLCSG
密封压力/MPa				60	

2.3.8 反洗井封隔器(图 10)

2.3.8.1 功能

与送入的内管柱连接,安放在外管柱最上一根筛管以下 10~20m 位置。起到改变反洗液体流向作用。洗井液体通过反洗井封隔器进入到筛管与裸眼的环空,通过插入管进行内管柱返到地面。洗井封隔器皮碗内开有流到,起钻不拔活塞。

图 10 反洗井封隔器

2.3.8.2 结构参数表(表 11)

表 11 结构参数表

套管尺寸/mm	139.7	177.8
工具长度/mm	750	750
密封外径/mm	126	162
工具内径/mm	60	60
连接螺纹/in	2⅞UPTBG	

3 施工工艺

(1) 通井。

(2) 下入完井管柱,如图 11 所示。

(3) 胀封封隔器、打开分级箍。

(4) 固井、关闭分级箍。

(5) 候凝、换防喷器、钻塞。

(6) 刮削、洗井。

(7) 通井。

(8) 下入替浆、酸洗、洗井一次管柱(图 12)。

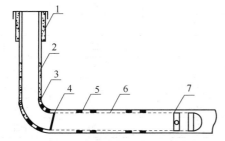

图 11 上部完井管柱注水泥+筛管完井方式

1—套管;2—油层套管;3—分级箍;
4—盲板;5—裸眼封隔器;6—精密复合滤砂管;
7—多功能洗井阀

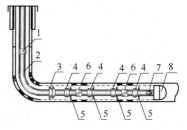

图 12 洗井、酸洗管柱示意图

1—泄油器;2—φ73mm 油管;
3—反洗井封隔器;4—打压封隔器;
5—扶正器;6—定压阀;
7—打压球座;8—密封插管

（9）胀封裸眼封隔器。

（10）替浆、酸洗、洗井。

（11）胀封封隔器、打掉球座。

（12）起出管柱。

（13）下入投产管柱。

4 现场应用

2008年在室内和现场模拟的基础上，进行了现场试验(表12、表13)，对比验证了该技术的实施效果。到目前为止，水平井工具应用10口井，其中分级箍2口井、管外封隔器2口井、盲板10口井、胀封工具2口井、洗井封隔器10口井、定位显示装置2口井，成功率100%。

表12 水平井完井配套工具应用情况

序号	井号	完井工具								应用情况
		分级箍	盲板	压胀封隔器	滚轮扶正器	洗井封隔器	胀封工具	洗井阀	插入管	
		只	只	只	只	只	套	只	只	
1	西8-13-8H		1	2	8	1	1	1	1	
2	羊3H2		1		5	1		1	1	
3	西34-16H		1	1	9	1	1	1	1	
4	西34-13-6H	1	1		8	1		1	1	全部成功
5	羊3H5		1	1	5	1		1	1	
6	孔1074H	1	1		5	1		1	1	
7	孔1079H	1	1		5	1		1	1	
8	房37-38H		1							
9	西58-23-3H		1		8	1	1	1	1	

表13 钻分级箍和盲板时间对比

| | | 大港提供 | | | |
序号	井号	井段/m	钻压/kN	时间/min	备注
1	西4-13-6H	1367~1397.25	10~20	35	设计
2	孔1074H	1506.5~1536	10~20	23	设计
		其他厂家提供			
1	西34-16H	1412~1430	10~20	260	安东生产
2	羊3H2	1434~1478	10~20	185	安东生产
3	西8-13-8H	1350~1430	10~20	420	华北生产
4	羊3H5	1317~1338	10~20	385	安东生产
5	孔1079H	1440.04~1463.82	10~20	170	安东生产
6	房37-38H	1872.05~1891.90	5~10	180	安东生产
7	西8-23-3H	1304.21~1326.64	5~10	180	安东生产
8	孔1057H2	1571.92~1609.52	5~10	300	安东生产

由表 13 数据可以看出，本文设计的完井工艺及配套工具可以有效缩短钻塞周期，从而大大减少完井施工作业周期。

5 结论

我们研究形成的水平井快速钻塞完井技术工艺，从设计到施工，完全可以满足国内油田的需要。设计的水泥充填胶木盲板、尾管悬挂器、分级箍、管外封隔器、胀封工具、洗井封隔器、定位显示等完井工具可实现水平井快速钻塞完井，对缩短完井施工周期、节约作业费用有着重大作用。

参 考 文 献

[1] 万仁溥. 现代完井工程. 北京：石油工业出版社，1996.
[2] 张绍槐. 21 世纪中国钻井技术发展与创新. 石油学报，2001(6).
[3] 差金才、齐海鹰. 国外大位移钻井技术的最新进展. 世界石油工业，1998(3).

作者简介：
齐月魁，男，生于 1967 年，1993 年毕业于长江大学石油工程专业，高级工程师。

完井砾石充填试验装置设计技巧

刘可军　季红新　钟春燕　董金喜

（大港油田石油工程研究院）

摘　要　随着大位移井及水平井技术的不断发展，目前水平井砾石充填防砂技术得到了越来越广泛的应用，为避免现场应用的风险，提高施工工艺的可靠性，先期的试验就显得尤为重要。为满足这一需求，大港油田石油工程研究院钻采工具试验基地，通过优化设计，以低廉的成本和高超的设计技巧成功完成了砾石充填试验装置及其配套工装的研制工作。并分别用 12m 长和 56m 长的筛管试验装置完成了相应的砾石充填模拟试验。取得了大量颇具实际价值的试验数据。

关键词　砾石充填　试验装置　配套工装　预测分析　优化设计

1　概述

为满足钻采工具及工艺试验需求，提高研发水平和速度。中油大港油田公司和中油钻井工程技术研究院共同投资 2800 万元人民币在大港油田建成了钻采工具实验基地，基地配备了一系列独具特色、国内一流的钻采工具检验测试装置，其中试验井组及多功能试验机为自行研制、国内外首创的实验装置。能够模拟直井和水平井试验条件，可对钻井、采油和井下作业等工艺及工具进行工程试验，试验中心的数据并行采集、传输、处理等，采用了先进的计算机程控技术，试验范围广，适用性强，有着良好的兼容性和扩展空间。实验基地不仅服务于大港油田，还面向全国承接了多家油田及科研院所的数十种大型石油钻采工具试验和检测工作。钻采工具及工艺试验业务正向更多的油田和更多的领域不断扩展。

为适应日益复杂的石油钻采作业的需求，石油行业都在不断地改进、优化和研制新的钻采工具及工艺方法，为提高研制速度和成功率，更重要的是为归避现场应用的风险，钻采工程实验越来越得到大家的重视，为满足砾石充填试验的需求，2009 年大港油田石油工程研究院钻采工具实验基地又自行设计研制了一套试验用砾石充填试验装置。

2　砾石充填试验装置基本原理

该试验装置的原理是，把筛管连同中心油管及其配套工具通过特殊组合接头连接在外层套管内，从中心管注入一定压力的携砂液，液体连同砂粒通过特制工具开关进入外层套管和筛管夹层，液体水透过筛管缝隙进入筛管和油管间夹层，然后沿相应通道循环排出，砂粒被挡在筛管外层。随着液体的不断循环，砂粒逐渐充满外层套管和筛管夹层，达到充填砂的目的。

3　砾石充填试验装置基本结构

砾石充填试验装置主要由组合接头、观察孔、套管、连接法兰、丝堵、拆卸丝杆等组成（图 1）。

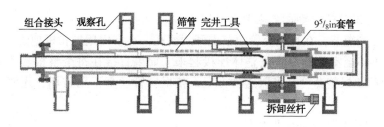

图 1   水平井砾石充填模拟试验装置示意图

3.1 组合接头

组合接头包括中心由壬接头、侧面由壬接头、2⅞in 中心油管、5½in 夹层套管和 9⅝in 外层套管接箍和连接法兰等组成。

3.2 观察孔

观察孔是用 2⅞in 油管焊制而成,试验时先上好丝堵,在充填试验结束后,拧开丝堵即可观察相应部分充填砂效果。

3.3 套管

采用 9⅝in 套管做为装置主体,套管上每隔一定距离设一个观察孔,以便观察整体充填砂情况。

3.4 连接法兰

连接法兰用与现场套管之间的连接和密封,目前试验装置总长度为 56m,长度根据试验需求还可以随时扩展。

3.5 拆卸丝杆

试验结束后,要把套管逐段拆开,由于整个外层环空充满砂粒,很难将其脱开,这时利用丝杆就能很容易将两相邻套管顶开,确保整个试验过程的顺利完成。

4 试验装置设计要点和技巧

4.1 用简单的方法解决复杂的问题

有人曾尝试过制做整体砾石充填试验用接头,但因结构复杂,加工难度大,花费了高额的材料和加工成本最后还是前功尽弃。2009 年 5 月实验基地技术人员精心构思,采用现成的套管、接箍、油管、标准的法兰进行合理的组合,再设计相应的连接块,通过组合焊接法研制出砾石充填模拟试验装置,节省了高额的整体坯料成本,更关键的是避开了复杂的加工工艺过程,使得复杂问题简单化(图 2)。

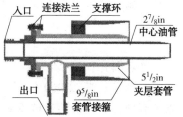

图 2   组合接头示意图

4.2 通过预测分析采取优化设计方案

用已设计制作好的组合接头及其配套的全套装置,成功地完成了 12m 的砾石充填试验,取得了良好的试验效果。但在准备进行 50 多米延伸试验时遇到了难题,在室内进行试验空间不够,无疑只能到露天地去完成该试验,这时每根套管之间就需用法兰连接,面对这种情况试验工程技术人员对整个实验流程进行了细致的分析,为确保试验的顺利进行,对每个实验步骤可能会遇到的问题进行了提前预测,并采取了有效的防护措施和合理的解决方案,解决了一个又一个难题。

4.2.1 既要满足试验要求又应考虑整体成本

设计制做套管短节，在每根套管短节上开观察孔，在室内用拧扣机把法兰、短节及整根套管连接好，再移至室外通过法兰整体连接起来。如果直接在每个整根套管上开孔，那么50多米就得消耗5根整套管，采取这种方案，整根套管丝毫不用破坏，还照样可用于其他各种试验。

4.2.2 合理地拓宽设备使用功能

随之而来问题是，要想套管两端都上好法兰，人工是达不到紧度要求的，而法兰的外径远远超过拧扣机的卡头内径，用拧扣机上好两端法兰就无法从拧扣机上取出来。也就是说按常规来说拧扣机也完成不了此项连接任务。工程技术人员，经再三思索，只用2天时间就自行设计制作出方便实用的拧扣机配套备钳装置。然后将其中一个法兰通过螺栓固定在备钳装置上，套管另一端法兰对接一个法兰端节，拧扣机夹持短节就能顺利地完成上紧工作，达到试验的需求，有效地拓宽了拧扣机的功能范围。

4.2.3 方便实用的工装小车

两头带法兰的套管在室外连接时，人工是搬不动的，用吊车或叉车有时场地空间不容许，也不方便操作，更重要的是成本较高。工程技术人员开动脑筋自行设计制作了带4个万向轮的试验用工装小车，巧妙地解决了试验装置的运送和室外连接等问题(图3)。

图3 工装小车

5 结论与建议

（1）提前预测分析，采取有效的防护措施和设计方案是试验顺利进行的基本保证。

（2）不论是试验装置、生产设备还是工装器具其结构设计要根据现场使用条件、加工工艺的可行性，以及设备的加工能力进行综合考虑，通过优化设计才能达到事半功倍的效果。

（3）现代化试验装置和自动化控制技术是提高试验数据准确性和可靠性的关键。

（4）钻采新工具、新工艺日新月异，不断更新，试验工作任重道远，针对各种新的试验需求，试验装置及配套的工装器具还需不断配套和完善，而且应朝着现代化智能化方向发展。

作者简介：

刘可军，男，1960年4月出生，1983年7月毕业于天津大学机电分校，铸造专业，高级工程师，现任大港油田石油工程研究院科技试验中心副主任。

由某井井喷失控探讨总承包井监督人员的职责

葛旭东　陈克胜　窦同伟　宋志勇　王艳山

（大港油田石油工程研究院）

摘　要　该井为总承包井，在起钻过程中发生强烈井喷失控并着火，造成井架倒塌，部分设备、钻具损坏，造成重大经济损失和严重的社会影响，但没有发生人员伤亡和重大的环境污染。该井经过重新安装钻井设备、井控装置、审核论证施工预案、制定防喷措施、培训人员、通井、试漏、挤水泥、最后整拖重钻一口新井。本文以事故案例分析的方式，通过对事故经过的描述、事故处理和原因分析，探讨在总承包井中钻井监督的职责。

关键词　钻井监督　总承包井　井喷　职责

1　基本数据

1.1　设计数据

地质分层：平原组 0～300m，明化组 300～1850m，馆陶组 1850～2325m，东营组 2325～2400m，沙一中 2400～2460m，沙一下 2460～2740m，沙二段 2900m。设计目的层为沙二段某油组。

压力系数：油层 2800～2855m 井段为 1.09，上部没有给出压力系数，没有进行防井喷提示。

井身结构：ϕ508m 导管×20m＋ϕ311.1mm 井眼×803m＋ϕ244.5mm 套管×800m＋ϕ215.9mm 井眼×2900m＋ϕ139.7mm 套管×2895m（水泥返深 1300m）。

钻井液密度设计：0～803m 为 1.05～1.08g/cm³，803～2325m 为 1.08～1.15g/cm³。

1.2　实际数据

油层情况：1512～1518m 油斑细砂岩；1710～1718m 荧光砂岩；1740～1744m 油迹砂岩。

工程数据：实际井身结构 ϕ508mm 导管×20m＋ϕ311.1mm 井眼×810m＋ϕ244.5mm 套管×807.14m＋ϕ215.9mm 井眼×2119m。

钻井液密度：1.15～1.17 g/cm³。

2　事故发生经过和处理

2.1　事故发生经过

该于某日 3：00 一开，某日 22：00 二开。某日 23：20 下钻到 1919m 时，1 号联动机轴断，23：20～23：40 时井内静止拆联动机离合器，23：40 当班队长决定起钻至套管内，并规定每起一柱向井内灌满钻井液，起钻前钻井液性能：密度 1.15 g/cm³；黏度 42s；失水 6mL；泥饼 0.5mm；切力 1/3Pa；含砂 0.4%；pH 值 8。次日 0：00 交接班，钻井领班、司钻接班时观察循环罐和井口，未发现任何异常，0：40 当班司钻观察井口，也未发现任何异常(录井资料显示 0：24~1：25 溢流量 1.09m³)。当日 1：20 起钻至钻头位置 1315.9m 处，上井协调指挥换联动机轴的人员发现井口涌出钻井液，通知钻台上的司钻，司钻发出报警信号，但此时钻井液已涌出转盘面。内钳工立即抱起旋塞准备装井口，但井口一片白雾，看不清井口位置，未能接上。于是司钻下达撤离命令，人员全部撤离。喷势迅速增大，约 1：25 在人员没有完全离开钻台区时(部分人员在梯子上)，一声巨响着火，此时钻台下也有火焰，无法接近。领班跑到远程控制台关闭了封井器，但井口的火势和喷势没有太大的变化。2：08 井架向大门偏右方向倒塌，喷势不减，喷高约 50m，喷出物主要为天然气和水。3：20 左右曾发出一声巨响，井口喷势增大(事故后分析为井口钻杆在封井器闸板处刺断)。

井喷时井内钻具：ϕ215.9mmH517×0.25m+430/410 接头×0.54m+ϕ165mm 无磁钻铤×7.9m+ϕ165 钻铤×8.76m+ϕ214 扶正器×1.73m +ϕ165 钻铤×87.05m+411/4A10 接头×0.43m+ϕ158 钻铤×35.39m+4A11/410 接头×0.43m+ϕ127 钻杆×1173.42m，钻头位置 1315.9m。

2.2 应急处理

事故发生后，井队立即向公司应急指挥中心汇报并启动应急程序，井喷当日 1：50 现场成立了应急指挥小组，随后成立应急抢险队、消防队、医疗救护队及协作抢险队、后勤保障队并迅速投入应急抢险工作。

应急指挥小组针对现场情况，明确提出抢险原则：①第一要确保人身安全；②要防止柴油罐及邻井(自喷采油井)着火爆炸。抢险措施：①划定危险区域，明确警戒及抢险等责任分工；②向柴油罐和火源喷水降温；③向外抢拖设备；④尽量保护井口。

2：20 现场调用 5 台消防车对柴油罐进行冷却，同时，对井口采取保护措施；治安人员对现场进行安全警戒；救护车及医务人员在现场待命；并调用 10 台水罐车拉满清水在现场待命；调动 10 台拖拉机陆续抵达现场抢拖设备。

8：20 喷势减弱，9：30 停喷。13：00~15：30 开始向井内注入密度为 1.25g/cm³ 的加重钻井液 96m³，16：10~17：00 向井口喷出的大坑内灌入平均密度为 1.86g/cm³ G 级水泥浆 60 m³。20：00~21：00 再次向井内注入密度为 1.16g/cm³ 的钻井液 35m³，泥浆液面到井口。16：30~18：50 换封井器闸板芯子，发现关闭的为全封闸板，证明关闭封井器时关错了闸板(应关半封闸板)，也说明了钻具被刺断、关闭封井器后喷势不变和在 3：20 左右一声巨响的原因。换完闸板后重新接好液控管线关上全封闸板防喷器观察套压变化，套压一直为 0MPa。

2.3 事故井后期处理

事故结束后，该井进行了以下处理：首先补填井架基础；更换并重新安装、效验了钻井设备；讨论、制定并审核了施工组织设计、技术措施；制定防喷预案、组织全员的井控培训。

(1) 通井：用 ϕ215.9mmH127×0.25m+430/410 接头×0.5m+ϕ158mm 钻铤×26.22m+4A11/410 接头×0.41m+ϕ127 钻杆×781.65m 钻具组合通井，每下钻 100m 循环一次，将井内的泥浆循环出来，通至 818.29m 时遇阻。

(2) 试漏：由于井喷时在司钻台方向套管外喷出了一个大坑并着火，分析原因是套管破损或套管鞋处整漏造成，故要试漏找漏点，经探察为井口下第四根套管破损(37.22~50.6m)。

(3) 挤水泥：为了堵漏提高承压能力共挤水泥 7 次，挤入水泥 128t 无明显效果。水泥堵漏失败，准备采取套铣、段铣的方法取出破损套管，实施回接后固井。考虑到井浅、管外有水泥、及下部施工的不可预见问题，经多方协商决定整拖重钻。

（4）重钻：整拖5m，用MWD实施跟踪，保证离原井眼20m的条件下，设计三个目标点准确中靶。后期的钻进过程中，在2882m又发现设计外高压油气层，将密度由1.30g/cm^{3}增至1.48 g/cm^3（设计最高密度1.30 g/cm^3）才平衡了地层压力。新发现的油层经测试日产油50余吨。

3 事故调查与原因分析

3.1 事故调查

通过对现场进行踏勘、邻井资料分析和当事人调查发现造成该事故的发生存在如下直接或间接的因素：①该井起钻是由于1号联动机传动轴折断，而造成联动机轴断的主要原因是由于机房基础沉降不均联动机工作不平稳，此问题在第二次开钻前就已经发现，施工方几次处理未果；②当时决定起钻时钻井监督也在现场没有提出有效的安全建议，至少是记录上没有反映出来；③溢流时坐岗人员不在岗位，随钻录井仪监测到溢流显示没有及时通知钻台；④该区块有浅层气、并发生过重大井喷事故设计中没有提示；⑤施工中距该井正南约150m处有一口作业井进行压裂作业，施工层位不清楚，井喷发生后，自动撤走。

3.2 事故原因分析

（1）从现场操作及技术角度分析：①严重违反技术操作规程，是造成井喷失控的主要原因。设备出现问题后，在明知已经揭开油气层的情况下，没有按规定循环测后效就决定起钻，错过了早期发现井喷警示的时机；②岗位责任不落实，没有按井控管理规定控制井口是造成井喷失控最直接的原因。第一是坐岗人员责任心不强，未及时发现溢流，失去了坐岗的作用。录井资料表明，井喷前23：50~1：29，起钻22柱，共灌钻井液13次，而循环罐钻井液体积却增加了1.09m^3，加上起出钻具体积2.20 m^3，共计溢流3.29 m^3，相当于油气进入环空126.5m，使液柱压力下降1.45MPa，钻井液当量密度减少至1.074g/cm^3。第二是在发出井喷信号后，没有人按"四·七"动作实施关井。司钻没有发出关井信号，而是看到喷势强烈，带领人员撤离钻台；副司钻本应在发出井喷信号后到远程控制台，等待关井信号，实施关井，而事实上他却先跑到钻台，然后随司钻离开井场；钻台上内外钳工没有能够抢装上内防喷工具；井架工从二层台下来后没有去打开平板阀；领班未能在有利时机采取措施控制井口，而是在井场着火后慌乱中错关封井器，致使钻杆被挤扁，刺断落井。

（2）从整体管理角度分析：一是该队首次在该区块施工，缺乏邻井资料、设计中该井上部井段没有给出地层压力系数，也没有明显浅层气预警提示。因此，对该区块没有制定相应的钻井施工措施或施工措施不当。现在看来，本井明化镇存在浅气层，且能量较大。二是设备基础质量差，沉降不均造成联动机断轴的设备事故，一方面在客观上造成了钻井液静止时间过长，油气浸入井筒，形成了事故发生的潜在能量；另一方面，全班人员参加设备修理，影响了坐岗人员包括其他现场作业人员对液面的观察。三是该区块地质构造复杂，老区块经多年的注采，其压力体系发生了质的改变，无规律性。并且，基层作业队包括上级主管部门没有真正树立起井控安全意识，在老区打调整井时，对邻井资料以及生产情况不了解、不观察、不分析。

4 事故教训与总承包井的监督职责探讨

井喷是事故，井喷着火是灾难性事故。事故造成了重大经济损失和严重的社会影响，教训十分深刻。尽管事故的发生与总承包井监督没有直接的责任，但事故损失对作业者和承包商同等重要，资源的浪费或损害对作业者更加严重。

4.1 该井监督工作存在以下问题值得探讨

（1）基础沉降由第二次开钻前就已经发现，并且施工单位几次调整没有达到标准，监督人员应该了解并随时掌握监测情况，对没有达到标准的不应允许继续钻进或者有停工整改的书面建议。

（2）对于老区块钻调整井，施工前一定要认真查阅临井资料，了解区块油气层特性，实地查看注水井、生产井的情况，监督没有此方面的提示。

（3）设备出现问题后，对于该井已钻遇油气层并有良好的显示，现场起钻措施明显不符合井控规定，但监督没有提出合理的建议，至少没有书面记录。

（4）对坐岗人员脱岗没有及时发现和制止。

4.2 如何做好总承包井的监督工作

钻井监督是一项原则性很强的工作，日费井与总承包井在监督管理方式、管理责任和管理要求等方面存在不同，但相同的是管理效果，努力发现和保护好油气层，实现质量、进度、安全和环境目标。因此，总承包制监督应该坚持履行以下职责：

（1）无论采用驻井监督方式还是巡井监督方式，为避免管理责任，原则上，总承包制井监督不参与施工单位的正常生产组织和技术措施的制定，但对于影响质量、进度、安全和环境要求的做法应提出建议，对可能造成严重后果的应予以制止作业。

（2）参与油田公司组织的开钻验收、井控检查等工作，对人员资质及持证情况、设备的安装质量等进行检查，并提出开钻意见和整改要求。

（3）生产过程中，应依据总承包制井的设计、承包合同及 HSE 合同等对施工单位的施工作业、施工质量、HSE 措施等进行监督检查。对施工单位影响安全、质量和违反合同的做法提出处理意见和整改要求。

（4）生产过程中，监督检查钻井液性能，检查现场钻井液材料的质量和使用情况，发现问题督促施工单位及时处理；监督油气层保护措施的落实，检查油气层保护材料的质量。

（5）无论是住井或者巡井监督重点工序和特殊作业时必须在现场：①开钻验收；②下套管、固井、试压；③井上发生重大事故时；④阶段承包井转日费制前一周；⑤总承包制井转试油；⑥完井验收等。

（6）旁站监督井口套管头、井控装备及套管等的试压工作；监督检查钻井队防喷演习等井控九项制度的落实，发现问题督促施工单位及时整改。

（7）监督检查固井施工单位的固井技术措施和固井前准备工作，检查水泥浆性能，监督整个固井施工过程。

（8）监督检查施工单位 HSE 作业指导书与应急预案的制定以及 HSE 措施的落实。

（9）监督施工单位收集和整理各项生产信息资料，督促施工单位及时上报各种生产信息资料。

（10）参与完井验收及完井资料的检查与验收。

（11）对于现场监督下达的任何通知、整改措施、作业方案及备忘录都必须采用书面形式保留。

5 结束语

在总承包井中，驻井监督的主要工作内容是：依据合同、设计、有关规定和技术标准，进行监督、检查和落实。监督施工各单位在施工中存在的问题、在质量、安全、环境保护等存在的隐患，提出整改建议和相应的处理措施，关键工序要旁站。然而，对旁站的概念应该加强，应记录好旁站的过程。对于一个称职的监督来说，旁站是对环节的冷静观察，对问题的认真思考，而不是麻木、冷漠，既要把握原则又要权衡利弊，保证正常生产，而不是极端的放弃原则，心存侥幸，造成严重事故。

作者简介：

葛旭东，工程师，1980 年大港石油学校钻井工程专业毕业，大港油田石油工程研究院工作，从事钻井技术和管理工作 29 年。

渤海湾浅海钻井平台水平井裸眼砾石水充填防砂技术

郑永哲　李洪俊　于学良　宫英杰

(渤海钻探工程技术研究院)

摘　要　大港滩海赵东区块采用国外较为先进的裸眼砾石充填防砂技术在疏松易出砂地层实现油井高产。综合考虑：井眼、完井液性能、防砂管柱、施工工具等因素，设计合理泵注参数。采用低黏度盐水携砂液以反循环方式进行充填，在低漏失状态下可形成较长的密实充填层。

关键词　水平井　裸眼砾石充填　完井　防砂

1　前　言

目前国内水平井防砂完井方式比较单一，多采用预充填砾石筛管、金属纤维管或割缝衬管。水平井裸眼砾石充填防砂技术与常规的悬挂滤砂管防砂技术相比具有防砂效果好、工作寿命长等优点。大港滩海赵东区块水平生产井几乎全部采用了裸眼砾石水充填防砂工艺，经过几年的生产验证，取得了较好的防砂效果。主要体现在：

(1) 防砂有效期长，从 2003 年至今未发生防砂失效，基本上不需要进行维护性检修。

(2) 生产稳定，单井产油量保持较高水平，其中 C39 井初期最高日产油 928m³/d (产水 23t/d)，目前日产油 323m³/d (产水 139t/d)。

2　地质概况

赵东构造是一个受羊二庄断层控制的大型背斜构造，主要含油目的层为上第三系明化镇组下段和馆陶组。油藏深度范围为 1180~1960m。目前，完钻 65 口井，其中采油井 40 口 (水平井 18 口)。

区块砂岩油藏，具有高孔隙、高渗透的特点，孔隙度范围为 30%~32%，渗透率为225~5900μm²，泥质含量为低-中等，为 1%~19%。地层压力 11.21~15.07MPa，压力系数 1.0 左右，油层温度50.2~58.9℃，属正常的温压系统。目前，采油井 40 口 (水平井 18 口)，平均日产油 3601m³/d，平均日产水 10383t/d，综合气油比 34，综合含水 74.3%。

3　水平井防砂完井工艺

水平井以单一油层开发为目的，将技术套管下深设计在油顶实施油层专打。裸眼油层段下入贝克休斯工具公司的 Excluder 2000 精细防砂筛管组合，筛管外实施砾石水充填工艺，以筛管外砾石充填先期防砂方式完井。

3.1　完井管柱结构

水平井以单一油层开发为目的，采用两种尺寸的裸眼进行完井：

(1) 固井 244.5mm 技套管后，用 206.4mm 钻头完成裸眼井段，悬挂 139.7mmExcluder

2000 精细防砂筛管组合完井管柱，实施筛管外砾石水充填防砂完井。管柱结构一般为：244.5mm×177.8mm 顶部悬挂封隔器+177.8mm 带滑套的砾石充填短节+177.8mm×139.7mm 变扣接头+139.7mm 盲管+139.7mmExcluder2000 筛管+导流阀密封筒+139.7mmExcluder2000 筛管+防液锁密封筒+139.7mm 盲管短节+139.7mmGPV 冲洗引鞋。

（2）在 244.5mm 技套内悬挂 177.8mm 尾管后，用 155.6mm 钻头完成裸眼井段，悬挂 101.6mmExcluder 2000 精细防砂筛管组合完井管柱（图1），实施筛管外砾石水充填防砂完井。管柱结构一般为：177.8mm×127mm 带卡瓦的顶部封隔器+127mm 带滑套的砾石充填短节+127mm×101.6mm 变扣接头+101.6mm 盲管+101.6mmExcluder2000 筛管+101.6mm 导流阀密封筒+101.6mmExcluder2000 筛管+101.6mm 防液锁密封筒+101.6mm 盲管短节+101.6mmGPV 冲洗引鞋。

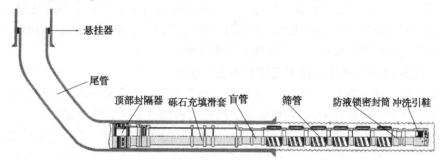

图1　赵东区块水平井裸眼砾石水充填先期防砂完井管柱图

3.2　水平井裸眼砾石水充填水动力学特征

水平井裸眼砾石水充填是一个相对复杂的过程，携砂液顺油管泵注到工具砾石水充填孔，并以反循环方式进行充填。在向井底推进过程中，携砂液会发生过滤脱水，即：部分液体漏失进地层；部分穿过筛管沿筛管和内施工管环空推进到位于施工管底部的冲洗引鞋，并流进内施工管返出井口；剩余液体携带着砾石到达井底充填位置，经过已充填砾石层和筛管的过滤后也流进冲洗引鞋，经内施工管返出井口，如图2所示。

用低黏度携砂液（例如：盐水）进行大斜度井或水平井裸眼砾石水充填过程中，随着裸眼段的不断延伸，携砂液漏失量也逐渐增加，砂比随之增大，直至携砂液不能产生紊流，正向充填过程（α波）亦随之结束。即在 α 波阶段，砾石是以沉降和冲砂两种方式共同作用进行充填的[图3（a）]。α 波砂丘的高度是由流体速度决定的，不论任何排量和砂比的组合，在环空总会有一个临界速度使得冲砂和沉积处于平衡状态，此时砂丘的高度相对稳定。改变井眼尺寸和结构将改变流速和砂丘的高度。初始沉降位置由流速和地层漏失量等因素共同决

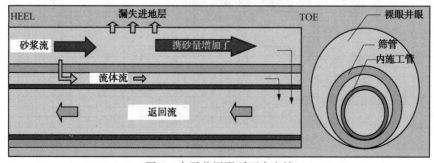

图2　水平井裸眼砾石水充填

定的，因此在地层漏失很大的情况下（例如：裂缝性或高渗透性地层），泥饼冲蚀导致携砂液的脱水作用，增加了携砂液砂比，从而使α砂丘高度增加，在这个情况下有效的砾石水充填距离非常短。

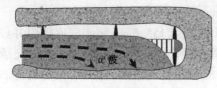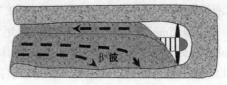

(a) α 波充填阶段　　　　　　　　(b) β 波充填阶段

图 3　水平井裸眼砾石水充填过程示意图

α 波阶段结束后，砾石水充填继续进行，砾石逐步充填进 α 沙丘顶部与地层之间间隙，但是与 α 波不同，充填过程是以从内向外的反方向方式进行，此过程即 β 波 [图 3（b）]。β波过程使筛管完全被砾石覆盖，并直至完全填满井眼。

3.3　水平井裸眼循环砾石水充填泵注排量的设计标准

如图 4 所示，泵注施工排量应在可进行裸眼砾石水充填的安全范围内进行，低于安全范围的下限排量会导致在筛管-井眼环空间过早的形成砂桥，不能充填全部井段；而高于安全范围的上限排量则可能压开地层，地层破裂将使地层漏失急剧增加，亦会过早形成砂桥，导致砾石水充填达不到设计长度。如果设计的泵注施工排量上、下限范围较窄，现场施工中施工设备难以实施，则需要对设计进行修改，调整诸如砂比、携砂液性能、冲筛比等参数，使施工规模控制在一个合理的范围。

3.4　水平井裸眼循环砾石水充填影响因素分析

3.4.1　完井液性能对携砂液选择及防砂作业效果的影响

防砂施工时，携砂液在裸眼段漏失量愈少，愈能得到好的充填效果，因此对完井液性能

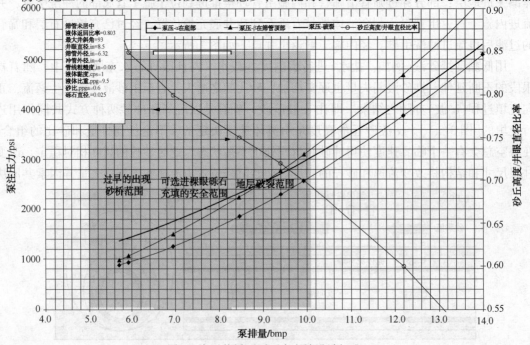

图 4　水平井循环砾石水充填设计标准

60

提出了要求。赵东区块采用的是无固相、无 $CaCO_3$ 的 FLOPRO 完井液,这种完井液能够快速形成超低渗透率泥饼,并且返排压力较低,渗透率恢复值较高,摩阻系数低。

3.4.2 井眼尺寸变化的影响(图5)

上层套管鞋处由于变径作用,导致流速和流动方向发生变化,会产生鼠洞,在冲蚀区,井眼直径变大,此时流速降低,会导致 α 砂丘高度增加。另外,界面效应导致紊流,也会增加形成砂桥的风险。因此,规则光滑的井眼条件对于延长砾石水充填距离是十分有利的,需要在水平裸眼段钻井期间反复大幅度活动钻具,大排量充分循环钻惊液。

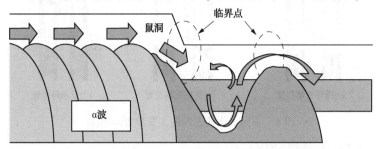

图5　井眼尺寸变化对砾石水充填的影响

3.4.3 筛管居中问题

赵东地区水平井筛管管柱均不加扶正器,这主要是考虑减少扶正器对井壁泥饼的刮蹭破坏,减少携砂液的漏失。

3.4.4 筛管悬挂位置问题

赵东地区水平井筛管管柱要求筛管顶部至少进入上一层套管 6m,可以使砾石能够更多的进入筛管/套管环空。

5 防砂筛管和防砂施工工具

5.1 防砂筛管

Excluder 2000 精细防砂筛管,以标准套管为基管,并按设计要求规则钻孔,然后以 ASME 焊接工艺在打孔管上焊接绕丝,并在绕丝筛管上附上一层过滤筛网,外表层设计有防护罩,其结构特征与国内的精细微孔复合筛管大体一致。

5.2 防砂施工工具

赵东地区采用的是 SC-300 砾石充填系统,在裸眼砾石水充填完井期间,始终保持井筒内流体静压力达到过平衡状态,防止井壁坍塌和充填液漏失,主要由封隔器坐封机构、活瓣式防抽吸工具(FASTool)、防液锁密封筒、充填孔、SMART 承托等组成。

6 砾石水充填施工工艺

6.1 施工步骤

(1)将防砂管柱和防砂施工工具组合下入井中,投球坐封砾石水充填封隔器。

(2)向工作管柱打压,丢手封隔器,即:内施工管柱与防砂管柱丢手。

(3)上提工作管柱,进行封隔器测试,并定位位置挤注[图6(b)]。

(4)验封封隔器。

(5)打开环空闸板,上提定位反循环位置[图6(c)]。

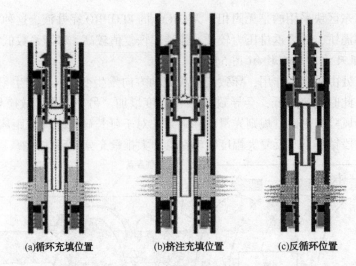

(a)循环充填位置   (b)挤注充填位置   (c)反循环位置

图6　不同工作状态时的工具位置示意图

（6）下放，定位循环位置[图6(a)]。

（7）关闭环空，按照设计砂比泵注砾石直到脱砂。脱砂时，油管压力急剧上升，停止泵注，切换到反循环。

（8）上提定位工具到反循环位置[图6(c)]，反循环出管柱内的砾石。

（9）将工具提出井口，完井。

6.2　施工曲线分析

在整个泵注期间保持稳定的泵注排量和砂比(图7)，随着填充段不断的延长，油管压力逐渐升高，返出液流量逐渐减少（表示更多的液体进入了地层），当充填到信号筛管时，形成脱砂，压力急剧升高，此时充填结束，停止施工。

7　结论及建议

（1）水平井裸眼砾石水充填先期防砂完井技术适用于疏松易出砂地层，与常规的防砂技

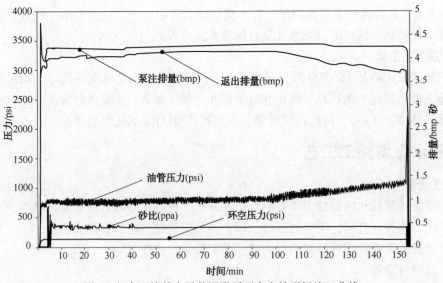

图7　赵东区块某水平井裸眼砾石水充填现场施工曲线

术相比具有防砂效果好、工作寿命长、成本低等优点；

（2）当地层漏失不严重时，可采用低黏度的液体（如：盐水）作为携砂液，施工泵注排量要综合考虑携砂液的冲砂能力和地层破裂压力，合理的泵注排量能够对长水平井段进行有效的充填；

（3）控制地层漏失、规则光滑的井眼条件以及钻井阶段的油层保护是水平井裸眼砾石水充填防砂顺利实施和油井高产的必要条件，因此需要在裸眼钻进阶段，选用高性能的无固相钻井液、完井液，使能够快速形成超低渗透率泥饼对储层伤害降至最低，并且要使泥饼具有低返排压力，高渗透率恢复值，低摩阻系数等特点；

（4）防砂施工工具的一个主要作用是保持作用在储层上的流体静压力达到过平衡状态，最大程度地避免井壁坍塌。另外，为了达到长期开采的目的，应选用高性能长寿命的防砂管柱；

（5）目前国内对于水平井裸眼砾石水充填先期防砂完井技术从理论研究、工艺技术和工具等方面开展了不同程度的研究和实践，建议将国内现有技术加以整合完善，将这一技术在国内推广开，使现有的完井手段更加完备。

注：说明：英制与公制单位换算关系

$1ppg$（磅/加仑）= 0.12g/cm^3

$1bpm$（桶/分钟）= 0.159m^3/min

$1000psi = 6.89MPa$

$1ppa$（磅/加仑）= 0.12g/cm^3

$1ft-lb = 1.36N \cdot m$

$1lb = 0.456kg$

$1klb$（千磅）= 4445.25N

$1Lb/ft = 1.488kg/m$

$1cps$（厘泊）= 1mPa $\cdot$ s

$1md$（毫达西）= $1 \times 10^{-3}\mu m^2$

参 考 文 献

[1] L. G. Jones. Shunts Help Gravel Pack Horizontal Wellbores With Leakoff Problem[J]. JPT 1998.4, Volume 50, Number 3：68-69.

[2] 万仁溥. 现代完井工程（第二版）. 北京：石油工业出版社. 2000.

作者简介：

郑永哲，渤海钻探工程技术研究院，工程师。

大港油田井控模拟试验井钻井工艺技术

高彦香　张文华　张永忠　张鑫　代礼杨

(渤海钻探工程技术研究院)

摘要 井喷失控着火事故给石油企业造成巨大的损失。井喷是可以控制的，井控模拟试验井就是使员工能够真实感受井喷的情景，进一步提高实战能力最好的教学方式。通过对国内外井喷模拟试验井优选出的最佳设计方案进行了精确计算，并成功的进行了施工，真正实现数字化、精确化模拟井下各种复杂情况。科学合理的做好试验井的钻井方案优选，有利于减少投资，降低能源消耗。

关键词 井喷　井漏　井控　模拟试验　方案　井身结构

引言

石油钻井井喷失控着火事故，给石油工程造成了巨大的经济损失和不良的社会影响，打乱了油田正常的生产生活秩序，在一定程度上给企业和国家带来了一定的负面影响，必须从政治的高度重视井控工作。中国石油天然气集团公司廖永远副总经理提出了"井控培训要实现理论培训、实际培训、模拟培训、仿真培训四位一体有机结合"的指示，建立井喷教学演练基地，使员工能够真实感受井喷的情景，进一步提高实战能力。结合华北地区没有能够模拟井喷教学演练基地的实际，经中油集团公司研究决定，在大港油田钻井培训中心的基础上，新建一套具备模拟现场井喷功能的井控模拟教学系统，并本着科学和节约的目的优选出了最佳方案，通过流体力学的计算，确定了相关具体参数，更好的保证了模拟的真实性。

1　井控模拟教学系统的功能

（1）搭建模拟现场井控培训平台，试验井经过打压储能后，可进行井喷模拟。

（2）配置全套井控装置和模拟井喷装置，实现气侵、溢流、井涌、井喷等模拟功能，喷高 25~45m、持续时间 5~10min。

（3）中央控制室和监控系统，实现远程监测控制，井控模拟教学系统实现闭环测控、视频考试、自动评分等。

（4）培训功能：井控技术培训；司钻取验证培训；技能鉴定；HSE 现场培训。

2　方案选择及分析

2.1　参数的计算流程

利用气体和液体方程，执行以下计算流程

（1）喷高——出口喷速——质量流量和喷口环空面积——注气管径和系统时间压力函数——储气井压力参数和输气管线参数。

（2）喷时和出口质量流量决定储气井容积，确定储气井井身结构参数。

（3）气侵点极限瞬时高压和气侵点液柱压力——上顶力和摩擦力——最小钻具串重量——安全系数——实验井最小井深。

（4）压风机参数——选择压力——初始井涌条件（最低压力极限、安全需求）——储气井压力容积关联函数。

2.2 方案分析对比（表1）

表1 方案分析对比表

方案	试验井	储气井容积/m³	最低压风时间/h	最大井涌时间/min	最大井喷时间/min	优、缺点
方案1 大环空注气，小环空井喷	158mm 钻铤×90m + 127.0 mm 钻杆×910m 悬挂 φ244.5mm 套管×1025m φ508.0mm 钻头×1050m 固井 φ339.7mm 套管×1025m	35.41	4.21	7.5	18.2	优点： ①气体流动阻力小 ②施工简单 缺点： ①等待井喷的时间长 ②需要的气量大，供气到压气机工作时间长
方案2 寄生油管注气，小环空井喷	158mm 钻铤×90m + 127.0 mm 钻杆×910m 固井 φ244.5mm 套管×1025m，φ444.5mm 钻头×1050m 寄生管 φ60.3mm 两根，1000m+600m	23.41	2.80	3.6 1.7	8.3 4.6	优点： 能有效模拟不同深度气侵井喷 缺点： 施工相对复杂，后期维护困难，成本较高
方案3 钻杆注气，小环空井喷	158mm 钻铤×90m + 127.0mm 钻杆×910m 三个长度：1000m、800m、600m 固井 244.5mm 套管×1025m	25.67	3.07	2.7 1.9 1.4	5.1 4.2 3.6	优点： ①能模拟不同深度气侵井喷 ②施工简单、造价低，操作简单 缺点： ①无法模拟起下钻工况下的井喷状况 ②进行井喷模拟真实性差

2.3 综合分析

通过对以上三种方案的比较，方案1的不足是等待井喷时间过长，容易误导学员的麻痹思想，且试验井的尺寸大、需要气量多、储气井深，导致成本过高。

方案3无法模拟起下钻工况下的井喷状况及进行井喷模拟真实性差，方案3不能完全满足系统试验要求。

方案2较适合油田的实际情况，1000m的寄生管可以模拟油田多数井的区块井深实际情况，600m的寄生管可以模拟大港港东、港西油田浅层井及浅层气的实际情况。

综合分析认为优选方案2为渤海钻探模拟井喷试验井的方案，即寄生管注气，小环空井喷。

同时从方案比较可以得出，方案2比方案1试验井中少下一层外径为 φ339.7mm、钢级

J55、壁厚 9.65mm 的套管 1025m，重量为 83t，其费用为 62 万元，减少使用固井水泥和添加剂 110t，其费用为 50 万元，减少使用钻井液 60m³，费用 5 万元；储气井减少 300m 的井深，节约投入 100 万元；减少压风机一台，节约成本 40 万元，方案 2 比方案 1 钻井多下两根 φ60.3mm 寄生管，其费用为 15 万元。合计方案 2 比方案 1 节约钻井投资 240 万元。

3 模拟实验井设计及基本工作原理

3.1 模拟实验井设计

通过对国内外同类井的调研分析，选择"寄生管注气，小环空井喷方案"设计试验井，如图 1 所示。

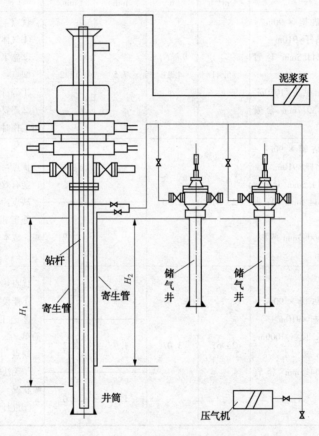

图 1 寄生油管注气原理示意图

试验井的井身结构：
    φ444.5mm 钻头×1050m，固井 φ244.5mm 套管×1025m；
    寄生管 φ60.3mm 三根，分别为 1000m、600m 和 55m。
试验井的钻具组合：
    158mm 钻铤×90m+127.0 mm 钻杆×910m
两口储气井的井身结构：
    φ444.5mm 钻头×320m，固井 φ244.5mm 套管×300m

3.2 模拟实验井基本工作原理图(图2)

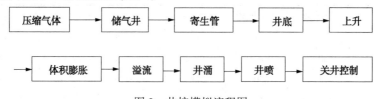

图 2 井控模拟流程图

4 现场钻井情况

4.1 实钻井喷模拟试验井的基本情况

井喷模拟试验井位于天津大港油田集团公司钻井培训学校与泥浆公司之间,红旗路以南400m 处。构造位于该井在港中开发区南三断块中 7-55 井西南。

井喷模拟试验井及两口储气井由渤钻一公司的 30556 钻井队进行施工,于 2008 年 10 月 25 日开钻,试验井的钻井周期 8d,完井天数 3d。模拟试验井三个寄生管分别与套管成 90° 一起下入,三个寄生管下入不同深度,能够实现不同地层条件下气侵、溢流、井涌、井喷等模拟功能,还可以模拟井漏、抽吸等过程。同时,四管同下套管只用 30h,创同类下套管的国内时间最短纪录,也创国内同类下套管最多的纪录。

4.2 实钻井喷模拟试验井与储气井实际井身结构(图3、表2、图4)

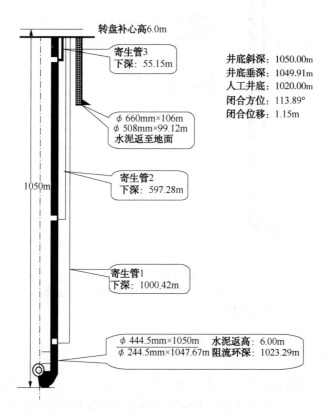

图 3 模拟试验井井身结构图

表 2　试验井与储气井的实钻井身结构数据表

名称		钻头直径/mm	钻达井深/m	套管外径/mm	阻流环深度/m	套管深度/m	人工井底深度/m	水泥外返深度/m
模拟试验井	一开	660.30	106.00	508.00	—	99.12	79.00	地面
	二开	444.50	1050.00	244.5	1023.29	1047.67	1020.00	地面
	寄生管1	444.50	55.15	60.3	—	55.15	—	地面
	寄生管2	444.50	597.28	60.3	—	597.28	—	地面
	寄生管3	444.50	1000.42	60.3	—	1000.42	—	地面
储气井1	套管	311.10	323.00	244.5	306.23	318.65	306.00	地面
	内插管1	244.5	318.65	60.3	—	301	—	—
	内插管2	244.5	318.65	60.3	—	14.85	—	—
储气井2	套管	311.10	323.00	244.5	305.69	318.10	306.00	地面
	内插管1	244.5	318.65	60.3	—	301	—	—
	内插管2	244.5	318.65	60.3	—	14.85	—	—

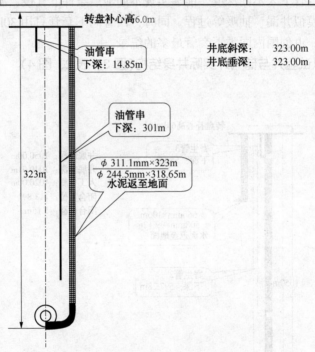

图 4　储气井井身结构图

注：试验井和储气井都使用了专门设计的套管头、扶正器、寄生管与套管连接处的连接短节。

5　结论与认识

（1）在其他类型模拟试验井中，有的方案等待井喷时间过长，容易误导学员的麻痹思想，有的方案无法模拟起下钻工况下的井喷状况及进行井喷模拟真实性差，该方案能很好的克服以上弊端，达到井控培训功能和科学实验功能。

（2）本方案不仅可靠性高、真实性强，适合油田的实际情况，1000m 的寄生管可以模拟油田多数井的区块井深实际情况，600m 的寄生管可以模拟油田浅层井及浅层气的实际情况。

（3）采用储气井方案可降低对空气压缩机总排量的入井要求，注气时间增长可减少总装机容量、降低电源负荷、避免用电高峰以及提高安全性，实现高效、平稳向模拟实验井提供气源的目的。

（4）模拟井控系统通过计算对比分析选定寄生管注气方式有利于节约成本，井喷模拟效果良好。

参 考 文 献

［1］全尺寸井控模拟试验井在井控技术中发挥重要作用．钻采工艺，13(3)
［2］寄生管注气井控模拟试验井参数计算方法．第八届石油钻井院所长会议论文集
［3］优化井控模拟试验井钻井方案．第八届石油钻井院所长会议论文集

作者简介：

高彦香，中石油渤海钻探工程技术研究院，高级工程师。

环江油田低渗透油藏钻井技术应用

宋满霞　杨志强　苏秀纯　罗洁　贾培娟　赵强

(渤海钻探工程技术研究院)

摘　要　环江油田位于鄂尔多斯盆地西部,横跨天环坳陷和西缘逆冲带两大构造单元。油藏埋深 2600~2800m,平均孔隙度 8.1%,平均渗透率 $0.57×10^{-3}\mu m^2$。低压、低渗;钻井成本低;钻井用水困难;交通不变,钻井速度慢。

为了提高钻井速度,防止井漏和井斜,克服钻井搬家的交通问题和用水困难,在环江油田低渗透油藏实施了配套钻井技术。

关键词　石油　钻井技术　钻井液　钻具组合　钻头　环江油田　低渗透油藏　井漏　井斜　井身质量和纠斜

1　罗38井区地质特点介绍

罗38井区属环江矿权范围,北起甜水堡,南至肖关,东抵元城,西达毛井,涉及环县14乡镇。周边与二厂、三厂、五厂、延长、中石化5家采油单位接壤。共有13个矿权拐点,如图1所示。

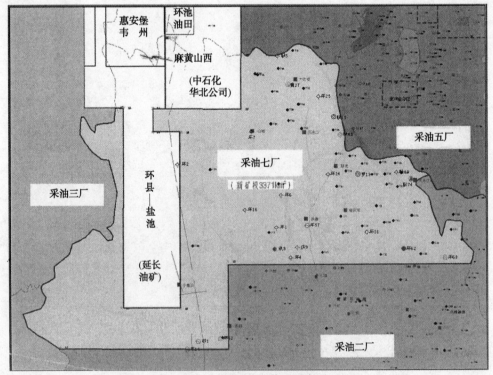

图1　采油七厂环江新区矿权范围示意图(2008.6)

罗38井区位于鄂尔多斯盆地伊陕斜坡姬塬高地环江油田四合塬乡，长8_1砂体呈北西-南东向展布，砂体厚度15.9m，油层厚度13.9m。电测渗透率0.7×10^{-3} μm^2，电阻率77.8$\Omega \cdot m$。试油平均日产纯油17.6t/d；单井日产油3.3t/d，含水33.1%。长8_1期属盐池-环县沉积体系，砂体呈北西-南东向展布，以三角洲前缘水下分流河道砂体、河口坝为主，沉积规模相对较大，为目前区内主要储集层。

环江油田侏罗系油藏具有很大的潜力。根据侏罗系成藏机理，以三叠系油藏为主力目的层，兼顾侏罗系油藏，地质分层表如表1和图2所示。

表1　罗38井区地质分层表

层位	岩性	故障提示
第四系	黄土	防塌
环河组	黄绿色砂质泥岩、暗棕黄色砂岩、粉砂岩	防漏
华池组	灰紫、浅棕色砂岩夹灰紫、灰绿色泥岩	防卡
洛河组	紫红色泥岩、底部有灰黄色细砂岩	
安定组	灰绿、紫红、暗紫红色泥岩及浅棕、棕红色细砂岩互层	防卡
直罗组	浅灰色细砂岩与灰绿色泥岩互层，间夹灰色粉砂质泥岩，底部为厚层浅灰色细砂岩	防塌
延安组	浅灰色细砂岩与深灰色泥岩互层，间夹浅灰色泥质粉砂岩、灰色粉砂质泥岩及煤层	防塌、防卡
富县组	杂色泥岩	防塌
长1	暗色泥岩、泥质粉砂岩、粉细砂岩不等厚互层，夹碳质泥岩及煤线	防卡、防喷
长2	灰绿色块状细砂岩、灰、浅灰色细砂岩夹暗色泥岩	
长3	浅灰、灰褐色细砂岩夹暗色泥岩	
长4+5	浅灰色粉细砂岩与深灰色泥岩互层	
长6	黑色泥岩、粉砂岩、中-细砂岩互层，砂岩主要产于中部，局部夹碳质页岩和煤线	
长7	黑色泥岩与粉砂岩互层，中、上部夹较多的薄—中层状细砂岩	
长8	黑色泥岩与中层粉砂岩	

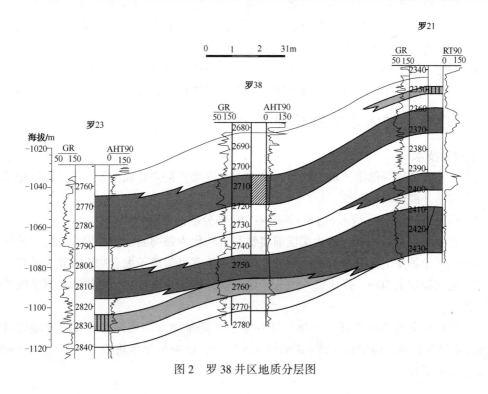

图2　罗38井区地质分层图

2 该地区钻井的特点

(1) 低压、低渗：平均孔隙度 8.1%，平均渗透率 $0.57 \times 10^{-3} \mu m^2$。

(2) 钻井成本低：450.00 元/m 左右。

(3) 钻井用水困难：甘肃环县黄土塬区，国家扶持的缺水贫困县，年平均降水量 350mm，无霜期约 120d。

(4) 交通不变：地处黄土塬区，井区周围沟谷纵横，山峁相间，地形十分复杂，地表起伏高低差大，地表系第四系未固结的松散黄砂土，承压强度小。

(5) 钻井速度达不到预期要求：2 口/月。

3 易出现的问题

(1) 该区块低压，钻井液密度大，洛河组漏失严重，影响固井质量。

(2) 直罗段地层自然造斜严重且容易垮塌，易造成沉砂卡钻，电测易遇阻。

4 应对措施

针对上述的问题及这一地区的特点，我们在该地区的钻井从钻井设计到现场施工以及管理入手，主要采取了以下几个方面的措施：

(1) 严谨的设计和安全保障措施是快速钻井的法宝。设计第一时间到达现场，设计中按标准、井控细则和管理规定规避了安全风险，并完善了安全操作规程，要求施工中严格执行设计要求。对于洛河组漏失严重和地层自然造斜，设计中采取了低密度聚合物钻井液体系和四合一钻具组合加 PDC 钻头，既控制了井漏和井斜，又缩短了钻井时间。

(2) 现场技术措施得当，施工中操作谨慎、细致且具体，主要作法是：强化钻井液技术；优选钻具组合、钻头和钻井参数以及合理控制井身质量等。在低成本战略中，提高了钻井速度。

(3) 洛河组漏失严重，要控制下钻速度，开泵小排量顶通，防止蹩漏地层。

(4) 钻平台丛式井，缓解了交通不便，减少了用地和搬家成本，降低了钻井成本。

5 针对性钻井技术及复杂处理方法

5.1 钻井液技术

针对该地区低压、低渗，黄土层厚、钻井用水困难和钻井低成本等问题，设计中采用低密度聚合物钻井液体系（表2）。

(1) 表层（黄土层）：清水+白土+纯碱+CMC 细分散钻井液体系。

(2) 直罗、富县组防塌：进入塌层前将钻井液转化为强抑制低固相聚合物钻井液体系。

(3) 二开至油层上部井段：无固相或低固相次生有机阳离子聚合物无毒钻井液体系。

(4) 进入油层前 50m，停止加入大分子聚合物，将钻井液转化为低固相、低滤失的聚合物完井液。

(5) 实钻中若监测到含 H_2S 气体，钻井液中要适量加入除硫剂和片碱，并随时对钻井液的 pH 值进行监测，维持钻井液 pH 值在 9.5 以上，以避免发生将 H_2S 气体从钻井液中释放出来的可逆反应。

表 2 钻井液完井液设计表

地　层	钻井液类型	性能指标									
		密度/（g/cm³）	漏斗黏度/s	滤失量/mL	滤饼/mm	塑性黏度/mPa·s	动切力/Pa	动塑比	pH 值	含砂量/%	般土含量/%
表层段	聚合物和清水抢钻	1.00~1.01	35~40	—	—	—	—	—	7	≤0.3	—
二开至安定组	絮凝, 无固相随钻防漏堵漏	1.00~1.01	28~30	全滤	痕迹	1~3	0~0.5	0~0.5	7~7.5	≤0.2	不加土
安定组至富县组	聚合物无固相	1.01~1.03	30~36	实测	痕迹	4~8	1~4	0.2~0.5	7~8	≤0.2	不加土
富县组至延长组	聚合物无固相	1.03~1.05	32~38	实测	痕迹	3~8	1~4	0.2~0.5	8~9	≤0.2	0.5
进入油层前100m预转化	聚合物低固相	1.05~1.08	≥38	≤8	≤0.5	10~15	3~8	0.3~0.5	7.5~8.5	≤0.2	3~5

5.2 洛河组不同程度井漏的处理方案

在井深达到 500~700m 时，逐步地加入单封和 KCl，起到桥接堵塞的作用，再加上 K⁺ 离子的镶嵌作用，起到支撑和稳固井壁的作用。但在地表水含盐含碱量大时，钻井液中再加入盐类处理剂，会使得电阻率降低，电测曲线不合格，所以要求在全井的钻井液维护处理过程中，要求不加或是少加 KCl 等含盐类的药品处理剂。堵漏钻井液配方是：

（1）漏速小于 10m³/h 易采用：

① 钻进时，在不影响螺杆钻进的条件下，加入堵漏剂，边钻边堵；井浆+1%DF-1+0.2%~0.3%锯末(过筛子)，常规钻具可搭配加入 0.1%~0.2%麦衣。

② 配高黏钻井液(FV：45s 以上)，在井筒内过一遍，使井壁形成暂时性泥饼，但在处理过程中要防止压差卡钻。

③ 水源充足区块，可快速穿过洛河段，靠钻井液中的细小固相漏进地层，封堵孔隙。

（2）漏速大于 10m³/h，小于 20m³/h 用堵漏剂(FD-1、锯末、麦衣)配堵漏泥浆静堵：

① 边钻边堵，井浆+1%DF-1+0.5%锯末(过筛子)。

② 起钻静止堵漏，配高粘钻井液(FV：50s)+2%DF-1+1%锯末(过筛子)+0.5%~1%麦衣；这种堵漏工艺，一般在穿过洛河组以后，井下基本不漏。

（3）漏速大于 20m³/h，影响正常钻进：

① 起钻静止堵漏，配高粘钻井液(FV：50s)+2%DF-1+3%~5%FD-1+0.5%锯末过筛子)或麦衣(井下为螺杆时不能加，防堵水眼或是螺杆)，泵入漏层，静止 3~5h，下钻恢复钻进；钻进时，漏失通道的堵漏泥浆被置换后，会继续发生井漏，且漏速会逐步增大，可重复以上方法。

② 般土-水泥浆堵漏：先打入小、中型桥堵剂在漏层，待桥堵后，配般土浆 FV：35s (充分水化后)，注般土 - 水泥浆至设计量，返至漏层以上 100~150m，密度在 1.35~1.55g/cm³ 之间，平均密度 1.45cm³ 起钻候凝 36h 以上，在多次桥堵无效的情况下，效果良好，直至完钻，解决了洛河组的漏失问题，大大降低了施工成本。

5.3 优选钻具组合、钻头和钻井参数

（1）根据本井地质预告及邻井钻头使用情况，优选钻头和优化钻头水力参数(表3)，充

分发挥水力破岩、清岩作用，提高钻井速度。

表 3　钻头及钻井参数设计

开钻次序	层位	直径/mm	类型	1#	2#	3#	钻压/kN	转速/(r/min)	密度/(g/cm³)	泵压/MPa	排量/(L/s)	沿程压耗/MPa	钻头压降/MPa	喷射速度/(m/s)	水马力/kW	比水马力/(W/mm²)	冲击力/N	上返速度/(m/s)	功率利用率/%
一开	第四系	346	MP2	—	—	—	20	40	1.00	—	—	—	—	—	—	—	—	—	—
							60	70	1.01										
二开	洛河	222	PDC	10	11	12	60	60	1.00	5.67	26	1.31	4.36	88	113.3	3.1	2242	1.09	77
			SKH447G	9	10	11	120	80	1.01	13.7	34	2.50	11.2	139	381.1	10.42	4772	1.42	82
	安定	216	PDC	10	11	12	100	60	1.00	6.10	26	1.70	4.40	88	114.4	3.13	2264	1.09	73
				9	10	12	120	90	1.01	12.9	34	3.17	9.77	129	332.2	9.08	4477	1.42	76
	直罗	216	PDC	11	11	12	100	60	1.00	2.45	28		3.65	80	102.6	2.79	2230	1.17	60
				10	11	12	120	90	1.03	11.8	34	4.10	7.82	116	265.9	7.27	4024	1.42	67
	延6	216	PDC	11	11	12	100	60	1.00	6.93	28	3.25	3.68	80	103.1	2.79	2252	1.17	53
				11	11	12	120	90	1.03	13.3	34	5.74	7.58	109	257.9	7.04	4128	1.42	57
	延长	216	PDC	9	10	11	100	60	1.03	7.22	28	3.87	3.35	76	93.8	2.56	2159	1.17	46
				11	12	12	120	90	1.05	13.4	34	6.66	6.76	103	229.7	6.28	3896	1.42	50
螺杆钻井参数		222	PDC	11	12	13	100	105	1.05	4.5	27	1.3	3.2	60	80.2	2.9	2056	1.03	71
		216		12	12	14	120	135	1.08	7.0	30	2.50	5.5	100	201.4	5.6	3792	1.31	78

备注：在施工中，喷嘴直径可选择与当量直径基本相符的直径，遇到特殊情况可以适当调整。

（2）牙轮钻头依据喷射钻井原理优选喷嘴组合；PDC 钻头选用不等径组合喷嘴，并根据喷嘴净化面积的大小确定喷嘴安装位置。

（3）钻头起出后冲洗干净，用钻头规测量外径，分析磨损情况，指导下只钻头使用。并妥善保管能够继续入井使用的旧钻头，并累计统计钻头使用指标。不能继续使用的旧钻头，按有关规定回收，大大降低钻井成本。

5.4　井身质量控制

（1）一开钻进。

① 一开要领直井眼，轻压吊打，按要求进入石板层 30~50m。并按设计要求及时测斜，单井测斜间距 50m，从式井测斜间距 30m，下套管前必须测斜成功，表层最大井斜 ≤2°时，方可下套管（表4）。要求按设计加足钻铤。钻井液应满足清除岩屑和稳定井壁的要求。

② 钻完一开井深时要充分循环，并及时用稠浆裹一下后打好封闭，起钻要灌好钻井液，注意灌浆时不能冲刷井口，防止井口垮塌，保证表层套管顺利下到井底。

（2）二开开钻前认真分析地质情况，了解和掌握地层自然造斜规律，做到心中有数。定向井井身质量控制按设计要求及有关技术部门的具体技术措施执行。

（3）吃透设计内容，掌握该地区的地层和地质情况，大胆改进定向井剖面，由原来的避开直罗段地层定向，改为只要不放碰，直罗段上部地层定向的尝试，效果显著，提高了钻井速度。另外，二开洛河和直罗段钻具组合采用了：8¾in 的定向钻头＋φ172mm 单扶螺杆＋φ165mm 短 DC×2m＋（φ212~213mm）螺旋扶正器一只＋φ165mm 定向接头＋φ165mmNDC＋

$\phi165mmLDC\times(8\sim11)$ 根+配合接头+$\phi127mmDP$，确保钻井过程中该种钻具结构的合理性。

表 4　直井及定向井直井段井身质量要求

井深/m	井斜/(°)	全角变化率	水平位移/m	井斜扩大率/%	测斜间距
0~500	≤2	—	—	—	
501~1000	≤3	≤1°15″	≤20	≤15	单点测斜每 50m 一点
1001~2000	≤5	≤1°40″	≤30	≤15	电测每 25m 一点
2000~井底	≤7	≤2°10″	≤30	≤10	
1. 全井最大全角变化率/(°/25m)：≤2°10″					
2. 井底水平位移/m：≤30m					

其钻井参数是：定向后，一般井斜角设计在 15°左右的，复合钻进时加压 40~80kN；井斜角设计在 5°~10°左右的，为控制好增斜率，在复合钻进时加压 40~60kN，起到稳斜或是微增的效果，控制好增斜率。与此同时，泵压在 8~10MPa，适当提高钻头的水力喷射作用，以提高机速。也控制了直罗段地层的自然造斜。

安定段以下地层以泥页岩为主，易垮易掉块，下部地层又较硬，一般在常规钻具和复合钻井过程中，此井段均会以 2°/100m 的降斜率降井斜。所以要求此井段在钻进过程中，钻头最好使用外排主切削齿内凸较少定向钻头，在复合钻进过程中，地层对外排齿的破坏就不严重，而且这种钻头稳斜效果好，它的降斜率也没有这么大，为下部多打进尺奠定基础。减少了起下钻次数，提高了钻井速度。

延安段以浅灰色细砂岩与深灰色泥岩互层，间夹浅灰色泥质粉砂岩、灰色粉砂质泥岩及煤层为主，机速较直罗段慢，此井段有一个共性，在使用四合一钻具组合时，基本上是稳斜井段，增辐不是很大。及时补充防塌剂，解决了煤层段垮塌卡钻。

延长段以灰绿色块状细砂岩，浅灰、灰褐色细砂岩与深灰色泥岩不等厚互层，此井段机速较快，在环江区块属降斜井段，一般都在(2°~3°)/100m 的降斜率。在此井段，要想起到稳斜或是微降的效果，使用刀翼较长，但又不能过长，一般控制在 5~6cm 就行，而且主外排齿与刀翼平齐，刀翼加外排齿的长度控制在 10cm 左右，不宜过长，如果刀翼过长会起到增斜的作用，就相当于是一个扶正器，一个直接接着扶正器的钻具是什么结构，那肯定是一个强增结构，而且增斜率是很大的，钻压稍微一大就增斜。

（4）井身质量监测

① 钻井施工设计要求的井深及测斜间隔测单点，对下列情况加密了测点：

a. 上一测点井斜角偏大；

b. 测单点后改变了钻井参数；

c. 变换了钻具结构；

d. 单点数据连续呈现增斜趋势。

② 定向井造斜、增斜、降斜或扭方位等人工定向过程中，按要求测单点。测斜数据有疑问应加密测点。

③ 预计井斜角接近 10°、20°时，选用的是大一级的罗盘测斜。

④ 投测或测单点未成功，继续测斜，井斜情况不清楚不能继续钻进。

⑤ 单点胶片模糊，不能确定井斜情况，应视为测斜未成功。找出了失败原因，然后继续测斜。

⑥ 除定向井造斜井段外，不得接单根将钻头放到井底测斜，防止发生卡钻事故。

5.5 上直段纠斜

设计有防碰趋势且造斜点较深时，采用大钟摆钻具结构，小钻压打完上直段，再起钻下入螺杆钻具进行定向作业；设计有防碰趋势且造斜点较浅时，可直接下入螺杆钻具，小钻压复合钻进，必要时，直接进行防碰绕障处理，并能及时地钻至定向点，进行定向钻进。

6 经验教训及对以后工作的建议

（1）测单点要测当时井深的数据，一般情况下，不能钻过去后再补测上部井深的单点。

（2）在环江区块延长段属自然降斜井段，一般降斜率都在(2°~3°)/100m 左右。此井段机速较快，建议使用 5~10cm 刀翼为宜。

（3）环江区块丛式井在防碰没问题的情况下，造斜点应选在直罗段，并控制好其钻井参数，以提高机速。也控制了直罗段地层的自然造斜。

作者简介：

宋满霞，高级工程师，1960 年 5 月出生，1983 年毕业于天津大学石油分校钻井专业，学士学位，现在渤海钻探工程技术研究院，渤海钻探工程技术研究院工程技术专家，从事钻井工程设计工作。

减磨减扭技术在庄海 8Nm-H3 井的应用

于学良[1] 王长在[2] 张文华[1] 李洪俊[1] 郑永哲[1]

(1. 渤海钻探工程技术研究院；2. 大港油田油藏评价部)

摘 要 简要分析了大位移井、水平井钻进过程中摩阻和扭矩过大的原因及减扭措施。详细讲述了减磨减扭接头(专利号 ZL03266191.6)的施工工艺、主要工具的工作原理。在庄海8Nm-H3井现场试验应用结果表明，减磨减扭技术安全可靠，操作方便，使用效果好，指出减磨减扭技术有着广阔的应用前景。

关键词 接头 扭矩 套管磨损 大港油田

引言

目前，大位移井、水平井技术已成为油田的重要增产手段，广泛应用于滩海地区和海上平台。钻井过程中由于钻柱与井壁或钻柱与套管之间的相互摩擦，突出难点是大井斜下重力效应造成的钻柱摩阻(轴向摩擦力和摩擦扭矩)很大，导致动力扭矩传递困难、顶驱能力超限、钻柱和套管磨损严重，影响正常的钻进和完井作业。因此，减小井下摩阻是大位移井中重要的技术问题，而使用减摩工具是解决这一问题的有效途径。

国内外许多公司研制了减磨减扭的相关工具，主要包括钻杆轴承短节、减扭接头和非旋转钻杆护箍。钻杆轴承短节和减扭接头可以直接连接在钻柱中，在接头位置形成支撑，避免钻杆接头直接磨损套管，通过外滑套和心轴间的轴承滑动来防止套管磨损，并降低了钻进扭矩。旋转钻杆保护接箍不直接套在钻杆上，操作方便，不增加钻柱长度，并采用了减磨的复合材料，重量轻，可钻性好，工具的寿命相对较短，强度低。我国大港油田研制的减扭接头适用于 $\phi139.7mm$ 、$\phi127mm$ 和 $\phi88.9mm$ 钻杆，并已在大港、冀东油田得到了大量应用。

1 概述

1.1 庄海 8Nm-H3 井概况

庄海 8Nm-H3 井是大港油田关家堡区块一口重点水平井。井身结构见表1。完钻垂深4678m，水平位移4171.15m，垂深1067.3m。水垂比3.91，创国内最高纪录。该井设计井深4690m，最大井斜90°，是典型的超浅大位移水平井。

该井面临工程难度是：开始定向阶段磁干扰严重；整个造斜段所钻遇地层松软、钻井轨迹控制难等问题。水平段工程难度体现为：稳斜段长、泵压高、摩阻扭矩大，钻压传递差，轨迹控制难，另外套管下入困难。该井具体情况如图1所示。

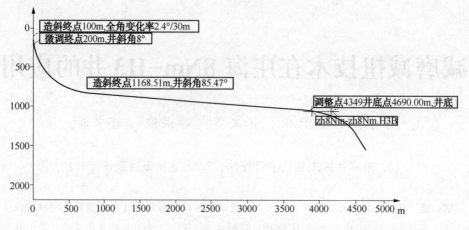

图 1　庄海 8Nm-H3 井井深轨迹图

图中标注:
造斜终点100m,全角变化率2.4°/30m
微调终点200m,井斜角8°
造斜终点1168.51m,井斜角85.47°
调整点4349井底点4690.00m,井底
zh8Nm-zh8Nm.H3B

表 1　井身结构设计数据表

开钻次序	井深/m	钻头尺寸/mm	套管尺寸/mm	套管下入地层层位	套管下入深度/m	环空水泥浆返深/m
导管	—	—	660.4	平原组	47.18	—
一开	1220	444.5	339.7	明化镇	1218	地面
二开	4407	311.1	244.5	沙一上	4403	1168
三开	4690	215.9	挂139.7筛管	沙一上	4353~4688	—

1.2　减磨减扭接头

图 2　现场用减扭接头

如图2所示,将减磨接箍(表2)安装在钻杆接头处,外套(非旋转)与套管内壁接触,而心轴与钻杆一起旋转,从而在外套和心轴之间产生磨损。外套仅在套管内滑动,不随钻杆转动,因而与套管内壁不产生相对转动,减少了套管的磨损。由于心轴与非旋转外套摩擦副的动摩擦系数较小,及独有的钻井液自润滑特性,从而达到减少扭矩传递的损失,对保护钻杆和套管磨损之间起到了良好的效果。

减磨接头采用轴承式减磨技术,开式钻井液润滑。整套工具采用高强度合金结构钢加工制造,并留有充足的打钳位置,安装拆卸方便。挡环和心轴刚性联接,强度高,不易发生井下事故。优选摩擦副材料,采用独特的轴承副设计,摩擦系数小,耐磨性好,强度相对较高。

表 2　减磨减扭接箍技术参数

规格型号	工作外径/mm	接头螺纹	水眼直径/mm	工具长度/mm	工具重量/kg	工具安全周期/h
139.7	198	$5\frac{1}{2}$FH	104	918	109	1000

2　现场使用情况

2.1　侧向力分析与扭矩预测

钻井时扭矩的大小主要跟钻柱所受的侧向力和井身结构有关系,根据实钻井眼轨迹,利用软件分析计算出各井段的侧向力大小,以便合理安放减摩减扭接箍,更好的达到减扭减摩的效果。由图 3 可以看出钻井过程中造斜段侧向力比较大,稳斜段侧向力比较均匀。分析认为该井的井身结构复杂和稳斜段长是摩阻扭矩大的主要原因。

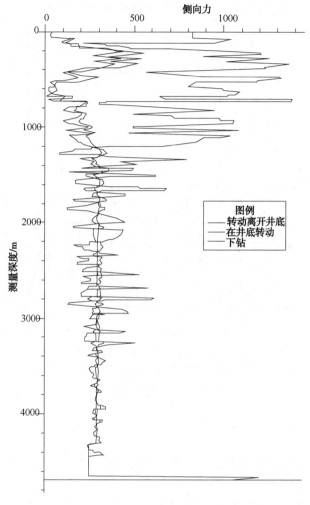

图 3　钻进和起下钻过程中侧向力图

2.2　现场安放情况

据实钻轨迹侧向力的分布情况,在下入减摩减扭接箍时,下入位置按以下流程实施:

(1) 减摩减扭接箍主要安放在侧向力较大的井段。

(2) 先下入 990m ϕ127m 钻杆,之后在每两柱后加一个减摩减扭接箍,下到井深 3280m,(该段所需减摩减扭接箍约 40 个)。

(3) 之后改为每柱加一个减摩减扭接箍,直至完钻前 100m,所需减摩减扭接箍 41 个。

(4) 预计准备 81 个减摩减扭接箍。

(5) 在施工中观察返出的泥浆,注意有无铁屑,及铁屑量的多少,判断套管的磨损情况。

(6) 使用倒装钻具,减小钻具与套管内壁的接触面积。

2.3　现场使用效果分析

用 Landmark 软件对钻井扭矩进行计算。当管内摩擦系数取 0.35,管外摩擦系数取 0.35 和 0.4 时算出的扭矩,随着井深的增加扭矩值逐渐增大。从图 4 中可以看出预使用减扭接箍后实钻过程中扭矩明显降低,工具作用效果明显。

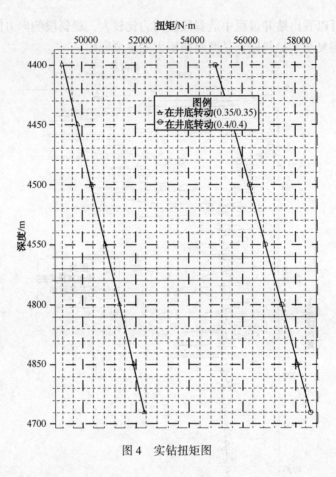

图 4　实钻扭矩图

3　结论与认识

（1）现场使用表明减扭接头的结构合理，安装方便，性能可靠。通过计算后合理的安放能够有效的降低钻井扭矩，减少套管磨损使钻机效率得到充分发挥。

（2）减磨减扭技术的使用有助于安全快速钻井，提高钻柱和套管的寿命及钻柱的安全系数，从而可以节约钻井成本，经济效益明显。

（3）减磨减扭技术作为降低摩阻的有效手段之一已得到充分证实，建议在大位移井、水平井钻井中推广。以便更好地促进钻井综合技术水平的提高。

参 考 文 献

[1] 苏义脑，窦修荣，王家进. 减磨工具及其应用. 石油钻采工艺，2005，27(2)：78~80.

[2] 仵雪飞，林元华，巫才文等. 套管防磨措施研究进展. 西南石油学院学报，2004，26(4)：65~69.

[3] 王　卫，马清明，徐俊良，吴仲华. 套管减磨接头的研制与应用. 石油钻探技术，2003，31(3)：38~39.

[4] 张文华，胡国清，桑路，辛秀琴. 钻进扭矩与摩阻分析及减扭措施. 石油钻探技术，2001，29(4)：22~23.

作者简介：

于学良，渤海钻探工程技术研究院，助理工程师，E-mail：learnbright@163.com。

通讯地址：天津大港油田三号院工程院完井中心，邮编：300280，电话：13821220645。

密闭取心技术在南堡 11-L8-斜 204 井的成功应用

高志伟　王雷　郝木水　邱卫红　夏洪战

（渤海钻探工程技术研究院）

摘　要　南堡油田为评价 Ed_1 油藏储层的油水饱和度，开展储层综合评价研究提供依据。决定在本井实施密闭取心工作。为满足密闭取心施工，井身结构、井眼轨迹的优化，选择合适的钻井液是十分必要的。本井密闭取心 24 筒，总进尺 130.2m，总心长 123.09m，平均收获率 94.54%，平均密闭率 82.15%。此技术在本井的成功应用，为冀东南堡油田落实产量，开展储层评价工作迈出坚实的一步。

关键词　密闭取心　井身结构　井眼轨迹　现场应用

1　密闭取心技术

利用密闭取心工具在取心过程中能够在岩心形成时用密闭液将岩心保护起来，避免岩心受钻井液等外界流体浸泡和污染，所取得的地质资料（油层原始含油、含水饱和度，以及岩性、地层流体物性等）能够客观真实地反映地层情况，准确地取得地层油水饱和度、孔隙度、气体渗透率等重要性参数，为计算油气藏储量、制定合理的开发方案提供依据。

2　工程设计

该井位于南堡油田 1-1 人工岛，开发南堡 1 号构造 1-1 区构造 1-32 断块的东一段油藏，为重大开发试验资料井。本井进行密闭取心的主要目的是评价 Ed_1 油藏储层的含油饱和度，为 Ed_1 油藏开展储层综合评价研究提供依据。设计取心井段见表 1。

表 1　密闭取心井段及要求

取心层位	取心进尺/m	收获率/%	密闭率/%	设计井段/m
	40	>90	>80	相当于 NP1-32 井 3015~3066（含泥岩段）
Ed_1	40	>90	>80	相当于 NP1-32 井 3257~3305（含泥岩段）
	50	>90	>80	相当于 NP1-32 井 3339~3395（含泥岩段）

2.1　井眼轨迹设计

避免在密闭取心段造斜、降斜、扭方位等调整施工，保持密闭取心段在稳斜段或直井段，为密闭取心顺利施工提供有力的条件。因此，为满足密闭取心及密集井口整体布井要求，在上部小井斜井段进行扭方位，并在玄武岩顶界降直，保证密闭取心工作在直井段完成，井身剖面设计数据见表 2，井身轨迹设计如图 1 所示。

表2 井身剖面设计数据

测深/ m	井斜角/ (°)	方位角/ (°)	垂深/ m	南北坐标/ m	东西坐标/ m	闭合位移/ m	闭合方位/ (°)	狗腿度/ [(°)/30m]	备注
0.00	0.00	0.00	0.00	0.00	0.00	0.00	0.00	0.00	
170.00	0.00	0.00	170.00	0.00	0.00	0.00	0.00	0.00	
253.33	5.00	16.24	253.23	3.49	1.02	3.63	16.24	1.80	
353.33	5.00	16.24	352.85	11.86	3.45	12.35	16.24	0.00	
557.31	18.00	52.61	552.47	39.68	31.13	50.43	38.12	2.10	
1048.26	18.00	52.61	1019.38	131.82	151.69	200.96	49.01	0.00	
1498.34	0.00	0.00	1462.10	174.41	207.41	270.99	49.94	1.20	
2206.57	0.00	0.00	2170.33	174.41	207.41	270.99	49.94	0.00	A 靶
2379.57	0.00	0.00	2343.33	174.41	207.41	270.99	49.94	0.00	B 靶
2937.00	0.00	0.00	2900.33	174.41	207.41	270.99	49.94	0.00	

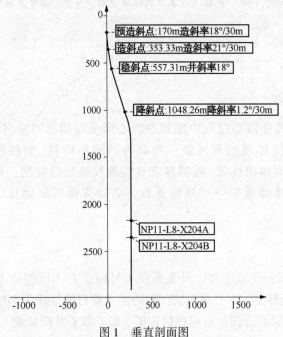

图1 垂直剖面图

2.2 井身结构设计

该区块开发井主要采用表层深下的二开井身结构，本井若采用二开井身结构，裸眼段过长，容易坍塌掉块。为满足密闭取心的要求，经过反复研究优化，决定采用三开悬挂尾管的井身结构，主要原因是馆陶组存在大段玄武岩，且馆陶底部有底砾岩，钻井过程中易漏、易塌；为避免在密闭取心过程中发生井下复杂情况，给密闭取心施工带来不便。因此二开封隔馆陶组地层；三开后进行大段密闭取心工作。井身结构如图2所示。

2.3 钻井液选取

由于密闭取心对钻井液性能有很高的要求，主要为防止对岩心的浸染；要求钻井液不能有颜色，以免影响密闭率质量。另外能够更有效的保持井壁稳定，防止井下复杂情况的发生。本井优选无颜色低固相 HRD 泥浆体系。主要配方为：

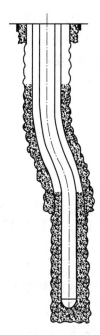

φ 762mm导管×55m

φ 339.7mm套管×320m

φ 444.5mm钻头×323m

φ 244.5mm套管×2390m

φ 311.1mm钻头×2393m

φ 139.7mm尾管×2100-2934m

φ 215.9mm钻头×2937m

图2　南堡11-L8-斜204井身结构示意图

清水160方+0.1%NaOH（pH值调节剂）+0.15%Na$_2$CO$_3$（pH值调节剂）+0.5%~0.7%HVIS（增黏剂）+1.5%HFLO（降失水剂）+2%GT-98+2%HPA（抑制剂）+1.5%HLB（润滑剂）+0.05% HGD（除氧剂）+0.07% HCA（杀菌剂）+5%KCl（油层保护剂）+5%QWY（油层保护剂）+石灰石（加重）。

3　现场施工

3.1　密闭取心的难点

（1）地层岩石破碎和井底沉砂易造成堵心和磨心，严重影响取心收获率。由于在密闭取心作业过程中钻井液排量不能过高，且不能长时间循环，造成井底沉砂过多，滤饼增厚。在竖心时井底沉砂和滤饼首先进入内筒，容易造成堵心和磨心。

（2）地层破碎，岩心成柱性极差，容易顶坏岩心爪。

（3）下钻遇阻，造成销钉提前剪断，密闭液流失。

（4）取心时容易发生井漏、掉块等井下复杂情况。

因此，从取心工具接近井底到割心，必须随时观察钻井参数变化情况，并对井下情况进行准确分析判断，确保快速安全取心钻进。

3.2　取心钻具组合

第一段：φ215.9mmLHPDC+φ194mmMBX-115取心筒+168钻铤×6+φ139.7mm加重钻杆×18+φ139.7mm钻杆。

第二段：φ215.9mmPDC（BX115）+φ194mmMBX-115取心筒+168钻铤×6+φ139.7mm加重钻杆×18+φ139.7mm钻杆。

第三段：φ215.9mmLHPDC+φ180mmQXT-105取心筒+168钻铤×6+φ139.7mm加重钻杆×18+φ139.7mm钻杆。

3.3　钻井液的维护

重点应放在控制滤失量、防塌、防卡和提高携砂能力等方面。

在密闭取心过程中，按配方的加量加入 HPA 和 HFLO，以防止井塌和降低失水量；加入配方比例的 HLB，以增强钻井液的润滑性。通过维护使钻井液性能达到：漏斗黏度为55Pa·s，滤失量为4mL，膨润土含量为43g/L，黏度为15mPa·s，动切力为18Pa，静切力为6~15Pa，pH 值10。

3.4 密闭取心技术要求

3.4.1 取心密闭液要求

采用蓖麻油密闭液。

性能指标：抽丝长度>20cm，黏度符合要求。

3.4.2 取心前期要求

要求井身结构好，井内无漏失、无溢流，井壁规则畅通，起下钻畅通无阻。井底干净无金属落物或岩心，必要时应用牙轮钻头进行划眼和清阻。当下钻过程中若有明显遇阻现象，应及时取出岩心筒，待清洗井底或井壁后重新下钻。

3.4.3 下钻操作要求

取心工具要戴好护丝，用绷绳平稳拉上钻台，严防碰撞密闭取心密封活塞。工具出入井口时用大钩提吊，无台肩光杆外筒坐于井口时使用安全卡瓦。下钻注意事项：操作要平稳，控制速度，下钻速度控制在1m/s以内，严禁猛提、猛放、猛刹，下钻遇阻不得超过30kN，有阻卡现象时立即循环钻井液，不允许用划眼的方式强行下钻，更严禁用取心工具划眼。

取心钻头离井底7~9m时开泵大排量循环，充分冲洗井底，排后使用循环钻井液，准备剪销时，先停止循环钻井液，缓慢下放钻具到底，静压60~100kN，剪断活塞销钉，并静止30%~60s。缓慢上提钻具，调整钻压至20kN，开启泥浆泵、平稳启动转盘，进行竖心。竖心参数：钻压10~30kN，转速40r/min，排量12~14L/s，竖心0.3m后，开始正常钻进。

3.4.4 钻进操作要求

送钻均匀，增压缓慢，不允许溜钻。钻进中不停泵、不停转，钻头不得离开井底，防止密闭液流失和钻井液破坏井底岩心密闭保护区。注意钻时变化，及时分析判断，防止堵心或磨心。具体参见表3。

表3 取心钻进参数表

取心层位	取心进尺/m	钻头数量/只	钻进参数		
			钻压/kN	转速/(r/min)	排量/(L/s)
Ed₁	50.8	6	90	70	13
	27		50~70	70	13
	52.4		40	70	15

3.4.5 割心

现场地质人员卡准层位，根据准确的地层选择好割心位置，尽量选择在非含油层井段割心。取心钻进最后0.3~0.5m时，钻压可比原钻压增大30~50kN，磨心过程当钻压恢复近零时停钻、停泵，量方入，缓慢上提钻具，观察指重表显示。悬重增加50~150kN后恢复到原悬重值，说明岩心被拔断。割心后，直接起钻，减少岩心在钻井液中的浸泡时间；起钻过程要操作平稳，用液压大钳卸扣。起钻到最后三柱钻铤时不灌钻井液，防止在组装密闭取心工具时污染岩心内筒。

3.5 密闭取心成果

全井共密闭取心24筒，总进尺130.20m，总心长123.09m，平均收获率94.54%，平均密闭率82.15%。累计纯钻78h，平均机械钻速为1.67m/h，单筒最高进尺7.8m。该井密闭取心工作取得极大的成功，获得了东一油藏第一手资料，为冀东南堡油田落实产量，开展储层评价，制定合理的开发方案提供可靠的依据，具体数字见表4。

表4　南堡11-L8-斜204井密闭取心情况

| 取心井段 | | 取心进尺/ | 岩心长/ | 收获率/ | 密闭率/ | 岩心直径/ | 取心工具 |
自/m	至/m	m	m	%	%	mm	类型
2480.00	2483.00	3.00	2.95	98.33	81	115.00	MBX-115
2483.00	2487.65	4.65	4.21	90.54	80	115.00	MBX-115
2487.65	2490.80	3.15	1.75	55.55	85	115.00	MBX-115
2490.80	2495.50	4.70	4.70	100.00	84	115.00	MBX-115
2495.50	2500.10	4.60	4.60	100.00	85	115.00	MBX-115
2500.10	2503.10	3.00	2.95	98.33	80	115.00	MBX-115
2503.10	2509.30	6.20	6.17	99.52	81	105.00	QXT180-105
2509.30	2513.90	4.60	4.38	95.22	79	115.00	MBX-115
2513.90	2518.60	4.70	4.70	100.00	86	115.00	MBX-115
2518.60	2523.20	4.60	4.60	100.00	79.5	115.00	MBX-115
2523.20	2526.10	2.90	2.90	99.00	82	115.00	MBX-115
2526.10	2530.80	4.70	4.66	99.15	83	115.00	MBX-115
2676.00	2680.70	4.70	1.98	42.13	81	115.00	MBX-115
2680.70	2687.20	6.50	5.91	90.92	82	105.00	QXT180-105
2687.20	2689.40	2.20	2.18	99.09	79.5	105.00	QXT180-105
2689.40	2696.20	6.80	6.75	99.26	87	105.00	QXT180-105
2696.20	2703.00	6.80	6.80	100.00	82	105.00	QXT180-105
2732.00	2739.20	7.20	7.16	99.44	83	105.00	QXT180-105
2739.20	2746.70	7.50	7.35	98.00	78.6	105.00	QXT180-105
2746.70	2754.00	7.30	7.18	98.35	84	105.00	QXT180-105
2754.00	2761.70	7.70	6.75	87.66	81	105.00	QXT180-105
2761.70	2769.50	7.80	7.75	99.36	85	105.00	QXT180-105
2769.50	2776.80	7.30	7.22	98.90	83	105.00	QXT180-105
2776.80	2784.40	7.60	7.49	98.55	80	105.00	QXT180-105

4　几点认识

（1）密闭取心的成功应用为冀东南堡油田认识地质储量，制定合理的开发方案提供了最直接的资料。

（2）井身剖面和井身结构的优化设计为密闭取心工作提供了有利的条件。

（3）合理选择钻井液类型以及在取心过程中对钻井液的性能维护工作，是密闭取心顺利进行的保证。

（4）密闭取心过程中根据不同地层，选用合适的取心工具，匹配合理的钻井参数，根据井下情况及时通井和调整泥浆性能，才能保证井下安全和较高的收获率。

参 考 文 献

刘彬，周刚，陈晓彬等. 密闭取心工艺在深井中的应用. 钻采工艺，2008，31(4)：124～125.

作者简介：

高志伟，男，渤海钻探工程技术研究院，助理工程师，通讯地址：大港油田团结东路渤海钻探工程技术研究院，邮编：300280，电话 022－25924913，13516166455，E-mail 地址：dmgy2002dmgy@163.com。

南堡1-4斜4侧平1井开窗侧钻水平井技术应用

高志伟　王　雷　符会建　傅阳铭　贾洪战

（渤海钻探工程技术研究院）

摘　要　侧钻水平井投资少、效益高，冀东油田利用南堡1-4斜4井进行侧钻水平井开发油藏。在φ177.8mm套管内开窗侧钻水平井，进行了剖面优化，侧钻点选择，以及特殊井段在施工中采取一系列防塌、防卡等措施，对实钻井斜、方位和扭矩进行分析，为侧钻施工提供了有利条件。

关键词　φ177.8mm套管　侧钻水平井　剖面优化　降斜扭方位

引言

南堡1-4斜4井是冀东南堡1号构造1-1区的一口开发井，常规侧钻井一般是在原井眼的直井段或斜井段增斜后进入地质目标井段施工。该井与之不同的是，南堡1-4斜4侧平1井属于φ177.8mm套管内开窗，且靶点位移小于老井眼完钻时的闭合位移。这种情况下实施侧钻水平井，无论是剖面设计和现场施工都有一定困难。为获得足够的位移，保证水平段的实施，将剖面设计成"降斜扭方位-直-增-稳-增-水平段"。全井顺利施工，达到了钻井和地质设计的要求，取得了较好的经济效益。

1　工程设计

1.1　老井情况及地质分层

由于底水推进快，造成油藏水淹（落实），没有达到预期的开采目的。为加快产能建设节奏，对南堡1-1区进行整体部署与完善。决定利用南堡1-4斜4井侧钻水平井（表1）。

表1　地质分层及岩性描述

层位	底界深度/m	层厚/m	主要岩性描述
平原组	300.00	300.00	黏土和散沙
明化镇组	1787.60	1487.60	灰黄、棕黄色泥岩与浅灰色细砂岩互层
馆Ⅰ	1883.50	95.90	灰绿色泥岩与灰色细砂岩不等厚互层
馆Ⅱ	1967.40	83.90	灰绿色泥岩与灰色细砂岩不等厚互层
馆Ⅲ	2185.50	218.10	泥岩与细砂岩、黑色玄武岩
馆Ⅳ	2241.69	56.19	砂砾岩、泥岩

1.2 老井井身结构(表2)

表2 南堡1-4斜4井井身结构

钻头尺寸/mm	井深/m	套管外径/mm	套管下深/m	水泥返深/m
660.4	55	508	54	地面
444.5	1408	339.7	1404.74	地面
241.3	2837	177.8	2830.5	1057

1.3 侧钻点的选择

满足井眼轨迹的控制要求,避免形成较长的裸眼井段和较大的狗腿度,同时满足井下安全和采油工艺的需要。尽可能多的使用老井段以降低成本;并保证尽快侧出老井眼,避免与老井相碰。

开窗点选在固井质量好,且井壁为规则井段,避开套管接箍和扶正器以及坚硬或不稳定的特殊地层。综合考虑以上因素,侧钻点选在明化镇地层1645m。开窗点在侧钻点以上20m左右,为开窗调整留有空间。

1.4 侧钻方式选择

比较套管段铣开窗和斜向器开窗的优缺点,由于开窗点处的井斜角大,选用斜向器开窗。

1.5 侧钻水平井剖面设计(表3)

表3 南堡1-4斜4侧平1井剖面设计数据

测深/m	井斜角/(°)	方位角/(°)	垂深/m	南北坐标/m	东西坐标/m	闭合位移/m	闭合方位/(°)	狗腿度/[(°)/30m]
1645.00	32.55	216.24	1514.57	-405.37	-277.02	490.99	214.35	0.00
1889.25	0.00	197.65	1745.90	-459.98	-316.67	558.45	214.54	4.00
2020.27	0.00	197.65	1876.92	-459.98	-316.67	558.45	214.54	0.00
2245.27	45.00	197.65	2079.49	-539.94	-342.11	639.20	212.36	6.00
2274.52	45.00	197.65	2100.17	-559.65	-348.38	659.22	211.90	0.00
2469.87	84.07	197.65	2182.55	-724.48	-400.82	827.97	208.95	6.00
2479.87	84.07	197.65	2183.58	-733.96	-403.84	837.73	208.82	0.00
2596.02	84.07	197.65	2195.58	-844.05	-438.87	951.33	207.47	0.00
2631.00	84.07	197.65	2199.20	-877.23	-449.42	985.65	207.13	0.00

剖面设计时考虑到方便钻井施工,使水平段在二维空间,故在出窗后降斜扭方位,在降直后使得方位角与两靶点之间的方位一致。整个剖面施工难度集中在降斜扭方位井段,为水平段顺利施工提供条件;在增斜到45°时,设计近30m的稳斜段,为现场施工留有调整的余地。

1.6 井身结构

本井采用尾管完井方式,如图1所示。

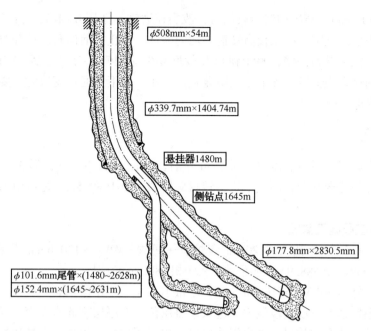

图 1 南堡 1-4 斜 4 侧平 1 井身结构示意图

图中标注：
- φ508mm×54m
- φ339.7mm×1404.74m
- 悬挂器1480m
- 侧钻点1645m
- φ177.8mm×2830.5mm
- φ101.6mm尾管×(1480~2628m)
- φ152.4mm×(1645~2631m)

1.7　施工难点分析

（1）明下段泥岩发育段，馆陶组中部发育厚层玄武岩，易发生井漏、卡钻等复杂事故。

（2）窗口处易与钻头和钻具产生刮碰，造成卡钻和损坏窗口等事故。

（3）老井套管对随钻测量工具有磁干扰，因此，要尽快侧出老井眼，防止与老井碰撞。

（4）降斜扭方位时的狗腿度达到 4°/30m，井眼轨迹控制难度大，同时施工过程中容易形成键槽卡钻的事故。

（5）在井斜达到 45°井段携岩困难，造成钻进过程中出现托压现象。

2　套管开窗

套管开窗的关键是斜向器的摆放及合理的开窗参数。

2.1　开窗前井眼准备

下通井钻具探至塞面 1675.88m，循环洗井；对套管试压合格后，下入套管刮削器，在开窗点上下 10m 反复刮削，以利于斜向器的坐挂。对井口试压合格后，下入导斜器至井深 1621m。坐封一次成功。

2.2　开窗磨铣

钻具组合：152.4mm 铣锥+接头 211×310+120mm 钻铤×6 根+88.9mm 加重钻杆×24 根+88.9mm 钻杆。

开窗参数：钻压 10~20kN，转速 40r/min，排量 18L/s，泵压 13MPa。

修窗参数：钻压 40~50kN，转速 40r/min，排量 18L/s，泵压 14MPa。

实际开窗位置为 1621.7~1622.74m。

开窗中要钻压均匀，保证窗口光滑。开窗分初始阶段、骑套磨铣阶段、开窗出套阶段。从铣锥接触导向器至铣锥底部与套管壁接触，磨铣出均匀接触面，采用轻压低转速，钻压

5～6kN，转速 40r/min。磨出均匀接触面后，改中速磨铣，钻压 8～10kN，转速 40r/min。在骑套磨铣阶段用单式铣锥轻中压较高转速，均匀磨铣，防止提前出套。在开窗出套阶段吊压高转速，防止铣锥下滑到井壁，整个窗口井段反复慢速划铣 3～5 次，距窗口顶 1.2～1.3m 处，必须反复划铣。修窗至上提下放无明显碰挂为止。起下钻通过窗口时，要控制起下钻速度<5m/min，防止碰挂窗口。

3 现场实施

为钻井安全施工，开窗后需要钻进 20m 左右，确保与老井分开，形成一定安全距离的夹壁墙，同时为消除老井套管的磁干扰，转盘旋转钻进至 1639.5m，之后用测斜仪器对侧钻方向定位钻进。

3.1 降斜扭方位段施工情况

钻具组合：152.4mm 钻头＋120mm 弯螺杆＋回阀＋MWD＋120.6mm 无磁钻铤×1 根＋88.9mm 承压钻杆×1 根＋88.9mm 加重钻杆×23 根＋88.9mm 钻杆。

钻井参数：钻压 30kN，转速 60r/min，排量 18L/s，泵压 18MPa。

降斜过程中钻遇明下段大段泥岩，进入馆Ⅲ层位，有厚层玄武岩发育，通过调整钻井液性能来达到防塌、防漏的效果。观察泥浆出口返出岩屑形状，根据井下掉块情况，及时补充防塌材料，提高钻井液的防塌能力，以保证井壁稳定。同时加入超低渗处理剂和随钻堵漏剂，提高地层承压能力。发现摩阻系数升高或活动钻具拉力异常时，及时增加润滑剂加量，井浆中维持 1.5% 的润滑剂、白沥青，以保证井眼润滑通畅，减小摩阻扭矩。

从图 2、图 3 和图 4 中可以看出侧钻井段按照设计轨迹实施，狗腿度最高 9°/30m，在降斜过程中方位变化较大，使用无线随钻测斜仪 MWD，能够及时准确掌握井身轨迹的变化趋势，保证了精确控制井眼轨迹；定期进行短起下钻措施，采用倒划眼的形式，以充分修整井壁和有效地破坏岩屑床和键槽，保证井眼畅通。

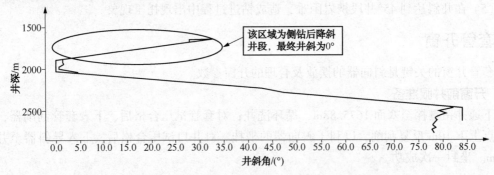

图 2 南堡 1-4 斜 4 侧平 1 设计与实钻井斜角随井深变化图

3.2 水平段施工情况

钻具组合：152.4mm 钻头＋120mm 弯螺杆＋回阀＋MWD＋120.6mm 无磁钻铤×1 根＋88.9mm 承压钻杆×1 根＋88.9mm 钻杆×45 根＋88.9mm 加重钻杆×23 根＋88.9mm 钻杆。

钻井参数：钻压 20～40kN，转速 60～70r/min，排量 18L/s，泵压 18MPa。

水平井段在造斜率满足设计要求前提下，尽量采用导向钻井加转盘钻进方式，减少岩屑床的形成，有利于提高机械钻速及保障井下安全。利用 MWD 加强井眼轨迹监测与预测，确保实钻轨迹与设计轨迹相吻合，配合地质搞好探油顶工作，以确保井眼轨迹准确中靶。在滑

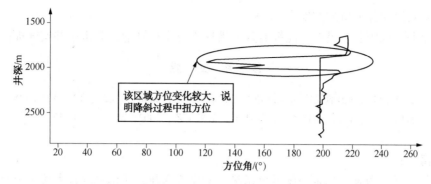

图 3　南堡 1-4 斜 4 侧平 1 设计与实钻方位角随井深变化图

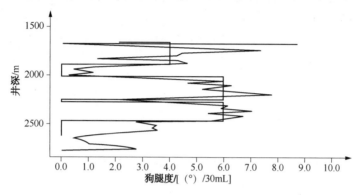

图 4　南堡 1-4 斜 4 侧平 1 设计与实钻狗腿度随井深变化图

动钻进时要加强泥浆润滑，及时调整钻井液黏度、初终切力，使钻井液具有良好的触变性，提高大斜度井段的携岩效率使井眼清洁。解决水平井托压问题，使滑动钻进顺利进行。依据钻进携岩情况，适时进行短起下钻作业，清除岩屑。

3.3　南堡 1-4 斜 4 侧平 1 中靶情况

在钻井过程中严格地执行了定向井技术措施并及时进行 MWD 无线跟踪监测，从而确保了该井的各项指标满足要求。中靶率 100%，剖面符合率 100%（表 4）。

表 4　南堡 1-4 斜 4 侧平 1 井实钻靶点数据

靶点	井深/m	垂深/m	闭合方位/(°)	闭合位移/m	靶心距/m
设计 A	2479.87	2183.58	208.82	837.73	垂向≤2 横向≤10
实钻	2475.09	2182.84	208.84	837.79	0.82
设计 B	2596.02	2195.58	207.47	951.24	垂向≤2 横向≤10
实钻	2592.50	2204.06	207.50	951.32	8.49

4　认识

（1）剖面的优化设计（包括侧钻点的选择）是侧钻水平井成功实施的前提。

（2）套管开窗的好坏直接影响侧钻施工的效果。

（3）采用 MWD 进行轨迹控制，及时准确掌握井眼轨迹变化趋势，随时进行调整，提高了剖面符合率及中靶精度。

（4）对钻柱的悬重和扭矩进行监测，以及对摩阻的分析，为下步施工提供了有利的依据，能够有效避免井下事故的发生。

（5）定期采取短起下措施，能够有效的破坏岩屑床和键槽，为水平井实施提供保障。

参 考 文 献

[1] 李琳涛等．冀东油田开窗侧钻定向井钻井工艺．钻采工艺，2008，31（2）：123~124，148.

[2] 孙海芳，靳树忠．套管井侧钻技术实践与认识．钻采工艺，2002，25（4）：14~17.

作者简介：

高志伟，男，渤海钻探工程技术研究院，助理工程师，通讯地址：大港油田团结东路渤海钻探工程技术研究院，邮编：300280，电话 022-25924913，13516166455，E-mail 地址：dmgy2002dmgy@163.com。

水平井筛管完井技术在
冀东油田疏松砂岩的应用

傅阳铭　王　雷　高志伟　梁　莹

(渤海钻探工程技术研究院)

摘　要　为解决冀东油田疏松砂岩水平井防砂和油气层保护的方面存在的问题，本文进行了水平井筛管完井技术研究应用，介绍了密封悬挂一体式筛管悬挂器的结构特点和工作原理，这项技术能有效节省投产时间，保护油气层。

关键词　冀东油田　疏松砂岩　水平井　筛管完井　悬挂器

引言

高浅北区是冀东高尚堡油田典型的浅层疏松砂岩地层，该区块边底水活跃，天然能量充足，属边底水驱的常规稠油油藏。2002年在该区块应用水平井技术，通过精细的地质研究与水平井配套技术的研究，应用规模不断扩大。该区块大多数采用套管射孔完井或套管射孔与管内滤砂管防砂相结合的完井方式。

在疏松砂岩水平井采用套管射孔、管内滤砂管防砂完井方式存在的问题：

(1) 受重力影响，水泥浆颗粒沉降，水平段固井质量无法保证。尤其在水平井段实施分段卡封生产或分段实施增产措施时，由于固井质量不好，形成套管外串，从而无法施工。

(2) 固井射孔完井成本相对较高。射孔作业过程中，进一步造成油层污染，降低产能。

(3) 采用套管内滤砂管防砂完井，完井后管柱内通径小，油井后期分段处理和滤砂管打捞等措施作业增加了难度，影响生产效果。

针对上述问题，研究开发了水平井筛管完井配套技术，并且在应用中取得了较好的效果。

1　水平井防砂筛管参数优选

选择合理的过滤介质和过滤孔径，使其既能防砂又能防堵塞，同时还能保持较高的导流能力，以保证油田投产后高产、稳产是非常关键的。

影响防砂效果的因素繁多，需要考虑油藏地质特征、流体物性、生产条件、井身结构等；挡砂精度优选不仅能成功地阻挡地层出砂，而且还能使作业后油井的经济指标提高。在注重挡砂效果的同时以提高经济效益为目标。

1.1　确定精细微孔滤砂筛管防砂网孔参数的原则(图1)

(1) 要能有效防住地层砂，不会持续出砂。

(2) 在满足允许出砂量要求的情况下，网上附加压力要小，不会产生堵塞。

(3) 要考虑到地层的非均质性。

（4）要考虑原油特性、完井方式和完井工艺。

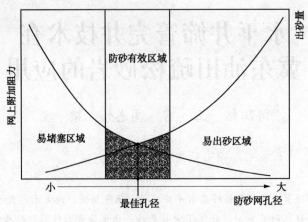

图1 防砂有效区域分布图

1.2 确定防砂网孔参数的方法

（1）根据地层砂的粒度组成确定挡砂精度。

共有六种方法，$d90 \sim d10$ 都有选取。一般选取 $d50$ 可行但过于简化，对于不同的地层流体和完井工艺，防砂效果和产量不一定最佳，考虑地层砂的非均质性、地层流体黏度和完井工艺，推荐选取 $d50 \sim d20$。

（2）根据地层砂的室内试验结果选择防砂网孔。

（3）根据邻井或该地区其他井的使用资料确定。

粒度分析结果对于选择防砂筛管是个极为重要的数据。在防砂设计中除了 $d90$ 外，还应根据岩石不均匀性的情况及粒度分布的情况来选择，用 $d40$ 或 $d60$ 来参考选择合理的挡砂精度的过滤介质参数。

2 密封悬挂丢手一体式筛管悬挂器的应用

目前国内外筛管悬挂器普遍应用固井悬挂器和封隔器合为一体的悬挂器。该悬挂器一般坐放在 60° 以内的井斜范围内，裸眼封隔器不能够实现长久密封，一般密封不超过 1 年，高压密封腔体内就没有压力了，在尾管内进行密封作业时，尾管容易上移，给完井作业增加了困难和风险。

因此我们采用密封-悬挂一体液压丢手悬挂器，悬挂器是打压坐封，正转倒扣丢手。打压膨胀坐封，不受井斜影响，距筛管最短距离仅有 10～20m，既保障了密封又为后期上返挖潜留有余地(表1)。

表1 177.8mm×101.6mm 筛管悬挂器的主要技术参数

项目	套管内径 φ	控制活塞剪钉剪断压力	坐封压力	密封压力	卡瓦承载力	丢手打开	解封力
单位	mm	MPa	MPa	MPa	t	MPa	t
设计值	159	10	12	8	60	20	40

筛管悬挂器主要由接头，丢手部件，密封胶筒，锚定部件，控制活塞，锁紧套，中心管组成(图2)。其主要的工作原理有：

（1）完井管柱下到井底后，接正循环管线，打压，防坐封总成失去功能。

（2）继续打压液缸总成推动锥体套移动，卡瓦坐挂、胶筒压胀。

（3）接反循环管线，环空打压，验证封隔器坐封情况，确保以后生产可靠的挡砂。

（4）接正循环管线，打压，将液压丢手打开，工具设计有泻流孔，当丢手打掉后，压力即刻泄为零，判断丢手丢开；如果没有丢开，正转，采用反扣丢手，不论采用哪种丢手，都可保证与尾管通径。

（5）上提管柱，起出丢手装置，完井。

（6）两边设计有152mm扶正条，确保下入时，胶筒、卡瓦等部件受摩擦，设计双锁紧块，现定卡瓦位置，防止中途坐挂。

（7）如果下放中途遇阻或水平段丢手丢不开，可直接上提管柱，将解封剪环剪断，起出完井管柱。

（8）使用了内置球座，不受井斜因素的影响，可以坐封于水平井段。

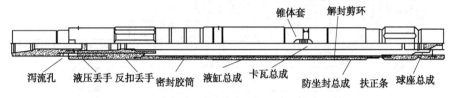

图2 密封悬挂一体式悬挂器结构图

3 现场应用

G104-5P95井是高尚堡油田高浅北区高104-5区块Ng12小层构造边部的一口开发井。完钻井深2463.00m（斜）。最大井斜2305.52m处，井斜91.0°，方位285.50°。

钻头程序：444.5mm×357.0m+241.3mm×2231.00m+152.4mm×2463.00m。

G104-5P95井井身结构

名称	规格	壁厚	钢级	下深	阻位	水泥返高
	mm	mm		m	m	m
表层套管	339.70	9.65	J55	351.12		地面
技术套管	177.80	9.19	N80	2223.01	2204.25	1380

3.1 外完井管柱施工

悬挂器悬挂位置：2191.01m，该处井斜85.1°，与尾管、技术套管重合段32m。在2223.90～2300.72m，2320.27～2448m，2448.23～2451.13m井段处下入4in防砂筛管（200μm）；为了保护油层，油层段打入油保液。

施工过程：

下入152×4.5m通井规通井、钻杆试压、称重量，通井深度：2205m。一切正常，接水泥车试压25MPa，稳压5min压力不降低，起钻至2191m位置钻杆称重：

上提移动：60t；上提静止：58t；下放移动：43t；下放静止：40t。

以上重量包含12t游动系统的重量。

打完油保液后起钻，准备开始下入外管柱，接正循环管线，3次打压15MPa，各稳压5min，下放管柱加压25t，井底位移不下降，接返循环管线，打开回水管线，打压5MPa，稳压5min，压力不降，接正循环管线，打压23MPa，成功泄压；上提管柱，60t，负荷没有增加，打开回水管线，开始循环，高架槽有泥浆返出，说明丢手正常丢开，起钻，成功完成外管柱施工。

外管柱施工成功后，往井内下入 1000m 的 2⅞in 油管，100m 位置处下入安全阀，井口装紧凑型采油树。外管柱结构示意图如图 3 所示。

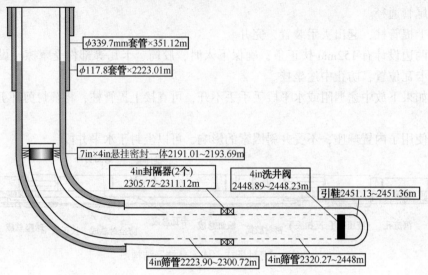

图 3　G104-5P95 井外管柱结构示意图

3.2　替浆、酸洗、涨封一趟管柱投产工艺

3.2.1　优化替液洗井液体配方

使用常规钻井液对产层具有较大伤害，因此在完井替浆洗井施工中实施酸洗工艺，可以很好地解除钻井液固相颗粒对产层的阻塞，降低对油层的伤害。

入井液顺序：优质压井液——清水（备用调低优质压井液密度）——油井暂堵剂——酸洗液（配方：5%HCl+1.5%HF+2%多效添加剂）——酸化用暂堵剂。

3.2.2　替液、酸洗、胀封作业一趟管柱完成

使用酸洗、替液和胀封封隔器一趟管柱完成，减少了作业周期，降低了作业成本，同时也减少了对产层的伤害时间。

管柱组合：密封插管+球座+油管+胀封工具总成+油管+悬挂器（图 4）。

3.3　经济效益

该井节约套管 2200m，折合人民币 50 余万元，使用的密封悬挂一体式悬挂器比国外同性能产品节约成本 30 余万元；G104-5P95 井初期产液量 150m³/d，目前产液量 400m³/d。跟踪后期作业，没有发现出砂影响生产的情况，表明防砂效果显著，取得了良好的经济和社会效益。

4　结论

（1）在疏松砂岩地层应用水平井筛管完井具有节省套管材料、保护油气层等套管射孔完井无法比拟的优点，可以有效的达到早期防砂的目的，具有很高的推广应用价值；

（2）应用的悬挂密封一体式筛管悬挂器坐封可靠，很好的解决了油层套管与技术套管重合段的密封问题。应用的内置球座可以在水平井段安全的坐封做挂。

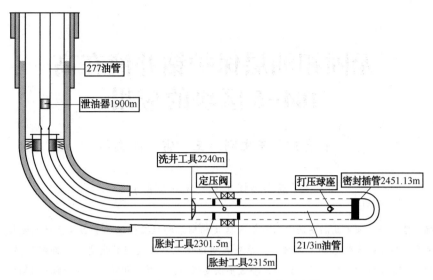

图 4   G104-5P95 井流井涨封管柱示意图

（3）涨封酸洗一趟管柱投产工艺即节省投产时间又保护了油气层免受钻井液浸泡的伤害，是适合水平井筛管完井的一种投产技术。

参 考 文 献

［1］万仁浦 . 现代完井工程(第二版). 北京：石油工业出版社.
［2］万仁浦 . 中国不同类型油藏水平井开采技术 . 北京：石油工业出版社.

作者简介：

傅阳铭，男，渤海钻探工程技术研究院，助理工程师，通讯地址：大港油田团结东路渤海钻探工程技术研究院，邮编：300280，电话 022-25924913，13821220823，E-mail 地址：fuyangming1982@163.com。

无固相油层保护钻井液在高
104-5 区块的应用

符会建　王文刚　王　雷　高志伟

（渤海钻探工程技术研究院）

摘　要　针对冀东高尚堡油田高 104-5 区块的储层特性及储层损害因素，对无固相油层保护钻井液进行了配方优选和系统评价，结果表明该体系具有良好的流变性，抑制防塌能力强，性能稳定，易于维护，对储层污染小，渗透率恢复值高，油层保护效果明显。截止 2008 年 12 月用该体系在高 104-5 区块采用油层专打技术顺利完钻 33 口水平井，平均完钻井深 2470.8m，平均机械钻速 16.7m/h，平均位移 897.3m，水平井段平均 271.17m，施工井未发生任何井下复杂情况。储层专打技术降低了钻进油气层井段的钻井液密度，减小了有害固相及钻井液滤液对储层的伤害，解决了井壁稳定与油气层保护之间的矛盾。

关键词　冀东　无固相　油层保护　储层专打

引言

高 104-5 区块是冀东高尚堡油田主力开发区块，主要采用水平井开发方式，目的层为 Ng8[#]、10[#]、12[#]、13[2] 小层，埋深 1870~2000m，油层厚度一般为 11~15m。该区块馆陶组的黏土矿物以蒙脱石为主（58.6%），次之为高岭石（26.3%），还含有伊利石（6.6%）和绿泥石（8.5%）。孔隙度为 20.5%~34.3%，渗透率为 110×10^{-3}~3979×10^{-3} μm^2，平均 794×10^{-3} μm^2。储层成岩程度极差，保持钻进过程中井眼的稳定难度较大，根据岩心分析高 104-5 区块油气层为高孔高渗储层，储层非均质性严重，油层主要损害因素是固相侵入和滤液损害，钻井液密度的合理使用在油层保护上发挥着致关重要的作用。

因此，选择的钻井液体系应与油气层相配伍，具有优良的化学絮凝能力，较低的固相含量；很强的抑制性和防塌能力，适应水平段井壁稳定的要求。依据油气层特征优选合适的屏蔽暂堵材料，有效封堵近井眼带的油气层孔喉，有效降低钻井液的动失水，减少钻井液滤液对油气层的深度损害。

在高 104-5 区块多年钻井液研究和应用的基础上，根据水平井施工以及 Ng8[#]、10[#]、12[#]、13[2] 小层油层的特点，进行了无固相油层保护钻井液试验评价，取得了较好的效果；同时为了进一步保护油层，实施油层专打技术，降低了钻进油气层井段的钻井液密度，减小了有害固相及钻井液滤液对储层的伤害，解决了井壁稳定与油气层保护之间的矛盾，实现了近平衡钻井。现场应用表明，无固相油层保护钻井液无黏土，无固相加重材料，井壁泥饼薄，对地层伤害小，渗透率恢复值高，保护油气层效果好；钻井液性能稳定，易于维护；抑制防塌能力强，有利于井壁稳定；钻井液流变性好，有利于固控设备的使用和减低泥浆泵循环压力；对环境污染小。

1 钻井液体系配方优选及性能评价

为使所选用的无固相油层保护钻井液体系能够满足要求。在使用前进行了配方优选和性能评价。

1.1 配方优选

1.1.1 处理剂的优选实验

1.1.1.1 增黏剂的优选(表1)

表1 增黏剂的优选试验

序号	类 型	AV/mPa·s	PV/mPa·s	Gel/Pa/Pa	动塑比
1	水+0.2%流型剂+0.2%增黏剂1	24	18.5	1.5/2.0	0.3
2	水+0.2%流型剂+0.3%增黏剂1	28.5	21	1.7/2.3	0.36
3	水+0.2%流型剂+0.4%增黏剂1	32	23	2/2.5	0.39
4	水+0.2%流型剂+0.2%增黏剂2	16	13.5	0.8/1.0	0.22
5	水+0.2%流型剂+0.3%增黏剂2	19	16	0.9/1.2	0.18
6	水+0.2%流型剂+0.3%增黏剂2	22	18	1.0/1.2	0.22
7	水+0.2%流型剂+0.3%增黏剂3	28	22	1.0/1.2	0.27
8	水+0.2%流型剂+0.3%增黏剂3	30	26	1.1/1.3	0.15
9	水+0.2%流型剂+0.3%增黏剂3	33	29	1.2/1.3	0.14

从表1中数据分析可以看出,增黏剂3提粘效果最好,其次是增黏剂1,而增黏剂2最差;但增黏剂1的初、终切及动塑比要比增黏剂3的效果好。因此,选用增黏剂1。

1.1.1.2 降失水剂的优选(表2)

表2 降失水剂的优选试验

序号	体系配方	FL/(mL/7.5min)	$HTHP$/(mL/30min)	pH值
1	水+0.2%流型调节剂+0.3%增黏剂2号+2%降失水剂(1号+2号)	5.6	14	8
2	水+0.2%流型调节剂+0.3%增黏剂2号+2%降失水剂(3号+2号)	5.4	14	10
3	水+0.2%流型调节剂+0.3%增黏剂2号+2%降失水剂(1号+2号+3号)	5.5	11	9

从表2可以看出,选择的降失水剂控制失水较小,中压失水小于6mL,高温高压失水在14mL以下。pH值在8~10之间,泥饼薄且有弹性。

1.1.1.3 油保剂的优选(表3)

表3 油保剂的优选试验

序 号	产品类型	油容率/%	软化点/℃
1	X1	70.12	62
2	X2	70.79	61
3	X5	94.7	121
4	X6	92.1	120
5	X7	90	80
6	X3	0	/

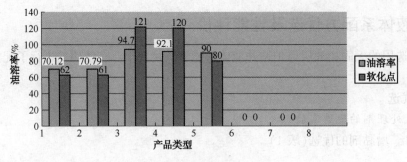

图 1　油保剂的优选

从表 3 中及图 1 数据分析可以看出，X5 油溶率最高 94.7%，其次是 X6 为 92.1%，软化点均大于 120℃。

1.1.1.4　处理剂的相容性试验（表 4）

表 4　不同配方的无固相油层保护钻井液相容性试验

序号	体　系　配　方	常温下各种处理剂的配伍性
1	水+4%抑制剂+14%密度调节剂+0.2%流型调节剂+0.2%增黏剂+1%降失水剂 1+2%降失水剂 2+2%降失水剂 3+2%油保剂	无分层、沉淀现象
2	水+2%抑制剂+12%密度调节剂+0.5%增黏剂+2%降失水剂 1	无分层、沉淀现象
3	1.6%海水抗盐土浆+0.27%抑制剂+0.2%增黏剂 1+0.2%增黏剂 2+0.07%流型调节剂+1%降失水剂 1+2%降滤失剂 2+7%抑制剂	无分层、沉淀现象
4	清水+0.3%流型调节剂+0.4%增黏剂+1%防塌剂+2%降滤失剂+8%抑制剂+36%密度调节剂+2%BST-1	无分层、沉淀现象
5	2.5%基浆+0.3%流型调节剂+0.4%增黏剂+1%降失水剂 1+2%降失水剂 2	无分层、沉淀现象

由表 4 的实验数据可以看出，配方 1~5 号，无分层现象是均一液体。表明选用的处理剂之间配伍性良好，能够满足现场施工要求。

1.1.2　配方确定

依据高 104-5 区块储层特征，根据目前国内所用钻井液添加剂的使用情况，以及大量的钻井液室内评价工作，最终确定无固相油层保护钻井液体系基本配方：

清水+0.5%PAC-141+0.2%流型调节剂+0.2%~0.4%增黏降失水剂+2%SAS+2%KHm+3%抗盐抗高温降滤失剂+1%聚合醇+甲酸钠。

1.2　性能评价

1.2.1　常规性能评价（表 5）

表 5　无固相油层保护钻井液常规性能评价

密度/（g/cm³）	漏斗黏度/s	中压失水/mL	滤饼/mm	pH	初/终切/（Pa/Pa）	表观黏度/mPa·s	塑性黏度/mPa·s	泥饼粘附系数	盐加量/%
1.08	42	6.2	0.2	9	0.8/1.0	15	12	0.05	20
1.12	43	5.5	0.2	9	1.0/2.0	15.5	12	0.05	25
1.15	46	5.4	0.2	9	1.5/2.5	18	14	0.05	28
1.20	52	5.0	0.2	9	2.0/3.5	24	16	0.05	40

从表 5 中可以看出，无固相油层保护钻井液流变性较好，静切力合适，具有较好的悬浮

和携岩能力；滤失量较小，可减少钻井液滤液对储层的伤害。

1.2.2　油层保护评价(表6)

表6　渗透率恢复值对比表

体系	岩心号	污染前的渗透率 $k_0/\mu m^2$	污染后的渗透率 $k_1/\mu m^2$	恢复值/%
聚合物	1#	9.68×10^{-3}	5.02×10^{-3}	51.9
	2#	10.2×10^{-3}	5.32×10^{-3}	52.2
有机硅	3#	10.23×10^{-3}	6.12×10^{-3}	59.8
	4#	13.24×10^{-3}	9.01×10^{-3}	68.05
无固相	5#	1.9752×10^{-3}	1.9680×10^{-3}	99.64
	6#	1.8482×10^{-3}	1.8367×10^{-3}	99.37

从表6中可以看出，无固相油层保护钻井液渗透率恢复值高达99%以上，性能优于聚合物和有机硅体系，油层保护效果显著。

1.2.3　润滑性评价(表7)

表7　无固相油层保护钻井液与其他钻井液的润滑性对比试验

体系	密度/(g/cm³)	润滑系数
有机硅体系	1.28	0.36
聚合物体系	1.28	0.30
无固相体系	1.10	0.08
	1.30	0.10

从表7可以看出，无固相油层保护钻井液的润滑系数较低，较其他两种钻井液体系润滑性好。

3　现场应用情况

3.1　现场施工工艺技术措施

高104-5区块采用三开井身结构应用无固相油层保护钻井液实施储层专打，三开井段是目的层，所钻井段均为水平段，位移较大。提高钻井液携岩能力、降低钻井液摩阻、减小钻具扭矩，防止托压是施工关键。

（1）三开前放掉地面全部钻井液并清洗循环罐，然后用清水替出井筒中的钻井液并放掉，通过混合漏斗依次按配方加入相应的处理剂，用甲酸盐调整密度达到三开设计钻井液密度后开钻。

（2）使用四级固控设备，振动筛使用率达到100%，筛布>100目；离心机处理量达到 $60m^3/h$ 以上，使用率100%，及时清除有害固相，控制含砂量<0.3%，膨润土含量<10g/L。

（3）钻进过程中按钻井进尺和钻井液消耗情况补充原油、SAS、聚合醇等处理剂，确保其有效含量，钻井液的摩阻系数 K_f<0.08。

（4）目的层调整好钻井液性能参数，控制API滤失量<5mL，加入1%聚合醇以保护油气层。

（5）油层井段钻完后充分洗井将钻屑带出，替入专门配制的无固相油层保护液后起钻下筛管。

3.2 应用效果分析

截至 2008 年 12 月用该体系在高 104-5 区块已顺利完钻 33 口水平井，平均完钻井深 2470.8m，平均机械钻速 16.7m/h，平均位移 897.3m，水平井段平均 271.17m，施工井未发生任何井下复杂情况见表 8。从表 9 可以看出，完钻钻井液密度低于邻井，平均 1.09g/cm³，比应用其他钻井液体系降低 0.08g/cm³，由钻井液引起的事故复杂损失率为零，说明无固相油层保护钻井液能够满足该区块水平井安全施工，为钻井安全提速创造了有利条件，同时油气层保护效果非常突出。

（1）井壁稳定性明显增强。无固相油层保护钻井液化学防塌效果显著，有利于井眼稳定，与其他体系相比，使用钻井液密度低，降低了压差卡钻的可能，无固相油层保护钻井液泥饼薄，既可防止黏吸卡钻，又有利于固井质量的提高。

（2）润滑和携岩能力强。无固相油层保护钻井液流变性能好，动塑比和静切力较高，具有较强的携岩能力和较好的静止悬浮能力，满足了井眼净化的要求，钻进时振动筛返出的岩屑代表性强，钻井液泥饼摩阻系数<0.08，接单根正常，起下钻、电测、下筛管顺利。

（3）油层保护效果好。无固相油层保护钻井液是无黏土相体系，惰性固相含量低，减少了有害固相对高渗透储层的损害，其滤液与地层流体配伍性强；应用该体系在一定程度上降低了钻井液密度，提高了机械钻速，完钻井平均机械钻速 16.7m/h，减少了油层井段钻井液浸泡时间，油层保护效果显著。

表 8　应用无固相油层保护钻井液完钻水平井主要技术指标

井号	完钻井深/m	机械钻速/井斜/[(m/h)/(°)]	位移/水平段长/m	使用井段/m	完井密度/(g/cm³)		事故复杂
					设计	实际	
G104-5P48	2163	11.21/88.29	400.02/148	1994~2163	1.10	1.09	无
G104-5P63	2427	13.83/92.37	849.9/284	2143~2427	1.10	1.10	无
G104-5P51	2273	11.39/91.31	526.13/229	2014~2273	1.10	1.10	无
G104-5P60	2566	24.79/91.92	1080.51/233	2275~2566	1.10	1.10	无
G104-5P67	2304.89	17.07/87.5	709.55/127.89	2177~2304.89	1.10	1.09	无
G104-5P49	2482	25.33/92.64	910.63/329	2153~2482	1.15	1.09	无
G104-5P61	2284	16.80/89.59	518.02/220	2064~2284	1.15	1.09	无
G104-5P53	2452	33.14/92.2	900.75/309	2167~2452	1.15	1.10	无
G104-5P68	2540	10.91/90.23	864.06/216	2324~2540	1.10	1.09	无
G104-5P65	2680.86	10.5/94.1	976.32/483	2216~2680.86	1.05	1.13	无
G104-5P70	2377	10.28/90.11	742.6/252	2047~2377	1.15	1.10	无
G104-5P71	2946	19.84/94.5	1646.5/454.52	2516~2946	1.15	1.10	无
G104-5P72	2901.5	16.38/93.87	1564.11/444	2457~2901.5	1.15	1.10	无
G104-5P75	2194	12.65/90.54	873.11/67	2127~2194	1.05	1.05	无

完钻井均为开发井，平均完钻井深 2470.8m，应用无固相油层保护钻井液无事故复杂。完钻井平均机械钻速 16.7m/h，平均位移 897.3m，水平井段平均 271.17m，除 G104-5P65 外其他井实际钻井液密度均低于设计钻井液密度。

表9　与邻井使用其他类型钻井液密度对比

无固相油层保护钻井液			对比的其他类型钻井液			
井号	完钻井深/m	完钻钻井液密度/（g/cm³）	井号	完钻井深/m	钻井液类型	完钻钻井液密度/（g/cm³）
G104-5P48	2163m	1.07~1.09	G104-5P38	2526	钾盐聚合物	1.10~1.15
G104-5P51	2273	1.08~1.10	G104-5P6	2410	有机正电胶	1.07~1.15
G104-5P60	2566	1.08~1.10	G104-5P8	2111	聚合物	1.10~1.15
G104-5P63	2427	1.08~1.10	G111-9	1995	聚合物	1.18
G104-5P49	2482	1.09	G111-6	1965	聚合物	1.15~1.20
G104-5P53	2452	1.08~1.10	GX109-8	1959	聚合物	1.10~1.15
G104-5P61	2284	1.09	G104-5P47	2352	聚合物	1.10~1.15
G104-5P65	2680.86	1.10~1.13	G190×1	2800	聚合物	1.12~1.25
G104-5P67	2304.89	1.08~1.09	G104-5P39	2422	正电胶	1.10~1.15
G104-5P68	2540	1.08~1.09	G104-5P17	2575	聚硅氟	1.13~1.15

使用无固相油层保护钻井液井段平均钻井液密度 1.09g/cm³，邻井采用其他钻井液体系的平均密度 1.17g/cm³，降低了 0.08g/cm³。

3.3　成本分析与回收利用

冀东油田常用麦克巴钻井液实施储层专打，应用无固相油层保护钻井液比麦克巴钻井液费用低 40% 左右（表10）。

表10　无固相油层保护钻井液与麦克巴钻井液费用对比

钻井液类型	井号	钻头尺寸/mm	井深/m	钻井进尺/m	实际费用/元	泥浆用量/m³	每方成本/（元/m³）	平均每方成本/（元/m³）
麦克巴	NP1-P1	四开 215.9	3323	493	1313251.00	394	3333.12	3366.56
	NP1-4P352	三开 215.9	3606	415	1469536.25	460	3194.64	
	NP1-3P425	三开 215.9	3842	474	1500173.04	420	3571.84	
无固相甲酸盐	G104-5P70	三开 152.4	2377	330	707939.00	350	1629.90	1951.42
	G104-5P60	三开 152.4	2566	291	619829.60	270	2272.90	

无固相油层保护钻井液回收利用将降低以后施工井的费用，预计每口井回收泥浆 150m³，成本约为 150×1951.42=29.3 万元，考虑后续钻井液维护处理费用约 8 万元（用于补充处理剂，清除固相，调整性能达到第二口井施工要求），第二口井可节约成本约 21.3 万元。

4　认识与结论

（1）无固相油层保护钻井液具有较强的抑制性，化学防塌效果明显，有利于井眼稳定，解决了井壁稳定与油气层保护之间的矛盾，确保无固相低密度钻井的实现。

（2）无固相油层保护钻井液滤液总矿化度高，能够有效地抑制黏土矿物的水化分散和造浆。

（3）无固相油层保护钻井液摩阻及固相含量低，剪切稀释性强，有利于降低循环压耗，充分发挥水马力，增强水力破岩作用，提高钻井速度。

（4）体系抗盐能力强，钻水泥塞时不做处理，性能稳定。

（5）使用无固相油层保护钻井液体系进行储层专打，减少了劣质固相对储层的侵入伤害，渗透率恢复值高，油层保护效果好。

（6）该钻井液可以实现零排放量，特别适合在环境敏感的区域钻井。

参 考 文 献

［1］徐同台等主编. 水平井钻井液与完井液. 北京：石油工业出版社，1999.

［2］黄汉仁，杨坤鹏，罗平亚. 泥浆工艺原理. 北京：石油工业出版社，1981.

［3］徐同台，赵敏，熊友明等. 保护油气层技术. 北京石油工业出版社，2003.

作者简介：

符会建，男，助理工程师，1980 年 12 月生，2004 年毕业于西南石油学院石油工程专业，获工学学士学位，现就职于渤海钻探工程技术研究院冀东分院，从事钻井工程及科研工作。通讯地址：天津市大港油田团结东路渤海钻探工程技术研究院，邮编：300280，Email：fhj_ swpi@ sohu. com。联系方式：电话，022-25912717，手机，13821696694。

小井眼侧钻三维水平井技术
在冀东的应用

高志伟　王　雷　王文刚　符会建　贾洪战

（渤海钻探工程技术研究院）

摘　要　东部老油田因套管严重损坏及特高含水等原因而停产的油井非常普遍，如何挖掘剩余油、提高采收率，成为老油田挖潜的重要课题。小井眼侧钻三维水平井技术可使套损井、停产井等死井复活，充分利用已有资源，改善油藏开采效果，提高剩余油产量，减少作业费，节约套管使用费及地面设施建设费等，对油田稳产增效具有重要意义。

关键词　小井眼　开窗侧钻　三维水平井　现场应用

引言

随着油田开发时间增长，老井井况下降，油田综合含水率上升，各类工程、地质报废井逐年增加；套管开窗侧钻作为挖掘剩余油、提高采收率最经济有效的技术，受到国内外油田的青睐。冀东油田陆上区块处于开发后期，普遍进入中、高含水阶段致使大量剩余油无法采出。老油田井网密集，利用老井侧钻三维水平井，开采附近剩余产量，既能提高采收率，又能使老井变废为宝，降低开发成本。

1　小井眼侧钻三维水平井的特点

小井眼侧钻三维水平井对位移和方位有严格的要求，为实现开发目的，侧钻井普遍要求精确的靶圈范围和微量的垂深变化，而受套管尺寸的限制，致使钻井施工难度明显增大。加上地层因素影响，轨道控制难度高，施工难度大。

主要难点：

（1）利用的老井眼均为定向井，方位变化大，新眼与原眼形成的三维井眼轨道需多次调整方位才能中靶。

（2）井眼轨迹控制工作量大，在有限的井段内要实现大井斜和大狗腿度的控制，中靶要求高。

（3）为满足开发要求，轨道频繁变化，井眼曲率明显增大。

（4）老井井网密集，井眼轨道防碰要求高。

2　小井眼侧钻三维水平井剖面优化技术

剖面优化设计是小井眼侧钻三维水平井的重要部分，最优剖面设计应最接近施工实际、降低控制难度。一般情况下，只要井下工具及老井井眼条件许可，尽量采用较小半径的侧钻剖面。小井眼侧钻三维水平井井眼轨迹采用"增一稳一增"剖面，采取单曲率–斜直剖面，即两个斜井段曲率半径相等，稳斜段与两个斜井段相切，这样钻进时可使用同一组合马达，以提高现场施工的可操作性。

在进行剖面设计时要充分考虑工具造斜能力、工艺技术等因素可能对井身轨迹所产生的影响，以确保有足够的调整段实现探油顶后增斜至水平段。此外，还应考虑降低钻井成本，有利于安全钻井。

2.1 狗腿度和曲率半径的选择

考虑目的层 A 点垂深的不确定性、斜井段马达的不稳定性、地层因素的不确定性、施工操作的不规范性及马达造斜率的差异，应在设计上留有调整的余地。尽量采用中、短半径剖面；尽量一次扭方位，同时避免井眼曲率过大，造成施工困难。

通过两年来的应用，总结出曲率(8°~20°)/30m，这时摩擦较小，钻杆受力不大，不易疲劳。能有效地调整方位和井斜，顺利钻进。

侧钻初始阶段采用较小的狗腿侧钻出新眼，确保下部施工钻具和后期完井管柱的顺利下入，实际初始造斜率均小于10°/30m。但新井眼形成后，应确保在30m之内，新老井眼分开1m以上，避免碰撞事故的发生。

2.2 窗口位置的选择

侧钻点是油井的垂深、视平移、井身剖面、井下情况等因素确定的。侧钻点选择浅，造成侧钻井眼过长，不仅钻井施工上困难，而且成本高；侧钻点选择深，造成靶前位移小，狗腿度和方位调整过大，同样会造成施工困难。因此，窗口选择应给具体施工留有一定的选择余地。实钻施工中，在井段的选择范围内，首先应根据地层柱状剖面选择从侧钻点至形成新井眼的20~30m井段，地层岩性较均匀，基本无夹层或无明显的软硬交错地层。其次，避免在坍塌、易膨胀、易漏失、破碎带、流砂层及其他复杂地层。再者，根据井径曲线，选择井径规则且无套管接箍段选择开窗侧钻点。

2.3 侧钻方法的选择

常用的侧钻方法有增斜侧钻、降斜侧钻、稳斜侧钻和变方位侧钻等。对于不同的井，要依其具体情况，从迅速侧钻出新井眼、井眼摩阻较小、下部易于施工和轨迹控制等多方面综合考虑，进行优选，确定最佳侧钻方法。对于直井段，井斜小于3°，原井眼方位与新井眼方位相同或相近的情况下，宜采用增斜侧钻；对于井斜较大的斜井段，侧钻点处的井斜高于设计值，方位也不在设计范围内，宜采用降斜扭方位侧钻；若方位在设计范围内，则可选择降斜侧钻。如果侧钻出的新井眼没有方位限制或侧钻出的新井眼的方位恰好与原井眼相差180°，则采用反方向侧钻可以迅速形成新井眼，即沿着原井眼方向相反的方向侧钻。

3 小井眼侧钻三维水平井技术现场应用

庙28-9侧平1井是冀东老爷庙区块一口小井眼(118.5mm)开窗侧钻三维水平井，设计井深2166m，侧钻点1425m，狗腿度12°/30m。方位变化较大从157.78°~234.78°，故从工程方面考虑难度较大，进行的剖面的优化，以减小施工的难度(表1)。另外该井周围老井较多，其中与M26-27最近防碰距离在2157m时9.58m，与M27-29在1541m时最近距离12.96m。可见防碰问题很尖锐。实际施工：测磁定位后进行开窗施工，开窗井深1464m，定向侧钻深度1483m。

表 1　庙 28-9 侧平 1 井剖面设计数据

站点	测深/m	井斜/m	方位/(°)	垂深/m	闭合位移/m	狗腿角/[(°)/30m]
侧钻点	1460.00	5.00	212.19	1458.36	48.45	0.00
造斜终点	1551.55	39.34	157.78	1542.24	80.58	12.00
稳斜终点	1785.21	39.34	157.78	1722.95	228.67	0.00
目标 A	1983.59	86.86	234.78	1821.36	239.43	12.00
目标 B	2129.47	86.86	234.78	1829.36	334.91	0.00
井底	2165.00	86.86	234.78	1831.28	470.47	0.00

3.1　出窗定向井段施工

钻具组合：118.5mm 钻头+95mm 导向马达(1.75°)+102mm 止回阀+102mmMWD 短节+102mm 无磁钻铤+73mm 无磁抗压缩钻杆+73mm 钻杆。

钻井参数：钻压：10~20kN，排量：9~10L/s，泵压：12~13MPa。

本井段进尺 300.65m，纯钻时间 49h，平均机械钻速：6.14m/h。

为了尽快使新井眼脱离老井眼及防碰要求，下入 1.75°导向马达以达到设计要求的造斜率。下钻时要求控制下钻的速度，尤其是在窗口位置，以免刮坏窗口造成卡钻事故。下钻到底后循环，通过测量开窗位置井斜 6°，方位比较准确，随后按设计要求进行侧钻钻进。

本套定向工具在实际的施工中造斜率较高达到了(15°~18°)/30m，通过滑动与转动相结合的方式钻进，既控制了狗腿度，又满足了设计要求。

这套钻具组合实际施工中造斜率已达到了 15°/30m，为了及时的将井斜方位调整到设计的位置上，经过对井斜和方位的精密计算，找出高边的误差角度，使井眼轨迹达到设计位置，同时做好绕障控制工作，防止井眼碰撞；进入稳斜井段后，使用转盘钻进方式加快了钻井速度，尽快离开易碰井段，保证了井下的安全。

在施工过程中，定期的进行短起下作业，有效控制泥浆黏度，优化泥浆性能，为下步扭方位打下基础。

3.2　扭方位井段施工

扭方位井段是侧钻三维水平井最关键的井段，影响水平井施工的成败。在钻进过程中，井斜和方位同时变化，而且变化的幅度不小，为了使该井段顺利施工，泥浆中混入原油，保证井眼的润滑；为了提高井下的安全，短起下作业是必做项目。

先下入 1.75°的导向马达带伽马的 MWD 仪器，以随钻监测地层的变化。但是本根马达造斜率很低，连续造斜只有 11°/30m。根本无法满足设计要求，因此钻进 72m 后在进入高造斜率井段前起钻更换 2°的导向马达。

在钻进过程中，为保证井下安全，密切观察悬重与拉力变化，并在钻进 50m 后搞一次短起下。2°的导向马达，连续造斜达到 20°/30m，通过转盘与滑动相结合的方式钻进，既满足了设计要求的造斜率，又提高了井眼的携沙能力。

按设计钻至 A 点前 20m，将井斜调整在 82°~83°之间准备探油顶，由于需要经常采用复合钻进的方式，为保证井下安全，故起钻更换 1.5°导向马达。在下入 1.5°的导向马达定向工具时考虑到即能有效的进行探油层作业又可进行安全的水平段钻进，而且在这个井斜一但探到油层，在最短的井段内能够很快的将井增至设计的角度，避免由于井斜增的过慢面导致出层的现象发生。

3.3 探油顶段施工

探油顶过程中，井斜在转盘钻进时有下降的趋势，每转动钻进一单根，井斜下降0.3°~0.5°。这就要在转动钻进完一单根后立即进行滑动钻进，将井斜调整到有效的范围内，保证最优的井斜进行探油层。由于伽马探管故障起钻更换，此时井底井斜88°~89°。钻具中依然下入1.5°导向马达，但实施中井斜在转盘钻进时又出现微增现象，钻进一单根，井斜上涨0.2°~0.4°，同样在转动钻进后进行滑动钻进，将井斜控制在88°~89°稳斜钻进，保证以最优的井斜探油层。

3.4 水平井段施工

应用1.5°导向马达的钻具组合，经过通井和大排量循环泥浆，井眼十分通畅，滑动钻进钻时很快，无粘卡现象发生，经过滑动钻进调整井斜达到90°，严格控制好井眼轨迹，避免与老井相碰。按要求以91°~92°稳斜钻进至井底，开转盘进行复合钻进时，井斜在转盘钻进时增斜严重，钻进一单根，井斜上涨0.8°~1.0°，最大井斜已增至93.5°，因此进行反扣作业，按要求钻进至井底。

4 现场应用效果(表2)

表2 冀东油田小井眼侧钻三维水平井实施效果表

井号	井深/m	层位	最大井斜/(°)	最大狗腿度/[(°)/30m]	方位变化率/[(°)/30m]	水平段长/m	剖面符合率/%
庙28-9侧平1	2194	明化	93.62	19.73	23.23	200	90
庙28X2侧平1	2078	明化	90.62	17.71	10	240	100
庙101-平5侧平1	2190	明化	92.42	13.17	13.95	190	100
庙101-平12侧平1	2138	馆陶	93	18.24	17.96	196	100
庙26-23侧平1	1843	明化	93.74	18.49	27.16	188	100
高104-5侧平27	2095	馆陶	92.42	21.98	18.27	140	100
高59-31-1侧平1	2020	明化	92.8	20.48	33.68	120	100
高34-侧平1	2418	馆陶	89.83	20.69	36	263	95

通过8口井的应用，现场施工井眼轨迹得到了良好的控制，剖面符合率平均达到98.13%；中靶率100%；未发生碰撞事故。小井眼侧钻三维水平井技术的应用有效解决了施工风险大、中靶精度要求高、防碰问题突出等难题，提高了剩余油气资源的开采效益。

5 结论

(1)小井眼三维水平井的剖面优化设计是井实施的重要部分，剖面类型、狗腿度、开窗点及开窗方法的选择关系到是一口井能否顺利施工。

(2)及时测斜、准确计算、跟踪作图，是保证井身轨迹的关键。

(3)选用角度适当的导向马达，滑动钻进与转盘钻进相结合，提高转盘钻进的比例，有利于提高机械钻速及保障井下安全。

(4)小井眼侧钻三维水平井相对于普通水平井对摩阻和扭矩的影响更大，更易造成井下复杂情况的发生。现场施工是要及时采取各种积极有效的措施(诸如大排量、高转速钻进，短起下，调整泥浆性能，合理的钻具组合和钻井参数，必要时常规钻具通井等等）预防井下复杂情况的发生。

参 考 文 献

孙文博，刘明国，王琪等．三维绕障水平井轨迹控制技术在红南平 6 井的应用．断块油气藏，2007，14（3）：63~65.

作者简介：

高志伟，男，渤海钻探工程技术研究院，助理工程师，通讯地址：大港油田团结东路渤海钻探工程技术研究院，邮编：300280，电话 022-25924913，13516166455，E-mail 地址：dmgy2002dmgy@163.com

超低渗透油田多层系开发
钻井技术研究与应用

林　勇　吴学升　巨满成　李宪文　曾亚勤

（长庆油田公司油气工艺研究院）

摘　要　长庆多数油田地处甘肃、陕西黄土塬区，井区周围沟谷纵横，山峁相间，自然生态环境脆弱，油层呈现典型的"低渗、低压、低产"特点。为了提高单井产量，提升超低渗透油藏开发水平，2009年长庆油田围绕超低渗透油田多层系叠合特点，立足大井组丛式定向井开发，着力开展多层系开发配套技术攻关研究，开辟两个先导性试验区，进行了40余口井钻井试验，在井身剖面优化、井口钻井排序及防碰绕障技术措施、钻具组合设计、PDC钻头个性化设计等方面取得重大突破，多层系开发钻井配套技术基本形成，为下一步多层系开发技术推广提供了有力支持。本文以先导性试验区之一的华庆油田白465井区为例，重点论述多层系开发钻井工艺技术可行性以及现场设计与施工。

关键词　超低渗透油田　多层系开发　钻井　剖面设计　钻具组合　PDC钻头　现场施工

1　前言

长庆超低渗透油田受裂缝型垂向多点充注成藏规律控制，姬塬、华庆、合水等地区延长组长4+5、长6、长7、长8油藏纵向上复合叠置现象普遍。根据地质资料统计，姬塬、华庆与合水地区主力油层叠合区总的储量规模达 $7.52×10^8t$，具有巨大的开发潜力。华庆地区叠合区含油面积达到 $456.3km^2$，叠合区储量规模预计可达 $2.74×10^8t$。

华庆油田长6、长7、长8油藏以远源三角洲前缘相与前三角洲浊积体为主，渗透率一般小于1.0md，岩性致密、孔喉细微、非达西渗流特征明显，开发难度大。传统的一套井网一套层系开发方式投入高，产量低，整体开发效果差。而采用一套井网多层系开发，动用油层厚度增加，单井产量可望提高；同时可大幅度减少钻井平台数量，降低油田开发的钻井综合成本，进而有效提升华庆油田开发水平。

多层系一套井网开发与常规井组开发相比，钻井工艺面临的主要问题是：

（1）国内外无丛式定向井开发多层系钻井经验借鉴。大庆等个别油田曾采用过直井开采多层系，而长庆由于地理条件限制，全部采用大井组丛式井开发。需要以创新的思路探索一种具有长庆特点的多层系开发模式。

（2）单平台井数多，一般在8口井以上，多的达到23口井，目的层水平位移不断增加，还要兼顾超前注水先钻注水井，防碰绕障难度将大幅度增加。

（3）华庆地区平均井深2200m左右，地质要求长6、长8双中靶，靶区半径为30m，要求钻井速度相比常规井基本持平，对井眼轨迹控制能力要求高。

2　多层系一套井网开发钻井设计方法

多层系一套井网开发钻井的实质是大井组双靶井的钻完井技术。设计主要综合考虑井身剖面的可行性研究；以防碰为中心，同时兼顾超前注水需要的井口钻井排序问题；以快速钻井为核心的钻具组合优化，PDC钻头个性化设计、优化钻井参数等问题。

2.1 井身剖面优化设计

长庆油田每年产建钻井上千口，为了利于技术推广、控制钻井成本，井身剖面优化以立足于成熟技术创新，钻井工艺相对简单，不大幅度增加施工难度，满足后期压裂增产和采油工艺为原则，以华庆油田白465多层开发先导性试验区为目标，进行了三段制直—增—稳、五段制直—增—稳—微降—稳2种剖面的可行性论证。

2.1.1 剖面设计要求

白465试验区开发采用长6、长8一套井网（上下垂直叠合）大井组丛式井多层开发方式，超前注水；长6、长8采用菱形反九点井网，地层主应力方向为NE75°，井排距480×130。钻井井身质量要求连续三点，即90m井段的全角变化率满足造斜和扭方位井段不大于6°/30m，其他斜井段的全角变化率不大于2°/30m；最大井斜不超过30°；长6油层中深2020m，长8油层中深2180m，两层垂距为160m，要求双中靶，中靶半径均为30m。

2.1.2 剖面设计结果

采用直-增-稳剖面小井斜穿过上层靶心，层间距160m时，稳斜角小于10.6°时方可中双靶，小井斜长井段稳斜施工难度很高，方位难控制，施工难度高，脱靶风险大，无法满足现场双靶井钻井的需要。如果采用直-增-稳剖面穿过长6靶心后，进入邻井的长8靶区，需要扭方位20°左右，狗腿度达到6°/30m左右，长6进长8层需要井斜增加至80°左右，钻井、采油等后期作业难度都很大，受地面井场位置影响大，无法采用大井组方式开发。

采用五段制剖面设计，进入长6层靶点前完成增斜、稳斜段，并提前100m左右将井斜微降（全角变化率小于2°/30m）到10°以内，根据层间距离，以适当的小井斜钻至长8层靶区（图1）。该设计最大井斜不大于30°，进长8层不需要扭方位，井眼轨迹光滑，对于采油作业有杆泵的入井和后期修井等作业影响相对三段制直-增类型剖面小；采用直井段或10°以内小井斜穿过长6、长8层，井斜方位可调整空间大，双中靶率有保障，且受地面井场位置的影响最小。综合上述三种方案可行性论证，选择五段制剖面设计。

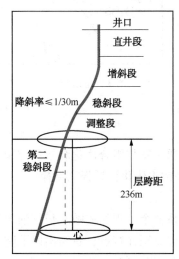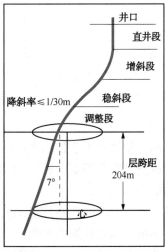

图1 最终稳斜角与层间跨距关系

2.2 平台布井数设计

为了满足后期采油泵的顺利入井，要求全井最大井斜小于30°，下部井段全角变化率控制在2°/30m以内。根据白465试验区井网，井底水平位移273m以内的井有7口，458~546m之间的井有12口，试验初期，不宜实施大水平位移井，平台布井数选择7~9口。

2.3 井口钻井排序方法

井口钻井排序以利于双靶井钻井，优先实施注水井和最大限度降低防碰绕障难度为原则，排序方法为：

(1) 根据大门方向和目标井关系，方位相近的井尽量不作为邻井实施。

(2) 根据井场和地下地质目标的位置关系，在两井相碰风险最小的条件下，尽可能优先实施注水井，水平投影图上井眼轨迹方位交叉最少。

(3) 尽量先实施大门方向反方向的井或水平位移大的井，位移大的选择浅造斜点，位移小的选择深造斜点。

(4) 钻井井口间距一般选择4~5m，邻井之间造斜点垂深错开50m以上。

以某井组为例，对先钻注水井条件下进行钻井排序，(图2、图3)。图2先钻三口注水井，水平投影上有三处相交，图3先钻两口注水井，水平投影相交点有两处，因此设计采用先钻两口注水井的方案。

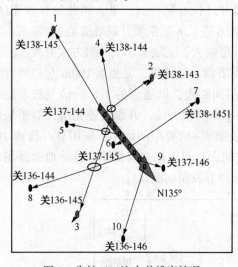

图2　先钻三口注水井排序情况

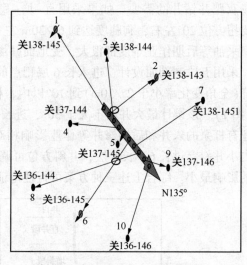

图3　先钻两口注水井排序情况

3　钻井工艺

多层系一套井网开发钻井工艺技术重点是通过钻具组合优化和轨迹控制，提高双靶井中靶率，满足井组防碰绕障安全需要，通过PDC钻头优化设计提高钻速。

3.1 防碰绕障技术

防碰技术是丛式井组开发的核心技术，关系整个工程的成败。长庆油田是国内定向井钻井数量最多的陆上油田，通过长期的实践，结合双靶井特点，总结出以下防碰技术措施。

(1) 双靶点井造斜点一般较浅，一般集中在300~600m范围内，直井段防斜打直是防碰绕障的关键，采用塔式加钟摆钻具组合，1000m以内井深井斜控制在3°以内，全角变化率≤1°15′/25m。

（2）采用 MWD 等随钻测量工具跟踪井眼轨迹，严格按照测斜要求测斜，直井段每 30m 测一点，造斜段和降斜段每 10～20m 测一点，其余井段每 50m 测一点，需要时加密测点。

（3）第二口井施工开始用 Landmark 等防碰软件实时扫描邻井，做好随钻防碰图，标明防碰井段，密切检查岩屑中是否有水泥和铁屑，随时注意钻时变化，如钻速突然加快，钻具蹩跳等现象出现时要立即停钻，分析判断和处理。

（4）开钻前校核好测量工具，根据磁偏角校正测量数据，随时检查井斜方位数据是否受到磁干扰，如果出现磁干扰，更换陀螺类测斜仪校核数据，判断是否有两井相碰危险。

3.2 钻具组合设计

二开采用 PDC 钻头加螺杆复合钻进方式，一套钻具组合完成全井段。MWD 随钻测量，实现了连续作业中随时调整井斜、方位。试验区下部地层自然降斜趋势强，小井斜稳斜难，方位飘移严重，容易造成降斜率超标，全角变化率过大等问题，钻具组合中相应加入可控变径扶正器，取得良好效果。通过泵压实时调整扶正器伸缩块，可实现满眼钻具效果，稳斜稳方位效果良好。调整井斜方位时，扶正器伸缩块可根据需要调整长短，起钻时全部缩回，不易卡钻。钻具组合如图 4 所示。

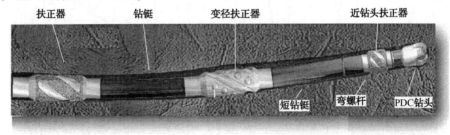

图 4 带变径扶正器的复合钻具组合

钻具组合：φ215.9PDC 钻头+φ172（1°或 1.25°）螺杆+4A11×4A10（2-4m）定向接头+φ165 短钻铤+φ208 变径扶正器+MWD+φ165 无磁钻铤 1 根++φ165 钻铤 1-2 根+φ212-208 扶正器+φ165 钻铤 10～16 根+4A11×410 接头+φ127 钻杆。

3.3 钻头优化设计

试验区地层存在软硬交互的多夹层，易造成 PDC 复合片碎裂、掉片。富县地层富含可钻性很差的石英砂岩，含量达到 68%，泥质胶结，岩石可钻性为 3～4 级，属软地层，易破碎，但石英颗粒对 PDC 钻头的复合片和钻头的本体有极强的研磨性。前期使用的 PDC 钻头在进入该地层后磨损严重，被迫起钻更换牙轮钻头钻穿富县组。为了配合复合钻井，提高机械钻速，通过研究，优化出五螺旋刀翼双排布齿，浅内锥、短外抛物线形冠部形状，双重切削结构，短径螺旋保径 PDC 钻头，可满足一次钻穿富县组的需要，单只钻头累计进尺可达 3000m，机械钻速可达 30m/h 左右。

3.3.1 PDC 钻头冠部形状设计

根据试验区多硬夹层地层的特点，采用等磨损原则和等切削原则相结合的方法进行冠部轮廓设计，结合钻头设计经验和使用钻头类比，确定出合适的钻头冠部轮廓形状。

长外锥 PDC 钻头最大的应力带出现在靠近冠顶的附近，钻头外部分侧切削齿靠刮削破岩，而压入岩石能力有限，导致钻头破岩效率低，机械钻速降低。增加钻压会导致摩擦力急剧增加，钻头反扭矩造成钻头在井底工作状态不稳定，涡动几率增加，定向井时会引起工具面的变化，因此长外锥冠部轮廓的钻头不适用于定向钻井。

相反内锥或短外锥 PDC 钻头最高应力处更加靠近井壁。同样的钻压下，短外锥的 PDC 钻头能够更好的在外侧切削岩石。短外锥钻头与井壁之间的摩擦力更小，这更有利于 PDC 钻头工作的稳定性。这种冠部轮廓的 PDC 钻头适用于定向钻井，有利于钻头在较小的钻压下就能获得和常规 PDC 钻头更高的钻速，同时由于扭矩较小，钻头稳定性强，工具面更加稳定。

因此钻头设计采用浅内锥、短抛物线冠部轮廓(图 5)。

3.3.2 抗硬夹层的切削结构设计

同样的轮廓设计，如果切削结构不一样，它适用的地层也不相同。白 465 常规 PDC 钻头损坏的主要原因是穿越软硬悬殊的硬夹层时钻头鼻部的齿首先冲击破坏，造成崩片、剥蚀脱层和过度磨损，研发并试验了抗硬夹层的双重保护切削结构，如图 6 所示。

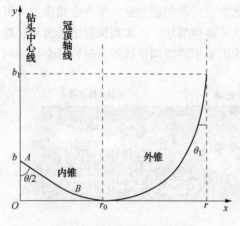

图 5 钻头冠部设计组合曲线

图 6 PDC 钻头双重保护切削结构

白 465 试验区一般为软到中等硬度、低研磨性地层，选择直径为 16mm，长度为 13mm 抛光 PDC 复合片作为主切削元件。齿面高度抛光，降低引起岩屑粘附到切削齿表面的摩擦力，以改善岩屑的运移状况，减少扭矩，降低泥包的可能性。选择直径为 13mm，长度为 8mm 的抛光 PDC 复合片为辅助切削元件。主、辅齿有一定的高度差。

3.3.3 抗涡动布齿设计

综合分析造成钻头涡动的钻头侧向力，从钻头的冠部形状和力平衡设计两个方面考虑，确定采用五螺旋刀翼布置方式。

3.3.4 切削齿角度设计

根据所钻地层的软硬程度和研磨性以及 PDC 复合片的破岩特点，定向井 PDC 钻头切削齿设计由钻头中心向外，后倾角逐渐由 15°增加到 20°，切削齿侧转角取垂直于螺旋刀翼线法线的角度。这种定向井 PDC 钻头的切削结构特点是其后倾角从钻头工作面鼻部向台肩区域逐渐增大，优点是在保持高机械钻速前提下降低钻头反扭矩，辅助备用切削齿可提高钻头工作稳定性和使用寿命。

3.3.5 钻头的水力结构设计

针对以前 PDC 钻头的水力结构和钻头冲蚀特征，通过调整钻头喷嘴的方位角和增加钻头排屑槽的深度，使射流尽量避开钻头刀翼，指向较大的排屑槽，从而减少水力能量对切削齿和刀翼的冲蚀。

3.3.6　钻头的导向能力设计

采用全尺寸 PDC 复合片做保径齿，从而减少了牙齿与井壁的摩擦表面，增加了侧向切削井壁能力，增强了钻头的导向能力。采用螺旋光滑短保径设计，在钻头圆周方向上增加与井壁的接触面积，减小钻头的震动，增加保径的强度。在钻头轴向上保径长度远小于常规 PDC 钻头保径的长度，这样可以增加钻头在定向时的灵活性。

3.4　钻完井液体系选择

钻井液体系选择以井控安全、井壁稳定、快速钻井和保护储层为原则。二开采用无固相聚合物钻井液体系，密度控制在 1.03g/cm³ 以下，黏度 28~30Pa·s，满足以高压喷射快速钻井需要；进入油层前 50m，转化为低固相聚合物钻井液，停止加入大分子聚合物，采用对油层伤害小的低分子聚合物钻井液体系，密度控制在 1.05g/cm³ 以下，保证近平衡钻井，控制 API 失水≤8mL，减小储层伤害。

3.5　固井技术

采用双塞两级水泥浆固井，保证油层顶底 50m 固井质量优良，满足压裂要求。人工井底距最下一个油层底界不小于 20m，套管内水泥塞不小于 10m，满足采油技术要求。尾浆返至洛河底界以上 50m，领浆返至洛河顶界以上 50m，达到洛河层水源保护要求；尾浆密度为 1.85~1.90g/cm³，滤失量≤250mL，抗压强度>23MPa（45℃/48h），领浆密度为 1.25~1.60g/cm³。试验区地层水腐蚀严重，为了防止套管腐蚀，延长油井开采寿命，采用防腐套管。

4　现场试验

根据多层系一套井网开发设计方案，2009 年在华庆油田 B465 先导性试验区开展丛式井组双靶点井钻井试验 32 口井（采油井 25 口、注水井 7 口）。井身质量全部合格，双中靶率达到 100%，超前注水措施得到落实。

4.1　双中靶情况

从 32 口井中靶统计情况分析，井底水平位移≤300m 的 12 口井，中靶半径都在 12m 左右，井底水平位移 300~400m 之间的井中靶半径在 15m 左右，井底水平位移≥400m 的井在20m 左右，井底水平位移越小，中靶精度越高，见图 7（深色柱表示长 6 中靶半径，浅色柱表示长 8 中靶半径）。采用五段制剖面设计，长 6、长 8 中靶半径差距不大。

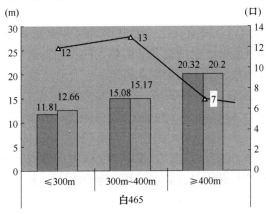

图 7　试验区中靶情况

4.2 钻井速度

32口双靶井平均钻井周期为12.59d，相邻常规井为11.76d，钻井周期基本相当。下部井段为了控制降斜率，导致机械钻速略有降低，双靶井为16.27m/h，常规井为17.50m/h。

4.3 井身剖面

试验初期，担心增斜过大，导致下部井段降斜率超标，井斜未打够，加上试验区洛河层和下部地层自然降斜，导致下部井段继续增斜再降斜，井身质量超标，井深剖面符合率较差。严格按设计执行后，井深剖面符合率逐步提高，井身质量全部达到钻井设计要求，如图8、图9所示(图8为初期钻的一口双靶井，图9为改进设计和现场施工措施后一口井，实钻井身剖面与设计剖面符合情况明显提高)。

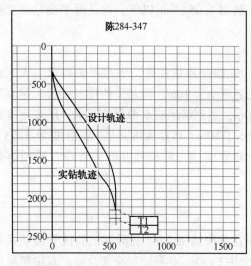

图8　陈284-347井实钻与设计剖面

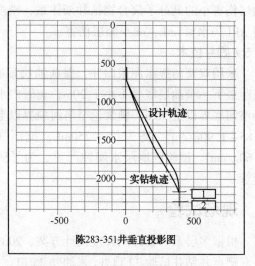

图9　陈283-351井实钻与设计剖面

4.4 试油情况

试验区试油两口井，陈280-347长6油层试油产量20.4m³、长8油层试油产量16.8m³，陈280-345长6油层试油产量21.9m³、长8油层试油产量25.5m³。相比单采长6井，试油产量达到1~2倍。由于采油工具正在试验配套，试验井暂未投产。

5 取得的认识

（1）"五段式"井身剖面设计完全满足一套井网双层开发钻井需要。避免了三段制剖面施工难度大，防碰绕障问题复杂，受地面井场影响大的不利因素。并合理利用下部地层自然降斜规律，井眼轨迹更加平滑，利于后期作业施工。

（2）多层开发钻井配套技术基本成熟，可以和大井组丛式井开发，超前注水措施有机结合，实现钻井成本较大幅度降低，单井产量得到进一步提高，促进超低渗透油田开发水平。

（3）钻井工艺方面采用"四合一"复合钻井，随钻测量方式，通过变径扶正器的应用、钻井参数优化、PDC钻头个性化设计，钻井难度增加的同时，钻井速度与常规定向井相比，没有大的降低。

（4）多层系开发试验为下一步油田多层叠合区的开发提供了一条有效途径。

参 考 文 献

[1] 邱传俊，张亚莎. 大斜度双靶定向井钻井技术在中原油田的应用. 西南石油学院学报，1998.20(4)：43~45.

[2] 王瑞宇，李琦. 双靶定向井在断块油气田开发调整中的效果分析. 断块油气田. 2001，(1)：22~24.

作者简介：

林勇，男、1975 年 8 月出生，1998 年毕业于西南石油大学，长庆油田分公司油气工艺研究院，钻井工程专业、副主任工程师，长期从事油田钻井工程方案编制和小井眼、水平井、欠平衡等特殊工艺井项目研究工作。地址：陕西西安(710021)；电话：029-86590756；Email：Liyong_ cq@ petrochina. com. cn。

MPD 技术及其在窄密度窗口地层钻井中的应用

冯光彬

（大港油田公司井筒工程处）

摘　要　在窄密度窗口地层钻井过程发生的井涌、井漏、井塌等许多事故复杂都与井下压力有关，处理这些事故复杂既降低了钻井时效，又增加了勘探开发的钻井成本。在欠平衡钻井技术基础上发展起来的 MPD（Managed Pressure Drilling，控压钻井）技术能够精确地控制井底压力，国外大量钻井实践证明此技术是目前解决在窄密度窗口地层钻井中出现涌漏问题的有效手段。本文首先简要分析了地层窄密度窗口的形成过程，接下来对控压钻井的概念、系统组成、工作原理进行了介绍，在此基础上分析了控压钻井设计和现场应用需要注意的问题，对油田利用控压钻井技术开发窄密度窗口储层具有一定的参考意义。

关键词　窄密度窗口　MPD　控压钻井

1　窄密度窗口

这里说的密度窗口指的是地层孔隙压力（或坍塌压力）梯度和破裂压力梯度之间的差值。窄密度窗口地层就是地层孔隙压力（或坍塌压力）梯度和破裂压力梯度相差很小的地层。

1.1　形成过程

地层窄密度窗口形成过程主要有 2 种：

（1）地层原始孔隙压力梯度和破裂压力梯度差值很小。

（2）由于长期开采，储层产生压力亏空，造成地应力重新分布，引起破裂压力梯度降低，导致孔隙压力梯度和破裂压力梯度差值很小。

1.2　对钻井的影响

当地层孔隙压力和破裂压力之间的窗口足够大时，钻井时可以允许井底压力有一定程度的波动。只要设计的钻井液密度可以保证井底压力高于地层孔隙压力、低于地层破裂压力，常规钻井就能在保持井壁稳定、实现井控安全的前提下一直维持过平衡状态。

如果地层密度窗口窄，孔隙压力（或坍塌压力）梯度和破裂压力梯度差值很小，钻井液密度选择得小就会产生井壁坍塌、井涌复杂，钻井液密度选择得大就会发生井漏，很难实现安全顺利钻进。在窄密度窗口地层中钻井必须精确控制井底压力，尽量减小井底压力波动。

2　什么是控压钻井

2.1　控压钻井的概念

IADC（国际钻井承包商协会）对控压钻井的定义如下："控压钻井是一种改进的钻井工艺，可以精确地控制整个井筒的环空压力剖面，其目的在于确定井底压力窗口，并据此控制环空液柱压力。"控制压力钻井可以避免连续的地层流体返至地面，任何偶然进入循环系统的地层流体都可以用适合的操作过程加以处理。常规钻井使用的是开式循环系统；控压钻井使用的是 DAPC(Dynamic Annulus Pressure Control 动态环空压力控制)系统，这是一套密闭循环系统，此改进使精确控制井底压力成为现实。

2.2 DAPC 系统组成

DAPC 系统主要包括三部分：节流管汇、回压泵和 IPM(Integrated Pressure Manager，集成压力控制装置)，如图 1 所示。

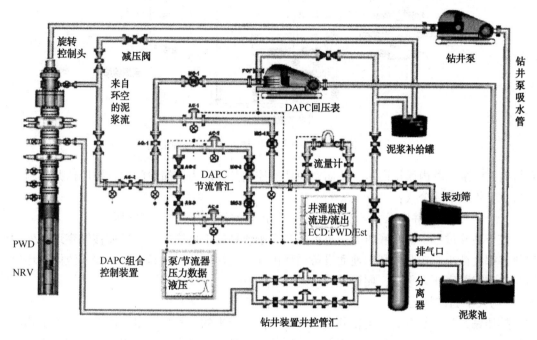

图 1 控制钻井 DAPC 系统组成

DAPC 节流管汇分成三路，其中两路为主节流管线及其节流阀，第三路为辅助节流管线及其节流阀，节流阀均通过远程液压控制；另外还包括手动控制台、多个压力传感器。正常情况下，仅使用一个节流阀，其他节流阀备用。回压泵一般为电驱动三缸泵，任何时候只要钻井泵排量降低到某个预先设定的排量值或停泵，回压泵就会自行启动将钻井液向井内泵入，直至得到实现恒定井底压力所需的回压值。IPM 集压力测量、数据监测、设备控制、实时水动力学分析各项功能于一体，实现对井底压力的连续、实时控制。精确的压力控制依赖于稳定精确的实时数据，DAPC 系统能够将各个传感器测得的钻井参数和井下工具(如 PWD 测的 ECD 值)实时传输给 IPM。

值得注意的是有的控压钻井控制系统中不使用回压泵，而是直接利用钻井队配置的第三台钻井泵，因为电动钻机可以实现钻井泵无级调速，可以很精确地控制排量，如图 2 所示。

这些基本的成套设备可以用于常规钻井作业，在常规钻井作业中，井口返出的钻井液经过流动管线到振动筛。如果需要进行控压钻井，则关闭流动管线上的液动控制阀，钻井液流经控制压力钻井节流器和两相分离器。二级井控系统，也就是防喷器和井队节流管汇在控制压力钻井中不使用，但是仍可作为二级井控设备使用。

2.3 工作原理

在 IPM 控制下，节流管汇不断调整回压维持设定井底压力不变，钻井停泵时通过回压

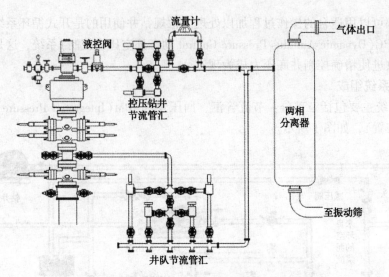

图 2　控压钻井井底压力控制系统的另一种组成

泵将钻井液泵入井内保持回压，从而实现精确控制井底压力。简单的说，控压钻井控制井底压力主要依据下述公式：

$$井底压力 = 环空静液柱压力 + 环空循环压耗 + 节流回压$$

控压钻井过程中，井底压力一直被控制等于或稍高于地层压力，任何被钻穿地层处的地层流体都会被小心控制并利用地面设备循环出井，这样做的目的是在产层侵入流体循环出井后尽快重建井底压力平衡，便于继续钻进。

2.4　与欠平衡钻井区别

控压钻井技术是在欠平衡钻井技术基础上发展起来的一种新技术，两者使用基本相同的井口装置。欠平衡钻井时井底压力低于地层压力，其目的是有控制地引导地层流体进入井内并返到地面；控压钻井时井底压力略高于地层压力，其目的是更精确地控制井底压力。

3　控压钻井设计

3.1　准确预测三压力剖面

控压钻井是在熟知地层压力的基础上进行的钻井技术，探井钻井时最好下入 PWD 工具实时测量井底循环当量密度。从邻井测井数据、储层压力、岩石物性、地球物理数据和实钻数据预测设计井的地层孔隙压力、破裂压力、坍塌压力或井壁稳定数据。这些数据论证通过后，用于设计待钻井每一井段的井底压力窗口。

3.2　钻井液密度

在窄密度窗口地层进行控压钻井，必须保持恒定的井底压力。井底压力由钻井液净液柱压力、循环压耗、井口回压三部分组成，钻井液密度确定后一般不会频繁调整，钻具、井眼一定的情况下既使调整钻井参数循环压耗变化不会很大，只有井口回压可以在一定范围内灵活调整。为了便于及时、准确对井底压力进行调整，最好将调整空间放在井口回压上，设计钻井液密度最好略低于最大孔隙压力和最小坍塌压力。

3.3　钻井液流变性

由于低剪切黏度对环空流速和环空压耗影响很大，在保证井眼清洁和悬浮加重材料的前提下控制好低剪切黏度，便于尽量减小环空压耗。

3.4 液压模拟

液压模拟的最初目标是为了保证在一定立压条件下满足携岩要求的同时减小循环当量密度。模拟要考虑多种因素，了解在不同井底压力下机械钻速、转速和循环速度的变化以及它们如何影响循环当量密度，设计的各个阶段进行液压模拟可决定最优循环速率、立压及环空返速。

4 现场应用

4.1 指纹对比

在开始进行控压钻井作业之前，要进行称之为"指纹对比"的操作，以评估钻井泵排量和井口回压变化如何影响井底压力。这项操作对于恒定井底压力钻井作业来说特别重要。使用随钻压力测量工具可以对循环当量密度和地面回压进行实时模拟，井底压力反应时间可认为是实时的。通过"指纹对比"可以确定维持设定的恒定井底压力所需的参数，完善水力和压力模型。

由于立压、钻井泵排量、循环当量密度、环空压耗、井口回压、出口流量、迟到时间、节流器反应时间(压力从节流器传到立管的时间)等经常发生变化，要实时监测它们是否偏离其基线，据此对油气井的情况进行监测，了解循环当量密度和节流回压对此系统可能产生的影响。

4.2 操作程序

控压钻井程序主要包括以下内容：设备安装、压力测试、控制压力钻井开始程序、钻进、起下钻、下套管和固井、测井、紧急情况响应程序、旋转控制头失效、钻杆堵塞、断钻杆、防喷器失效。

4.2.1 接单根作业

在接单根过程中由节流回压补偿循环当量密度的减小。停泵前要分步降低钻井泵排量，同时分步提高节流回压，以保持井底压力恒定。可以事先准备一个排量一节流回压分步调整的列表，见表1，这样可以保证司钻和节流控制人员共同进行接单根操作。应用分步停泵程序可以保证井底压力维持恒定。

表 1　接单根停泵程序表

步骤	排量/(gal/min)	节流回压/psi	循环压耗/psi	净水压力/psi	井底压力/psi
1	750	50	127	4670	4847
2	650	60	118	4670	4848
3	550	70	107	4670	4847
4	450	80	97	4670	4847
5	350	90	85	4670	4845
6	250	100	71	4670	4841
7	150	120	54	4670	4844
8	50	150	30	4670	4850
9	0	180	0	4670	4850

接完单根之后，按照与分步停泵程序相反的顺序重新建立循环。

4.2.2 起下钻作业

起下钻过程中当量循环密度必须由地面回压或通过向环空泵入重浆来弥补。起钻时利用旋转控制头和地面回压将钻具起至预定的某一深度，在此深度将重浆循环至井筒顶部位置，然后解除地面回压。泵完重浆后将旋转控制头卸掉，将钻具起出井筒。下钻过程中，重浆被替出井筒并放置在一个特殊的罐中，便于下次起钻时重复使用。只要将重浆顶替出井筒，就要重新装上旋转控制头并施加回压，然后下钻到底。

4.2.3 下套管和固井

控压钻井下套管程序与下钻程序没有太大差别，只是下套管时要更加重视压力波动和抽汲压力计算。取决于不同井的要求，以波动压力和抽汲压力最小为原则设计下套管程序。为保持井底压力恒定，重点考虑何时施加回压或提高泥浆密度保证套管下入顺利。对于大多数使用控压钻井技术的油气井来说，下完套管后的固井非常关键，要结合钻井液密度、水泥浆密度与地面回压设计固井程序，保证在维持恒定井底压力的情况下完成固井。

4.3 控压钻井井控

控压钻井井控问题与常规钻井没有太大区别，一个封闭的井筒对于井控更加有利，但要保证测量压力和地层侵入的工具精度，通过出口流量计精确测量钻井液返出量。一般控压钻井设计的钻井液静液柱压力低于地层压力，可通过节流回压精确控制井底压力等于或稍高于地层压力。发生溢流有节流回压升高或出口流量增加两种明显征兆，关井后通过读取立压精确计算地层压力，运用工程师压井，将地层侵入流体循环出井，重新控制井眼。

5 结论

（1）控压钻井与欠平衡钻井不同，是微过平衡钻井。
（2）控压钻井能够精确控制井底压力，最适合在窄密度窗口地层应用。

参 考 文 献

[1] Don M. Hannegan. Managed Pressure Drilling in Marine Environments-Case Studies，SPE/IADC92600，2005.

[2] D Reitsma，E. vanRiet. Utilizing an Automated Annular Pressure Control System for Managed Pressure Drilling in Mature Offshore Oilfields，SPE96646，2005.

[3] Hannegan D. Managed-pressure drilling adds value. E&P，2004，9.

[4] Hannegan D. Case Studies-Offshore Managed Pressure Drilling. SPE101855，2006.

[5] Hannegan D. Brownfields applications for MPD. E&P 2005，10.

[6] Hannegan D，Richard J，David M，et al. MPD-Uniquely Applicable to Methane Hydrate Drilling. SPE/IADC91560-MS，2004.

[7] Miller A，Boyce G，Moheno L，et al. Innovative MPD Techniques Improve Drilling Success in Mexico. SPE104030-MS，2006.

[8] Saponja J，Adeleye A，Hucik B. Managed Pressure Drilling（MPD）Field Trials Demonstrate Technology Value. SPE987876-MS，2006.

[9] M. J. Chustz，Shell；L. D. Smith，Signa Engineering；D. M. Dell，At Balance. Managed Pressure Drilling Success Continueson Auger TLP. SPE112662，2008.

作者简介：

冯光彬，男，高级工程师，1977 年出生，山东潍坊人，2000 年毕业于中国石油大学石油工程专业，目前从事钻井技术管理工作。地址：天津市大港油田公司井筒工程处；邮编：300280；电话：022-25922264。

南堡油田玄武岩个性化
高效钻头设计与应用

朱宽亮

(冀东油田钻采工艺研究院)

摘　要　南堡油田馆陶底埋藏着垂厚十几米至几百米不等的玄武岩, 其可钻性极差, 长期以来只能使用牙轮钻头, 钻井速度慢, 是制约南堡油田优快钻井的一项技术瓶颈。利用实钻岩心和测井资料对玄武岩可钻性和抗压强度等进行了分析, 结果表明玄武岩可钻性级别为 5~7 级, 抗压强度 91~221MPa, 压入硬度 435~1322MPa, 属中到中硬地层; 在此基础上优选应用了 Z3、AC 型切削齿, 采用 6 刀翼和浅内锥、加长外锥冠部形状, 中高密度布齿设计, 利用 CFD 技术对钻头水力结构进行优化, 采用螺旋保径结构, 设计研制出了 FM2653Z、FMH3653ZZ、M1666SS 三种个性化高效 PDC 钻头; 现场应用表明, 设计的个性化高效钻头实现了单只钻头钻穿 300~500m 玄武岩的攻关目标, 与牙轮钻头相比机械钻速和钻井进尺提高了 1.7~3.3 倍, 使南堡油田火成岩钻速慢的问题取得了突破性进展。

关键词　玄武岩　可钻性　研磨性　PDC 钻头　个性化设计

引言

冀东南堡油田位于渤海湾盆地黄骅坳陷西南部滩海, 是冀东油田近年来油气重大发现区域, 共有 5 个构造, 在 1、2、5 号构造的馆陶底埋藏着一层垂厚为十几米至几百米不等的玄武岩, 其中 1 号构造垂厚为 220~792m, 2 号构造为 10~286m, 5 号构造为 46~169m。由于南堡油田地处滩海, 将以人工岛、钢制平台和陆岸形式进行开发, 井型主要为大斜度大位移定向井和水平井, 使玄武岩井段进一步加长, 部分井将会上千米。玄武岩是在火山喷发时岩浆在地下冷凝形成的岩石, 通过岩性分析, 它主要由硅酸盐矿物组成, 并含有自生石英晶体, 有的井段还含有砂砾岩, 地层性质的主要特点是密度大、硬度高、研磨性强、非均质性严重和可钻性差。在前期钻探过程中只局限于选用牙轮钻头钻进, 机械钻速低, 单只钻头进尺少、钻速慢(牙轮钻头平均单只进尺 87m, 机械钻速 2.21m/h)。通过研究攻关, 形成了适合于南堡油田的地层可钻性预测技术, 研制出了个性化高效钻头, 使南堡油田馆陶组玄武岩地层的钻井速度提高 1.7 倍以上, 缩短了钻井周期, 降低了钻井成本, 取得了良好的技术经济效益。

1　南堡油田馆陶组玄武岩可钻性规律分析

利用实钻岩心对玄武岩物理力学性质参数和可钻性级值进行了室内实验(表1)。

表1　南堡油田馆陶组玄武岩物理力学性质和可钻性室内实验数据表

编号	井号	井深/m	可钻性级值	抗压强度/MPa	压入硬度/MPa	塑性系数	声波时差/μs·m⁻¹	密度/g·cm⁻³
1	冀海 1x1	2492.04	6.961	221.06	1322.084	1.0	178.04	2.81
2	冀海 1x1	2495.20	5.914	124.17	806.177	1.0	194.20	2.76
3	冀海 1x1	2495.66	5.451	98.53	768.578	1.0	216.35	2.78
5	南堡 1-4	1996.26	6.143	146.78	1022.35	1.0	189.56	2.78
4	南堡 1-4	1997.04	5.285	105.88	435.944	1.0	197.48	2.75
6	南堡 1-4	1997.28	6.057	121.56	584.23	1.0	199.51	2.77
7	南堡 1-4	1997.45	5.384	91.25	512.65	1.0	213.93	2.76

由表1可知，玄武岩可钻性级别5~7级，抗压强度91~221MPa，压入硬度435~1322MPa，塑性系数1.0，声波时差在217μs/m以下，密度2.7~2.8g/cm³，属于中到中硬地层(图1)。

(a)　　　　　　　　　　　　　　(b)

图1　南堡1号构造馆陶组玄武岩图
(a) 纯玄武岩；(b) 含砾玄武岩

通过统计分析研究，建立了地层可钻性与声波时差的关系模型，以及抗压强度与声波时差的关系模型。

可钻性级值与声波时差的关系模型为

$$K_d = 17.697e^{-0.0054\Delta t} \tag{1}$$

式中，K_d 为地层可钻性级值；Δt 为声波时差，μs/m。

抗压强度与声波时差的关系模型为

$$\sigma_c = 40.855\left(\frac{300}{\Delta t}\right)^3 \tag{2}$$

式中，σ_c 为岩石抗压强度，MPa。

利用已完钻井测井资料对南堡油田1、2号构造玄武岩可钻性规律进行了分析，如图2、图3所示。

分析结果表明其玄武岩可钻性级别达5~7级，也证实玄武岩属于中到中硬地层，这就要求钻头应具有较强的攻击性。由于馆陶组玄武岩井段夹层多，夹有玄武质泥岩、含砾砂岩，通过地层可钻性分析，最低达到2级，岩性极不均质，因此要求钻头还应具有良好的抗冲击性。

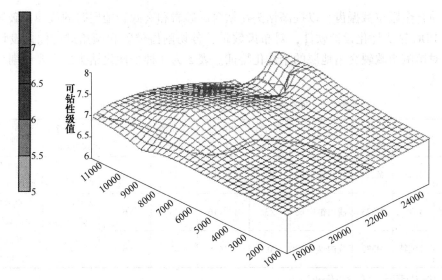

图 2　南堡 1 号构造馆陶组玄武岩可钻性规律分析

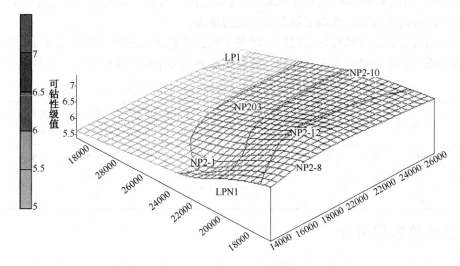

图 3　南堡 2 号构造馆陶组玄武岩可钻性规律分析

2　个性化高效 PDC 钻头设计

2.1　PDC 切削齿的优选

针对玄武岩可钻性差、研磨性高，以及玄武岩井段岩性复杂、夹层多、软硬交错严重等特点，优选了适合硬地层和硬夹层钻进，具有高抗研磨、高抗冲击能力和超强热稳定性的优质进口 Z3、AC 型切削齿。

2.2　切削结构设计

根据南堡油田馆陶组岩石可钻性，选用 ϕ16mmPDC 复合片作为主切削齿。为使 PDC 钻头在馆陶组玄武岩段软硬交错地层钻进中既有较高的机械钻速，又有较长的使用寿命，通过综合研究，将该钻头设计为 6 刀翼，并采用螺旋状刀翼形状和螺旋保径，保证了钻头具有良好的工作稳定性和抗冲击性能。

采用浅内锥、加长外锥冠部形状，中高密度布齿设计，并在易磨损部位后增加副切削齿或设计硬质合金限位减振齿，以提高钻头在钻含砾砂岩和玄武岩地层时的抗冲击破坏能力。

利用 PDC 钻头优化设计软件，对布齿数量、各切削齿位置和倾角进行优化设计，使钻头具有针对馆陶组软硬交错地层的个性化特征。表 2 为 3 种个性化钻头的主要切削结构特征和设计参数。

表 2　3 种个性化钻头的切削结构特征和设计参数

钻头型号	厂家	IADC 编号	冠形特征	切削齿类型	切削齿尺寸/mm	主切削齿数	刀翼数	二级齿尺寸/mm	其他技术特征
FM2653Z	DBS	M223	浅内锥中长	Z3	13, 16	42	6	无	倒划眼设计，硬质合金减震齿
FMH3653ZZ	DBS	M223	浅内锥中长	Z3	13, 16	39	6	13（21 个）	倒划眼齿设计，双排齿设计
M1666SS	百施特	M332	浅内锥中长	AC	16	47	6	无	倒划眼齿设计，抗回旋设计

2.3　水力结构和保径结构设计

利用 CFD（Computational Fluid Dynamics）技术对钻头的水力结构进行了优化设计，保障了良好的冷却和清洗效果，提高了钻头的抗泥包能力。

采用主动规径方式和螺旋保径结构，增强了钻头的侧向切削能力和保径能力，并有助于减小钻头的横向振动趋势。表 3 为 3 种个性化钻头的水力结构和保径结构设计参数。

表 3　3 种个性化钻头的水力结构和保径结构设计参数

钻头型号	厂家	刀翼数	喷嘴数	喷嘴直径/mm	TFA（总过流面积）/mm²	排屑槽面积/mm²	规径类型	保径长度/mm
FM2653Z	DBS	6	9	12.7	1140	26889	主动	76
FMH3653ZZ	DBS	6	9	12.7	1140	29706	主动	88
M1666SS	百施特	6	9	14.3, 15.9	1446	21978	主动	64

3　现场试验效果分析

首先在 NP1-22、NP1-32 和 NP1-17 井设计试验了百施特、瑞德和和贝克休斯的 M1963SS、DS619S 和 HCM507 三种钻头。M1963SS 在 NP1-22 井先后 6 次入井，在玄武岩段 3 次入井，累计进尺 1552.33m，平均机械钻速为 15m/h，玄武岩进尺 130.15m，平均机械钻速为 2.08m/h，最终断刀翼而报废。DS619S 在 NP1-32 井玄武岩井段进尺 276.98m，平均机械钻速 4.16m/h，起出钻头发生严重磨损。HCM507 为七刀翼钻头，在 NP1-17 井两次入井，发生泥包而无法试验。尽管这一阶段的试验未取得实质性进展，但其设计和试验为进一步开展玄武岩个性化 PDC 钻头的设计与应用提供了技术指导。

通过对第一阶段个性化钻头使用情况的分析研究，与 DBS 联合设计了 FM2653Z 个性化 PDC 钻头。在 NP1-P1 和 NP1-P2 井进行了第二阶段的试验，取得了突破性进展。钻头在玄武岩井段的进尺分别达到了 295m 和 291m，平均机械钻速为 6.14m/h 和 4.84m/h，起出钻头新度约 70%。

第二阶段的钻头在外锥齿和肩部齿磨损严重且存在断齿现象。针对这一问题，对钻头的切削结构做了改进，增设后排副切削齿，并对钻头各部位切削齿的工作角度进行了优化。改进后的 FMH3653ZZ、M1666SS 以及 FM2653Z 钻头在 NP1-P3、NP1-P5 和 NP118×1 井进行了试验，取得了很好的成绩，钻头在玄武岩段最高进尺达到了582m，其中纯玄武岩进尺达到了438m，最高机械钻速达到了9.37m/h（表4），为加快南堡油田勘探和开发提供了重要的技术支持。

表4 馆陶组火成岩个性化钻头现场试验数据表

井号	钻头型号	井段/m	进尺/m	纯玄武岩进尺/m	机械钻速/(m/h)
NP1-P1	FM2653Z	2535~2830	295	295	6.14
NP1-P2	FM2653Z	2275~2566	291	291	4.84
NP1-P3	FMH3653ZZ	2343~2699	356	356	9.37
	FM2653Z	2584~3131	547	346	5.21
NP1-P5	FM2653Z	2427~3009	582	438	8.73
NP118×1	M1666SS	2215~2772	557	310	6.7

4 结论

（1）南堡1号和南堡2号火成岩可钻性级别为5~7级，属于中到中硬地层；馆陶组火成岩井段夹层多，可钻性级别低到Ⅱ级，高到Ⅶ级，极不均质。

（2）根据地层可钻性分析，通过个性化钻头设计、矿场试验，证实玄武岩地层可以使用PDC钻头钻进，并能显著地提高其机械钻速和单只钻头钻进进尺。

（3）PDC钻头切削齿的选择、切削结构的设计、水力结构和保径结构设计是玄武岩个性化高效钻头设计的关键。

（4）在软硬岩性交错地层钻进时，钻进参数的合理选择与变换是十分重要的。此外，均匀、细致的送钻方式，也能有效地提高钻头的机械钻速和使用寿命。

参 考 文 献

[1] 张辉，高德利. 钻头选型通用方法研究. 石油大学学报：自然科学版，2005，29(6)：45-49.
[2] 孙明光，张云连，马德坤. 适合多夹层地层PDC钻头设计及应用. 石油学报，2001，22(5)：95~99.
[3] 王锋，刘池洋，赵红格. 贺兰山盆地与鄂尔多斯盆地的关系. 石油学报，2006，27(4)：15~17.
[4] 杨迎新，侯季康，邓嵘. 小井眼PDC钻头的自平衡抗回旋技术. 石油学报，2002，23(3)：98~100.
[5] 赵辉，林光华. 声波测井资料在岩石可钻性及钻头选型中的应用. 测井技术，2001，25(4)：305~308.
[6] 李荣，罗勇，孟英峰等. 钻井工程中岩石可钻性求取综合研究. 钻采工艺，2004，27(5)：1~4.
[7] 薛亚东高德利. 基于人工神经网络的实钻地层可钻性预测. 石油钻采工艺，2004，23(1)：26~28.
[8] 杨迎新，曾恒，马捷等. PDC钻头内镶式二级齿新技术. 石油学报，2008，29(4)：612~614.

作者简介：

朱宽亮，男，1967年2月生，1989年毕业于大庆石油学院钻井工程专业，现为西南石油大学在读博士研究生，冀东油田钻采工艺研究院副院长，高级工程师。通讯地址：河北省唐山市路北区光明西里甲区冀东油田钻采工艺研究院，邮编：063000，联系电话：0315-8768077，E-mail：zkl@petrochina.com.cn。

三塘湖油田欠平衡钻井技术研究与试验

石丽娟　李玉泉　赵前进

（吐哈油田公司工程技术研究院）

摘　要　三塘湖油田牛东区块在开发过程中由于地层压力低、储层火成岩裂缝发育，在钻进过程中易出现恶性井漏复杂，储层污染严重。为有效解决三塘湖油田牛东区块严重井漏、加强钻井过程中的储层保护、提高单井产量，在该区域研究应用了充氮气欠平衡钻进技术。本文从储层特征分析入手，重点介绍了该技术的研究与应用情况。

关键词　欠平衡　钻井　充氮气

引言

三塘湖油田的牛东区块是吐哈油田的主力上产区块，根据地质预测，牛东构造地层压力系数为 1.0 左右，采用常规钻井液钻进，钻井液密度为 1.15~1.20g/cm³ 之间，加之目的层卡拉岗组储层岩石水敏性较强，过平衡钻井液将会不同程度地对储层造成污染和伤害，另外目的层卡拉岗组为火成岩地层，裂缝孔洞发育，采用常规钻井液极易发生恶性漏失，经详细论证结合以往欠平衡钻井经验，为防止井下漏失，提高火成岩地层钻井速度，及时发现油气层、保护和解放油气层，决定在该构造进行欠平衡钻井现场试验。实施欠平衡钻井各井在施工过程中均正常，未发生井下复杂和事故，完成井机械钻速显著提高，产量大幅提高。

1　欠平衡钻井适应性评价

牛东区块主力油层二叠系 P_1k 层段岩性为褐色玄武岩、绿色辉绿岩、黑色玄武岩、紫红色泥岩、灰色荧光砂砾岩、灰色荧光凝灰质细砂岩、细砂岩；为孔隙-裂缝型储层，岩心分析孔隙度 6.4%~18.4%，渗透率 0.75×10^{-3}~$24.3\times10^{-3}\mu m^2$，储层物性较好；电导率分析显示，主力油层中无水层特征。储层压力系数为 0.98，属常压地层，这些条件都有利于欠平衡钻井的实施。

从马 17 井钻井情况来看，二叠系卡拉岗组平均机械钻速钻速在 1.5m/h 以下，这从一定程度上反映了卡拉岗组火山岩地层硬度大，强度高，井壁稳定性较好；此外，马 17 井井径较规则，从另一侧面说明储层段地层稳定性好，能为欠平衡钻井提供良好的井眼条件。

综合分析牛东区块的已钻井资料、地层岩性、压力、物性、产能情况、水层特征等地层条件，该地区适宜采用欠平衡钻井。

2　欠平衡钻井工艺技术研究

2.1　井身结构优化

用 φ375mm 钻头一开钻穿砾石层至少 20m，即钻至井深 180m，下入 φ273mm 表层套管固井，水泥返至地面；用 ϕ241mm 钻头钻至卡拉岗组（P_1k）顶，下入 ϕ177.8mm 技术套管，采用低密高强水泥浆体系固井，水泥上返至井深 800m；采用欠平衡钻井方式，用 ϕ152mm 钻头钻至设计井深，下入 ϕ127mm 套管+割缝筛管串，悬挂完井。

2.2 欠平衡钻井注入参数设计

勘探井马 17 井进行了地层压力预测，油层中部压力为 14.89MPa，折合地层压力系数 0.98，根据地层压力系数结合 HUBS 欠平衡设计软件，进行了充氮气欠平衡钻井注入参数的设计。

通过软件模拟，气液比在 50∶1 时，即氮气排量 30m³/min，钻井液注入量 10L/s，井底 1800m 环空当量密度 0.70g/cm³，气液比在 67∶1 时，即氮气排量 40m³/min，钻井液注入量 10L/s，井底 1800m 环空当量密度 0.56g/cm³，能够满足欠平衡钻井以及岩屑携带的要求。

2.3 欠平衡钻井井控技术

根据牛东区块地层压力状况、实钻情况以及欠平衡钻井相关标准，三开充氮气欠平衡钻井井口装置安装示意如图 1 所示。

2.4 个性化钻头设计技术

牛东区块充氮气欠平衡钻井起初设计采用 8mm 复合片 GP447D 型 PDC 钻头以及 LGYD517AL 型单牙轮钻头，在牛东 8-12 井、牛东 8-10 井实际钻进过程中，机速慢，钻时长，个别井段钻时达到 120mim/m。

经火成岩地层岩石可钻性研究、PDC 钻头破岩机理研究得出结论，在牛东区块充氮气欠平衡钻井过程中由于钻遇火成岩，钻出岩屑比较细碎，在井内沉积，造成钻头重复切削，机械钻速慢。

设计将钻头水眼由 5 个增加到 7 个，加大了钻头清洗井眼的能力，并且及时冷却钻头，延长了钻头寿命；将 8mm 复合片改为 13mm 复合片加大了钻头比钻压，提高了钻头切削效率。

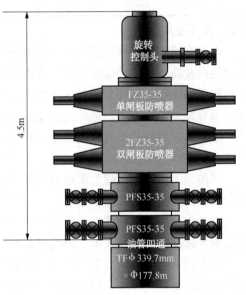

图 1 充氮气欠平衡钻井井口装置示意图

在牛东 8-9、牛东 8-14、牛东 89-81 井上试验采用了 13mm 复合片 WJ513QT 型 PDC 钻头钻进，均取得了很好的效果，个别井段钻时 1min/m，机械钻速得到大幅提高，为牛东区块快速钻井提供了有效的途径。

2.5 充氮气欠平衡状态下复合钻井技术

复合钻井技术是在近钻头位置增加井下动力钻具即螺杆钻具，提高钻头转速以达到提高钻井速度的目的。吐哈油田在三大主力油田应用复合钻井技术多年，取得了良好的成绩。但由于三塘湖油田地层原因，复合钻井技术一直处于试验阶段，没有取得良好的效果，尤其在牛东区块卡拉岗储层火成岩中没有取得突破。

充氮气欠平衡钻井由于在井口安装旋转防喷器，钻进过程中对转速有所限制，加之火成岩可钻性差，第一口充氮气欠平衡钻井牛东 8-12 井机械钻速很低。经现场试验资料分析研究，充氮气欠平衡井段使用 PDC 钻头，但钻井参数不复合 PDC 钻头的要求，尤其是转速偏低，造成 PDC 钻头优势没有得到发挥。后决定在钻具组合中加螺杆动力钻具，增加近钻头部位的转速，提高钻井速度。

在后来的几口欠平衡钻井中钻具组合加入了动力钻具螺杆，机械钻速提高明显。机械钻速由原来的 1.5m/h 提高到最高 9.65m/h，提高近 6.43 倍，复合钻井技术取得良好的效果（表1）。

表 1　复合钻井效果对比

井号	钻头尺寸/mm	钻进井段/m	进尺/m	纯钻时间/h	平均机械钻速/（m/h）	备注
牛东 8-12	152.4	1485～1706	221	147.91	1.50	无螺杆
牛东 8-10	152.4	1585～1780	195	70.71	2.80	单弯螺杆
牛东 8-14	152.4	1500～1760	260	26.93	9.65	直螺杆
牛东 8-9	152.4	1385～1638.06	253.06	27.92	9.06	直螺杆
牛东 89-81	152.4	1349～1652.31	303.31	46.67	6.50	直螺杆
牛东 8-91	152.4	1406～1800	394	113.83	3.46	直螺杆

2.6　完井技术

由于充氮气欠平衡钻进过程中井底处于负压状态，地层得到完全解放，地层中的流体自由地流向井筒，从而使储层得到有效的保护。由于井底处于负压状态，因此在氮气钻井和完井过程中如果有任何环节进行压井作业，即液柱压力高于地层压力，则井筒中的有害液相也将会很容易地进入地层，造成地层受到污染和伤害，使充氮气欠平衡钻井失去保护储层的意义。因此，如何在整个充氮气欠平衡钻井和完井过程中维持井底始终处于负压状态是此项技术的关键技术之一。

目前国内实现全过程欠平衡钻井的主要手段有两种，一是在技术套管内安装套管阀，利用套管阀的开关实现在起下钻和下入完井管串时处于负压状态；二是利用不压井起下钻装置实现整个作业处于负压状态。但在牛东区块开发井中大规模应用充氮气欠平衡钻井技术，迫切要求大幅度降低开发成本，以提高综合开发效益。充氮气欠平衡钻井成本较高，而如果采用不压井起下钻装置或套管阀等辅助设备实现全过程欠平衡（该部分设备所占充氮气欠平衡钻井总成本比例为 30%～40% 左右）将导致充氮气欠平衡钻井的成本进一步增加。如何能做到不压井，且不使用不压井起下钻装置或套管阀而安全地起下钻、下筛管和下油管，使储层不受到污染和伤害，实现全过程欠平衡钻井是本项研究的关键技术之一。

牛东 8-12 井在完井过程中利用 GBC 冻胶阀技术顺利下入筛管，未发生井下复杂，打入冻胶全部替出。此项技术在吐哈油田首次应用，在保护储层的同等条件下较其他方法下入筛管完井大幅度降低了钻井成本，简化了完井工艺，为低压储层欠平衡完井提供了一种切实可行的技术手段。

2.7　地面设备配套技术

与常规钻井最不同的地方是，欠平衡钻井需要使用专门的井控和循环设备，来实现井内流体的循环携岩、压力控制、旋转分流、流体处理等多项功能，以保证安全、快速钻井。

（1）压力控制设备：旋转防喷器。

（2）供气系统：主要有制氮车、液氮及液氮泵车。

（3）内防喷设备：浮阀、单流阀、旋塞阀等。

（4）地面管汇及设备：节流管汇、液气分离器、自动点火装置等。

3 欠平衡钻井现场实施情况(表2及表3)

3.1 牛东8-9井

为防止钻井过程中发生井漏，减小钻井过程中的层损害，提高单井产量，同时提高钻井速度，牛东8-9井实施了充氮气全过程欠平衡钻井技术。该井于2007年9月2日21:50正式开钻，充气钻井钻井液密度 $1.05\sim1.08g/cm^3$，黏度 $65\sim75s$，失水 4mL，注液量 10L/s，注气量 $40m^3/min$，注入压力 $11\sim15MPa$，采用 PDC(WJ513QT)钻头钻完进尺。

9月3日钻至1608m时，钻时为30.8min/m，1609~1611m钻时为5min/m，泥浆池液面有大量原油。9月4日10:45钻至井深1634.30m时，循环钻井液、短拉井壁，井口返出大量原油，泥浆量增加 $3m^3$，关井套压1.4MPa。通过节流管汇放油，回收原油 $30m^3$，初步推算出油量 $20m^3/h$，折算油层压力系数0.95。

该井欠平衡井段机速达到9.06m/h，是邻井常规钻井的3倍左右，初期原油日产量达到90.65t/d，是常规钻井的6.7倍。

表2　机械钻速效果对比表

井号	钻头尺寸/mm	地层	井段/m	机械钻速/(m/h)	钻井方式
牛东8-6	216		1422~1850	2.30	常规钻井
牛东8-3	152.4	卡拉岗	1416~1700	4.19	常规钻井
牛东8-9			1385~1638	9.06	充氮气钻井

表3　产量对比表

井号	原油初期产量/(t/d)	工作制度	钻井方式
牛东8-9	90.65	8mm油嘴自喷	充氮气钻井
牛东9-10	5.51	3.3m/4次	常规钻井
牛东7-7	18.27	3.3m/4次	常规钻井
牛东9-13	13.45	3.3m/6次	常规钻井
牛东9-11	16.84	3.3m/5次	常规钻井

3.2 牛东8-81井

牛东8-91井自井深1385m使用无固相钻井液三开，钻至井深1624m发生严重井漏，钻井液只进不出，经讨论决定改用充氮气欠平衡方式钻进。充氮气钻井井段钻井液密度 $1.08g/cm^3$，黏度 $70\sim85mPa\cdot s$，失水 5mL，钻井液注入量 10L/s，注气量 $15\sim20m^3/min$，注入压力 $9\sim13MPa$，采用(WJ513QT)PDC钻头，顺利钻至井深1664m完钻，未发生井漏，同时初期获得日产84.02t/d的高产油流。

4 认识与结论

(1)充氮气欠平衡钻井技术能够大幅降低钻井液对储层的伤害，增加储层的产出能力。

(2)在火成岩地层采用大齿多水眼PDC钻头并配合螺杆钻具，能够提高钻井机械钻速。

(3)充氮气欠平衡钻井有效解决了牛东区块的恶性井漏问题。

(4)冻胶阀技术下入筛管，降低了钻井成本，为低压储层欠平衡钻井完井提供了技术保障。

(5)充氮气欠平衡钻井技术能推广至吐哈其他低压油田。

参 考 文 献

[1] 杨丽，陈康民. PDC 钻头布齿方法研究. 石油机械，2005，33(4)：1~3.
[2] 李树盛，蔡镜仑，马德坤. PDC 钻头冠部设计的原理与方法. 石油机械，1998，26(3)：1~3.
[3] 杨丽，陈康民. 改进 PDC 钻头性能的设计方法，石油机械，2005，33(3)：25~27.

作者简介：

石丽娟，女，1979 年 11 月出生，2008 年毕业于中国石油大学（北京）石油工程学院，工程硕士学位，吐哈油田公司工程技术研究院工程师，主要从事钻井工艺新技术的研究。通讯地址：新疆哈密石油基地吐哈油田工程技术研究院钻井所，邮编：839009，电话：0902-2766460，E-mail：shilijuan@petrochina.com.cn.

氮气水平井钻井难点分析及处理对策

邹和均　王建毅　胡　挺　张彦龙

(西部钻探吐哈钻井工艺研究院)

摘　要　氮气欠平衡钻井技术是保护、发现油气层和提高单井产量的有效工艺技术手段之一。因此在国内外油田倍受亲睐，如果将氮气欠平衡钻井技术与水平井钻井技术结合应用，既能提高储层钻遇率，又能对油气藏进行精细评价，也是解决勘探开发难动用储层的一种有效技术手段，但是氮气水平井钻井中经常遇见地层出水、井壁失稳、水平段岩屑堆积、井眼轨迹不易监测与控制等技术难题，本文针对这些难点展开了论证，同时结合三塘湖油田牛东平1井和牛东8-13井两口氮气水平井的现场应用与试验，通过认真分析、总结，形成了一套氮气水平井钻井复杂情况的处理对策，对氮气水平井钻井提供借鉴作用。

关键词　氮气水平井　复杂情况　难点分析　处理对策

1　前言

随着氮气欠平衡钻井技术水平的提升和应用效果的展现，氮气欠平衡钻井技术已成为勘探开发的前沿技术手段，其主要优越性在于对地层无污染、提高单井产能、提高机械钻速、有效评价储层。而氮气水平井则是高效勘探开发动用储层的更有效方式，同时也是新型钻井技术进一步发展和油田勘探开发的需要。随着勘探开发的深入，氮气欠平衡钻井技术与水平井技术结合应用将是钻井技术发展的必然趋势。但气体水平井钻井中经常出现地层出水、井壁失稳等技术难点，是制约氮气水平井钻进技术发展的主要瓶颈。因此，加强相关难点技术的研究，制定相应的对策显得尤为重要。

2　氮气水平井钻井难点分析与处理对策

2.1　地层出水

吐哈油田实施氮气欠平衡钻井已达15余井次，通过实践表明，气体欠平衡钻井实施成功的关键在于井壁稳定、地层少含水或不含水和有效的现场组织。为此进行氮气欠平衡钻井设计前首先需要做地层适应性论证，准确掌握地层含油、气、水情况。并制定合理的施工措施，确保氮气欠平衡钻井的施工成功率。

2.1.1　地层出水的预测方法

目前预测水层的主要方法是依靠地震资料、地质资料和测井资料等进行确定，其中通过对测井资料详细分析是精准预测水层的最佳方法，当前常规钻井预测水层的主要测井方法有最小电阻率交会法、储层与泥浆电阻率交会法等，但气体钻井识别水层较常规钻井要困难的多，经常出现水层漏判现象。为此结合气体钻井的实际情况利用阿尔奇公式以及束缚水含水饱和度计算模型，通过计算、优选出能反映地层出水的敏感性参数，形成一套气体钻井水层预测技术，以便对气体钻井提供指导作用(表1)。

表 1　氮气水平井出水层位判断标准

地层出水主要判别参数					参考参数	
含水饱和/%	泥质含量/%	电阻率/Ω·m	有效孔隙/%	中子孔隙度/%	束缚水饱和度/%	渗透率 $K/\times10^{-3}\ \mu m^2$
100	≤25	≤200	≥3	≥5	≤75	≥0.01

2.1.2　地层出水地面现象分析

结合吐哈油田氮气欠平衡钻井现场应用遇见的实际情况，通过分析总结将地层出水分为三个级别，微量出水($0\sim2m^3/h$)、出水一般($2\sim5m^3/h$)、大量出水($5m^3/h$ 以上)，地层出水主要体现在转盘扭矩、立管压力、注气压力、钻井速度等地面参数上，因此密切关注地面各项钻井参数的变化，是准确判断井下情况的最佳依据(表2)。

表 2　地层出水地面现象分析

氮气水平井钻井难点	地层出水级别/(m^3/h)	地面现象分析
地层出水	微量出水 (0~2)	(1)转盘扭矩略有增大；(2)立管压力压力略有升高；(3)注气压力略有升高；(4)取样器的岩屑略有变潮；(5)排砂口间隔性伴随有潮湿的岩屑；(6)机械钻速略有降低
	出水一般 (2~5)	(1)转盘扭矩明显增大；(2)立管压力压力逐步升高；(3)注气压力逐步升高；(4)钻具上提下放略有遇阻；(5)取样器处有水流出；(6)排砂口有水流出有间隔伴随有岩屑团；(7)机械钻速降低
	大量出水 (5以上)	(1)转盘扭矩明显增大；(2)立管压力压力明显升高；(3)注气压力明显升高；(4)钻具上提下放遇阻；(5)取样器的岩屑带水；(6)排砂口有水流出并间隔伴随有岩屑团；(7)机械钻速明显降低

2.1.3　地层出水的处理对策

氮气水平井钻井技术成败的关键之一在于地层是否出水，施工中若钻遇地层出水时，首先应增加气量循环；若增大气量后不能保持井下正常，则应视地层出水情况转换成泡沫钻井、充气钻井或液相欠平衡钻井(表3)。

表 3　地层出水地面处理对策

氮气水平井钻井难点	地层出水级别/(m^3/h)	处理对策
地层出水	微量出水 (0~2m³/h)	上提钻具，加大注气量循环观察；若依靠加大注气量能封住水层，则继续实施氮气欠平衡钻井
	出水一般 (2~5m³/h)	若加大气量不能封堵住水层时，则应考虑立即转化为泡沫钻井
	大量出水 (5m³/h以上)	当泡沫钻进仍旧不能封堵住水层时，应立即转化充气钻井或液相欠平衡钻井

2.2　井壁稳定性

导致井壁失稳的原因主要有力学因素和物理化学因素两种。物理化学因素是指钻井液与泥页岩地层发生物理化学作用引起的水化膨胀和分散，致使近井壁岩屑强度下降，导致井壁失稳，但氮气水平井钻井过程中不存在着钻井液对井壁的物理化学作用，因此影响氮气水平井井壁稳定性的主要因素是岩石的力学性质。

2.2.1 氮气水平井井壁稳定性评价方法

目前对氮气水平井井壁稳定性评价主要采用库仑–莫尔强度理论和剪切破坏理论，利用测井资料结合这两个理论公式可以计算出影响氮气水平井井壁稳定性的固有内聚力和临界崩落内聚力，当固有内聚力大于临界崩落内聚力时，则表明井壁比较稳定，井壁出现坍塌的可能性较小。当固有内聚力小于临界崩落内聚力时，则表明井壁不稳定，出现坍塌的可能性较大。同时绘制出氮气水平井的固有内聚力和临界崩落内聚力两条关系曲线，为顺利实施氮气水平井钻井提供指导作用(图1)。

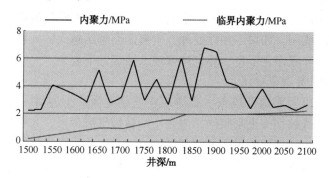

图1 牛东平8–13井水平段井壁稳定性评价

通过牛东平8–13井水平段井壁稳定性评价图可知，在1500~1950m井段岩石的内聚力大于临界崩落内聚力，说明该井段井壁比较稳定，但在1950~2100m的井段岩石的内聚力与岩石的临界崩落内聚力比较接近，因此在实施氮气欠平衡钻井施工作业过程中，应密切关注转盘扭矩、立管压力、注气压力、钻具活动情况等地面现象，并做好井壁坍塌的处理预案。

2.2.2 氮气水平井井壁失稳地面现象分析

井壁稳定的重要性等同于地层出水，同样是关系到氮气水平井成败的关键因素，因此在实施氮气水平井钻井之前，首先应做好地层适应性论证，以确保氮气水平井钻井的成功率。井壁失稳性按照失稳程度可分为井壁掉块和井壁坍塌两种，主要体现在转盘扭矩、立管压力、注气压力、岩屑返出情况等地面现象，因此氮气水平井施工作业过程中应密切关注地面各项钻井参数的变化，对井下情况进行准确的认识与判断(表4)。

表4 氮气水平井井壁失稳地面现象分析

氮气水平井钻井难点	失稳程度	地面现象分析
井壁失稳	井壁掉块	(1)上提下放钻具遇阻；(2)转盘扭矩间歇波动较大；(3)注气压力略有升高；(4)取样器的岩屑量减少；(5)排砂口间隔性返出大颗粒岩屑
	井壁坍塌	(1)上提下放钻具遇阻；(2)转盘扭矩急剧增加；(3)注气压力明显升高；(4)取样器无岩屑返出；(5)排砂口间隔性返出大颗粒岩屑，坍塌严重时无岩屑返出

2.2.3 氮气水平井井壁失稳处理对策

井壁稳定性是顺利氮气水平井钻井的先导条件，因此在实施氮气水平井作业过程中，一旦出现井壁失稳，导致井下掉块或坍塌，应立即停止钻进，加大气量循环，尽量将钻具提离井底到较高位置，判断井下失稳程度，根据判断结果制定下一步措施(表5)。

表 5　氮气水平井井壁失稳处理对策

氮气水平井钻井难点	失稳程度	处 理 对 策
井壁失稳	井壁掉块	如井壁失稳为少量掉块，则增大注气量循环，如果增大注气量能满足安全钻井要求，则继续进行氮气钻井
	井壁坍塌	如果增大注气量不能满足安全钻井的要求，应尽快将钻柱起至安全井段，视情况转化为充氮气钻井或液相欠平衡钻井

2.3　水平段岩屑携带

氮气水平井水平段较垂直段携岩要困难的多，岩屑易在水平段沉积形成岩屑床，若地层出液可能使岩屑粘结成团，如果不加以处理，岩屑团会越结越大，大尺寸岩屑团会沉降在水平段的下井壁，导致井眼净化不良、环空堵塞或卡钻等井下复杂。

2.3.1　水平段岩屑携带难点

氮气水平井水平段岩屑携带难点主要体现在三个方面：①岩屑一旦被破碎、脱离井底后，很难再次回到井底被钻头重复破碎，而是小颗粒被气流带走，大颗粒则可能会滞留在水平段某处的下井壁处。②岩屑的重力方向与气体流动方向相垂直，气体流动不能象在垂直井筒内那样直接克服重力沉降而使岩屑运移。③重力使钻具躺在下井壁上，这种偏心环空造成下井壁处低速区，而这些低速区恰是岩屑在重力作用下的滞留区。

2.3.2　提高水平段岩屑携带的处理对策

结合氮气水平井的现场应用经验，通过分析、总结和提炼得出了五项提高氮气水平井水平段岩屑携带的综合措施：①足够的气量是水平井氮气钻岩屑携带出井筒的保证，同时也是井下出现复杂，及时处理复杂的重要保证。②采用变径短节、扶正器等使钻柱抬升，脱离下井壁，消除下井壁处偏心环空造成的低速区，造成岩屑堆积。③保持水平段钻柱旋转，以改善水平段的岩屑滞留、堆积现象。④经常短距离地上提下放钻具，使钻头提离井底后再回到井底，将钻头附近大颗粒岩屑推回井底重复破碎。⑤限制钻速，低钻压、高转速，使钻头第一次破碎产生的岩屑不致于过大。

2.4　井眼轨迹监测与控制

氮气钻水平井是采用氮气做为循环介质，MWD(LWD)在气体中无法传输脉冲信号；因此，无法进行无线随钻监测。有线随钻监测井口高压循环头位置只对具有较高黏度和稠度的泥浆进行密封，对清水密封都会发生泄漏；它对气体几乎没有密封作用，因此不能使用于气相钻井体系钻井。

2.4.1　氮气水平井井眼轨迹监测与控制难点

① 在充气或纯气体欠平衡钻井作业中，MWD(LWD)无法传输脉冲信号。②无法对井眼轨迹进行随钻监测，不能保证井身结构质量，难以确保中靶目标。③由于氮气钻水平井改变了井底岩石的结构应力状态，使得地层各向异性明显增加，极易发生井斜，致使氮气水平井钻井中井眼轨迹控制难度加大。④氮气水平井钻井中狗腿度难以控制，加之氮气水平井本身岩屑携带难度就比较大，双重难度加剧发生卡钻的可能。

2.4.2　提高氮气水平井井眼轨迹监测与控制的处理对策

用于氮气水平井井眼轨迹监测与控制的仪器主要有 EM-MWD 地质导向系统和可投捞式轨迹测量工具两种，通过在牛东平 1 井和牛东平 8-13 井两口氮气水平井的现场试验，证明两种仪器均能较好的对氮气水平井井眼轨迹进行监测与控制。

（1）EM-MWD 地质导向系统在进行气体钻井作业时，可实时获取井斜角、方位角等工程参数，掌控井下增斜或降斜情况，根据要求可及时调整钻具组合、钻进参数以及注气量。同时可随钻监测井下钻具的振动，以便施工人员随时了解井下钻具的情况，预防井下复杂情况的发生。

（2）针对利用EM-MWD地质导向系统服务费用高的难题，研发了一种用于氮气水平井钻井井眼轨迹控制的投捞式轨迹测量工具，如图2所示。但是在现场施工过程中不能对井眼轨迹进行随钻监测与控制，在测量的时候需要将钻具起至垂直井段或井斜<45°的井段，完成投放过程，下钻至井底完成测量后再起钻至垂直井段完成打捞过程。通过地面数据分析，确定下步钻井参数、注气量及钻具组合，阶段性调整井斜和方位，达到对井眼轨迹的有效监测与控制。

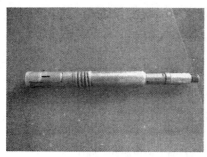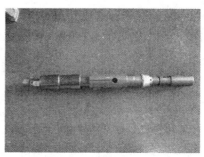

图2　可投捞式轨迹测量工具顶部和脱手、抓手图

3　氮气水平井钻井现场试验

3.1　牛东平1井

牛东平1井是吐哈油田部署的第一口氮气水平井，井眼尺寸ϕ152.4mm，水平井段：纯氮气（1666.66～1702.34m）；充氮气（1702.34～1947.17m）。施工中结合岩屑运移机理及氮气钻水平段携岩的难点，开始氮气注入量为80～90m³/min，但钻进两个单根后，钻具下放不到井底，循环划眼时间较长，出于安全施工考虑，后将氮气注入量提高至90～120m³/min。有效地解决了岩屑携带问题，恢复正常氮气钻井。在钻至1702.34m时因地层出水，钻具遇卡，排砂口无气体返出，氮气注入量提高至150m³/min，排砂口排出大量灰尘，并伴有大量块状岩屑团，为了防止井下复杂情况进一步恶化，转化为充氮气欠平衡钻井。

该井在氮气钻水平段过程中井眼轨迹的监测与控制采用可投捞式轨迹测量工具，对水平段井眼轨迹的控制提供了重要的参考数据。

3.2　牛东平8-13井

牛东平8-13井，井眼尺寸ϕ152.4mm，水平井段：纯氮气（1587.25～1807.09m）；充氮气（1807.09～2087m）。该井在分析总结了牛东平1井氮气水平井钻井过程中出现的问题，水平段氮气钻井过程中氮气注入量为90～120m³/min，在水平段增加变径短节、扶正器等，使大颗粒岩屑再次破碎变小，有效满足了水平段岩屑携带要求，循环时间大大缩短，机械钻速达12.78m/h，是邻井常规钻井机械钻速的3～7倍。

牛东平8-13井在水平井段氮气钻井井眼轨迹监测与控制采用EM-MWD测量工具，钻井过程中随时的调整井斜和方位，依据地层伽马、电阻率两个地质参数，有效地控制了井眼轨迹，并在邻井常规地质解释为干层的情况下，分别在1701m和1736m时钻遇低产油层，达到了发现和保护油气层的目的，后钻至1807.09m在起下钻过程中遇阻严重，出于井下安全考虑，将氮气钻井转为充气钻井，EM-MWD水平段监测及控制段长499.75m。牛东平8-13井在完井后直接投产较邻井产量提高了5~8倍。

4 认识与建议

（1）地层出水、井壁失稳是直接关系到氮气水平井成功与否的关键因素，因此在优选氮气水平井井位时，必须对其进行精准、严密的可行性论证。

（2）氮气水平井钻井过程中，应保持钻具旋转，经常的短起下钻，控制钻速，同时，采用抬升钻具的方法避免钻具重力造成偏心环空，同时在变径短节、扶正器等处外侧面镶硬质合金，在水平段增加重复破碎功能，可提高水平段的携岩能力。

（3）由于氮气钻水平井改变水平段岩石的结构应力状态，使得地层各向异性明显增加，极易发生井斜，因此氮气水平井的井眼轨迹极度难以控制。

参 考 文 献

[1] 杨玻等，四川天然气欠平衡钻井完井技术研究与应用．天然气工业．2005．
[2] 孟英峰，练章华等．气体钻水平井的携岩研究及在白浅111井的应用．天然气工业，2005．
[3] 莫跃龙，王华等．欠平衡水平井技术探讨．西部探矿工程，2008．
[4] 周英操．翟洪军等．欠平衡钻井技术与应用．北京：石油工业出版社．2003．

作者简介：

邹和均男，高级工程师，1964年出生，1985年毕业于华东石油学院钻井工程专业，现任西部钻探吐哈钻井工艺研究院院长，主要从事钻井技术研究及管理。地址：新疆鄯善火车站镇西部钻探吐哈钻井工艺研究院，邮编：838202，E-mail：zouhj@cnpc.com.cn，电话：13179957666。

空气锤钻井技术应用问题探讨*

胡　贵　孟庆昆　王向东

(中国石油勘探开发研究院)

摘　要　20 世纪初，空气锤钻井技术在国内各大油田得到了广泛应用，在提高机械钻速、钻井防斜纠斜、提高油气资源的勘探开发速度方面表现出了极大的优越性。2004 年，国产 KQC 系列空气锤开始进入国内各大油气田，几年的应用中取得了一些佳绩，但是在超硬地层、井壁坍塌、潮湿地层、出水地层、漏失地层等中钻进还存在一定的问题，空气锤的使用范围和应用水平受到影响。本文集中探讨了空气锤钻遇这些地层时出现的问题，并提出了问题的技术难点和解决方案，以便进一步提高空气锤钻井技术的应用范围和应用水平。

关键词　空气锤　空气锤钻井技术　空气钻井　KQC 系列空气锤　井壁坍塌　倒划眼　出水地层　气体漏失

引言

空气锤钻井技术是一种利用高压可压缩气体介质传递能量，实现空气锤对岩石的高频率冲击做功而进行破岩的钻井方式，是在空气钻井技术基础上发展起来的。2003 国产 KQC 系列空气锤在中国石油勘探开发研究院开始研究，历经 6 年，目前在油气田钻井提速和防斜纠斜的应用中已经取得了明显效果。在"龙岗 39 井"中，KQC 系列空气锤单只钻头最高进尺达 1899.35m，日进尺最高达 680m，钻至目标地层后仍保持了良好的井径，保径效果非常明显，这大大刷新了钻井界的进尺和保径记录。尽管如此，空气锤在油气田的应用中也存在一些提速不明显甚至空气锤无法正常钻进的情况，通常有以下几种情况：钻遇地层存在超硬岩石；KQC 下入井段存在部分缩径需要划眼、井壁出现坍塌时的钻进、钻遇出水地层无法钻进、漏失地层或喀斯特溶洞地层气体漏失严重等。本文着重介绍了以上几种情况对空气锤正常钻进的影响，并提出针对性的建议和解决方案，对空气锤的进一步研究具有一定的参考价值。

1　空气锤基本结构

空气锤的基本结构如图 1 所示，主要由后接头、配气座、活塞、尾管和钻头组成。目前空气锤主要以气体作为驱动介质进行工作，气体通过后接头进入配气座，配气座将气流分为为两部分，一部分通过中心通道直接进入井底携岩，一部分进入空气锤前气室，并与后气室配合共同驱动活塞上下运动。运动中的活塞直接冲击空气锤钻头，钻头则将冲击能量传递给与之接触的岩石，并破碎岩石以达到钻进的目的。

*基金项目：国家高技术研究发展计划(863 计划)课题"气体钻井技术与装备"(2006AA06A103)。

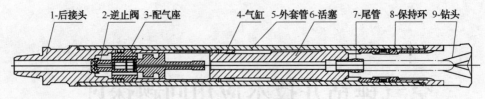

1-后接头 2-逆止阀 3-配气座 4-气缸 5-外套管 6-活塞 7-尾管 8-保持环 9-钻头

图1 空气锤基本机构

空气锤正常工作的关键是后气室驱动介质的压缩性，从理论上分析，只要驱动介质具有可压缩性，空气锤就可以工作。事实上，在水文地质和桩孔建筑行业中，使用雾化和泡沫空气锤钻进已作研究。目前应用于石油行业的雾化和泡沫空气锤还需进一步研究。

2 空气锤钻井技术

空气锤钻头底部采用内凹锥面结构，如图2、图3所示。底部钻头齿采用柱状复合球齿结构。采用这种结构的空气锤钻头对于地层的坚硬程度敏感性较差，适合长井段钻进，但是对于空气锤自身的冲击性能敏感性较大。

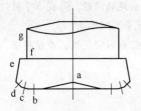

图2 空气锤钻头结构示意图

图3 空气锤钻头三维立体图

与传统的牙轮钻头和PDC钻头钻进相比，空气锤钻井技术是利用空气锤的冲击作用来破碎岩石的。冲击破岩是将持续的作用力转化为脉冲力，脉冲力在瞬间提供够高的应力幅值以破碎所作用的岩石。由于空气锤采用冲击破岩作为破岩方式，相比于其他钻进方式，明显具有提高在中等偏硬以上地层中的机械钻速以及在高陡构造中的防斜纠斜等特点，除此之外，空气锤钻井技术作为一种崭新的钻进方式，在钻井工艺方面具有以下几个特点。

2.1 空气锤对于钻压要求较低

钻压的加载是为了防止空气锤钻头在冲击岩石时被反弹回来，确保空气锤钻头较好地与岩石接触，从而保证冲击能传递给岩石。较大的钻压会使得空气锤钻头齿与岩石接触过于紧密，一方面增加了钻具的扭矩，另一方面使得钻头齿处于高度研磨状态，加重对空气锤钻头齿的磨损。较小的钻压会出现空气锤钻头冲击时反弹，不仅浪费了部分冲击能，而且反弹回来的冲击能消耗在空气锤零部件的振动上，加重空气锤零部件的振动破坏，影响空气锤的使用寿命。根据现场经验，一般推荐钻压值可根据以下公式加载：

$$F = aD \tag{1}$$

式中　F——钻压，kN；

a——钻压系数，kN/mm，一般取 0.09；

D——钻头的尺寸，mm。

2.2 长井段划眼操作对空气锤正常钻进影响较大

空气锤划眼是指当空气锤下入过程中存在部分井段缩径时，旋转空气锤钻头或是启动空气锤工作来达到扩孔目的的操作。空气锤钻头齿采用柱状复合球齿，这种钻头齿没有切屑性能，一旦旋转钻头扩孔时，只能加重钻头边齿的研磨作用，长井段扩孔后会导致边齿磨损严重，如图4所示。空气锤下到井底后，由于磨损后的钻头齿的球状面成了平面，严重影响冲击应力波的破岩效果，因此机械钻速降低。若是划眼过程启动空气锤正常工作，由于空气锤整个钻头底部和岩石没有良好的接触，冲击应力波在传递过程中的反射量增加，消耗在空气锤自身的振动能量百分含量增加，一则加重空气锤零部件振动疲劳破坏，二则加重钻头边齿的断齿或是磨损。从而会影响下钻后正常钻进的机械钻速。

图4　空气锤钻头磨损后外观图

2.3　空气锤需要一定的转速

施加转速的目的是为了转换空气锤钻头的冲击位置，以便均匀破碎岩石。转速过大，钻头齿运动的线速度增大，钻头齿与地层的研磨作用加强，而冲击作用减弱，同时也增加了扭矩。转速过小，导致钻头重复破碎岩石、形成较大的凹坑而出现埋齿等现象，发挥不了空气锤的冲击破岩作用。一般推荐转速值可根据经验公式（2）施加：

$$R = b \times ROP \tag{2}$$

式中　R——转速，r/h；

　　　b——转速系数，r/m，一般取96；

　　ROP——机械钻速，m/h。

2.4　换单杆具有严格的操作要求

对于空气锤钻进，在接单杆时具有严格的操作要求。首先在保持钻具的正常旋转以及循环状态下上提钻具0.5～1m后，再停止钻具旋转，同时保证钻具循环状态2～3min不等，再缓慢停止注气。接好单杆后，先注气，再循环钻具，终了下放钻头至井底。

停气过快将导致空气锤的立管压力突降，井底含岩屑的水、气倒灌，造成空气锤内部运动部件卡死，失去冲击能力。若接单杆时先停止钻具旋转再上提钻具或者先下放钻头到井底再旋转钻具，将会导致空气锤重复破碎，形成凹坑，出现埋齿甚至"掰齿"现象。

3　空气锤钻井技术应用问题及处理方法

空气锤在应用中存在一些问题，如超硬地层中钻进、钻进中遇井壁坍塌的处理、地层出水问题和漏失地层中如何钻进或喀斯特溶洞地层的气体漏失等。遇到这些问题，空气锤或将停止钻进或是降低钻进效率。为了进一步扩大空气锤的适用范围，进一步降低石油钻井成本，下面将对这些问题作初步探讨。

3.1　超硬质地层钻进

在不同的地层中钻进应选择不同的钻头。空气锤由于采用冲击破岩钻进，适用于大多数地层。根据空气锤钻头的外形结构来分，主要有三种——平底型、内凹锥面型和外凸锥面型。一般来说这三种钻头钻遇地层的硬度有以下关系[9]：平底型钻头可钻遇地层硬度小于内凹锥面型钻头，内凹锥面型钻头又小于外凸锥面型钻头。平底型的空气锤钻头适用钻遇全部软地层和中硬地层，而内凹锥面型的空气锤适用于钻大多数中等偏硬和硬质地层，外凸锥面型钻头适用于超硬地层。目前空气锤的钻头大多数采用内凹锥面型，主要原因是这种钻头适用大多数中等偏硬或硬质地层，因而满足了油田对空气锤长井段钻进的要求。

基于空气锤钻头的现状，目前的大多数的空气锤钻头不适用于超硬地层钻进。在超硬地层中强行下入空气锤钻头的后果是加重空气锤钻头边齿的破坏和钻头齿的研磨性磨损；造成空气锤钻头钢体的破坏；严重影响机械钻速，达不到提速的效果。

为了在现场施工中防止此现象的发生，需要加强对岩性的认识，钻遇超硬地层时，可以转换为外凸锥面空气锤钻头进行钻进。这种钻头凸形表面相对在较小岩层克取面积下能产生较大冲击功，并获得高的钻速，但是这种钻头钻进的防斜纠斜能力要略差与平底性和内凹锥面性钻头。

3.2 井壁坍塌地层钻进

井壁坍塌是空气锤钻井技术中的一大瓶颈。如果是牙轮钻头钻进，出现井壁坍塌可以大力矩旋转钻具，加大注气量，上下提动钻具并进行倒划眼操作。而空气锤没有倒划眼功能，一旦出现井壁垮塌现象，必须依靠提动钻具，加大注气量，依靠气体的冲刷性把坍塌的井壁岩石携带出井眼，这种操作可处理的坍塌事故复杂性远没有牙轮钻头的大。因此在现场应用中，一旦井壁坍塌存在不易处理的迹象，为了保证钻井作业安全，通常的处理意见是起钻，换用其他钻井方式钻进。

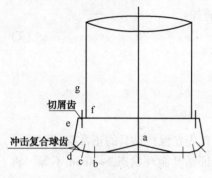

切屑齿

冲击复合球齿

图 5　具有倒划眼结构的空气锤钻头示意图

空气钻井作为一种欠平衡钻井技术，由于欠压值过大，出现井壁坍塌是不可避免的，而空气锤钻井处理井壁坍塌事故的能力较低，限制了空气锤更广泛的使用。为了扩大空气锤的使用范围，进一步发挥空气锤钻井技术的技术优点，应该设计出可以处理井壁坍塌事故的空气锤钻井方式。

中国石油勘探开发研究院提出了一种具有倒划眼功能的空气锤钻头结构(图 5)，即在空气锤钻头的上部镶上一定量的切屑齿，空气锤正常钻进时，这些切屑齿不工作，而当井眼存在缩径时，通过上提空气锤，此时空气锤由工作状态转换为循环状态，并旋转钻具以对钻头上方的岩石进行切屑，从而达到倒划眼操作的目的。

这种空气锤钻头结构提供了一种解决了空气锤处理复杂坍塌事故的方法，目前此项技术还在进一步研究中。

3.3 潮湿地层和出水地层中钻进

空气钻井技术在潮湿地层或出水地层钻进时，由于破碎的粉末状岩石遇潮后极易粘在一起，在钻头上部形成饼状"泥领"包裹钻头，封堵钻具和井壁之间的环空，加大上返气体的局部损失，从而导致立管压力增大，气体注入量减少，严重时可直接封堵住气体通道，致使空气钻井无法正常钻进。遇到这种情况，一般起钻，转换钻进工艺，根据出水量换用雾化钻井、泡沫钻井、充气钻井或泥浆钻进等。

对于空气锤钻井工艺，在潮湿地层时，解决钻井岩屑"糊钻"的办法通常是注入一定的水和雾化剂对空气锤进行雾化钻进。但是，增加注水量，返出气柱的当量密度增加，使得空气锤的背压增加，对空气锤的内部工作产生一定的影响，严重时会导致空气锤的冲击能降低甚至是空气锤无冲击作用。此时无冲击作用的空气锤钻头处于研磨状态，因此会加速空气锤钻头的磨损，机械钻速明显降低。

出水地层钻进时，也会发生上述问题，同时，在接单跟时，由于井底停止循环，空气锤前气室与井底相通，因此井底液体流入空气锤内部工作区域，尤其是在后气室进入了液体后，空气锤由于气缸受污染而出现无法正常工作现象。

目前，解决空气锤潮湿地层和出水地层的方案有三种：雾化空气锤钻井技术、泡沫空气锤钻井技术和反循环空气锤钻井技术。对于前两者，目前在现场中已经做过了实验，但是钻进效果不是很好，表现为以下几种情况：空气锤无法长井段钻进；空气锤钻进相比正常钻进时机械钻速大大降低。而反循环空气锤钻井技术，目前还正处于研究之中。通过对空气锤内部工作机理的研究，笔者认为雾化空气锤钻井技术和泡沫空气锤钻井技术的关键技术是解决如何保证空气锤背压增加之后的空气锤冲击能不大大减少的技术。这项技术主要解决空气锤背压增加之后，空气锤内部关键结构能够自动适应以保证空气锤的冲击功的稳定输出，用以确保空气锤以正常的机械钻速钻进。

反循环空气锤钻井技术，是一种能解决出水地层钻进问题方法。反循环钻进是指钻井介质携带钻井岩屑由钻杆中心孔返出的一种钻井方式。此项技术目前在水文地质、建筑桩孔、矿场勘探取芯等浅层钻进中应用较多，而在石油钻井应用中还处于理论研究以及实验研究阶段。反循环空气锤钻井技术由于采用钻井介质从钻杆中心携带岩屑，具备了以下钻井优点：①返出气体流速高，携岩性能好，对空压机的注气量要求降低；②出水地层携水性能较好，容易钻进；③携岩干净，避免了重复破碎，机械钻速高；④防止了气体对井壁的冲刷，保护井壁，减少了井斜复杂；⑤空气锤反循环钻井技术容易实现取心作业。但是由于反循环钻井技术采用了与传统正循环截然不同的钻井工艺，对传统的钻井工具重复利用的可能性较小，需要重新设计井口装置、防喷器组、单闸板双闸板、气水龙头等，尤其是需要大量地更换传统钻杆为双壁钻杆，投入成本较大，因而在石油钻井这种深层钻井中应用受到了制约和限制。

3.4 漏失地层及喀斯特溶洞地层钻进

在漏失性地层钻进时，由于存在漏失性裂缝或是喀斯特溶洞，注入的气体可能从这些地方渗入，从而减少返出气体量，影响气体携岩返出，部分岩石掉入井底重复破碎，一则影响机械钻速；二则会出现接单杆时挂卡，严重影响钻时。目前在这些地层中钻进的处理方案是加大空压机的排量，用加大气体注入量来弥补气体漏失。但这种处理方法同样存在危险，增加注气量的同时会增加环空当量密度，在某些地层破裂压力低的地层会出现加重漏失的现象。同时这种处理方案增加了空压机的负荷，提高了对空压机的要求，获得的经济效益较低。

处理漏失地层气体漏失的一种方案是采用反循环空气锤钻井技术，配套钻头采用内喷射性的反循环空气锤钻头。这种方案是依靠设计内喷射性的钻头来协助井底形成反循环，从而保证携屑和钻进。这种钻头主要是在钻头的花键上打开几个内喷射空，如图 6 所示。钻进时，内喷射孔的流体对井底流体和岩屑具有一

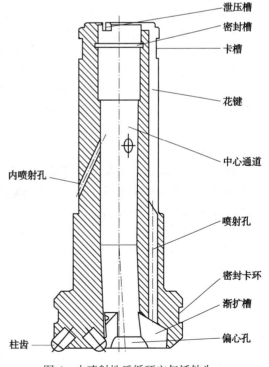

图 6　内喷射性反循环空气锤钻头

定的引导和抽吸作用，便于形成反循环。这种改进结构虽然不能完全避免气体的漏失，但是矿山应用中证明了它具有提高反循环效率的特点，保证携岩携屑。

4 结论

(1) 提空气钻井技术对钻井工艺有自己特殊的要求，划眼对空气锤钻头的破坏性，长井段划眼操作往往是适得其反，达不到节约钻井成本的目的。

(2) 空气锤在超硬地层中钻进应更换外凸锥面钻头钻进，这种结构的空气锤钻头具备了在超硬地层中钻进提高机械钻速的优点。

(3) 提出了一种具有倒划眼功能的空气锤钻头结构，以增强空气锤在存在缩径地层的事故处理能力。

(4) 解决出水地层和漏失地层空气锤钻进的一个方案是进行反循环空气锤钻进。对于雾化空气锤钻井技术和泡沫空气锤钻井技术应该发展具有自动适应背压变化能力的空气锤。因而应该加强对反循环空气锤钻井技术以及自适应背压型空气锤的研究。

参 考 文 献

[1] 孟庆昆，王向东，于兴胜. KQC 系列空气锤在油田气体钻井中的应用[J]. 石油矿场机械. 2007. 36(11) 54~57.

[2] 耿瑞伦. 多工艺空气钻探[M]. 北京：地质出版社，1995：17~18.

[3] 杜祥麟. 潜孔锤钻进技术[M]. 北京：地质出版社，1988：1~4.

[4] 符夷雄，刘金保，宁曙光. 球齿钎头结构参数的试验分析[J]. 矿山机械，1990(5)：39~42.

[5] Johns R. P. Hammer Bits Control Deviation in Crooked Hole Country[J]. SPE, 18659.

[6] Reinsvold. C. H. Diamond-Enhanced Hammer Bits Reduce Cost per Foot in the Arkoma and Appalachian Basins [J]. SPE, 17185.

[7] 胡贵，孟庆昆，王向东等. 空气锤活塞运动规律研究[J]. 石油机械. 2009. 12.

[8] 胡贵，孟庆昆，王向东等. 泡沫钻井用空气锤工作性能研究[J]. 石油矿场机械. 2009. 12.

[9] 耿瑞伦. 国外空气潜孔锤钻头设计与效果[J]. 探矿工程译丛，1988(3)：1~6.

[10] 韩烈祥，孙海芳. 气体反循环钻井技术发展现状[J]. 钻采工艺，2008，31(5)：1~5.

[11] 黄勇，殷琨，博坤. 空气潜孔锤反循环钻头试验研究[J]. 凿岩机械气动工具，2009(1)，23~27.

[12] 博坤，殷琨，张春阳. 反循环钻头结构仿真分析及实验研究[J]. 矿山机械. 2008，36(23)，25~28.

作者简介：

胡贵，男，江西吉安人，中国石油勘探开发研究院硕士研究生，1985 年 3 月生，主要从事石油井下工具研究工作。地址：(100083)北京市海淀区。电话：(010)83593232。E-mail：hugui20032001@163.com。

实体膨胀管技术在中原油田的应用

吴信荣　王木乐

(中原油田分公司采油工程技术研究院)

摘　要　中原油田是复杂断块油田，套管损坏对油田开发后期带来了严重影响，2005 年以来研究开发了实体膨胀管补贴套管技术，在膨胀管材料、连接技术、密封技术、膨胀工艺等方面的研究取得了突破，具有修复后内通径大、密封可靠、强度高、耐腐蚀等优点，并在套管堵漏、封堵出水层及套管加固等方面进行了应用，形成了适应深井、高温、高压、高矿化度井的膨胀管补贴技术。

关键词　实体膨胀管　膨胀工艺　套管补贴　加深井

引言

油气勘探开发过程中，经常因套管磨损、腐蚀、射孔、地层塑性变形等原因而出现套管损坏，造成油气产量下降，产层污染，甚至导致油气井报废。为有效恢复油气井正常生产，保护油气层，必须对损坏套管井采取补救措施。中原油田套管漏失和腐蚀穿孔占套损井30%以上，对长井段套管变形和套管漏失通常下 4in 套管技术进行修复。2003 年以来，中原油田的中深井下 4in 套管有 160 多口井，对完善注采井网和增加储量起到了积极作用。但下 4in 套管工艺同样存在一些问题，如内通径小，影响后续措施的实施，环空间隙小，固井质量难以保证。而其他一些套管补贴技术如波纹管补贴、爆炸气压补贴和液压胀管式套管等，存在补贴长度短、耐压低和耐腐蚀性差等缺陷，无法满足套管修复的需要。膨胀管技术是石油钻采行业快速发展的技术之一，国外石油公司花费大量的精力投入膨胀管技术的开发，并在钻井、完井、修井技术方面进行应用。中原油田应用高强度不锈钢实体膨胀管和引进美国膨胀管应用于套管补贴，主要应用在补贴套漏段、封堵出水层和废弃的射孔层段。

1　实体膨胀管性能对比

1.1　国内自主开发高强度实体膨胀管材料性能

膨胀管主要成份是不锈钢，耐蚀性好，具有高塑性、高强度、高加工硬化率。为了提高膨胀管材料的强塑性 K 值，在设计膨胀管材料时，采用了相变诱发塑性机制，相变本身也是塑变，能够同时提高材料的强度和塑性，膨胀管材料在外加应力的作用下，发生奥氏体 γ 到 ε 马氏体相变，同时大幅度增加塑性(表 1)。

表 1　膨胀管材料力学性能表

屈服强度/MPa	抗拉强度/MPa	材料延伸率/%	内径/mm	外径/mm	壁厚/mm	抗内压(胀后)/MPa	抗外挤(胀后)/MPa
560	950	61	97.5	110	6.25	55	35

用拉伸强度 σb 和延伸率 δ 二者的乘积 $k=\sigma b \times \delta$ 作为合金的强塑性指标，能反应膨胀管合金的综合性能。开发的膨胀管的抗拉强度 $\sigma b=950MPa$，延伸率 $\delta=61\%$，强塑性乘积 K 达到 60000MPa%。

1.2 国外膨胀管性能指标

国外膨胀管型号 EX-80，对于 $5\frac{1}{2}$in 基础套管，适用于壁厚为 9.17mm、7.72mm 套管系列(表 2)。

表 2　美国膨胀管膨胀前后技术指标

技术指标	补贴前	补贴后(膨胀率9.7%)	技术指标	补贴前	补贴后(膨胀率9.7%)
钢级	EX-80	EX-80	钢级	EX-80	EX-80
材料屈服值/MPa	552	552	壁厚/mm	6.35	6.12
外径/mm	107.95	116.76	管体抗内压值/MPa	56.8	50.6
内径/mm	95.25	104.52	膨胀器抗内压值/MPa	50.5	32.13
通径/mm	92.08	103.02			

2　实体膨胀管补贴技术现场应用

2.1　工艺原理

在油田的开发后期，中原油田套管损坏井越来越多，通常的修复方法有挤水泥、下封隔器、或下 4in 套管加固等。实体膨胀管补贴套管技术作为套管损坏治理新的方法，不仅可以长距离补贴套管，还可以用来封堵炮眼和漏失层，且井径损失小，承压高，寿命长。

实体膨胀管补贴套管的工艺原理：将补贴管柱下到井内，利用水泥车或其他动力设备打压，迫使膨胀头从膨胀管中穿过，膨胀头通过套管时，使套管钢材所承受的应力超过了其弹性极限进入塑性变形阶段，从而达到扩张膨胀管的目的，并采用高温耐油橡胶来实现膨胀管外径和套管内空的密封。

2.2　实体膨胀管补贴的工艺步骤

2.2.1　压井、起下管柱

膨胀管补贴施工时，由于施工工艺相对复杂，必须严格执行井控安全的有关标准，选择合适的压井工作液，油、气井应在压井状态下施工，注水井则应提前放压，确保施工安全。

2.2.2　找验串、漏

工程测井或封隔器法找验漏、漏失(破损)井段，漏(破损)点准确，漏点漏失量准确、明显、记录备案。

2.2.3　通井、管柱试压

通井的目的是检验补贴井段及补贴井段以上套管完好程度，为补贴管能否顺利下至补贴井段提供可靠依据。通井深度一般通井至补贴井段以下 10~20m，必要时通井至人工井底。

补贴施工时所使用的工作管柱，内部必须清洁，没有锈皮和杂屑，且管柱要过规。如果采用钻杆作为工作管柱，要求钻杆近期内没有进行过钻井作业，或其内表面没有水泥残渣，工作管柱要求试压 40MPa。

2.2.4　补贴段预处理

补贴段预处理是井筒处理的重要步骤，补贴井段往往因漏失、破损而造成腐蚀、结蜡结垢等，使补贴管不能与套管很好地贴合而影响补贴效果。对于射孔层位，射孔炮眼处套管壁容易存在毛刺而划伤补贴管胶皮。

补贴井段的刮削处理：使用套管刮削器反复上、下刮削套管内壁，清除死油、污垢、腐蚀铁锈以及射孔毛刺等。刮削深度一般应达补贴井段以下 10~20m，必要时刮削至人工井底。刮削时，补贴井段应上下反复刮削并循环冲洗出刮下的脏物。

2.2.5 下入补贴管柱

根据需要补贴的井段长度，选择补贴管柱根数及长度，一般要求补贴管长度大于补贴段长度 10m。

下补贴管时，要求每下入 20 根管柱，灌一次工作液。将补贴管柱下至补贴段后，计算管柱长度，并计算钻具伸长，核对补贴管柱深度，补贴管中部应正对补贴段中部，以保证膨胀管补贴在要求的补贴段上。

2.2.6 补贴

膨胀管下到预定深度后，把膨胀锥上提到第一个密封圈要安装的深度，加压到膨胀器内膨胀盘片爆破的压力(该膨胀盘片的额定压力为 27.6MPa)，继续加压，膨胀管会在压力约为 27.6MPa 时开始膨胀，膨胀速率约为 9.1m/min，膨胀每个单根所需的工作液体积约为 77 升。

当悬重表上指示整个管柱的重量有所减小时，提起整个管柱，保持管柱 50%悬重，继续膨胀直到膨胀锥通过第一个密封圈。释放压力进行上提测试到 9t，如果发现膨胀管被上提，马上停止上提测试。

膨胀第一个立柱，直到施工管柱的接头已经高出钻井平台，位于合适的卸扣高度，停泵卸压，卸调第一根钻杆，重新接上泵入接头及高压软管，继续膨胀操作，以立柱为单位进行膨胀和起钻作业，并完成整个管柱的施工。

膨胀结束后，进行循环洗井作业，并对膨胀管进行试压 15MPa。

起膨胀头后，下 ϕ102~103mm 磨铣工具磨铣掉膨胀管浮鞋，探底，循环洗井后起出管柱，整个套管补贴施工结束。

2.3 实体膨胀管施工工艺要求

(1) 磁性定位技术提高补贴井段的准确率。对夹层较小的井实行两次磁性定位(濮 10 井夹层为 1.8m；濮 1-237 井夹层为 6.0m)，首先对套管磁性定位后，输送钻杆或油管下到设计位置后再磁性定位，保证了补贴深度的准确性。

(2) 使用新钻杆进行膨胀施工。如使用旧钻杆施工，要对旧钻杆内除锈，以防堵塞膨胀头。

(3) 前期处理井筒时，必须确保套管内壁光洁，以防下膨胀管的过程中井壁的铁锈落入膨胀管与小钻杆的内环空，影响膨胀施工。

(4) 保证井内液体清洁，无悬浮物。下膨胀管前，用 1.5~2 倍井筒容积的清水，替出井内液体，必要时用除垢剂或高效洗井液清理井筒。

(5) 严格控制下补贴管的速度，以免挂坏膨胀管的密封胶皮和卡钻。待膨胀管下到位后，尽量缩短校深的时间，避免洗井液中的杂质沉淀造成卡堵。

2.4 典型井举例

2.4.1 云 1-2 井

该井油层以上有漏点，因高含水关井。2006 年 9 月小修找漏发现 2481.66~2494.29m 之间存在漏失，用流量计找漏确定漏点 2482~2487m，决定采用美国膨胀管对套漏段进行套管补贴。通过分析，漏失段总长度 135.43m，施工中采用了 14 根膨胀管，补贴管总长度达 153m。该井停产前，日产液 20m³，日产油 0.1t。补贴后该井日产液 18.9m³，日产油 9.8t，累增液 2310m³，已累增油 1560t。

2.4.2　13-41 井深井套管补贴

该井是文东油田的一口油井，井深、套管内径小（φ118mm）、井下温度高，采用机械卡堵水对高温、高压层进行封堵，效果不理想，失效快。于 2007 年 1 月 21 日进行封上采下卡堵水，封上部主力出水层 S3 中 7（3451.4～3485.5m），堵水跨度 34.1m，生产 S3 中 7 下层（3516.1～3545.9m），采用防顶卡瓦+Y111-110 封隔器+Y221-110 封隔器配套进行机械卡堵水，措施前气举生产，日产液 54.7t/d，日产油 1.6t/d，含水 97%；措施后工作制度 44×4.8×6，日产液 42.7t/d，日产油 1.3t/d，含水 97.1%。卡堵水后动液面在井口，含水居高不下，封堵无效。

该井方案要求封堵 S3 中 7（3462.9～3485.5m）出水井段，膨胀管补贴长度约 30m。为了提高堵水效果和抗外挤强度，对膨胀管外表进行了加密硫化密封胶皮（图 1、表 3）。

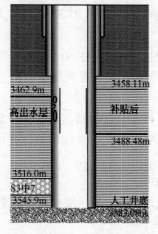

图 1　文 13-41 井膨胀管补贴
　　　井身结构示意图

表 3　文 13-41 井膨胀管补贴基本参数

施工目的		堵　　水
补贴井段/m		3459.21～3489.58
补贴长度/m		30.37
补贴层位套管内径/mm		φ118.62
膨胀管	补贴前（外径/内径）/mm	φ106mm/93.5
	补贴后通径/mm	φ102

施工过程：2007 年 6 月下 2⅞in+2⅜in 反扣组合钻杆+液压膨胀工具+实体膨胀管 30.37m，至 3592.00m 完成补贴管柱。采用磁定位测井校深，补贴管深度为 3458.11～3488.48m。补贴施工时最高施工压力 43MPa，补贴后井口溢流变小，补贴成功。

应用效果：7 月 15 日开井，初期工作制度 44×4.8×5，日产液 54t/d，日产油 2.7t/d，含水 95%；目前工作制度 57×4.8×6.5，日产液 95t/d，日产油 6.6t/d，含水 88.4%。与措施前相比，日增油 3.9t/d，含水下降 6.6%。

3　实体膨胀管加深完井现场试验

3.1　施工工艺

膨胀锥位于膨胀管底部，连同膨胀管串下至预定部位，通过中心管注泥浆洗井，按照需固井井段环形空间量注水泥，压胶塞到井底，液体在底部形成憋压，憋压至 20～30MPa 时推动膨胀锥上行，同时上提钻具进行膨胀作业，膨胀作业完成后钻塞完井。

施工工艺：下膨胀管——注水泥——压胶塞——液压膨胀——钻塞——检查固井质量——完井。

3.2 P2-523加深井膨胀管完井施工现场试验

P2-523井是一口油井，生产过程中上部油层含水上升，产量下降，地质要求需要钻穿阻流环，加深井底2555m，进行下部油层生产，用膨胀管加深固井完井。

3.2.1 扩眼加深井底

(1) 钻塞：下φ118mm镶齿三刮刀钻头钻塞至人工井底深2506.42m，井筒试压10MPa，30min压降≤0.7MPa为挤堵合格，继续钻至接近阻流环深度2515m，大排量洗井至进出口水质一致。

(2) 置换泥浆、钻阻流环、套管划眼：下φ118mm柱面磨鞋，下深2515m，探井底后上提1.5~2m管柱，泥浆置换井筒，循环至出口泥浆性能稳定；钻阻流环位置深2516.14m，钻通阻流环2~3m后反复划眼，活动管柱不碰不挂为合格；继续钻进至油层套管深2527.33m，进入地层2~3m，反复划眼；反复在套管位置2500~2527.3m大排量循环反复上下划眼7~8次，保证该段套管内径在φ120~121.36mm之间，大排量泥浆循环彻底洗井。

(3) 地层加深扩眼：下φ130~140mm偏心扩眼钻头+φ105mm钻铤3~4根+φ73mm加重钻杆5~6根+2 7/8in钻杆，钻进至加深井底2555m，裸眼井段2527.33~2555m反复划眼3~5次，泥浆彻底循环洗井，起下钻接单根时注意及时对井筒进行泥浆补充灌注，防止井涌，保持泥浆对井底压力。

(4) 通井：下φ117mm×5~10m通井规通井至裸眼井底深2555m，泥浆彻底循环洗井。

3.2.2 下膨胀管管柱组合

(1) 发射器：引鞋+浮箍+胶塞碰压座+发射室(内置胀头)+拉杆。

(2) 膨胀管外径φ108.6mm，内径φ95.6mm，重量16.3kg/m，扣型为特梯型扣正扣。

(3) 悬挂器：顶部硫化10个胶环，单个胶环宽50mm，外径φ117mm，膨胀管上端口预胀喇叭口外径为φ115.6mm。

(4) 膨胀管用油管穿好，专用工具将其卡定在油管上，按先后顺序摆放。

(5) 提起发射器，下入井口，吊卡坐在钻台上。

(6) 提起第一根内穿油管的膨胀管，与油管丝扣连接后，卸开卡定装置，小钩吊膨胀管缓慢下放，连接膨胀管丝扣，平稳下入井内，并在膨胀管与油管环空灌满清水。按上述方法逐根将其他膨胀管依次连接下入井内，下入膨胀管总长33.96m。

3.2.3 固井施工

(1) 水泥浆配方：120C°J级油井水泥+缓凝剂+降失水剂+分散剂+增塑剂+消泡剂，性能见表4。

表4 水泥浆性能表

名　称	性能指标	名　称	性能指标
水灰比/%	44%	初凝时间/min	≥630
密度/(g/cm³)	1.90	初始稠度/BC	≤20
析水/mL	≤0	抗压强度	≥14MPa/65℃×21.7MPa×24h
失水/(mL/MPa·min)	≤20/7.0×30		

(2) 施工工艺。

固井前循环洗井2周，泥浆性能达到设计要求。施工步骤：打前置隔离液(缓凝水)1m³——打设定水泥浆0.5m³——井口压胶塞——打后置隔离液1m³——正替泥浆6.7m³，直至胶塞碰压。碰压高于正替泥浆压力5~8MPa，碰压后停泵，碰泵压力20MPa，憋压30min，压降小于 0.7MPa 达合格，放压验回流。

3.2.4　膨胀施工（表5）

（1）拆卸井口固井管线，连接高压水龙带至 700 型水泥车。

（2）提起悬重，水泥车打压 30MPa，膨胀管胀头启动，膨胀管下移至井底，继续升高泵压 33~35MPa，悬重降低 3~4t，保持该悬重及泵压进行上提管柱。

（3）第一根单根补贴行程即将结束时，油管接箍露出钻台，停泵并憋压，观察压力稳定情况，确认膨胀管没有泄露，井口泄压，快速甩一根油管。

（4）重新接高压管线至下个单根，继续保持悬重和泵压进行膨胀。每个单根行程膨胀完后，都要进行憋压观察，直至膨胀管全部膨胀结束。

（5）胀头脱出膨胀管后压力迅速回零，立即正循环洗井两周，洗出多余水泥浆，回探膨胀管上端口，记录深度数据，起出膨胀管柱，候凝 72h。

表 5　液压膨胀施工数据表

时间	压力/MPa	起出油管根数	长度/m	备注
13：30~13：35	30~35	短接+第一根	2+9.65	启动
13：44~13：48	30~35	第二根	9.65	启动
13：58~14：02	30~35	第三根	9.65	启动
14：10~14：13	30~35	第四根部分	3	启动胀头出膨胀管

3.2.5　完井施工

（1）铣倒角：下 ϕ116mm 铣锥，磨铣膨胀管上端口倒角，预计上端口深 2520.5m，进尺 10cm。

（2）探井底：下 ϕ95mm 空心磨鞋+2$\frac{3}{8}$in 钻杆+变扣+2$\frac{7}{8}$in 钻杆，钻塞至 2553m，清水替浆后大排量洗井至进出口水质一致，全井筒试压 15MPa，30min 压力降≤0.7MPa 为合格。

（3）通井：下 ϕ95mm×1.5m 通井规，通井至新人工井底深 2553m。

（4）测井：用变密度测井仪评价膨胀补贴段固井质量。

4　几点认识

（1）开发了适应 5$\frac{1}{2}$in 各种规格高强塑不锈钢膨胀管，具有防腐、强塑性、强度高的特点，延伸率达到 61%，膨胀后的屈服强度≥560MPa，抗拉强度≥950MPa。膨胀管采用螺纹连接，抗拉强度大，膨胀后密封压力高。膨胀管补贴套管后耐压检测，抗外挤 35MPa，抗内压 55MPa。

（2）采用投球座封膨胀工艺，发射室具有可循环洗井的特点，摇摆式胀头具有防卡、低阻力的特点，膨胀施工工艺简单，可操作性强。

（3）橡胶硫化密封技术，粘结强度高、下井无脱落、密封效果好。

（4）开窗侧钻井、加深井是老油田稳产增产的主要技术措施，应用膨胀管技术完井可增大完井套管内径，ϕ139.7mm 套管应用膨胀管完井内径可达到 ϕ103~105mm，易于射孔、测试及修井作业等后期作业。通过在 P2-523 井应用膨胀管加深完井试验的成功，为老油田加深井、侧钻井完井方式的改进提供了科学依据，有较高的推广价值。

作者简介：

吴信荣（1965—），男，1988 年大学毕业，高级工程师，博士生，现主要从事采油工程技术研究及管理工作。

固井工程设计与分析系统的开发

黄志强[1,2]　杨焕强[2]　郑双进[1,2]　田　海[2]　周　磊[2]

(1. 湖北省油气钻采工程重点实验室；2. 长江大学石油工程学院)

摘　要　随着石油天然气勘探与开发规模的不断扩大，固井工况日益复杂，对固井工程设计与分析提出了更高要求，现有的固井软件已难以满足现代固井工程的需要。因此，需要对固井工程理论与技术进行系统深入的研究，开发一套设计与分析内容丰富、功能齐全的固井工程设计与分析系统。介绍了国内外固井软件的开发现状，阐述了软件的总体结构，详细论述了固井工程数据库、固井工程设计、固井施工实时监测及固井工程事后分析功能模块的开发思想及功能特点，并对固井软件未来发展方向提出了几点认识。该软件的开发提高了固井工程设计与分析的科学性和便捷性，有助于促进固井工程信息技术的发展。

关键词　软件　结构　功能模块　设计　实时监测　事后分析　发展方向

引言

随着计算机技术在石油工程中的应用，国外的兰德马克、斯伦贝谢、帕拉代姆等公司以及国内的西南石油大学、西安石油大学、大庆石油学院等单位相继开发了一些固井软件，为现场固井施工设计带来了方便。随着固井工程技术的发展和特殊井的日益增多，现有固井软件已不能满足现代固井工程设计的需要，如有的固井软件采用的计算模型考虑因素不够全面，不能准确反映井下复杂工况，计算不够准确；有的固井软件设计内容不够丰富，直接影响了固井工程设计的系统性与便捷性；有的固井软件不具有固井施工实时监测功能；国内外固井软件中均未开发固井工程事后分析功能模块。因此，以现代固井工程理论与技术为基础，开发一套计算准确、设计与分析内容丰富、功能齐全、适用井型广泛的固井工程设计与分析系统，有助于提高固井工程设计与分析的科学性和便捷性，推动固井工程技术的发展。

1　软件功能结构

为了满足现代固井工程技术发展的需要，在对固井工程理论与技术深入研究的基础上，结合现场技术总结与施工经验，构建常规井及特殊井固井工程设计与分析的理论模型，基于 Visual Basic 程序语言及 Microsoft SQL Server 数据库开发了一套固井工程设计与分析系统。该系统融固井工程事前设计、事中监测、事后分析等功能于一体，其功能模块包括固井工程数据库功能模块、固井工程设计功能模块、固井施工实时监测功能模块和固井工程事后分析功能模块，软件功能结构图如图 1 所示。

图 1　软件功能结构图

2 软件功能模块

2.1 固井工程数据库功能模块

固井是一项复杂的系统工程，固井设计与施工作业期间要处理大量的固井数据，利用数据库对固井工程数据进行科学化管理有助于提高固井工程设计与分析的便捷性。固井工程数据库包括固井基础数据(固井设备、固井工具、固井材料等)、固井设计数据、固井施工数据、固井专业资料数据，共99个固井数据表和1052种数据类型。利用SQL Server数据库进行存储、查询及处理固井数据大大提高了固井工程数据管理的科学性与便捷性。固井工程数据库功能模块结构图如图2所示。

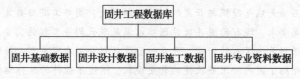

图2 固井工程数据库功能模块结构图

2.2 固井工程设计功能模块

随着石油勘探开发的不断深入，特殊井日益增多，给固井工程设计与施工带来了极大挑战。在对常规井及特殊井固井技术难点深入分析研究的基础上，综合考虑井下各种复杂情况的影响，构建了固井工程设计的理论模型，并开发了相应的功能模块。

2.2.1 套管柱强度设计与校核功能模块

套管柱强度设计不合理容易引起井下套管柱损坏，进而影响后续作业及油气开采。综合考虑各种因素的影响，深入分析了常规井及各种特殊井套管柱受力特点，建立了套管柱受力模型，开发了套管柱强度设计与校核功能子模块。该模块可应用单轴应力强度法、双轴应力强度法和三轴应力强度法对套管柱强度进行设计，并在此基础上结合基于混合整数非线性规划理论的套管柱优化设计新方法进行套管柱优化设计。套管柱强度设计与校核界面如图3所示。

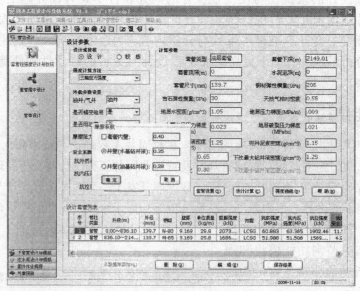

图3 套管柱强度设计与校核界面

2.2.2 套管居中设计与校核功能模块

套管居中设计与校核是固井工程设计中的一项重要内容，套管居中度对固井顶替效率有着显著的影响。通过深入分析套管扶正器力学特性和固井施工现场套管扶正器安放特点，结合相关标准开发了套管居中设计与校核子模块。该模块可根据不同井况可分别按照刚性扶正器、弹性扶正器、刚性与弹性扶正器交替安放方式进行套管居中设计与校核。

2.2.3 管串结构设计功能模块

特殊井或常规井受复杂情况的影响，管串结构一般较复杂，为了提高管串结构设计的便捷性，根据井型特点和固井施工现场经验开发了管串结构设计功能子模块。该模块可根据井身结构、套管柱设计结果及扶正器安放情况从固井工程数据库中筛选合适的管材及附件，并设计管串结构。

2.2.4 下套管设计与模拟功能模块

常规井及特殊井下套管过程中，由于多方面因素的影响，容易出现下套管遇阻、井涌、井漏等复杂情况。开发的下套管设计与模拟子模块可通过计算并比较实际井眼曲率和套管允许最大井眼曲率判断套管柱是否能够顺利下入；通过对起下套管时大钩载荷的模拟判断套管的遇阻情况；通过对起下套管时波动压力的模拟判断井底及关注点处的压力是否安全，并反算合理的起下套管速度，为现场下套管施工提供技术指导。

2.2.5 注水泥设计与模拟功能模块

注水泥是一个复杂的动态过程，设计合理的固井流体性能、用量及注水泥施工参数，不仅有助于保障固井施工安全，而且有助于提高固井顶替效率，以获得良好的固井质量。通过分析研究注水泥动态过程和各种井型对固井流体的性能要求，结合固井施工工艺技术特点，开发的注水泥设计子模块包括固井流体性能设计、流体用量计算、注水泥施工流程设计、注水泥流变性设计、固井压稳计算等功能。在固井流体性能设计时考虑了多种流变模式，并采用多种计算方法计算流体用量；注水泥流变性设计考虑了变外径套管及尾管固井等复杂井身条件的影响，而且根据现场固井施工特点，注水泥流变性设计模式考虑了现场固井施工设备情况与多个关注点处的压力安全情况，设计结果贴近现场实际。

注水泥模拟子模块可对注水泥井口压力与流量、井底及关注点处环空动压力、真空段长度、关注点处环空流体流态、环空返速以及注水泥动态过程进行模拟，便于用户全面直观地了解注水泥流体流动状况和井下压力变化规律，判断注水泥设计的合理性。

2.2.6 气窜预测功能模块

气井固井过程中，气窜是影响固井质量的一个重要因素。通过研究气窜机理和气窜特点，开发了气窜预测子模块。该模块可应用多种方法进行气窜预测，模拟水泥浆胶凝强度发展情况和失重情况，并可进行防气窜措施设计。

2.2.7 挤水泥设计功能模块

挤水泥作业是一种针对固井质量不合格现象所采取的补救措施。在对挤水泥理论与技术研究的基础上，开发的挤水泥设计子模块可对封堵炮眼、封堵套管泄露、封堵地层漏失及补注水泥四种工况进行挤水泥设计。

2.3 固井施工实时监测功能模块

固井施工过程工艺复杂，影响因素多，对固井施工过程进行实时监测有助于及时了解和分析固井施工情况，采取合理的施工措施，减少复杂情况，提高固井质量。安装在水泥车设备上的传感器对注入流体的压力、密度和流量等参数进行实时采集，固井施工实时监测功能模块主要用于接收水泥车固井参数采集系统发送的泵压、流量、密度三参数数据，并进行实时显示、处理与分析，其功能模块构成如下。

2.3.1　监测数据接收与显示子模块

该模块用于对采集系统传送的泵压、流量、密度三参数进行接收与存储，并以数字、曲线及虚拟仪表三种形式显示，便于用户直观了解注水泥参数的动态变化情况。

2.3.2　监测数据处理子模块

综合考虑固井施工过程中各种因素的影响，计算注水泥过程中的井底动压力及关注点处环空动压力，并实时显示其随时间的变化曲线。

2.3.3　监测数据分析与异常报警子模块

该模块通过对井底动压力、关注点处环空动压力与地层压力及地层破裂压力的比较分析，判断注水泥过程中的压力安全情况，并对溢流及漏失等异常情况以文字和声音的形式进行提示与报警。

应用该软件对某井固井施工进行实时监测的界面如图4所示。

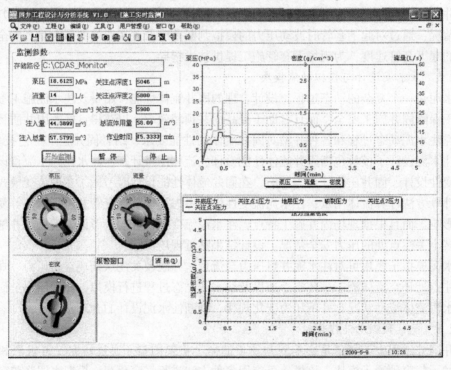

图4　某井固井施工实时监测界面

2.4　固井工程事后分析功能模块

固井工程事后分析是指固井施工结束以后，对固井施工过程和固井施工结果所作的分析与评价，其有助于分析固井工程设计与固井施工措施的合理性，诊断造成固井复杂情况的原因，评价固井施工质量，总结固井设计与施工的经验，为后续的固井作业提供技术指导。

固井工程事后分析模块功能包括井下套管柱强度分析、套管居中分析、下套管复杂事故分析、注水泥复杂事故分析、固井质量的影响因素分析及固井施工质量评价。

固井工程事后分析功能模块可用于井下套管柱安全性及套管柱损坏原因分析，下套管及注水泥复杂事故诊断及处理措施分析，固井施工质量评价及其影响因素分析，提出改善固井施工质量的技术方案。

3 固井软件未来发展方向

尽管现有固井软件已作了不少改进，但着眼于提高固井质量及降低固井成本这一长远目标，还需要加强固井工程信息技术的针对性研究，重点在以下方面做好固井软件的完善工作：

（1）对水平井、小井眼井、含塑性蠕变地层井、腐蚀性气井及深井超深井等特殊井固井工程理论与技术开展系统深入的研究，开发一套特殊井固井设计与分析系统，满足现场特殊井固井设计与分析的需求。

（2）加强注水泥过程动态模拟与仿真技术研究，以便现场固井施工人员全面、直观地了解固井施工情况。

（3）深入开展固井参数采集技术、远程传输技术及分析技术研究，开发融固井施工参数实时采集、实时监测与决策支持等功能于一体的固井施工实时监测与决策支持系统。

（4）加强固井工程事后分析技术研究，建立固井工程事后分析专家系统，实现专家知识与经验的共享，为固井工程设计与施工方案的完善提供有力支撑。

参 考 文 献

[1] 徐璧华，郭晓阳，刘崇建．固井注水泥仿真模拟系统的开发与应用[J]．西南石油学院学报，1996，18（3）：38～43．

[2] 黄志强．SQL Server 在固井数据管理中的应用[J]．长江大学学报（自然科学版），2009，6（1）：72～74．

[3] 黄志强．固井实时监测系统研究[J]．石油天然气学报，2009，31（2）：89～91．

作者简介：

黄志强，男，教授，1964 年 3 月生，1984 年毕业于江汉石油学院钻井工程专业，获学士学位，1987 年毕业于西南石油学院油气田开发工程专业，获硕士学位，主要从事于油气井钻井完井技术的研究工作。

固井设计与分析系统软件开发

熊青山[1,2]　赵志成[1,2]

(1. 湖北省油气钻采工程重点实验室；2. 长江大学石油工程学院)

摘　要　已有固井软件存在考虑因素不够全面，功能不齐全、导航不明确、适应性不是很广等不足，因素，有必要研究一套集固井工程设计、模拟、实时监测和事后分析于一体的新型"固井设计与分析系统"软件。该软件主要理论依据是国家颁布的相关最新标准并考虑了其中不足。该软件具有功能强大、界面友好、使用方便等特点。软件计算结果与实际结果基本吻合。

关键词　固井设计　固井模拟　固井实时监测　固井事后分析　软件

1　前言

为了提高固井工程设计的针对性、准确性、快速性及提高固井质量，国内一些科研单位和高等院校等相继开发了一些固井软件，但这些软件存在一定的不足，如考虑因素不够全面、功能不是很齐全、导航不明确、适用性不是很广等。因此，结合最新研究成果与理论方法，开发出一套集固井工程设计(事前)、实时监测(事中)和事后分析(事后)于一体的新型"固井设计与分析系统"软件，显然具有十分重要的意义与应用价值。

2　相关理论

固井设计与分析系统包含大量子功能模块，其中涉及到理论计算的主要功能模块有：多种应力强度模式下的套管柱强度设计与校核、套管居中设计与校核、套管摩阻计算与校核、起下套管的波动压力计算与校核、注水泥流变学设计与校核等，其主要依据国家颁布的相关最新标准并考虑标准中的不足予与改进。

3　系统总体结构

该系统可划分为四大子系统，分别是基础数据子系统、固井工程设计子系统、固井施工监测子系统、固井工程事后分析子系统。这四大子系统又包括若干功能模块，如图1所示。

(1) 基础数据子系统：该系统用于输入井基本数据、钻井地质数据、井身结构数据、测斜数据、钻井液性能数据及钻井泵参数、钻井复杂情况等数据，为设计、监测、事后分析等提供数据基础。

(2) 固井工程设计子系统：该系统用于固井工程设计，主要包括管柱设计、下套管设计与模拟、注水泥设计与模拟、气窜预测等。

(3) 固井实时监测子系统：该系统主要用于固井过程中对施工参数进行实时监测，包括压力、密度、流量。

(4) 固井工程事后分析子系统：该系统主要用于对固井施工结果参数进行反算及分析。

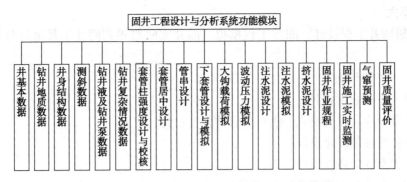

图 1　固井工程设计与分析系统部分二级功能模块

4　软件简介

软件采用面向对象的设计方法，开发工具为 VB6.0 和 SQL2000，运行环境为 Widows9X 以上系统。该软件涉及 80 余幅功能结构图，而每幅功能结构图中又包含多个子功能模块，其中之一如图 2 所示；90 余幅子程序流程图，其中之一如图 3 所示。

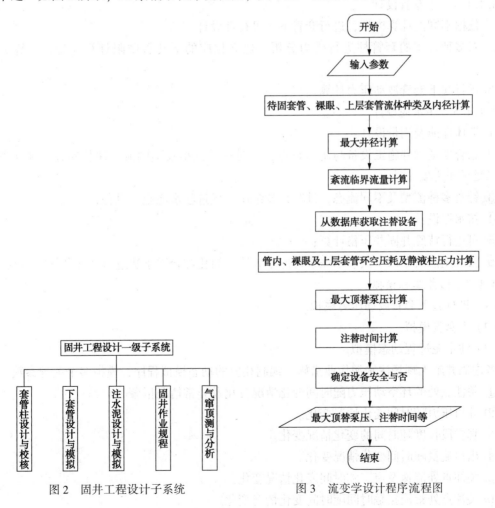

图 2　固井工程设计子系统

图 3　流变学设计程序流程图

4.1 功能强大

该软件集固井工程设计、固井工程模拟、固井实时监测和固井工程事后分析等功能于一体。

4.1.1 固井工程设计

4.1.1.1 管柱强度设计

① 考虑多种应力强度模式，进行套管柱强度设计；

② 进行套管柱最优化设计；

③ 进行非套管串强度设计。

4.1.1.2 套管居中设计

结合固井施工现场不同类型扶正器安放特点，采取定量与定性相结合的方法进行套管居中设计。

4.1.1.3 管串结构设计

① 结合固井施工现场套管串的结构特点，进行管串结构设计；

② 提供打印管串结构列表功能。

4.1.1.4 下套管设计

① 依据不同的计算模型，进行套管下入可行性设计；

② 对多种井型的套管柱进行受力分析，建立相应的下套管摩阻计算模型，计算大钩载荷；

③ 进行起下套管波动压力计算。

4.1.1.5 注水泥设计

① 流体性能及用量设计；

② 结合现场固井施工设备与施工特点，针对多种流型及不同流态注替模式，判断多个关注点处的压力安全性；

③ 针对多种流型及不同流态，计算顶替泵压，优选注水泥施工设备；

④ 挤水泥设计；

⑤ 可进行特殊井固井压稳计算；

⑥ 可应用潜气窜因子法、水泥浆性能系数法及简化综合因子法进行特殊井气窜预测。

4.1.2 固井工程模拟

（1）进行起下套管波动压力模拟。

（2）下套管模拟。

（3）注水泥过程动态模拟。

考虑固井施工现场注水泥作业措施，编制相应的动态模拟程序，模拟多个关键参数。

① 关注点处的环空动压力随时间变化情况变化及异常情况报警。

② 井口压力随时间变化情况变化。

③ 真空段长度随时间的变化情况变化。

④ 出口流量随时间变化情况变化。

⑤ 关注点处流速及流态随时间变化情况变化。

⑥ 关注点处紊流接触时间随时间变化情况变化。

⑦ 排量随时间变化情况变化。

158

4.1.3 固井实时监测

(1) 监测参数(泵压、密度、流量)的接收与保存。

(2) 监测参数(泵压、密度、流量)的虚拟仪表与动态曲线实时显示。

(3) 关注点处的环空动压力实时计算与异常报警。

4.1.4 固井工程事后分析

(1) 套管柱强度分析。

(2) 套管居中分析。

(3) 下套管安全性分析。

(4) 注水泥流变学分析。

(5) 气窜分析。

(6) 固井质量评价。

(7) 生成及输出固井工程事后分析报告。

可根据固井施工设计自动生成符合标准格式的固井施工设计报告,大大减小设计人员手工编写报告的工作量,提高工作效率。

4.1.5 其他功能模块

(1) 固井数据管理功能。

① 构建了包含 API 套管与非 API 套管、API 钻杆与非 API 钻杆、特殊井固井设备与工具的大型基础数据库;

② 构建了特殊井固井专业资料数据库,包括固井工程术语、固井标准、工具书、手册、权威书籍、相关论文、专利;

③ 构建了包含基础数据库、井信息数据、固井设计数据、固井施工数据、专业资料数据的固井工程数据库;

④ 支持对钻井及固井相关数据的存储与管理、导入与导出。

(2) 可绘制井身结构图、三维实钻轨迹图、井斜角变化曲线、方位角变化曲线及井径变化曲线等图线。

(3) 生成及输出规范的固井施工设计报告。

(4) 软件系统及其数据库具有加密功能。

(5) 软件具有多用户管理功能。

(6) 单位换算器。

(7) 固井电子词典。

4.2 软件开发其他特点

(1) 人性化用户界面。

(2) 温馨的提示功能。

(3) 严密的授权机制。

(4) 健全的系统纠错能力。

(5) 合理的系统数据结构。

(6) 兼容性良好的系统接口。

(7) 快速、高效的运行机制。

5 应用实例

广1平2井为江汉油田一口水平井，设计井深为2150m，钻井液密度为1.25g/cm³，前置液密度为1.05g/cm³，水泥浆密度为1.87g/cm³，地层水密度为1.05g/cm³，完钻钻头直径为215.6mm，油层套管直径为139.7mm，地层中含塑性蠕变地层。

5.1 套管柱强度设计

设计结果如图4、图5所示。

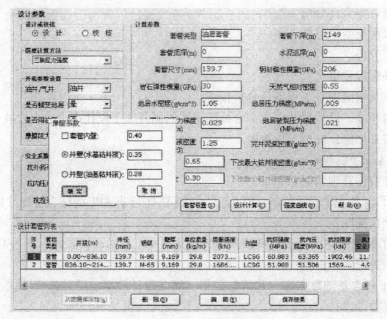

图4 套管柱强度设计结果

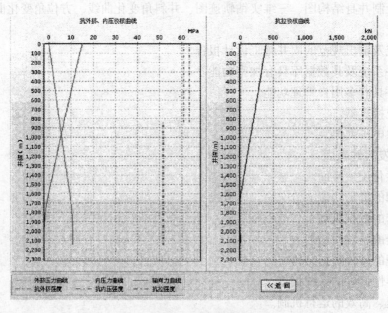

图5 套管所受荷载计算结果

5.2 上提和下放套管时大钩载荷计算

其计算结果如图 6 所示。

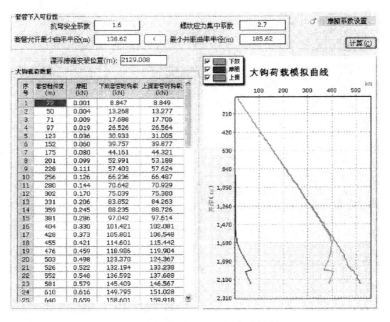

图 6　提放套管柱时大钩荷载计算结果

5.3 套管居中设计

套管扶正器按已定居中度进行间距设计，其结果如图 7 所示。

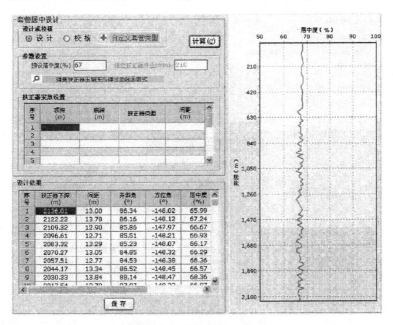

图 7　扶正器间距设计结果

5.4 提放套管波动压力计算

提放套管波动压力计算结果如图 8 所示。

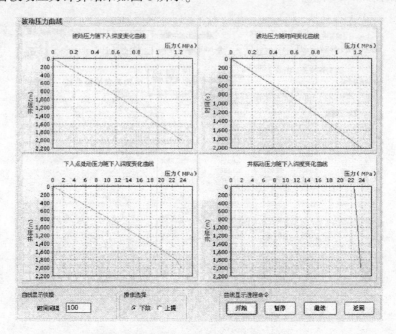

图 8 波动压力随井深及时间变化曲线

5.5 流变学设计

流变学设计结果如图 9 所示。

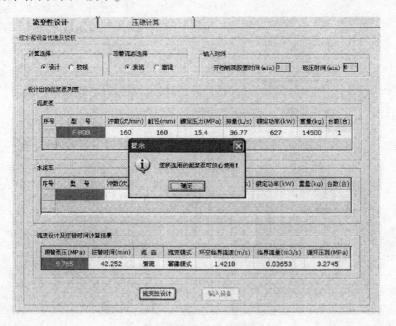

图 9 流变学设计结果

5.6 注水泥模拟

注水泥模拟结果如图 10、图 11 所示。

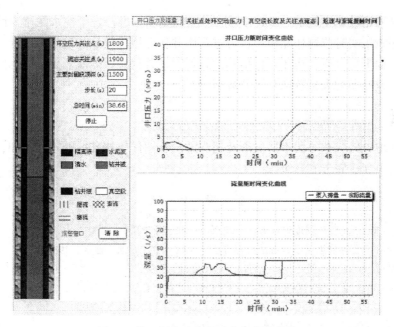

图 10　井口压力及流量随井深变化曲线

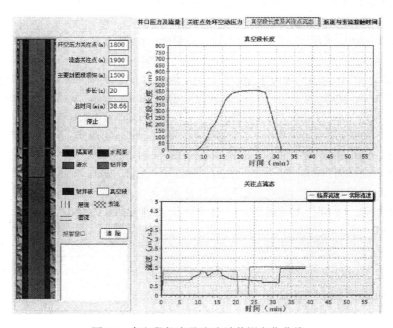

图 11　真空段长度及流速随井深变化曲线

6　结论

（1）开发了井固井设计与分析系统软件；该软件对多口井进行了反算，设计结果与实测结果基本吻合，如本口井注水泥时计算出来的井口压力为 9.765MPa，而实测值为 9.2MPa。

（2）功能齐全，且独立性强。

（3）适合多井型，如常规直井、定向井，水平井、大位移井、含塑性蠕变地层井等。

（4）创新性地建立了基于混合整数非线性规划的套管柱优化设计模型。

（5）最早采用《SY/T 5480—2007 固井设计规范》新标准开发了注水泥流变性设计、注水泥模拟与固井施工实时监测功能模块；可进行固井作业规程设计、挤水泥设计、防气窜措施设计与固井工程事后分析；构建了包括基础数据库、井信息数据库、设计数据库、施工数据库和专业资料数据库的大型特殊井固井数据库。

7　结束语

随着固井理论、工艺等的不断发展及超深井、特超深等特殊井的不断增加，固井软件还需不断的进行更新、完善和升级。

参 考 文 献

[1] SY/T 5322—2000. 套管柱强度设计方法. 北京：石油工业出版社，2001.

[2] SY/T 5322—88. 套管柱强度设计方法推荐方法. 北京：中国石油工业部，1988.

[3] 钻井手册编写组. 钻井手册. 北京：石油工业出版社，1990.

[4] SY/T 5334—1996. 套管扶正器安装间距计算方法. 北京：石油工业出版社，1997.

[5] SY/T 5024—1999. 弓形弹簧套管扶正器. 北京：石油工业出版社，2000.

[6] 高德利. 油气井管柱力学与工程. 东营：中国石油大学出版社，2006.

[7] SY/T 5480—2007. 固井施工设计规范. 北京：石油工业出版社，2008.

[8] SY/T 5480—1992. 注水泥流变性设计. 北京：石油工业出版社，1993.

[9] SY/T 10022.1—2001. 海洋石油固井设计规范（第一部分：水泥浆设计和实验）. 北京：石油工业出版社，2002.

[10] SY/T 10022.2—2000. 海洋石油固井设计规范（第二部分：固井工艺）. 北京：石油工业出版社，2001.

[11] 刘崇建，黄柏宗，徐同台等. 油气井注水泥理论与应用. 北京：石油工业出版社，2001.

[12] 王保记. 平衡压力固井优化设计与实时监测技术. 北京：石油工业出版社，1999

[13] SY/T 5232—1999. 石油工业应用软件工程规范. 北京：石油工业出版社，2000.

[14] SY/T 5724—1995. 套管串结构设计. 北京：石油工业出版社，1996.

[15] SY/T 6592—2004. 固井质量评价方法. 北京：石油工业出版社，2005.

[16] SY 5411—1991. 固井施工设计格式. 北京：石油工业出版社，1992.

[17] 屈建省，许树谦，郭小阳. 特殊固井技术. 北京：石油工业出版社，2006.

作者简介：

熊青山，男，1972 年 10 生，2002 年毕业于吉林大学，地质工程专业，副教授，湖北荆州长江大学石油工程学院（434023），15927768565。

第二部分 采油工程技术

岐口凹陷深探井压裂技术研究与应用

阴启武　程运甫　张胜传　陈紫薇　张润泽　李伯芬

（大港油田石油工程研究院）

摘　要　针对大港油田岐口凹陷深层沙河街油气藏的沙二、三油层埋藏深，胶结致密，压裂改造加砂困难，施工成功率低的问题，室内进行了地层岩石力学、压裂液与地层配伍性等实验，开展了深探井压裂工艺研究和施工参数优化，研究开发了适用于190℃超高温压裂液体系，并配套完善了压裂施工工艺，经现场试验，基本满足了深探井压裂改造的需要。

关键词　岐口凹陷深层　压裂改造　室内实验　超高温压裂液体系　现场试验

1　前言

岐口凹陷深层沙河街油气藏探井有以下特点：①井段深，完钻井深都在5000m左右，压裂改造目的段垂直井深大多在4000m以下；②斜度大，探井多为斜度较大的井，斜度在25°~45°之间；③多数探井的测井电测解释数据显示，储层物性差，渗透率、孔隙度、含油饱和度不高，泥质含量普遍较高。

以上特点，增加了压裂工艺改造的施工风险，影响了压裂改造效果。为提高压裂施工成功和压裂效果，室内进行了大量的实验和方案优化研究。经过现场实施，取得了良好的效果。

2　室内实验

2.1　岩石力学实验

为充分认识地层，提高油气层改造效果，室内开展了相关的岩石力学实验。表1是岐深6井的岩石力学实验数据。

表1　岐深6井岩样静弹性模量数据

样品	深度/m	泊松比	杨氏模量/($\times 10^4$MPa)	V_s/V_{dyn}	E_s/E_{dyn}
A	4530.05	0.131	2.641	0.465	0.452
B	4530.35	0.145	3.530	0.488	0.622
C	4533.75	0.142	2.393	0.505	0.559
D	4533.95	—	2.744	—	0.577
平均		0.139	2.827	0.186	0.552

2.2　压裂液体系评价

2.2.1　岩心水敏评价实验

为保护油气层，采用滨深6井取心所获得的岩心，进行了水敏实验。图1为探井滨深6井的岩心水敏实验数据。

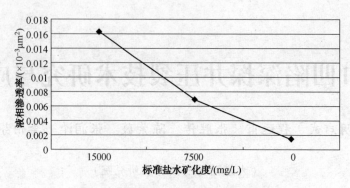

图1 滨深6井22#岩心水敏试验曲线

岩心水敏实验结果表明，储层具有极强水敏性，敏感性参数为0.9136。

2.2.2 防膨剂优选

岩心敏感性实验数据表明，地层具有极强水敏性，为了降低由于水敏对地层造成的渗透率损害，室内进行了防膨剂实验优选，实验结果如表2。

表2 防膨剂优选实验结果

序号	防膨剂	防膨率/%	序号	防膨剂	防膨率/%
1	0.5%A-26+0.5%KCl	87.36	5	1.0%A-26+0.5%KCl	89.68
2	0.5%A-26+1.0%KCl	89.05	6	1.0%A-26+1.0%KCl	91.47
3	0.7%A-26+0.5%KCl	89.47	7	1.0%A-26+2.0%KCl	91.68
4	0.7%A-26+1.0%KCl	87.36	8	2.0%KCl	84.7

实验结果表明，6号、7号防膨效果最好，综合考虑经济因素后，采用6号配方。

2.2.3 压裂体系优选实验

由于油气井埋藏深、井温高，需要选择耐温性能好的压裂液体系。同时，尽量减少压裂液残留物对地层的污染。为了达到这一目的，进行了大量室内实验，优选出了耐高温的醇基瓜胶压裂液体系，表3为醇基瓜胶与羟丙基瓜胶水不溶物的实验对比，表4为压裂液损害评价实验结果，图2为醇基瓜胶的耐温性能测试。

表3 增稠剂水不溶物对比表

名称	水不溶物/%	水分/%	名称	水不溶物/%	水分/%
羟丙基瓜胶1	7.6	8.1	醇基瓜胶	4.8	9.5
羟丙基瓜胶2	6.7	7.3			

表4 压裂液损害评价实验结果表

序号	岩心号	井号	深度/m	岩心长度/cm	K_g	K				损害率/%
						S_{w1}	K_1	S_{w2}	K_2	
1	10	岐深6井		2.24	0.1025	45.1	0.0615	44.6	0.0459	25.4

实验结果表明醇基压裂液在180℃条件下剪切120min，压裂液黏度达到50mPa·s，完全满足压裂施工对压裂液黏度的要求。

2.2.4 压裂液破胶、滤失性能评价实验

为了尽量减少对地层的伤害，增加压裂液的压后返排率，室内对破胶时间和破胶后的液

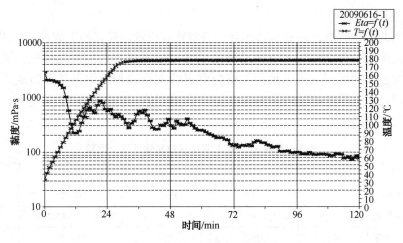

图2　180℃醇基压裂液黏温曲线

体性能进行了测试，实验结果表明压裂液165℃，破胶时间4h，破胶液黏度2.1mPa·s。按行标要求，测试滤失系数为3.9×10⁻⁴m/min¹ᐟ²，可满足高温深井压裂工艺要求。

3　压裂工艺优化

3.1　施工管柱的选择

　　为了降低地面施工泵压，提高压后返排率，管柱设计采取以下措施。①采用 ϕ114mmP110 外加厚油管+88.9mmP110 外加厚油管组合压裂管柱（措施井油层套管组合：ϕ244.5mm+ϕ139.7mm），降低了油管摩阻，从而降低了地面施工泵压。②采用水力泵联座管柱组合，提高了压后返率。

3.2　施工规模优化

　　由于探井一般无邻井压裂参数，施工规模的优化是提高施工成功率，取得良好压裂效果的关键。针对每口探井的具体地质情况，采用 ST imPlan 压裂软件，对不同的施工规模进行了模拟，模拟出增产倍数与加砂量的关系曲线，同时结合经济因素优选合适的施工规模。以岐深 8X1 井为例，施工规模优化结果如图3所示。

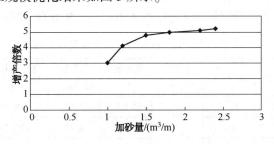

图3　岐深 8X1 施工规模优化

　　通过增产倍数分析，当加砂强度为 1.2m³/m 时，其增产倍数明显小于其他三种加砂强度。曲线表明，随着加砂强度的增大，增产倍数有所提高，但是提高幅度越来越小，当加砂强度为 2.2m³/m 时，与加砂强度 1.8m³/m 相比，提升作用不大。综合分析认为加砂强度在 1.5~1.8m³/m 区间内较为合理，经模拟计算，确定加砂强度为 1.77m³/m 的施工规模为最优选择。

3.3 加砂时机优选

选择适当的加砂时机，也就是选择合理的前置液用量是确保施工成功，获得好的压裂改造效果的重要前提条件之一。一方面足够的前置液量形成有效的裂缝体积，提高施工成功率；另一方面过多的压裂液进入地层，将会对裂缝支撑带和地层渗透率造成难以恢复的损害，影响压裂效果，因此前置液量的选择是非常重要的。以岐深8X1井为例，表5为不同前置液量软件模拟结果。

表5 岐深 8X1 井不同前置液量软件模拟结果

前置液量/m³	130	150	170	190
加砂时裂缝宽度/cm	0.68	0.71	0.72	0.74
支撑裂缝顶底界位置/m	—	—	4720.1~4752.9	4776.5~4754.1
裂缝半长与裂缝支撑半长之差/m	砂堵	砂堵	11.4	21.3

通过压裂软件对不同前置液量的模拟结果，综合分析后，确定岐深8X1井的最优前置液量为170m³。

3.4 施工排量优化

由于地层的不确定性，在保证施工安全的前提下，采用大排量施工，以增大裂缝宽度。以岐深8X1井为例，模拟计算了不同施工排量下的施工压力，为现场施工提供参考(表6)。

表6 岐深 8X1 井压裂液 60% 降阻时不同排量施工压力

油管类型	排量/(m³/min)	油管摩阻/MPa	静液柱压力/MPa	泵压/MPa
3400m4½in 3400~4630m3½in	4.5	19.97	42.89	61.14
	5	24.96	42.89	66.13
	5.5	29.27	42.89	70.44

4 现场应用效果

4.1 现场应用

以典型井岐深8X1井和滨深2X1井为例。岐深8X1井位于北大港构造带滨海断鼻岐深6井北断块，本次压裂改造目的层斜深 4728.3~4746.9m，中垂深4289.0m(表7、表8)。

表7 岐深 8X1 压裂目的层物性基本数据

层位	层号	射孔井段/m	厚度/m	孔密/(孔/m)	孔隙度/%	渗透率/$10^{-3}\mu m^2$	含油饱和度/%	泥质含量/%	电测结果
沙三	149	4728.3~4742.5	14.2	20	8.13	3.02	16.58	10.34	气层
	150	4743.5~4746.9	3.4		6.99	1.47	22.73	9.32	气层
合计		4728.3~4746.9	17.6						

表8 岐深 8X1 压裂目的层试油数据

日期	试油井段/m	工作制度	日产油			静压/MPa	流温/℃	静温/℃
			油/t	气/m³	水/m³			
2009.7.2	4728.3~4746.9	平均液面2066m	液 3.65			45.15		166.2

压裂施工于 2009 年 7 月 20 日进行。主压裂过程共打入前置液 174.8m³，携砂液 172.6m³，顶替液 40m³，设计加砂 32.7m³，实际进入地层砂约 31.9m³，实际加砂强度 1.81m³/m。

探井滨深 2X1 井位于滨海断鼻北翼板深 86 井断鼻高部位，压裂改造目的层斜深 5188.6~5207m，中垂深 4814.42m。措施前，侧液面 2274m，折日产液 4.44m³（表9）。

表 9　滨深 2X1 压裂目的层物性基本数据

层位	层号	射孔井段/m	厚度/m	孔密孔/（孔/m）	孔隙度/%	渗透率/$10^{-3}\mu m^2$	含油饱和度/%	泥质含量/%	电测结果
沙三	192	5188.6~5191.2	2.6	20	3.17	0.10	0.00	17.23	干层
	193	5191.9~5197.3	5.4		6.73	0.54	46.93	7.67	差气层
	194	5197.9~5199.5	1.6		4.28	0.14	0.00	16.49	干层
	195	5200.0~5203.6	3.6		6.49	1.02	34.34	8.64	差气层
	196	5204.3~5207	2.7		2.99	0.1	0.00	12.59	干层
合计		5188.6~5207	15.9	—	—	—	—	—	—

2009 年 8 月 16 日压裂。注入前置液 127.5m³，携砂液 123.8m³，顶替液 44.2m³，加砂 23.3m³，停泵压力 51MPa，算得地层的破裂压力 99.1MPa，破裂压力梯度 0.021MPa/m。

4.2　压裂效果

对以上两口井的压后效果进行了跟踪，均取得了良好的增产效果，为认识地层提供了依据。

岐深 8X1 井压后排液迅速，产气量逐渐增加，截止 2009 年 8 月 26 日，岐深 8X1 井累计出残液和水 1079.5m³，出油 0.2m³，累计出气 121622m³，结束试油。

滨深 2X1 井压后排液迅速，返排率达到 97.3%。截止 2009 年 8 月 13 日，滨深 2X1 井累计出残液 287.46m³，累计出气 851m³，结束试油。

5　结论

（1）针对探井，采用压裂排液联座和不同注入油管管径组合深井压裂工艺，降低了地面施工泵压，提高了施工成功率，同时也提高了压后返排率。

（2）室内实验表明，岐口深层胶结致密，水敏性强，要求措施液应防黏土膨胀、防水锁。

（3）研究出了耐温 190℃ 压裂液体系，满足了深井压裂工艺要求。

参 考 文 献

[1] 罗英俊等. 采油技术手册(第三版). 北京：石油工业出版社 2005.3.

作者简介：

阴启武、男，1985.02.23 生，2007.07 毕业于长江大学石油工程专业，助理工程师，通讯地址：天津市大港油田石油工程研究院压酸中心，邮编：300280，联系电话：022-25925802。

X-4润湿剂的研究及应用

蔡晴琴[1]　贾　雁[1]　王津建[1]　任　民[1]　杨　扬[1]　陶已东[2]

(1. 大港油田石油工程研究院；2. 大港油田第四采油厂)

摘　要　论文介绍了润湿作用在采油中的应用，并对相应的机理和处理方法进行了总结。对润湿剂进行了表面张力、接触角、凝固点、闪点的性能评价。并探讨了表面张力、接触角之间的关系。

关键词　润湿作用　表面张力　接触角

引言

随着国内外石油需求和石油工业的不断发展，酸化(压)技术已成为油(气)水井增产增注的重要手段。然而目前有些油田对于酸化，采油中的水锁效应，贾敏效应没有足够的认识，导致勘探开发、采油效果未达到预期效果。目前常用的润湿剂有醇类、酮类、醚类或其他化合物。此润滑剂可与油和水相混，进入地层可优先吸附于砂粒和黏土表面，使地层为水湿，改善地层的渗透性，具有较好的润湿效果。但是这类润湿剂有着明显的缺点：醇类酮类的闪点低，易增加酸液的腐蚀性，若地层盐水为高浓度，醇的注入则易引起盐析；醚类的使用浓度高，成本高。因此，这些润湿剂不能满足油田酸化需求，急需开发一种适用于油田酸化需要的润湿剂。

X-4润湿剂是一种用于解除水锁，减小毛细管阻力的处理液。与其他润湿剂相比具有表面张力低，接触角小，凝固点低，闪点高，与酸配伍性良好成本较低等特点，能有效的提高采收率。

1　润湿机理研究及其影响因素

1.1　水锁的形成及危害

在凝析气藏开发过程中，由于凝析水、地层水，以及外来水侵入气层，使储层的含水饱和度增加，这严重影响气体的相对渗透率，气相渗透率降低，发生水锁效应。对于低渗透气藏，即使不存在压差，或采用负压作业，只要作业流体中包含有水相，那么在自吸作用下，水溶液都将进入地层，造成水锁损害，且损害程度随接触时间及作用压力增加而增加。在油井中由于油水界面张力越高，钻井液滤液或酸液等外来流体侵入储层后的含水饱和度越高，储层渗透率越低，水锁损坏程度越严重。

1.2　贾敏效应的形成及危害

当液-液，气-液不相混溶的两相在岩石孔隙中渗流，当相界面移动到毛细管孔喉窄口处欲通过时，需要克服毛细管阻力，这时极易形成贾敏效应。油藏中的流体作用力按表现形式可分为质量力(重力及浮力等)和表面力(界面张力)。界面张力控制了油藏中各种流体的分布，并对油藏剩余油的形成起相当大的作用。低渗透油藏流体渗流是非达西低速渗流，除细微孔隙中的分子力是较重要的作用力之外，贾敏效应对低渗透油层也有不可忽视的影响。

1.3 润湿作用在采油中的作用及应用

1.3.1 润湿作用在采油中的作用

（1）对于强亲水砂岩，初始水会润湿固体表面，并饱和小的孔隙。如果介质是强亲油的，则油润湿固体表面，并且初始水位于较大孔隙的中间。在强的油湿介质中注水不如在强水湿介质中注水有效。

（2）表面为均质水湿时的注水效果比它为均质油湿时更好。即为孔隙介质为强水湿时，油井见水较晚，见水后只有少量的油或无油产出；当孔隙介质为强油湿时，则见水出现较早。润湿剂吸附在地层表面，在砂岩，黏土表面形成一层亲水膜，使地层的油湿性变为水湿性，利于原油的流动。因此采收率当孔隙介质为强水湿时更大些。

1.3.2 润湿作用在采油中的应用

（1）润湿剂具有降低表面张力和接触角，消除水锁伤害的功能。使气体的相对渗透率，气相渗透率增高。

（2）润湿剂能够减小毛细管阻力，降低贾敏效应，降低了驱油(水)过程中的驱替压力。

2 实验内容

2.1 实验仪器(表1)

表1　实验仪器表

仪器名称	型　号	厂　家
自动张力仪	JYW-200B	承德制试验机有限责任公司
半导体凝固点测定仪	BND-2-1	天津中环电子致冷技术
石油产品闭口闪点试验器	SYP1002-Ⅲ	上海石油仪器厂
接触角测定仪	JY-PHB	承德普惠检测设备公司

2.2 实验的依据及影响因素

（1）实验最主要的依据就是表面张力、接触角的大小，其次是凝固点、闪点、稳定性、配伍性、达到平衡表面张力时间等因素的影响。由 Young 方程和热力学判据条件表明：溶液的表面张力越低，则越容易润湿固体；接触角越小，润湿性能越好。实验结果见表2。

表2　产品性能结果表

产品	产品组成物	表面张力/(mN/m)	接触角/(°)	凝固点/℃	闪点/℃
X-1	YA	39.4	41	-64.6	—
X-2	YA+ZP	28.6	28	-14	—
X-3	YA+ZA+ZC+ZD	27.4	12	-25	29.5
X-4	YA+ZA+ZY+ZD	26.4	10	-25	24.0

由数据表明：YA 润湿剂表面张力、接触角偏大，不能满足现场需求。通过反复摸索，表面活性剂的相互作用在溶液内部性质上，表现为混合表面胶束浓度(cmc)的变化。cmc 越小，溶液的表面张力降得越低，则表面活性越高。接触角 90° 为润湿性的界限，接触角越小溶液越铺展，润湿性越好。X-4 润湿剂能很好降低表面张力，降低接触角。

（2）液体在固体表面上铺展开，液体表面积增大，如果吸附速度很慢，则在润湿，铺展

173

时间内达到应有的吸附量，相应地也不能达到应该降低的表面张力，从而固体表面的润湿，铺展作用也差，所以衡量表面活性剂对固体的润湿能力，还要考虑到平衡表面张力的时间。实验结果见表3。

表3 产品平衡时间结果表

产　品	产品组成物	平衡时间/s	外　观
X-1	YA	15	无色透明
X-2	YA+ZP	30	乳白透明
X-3	YA+ZA+ZY+ZD	10	无色透明
X-4	YA+ZA+ZC+ZD	9	无色透明

（3）润湿剂作为酸化(压)、压裂处理液的添加剂，需要求研制的润湿剂必须与主体酸配伍。实验结果见表4。

表4 产品的配伍性结果表

样品	养护温度/℃	养护时间/h	配伍性描述
X-1+主体酸+其他添加剂	90	48	酸液配方均无沉淀、无分层现象，不产生絮状物
X-2+主体酸+其他添加剂	90	48	酸液配方均无沉淀、无分层现象，不产生絮状物
X-3+主体酸+其他添加剂	90	48	酸液配方均无沉淀、无分层现象，不产生絮状物
X-4 主体酸+其他添加剂	90	48	酸液配方均无沉淀、无分层现象，不产生絮状物

由上表说明该润湿剂与酸液体系之间的配伍性良好，且具有较好的耐温性。由表1、表3、表4表明了 X-4 润湿剂性能达到了各方面的性能指标，能够满足需要，可以现场应用。

3　现场应用

3.1　同区块对比试验

我们在同一油田同区块同层位的选取 A1 井、A2 井、A3 井进行了对比试验，三口井使用的酸液配方与其他添加剂完全相同，只有 A3 井添加了润湿剂，从其现场试验效果对比可看出润湿剂起到了重要的作用。

这三口井属于东营油组东一段，主要为中孔中渗型储层，孔隙度 8.07% ~ 22.71%，水平渗透率 $(0.83 ~ 115.78) \times 10^{-3} \mu m^2$。东营井段孔隙度范围大，容易形成贾敏效应，油饱和度也较高。因此需要防水锁和减小毛细管阻力。具体数据见表5。

表5 酸化井基本数据表

序号	井号	层位	层号	井段	厚度/层数	孔隙度/%	渗透率/$\times 10^{-3} \mu m^2$	油饱和度/%	泥质含量/%
1	A1	Ed1	80	3181.0~3185.0	4.0/1	22.71	115.78	36.75	5.48
2	A2	Ed1	68	3147.0~3155.0	16.0/2	20.04	45.47	43.68	17.49
			69	3168.6~3172.8		8.07	0.83	0	40.65
			69	3172.8~3176.6		17.99	78.26	40.25	19.07
3	A3	Ed1	筛管段 452.7m	3375.2 -3784.64 3843.07 -3886.13					

根据地质条件进行酸化改造，对不同酸化工艺的特点选择适宜的酸化改造工艺。并对A3井加入润湿剂。进行润湿剂现场评价。

该井施工排量较高，最高达到 1.2m³/m，最高施工压力 18MPa，随着施工的进行，施工压力不断下降，最后顶替压力只有 2MPa，说明地层解除了堵塞污染，酸化取得了良好的效果(图1)。

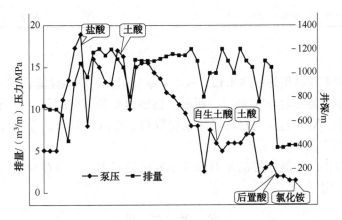

图 1　A3 井施工曲线图

3.2　现场对比果分析

通过进行酸化增产措施，取得了良好的效果。由表 6 可以看出 A3 井效果明显，说明润湿剂用于现场施工，能够很好的解决水锁和毛细管阻力问题。能够很好的进行液体的返排和原油的驱替。

表 6　酸化前后生产情况及酸化后排液情况表

序号	井号	初期生产情况	酸化后生产情况			酸化后排液				
			日产油/t	日产气/m³	日产水/t	方式	日期	最大压力/MPa	出液/m³	累计出液/m³
1	A1	25h 液面上升 20m			19	氮气排液	10.26	13.5	96.4	106.9
		10.28 测液面恢复，22.5h 恢复 720m					10.30	12	54.5	161
2	A2	开井挂抽不同步，洗井无效停			45.6	液氮排液	10.31	11	102	132
							10.31	14	40	187
3	A3		290.5	86657	0	液氮排液	11.2	11	49	89
							11.3	11.5	105	200

3.3　X-4 润湿剂在其他区块的现场应用

我们使用该润湿剂在其他区块进行进行了现场试验，取得了良好的效果。具体效果统计见表7。

表 7 其他区块效果统计表

序号	井号	井段/m	措施前		措施后	
			油/t	水/t	油/t	水/t
1	岐 15-14	2526~2660	—	—	28.35	9.84
2	岐 15-11	2536~2549.9	—	—	10.06	2.16
3	岐 25-29	2756.8~2769	0	—	20.5	69

4 结论

（1）X-4 润湿剂能够很好解除水锁，减小毛细管阻力，润湿性能良好。

（2）X-4 润湿剂能够耐 90℃ 高温，耐酸。能够很好的与酸配伍，各项性能指标达到要求，满足现场需要。X-4 润湿剂在现场施工中取得了很好的效果，今后可进一步研究应用于酸化(压)、压裂工艺。

（3）X-4 润湿剂的性能能够满足石油开采发展的需求，建议在今后的的增产措施，采油过程中广范的应用。

参 考 文 献

[1] 赵福麟. 油田化学剂. 北京：石油工业出版社，1997.

[2] 黄志宇、何雁. 表面及胶体化学. 北京：石油工业出版社，2000.

[3] 陈大钧. 油气田应用化学. 北京：石油工业出版社，2006.

作者简介：

蔡晴琴，助理工程师，生于1983 年，毕业于西南石油大学。现在大港油田集团钻采工艺研究院工作，主要从事酸化工艺技术研究与应用工作，地址：（300280）天津市大港区，电话：（022）25921451。

闭合酸压技术在大港碳酸盐岩储层的应用

温　晓　贾金辉　任　民　卢晓阳　贾　燕　李伯芬

（大港油田石油工程研究院）

摘　要　针对大港油田碳酸盐岩储层埋藏较深、地温高、酸岩反应速度过快、水锁严重、连通性差的特点，通过大量的实验研究，优选出了适合该类储层增产措施的胶凝酸酸液体系及闭合酸压工艺，在岐15-14等井的现场实施取得了成功。

关键词　酸压　闭合酸压　胶凝酸　碳酸盐岩　水锁

1　大港碳酸盐岩储层的特点

大港碳酸盐岩储层具有油藏埋藏较深、地温高、酸岩反应速度过快、水锁严重、连通性差的特点，以王徐庄油田岐15-5探区为例，该探区生产目的层为沙一下，为灰褐色油斑白云质灰岩储层。油层静压11.7MPa，地层温度118℃，地层压力系数1.0，白云岩含量70%，泥质含量19.8%；孔隙度16.14%，渗透率$66 \times 10^{-3} \mu m^2$。储层连通性差，吸收能力差（35MPa，$0.035 m^3/min$）。由于该段块为新探区，对该区块储层的出油能力、储层空间类型特点及分布规律没有进行过系统的研究，制约了对该区块白云岩油藏储量的评价与开发。岐15-14井为该区的第一口探井，我们针对该井的情况开展研究工作。储层基本情况见表1。

表1　储层基本情况

层位	层号	解释井段/m	厚度/m	孔隙度/%	渗透率/$\times 10^{-3} \mu m^2$	岩性	解释结果
沙一下	8	2651.8~2660.1	8.3	16.14	66	白云质灰岩	油层

2　碳酸盐岩储层增产措施难点及对策

2.1　高温、深井

存在缓蚀、缓速、降阻等难题，采用缓蚀、缓速、降阻性能优越的处理液体系。

2.2　地层致密

存在高闭合应力，导流能力较低的问题，采用大液量、大排量、获取导流能力高的深度酸压工艺，以沟通深部油气区。

2.3　储层含气量大

存在反凝析、水锁问题，采用防水锁、降滤失的酸液体系。

3　酸压酸液体系的研究

酸压措施必须尽可能形成长的裂缝，沟通天然裂缝和孔洞，并保持良好的导流能力才能获得油井的高产。为了实现酸液的深穿透，酸液体系应具有较高的黏度、低的酸岩反应速度、低的表面张力以及低的流动阻力。

3.1 主体酸类型及浓度的选择

不同浓度盐酸对岐15-14井岩屑的溶蚀实验结果见表2、图1。

从表中看出，盐酸浓度对岩屑的溶蚀能力没有明显的影响，尤其盐酸浓度含量超过20%后，增加盐酸的浓度并不会提高岩屑的溶蚀率。综合考虑，岐15-14井酸压选定15%的盐酸作为主体酸。

表2 岐15-14井岩屑酸溶实验结果

酸液浓度/%	10	15	20	25
溶蚀率/%	42.36	44.15	45.24	45.38

3.2 胶凝酸体系的优化评价

3.2.1 胶凝酸酸液体系的主要性能指标

胶凝酸酸液体系的主要性能指标见表3

表3 胶凝酸酸液体系的主要性能指标

项目	技术指标	指标	技术指标
外观	浅黄色黏稠状液体	酸液稳铁能力/(mg/L)	≥2800
密度/(g/cm³)	1.05~1.10	缓速率	相当于普通酸的6~7倍
酸液黏度/mPa·s	17~25	摩阻	相当于清水的40%~50%
腐蚀速度/(g/m²·h)(90℃)	3~4.5	配伍性	不分层、不交联、无沉淀

3.2.2 胶凝酸体系的缓速性能

胶凝酸体系的缓速性能实验结果见表4。

表4 胶凝酸体系性能评价实验结果

酸型	反应温度/℃	酸浓度/%	反应速度/(mol/L·s)
盐酸	90	15	3.257×10⁻³
胶凝酸	90	15	2.580×10⁻³

由表4可看出，胶凝酸与盐酸相比，其酸岩反应速度降低了20%，一定程度上限制了酸岩反应速度。此外，胶凝酸由于具有较高的黏度，可起到降低酸液滤失的作用。

3.2.3 胶凝酸体系的抗剪切性能

胶凝酸体系的抗剪切性能实验结果如图1所示。

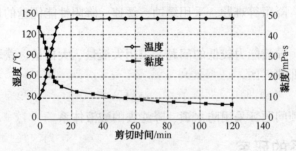

图1 胶凝酸体系的抗剪切性能实验结果

3.2.4 胶凝酸体系配方的确定

胶凝酸能提高酸液黏度，减少酸液的滤失速度，并降低酸液中 H^+ 的传质速度以达到降低酸岩反应速度的目的，同时胶凝酸的降阻率高达75%，可以满足大排量施工的需求。

通过室内实验综合研究，确定了岐15-14井酸压的酸液体系：20%HCl+6%ZCS-08胶凝剂+2%ZCS-05缓蚀剂+2%ZCY-02助排剂+1%ZCS-03铁离子稳定剂+1%ZCS-04黏稳剂。

4 酸压施工工艺的优化

4.1 酸压规模设计

该井顶部距水层距离450.7m，距断层80m；底部距水层距离83.8m，距断层80m。

通过软件数值模拟分析，地层破裂压力梯度取0.020MPa/m，设计酸蚀缝长48m，预计地层破裂压力53.12MPa，主体酸液用量选择130m³，常规酸液用量选择20m³。

4.2 酸压工艺设计

为了能在适当酸量规模的条件下获得良好的油层导流能力，达到提高油井产量的目的，选择闭合酸压工艺进行措施。该工艺的主要做法是：以高于地层破裂压力并以较大排量向地层挤注酸液压开地层后，继续保持压力平衡注酸，这时酸液的流动遵循最小阻力原理，大部分酸液以较快的速度进入裂缝的某一局部，集中、迅速的刻蚀裂缝中碳酸盐岩表面，由于碳酸盐岩在岩石表面分布的不均匀性，酸岩反应速度在裂缝表面存在较大差异，加之酸液是连续流动的，所以碳酸盐岩分布集中之处被刻蚀成不规则的、深度较大的流通沟槽，而较大面积未被刻蚀的裂缝面就能在泵压降低后支撑住裂缝，使之不闭合，获得较好的裂缝导流能力，最后在低于地层破裂压力下以较低的排量挤注盐酸溶液，进一步刻蚀裂缝岩石表面，以提高油井近井地带的导流能力。

4.3 残液返排方式的选择

残液能否及时、彻底地排出，是决定该井酸压措施成败的关键之一，液氮和水力泵各有优缺点，液氮排液的优点是及时且强度大，但液氮排液的缺点是，如果地层能量不足，液氮排液持续时间短将使得油层深部的残酸无法全部排出，形成新的油层污染；水力泵排液及时且可实现持续排液，但强度不是很大。考虑到必须保证残酸得到及时彻底返排，综合液氮和水力泵的优缺点，该井酸压措施后选择混氮+水力泵的排液方式进行残酸的返排。

5 现场实施及措施效果

5.1 现场实施

2007.4.25.对岐15-14井进行了酸压施工作业，泵注程序见表5。

表5 岐15-14井施工泵注程序

序号	泵注程序	挤注方式	挤注液量/m³	泵压变化/MPa	平均排量/（m³/min）
1	胶凝酸溶液	正替	7	5~2	0.70
2	胶凝酸溶液	正挤	123	20~56~40	2.86
3	盐酸溶液	正挤	20	40~24	1.38
4	顶替液	正顶	10	24~35	0.71

5.2 措施效果

该井采用闭合酸压措施后，初期日产原油达到了35t/d，含水12m³/d，目前稳定在30t/d左右。胶凝酸闭合酸压措施效果统计见表6。

表6　胶凝酸闭合酸压措施效果统计

序号	井号	施工日期	措施前		施工后			累计增油/t
			油/t	水/m³	油/t	水/m³	气/×10⁴m³	
1	岐633-6	2006.8.18	0	0	18.3	26.4		3258
2	岐603-3	2006.3.28	0	0	12.15	57.52		2786
3	官992-1	2006.10.26	0	0	8.3	6.52		1986
4	官974-2井	2007.4.1	2.04	7.41	8.92	37.28		2376
5	岐15-11井	2007.7.9	0	0	10.06	2.16		2641
6	官18-6井	2007.5.19	0	0	8.56	0.58		2116
7	岐123井	2007.6.29	2.78	47.53	5.01	46.36		1652
8	岐669井	2007.6.30	0	0	4.54	2.36		1589
9	扣22-3井	2007.9.31	0	0	2.65	1.37		163
10	岐15-14井	2007.4.25	0	0	28.35	9.84		3112
11	岐15-12井	2007.5.15	0	0	11.53	34.76		1171
12	扣22-3井	2007.11.8	0	0	2.65	1.37		
14	千16-16	2008.6.15	0	0	43	31.78	11	8476(气2374×10⁴m³)

6　结论

（1）胶凝酸闭合酸压技术在大港油田碳酸盐岩储层应用，施工工艺取得了成功，为该类储层的勘探开发提供了宝贵的经验。

（2）应用酸压施工+残酸返排管柱联座一次完成技术，不仅对残酸进行了及时彻底的返排，减少了二次污染的发生，而且节省了施工费用，缩短了作业周期。该工艺可操作性强，可在类似油藏作进一步推广使用。

参　考　文　献

[1] 王德胜. 现代油藏压裂酸化开采新技术实用手册. 北京：石油工业出版社，2006.
[2] 万仁溥. 采油工程手册. 北京：石油工业出版社，2003.

作者简介：

温晓，男，1962年出生，1985年毕业于西南石油学院应用化学专业，高级工程师，一直从事酸化工艺技术研究和现场应用工作。地址：天津大港油田钻采院，电话：（022）25921451，邮编：300280。

采油过程中油层保护配套技术研究与应用

李洪山　王树强　张　妍　宋志勇　王军恒　李伯芬

(大港油田石油工程研究院)

摘　要　在采油生产过程中，由于地层漏失、油藏水敏、入井液配伍性等原因，清蜡洗井、冲砂压井等施工必然造成油层污染。规模应用油层暂堵、空心杆清蜡、自生热油清蜡及井下防污染等八项配套技术，解决了低能、低渗、强水敏油藏造成的地层污染，为深化油层保护工作提供了技术支撑。截至 2005 年年底，累计实施工作量 2370 井次，减少原油损失 39010t，工艺措施有效率 99.3%。

关键词　油层　污染　保护　水敏　漏失

引言

大港油田开发已进入中后期，特别是低渗、稠油及低压复杂油藏的大量存在，逐渐暴露出地层漏失、油藏水敏、入井液配伍性差等原因所致的各种油层污染问题，致使油层渗透性变差，严重影响原油产量。

经统计分析，大港油田油层污染主要有作业污染和清蜡污染两大类，其中作业污染主要是冲砂污染和洗(压)井污染；清蜡污染主要是地层漏失和入井液与地层不配伍所致的油层污染。每年油层污染 2226 井次，影响产量 $3.3×10^4$t。

由此可见，油层保护是"稳产上产"的重要举措之一，是实现少投入多产出，获得更高经济效益的重要技术工作之一。

1　配套技术及效果

在实施中，主要应用了油层暂堵、自生热油清蜡等八项技术，重点解决了地层漏失、入井液与地层配伍性差等 7 个方面的油层污染问题。

1.1　油层暂堵技术

针对油层漏失，作业(洗)压井和清蜡造成污染的问题，在段六拨油田、舍女寺油田、羊二庄及港东油田应用了油层暂堵技术。该技术是在入井液体系中，有针对性的加入可溶性桥堵剂，在压差作用下，在井壁内侧形成一层薄而低渗透的屏蔽环带，从而有效地阻止修井液侵入地层，防止地层污染。

油层暂堵剂是以固相油溶性树脂为桥堵剂的化学溶液，油溶率在 96% 以上，对储层无损害，使用简便，成本低廉。

该技术在段六拨油田、舍女寺油田、羊二庄及港东油田共应用 95 井次，累计减少漏失量 2500m³，减少原油损失 450t。

1.2　空心杆清蜡技术

据统计，由于强水敏、结蜡严重而不得不热洗清蜡的油井有 79 口，每年因洗井液进入地层而影响产量达 5000t。针对该问题，应用了空心杆清蜡技术。

空心杆清蜡技术是在油管的易结蜡井段下入空心杆，其下部加装特殊单流阀。洗井时洗井液从空心杆注入，从油管返出。洗井液不接触油层，解决了洗井液进入地层形成污染的问题。

空心杆清蜡技术在段六拨油田、舍女寺油田及港东油田共应用 45 口井，洗井 174 井次，平均热洗恢复期缩短 4.5d，减少原油损失 5080t。

如女 K53-45-1 井，常规洗井和空心杆洗井的前后对比，洗井恢复期由原来的 7d 缩短到目前的 0.5d，效果非常明显(图 1)。

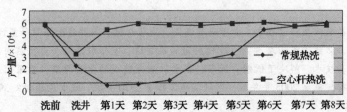

图 1 女 K53-45-1 井两种洗井方式效果对比图

1.3 自生热油清蜡技术

油井清蜡热洗是一项周期性、涉及范围广、影响产量较多的工作。由于入井液与地层配伍性差等原因，致使热洗后油井产量恢复期很长。针对该问题，应用了自生热油清蜡技术。

自生热油清蜡技术是利用套管气及油加热后分离出的伴生气为燃料，产出液经热油洗井装置加热后，进入油套环空，再依靠深井泵的工作举升到地面。液体不断地循环往复，逐步提高井筒温度，当温度超过蜡的熔点，井筒内的蜡就会熔解在井筒液里，依靠深井泵将溶解有蜡的井筒液排出井筒，达到油井清蜡目的。该技术具有操作方便，洗井时不污染地层，洗井恢复期短的优点。

在现场实际应用中，重点对低产液井采用先期掺一定量水的方式，使该技术的应用范围得以扩大。同时还把该技术同化学清蜡相结合，在自能热油清蜡过程中加入热洗添加剂，使清蜡速度大幅度加快，效果更好，使该技术更加完善。

自生热油清蜡技术共应用 960 井次，减少原油损失 15600t，热洗恢复期由 6d 缩短至 1d。

例如段 35-52 井，该井常规热水洗井后，18d 产量方恢复正常，影响产量 126t。从 2010 年 4 月份开始采用自能热油清蜡技术，洗后产量稳定，恢复期仅为 0.5d(表 1)。

表 1 段 35-52 井自生热油洗井与常规热水洗井数据对比表

洗井方式	洗井日期	日产油 电流	洗前	洗 后				
				第一天	第二天	第三天	第四天	第五天
常规热水洗井	2010.1.26	日产油/t	15.5	7.6	7.6	7.5	7.9	8
		电流/A	71/61	65/66	64/67	67/65	69/65	68/66
自能热油洗井	2010.4.2	日产油/t	15	14.9	15.6	16	16	15.8
		电流/A	70/62	68/65	67/66	68/65	69/66	67/65

1.4 井下防污染技术

针对存在的各种油层污染，从举升管柱设计及井下工具等方面开展了工作。

根据油层污染特点，应用并不断改进了油层保护器、皮碗封隔器、自动刮蜡器、强磁防蜡器等新型井下工具，避免油层污染，使机械防污染技术实现了系列化。

为解决产量偏低井的地层漏失问题，应用了防污染管柱技术。防污染管柱技术原理是：油井检泵作业时，在深井泵下安装 211 封隔器+地层保护单流阀或皮碗式防污染管柱(图2)。在实施常规热洗时，洗井液进入油套环空，经泵筒和油管，然后返至地面。技术优点是：①洗井液不进入地层，能有效地保护油层不受污染；②热能利用率高，用水量减少、洗井时间短，产量恢复期短。

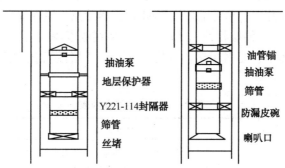

图 2　防漏失管柱示意图

为解决结蜡严重，频繁热洗造成油层污染问题，应用了强磁防蜡器、自动刮蜡器、防蜡管等井下工具。

（1）强磁防蜡器是利用磁性，将石蜡高分子磁化，分子按照一定的顺序排列，使其不易形成蜡块，从而达到预防油井结蜡的目的。其特点是工艺简单，使用方便，寿命长。使用该技术可以减少油井加药量、延长洗井周期、达到减少清蜡次数的目的。

（2）自动刮蜡器是套装在抽油杆体上，随着抽油杆的往复运动，自动刮蜡器的步进簧夹紧抽油杆，传递抽油杆冲程动力使刮蜡器运行，换向齿楔向油管壁，使刮蜡器作单向运行，当刮蜡器运行至上、下换向器，刮蜡器开始反向运行，如此往复循环，利用刮蜡器的刮蜡功能达到清蜡的目的。

（3）防蜡管是在检泵作业时下在泵下，防蜡管中装有高效清蜡剂，通过缓慢释放高效清蜡剂，达到防止油井结蜡的目的。

机械防污染技术共应用 135 井次，累计减少原油损失 2680t。

1.5　捞砂防污染技术

针对漏失严重或敏感地层出砂、低能油井作业时冲砂污染地层的问题，应用了捞砂防污染技术。

全油田由于出砂不得不冲砂作业的油井 195 口，每年因冲砂有 130 口井受到不同程度污染，影响产量 1170t，主要集中在枣园、王官屯、自来屯、港东、羊二庄、羊三木和孔店等油田。为有效解决此问题，研制并应用了 $\phi70mm$、$\phi83mm$ 两种捞砂泵，捞砂深度达到 1800m，单次捞砂量达 0.8m³。

捞砂防污染技术共实施 109 井次，减少漏失量 3040m³，减少原油损失 980t。

1.6　不洗(压)井作业技术

针对含水偏高，井口有压力的油井，采用不洗(压)井作业技术，有效的解决了作业过程中压井液造成的地层污染问题。

全油田含水大于70%、气量偏大的油井有 652 口，其中以南部公司、作业三区、作业四区居多。每年因压井液污染造成的原油损失达10000t。针对此问题，对含水大于70%，井口压力小于0.3MPa的油井，作业时应用井口控制器，实现了不洗(压)井作业。

不洗(压)井作业技术共应用782井次，减少原油损失11300t。

1.7 洗井液改性技术

针对洗井液对敏感地层污染的问题，应用了洗井液改性技术。在室内研究的基础上，在王官屯、段六拨、港西及板桥油田在修井或清蜡过程中使用了优质入井液。其优点：漏失量小，对水敏地层伤害程度小，防膨效果好，综合堵塞恢复值在90%以上，稳定性好。

该技术共应用115井次，单井缩短恢复期4d，累计减少原油损失5750t。

根据各油田实际情况(储层物性、地层压力、地层温度等)，配制了三类五种配方体系，它们依次为清洁盐水体系、无固相聚合物盐水体系、暂堵性聚合物体系，具体参数见表2、表3。

表2 入井液性能参数表

配方类型	配方名称	性能测定					配方成分
		密度/ (g/cm³)	黏度/ (mm²/s)	常压失水量/ (mL/30min)	API失水量/ (mL/30min)	假塑性黏度/ mPa·s	
无固相盐水体系	清洁盐水射孔液压井液	1.096	1.3511	912.8	全失		清水+NaCl+BCS851+Cl-606
无固相聚合物盐水体系	干粉PHP射孔液和压井液	1.000	5.313	2.4	20	5.2984	清水+PHP+AlCl₃
	胶乳射孔液和压井液	1.01	9.36	4.4			清水+乳胶+AlCl₃
	低浓度聚合物防膨射孔液和压井液	1.01	1.336	23	48	1.2496	清水+NaCl+PHP+AlCl₃+BCS851+Cl-606
暂堵性聚合物体系	低浓度聚合物暂堵射孔液和压井液	1.008	1.4028	4.6	32	1.4996	清水+NaCl+PHP+AlCl₃+JHY+OP-10

表3 南部油田入井液应用效果对比表

井号	液量/L	油量/t	含水/t	原油物性				洗井恢复期		洗井周期	
				黏度/ mPa·s	胶质	含蜡	凝固点	使用前/ t	使用后/ t	使用前/ t	使用后/ t
小6-5	12	7	13	235		27.19	38	9	3	50	70
小14-21	30	8	41	148.7	34.49	24.39	38	8	2	40	80
段36-56	40	15.5	45	207.9	18.82	25.93	38	10	4	40	60
段35-57	66	35	47	60.66	20.81	26.35	38	6	3	70	90
段42-36	16.1	13.4	14.9	164.4		29.92	39	8	4	90	100
段42-38	11	9.2	13.4	30.3		27.06	38	6		50	110

由表3可知，应用入井液技术后，产量恢复期由平均8d缩短至3d。

1.8 油水井带压作业技术

针对水井作业泄压过程中造成地层污染和油井高密度压井液污染地层的问题，试验了油水井带压作业技术。

184

带压作业是指在带压环境中，由专业人员操作特殊设备，起下管柱的一种作业技术。在施工过程中，依靠修井机、带压作业辅助机和管柱内桥塞的相互配合来实现起下管柱作业（图3）。管柱内的压力利用桥塞来控制；油套环形空间的压力利用带压作业辅助机的防喷器控制。由图4可知，管柱结构分四部分，即举升系统、卡瓦组、防喷器组和工作台。

工作参数：
举升力：660kN
下堆力：430kN
工作压力：35MPa
行程：3.6m
通径：$7^{1}/_{16}$in
连接方式：$7^{1}/_{16}$in
5000R-46环形法兰

图3　车载液压式带压作业机

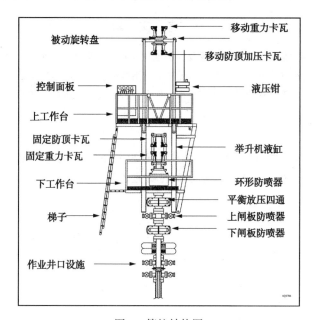

图4　管柱结构图

油水井带压作业技术共试验3口井。其中水井2口，油井1口。

油水井带压作业技术的现场应用，为减少油层污染、保持地层压力、疑难井作业、节省水资源等方面探索出了一条新路。

2　经济效益分析

2.1　投入

油层暂堵技术：95井次，投入资金66.5万元。

空心杆清蜡技术：174井次，投入资金399.9万元。

入井液改性技术：115井次，投入资金69.0万元。

捞砂防污染技术：109井次，投入资金54.5万元。

自生热油清蜡技术：960井次，投入资金288.0万元。

防污染管柱技术：135井次，投入资金108.0万元。

总投入：985.9万元。

2.2 产出

累计减少产量损失 39010t，合计创效 5753.9 万元。

2.3 投入产出比

投入：产出 = 1：5.82

3 结论与认识

（1）油层保护配套技术的推广应用，为解决油层污染、改善开发效果，取得规模效益提供了强有力的技术支撑。

（2）技术的完善与创新，为今后油层保护工作提供了明确的方向，奠定了坚实的基础。

（3）科学选井、合理使用防污染技术是防污染治理工作取得良好成绩的前提。

（4）围绕生产中难点和热点开展技术攻关是防污染工程取得规模效益的关键。

参 考 文 献

[1] 樊世忠，鄢捷年，周大晨. 钻井液完井液及保护油气层技术. 北京：石油大学出版社，1996；615~653.

[2] 李克向. 保护油气层钻井完井技术. 北京：石油工业出版社，1993；349~438.

[3] 鄢捷年，黄林基. 钻井液优化设计及实用技术. 北京：石油大学出版社，1993；462~479.

作者简介：

李洪山，男，高级工程师，1991 年毕业于石油大学(华东)矿业机械专业。一直在大港油田钻采院从事机械采油，采油工艺等方面的研究工作。

大港地下储气库注采气井修井难点分析及对策

李国韬　宋桂华　张强　杨小平　朱广海

（大港油田石油工程研究院）

摘　要　自 2000 年我国第一座用于城市调峰的大型地下储气库—大张坨地下储气库在大港油田建成以来，已陆续在大港油田建成了六座地下储气库，为陕京输气管线的平稳运行，为京津地区居民用气提供了坚实的保障。随着储气库的运行，部分注采井需要进行修井作业。地下储气库注采井具有气量大、压力高的特点，修井难度和安全风险较大。本文对储气库注采气井修井中的难点进行了分析，并提出了解决办法，经现场应用，取得了很好的效果。

关键词　储气库　注采　气井　修井

1　注采气井修井难点分析

大港油田自 2000 年建设地下储气库以来，共建成储气库六座，新钻注采井 60 余口。经过多年的运行，部分注采井需要进行修井作业。储气库注采井修井不同于普通气藏开发井的修井，存在以下难点：

1.1　修井期间压力持续上升

京津地区冬夏季天然气用量存在着巨大差异，在采气期，地下储气库发挥着"第二气源"的作用，为确保京津地区用气，采气期不能进行修井作业，只能选在注气期完成。然而为了保证冬季采气调峰重任的完成，注气期必须完成注气任务，也就是说，在修井期间，储气库仍需继续注气，这就造成了在修井期间，地层压力不是固定的，而是在持续上升的。大港储气库修井期间地层压力增幅在 3MPa 左右。

1.2　压井液的矛盾

由于储气库注采井压力高、气量大，作业过程中压井液可能发生严重气侵，导致压井液密度降低继而带来严重后果，这就要求压井液具有较强的防气侵性能，从而限定了压井液的黏度不能太高；

从储层保护的角度出发，需要采取屏蔽暂堵技术防止压井液侵入储层孔喉，而为了优化压井液的悬浮性能，保证暂堵剂均匀分布以及提高防漏失效果，就要求压井液具有一定的黏度。在进行压井液研究时，要综合这两方面的因素，达到对立统一。

1.3　注采管柱的影响

由于大港地下储气库担负着天然气季节调峰，以及紧急大排量供气的任务，并且储气库注采井长期处于高压、大气量工作状态下，因此，在储气库注采完井时，采用了较为复杂的注采管柱，给修井施工带来难度。

2　注采气井修井关键技术研究

为保证注采气井修井施工的顺利和安全，涉及到修井工艺、压井工艺、压井液设计、修井设备、井控设备、施工队伍等方面。通过对修井难点的分析认为，起关键性作用的有修井工艺、压井液研究两方面。

2.1 修井工艺选择

任何修井作业的前提都是要有效控制地层压力，防止压力失控，造成井喷事故。控制压力的方法有两种：一种是利用不压井装置进行修井作业；另一种是利用合理的压井液将井压稳后，进行修井作业。

由于储气库注采气井中都配有井下安全阀，在安全阀上部的油管上都固定有 1/4in 液控管线，而不压井修井工艺井口防喷装置无法满足该处的密封，因此，对于储气库注采气井修井作业不能应用不压井作业装置。

利用压井液压井，需针对注采管柱的不同情况分别对待。通过实践，对于能进行钢丝作业的注采气井打开滑套的，采用先挤注再循环的压井修井工艺；对于滑套不能打开的注采气井，利用连续油管压井作业，效果良好。

2.2 井底压力的预测

采用压井修井工艺，为保证施工安全，合理的确定压井液密度是关键，而压井液密度的确定是以井底压力为依据的。进行井底压力测量即增加了施工费用，又存在作业风险，因此，利用井口压力对井底压力进行较为准确的预测较为关键。

大港储气库注采井修井时，注采井即产气又产水，产气量远远大于产水量。因此，可以认为：①微小的水滴悬浮于气流中，气是连续相，水是分散相；②气液相间无相对运动。

根据能量方程通式：

$$\int_{p_1}^{p_2} \frac{\mathrm{d}p}{\rho} + \Delta\left(\frac{mv^2}{2g}\right) + \Delta(mh) + W + lw = 0 \tag{1}$$

式中　m——质量，kg；

W——流体对外界或外界对流体所作功，N·m；

lw——摩阻损耗。

储气库注采井天然气从井底沿油管流到井口时，中间没有被增压也没有输出功，因此能量方程通式(1)可写成下列形式：

$$\frac{\mathrm{d}p}{\rho} + \frac{v\mathrm{d}v}{g} + \mathrm{d}h + \mathrm{d}(lw) = 0 \tag{2}$$

对于摩阻损耗利用达西-魏思巴赫方程定义：

$$\mathrm{d}(lw) = \frac{fv^2\mathrm{d}h}{2gd} \tag{3}$$

将式(3)代入式(2)，积分求解，得：

$$\frac{(p_2 - p_1)}{\rho} + (h_2 - h_1) + \frac{(v_2^2 - v_1^2)}{2g} + \frac{fv^2(h_2 - h_1)}{2gd} = 0 \tag{4}$$

对于大港储气库注采井，式(4)应改写为：

$$\frac{(p_2-p_1)}{\rho_{gw}}+(h_2-h_1)+\frac{(v_{gw2}^2-v_{gw1}^2)}{2g}+\frac{f_{gw}v_{gw1}^2(h_2-h_1)}{2gd}=0 \tag{5}$$

对于式(5)，关键是确定 ρ_{gw} 和 v_{gw}。

2.2.1　计算气水密度 ρ_{gw}

按两相流提出的密度公式计算：

$$\rho_{gw}=\rho_g(1-H_w)+\rho_w H_w \tag{6}$$

根据假设，气液相间无相对运动，持液率 H 可用无滑脱持液率 H_w 计算：

$$H_w=\frac{Q_w}{Q_w+Q_g}=\frac{v_w}{v_w+v_g} \tag{7}$$

$\because\quad Q_g\gg Q_w,\ v_g\gg v_w\therefore H_w\approx\frac{v_w}{v_g};\ H_w\ll 1;\ (1-H_w)\approx 1$

因此，式(6)可简化为：

$$\rho_{gw}\approx\rho_g+\rho_w H_w=\rho_g\left(1+\frac{\rho_w}{\rho_g}\times\frac{v_w}{v_g}\right)=\rho_g\left(1+\frac{W_w}{W_g}\right)=\rho_w F_w \tag{8}$$

式中　Q——产量，m^3/d；

$\quad\quad W$——质量流量，kg/d；

$\quad\quad F_w$——含水系数；

$\quad\quad \rho$——密度，kg/m^3；

$\quad\quad v$——流速，m/s。

2.2.2　计算气水质量流量

$$W_{gw}=W_g+W_w=W_g\left(1+\frac{W_w}{W_g}\right)=W_g F_w \tag{9}$$

2.2.3　计算气水体积流速

$$v_{gw}=\frac{W_{gw}}{\rho_{gw}A}\approx\frac{W_g F_w}{\rho_g F_w A}=\frac{W_g}{\rho_g A}=v_g \tag{10}$$

2.2.4　摩阻系数的计算

摩阻系数 f_{gw} 可按 Jain 公式计算：

$$\frac{1}{\sqrt{f_{gw}}}=1.14-2\log\left(\frac{e}{d}+\frac{21.25}{Re_{gw}^{0.9}}\right) \tag{11}$$

$$Re_{gw}\approx Re_g F_w \tag{12}$$

式中　e——油管内壁绝对粗糙度。

把式(8)和式(9)代入式(5)，整理可得：

$$\frac{\Delta p}{\Delta h}=\left(\rho_g+\frac{f_{gw}\rho_g v_g^2}{2gd}+\rho_g\frac{\Delta\left(\frac{v_g^2}{2g}\right)}{\Delta h}\right)F_w \tag{13}$$

式(13)是对哈格多恩和布朗相关系式的修正，比较符合大港储气库修井时的工况条件。经两口井实测对比，预测值与实测值误差小于3%(表1)。

表 1　井底压力预测表

井号	实测井底压力/MPa	修正计算井底压力/MPa	误差/%	计算井底压力/MPa
K3		24.1		23.0
K4		24.8		23.6
K13		24.7		23.5
K14	23.9	24.6	2.9%	23.3
K15		24.9		23.7
K2-1	21.6	22.1	2.3%	21.0

2.3　压井液研究

在进行敏感性评价的基础上，进行压井液研究。储气库修井压井液应具备以下特点：①与地层配伍；②在井下温度和压力条件下性能稳定；③防气侵性能强；④能在井壁上形成保护膜，该保护膜能承受较大的正压差，滤失量少，以适应逐渐升高的地层压力；⑤降解能力强，储层保护效果好。

经研究认为，水基油溶性暂堵体系的压井液，具有抗温性好、滤失量小、抑制性强、触变性好、密度可调、低损害等优点，有利于解决作业过程中的漏失及油层损害问题。

配方的筛选采用正交试验法，首先进行对配方基液的筛选，筛选后进行稠化剂、稳定剂、分散剂的筛选，这些辅剂同时交叉进行，互相制约，共同研究。然后进行暂堵剂的评价，按照暂堵架桥原理评价配方失水大小，确定选用何种暂堵剂。各种添加剂完成筛选后，进行总体配方性能评价。最后确定压井液配方。

最终研制的可降解压井液具备以下技术指标：密度：（1.02～1.20）g/cm^3 之间可调节；API 失水：<15.0mL；抗温性：110℃；马氏漏斗黏度：40～60mPa·s（60℃）；AV：20～30mPa·s。

岩心污染实验发现，污染过程开始 10min 内，岩心两端压力从 0.14MPa 升至 7.72MPa，2min 后升至 9.00MPa，1.5mL/min 的排量下，30min 内无滤液渗漏，表明该暂堵体系压井液迅速在岩心表面形成致密滤饼，阻止压井液进入岩心深部（表 2）。

表 2　压井液封堵实验

类　别	初始阶段	封 堵 过 程 中				
驱替时间	2h	700″	900″	1000″	1100″	1200″
压力/MPa	0.15	5.6334	5.8178	9.1012	11.1583	10.4680
液相渗透率/×10^{-3}μm^2	25.0542		2.0498	1.2510	1.2545	1.1765
封堵率/%			91.8	95.0	95.0	95.3
滤液/mL	0.13		1.08			1.69

岩样：长度 4.81cm，直径 2.50cm，孔隙度 24.6%。

返排解堵实验结果表明，突破压力超过 0.3MPa 后，随着反排压力增加，解堵率不断提高，7h 后、2.0MPa 下压井液解堵率可以达到 89.6%（图1）。

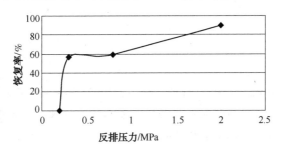

图 1　不同反排压力下渗透率恢复试验

3　修井施工及应用效果

2007 年，陆续对大港储气库注采井进行了修井作业。对于第一口井，首先循环压井，气侵比较严重，经过较长时间的循环，才将井压稳。而后，改变了压井工艺，首先挤压井，挤注压力明显上升后，即停止挤注压井液，再循环压井。该工艺取得了明显的效果，压井时间短，压井液用量少。修井作业期间，压井液性能稳定，施工安全顺利。

注采井压井修井后，进行注气，半年后进行采气，从注采气量以及注采压力看，基本恢复到修井前的指标，油层保护效果明显（表3）。

表 3　作业后注气量恢复周期表

井号	作业时间	作业前日注气量/ ×10⁴m³	作业后 日注气量/×10⁴m³		
			第一天	第二天	第三天
K3	2007.6.20~7.10	19.1714	14.2814	22.6614	22.3369
K4	2007.6.12~6.27	35.1610	29.9820	36.7475	36.8024
K13	2007.6.15~7.4	36.6451	32.3633	45.6263	45.6263
K14	2007.5.27~6.15	53.8426	59.9897	59.9897	59.9897
K15	2007.6.28~7.19	40.9554	33.8776	46.3251	50.8164
K2-1	2007.6.5~6.19	43.7712	24.8242	37.7895	43.8652

4　结论

（1）储气库注采井修井建议采用先挤压，再循环的压井方式。

（2）储气库注采井修井作业宜采用较高密度压井液，黏度适中。

（3）研制的可降解压井液，密度调节范围大，在 20 多天的修井作业期内稳定性好，储层保护效果明显。

（4）修正后的井筒压力计算模型，考虑了水的影响，能够较为准确的预测井底压力，为压井液密度的确定提供了依据，为修井施工提供了安全保障。

参 考 文 献

［1］　李国韬等．大张坨地下储气库注采工艺管柱配套技术．天然气工业，2004，24（9）.

[2] 黄炜，杨蔚. 高气水比气井井筒压力的计算方法. 天然气工业，2002(4).

[3] K. E. 布朗. 升举法采油工艺(卷一). 北京：石油工业出版社，1987.

[4] 杨川东. 采气工程. 北京：石油工业出版社，1997.

作者简介：

李国韬，男，1975 年生，硕士，高级工程师；1997 年毕业于石油大学(北京)石油工程专业，现主要从事地下储气库的研究及现场服务等工作。地址：天津市大港油田钻采院储气库项目部(300280)。E-mail：liguotao@ddpi.com.cn。

水平井封隔器分段洗井解堵工艺在吐哈油田的应用

申煜亮[1]　黄大云[1]　郭　群[1]　曾晓辉[1]　吴　频[2]

(1. 大港油田石油工程研究院；2. 渤海石油装备中成公司)

摘　要　水平井开采技术在吐哈油田得到了迅猛发展，但在开发过程中，油层因各种原因会受到损害而发生不同程度的堵塞，造成部分油井产量降低。为了解决这一问题，大港油田在吐哈油田进行了水平井封隔器分段洗井解堵工艺的应用，取得了较好的效果，解除了水平井管外堵塞，提高了油井产量，是一种较为有效的水平井解堵工艺。

关键词　水平井　管外　解堵工艺　工艺管柱　应用　效果

引言

近年来，水平井开采技术在吐哈油田得到迅猛发展，为油田的开发起到了重要的作用。在实施过程中，尽管采取了许多保护油层的措施，但由于水平井的油层保护工作与直井有许多不同之处，油层的损害仍不可避免，经常会发生不同程度的污染堵塞，造成油井近井地带渗流能力降低，油井产量下降。就吐哈油田而言，造成部分区块水平井低产的主要原因有以下三方面：

（1）油层井段长、为中高渗透油藏，容易受到各种外来流体及固相的堵塞或污染；

（2）油层酸洗、酸化增产效果不理想，MEG 泥浆遇酸形成胶状物，造成井筒管外及近井地带堵塞，反而更加降低储层的渗流能力；

（3）低产水平井从投产初期即呈现供液不足的状况，不排除油井所遇油层为低产能的可能。

而其中解除井筒管外及近井地带堵塞则为成功实施下步增产措施（酸化、压裂等）的必要准备。为此，大港油田钻采院利用比较先进的水平井封隔器分段洗井解堵工艺技术，成功地在吐哈油田进行了现场应用。

1　水平井封隔器分段洗井解堵工艺的原理及特点

1.1　管柱结构及主要工作原理

管柱结构主要由两级扩张式封隔器、旋转喷头总成（主要包括喷头、旋转控制器、弓形扶正器、井下过滤器等）、刚性扶正器等工具组成（图1）。

工艺原理：工作液从油管通过旋转喷头与套管环空连通，并且通过旋转喷头形成的节流压差坐封封隔器且将油套环空进行封隔，同时节流压力推动旋转喷头转动，对井筒近井地带施以冲击清洗，且液体由油套环空进入筛管外绕过两级封隔器的封隔层段从上部返出，实现解除两级封隔器所卡部位筛管外部近井地带堵塞的目的。

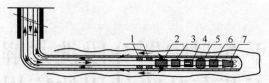

图 1　水平井封隔器分段洗井解堵工艺结构示意图

1—K344 扩张式封隔器；2—刚性扶正器；3—变扣；4—井下过滤器；5—弓形扶正器；6—旋转控制器；7—喷头

1.2　工艺特点

（1）管柱采用两级封隔器将油井清洗层段油套环空封隔，迫使液体绕过封隔器封隔井筒段流向管外，实现管外及近井地带长井段的清洗解堵，与常规笼统管柱或一级封隔器管柱清洗井作业比较，具有液体循环空间大，清洗井段长，解堵彻底的特点。

（2）扩张式封隔器采用耐高温、高压的新型膨胀式胶筒，并在胶筒内部包有保护性钢片，增大了胶筒的抗压能力；并且膨胀式胶筒在坐封后，由于其与套管内壁的接触面积较大，故胶筒与套管的摩擦力较大，起到了锚定油管的作用，实现了工艺管串无刚性锚定装置，有效的保护套管，降低了管柱遇卡的风险，增强管柱使用的安全性。

（3）管柱中配套应用的旋转控制器总成是一套水力式可调速旋转解堵装置，其力偶喷嘴为扇形，以一定的角度沿喷头体径向安装；工作液经喷嘴节流后，喷射速度可大幅度提高，在射流作用下产生转矩，带动喷头做旋转运动，同时使液体产生强大的冲击力，径向射向炮眼或油层堵塞物，达到快速清理地层管外近井地带解堵的目的。

2　水平井封隔器分段洗井解堵工艺在吐哈油田应用情况

2.1　施工井简况

神平 311 井位于吐哈油田的吐鲁番，是神泉构造上的一口水平井，目的层岩性为 Esh 下，采用割缝筛管方式完井。该井于 2006 年 9 月酸浸，投产初期日产液 14.28m³/d，日产油 10.03t/d，含水 29.7%，其产液量与相邻直井相比较低，分析认为该井地层存在污染。2007 年 3 月对该井地层再次进行酸浸作业，酸浸后投入生产，日产液仅 5.4m³/d，含水 86%，不但未见到效果且产液量低于施工前，含水增加，根据相关资料分析该井酸浸施工时井筒周围泥浆形成了胶状物并对地层造成堵塞使渗透率极大降低。为了解除管外及地层堵塞物，提高油井产量，决定对该井实施管外分段碱洗解堵工艺措施。实施有关参数见表 1。

表 1　实施目的层数据表

层位	割缝管井段/m	h/m	测井解释结果					岩性
			φ/%	K/10⁻³μm²	So/%	泥质含量/%	解释	
Esh 下	1927.53~2161.97	234.44	19.80	185.6			油层	砂岩

割缝管：第一段 1927.53~1960.14m/32.61m　　　　割缝管总长：152.48m

　　　　　第二段 2031.07~2129.23m/98.16m

　　　　　第三段 2140.26~2161.97m/21.71m

2.2　施工工艺管柱构成

神平 311 井实施三井段拖动式的分层处理碱洗工艺。管柱为：K344 扩张式封隔器+刚性扶正器+旋转喷头总成(喷头、旋转控制器、弓形扶正器、井下过滤器等)。

2.3 施工过程情况简述

2.3.1 井筒准备

起出原井筒内所有管柱和设备。

2.3.2 碱洗工艺实施过程(表2)

(1)第一段施工:管柱组合:喷头总成×2153.99m(喷头+旋转控制器+弓形扶正器+井下过滤器+变扣+刚性扶正器)+K344扩张式封隔器(ϕ110mm)×2151m+ϕ73mm油管2根+K344扩张式封隔器(ϕ110mm)+ϕ73mm油管至井口。正替入2%氢氧化钠溶液4m³,压力逐渐上升至22MPa,井筒仍然不通,液体循环无法建立,说明管外堵塞严重,决定放弃第一段碱洗作业,进行第二段碱洗作业。

(2)第二段施工:上提65m,完成第二段施工管柱组合,正替入2%氢氧化钠溶液11m³,泵压10~15MPa,排量40~60L/min,关井反应1h,用1%BCS-851溶液40m³洗井,泵压2~20MPa,排量60~80L/min,待压力扩散后继续泵注,循环反复多次,共返出液55m³,历时10.5h。

(3)第三段施工:上提131m,完成第三段施工管柱组合,正替入2%氢氧化钠溶液15m³,泵压16~18MPa,排量40~60L/min,关井反应1h,用BCS-851洗井液30m³洗井,泵压上升至20MPa待压力扩散后继续打压,如此反复操作,泵压1~18MPa,排量80~100L/min,用时180min,共返出溶液45m³。

(4)碱洗解堵完成并进行了酸化措施。

表2 神平311井现场施工情况表

处理层段/m	2%氢氧化钠溶液正替				1%BCS-851溶液正洗				备 注
	液量/m³	排量/(L/min)	压力/MPa	反应时间/h	液量/m³	排量/(L/min)	压力/MPa	所用时间/h	
2140.26~161.97	4	—	0~22	—	—	—	—	—	第一段由于管外堵塞严重,无法建立循环;第二、三段冲洗过程中封隔器多次重复座封、解封,从施工的压力、排量来看封隔器始终密封良好
2031.07~129.23	11	40~60	0~17	1	40	60~80	2~20	10.5	
1927.53~960.14	15	40~60	1~18	1	30	80~100	1~18	3	

2.4 现场应用效果

应用上述水平井解堵工艺在吐哈油田实施了3井次,工具最大下深3620.55m(斜深),最大处理层段长度234.44m,最多处理层段为3段,施工成功率100%,增产有效率100%,措施井实施效果见表3。

表3 措施井实施效果表

序号	井号	目的层位/m	处理层段	措施前液量/(m³/d)	实施后液量/(m³/d)	工艺类型
1	玉平2	3447.09~3639.55	一段	—	15.5	新井:5in井眼酸洗
2	神平311	1927.53~2161.97	三段	5.2	10.5	碱洗解堵、酸化
3	连平2	1642.10~1740.85m	两段	—	12.8	碱洗解堵

通过3口井的现场实施,水平井封隔器分段洗井解堵工艺应用见到了较好的效果。现场

施工过程显示：①产液量增加，施工后的产液量是施工前的两倍；②施工工艺及配套管柱获得成功，由 K344 扩张式封隔器及配套工具组成的施工管柱，通过反复打压坐封、解封、上提等动作，管柱自始至终处于完好的工作状态，应用达到了预期目的，证明水平井双封隔器管外解堵工艺管柱在技术上是可行的。

3 结论

（1）神平 311 井采用水平井拖动式分段处理工艺，实现了双封隔器分段处理三段层位的目的，实施过程中，封隔器在管串中的动作灵活，密封可靠，满足了工艺的要求，达到了分段清除管外堵塞的目的，保证了分段碱洗解堵工艺的成功实施。

（2）水平井拖动式分段处理工艺中配套应用了无刚性锚定工具，大大提高了工艺管柱实施的安全性；同时配套工具易于操作，简化了作业工序，节约了成本，施工成功率和有效率较高。

（3）通过现场应用表明，水平井封隔器分段洗井解堵工艺可实现不同层段的分别处理，对应性强，处理效果好，可以有效解除水平井不同井段的管外堵塞，保证了后期措施有效性，是一种较为有效的水平井解堵工艺。

参 考 文 献

［1］ 张怀文 . 水平井酸化处理工艺技术综述 . 新疆石油科技 . 2000，10（4）29～31.
［2］ 杨旭，陈举芬，罗邦林 . 水平井完井及酸化工艺技术在四川磨溪气田的实践与应用 . 钻采工艺. 2004，27（4）：43～46.
［3］ 李月胜，严丽晓，李灵 . 水平井技术在埕东西区稠油底水油藏开发中的应用 . 中国石油大学（华东）石油工程学院，中石化胜利油田分公司河口采油厂 . 内江科技 . 2009，30（7）：84～84.

作者简介：

申煜亮，生于 1974 年，工程师，毕业于石油大学(华东)机械设计及自动化专业，现从事油田采油工艺技术研究推广工作。地址：（300280）天津大港油田钻采院，联系电话：022-25925804。

"低密度段塞法"保护油层压井技术

樊松林[1]　郭元庆[1]　尤秋彦[1]　赵俊峰[1]　尹瑞新[2]

(1. 大港油田石油工程研究院；2. 采油三厂修井管理中心)

摘　要　大港南部油田一些高压井，地层水水型为 $NaHCO_3$，矿化度高，在 15000～30000mg/L 之间。由于甲酸盐等高密度油层保护液成本太高，作业时常常采用"卤水"压井，但是作业后，油层污染严重，导致油井大幅度减产。对此，针对性的研究出了"低密度段塞法"工艺技术，采用少量低密度油层保护液配合高密度"卤水"压井，实现了对油层针对性保护，又降低了作业成本。该技术在现场应用 2 口井，见到明显效果，为今后老油田低成本开发提供了新的思路。

关键词　大港油田　修井　油层保护　压井液　结垢　卤水

1　问题的提出

大港南部油田高压区块，泥质含量在 9%～25% 之间，渗透率在 $(10～95)\times10^{-3}\mu m^2$ 之间，地层水一般水型为 $NaHCO_3$，矿化度在 15000～30000mg/L 之间。修井作业常常采用"卤水"压井，油层污染严重，造成作业井的产量剧减，给油田造成巨大的经济损失。对这类问题的解决，国外通常采用配制专业的压井液来保护油气层，但价格十分昂贵。比如密度 1.35～1.4g/cm³ 甲酸盐压井液，每方成本高达数千元，对于单井产量不足 5t/d 的南部老油田，类似技术在经济上还存在极大缺陷。因此，针对性的研究出了"低密度段塞法"工艺技术，为老油田低成本开发提供了新的思路。

2　卤水作业污染原因分析

油田压井采用的"卤水"大多是采用碱厂等工业副产品。密度一般在 1.20～1.26g/cm³。现场需要 1.27～1.40g/cm³ 的高密度时，就采用自然蒸发或添加工业氯化钙方法配制而成。"卤水"中主要成分为氯化钙、氯化镁、氯化钠等，由于制作方法粗糙，往往含有大量铁锈、黏土等杂质，容易引起油层机杂堵塞污染。同时，卤水中钙、镁等高价离子含量极高，遇到地层水水型为 $NaHCO_3$ 的地层很容易结垢堵塞油层。而且该方法作业液滤失量大，极易造成水锁损害。

3　新技术保护油气层原理及要求

研究认为，对于一些高压井作业，尽管压井液密度一般在 1.3～1.4g/cm³ 之间，才能保持整个井筒的压力平衡。但是，如果将井筒和地层看成一个大的"U 型管"，在"U 型管"的底部注入一定量的低密度液体作为两种不配伍流体之间的"隔板"（为节约成本，一般小于

$1.05 g/cm^3$），对压力系统的平衡不会造成大的影响。同时，作业前根据地层的敏感性，事先针对性的对注入的低密度流体进行处理，使其转变为具有防垢、防膨、减轻水锁等功能的油层保护液，在作业过程中，尽量保证与油层充分接触的是有保护功能的"隔板"流体，这样就可以最大程度避免卤水压井液造成的地层损害。

3.1 "卤水"质量要求

"卤水"密度一般在油层当量压力的基础上附加 $0.07 \sim 0.10 g/cm^3$。用量根据现场具体情况，在空井筒容积基础上附加 $30\% \sim 50\%$。"卤水"使用前添加适当絮凝剂，沉淀静置 24h 以上。装车时要抽取上部清液，尽可能保证卤水的洁净、透明。

3.2 低密度油层保护液性能要求

油层保护液用量按照处理地层半径 $1 \sim 1.5m$ 设计。油层保护液密度在经济条件允许的情况下与卤水密度越接近越好。但为节约成本，密度也可以小于 $1.05 g/cm^3$。为保证洁净，采用生活用水作为基液配制。同时，重点针对油层保护液的防膨性能、反排性能进行优选。实验结果分别见图 1、表 1。

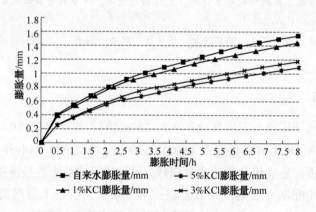

图 1　防膨剂优选实验结果

膨胀实验表明，针对南部油田储层高泥质含量，作业液中 KCl 添加量为 3% 比较适宜。低了效果不佳，高了增加成本。

表 1　助排剂优选实验数据

序号	配方名称	表面张力/（mN/m）	序号	配方名称	表面张力/（mN/m）
1	蒸馏水	73	6	蒸馏水+B+C	29.8
2	蒸馏水+0.2%LAS	28.8	7	蒸馏水+B +0.3%YDC	30.1
3	蒸馏水+0.3% LAS	29.2	8	蒸馏水+B+C+0.3%YDC	29.5
4	蒸馏水+1%NACL	72.6	9	蒸馏水+ D+1.8% YDC	25.8
5	蒸馏水+0.4%含氟 D	25.5	10	蒸馏水+ D+1.8% YDC+0.5%KCL	25.3

备注：仪器 JYM-200A 自动界面张力仪，温度 30℃

通过助排剂优选实验表明，含 0.2%LAS 的水溶液表面张力为 28.8mN/m，满足中等渗透油层作业需要，而且价格适中。

通过实验结合成本考虑，确定油层保护液配方主要成分为 0.5% 的螯合剂、3% KCl、

0.2%表面活性剂。主要性能如表2。

表2 油层保护液性能

序号	性　　能	指标	序号	性　　能	指标
1	密度/(g/cm³)	1.02	3	表面张力/(mN/m)	≤30
2	常温8h膨胀量/mm	≤1.2	4	渗透率恢复值/%	≥85

3.3　压井液施工要点

（1）按照设计配置准备好油层保护液，按要求准备好卤水压井液。

（2）缓慢打开油管出口，从套管挤注油层保护液，油层保护液注入完毕，注入卤水压井液。当油层保护液达到油层位置时，关闭油管出口，根据处理半径计算挤入量，继续注入作业液，将油层保护液挤入近井地带。

（3）缓慢打开油管出口，进行反循环压井。循环一周，观察井口，若无异常情况可进行正常作业。作业完毕后防膨水洗井投产。

4　现场应用及效果分析

应用井南部G33-73井，生产层位为孔二段枣Ⅱ1油组，井深2320.9～2336.9m。储层孔隙度20.38%，渗透率51×10⁻³μm²，泥质含量9.91%。作业前44泵日产油0.9t，水20.04m³，含水95.30%。该井地层水矿化度16357mg/L，水型NaHCO₃，氯根8546 mg/L。作业目的：下泵提液。采用该保护油气层新技术配制12m³ 密度1.02 g/cm³油层保护液、60m³ 密度1.30～1.35g/cm³卤水压井液顺利完成作业。作业后液量达到125m³/d，产油达到5.0t/d，达到预计效果。

应用井官18-21井，是生产层位孔一段枣Ⅱ、枣Ⅲ油组，井深2712.02～2882.82m。储层孔隙度16.5%，渗透率56×10⁻³um²，泥质含量17.6%。作业前作业井溢流生产，2008年5～7月，日产油2.88～2.08t，水43.04～23.12m³，含水93.73～91.75%。

作业目的检泵生产。应用15m³ 油层保护液，及1.35g/cm³卤水压井液110m³（2次压井）。2008年9月3～12日现场作业过程中安全无喷漏情况。2008年9月13日开井，57泵，泵深1700m，冲程5m。2008年9月14日产液29m³，油2.98t，含水89.7%，15日产液28m³，油3.5t，含水87.5%，油井产能达到恢复较好。

相反，没有采用新技术的井，用卤水压井极容易导致油层严重污染。

井官29-70井，该井是三厂一口检泵井，生产井段3059.8～3068m，作业前该井正常生产时日产液46m³，日产油8.3t，含水83%。2008年9月28日进行检泵作业，使用清水洗井，井口压力8MPa，使用1.39g/cm³卤水压井液压井，10月3日又重新使用卤水压井。作业后低产，日产液50m³，日产油1t，含水98%。油井受到严重伤害，30余天没有恢复产量。

又如小10-15-1井，也是一口检泵作业井。正常生产时日产液32m³，日产油6.9t。2009年5月1日，该井检泵作业，用密度1.35g/cm³卤水压井45m³反压井，打入25m³开始返卤水，返液45m³。5月6日生产，产液30m³，油2t。30余天没有恢复产量，油井受到严重伤害。

5　结论

（1）大港南部油田压井所采用的"卤水"，机杂和钙镁离子含量高，遇到地层水为

NaHCO$_3$型的地层很容易发生严重的油层堵塞。

（2）应用证明，"低密度段塞法"压井技术简单、有效。在保护油层同时，充分利用"卤水"资源，大幅度降低了高压井作业保护油层成本。

（3）考虑到安全因素，该技术不适合应用在油气活跃井、含 H$_2$S 等危险井。

作者简介：

樊松林，大港油田钻采工艺研究院油层保护技术服务中心主任，高级工程师。主要从事钻井液、完井液、压井液、固井水泥浆以及油层保护方面的技术研究与现场服务工作。地址：天津大港油田团结东路，邮编：300280，电话：022 25921450。

大斜度井抽油杆扶正器合理配置间距设计和
滚轮扶正器位置确定浅析

李洪山　王树强　张　妍　宋志勇　柴希军

（大港油田石油工程研究院）

摘　要　本文介绍了一种利用综合评判法确定扶正器间距设计的方法，经过现场试验，证明该方法简单方便，科学可行。可进行扶正器的设计。

关键词　抽油杆　滚轮　扶正器　间距　油管　设计

引言

当在斜井中采用有杆抽系统时，为防止或减小抽油杆与油管的磨损，常在抽油杆柱某些部位安装扶正器，这样就将抽油杆柱与油管之间钢对钢的接触滑动摩擦转化为扶正器与油管之间的接触滑动或滚动摩擦。目前所使用的扶正器有滚动式和滑动式两种，滚动式摩擦力小，但重量大，滑动式摩擦力大，但由于扶正器采用尼龙、聚苯硫等非金属材料所以重量轻，抽油杆运动过程磨损扶正器而保护油管。所以抽油杆柱绝大部分扶正位置采用尼龙扶正器。另外，扶正器使用效果好坏除了取决于所使用的扶正器类型以外，还与扶正器的间距设计是否合理和扶正位置选择是否正确有关。为了设计扶正器的合理配置间距，必须首先，研究抽油杆柱的弯曲变形。

1　两扶正器间抽油杆柱段的弯曲变形

将每个扶正器简化成一个铰支座，相邻两扶正器之间的抽油杆柱简化成简支梁，其弯曲变形由两部分组成：一是轴向力与横向分布力所引起的抽油杆柱纵横弯曲变形；二是井眼初弯曲所造成的抽油杆柱纵横弯曲变形。

1.1　初弯曲的处理

初弯曲挠度曲线是以 R 为半径的圆弧曲线，这种弯曲可以等效为两端弯矩作用的简支梁模型，其等效弯矩 M_e 与挠度曲线曲率半径有如下关系：

$$M_e = \frac{EJ}{R} \tag{1}$$

式中　E——抽油杆材料弹性模量；

J——抽油杆横截面对形心轴的惯性矩。

1.2　分布力引起的弯曲变形

抽油杆柱的重力是一种分布力，在这种分布力作用下，抽油杆的弯曲变形可用梁的挠度曲线微分方程表示：

$$\begin{cases} \dfrac{\mathrm{d}^2 y}{\mathrm{d}x^2} + P^2 y = \dfrac{qL}{2EJ}x - \dfrac{q}{2EJ}x^2, & S>0 \\[3mm] \dfrac{\mathrm{d}^2 y}{\mathrm{d}x^2} - P^2 y = \dfrac{qL}{2EJ}x - \dfrac{q}{2EJ}x^2, & S<0 \\[3mm] \dfrac{\mathrm{d}^2 y}{\mathrm{d}x^2} = \dfrac{qL}{2EJ}x - \dfrac{q}{2EJ}x^2, & S=0 \end{cases} \tag{2}$$

其中

$$P^2 = \frac{|S|}{EJ}$$

$$q = q'_r \sin\theta$$

式中　θ——井斜角；

　　　L——扶正器配置间距；

　　　S——轴向力(拉力为正，压力为负)；

　　　q'_r——单位长度抽油杆柱在液体中的重量。

从上述微分方程中求得梁中点处的最大挠度：

$$\begin{cases} f_{\max 1} = -\dfrac{EJq}{S^2}\left(\dfrac{1}{\cos\left(\dfrac{PL}{2}\right)} - 1 - \dfrac{(PL)^2}{8} \right) & S<0 \\[6mm] f_{\max 1} = -\dfrac{EJq}{S^2}\left(\dfrac{1}{\mathrm{ch}\left(\dfrac{PL}{2}\right)} - 1 + \dfrac{(PL)^2}{8} \right) & S>0 \\[6mm] f_{\max 1} = -\dfrac{5qL^4}{384EJ}, & S=0 \end{cases} \tag{3}$$

1.3　初弯曲引起梁的弯曲变形

在等效弯矩 M_e 的作用下，梁的挠度曲线微分方程为：

$$\begin{cases} \dfrac{\mathrm{d}^2 y}{\mathrm{d}x^2} + P^2 y = \dfrac{M_e}{EJ}, & S<0 \\[3mm] \dfrac{\mathrm{d}^2 y}{\mathrm{d}x^2} - P^2 y = \dfrac{M_e}{EJ}, & S>0 \\[3mm] \dfrac{\mathrm{d}^2 y}{\mathrm{d}x^2} = \dfrac{M_e}{EJ}, & S=0 \end{cases} \tag{4}$$

解微分方程得：梁的最大挠度为：

$$\begin{cases} f_{\max 2} = -\dfrac{EJ}{|S|R}\left(\dfrac{1}{\cos\left(\dfrac{1}{2}PL\right)} - 1 \right) & S<0 \\[6mm] f_{\max 2} = -\dfrac{EJ}{|S|R}\left(1 - \dfrac{1}{\mathrm{ch}\left(\dfrac{1}{2}PL\right)} \right) & S>0 \\[6mm] f_{\max 2} = -\dfrac{L^2}{8R}, & S=0 \end{cases} \tag{5}$$

1.4 最大挠度

将以上两种变形叠加可得梁中点的最大挠度 $f_{\max}$ 为：

$$\begin{cases} f_{\max}=\dfrac{EJq}{S^2}\left[\dfrac{1}{\cos u}-1-\dfrac{u^2}{2}\right]+\dfrac{EJ}{|S|R}\left[\dfrac{1}{\cos u}-1\right], & S<0 \\[3mm] \dfrac{EJq}{S^2}\left[\dfrac{1}{\operatorname{ch}u}-1+\dfrac{u^2}{2}\right]+\dfrac{EJ}{|S|R}\left[1-\dfrac{1}{\operatorname{ch}u}\right], & S>0 \\[3mm] \dfrac{5qL^4}{384EJ}+\dfrac{L^2}{8R}, & S=0 \end{cases} \tag{6}$$

式中　$u=\dfrac{1}{2}PL$

2　扶正器合理配置间距设计

当抽油杆柱上安装扶正器后，抽油杆柱和油管壁之间的径向间隙 δ 为：

$$\delta=\frac{1}{2}(d_g-d_{rc}) \tag{7}$$

式中　d_g——扶正器外径；

$\quad\quad d_{rc}$——抽油杆柱的计算直径，当两扶正器之间无抽油杆接箍时，$d_{rc}=d_r$（抽油杆本体直径）；当两扶正器之间存在接箍时，$d_{rc}=d_c$（抽油杆接箍最大外径）。

为保证抽油杆柱和油管之间不产生接触，两扶正器之间抽油杆柱的最大挠度应 $<\delta$，即 $f_{\max}\leqslant\delta$。在油井生产过程中，扶正器不可避免地要受到磨损，因此，所配置的扶正器间距应保证扶正器径向尺寸磨损后抽油杆柱也不和油管之间产生接触摩擦，即扶正器的配置间距应满足如下关系：

$$f_{\max}-(\delta-\delta_1)\leqslant 0 \tag{8}$$

式中　δ_1——扶正器半径方向尺寸磨损量，取 $\delta_1=2\sim4\text{mm}$。

由上式求得的扶正器配置间距称为 L_1。这种按抽油杆弯曲挠度设计的扶正器配置间距能保证抽油杆柱下表面不与油管接触。同样按井眼几何形状所设计的扶正器配置间距应保证抽油杆柱上表面也不和油管接触。考虑到扶正器径向尺寸磨损，满足后者要求时扶正器配置间距：

$$L_2=2R\sqrt{\frac{d_g-d_{rc}-2\delta_1}{R}-\frac{1}{4}\left(\frac{d_g-d_{rc}-2\delta_1}{R}\right)^2} \tag{9}$$

上述分别按抽油杆柱弯曲变形与井眼几何尺寸确定扶正器合理配置间距 L_1 和 L_2，显然扶正器的合理配置间距应取两者之间的最小值，即 $L=\min(L_1,L_2)$。

3　抽油杆柱段在三维井眼内弯曲变形

在三维井眼内，除了井斜角变化外，方位角也随井深发生变化，所以井筒不再只处于垂直平面上，轴向力会在倾斜的空间平面上引起抽油杆弯曲变形。杆柱重量所引起的弯曲总是朝下。因此，总的杆柱弯曲变形是呈现在三维空间上。在三维井眼内，抽油杆柱段的弯曲变形是由井筒狗腿平面（dogleg plane）的弯曲变形和与狗腿平面相垂直方向平面的弯曲变形两个矢量迭加而成，这个弯曲变形分别是由轴向力和杆柱重力所引起。

抽油杆柱段在井筒狗腿平面的弯曲变形可用下式计算：

$$\delta_{dp} = \left(\frac{N_{dp}L^3}{384EJ}\right)\left(\frac{24}{u^4}\right)\left(\frac{u^2}{2} - \frac{u \cdot chu - u}{shu}\right) \tag{10}$$

式中 $u = \sqrt{\dfrac{FL^2}{4EJ}}$

$N_{dp} = q'_r L\cos\gamma_n + 2F\sin(\beta/2)$

F——抽油杆柱段下端轴向力；

β——井眼全角；

γ_n——井筒主法线方向与重力矢量间的夹角。

$$\sin\frac{\beta}{2} = \sqrt{\sin^2\left(\frac{\theta_2 - \theta_1}{2}\right) + \sin^2\left(\frac{\phi_2 - \phi_1}{2}\right)\sin\theta_1\sin\theta_2} \tag{11}$$

$$\cos\gamma_n = \frac{\sin\left(\dfrac{\theta_1 - \theta_2}{2}\right)}{\sin\left(\dfrac{\beta}{2}\right)}\sin\left(\frac{\theta_1 + \theta_2}{2}\right) \tag{12}$$

式中 θ_1、ϕ_1——抽油杆柱段上端井斜角和方位角；

θ_2、ϕ_2——抽油杆柱段下端井斜角和方位角。

抽油杆柱段在与狗腿平面相垂直方向平面的弯曲变形可用下式计算：

$$\delta_p = \left(\frac{N_pL^3}{384EJ}\right)\left(\frac{24}{u^4}\right)\left(\frac{u^2}{2} - \frac{u \cdot chu - u}{shu}\right) \tag{13}$$

式中 $N_p = q'_r L\cos\gamma_0$

γ_0——井筒曲线双法线与重力矢量间的夹角；$\cos\gamma_0 = \dfrac{\sin\theta_1\sin\theta_2\sin(\phi_2 - \phi_1)}{\sin\beta}$

在三维井筒中，抽油杆柱段的弯曲变形由 δ_{dp} 和 δ_p 迭加而成，由于二者相互垂直，所以，三维中的弯曲变形为：

$$\delta_t = \sqrt{\delta_{dp}^2 + \delta_p^2} = \left(\frac{NL^3}{384EJ}\right)\left(\frac{24}{u^4}\right)\left(\frac{u^2}{2} - \frac{uchu - u}{shu}\right) \tag{14}$$

式中 $N = \sqrt{N_{dp}^2 + N_p^2}$

为保证抽油杆柱和油管之间不发生接触，两扶正器之间抽油杆柱的弯曲变形应小于抽油杆柱与油管壁之间的径向间隙。

4 确定抽油杆柱扶正器位置的参数评判法

一般来说，斜井井眼轨道是一条连续光滑的空间曲线，不同井深处的井斜角和方位角会发生变化。应用全角来描述井眼轨道的弯曲程度。全角指在井眼轨道前进方向上，任意两个切线矢量之间所夹的角。因此可用"井斜角、方位角、全角、井斜变化率、方位变化率及狗腿严重度"六参数表征井斜变化情况，为了防止或减少由于井斜因素而引起的抽油杆偏磨问题，需要在可能的偏磨点上安装扶正器。抽油杆柱组合设计完成以后，综合考虑井斜角、方位角、全角大小及变化率以及不同深度处的井下摩擦阻力，通过综合评判以确定杆柱扶正位置。

多因素综合评判，由于诸因素的重要程度并不是等同的，也就是说，不同因素有着不同的权，权的分配是因素集上的一种模糊子集 A。

若已知事件 A 和评判对象的单因素评判矩阵

$$\underset{\sim}{R} = \begin{bmatrix} r_{11} & r_{12} & \cdots & r_{1p} \\ r_{21} & r_{22} & \cdots & r_{2p} \\ \vdots & \vdots & \vdots & \vdots \\ r_{m1} & r_{m2} & \cdots & r_{mp} \end{bmatrix}$$

则对该评判对象的综合评判结果为：

$$\underset{\sim}{B} = \underset{\sim}{A} \oplus \underset{\sim}{R} = (\rho_1, \rho_2, \cdots, \rho_m) \begin{bmatrix} r_{11} & r_{12} & \cdots & r_{1p} \\ r_{21} & r_{22} & \cdots & r_{2p} \\ \vdots & \vdots & \vdots & \vdots \\ r_{m1} & r_{m2} & \cdots & r_{mp} \end{bmatrix} = (b_1, b_2, \cdots, b_p) \qquad (15)$$

式中　$b_j = \sum\limits_{k=1}^{m} \rho_k \times r_{kj}$，$(j = 1, 2, \cdots, P)$

这种方法称之为模糊线性加权变换。

评判因素参数

①井斜角 θ；②方位角 ϕ；③全角 β；④井斜变化率 $\dfrac{\mathrm{d}\theta}{\mathrm{d}s}$；⑤方位变化率 $\dfrac{\mathrm{d}\phi}{\mathrm{d}s}$；⑥井下摩擦阻力 $F_r = f \cdot N$。

5　设计结果

为了较好地确定滚轮扶正器的位置，采用综合评判方法，即综合考虑井斜角变化、方位角变化、全角变化以及井下不同位置处摩擦力变化四种因素，从综合评判曲线上找出滚轮扶正器的位置，图1给出了官66-42井综合评判曲线。表1为部分抽油井滚轮扶正器位置。

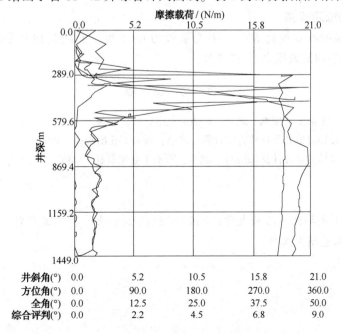

井斜角(°)	0.0	5.2	10.5	15.8	21.0
方位角(°)	0.0	90.0	180.0	270.0	360.0
全角(°)	0.0	12.5	25.0	37.5	50.0
综合评判(°)	0.0	2.2	4.5	6.8	9.0

图1　官66-42井综合评判曲线

表 1 部分抽油井滚轮扶正器位置

油 田	井 号	滚轮扶正器位置/m
王官屯	官 69-43	400、475、550、750、909、1100、1300、1500、1700、1850、1950
王官屯	官 66-42	300、350、400、450、500、650、790、1000、1150、1300、1400、1495
王官屯	官 64-42	500、700、925、1200、1400、1600、1750、1890
自来屯	自 16-12	530、620、725、850、970、1150、1300

6 结论

利用综合评判法在 15 口油井上进行了现场应用,设计方法准确率达 91%,其泵效达 69.5%,较常规泵提高泵效 27.7 个百分点,连续运行时间达 488d。利用综合评判法设计的抽油杆扶正器,极大地降低了抽油杆与油管的磨损,较常规工艺延长了油井生产时间,给油田生产带来可观的经济效益,可从以下三个方面说明:

6.1 减少检泵作业次数

由于滚轮扶正器以及扶正器合理间距的确定,有效的减弱了抽油杆与油管间的磨损,避免了抽油杆断脱事故的发生。我们对作业一区 30 口斜井检泵次数统计得知:这类斜井在采用该工艺前,平均每年检泵作业 4 次,采用该工艺后,每年作业 1 次,如果每次作业费按 4 万元计算,则单井一年可节省作业费 12 万元。

6.2 减少检泵时间,增加油井产量

目前正常检泵作业每次平均需要 3d,将作业后井筒内的积液或积水抽完需要 1d,按平均日产油 5t/d,吨油价格 1000 元,吨油成本 400 元计算,则减少一次检泵作业的增油效益为:5×(3+1)×(1000-400)=12000 元,由此可见,单井一年可因减少检泵作业增油效益共计 3.6 万元。

6.3 提高泵效的增油效益

据采用斜井泵的油井统计表明:平均泵效为 69.5 %,而同类斜井平均泵效为 41.8 %(30 口井统计),平均泵效提高了 27.7 %。

参 考 文 献

[1] 张琪,王鸿勋.采油工艺原理.北京:石油工业出版社,1989.
[2] 赵洪激.斜直井抽油机井下杆柱力学计算.北京:石油工业出版社,1997.
[3] 万帮烈.采油机械的设计计算(北京),北京:石油工业出版社,1988.

作者简介:

李洪山,1991 年毕业于石油大学(华东)矿业机械专业。高级工程师,现在在大港油田钻采院从事采油工艺研究工作。

快速完井评价与产能预测技术在开发试油设计井中的应用

李洪山[1]　王树强[1]　康　玫[1]　王艳山　陈　琳[2]　李建馨[2]

(1. 大港油田石油工程研究院；2. 大港油田公司采油六厂)

摘　要　常规试油不仅可以了解油井的产量、液性，还可获得求产期间的压力资料，本文对常规非自喷井的试油测试资料的解释提出了一种新的方法，经过现场应用，该方法简单可行，可准确的对非自喷井进行完井评价和产能预测。

关键词　试油　射孔　试井分析　完井　产能　分析方法

引言

试油是认识油层的重要手段，可以为油、气田的开发与开采提供科学依据。目前在大港油田开发井试油中为了节省试油费用，常采用简化试油工艺，即射孔后直接测压，然后投产，而对于测压资料如果进行完井评价(如表皮系数、流动系数、外推原始地层压力的解释)至少需要测稳48h，有时还采用抽油泵下带长时钟压力计进行测压(每口井关井测试10~20d)，这样不仅费用高，而且延长了试油周期、延误了油井的投产时间；由于测试工作的滞后或缺少，测试与后期的举升严重脱节，不能为举升设计提供科学的产能预测参数，后期的举升设计只能参考邻井的资料，可靠程度低。现有的解释方法还不能对单井的产能进行预测；

针对上述存在的问题，我们攻关研究了非自喷段塞测试(Slug Test)解释模型，只测试10~16h，应用压力数据对油井射孔完成的完善程度进行评价，求得表皮系数 S、地层流动系数 kh/μ 以及外推地层压力 $P\times r_e$。和油井产能预测。

1　理论基础

1.1　非自喷井完井评价理论与井底压力恢复解释方法

试井中，把井筒静液柱压力小于地层压力下的地层流体渗流称为段塞流。非自喷井流体不可能从井筒流出来，当井筒内静液柱压力达到地层压力值时，段塞流将结束，理论上这只有在时间为无限大的情况下才能实现。然而，在实际应用中，可以大约规定当无因次井底压力 P_{WD} 小于某一值时，即认为段塞了已接近结束。Ramey 等人认为 $P_{WD}=0.2$ 时，段塞流接近结束，并给出了确定段塞流经历时间的相关式：

$$\frac{t_D}{C_{FD}}=1+1.5\lg(C_{FD}e^{2s})，\quad 10^2<C_{FD}e^{2s}<10^{10} \tag{1}$$

式中　$t_D=\dfrac{3.6kt}{\phi\mu C_t r_w^2}$

$$C_{FD} = \frac{C_F}{2\pi\phi h C_t r_w^2}$$

$$C_F = \frac{10^6 \cdot \pi r_p^2}{\rho_1 g}$$

式中 t_D——无因次时间；

$\quad\quad C_{FD}$——无因次井筒存储系数；

$\quad\quad t$——测试时间，h；

$\quad\quad C_F$——井筒存储系数，m^3/MPa；

$\quad\quad K$——地层渗透率，μm^2；

$\quad\quad \phi$——孔隙度，小数；

$\quad\quad \mu$——流体地下黏度，$mPa \cdot s$；

$\quad\quad C_t$——总压缩系数，$1/MPa$；

$\quad\quad r_w$——井眼半径，m；

$\quad\quad \rho_1$——流体地下密度，kg/m^3；

$\quad\quad S$——表皮系数，无因次；

$\quad\quad r_p$——测试管柱内半径，m。

$g = 9.8 m/s^2$。

1.2 段塞流试井解释数学模型及其基本解与常产量生产压降解间的关系

考虑无限大油藏、各向同性、等厚平面径向流，不考虑惯性和摩擦，试井前各点压力均为 P_i（原始地层压力），开井瞬时，井底压力为 P_o（初始流动压力）。根据段塞流特点，并考虑表皮效应，可给出如下数学模型：

$$\frac{\partial^2 P_D}{\partial r_D^2} + \frac{1}{r_D}\frac{\partial P_D}{\partial r_D} = \frac{\partial P_D}{\partial t_D} \tag{2}$$

$$P_D(r_D, 0) = 0 \tag{3}$$

$$\lim_{r_D \to \infty} P_D(r_D, t_D) = 0 \tag{4}$$

$$P_{WD}(0^+) = 1 \tag{5}$$

$$P_{WD}(t_D) = \left[P_D(r_D, t_D) - S \cdot r_D \frac{\partial P_D}{\partial r_D} \right]_{r_D=1} \tag{6}$$

$$C_{FD}\frac{dP_{WD}}{dt_D} - \left[r_D \frac{\partial P_D}{\partial r_D} \right]_{r_D=1} \tag{7}$$

数学模型中各无因次参数分别定义为：

无因次压力：
$$P_{WD} = \frac{P_i - P_{wf}(t)}{P_i - P_o}$$

无因次时间：
$$t_D = \frac{3.6kt}{\phi\mu C_t r_w^2}$$

无因次井筒存储系数：
$$C_{FD} = \frac{C_F}{2\pi\phi h C_t r_w^2}$$

其中，
$$C_F = \frac{10^6 \pi r_p^2}{\rho_1 g}$$

无因次半径：
$$r_D = \frac{r}{r_w}$$

以上式中各符号的物理意义为：C_F 为流动期井筒储存系数，m^3/MPa；C_t 为综合压缩系数，$1/MPa$；g 为重力加速度，$g = 9.8 m/s^2$；h 为油层厚度，m；k 为地层渗透率，μm^2；r_p 为积液管柱半径，m；r_w 为井眼半径，m；r 为地层距井点的距离，m；ϕ 为孔隙度；μ 为流体黏度，$mPa \cdot s$；ρ_l 为流体密度，kg/m^3；P_i 为地层压力，MPa；P_o 为初始流动压力（垫压），MPa；$P(r, t)$ 任意时刻地层中某点的压力，MPa；$P_{wf}(t)$ 为任意时刻井底压力，MPa。

对数学模型中式（2）~式（6）应用 Laplace 变换，就可以获得其拉氏空间的解：
$$\tilde{P}_D(r_D, z) = \frac{K_o(r_D\sqrt{z})}{K_o(\sqrt{z}) + S\sqrt{z}K_1(\sqrt{z})} \tilde{P}_{WD}(z) \tag{8}$$

对式（8）求导得
$$\frac{d\tilde{P}_o}{dr_D} = -\frac{\sqrt{z}K_1(r_D\sqrt{z})}{K_o(\sqrt{z}) + S\sqrt{z}K_1(\sqrt{z})} \tilde{P}_{WD}(z) \tag{9}$$

对数学模型中式（7）进行 Laplace 变换：
$$C_{FD}(z\tilde{P}_{WD} - 1) - \left[r_D \frac{d\tilde{P}_D}{dr_D} \right]_{r_D = 0} = 0 \tag{10}$$

由式（9）和式（10）得：
$$\tilde{P}_{WD} = \frac{C_{FD}}{zC_{FD} + \dfrac{\sqrt{z}K_1(\sqrt{z})}{K_o(\sqrt{z}) + S\sqrt{z}K_1(\sqrt{z})}} \tag{11}$$

式中　K_o，K_1——修正的第二类零阶和一级 Bessel 函数。

常产量压降解由 Ramy 等人已给出：
$$\tilde{P}_{WCD} = \frac{1}{z\left[zC_D + \dfrac{\sqrt{z}K_1(z)}{K_o(\sqrt{z}) + S\sqrt{z}K_1(\sqrt{z})} \right]} \tag{12}$$

将段塞流解 11 与常流量压降解式（12）对比可知，若两种条件下的井筒存储系数相同时，则有如下关系：
$$\tilde{P}_{WD} = \frac{C_{FD}}{z}\tilde{P}_{WCD} \tag{13}$$

对式（13）进行 Laplace 逆变换，同时考虑到 $P_{WCD}(t_D = 0) = 0$ 条件，则有：
$$P_{WD}(t_D) = C_{FD}\frac{dP_{WCD}(t_D)}{dt_D} \tag{14}$$

1.3　修正最大产量 Horner 法

由叠加原理可得压力恢复分析的 Horner 法：
$$P_i - P_w(\Delta t) = m_H \lg \frac{t_p + \Delta t}{\Delta t} \tag{15}$$

其中，$m_H = \dfrac{2.12 \times 10^{-3} q_p B\mu}{kh}$

如果考虑续流时，设续流等效生产时间为 Δt_p，则生产时间为 $t_\text{p}+\Delta t_\text{p}$，有效关井时间为 $\Delta t_\text{e}=\Delta t-\Delta t_\text{p}$，此时，Horner 式(15)可修正为：

$$P_\text{i}-P_\text{w}(\Delta t_\text{e})=m_\text{H}\lg\frac{t_\text{p}+\Delta t_\text{p}+\Delta t_\text{e}}{\Delta t_\text{e}} \tag{16}$$

（16）式也称为最大产量 Horner 法（MRH-Maximum Rate Horner）公式。其令 $t_\text{p}=0$ 则为段塞流压力历史分析的 MFRH（Maximum Flow Rate Horner）法公式：

$$P_\text{i}-P_\text{w}(\Delta t_\text{e})=m_\text{H}\lg\frac{\Delta t_\text{p}+\Delta t_\text{e}}{\Delta t_\text{e}} \tag{17}$$

其中
$$\Delta t_\text{e}=\Delta t-\Delta t_\text{p},\quad(\Delta t>\Delta t_\text{p})$$

式中 Δt_e——对于段塞流为有效流动时间，min；

  Δt——段塞测试实际时间，min；

  Δt_p——段塞流期总液量折算在产量 q_p 下的生产时间，min；

  P_w——段塞流期井底压力，MPa。

段塞流期总采液量可通过求和计算：

$$Q_\text{F}=\sum_{i=1}^{N}q_\text{pi}\cdot\Delta t_\text{i} \tag{18}$$

其中
$$q_\text{pi}=C_\text{F}\frac{P_\text{wi}-P_\text{wi-1}}{t_\text{i}-t_\text{i-1}}$$

式中 Δt_i——为每一段产量下的时间段，min；

  N——为总段数。

$$\Delta t_\text{p}=\frac{Q_\text{F}}{q_\text{p}} \tag{19}$$

若段塞流期压力史可用三次多项式表示：

$$P_\text{w}(t)=a_0+a_1t+a_2t^2+a_3t^3 \tag{20}$$

$$\therefore\qquad q(t)=C_\text{F}\frac{\text{d}P_\text{w}}{\text{d}t}$$

$$\therefore\qquad q(t)=C_\text{F}(a_1+2a_2t+3a_3t^2)$$

在段塞流期，由于井底压力不断上升，油层砂面流量随时间就不断下降，故取最大油层砂面流量：

$$q_\text{p}=a_1\cdot C_\text{F} \tag{21}$$

当然，q_p 也可以选用(18)式中 q_pi 的最大值。

1.4 油井产能预测

新井产能预测是有杆泵举升采油设计的基础，只有较准确地知道采油指数和油井最大产能，才能确定合理的下泵深度和选择合适的抽油设备。对于非自喷井，采用降液面射孔，测井底压力恢复曲线，在压力恢复过程中，随着油层产液进入井筒，那么根据井底压力随时间变化与油层供油能力关系可以确定生产指数。

1.4.1 不稳态条件下的油井产量预测

油井在生产过程中，如果油藏中各点压力随时间发生变化，那么地层流体流动属于不稳定渗流，其油藏中的压力可用径向流条件下的 Laplace 方程表示：

$$\frac{\partial^2P}{\partial r^2}+\frac{1}{r}\frac{\partial P}{\partial r}=\frac{1}{3.6}\frac{\phi\mu C_\text{t}}{k}\frac{\partial P}{\partial t} \tag{22}$$

微分方程在定井底压力条件下的近似解(Earlougher 1977 年)为：

$$q=\frac{kh(P_i-P_{wf})}{2.12\times10^{-3}B\mu\left(\lg t+\lg\dfrac{8.085k}{\phi\mu C_t r_w^2}+0.87S\right)} \tag{23}$$

式中　P_i——油层压力，MPa；

　　　P_{wf}——井底流压，MPa；

　　　k——地层渗透率，μm^2；

　　　h——地层厚度，m；

　　　B——体积系数，无因次；

　　　μ——流体黏度，$mPa\cdot s$；

　　　ϕ——孔隙度，小数；

　　　C_t——综合压缩系数，MPa^{-1}；

　　　r_w——井眼半径，m；

　　　S——表皮因子，无因次；

　　　t——生产时间，h；

　　　q——油井产量，m^3/d。

应用公式(23)计算不稳定期产量时，首先必须由井底压力恢复解释求得地层渗透率和表皮因子，然后结合流体和油层特性参数，就可以求得某一流压下，不同生产时间的油井产量。

1.4.2　稳态和拟稳态条件下油井产量预测

在稳态或拟稳态条件下，应用油井流入动态关系(IPR)曲线，可以预测油井在不同流压下生产时的产量。

(1)单相液体流动条件下，油井产量与井底流压呈直线关系，即

$$q=J(p_i-p_{wf}) \tag{24}$$

计算产量时，式(24)中的生产指数 J 由液面恢复资料确定。

(2)两相油藏中的生产，油井产量预测可应用 Vogel 公式。如果油层压力小于原油饱和压力，则应用式(25)：

$$\frac{q}{q_{max}}=1-0.2\frac{P_{wf}}{P_i}-0.8\left(\frac{P_{wf}}{P_i}\right)^2 \tag{25}$$

如果油层压力在饱和压力以上，而生产时，井底流压低于饱和压力，则应用公式(26)：

$$q=q_b+q_c\left[1-0.2\frac{P_{wf}}{P_b}-0.8\left(\frac{P_{wf}}{P_b}\right)^2\right] \tag{26}$$

其中，$q_b=J(P_i-P_b)$

$$q_c=\frac{JP_b}{1.8}$$

同样，上式公式中的生产指数和最大产量可由液面恢复资料求得。

2　现场应用

(1)采用负压射孔后，在 20min 内将压力计下入井内一定深度处(尽可能接近油层)。测压力恢复 10~16h，将压力卡片读成压力数据点，根据非自喷井完井评价理论与井底压力

恢复解释方法编制了试油完井评价软件，应用压力数据对油井射孔完成的完善性能进行评价，得出渗透率、表皮系数等地层参数并可确定油井产能，部分井的完井评价和产能预测结果见表1、表2。

表1 完井评价与产能预测结果

| 井 名 | 完井评价 | | | 产能和产量 | | | |
| | | | | 预测值 | | 实际值 | |
	表皮因子	地层压力/MPa	地层流动系数/($\mu m^2 \cdot m$/$mPa \cdot s$)	采液指数/($m^3/d \cdot MPa$)	最大产液量/(m^3/d)	产液量/(m^3/d)	产油量/(m^3/d)
官66-42	-1.05	21.95	3.11×10^{-2}	1.07	38.20	38.90	29.20
官69-43	-0.59	22.23	15.2×10^{-2}	1.69	37.60	12.00	1.50
自7-29-1	0.37	13.83	16.4×10^{-2}	2.02	27.20	26.10	7.20
庄6-15-5	-1.75	16.32	2.83×10^{-2}	3.70	59.10	29.70	6.60
官69-45	-0.53	31.91	2.23×10^{-2}	3.74	119.00	11.40	5.13
家43-17	-1.02	18.16	1.74×10^{-2}	3.43	62.20	3.75	3.75
西1-3-3	-1.70	12.26	3.11×10^{-2}	1.14	14.10	105.10	1.70
自18-12	-0.87	18.94	6.86×10^{-2}	3.64	69.00	0.00	0.00
段39-46-1	-0.35	36.50	2.14×10^{-2}	2.81	99.20	62.10	40.20
官66-40	-0.15	36.55	6.81×10^{-2}	4.82	176.00	28.00	15.00
羊9-35	-1.87	11.29	4.24×10^{-2}	2.79	31.50	21.30	11.40
羊10-29-1	-0.41	11.60	21.1×10^{-2}	7.13	82.20	43.10	15.00

表2 软件预测与泵下带压力计测试进行的完井评价与产能预测对比

| 序号 | 井号 | 产液量 | | | 地层压力 | | | 表皮系数 | |
		实测值/(m^3/d)	预测值/(m^3/d)	误差/%	实测值/(m^3/d)	预测值/(m^3/d)	误差/%	测试公司解释值	本项目解释值
1	官86-16	7.13	7.16	0.5	18.16	18.69	2.91	-4.21	-4.28
2	官18-12	14.8	16.3	9.3	14.97	14.4	3.80	-2.82	-3.72
3	官94-10	15.7	16.4	4.3	18.75	19.32	3.04	1.43	-3.99
4	官30-70	14.7	11.4	22	14.88	15.86	6.58	-4.37	-4.26
5	官32-76	13.73	14.8	7.3	10.08	10.32	2.38	-1.37	-3.79
6	官58-40	24.43	22.0	1.99	18.86	18.67	1.00	-3.8	-3.78
平均				7.56			3.28		

（2）从表皮因子值来看，油井通过射孔后，绝大部分井达到了超完善井的水平。预测产量与油井实际产量基本相同，特别是所得采油指数和地层压力为举升设计提供了正确的资料。

（3）通过现场应用，证明本文所述方法紧密结合生产实际，实用性强，能科学的评价油藏特性。在缩短试油周期的同时，大大提高了试油压力资料的利用率和解释率，可创造较大的经济效益和社会效益。

作者简介：

李洪山，1991 年毕业于石油大学(华东)矿业机械专业，高级工程师，现在大港油田钻采院从事采油工艺研究工作。

高含水井防砂降水工艺技术研究与应用

李　强　董正海　凌怀扣　李怀文　王艳山

（大港油田石油工程研究院防砂技术中心）

摘　要　大港油田目前已进入中后期开发阶段，随着油田开采的不断深入，含水逐年上升，油井出砂越加严重，近几年防砂井含水大都在 80% 以上，针对这种情况，研发出 JF-1 降水防砂工艺技术，该工艺技术首先通过室内试验研究出降水防砂颗粒材料，然后采用机械和化学相结合工艺在高含水防砂井中应用，由于降水防砂颗粒材料一定的阻水渗油作用，所以现场应用取得了较好的降水防砂效果。

关键词　高含水井　JF-1 降水防砂颗粒　降水防砂

1　引言

随着油田开采时间的增长，采液强度的增大，油井含水量不断上升，大港油田综合含水已达到 89.3%，尤其港西、羊三木等易出砂地区，进入特高含水期，如港西油田综合含水达到 90.3%，羊三木油田综合含水已达 94.6%，而注水的完善和大泵提液，提高采液强度工艺又是目前油田开发的主要稳产手段。这样的开发生产方式必然加剧水和砂的矛盾，表现在油井生产周期越来越短，冲砂减泵次数越来越多。油井含水不断上升导致开采成本不断加大。套管变形的井数也不断增加，因此急需研究适应高含水井的防砂新工艺技术，有效地降低含水和开采成本。

2　工艺原理

该工艺技术采用新研制的 JF-1 降水防砂颗粒材料，在按设计完成机械防砂管柱挤入前置液后，再将该材料挤入目的层中深部位置随后挤入石英砂。该材料在携砂液的作用下相互胶结，形成具有一定强度和渗透率的固结体，封堵因出水、出砂形成的大孔道，利用降水防砂颗粒材料阻水渗油作用的原理改变地层流体流动方向，从而达到降水防砂的目的。

3　室内实验

3.1　JF-1 降水防砂颗粒材料配方优选

应用正交实验设计 $L_q(3^4)$ 进行配方优选，根据实验材料确定影响指标因素为：JF-1 无机颗粒；高分子聚合物 SA-101；促进剂和固化剂，试验结果见表 1。

表 1　JF-1 降水防砂颗粒配方优选试验

JF-1 无机颗粒/mm	聚合物/%	促进剂/%	固化剂/%	抗折强度/MPa	抗压强度/MPa	液相渗透率/μm^2
0.3~0.5	6.0	0.3	0.5	4.9	6.5	1.35

JF-1 无机颗粒/mm	聚合物/%	促进剂/%	固化剂/%	抗折强度/MPa	抗压强度/MPa	液相渗透率/μm²
0.3~0.5	8.0	0.5	1.0	5.5	6.9	1.42
0.3~0.5	10.0	0.7	1.5	5.2	6.2	1.28
0.5~0.7	6.0	0.5	1.5	4.4	5.1	1.66
0.5~0.7	8.0	0.7	0.5	3.8	5.4	1.62
0.5~0.7	10.0	0.3	1.0	4.0	5.7	1.54
0.7~1.4		0.7	1.0	3.2	4.1	2.65
0.7~1.4	8.0	0.3	1.5	4.6	5.7	2.37
0.7~1.4	10.0	0.5	0.5	3.1	4.0	2.22

根据实验结果结合趋势图，确定优选配方，结果见表 2。

表 2　JF-1 降水防砂颗粒配方优选结果

序号	无机颗粒粒径/mm	聚合物/%	促进剂/%	固化剂/%
1	0.3~0.5	8.0	0.3	1.0
2	0.5~0.7	8.0	0.3	1.0
3	0.7~1.4	8.0	0.5	1.0

3.2　JF-1 降水防砂颗粒及人工岩心的制备

将一定量无机颗粒倒入混砂机中，启动混砂机，按比例加入高分子聚合物溶液，使无机颗粒表面均匀涂覆一层高分子聚合物，然后晾干、分选、装袋入库。

将内径 25mm、长 300mm 的玻璃管一端塞入胶塞，倒入含有固化剂的携砂液，再装入制备好的 JF-1 降水防砂颗粒（人工岩心长约 10cm，玻璃管中携砂液高出固结颗粒 5cm 左右），摇匀墩实，置于 50℃恒温水浴养护 72h。取出后除去玻璃管得人工岩心，进行性能测试。

4　JF-1 降水防砂颗粒性能测试

4.1　强度和渗透率测试

取人工岩心，采用颗粒强度试验机和岩心流动测定仪，测定人工岩心抗压强度、抗折强度和渗透率性能，结果见表 3。

表 3　岩心强度、渗透性测试结果

序　号	抗折强度/MPa	抗压强度/MPa	液相渗透率/μm²
1	5.4	6.2	1.36
2	4.8	5.4	1.86
3	4.5	5.9	2.32

4.2　岩心耐介质性能评价

将固结后的岩心分别置于清水、卤水、10%盐酸、5%氢氧化钠溶液中浸泡，一组浸泡 15d，另一组浸泡 30d，测试其强度和渗透率变化，从表 4 的测试结果可见，只有酸性介质对岩心有破坏作用，所以油水井在使用 JF-1 降水防砂颗粒防砂后，应避免酸性液体流入。

表 4 岩心耐介质性能测试

介质	抗折强度/MPa		抗压强度/MPa		液相渗透率/μm²	
	浸泡 15d	浸泡 30d	浸泡 15d	浸泡 30d	浸泡 15d	浸泡 30d
清水	4.7	4.5	6.2	5.9	1.42	1.44
卤水	4.2	4.0	5.8	5.5	1.50	1.50
10%盐酸	—	—	—	—	—	—
5%氢氧化钠	5.0	5.2	6.4	6.0	1.52	1.56

4.3 岩心稳定性测试

将制备好的 JF-1 降水防砂颗粒分别放置 180d 和 360d 后，测试其强度和渗透率变化，测试结果表明该材料性能基本保持不变，说明该材料具有良好的稳定性，结果见表 5。

表 5 岩心稳定性测试

放置时间/d	抗折强度/MPa	抗压强度/MPa	液相渗透率/μm²
180	4.9	6.6	1.51
360	4.5	5.9	1.45

5 现场应用情况

5.1 现场应用效果

该工艺技术现已投入现场应用，在大港油田羊三木、港西等区块实施了 8 井次，防砂有效率 100%，平均降水率 20% 以上，取得了较好的降水防砂效果。

5.2 典型井例

羊 10-34-1 井：该井防砂井段 1410.8～1412.0m，有效厚度 2.0m，由于出砂严重不能正常生产，防砂前日产液 18.3m³，日产油 0.8t，该井于 2005 年 1 月 16 日实施了 JF-1 降水防砂工艺，防砂后日产液 5.7m³，日产油：4.3t，有效生产时间 980d，取得了明显的降水防砂效果，见表 6。

西 34-13-2 井：该井防砂井段 1134.0.8～1138.0.0m，有效厚度 4.0m，该井防前因出砂严重关井，防砂前日产液 130 m³，日产油 3.2t，该井于 2008 年 5 月 12 日实施了 JF-1 降水防砂工艺，防砂后日产液 50 m³，日产油 3.4t，有效生产时间 >130d，目前正常生产，取得了较好的降水防砂效果，见表 6。

表 6 降水防砂效果

序号	井号	日产液/m³	日产油/t	含水/%	日产液/m³	日产油/t	含水/%	日降水量/m³	生产时间/d
1	羊 10-34-1	18.3	0.8	95.6	5.7	4.3	24.6	16.1	980
2	西 34-13-2	130	3.2	97.5	50	3.4	93.2	80.2	>130

6 结论

（1）JF-1 降水防砂工艺技术适用于含水在 70% 以上的先期、中后期油、气井的防砂。

（2）适应井温范围大，30～80℃ 井温均可应用。

（3）适用于一般防砂的油、气井。

（4）降水效果明显，有效的降低了开采成本。

（5）施工工艺简单易行，易于操作，安全可行。

参 考 文 献

［1］ 王凤臣，田玉斌，胶黏剂与涂料．中国林业出版社，1988.

［2］ 万仁薄，罗英俊，采油技术手册［防砂技术］．北京：石油工业出版社，1991.

作者简介：

李强，1982 年生，男，毕业于华东石油大学石油工程专业，技术员，长期从事油田防砂工艺技术研究与应用工作。大港油田公司石油工程研究院，邮编 300280，联系电话：022-25923564。

大港油田开发井试油工艺技术应用现状及下步攻关方向

王树强[1]　陈　琼[1]　康　玫[1]　陶卫东[2]

(1. 大港油田石油工程研究院；2. 大港油田第四采油厂)

摘　要　本文介绍了大港油田开发井试油工艺技术应用现状，并提出了下步攻关方向，对今后的试油工作有现实指导意义。

关键词　试油　工艺　攻关　测试　射孔

大港油田成立以来，特别是油田重组改制以来，在试油系统工程方面取得了很大的进展，引进了 750、650 型修井机多台，包括加拿大、英国三项分离器及数据采集系统、液氮泵车、连续油管车、液氮罐车、APR 地层测试工具、双滚筒直读测试设备、引进开发 SAP 地层测试资料解释软件、EPS 试井解释软件、射孔优化设计软件、大斜度试油管柱受力分析软件等专业分析解释软件多套，1999~2003 年，开展了深层大位移井射空器定位工具研制及射孔工艺研究、分层试油改造一次投产技术研究、大斜度井试油技术研究、试油试采一体化装置研究、TCP+DST+JET 三联作技术研究、斜深井试油综合配套技术研究应用、深穿透聚能射孔技术研究与应用等多项试油工艺技术的研究攻关，形成了针对高温高压、低渗透、大斜度、滩海地区、高产凝析气井等各类井况的系列试油工艺技术，为圆满完成油田公司试油生产任务起到了积极的作用。但是在取得一系列科研成果的同时，在一些方面还有待继续加强。

1　国内同行业试油技术方面技术水平的对比分析

1.1　中途测试技术

目前使用的工具为支撑式的 MFE 测试工具及膨胀式裸眼测试工具。近年来华北测试公司在各油田已完成各类裸眼测试近 100 井次，为发现新油气层提供了及时、高效的科学技术手段。

塔里木油田技术人员针对该油田井深普遍在 4500~6000m 之间的实际情况，开展了深井长裸眼中途测试技术的研究攻关。

1998 年上半年，中国石油工业经历了与国际油价接轨的重大变革，同时又遭遇了国际油价暴跌的打击。塔里木远离市场，运输费用远远高于东部油田。因此原油生产成本已直接影响油田的生存与发展。油田的决策者们开始从钻井、试油、开发等生产过程中，寻找降低成本的途径。其中的一项重大决策就是采取简化井身结构的办法降低钻井成本。由此提出了长裸眼钻井和长裸眼中途测试的新课题。

塔里木的井深普遍在 4500~6000m 之间，要想在不下技术套管的条件下完钻，就会遇到超长裸眼钻井和中途测试问题。对于油区内的开发井，只要完成长裸眼钻井即可下套管射孔投产，但对于滚动勘探开发井，必须进行中途测试落实地层的真实产能才能做出钻水平井或者下套管投产的决策。为使简化井身结构、降低成本的重大决策得以在滚动勘探开发井上实施，试油技术人员分析长裸眼中途测试的难点及风险，大胆实践，利用常规测试工具于1998年11至1999年10月在塔中、哈德、牙哈等地区8口井上成功地进行了超长裸眼中途测试。井深3400~5100m，裸眼井段最长4634m，最短3023m，成功率100%。

这8口井经过中途测试有7口井获得工业油气，其中塔中404、塔中406、哈得4、哈得1-2、哈得402、哈得403 6口井，根据中途测试结果未下技术套管侧钻水平井。牙哈301-1井因中途测试发现 N_{2k} 新油层改为评价井，下套管完井试油。

哈得地区长裸眼井中途测试发现了东河砂岩的含油气性，扩大了哈得4井的勘探面积，获得原油预测储量 $2700×10^4t$，为塔里木油田增储上产作出了贡献。

大港油田近两年没有开展该方面的研究应用工作。

1.2 射孔技术

油气井射孔是石油勘探和开发中一项关键技术，直接影响到油气井的产能以及油气层的保护等问题。射孔技术从20世纪40年代末的成型射孔弹射孔，50年代的电缆有枪身射孔，到60年代的过油管射孔，发展到70年代的油管传输射孔（TCP），历经几十年的发展，射孔技术有了长足的进步，特别是进入90年代以来，射孔技术更是飞速发展。它已从过去以射开油层为目的，发展到采用综合技术方法最大限度地提高油气井的产能为目的。

1.2.1 射孔技术发展历程

（1）最早在套管壁上打孔是用机械切孔器，它靠上提力量迫使切刀切入套管壁，使切刀绕切孔器的轴销旋转，产生一个流油孔缝。用此方法切孔，速度慢，成本高，切割厚度有限。

（2）1926年Oilman Sid Mime首先发明了子弹射孔方法，并于1932年由美国兰·威尔斯公司正式用于油井套管射孔。他们在美国加利福尼亚的一口812.29m（2665英尺）深度的油井中用了8d时间，下井11次，共发射了80枚子弹。比机械切孔方法大大进了一步。从20世纪30年代初至50年代初，在完井领域中一直采用子弹射孔方式，直到聚能射孔弹的出现。

（3）高能炸药的聚能效应早在1880年就为人们所认识。20世纪30年代开始用于军事目的。但是将该技术用于油田开发则是40年代末的事情。井下第一个成功的聚能射孔是由Welex和海湾（Gulf）研究与发展公司共同在密西西比的一口Gulf井中进行的。实践证明，聚能射孔弹优于子弹射孔器，聚能弹穿透力强，效率高，成本低，因此，它在工业上得到了迅速的发展，并持续到现在。纵观其发展历程，聚能射孔弹的发展简单归纳如下：

① 40年代末聚能弹问世之后，50年代中期开始大量用于油田。

② 50年代中期出现了过油管射孔方式。

③ 60年代以后广泛用于小口径油管。

④ 70年代后期又出现了油管输送式负压射孔技术。

⑤ 80年代后油管输送式负压射孔技术得到了迅速的发展，目前已在油田广泛使用。

1.2.2 国内外射孔器材对比

国内外油田使用射孔器材大体上可分为有枪身和无枪身两大系列，射孔弹主要有大孔径射孔弹、高孔密射孔弹、耐高温射孔弹、油管输送式射孔弹。通过调研国内73、89、102、

127射孔弹的指标和哈里伯顿公司的射孔弹相比，发现国内射孔弹与国外存在很大的差距（表1）。

表1 国内外射孔器材参数对比

国家	射孔枪型号	枪身外径		相位角/（°）	装药量/g	适用套管最小尺寸/in	混凝土靶穿深	
		in	mm				in	mm
中	XJ60-4112		60	90	9	3½		309
美	MILLENNIUM 6SPF HMX SUPER DP	2½	63.5	90	11	3½	27.63	702
中	DG73-4116		73	90	13	4½		395
美	MILLENNIUM 6SPF HMX SUPER DP	2¾	69.85	60	15	4½	27.84	707
中	DG89-4116		89	90	32	5		485
美	3⅜in 6SPF MILLENNIUM HMX	3⅜	85.7	60/90	32	4½	42.75	1086
中	JL102-4120		102	90	36	5½		640
美	MILLENNIUM 4SPF HMX SUPER DP	4	101.6	90	39	5½	45.69	1160
中	BS127-6116		127	60	34	7		755
	SC127-4116		127	90	36	7		900
美	5in 5 SPF RDX DP	5	127	60	36	7	35.75	908

注：XJ-山西新建；DG-大港油田；JL-吉林；BS-宝鸡石油机械厂；SC-四川射孔弹厂。

1.2.3 国内射孔技术发展状况

近年来射孔技术发展较快，工艺上从最初的无枪身射孔发展到有枪身射孔和油管输送射孔。随着油田勘探开发的形势需要，人们逐渐认识到射孔技术应由单纯依靠射孔弹打开油气层向油气井改造、增产方向发展。目前国内射孔技术主要有三种：

1.2.3.1 正压射孔

（1）超正压射孔。

该技术是反传统工艺作法，是1990~1993年美国Orgx能源公司研究开发的，采用极高的正压下进行射孔方式，利用聚能射孔时射流局部高压（3~4MPa）和速度（约2000m/s）。可以有与负压射孔不同的的效果（图1）。在较长时间内施加高压，有利孔眼稳定；使孔眼裂缝扩张，增加孔眼有效孔道；射孔后继续注酸（液氮）可以起到增产效果，也可以注树脂起到固砂作用。

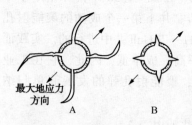

最大地应力方向

A　　B

图1 超高压射孔
（A）与负压射孔
（B）形成的孔道裂缝示意图

该工艺的高压作业要考虑井下管柱、井口和设备的承压能力，强化安全措施。此外，液体要进入地层，必须选择恰当的射孔液以防产生新的地层损害。

我国对超正压射孔工艺技术的研究和实验非常重视并将其列入了中国石油天然气总公司

课题。1997~1998 年两年吐哈油田采用超正压射孔 13 井次，取得了明显的地质效果。其中相邻井红南 202 井、红南 205 井、红南 208 井分别采用了负压、正压、超正压射孔，日产量分别达到 7.5m³、25.5m³、34m³。此工艺应大力推广使用。

（2）燃气式超正压射孔技术。

由西安石油学院首先研制成功的燃气式超正压射孔，是利用火药燃烧产生大量气体，形成高压，射孔是"先压裂后射孔"的一种方式，也被称为"快速超压射孔延伸"。与普通正压射孔不同。普通正压射孔的液体静压稍大于油藏静压，而超正压射孔的流体压力远大于油藏压力，一般高于地层破裂压力的 1.5 倍。其作用过程是首先引爆燃气升压弹，通过延时盒的延时，当压力达到理论设计值（高于地层破裂压力）时，引爆射孔系统完成射孔。最后引燃压裂弹，产生二次脉冲压裂。

该工艺与超正压射孔产生的效果大致相同，但超正压射孔地面需要液氮车、高压泵车等产生高压，地面需要连接许多复杂的管汇，很是不方便。燃气式超正压射孔技术去掉了地面复杂的设备，利用火药在井内产生高压，大大简化了施工过程。

1.2.3.2　复合射孔

复合射孔是指在一个射孔器中具有多种作用效果。目前国内的复合射孔主要有两相流射孔和三相流射孔。

（1）两相流射孔。

这种射孔方式主要是射孔弹-压裂复合。

为了提高产能，国外于 20 世纪 70 年代提出了聚能射孔和火药燃气压裂复合技术。目前国内对于低渗油藏使用的复合射孔技术，已日趋成熟，可在射孔的瞬间完成射孔和造缝两个动作，其设计原理是在射孔弹架内充填复合固体推进剂，把带有射孔弹和复合固体推进剂的弹架装入射孔枪，采用油管起下工艺把深穿透复合射孔工具下到油气井的目的层位，点火射孔，射孔弹穿透枪身、目的层套管，在油气层部位形成射孔孔眼，延迟燃烧的固体推进剂产生的高压、高温气体通过射孔孔眼冲刷，加大加深的孔深，迅速聚集的高压气体在射孔孔眼前沿形成多条裂缝。这种射孔目前也称为二相流射孔或增效射孔。

（2）三相流射孔。

二相流或增效射孔是指通过一次性射孔，使目的层能达到完善或超完善状态，即通过一次性射孔就能够完全消除油层在钻井、完井和射孔过程中受到的油层伤害。三相流高能合射孔压裂技术在两相流复合射孔技术的基础上发展起来的，该工艺是把聚能弹孔（89 弹）可控固体推进剂与加砂压裂结合为一体，射孔、压裂和加砂一体完成，使压裂井的完善程度和完善率达到最高的增效射孔技术，从实施效果对比看，三相流射孔技术对不同特性和埋藏深度不同的油气都有较广泛的适应性和推广应用价值，是油气层解堵改造又一新的工艺技术。

1.2.3.3　水力深穿透射孔技术

1997 年美国 ICT 公司首先研制成功水力深穿透射孔技术。其原理是：采用液压控制技术可以超高压清水技术为动力，实现套管冲孔，并在井下岩层中水力切割出水平深孔，在井筒周围形成孔径 25mm，最大水平穿透深度达 2m 的无压实、无污染的水平孔眼，从而提高井筒周围的导流能力，对低渗透、薄油层有较广泛的使用前景，

作为一项特殊的射孔技术，美国 ICT 公司 1999 年在大庆、辽河油田进行了 5 口井施工作业，2000 年计划在辽河油田再作 30~50 口井，该项工艺技术目前国内尚未完全掌握。

2 试油工程技术进展

2.1 射孔技术

2.1.1 深穿透射孔技术

四川油田、大庆油田先后在 ϕ140mm 射孔枪上突破穿深 1000mm，辽河油田在 ϕ127mm 射孔枪上实现穿深超过 1000mm 指标。大庆射孔弹厂 ϕ140mm 射孔枪配穿透深度>1300mm 射孔弹项目正在攻关研究之中。

大港油田正在积极开展深穿透射孔技术研究，开展了深穿透聚能射孔技术研究与应用课题的研究攻关，研究一种射孔与小型压裂相结合的新技术。在射孔弹架内充填复合固体推进剂，把带有射孔弹和推进剂的弹架装入射孔枪，下到油气井的目的层位，点火射孔，射孔弹首先穿透枪身、目的层套管，在油气层部位形成射孔孔眼，延迟燃烧的固体推进剂利用火药的延迟作用，产生高压、高温气体形成多级脉冲反复通过射孔孔眼冲刷，对地层多次加载，加大加深的孔深迅速聚集的高压气体在射孔孔眼前沿形成多条裂缝，有效的增加井筒近井地带的渗流能力，大幅度的提高油井产能。通过室内实验证明该技术是可行的，塘 32 井 2003 年 9 月 1 日前平均日产量 3.6t，2003 年 9 月 1 日断脱、检泵，2003 年 9 月 13 日开抽，9 月 13 日~10 月 15 日累计产液 62.4m³，产油 21.28t，平均日产油 0.62t，16 日开始不出液（出液量 0.4m³/d）。分析认为油层受到伤害。经研究决定采用多级脉冲射孔进行解堵试验。采用多级脉冲射孔解堵技术后，效果显著，平均日产油 3t，恢复了油井的产能。塘 32 井现场试验，证明该射孔技术对污染地层解堵有显著效果。该技术研究成功后可以实现造缝深度 2~8m，目前该项目正在进行攻关中，不久将应用于现场生产。

2.1.2 超正压射孔

四川测井公司利用该技术在四川油田和江汉油田作业一批井，大部分井见到了明显增产效果。

大港油田在超正压射孔方面开展了氮气超正压射孔技术研究，并且在作业设备方面已基本具备了开展氮气超正压射孔的能力。但是井下工具还需要从国外引进，费用太高，阻碍了该技术推广应用，因此有必要研究开发国产的井下配工具。

2.1.3 高孔密射孔技术

针对老油区地层出砂严重的问题，高孔密射孔技术应用见到了较好的效果。对于出砂井，由于地层出砂，使检泵周期缩短，生产成本上升；出砂严重时，埋住油层，导致停采。针对地层出砂问题，在 5½in 套管油井中，采用 4in 枪、89 弹、32 孔/m 孔高密射孔新技术。应用 20 余井次，绝大多数井投产后含砂在 0.2‰以下，延长了油井检泵周期及油井寿命。同时，由于高孔密，改善了近井带的连通性，可增加油产量。通过与邻井及相近油井使用低孔密射孔生产情况的对比，初步见到了成效。

目前国内其它陆地油田 5½in 套管油井，普遍采用 73 枪 73 弹、89 枪 89 弹、102 枪 102 弹及 102 枪 127 弹，孔密均在 16 孔/m 以下。这种传统方法，不能完全适合易出砂地层射孔。疏松砂岩产出油气时，产液中常带有砂粒。流体流过砂岩储集层时对砂粒产生应力，如果这一应力超过地层对砂粒的约束力时，地层就会出砂。在射孔完井中，如果孔密太低或孔径太小，近井带的总的流通面积小，流体流过每一孔眼时，流速、流压高，流体阻力大，流体在流动中携砂能力增强，就会造成地层出砂严重。套管上孔眼间的距离尽量相等，使流体在每个孔眼的环流减小，每单个孔眼流速、流压、流阻均匀一致，减少出砂。同时套管上均匀的布孔可减小套管强度的降低。因此，在易出砂地层选择高孔密、大孔径射孔，改善近井带连通性，增大泄流面积，降低油流速度，减小或防止地层出砂是射孔完井首先要考虑的重要因素。

2.2 测试技术

2.2.1 跨隔-射孔-测试联作工艺技术

跨隔-射孔-测试联作工艺技术能够实现试油气井选层射孔测试联作，减少井筒储存影响，提高压力恢复速度，提高地层测试资料采集质量，缩短试油周期。

华北油田采用该技术已分别在 139.7mm、177.8mm 套管井施工 40 余井次，成功率 100%。

大庆油田采用该技术在卫深 5 井、芳 241 井等井进行了 8 井次的现场工艺施工，射孔一次成功率 100%，一次射开油层厚度 18m。

大港油田该技术开展得较晚，以前主要请其他油田进行技术服务，2003 年 6 月采用 TCP 射孔跨隔与水力泵三联作工艺在扣 50 井首次进行了应用，定位点火一次成功，该技术有必要进行推广应用。

2.2.2 大斜度井、水平井测试技术

塔里木油田应用常规工具进行大斜度井、水平井测试，在轮南地区应用测试成功率达到 100%。

大港油田通过多年研究目前在工艺技术方面已比较成熟，目前主要需要解决大斜度井管柱受力分析计算等方面的问题。

2.2.3 稠油井测试技术

在稠油井测试时，由于油的凝固点高，流动性差，采用常规测试时常遇到以下问题：①油难以流入管柱内，甚至压力传递不正常；②难以取得原始地层样品；③无法气举排液；④无法获得可靠的压力卡片以供评价储层；⑤很难实现测试过程中多次开关井操作；⑥压力传导速度缓慢，开关井时间不足很难准确求得地层参数。目前在稠油井测试时也需要进行攻关。

2.3 试油资料解释

大庆油田针对低渗透油气层产能低、压力回复慢、大部分油井不能自喷的特点，开展了以低渗透油气层特征为主的是井理论研究，研制开发了 WTES 试油测试综合评价软件；华北油田通过对非自喷井产能预测分析方法进行分析，形成了一套在没有测试或试油的情况下，利用各项资料对储层的产能进行预测的非自喷井产能预测技术。

大港油田目前引进了 SARP 试油资料解释软件和 EPS Pansystem 试井解释软件，但是在低渗透油气层解释评价方面还需要做工作。

油气井的产能预测对于油气井下步措施方案的制定，指导产能建设等是非常重要的，通常自喷井可以直观的进行产能预测，而对于非自喷井的产能预测则非常困难，目前试油方案多是靠经验来制定，极大地影响了录取资料的品质，同时也造成人力、物力资源的浪费，故急需一种准确、实用的非自喷井产能预测技术。

2.4 油层保护技术方面

（1）国内主要进行了射孔液和修井液的研究。

（2）不压井修井作业技术。

在油田生产中，几乎所有的油层在从勘探到开发及后期的维护过程中都会受到不同程度

223

的损害。在我国现有的油气层保护技术中，大都从优化压井液或井筒液方面来尽量减少对油气层的损害，还从没有一种真正意义上的油气层保护技术。但不压井技术的引进为此提供了可能。

不压井作业技术就是在带压条件下进行作业的一种方法，目前这项技术在国外的推广应用率达到了90%以上，特别是北美和中东重大油气产区，为油公司带来了巨大的社会和经济效益。

20世纪60年代我国研制出钢丝绳式不压井装置，利用常规通井机绞车起下管柱，靠自封封井器密封，操作复杂、安全性差。70年代末开发出撬装式液压不压井装置，用于低于4MPa的修井作业。但由于对该技术认识不足和液压元件的缺陷，未能推广。80年代我国研制出了车载式液压不压井修井机，工作压力不高于6MPa，但存在设计和密封方面的缺陷，由于安全和可靠性差，也未能推广。2002年TOP公司自国外引进了国内第一台工作压力在35MPa的液压式不压井作业机，填补了国内该行业该作业压力的空白。到目前为止，TOP公司已经在大港油田和长庆油田成功地施工了7口井口压力在10~35MPa的油气水井，取得了用户的高度评价。

现我国大部分油气田已经进入中后期开采阶段，油气井压力逐年降低，而高压井和较高压油气井的比例不大，现无论是低压井在常规压井作业中防止出现地面环境污染问题，还是中高压井中采用常规压井作业防止压井液污染地层、保持地层压力场、提高生产效益等方面均迫切需要采用不压井作业工艺。

大港油田的油层保护对试油地质方案中不要求求取液性的试油井，射孔液中加入3%~6%的氯化钾溶液作为防膨液来保护油层。另外针对南部部分井采用了增效射孔液技术，取得了较好的应用效果。

3 国内市场试油技术需求

3.1 大港油田技术需求

（1）低孔低渗储层试油试采、产能评价技术研究。

（2）射孔、测试、排液与改造联作技术。

（3）探井中途裸眼测试技术。

（4）滩海试油、试采、解堵、改造技术研究。

（5）分支井、大位移、水平井试油技术。

3.2 其他油田技术需求

（1）大庆油田。

① 深井、高温、高压井的试油测试技术。

② 二氧化碳气井试油试采配套技术。

（2）华北油田。

① 智能化、远距离无线传输系统研究，该系统应包括井下数据录取、井下向井口无线传输、井口向卫星数据传输，基地对卫星数据的接收等部分。

② 适于长井段不规则井径(扩径)裸眼封隔器的研制。

③ 低渗储层测试资料分析解释技术研究。

④ (230℃以上)耐高温测试工具专用密封材料。

⑤ 超长段射孔工艺技术研究。

⑥ 高温高压井、酸压井、含酸性气体井测试管柱研究以及测试工具优化配置。

⑦ 新型井下安全阀、智能测试阀的研制。

（3）塔里木油田。

① 高压深井中途测试技术。

② 高压油气井测试。

3.3 油层保护技术方面

（1）优质无伤害压井液；

（2）不压井作业；

（3）多功能试油测试连作工艺技术。

4 目前试油工程中存在的问题和建议

4.1 解决完井先期污染和射孔压实损害

射孔完井是国内外石油公司广泛采用的完井方法之一。但在大量的贝雷砂岩打靶实验和射孔损害机理研究中发现：在射孔弹的成孔过程中，高压射流一方面建立了油气流和井筒之间的流动通道；另一方面也造成了储层损害（即炮眼区域的压实损害）。

在用射孔方法打开储层的过程中，聚能射孔弹依靠爆轰产生的高能射流，建立了油气流和井筒之间的流动通道；另一方面对炮眼区域产生了射孔压实带损害。根据国外室内研究表明：压实带的平均厚度为 1.20～1.30cm 时，压实带区域的渗透率平均下降幅度为 71.98%～78.10%。而且，随着射孔弹装药量的增加，压实带厚度增大。

新井投产以前由于使用的入井液体与储层不配伍，给储层造成了物理或化学堵塞、固相颗粒堵塞、黏土水化膨胀、乳化堵塞，贯穿于完井过程中。目前采用的常规射孔完井工艺无法从根本上排除压实损害及完井先期污染的影响。在今后的产能建设和增储上产工作方面势必有重大损失。炮眼是储层与井筒间油气流动的咽喉通道。压实损害的存在加之各工艺环节产生的诸多储层污染影响，将严重损害储层的油气流动能力，导致产能降低，甚至可能发生误判产能的严重后果。从油田的整体开发来看，将会导致采油速度减缓、采出程度下降，最终影响采收率。

另外，在大港油田每年特低渗油层新井占全年新井的 10%，这部分井需进行大型压裂措施改造。中、低渗层占 20% 左右，目前不进行压裂，就不能充分发挥地层自身能量，造成其产能也不是很高。如果均实施压裂，费用又很高，因此迫切需要一种低渗油藏的增产技术。

4.2 试油举升严重脱节，不仅增加了试油周期和作业费用，而且不利于油层保护

目前大港油田的开发井一般采取简化试油的方式，射孔后测压，然后下泵投产。现在采取的工艺是先射孔、再下压力计测压，然后下泵投产，这样采用两趟管柱，不但工序繁多，而且试油周期也长，严重阻碍了投产时间也对地层造成污染。建议攻关试油和举升管柱一次完成，在试油管柱中下入抽油泵工作筒，试油射孔后不起管柱直接投产，简化试油工序，节省作业费用，而且保护油层。

4.3 试油资料解释数据不能为举升提供科学的依据

（1）试油中，为了节省试油费用，常采用简化试油工艺，射孔后直接测压，然后投产，而对于测压资料如果进行完井评价（如表皮系数、流动系数、外推原始地层压力的解释）至少需要测稳 48h，有时还采用抽油泵下带长时钟压力计进行测压（每口井关井测试 10～20d），

这样不仅费用高，而且延长了试油周期、延误了油井的投产时间。

（2）由于测试工作的滞后或缺少，测试与后期的举升严重脱节，不能为举升设计提供科学的产能预测参数，后期的举升设计只能参考邻井的资料，可靠程度低。

（3）现有的解释方法还不能对单井的产能进行预测。

4.4 试油过程中油气层保护的问题

油气层保护是油田勘探开发过程中极为重要的一项系统工程。钻井、完井、试油、修井以及增产措施的每个施工作业过程，都有可能对油气层造成人为的损害而降低油井近井地带储层的渗透性，进而降低油井的自然产能。当损害程度严重时，油气层可能被完全堵死。

通过"七五"、"八五"、攻关及"九五"的推广应用，大港油田的油层保护工作已从初级阶段逐步进入科学阶段。在保护油层的钻井液完井液方面做了大量的工作。取得了较好的经济效益。但是这些技术基本上都是针对某一方面进行研究的，并没有形成全过程的油气层保护的配套技术，或者说没有针对某一特定区块整体考虑油气层保护工作。从一定程度上影响了油层保护的效果。大港油田目前在油层保护方面存在的主要问题有：

4.4.1 入井液与流体不配伍

入井液对储层的伤害是从钻开油气层开始到投产全过程中发生的，如钻井过程中的泥浆、固井液，试油下泵过程中的射孔液、压井液等都对储层造成伤害，并且相互叠加，不可恢复。

4.4.2 入井液与储层不配伍

如果入井液与储层不配伍，损害将会更加严重。对于低渗透油层即使少量的劣质滤液侵入也会造成产能降低或恢复周期延长的后果。而高渗透层的主要危害来自完井液的大量漏失。由于完井液的大量漏失。造成油井严重减产，产能恢复周期延长 1~2 个月。

2000 年 2~11 月对我油田作业二区检泵井进行统计表明：减产高于 200t 的 27 口井，使用的修井液都是清水和卤水，在作业过程中表明存在漏失的井有 9 井次，其余井虽未标明漏失，但采用的修井液失水很大，API 失水全失。在一定程度上造成了产能的降低。另外据修井一分公司不完全统计，在 1996 年元月至 1997 年 4 月共 16 个月之中，就有 729 井次的油井在修井过程中发生程度不同的漏失，约占总工作液量的 1/3。各种修井液（压井液和冲砂液）累计漏失 8811 m³，平均每井次漏失为 35.5 m³。

4.4.3 入井液对温度的敏感性造成储层伤害

大港油田如沈家铺、孔店、羊三木、小集油田的小 9-6 断块等都属于高凝、高黏油田。对于这些区块的新井，在以往的工艺中，入井液只考虑了酸、碱、盐、水、速五方面对地层及原油的影响，而忽略了温度对地层流体的影响。对于稠油高渗出砂油层采用不负压射孔，射孔后入井液直接与地层接触；对于中低渗不出砂油层采用负压射孔，但由于油稠，原油反吐能力差，加之入井液温度低于地层温度，势必造成原油流动能力下降，甚至凝固。因此被迫采用试油射孔后进行化学吞吐措施，来达到降黏、解堵提高稠油流动能力的目的。化学吞吐虽然效果好，但成本高，工艺复杂。

针对大港油田目前存在的问题，在对国内外油层保护技术进行调研的基础上，结合大港油田的实际情况，针对重点产能区块油藏特征，根据科学合理经济的原则，建议从产能井试油全过程实现油层保护技术，达到解放产能、提高综合效益的目的。

4.5 试油井测压问题

若同一老区块布若干口调整井，取测压有利构造部位的一口井为代表进行测稳地层静压，其余井可不进行测压，在满足地质要求的情况下节省产能建设资金、加快产能建设进度。

5 大港油田公司今后技术引进、攻关、推广的方向

5.1 攻关
（1）多级脉冲深穿透射孔技术研究与应用。
（2）快速完井评价与产能预测技术。
（3）水平井射孔技术研究。
（4）产能井试油全过程油层保护技术研究。
（5）开发井试油管柱与举升管柱联作一次完成技术研究。

5.2 试油的储备技术
（1）环保试油、试采技术。
（2）井下测试无线传输与地面直读测试技术。
（3）定方向射孔技术。
（4）水力喷砂射孔技术（1~2m）。

5.3 需引进的试油技术
（1）引进的试油资料评价与解释技术。
（2）全通径测试技术。
（3）智能测试技术。
（4）试油试采资料现场自动采集技术。
（5）不压井试油起下钻作业技术。
（6）水平井、复杂结构井的测试工艺技术研究。
（7）远距离井下数据无线传输技术的深化研究，该项技术是智能化、远距离无线传输技术的瓶颈，国外在这方面也处于探索阶段，相关的难点还有待解决。

作者简介：

王树强，工程师。1993 年毕业于大港石油学校采油工程专业，主要从事采油工艺、试油工艺设计及新技术研究。地址：天津大港油田团结东路，邮编：300280 电话：022-25973510。

防漏型修井液在苏丹 FN 油田的应用

黄义坚[1]　杨小平[1]　尤秋彦[1]　王小月[1]　李中山[2]

(1. 大港油田石油工程院油保中心；2. 渤海钻探定向井公司)

摘　要　针对苏丹 FN 油田开发研制的 NW-1 防漏型修井液具有防漏、低损害等特点。截至目前，在苏丹 FN 油田成功应用于严重漏失井 12 井次，一般漏失井 56 井次。NW-1 防漏液在满足苏丹 FN 油田防漏作业顺利施工的基础上，作业后油气产量在 3d 内恢复率达 90% 以上，油层保护效果明显。

关键词　漏失　防漏　修井液　损害　油层保护　苏丹

引言

在修井、冲砂等作业过程中，工作液在压差的作用下，发生漏失流进地层，引发井漏、井喷，造成施工遇阻或地层污染等是常见的技术难题之一。针对该类问题，一般有两种解决途径，其一为机械方法，采用不压井作业装置阻断修井液与地层的接触联系；其二应用化学方法，优化工作液防漏型能，防止修井液漏失到产层。

1　苏丹 FN 油田前期漏失情况统计及原因分析

统计苏丹 FN 油田前期修井作业资料(表 1)，以其中 10 口井的修井作业资料为例进行分析，发现 FN 油田 Bentiu、Abu Gabra 油组采用无固相修井液存在较严重的漏失，FN-12 井、FN-71 井、FN-46 井三口井循环漏失量占压井液总量的 32.3%，有的甚至超过 60%(FN-H1)，导致油井作业困难、材料损耗、产量下降。

表 1　苏丹 FN 油田 10 口井漏失情况表

井号	层位	作业时间	作业漏失情况
FN-12	Bentiu	2003. 10. 31	泵压 5.0~3.0 MPa, 3%KCl+4%防膨剂, 75m³修井液漏失 28m³
FN-33	Araderba, Betiu	2004. 8. 7	冲砂液漏失≥30m³/h
FN-69	Abu Gabra	2005. 2. 23	冲砂液漏失 20m³
FN-71	Abu Gabra	2005. 6. 7	泵压 8.0~3.0 MPa, 35m³ 清水漏失 8.7m³
FN-46	Abu Gabra	2004. 5. 20	泵压 0~5.0 MPa, 127m³2% KCl 漏失 40m³
FN-15	Bentiu	2006. 11. 16	冲砂液漏失 180m³
FN-H1	Aradeiba	2006. 12. 16	195m³0.5% XC+2%KCl 冲砂液漏失 130 m³/59h
Moga-21	Middle Abu Gabra	2006. 1. 16	无严重漏失(无固相聚合物漏 6m³/75m³)
Moga-25	Middle Abu Gabra	2006. 2. 09	盐水漏失 12m³/110m³
Moga-26	Middle Abu Gabra	2006. 1. 23	盐水漏失 16m³/108m³

调研相关资料发现，苏丹 FN 油田主力油组，由砂岩、页岩和粉沙岩夹层组成。高岭土是主要胶结物。物性表现为高孔高渗，岩心伤害实验结果表明该油组潜在强水敏特性。压力系数约 0.82，温度梯度为 2.81℃/100m。综合分析认为，FN 油田作业过程的漏失原因是：地层孔渗性好，存在漏失通道；地层压力系数低，水基修井液必然产生正压差；修井液类型不适宜，无固相盐水修井液不能防止漏失。

漏失产生的内在因素是很难改变的，通常的防漏方法是优化工作液配方，并与现场工艺配套。

2 防漏型修井液体系研究优化

国内外常用的防漏工作液有三种体系，无固相聚合物、暂堵型修井液、泡沫及乳化液体系。其中油包水体系及泡沫体系国外现场应用效果较好，但由于现场操作不便、工艺复杂、成本较高等，国内外应用较少。聚合物体系中主要通过聚合物的黏度降低滤失，但不能解决严重漏失问题。暂堵压井液体系研究比较多，通过暂堵剂架桥原理减少入井流体漏失。苏丹浅层主要漏失原因是低压高渗、地层出砂加剧漏失，因此选用聚合物暂堵体系来封堵漏失通道。

2.1 添加剂优选

2.1.1 暂堵剂选择

暂堵剂品种较多，考虑到苏丹作业过程中保护油层的需要，推荐选用油溶性暂堵剂。油溶性暂堵剂作为防漏型油层保护添加剂，其主要特性就是既能油溶又能封堵，从而最大限度地降低对储层渗透率的伤害。但是，产品的油溶率和封堵率两个特性本身是相互制约的。室内实验发现，随着添加助剂的成分和配比不同，油溶性暂堵剂在煤油中的油溶率可以在50%~95%之间变化；添加助剂越多，油溶率越低，软化点越高。因此要想使该产品获得较高油溶率，就必须调整与其匹配的暂堵剂配方。另外，在作业过程中，入井液起到压井防漏的作用，一般需要承受一定的正压差，其中的暂堵剂要想在正压差下具有较好的封堵效果，恰恰要求产品保持较高的抗压强度和保持较高的软化点，而较高的软化点却必然与油溶率的要求相背驰。

结合苏丹油田的特殊性：产品需要经过集装箱船舶长途运输，路途遥远，当地又是热带雨林气候，因此对暂堵剂的软化点要求极高。

调研发现油田常用暂堵剂的主要成分为石油树脂，在煤油中的油溶率 90%，软化点为70~105℃，黏度 40~200 目之间（0.45~0.076mm），常温下（0.18~0.15mm 筛）的过筛率82%以上（颗粒稳定性好，未见黏连），80℃（0.18~0.15mm 筛）的过筛率只有50%，见表2。筛余部分明显黏连、聚集，容易在应用过程中出现产品结块、糊泵等问题，原来的检验方法中软化点指标更多倾向于测试产品处于边缘软化状态之后的温度点，而不能反映出产品开始变软继而容易黏结的临界温度。由此研究筛选过程中提出 80℃（0.18~0.15mm）的过筛率达到80%以上的指标，考察了高温下该产品的颗粒稳定性（表2），以便采取可行措施来避免苏丹现场应用过程中可能发生的黏结。

表 2   常用暂堵剂的原样过筛率

温度/℃	筛子目数/%	≤60	60~80	80~100	100~120	≥120
高温 80	过筛率	29.1	17.56	49.8	3.3	0.2
常温 20	过筛率	0.2	1.2	82.1	6.2	10.3

通过改变暂堵剂中主要成分的复配比例，获得如表3数据。

表3 油溶暂堵剂的优选试验

序　号	主剂 A 和 B 复配比例	油溶率/%	软化点/℃
1	X1	56.32	140
2	X2	72.79	90
3	X3	75.12	88
4	X4	79.97	84
5	X5	85.01	80
6	X6	88.32	79
7	X7	90.01	74

针对苏丹作业漏失主要出现在冲砂、洗井、清蜡等采油过程中，需要兼顾暂堵剂的油层保护性能，优选出推荐5号比例组成的油溶性暂堵剂 NW-1，粒径在 77~172 μm 之间，软化点 80℃ 以上，油溶率>85%；同时针对并对其加量进行筛选。推荐加量为 2.0%~5.0%，即可获得较好的降失水效果(表4)。

表4　NW-1暂堵剂加量筛选表

NW-1/%	5.0	4.0	3.0	2.0	1.5	1.0	0.5
API 失水/(mL/30min)	8.0	8.3	11.0	11.2	11.9	13.0	14.2
110℃ 失水/(mL/30min)	17	19	20	22	29	41	—

2.1.2　增稠剂及其他添加剂

目前常用的增稠剂主要为 XC、HEC 类、HPAM 类，瓜胶类聚合物等。主要利用聚合物溶液的高黏性增加修井液的漏失阻力从而提高防漏失压力，同时依靠修井液的流变性能，起到冲砂洗井的作用。

另外需要配套防膨剂和稳定剂等，用以稳定体系的悬浮性、增强耐温性。

最终形成防漏型修井液基本配方如下：基液+0.3%~0.8%增稠剂+1.5%~5% NW-1+0.5%除氧剂 A+0.1%~0.2%稳定剂 B。

2.2　防漏型修井液性能评价

体系的防漏失能力由天然岩心动态封堵试验加以评价。先将天然岩样烘干，用标准盐水饱和后，驱替标准盐水测试液相渗透率，然后模拟地层污染同方向挤入修井液，实施封堵；停止污染后，测试岩样液相渗透率，得到修井液对岩心的堵塞率，结果见表5。

表5　NW-1防漏修井液防漏失实验

类别	初始	封堵过程				
驱替时间	2h	600s	900s	1000s	1100s	1200s
压力/MPa	0.10	5.7	6.1	9.3	11.2	10.8
液相渗透率/×10^{-3}μm^2	29.62		2.53	1.05	1.11	1.17
封堵率/%			91.4	96.4	96.2	96.0
滤液/mL		0.1	1.2			1.6

结果表明：该修井液封堵率达 90% 以上，可防止向产层漏失。

采用港西明化镇 11# 岩心进行动态损害模拟评价实验，修井液封堵损害后，采用

1.5mL/min 排量驱替 3.5h 后，岩心渗透率恢复 86% 以上。油层保护效果好。

为了探讨 NW-1 防漏修井液的重复利用可能性，从而降低使用成本，研究过程中模拟现场条件对修井液进行污染。设置试验温度 120℃，NW-1 防漏修井液滚动加热 16h 后，性能变化情况见表 6。

表 6　性能对比一览表（120℃滚动加热 16h）

编号	φ600	φ300	φ6	φ3	τ_0	τ_{10min}	污染前
7	139	78.5	12	10	10/2	12/2	
8	128	74	20	19	9/2	14/2	
9	134.5	82	19	13	12/2	15/2	

编号	φ600	φ300	φ6	φ3	τ_0	τ_{10min}	污染后
7	126	77	10	8.5	8/2	9/2	
8	114	64	19	16	7/2	11/2	
9	124	76	10	8.5	8/2	14/2	

结果表明，污染前后修井液流变性变化率低于 25%。表观黏度保持率高于 80%。

在苏丹现场同样进行相关试验分析。将 FN-46 井经过 4d 现场作业后的修井液回收，并对回收液体进行检测，结果见表 7，主要指标基本不变，可以重复利用。

表 7　FN-46 井修井液使用前后性能对比一览表

检测项目	单　位	检测指标	使用前检测结果	使用后检测结果
外观	—	淡黄色黏稠液体	淡黄色黏稠液体	淡黄色黏稠液体
密度	g/cm³	1.050±0.010	1.048	1.035
表观黏度 AV	mPa·s	20~30	21	22.5
马氏漏斗黏度	s	40~65	56	55
pH 值	—	7~9	7.5	7
API 失水量	mL/30min	<15.0	13	10（悬浮固相增加所致）

3　现场应用

NW-1 防漏型修井液于 2006 年 1 月开始，在苏丹 FN 油田进行了现场应用，截至目前，先后应用于严重漏失井 11 井次，一般漏失井 56 井次（表 8）。

表 8　防漏型修井液现场应用情况一览表

井号	井深/m	漏失情况	恢复周期/d	备　注
FN-12	1245.3~1300	无漏失	1	上次 75m³ 修井液漏失 28m³
FN-33	1181.9~1299.0	无漏失	1	普通压井液漏失≥30m³/h
FN-69	1974.0~1978.0	无漏失	—	普通压井液漏失 20m³
FN-15	1256~1266	循环无漏失静态漏 4m³	2	上次漏失 180m³
FN-H1	1675~1760	无漏失	1	上次漏失 130m³
FN-71	1903~1919	无漏失	5	上次 35 m³ 漏失 8.7m³
FN-46	2073.9~2359.6	无漏失	1	上次 127m³ 漏失 40m³
FG-31	1211	无漏失	2	普通压井液漏失≥18m³/h
FF-24	1450	无漏失	1	普通压井液漏失 30m³
PI-28	1170	无漏失	1	普通压井液漏失≥35m³/h
JUMMEZA-3	1530	无漏失	1	普通压井液漏失 68m³

3.1 防漏效果明显

以其中两口井 FN-H1、FN-15 为例，FN-H1 井采用 NW-1 防漏液施工，循环状态下观察无漏失（上次冲砂液漏失 180m³）。FN-15 井防漏液 7h 冲砂完成无漏失（上次 59h 冲砂漏失 130m³）。

3.2 油层保护效果好

对比发现，本次冲砂作业后，投产 3d 后产量基本恢复，且含水下降（图 1、图 2）。

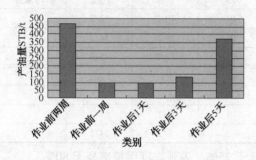

图 1　FN-H1 井作业前后产量对比

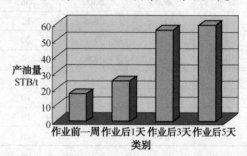

图 2　FN-15 井作业前后产量对比

4　认识与体会

室内研究和现场应用结果表明，NW-1 防漏体系针对苏丹储层特点，解决了两个关键问题：防漏失和防污染。

（1）NW-1 防漏体系具有良好的稳定性和环保性，作业期间不会产生人员及环境危害及修井液失效（性能变坏）。

（2）推荐全井筒使用 NW-1 防漏体系，以利于循环压井及维护。

（3）使用完毕后要通过抽吸、自喷或其他方式，将井筒液体及时排出，增强油层保护效果。

（4）返排出的 NW-1 防漏体系可以在同类型井中重复使用一次。

作者简介：

黄义坚，1968 年生。1991 年毕业于承德石油高等技术专科学校，现在大港油田钻采工艺研究院油层保护中心工作，工程师。电话：022-25921200。

水平井封堵管外水窜工艺技术研究与试验

于永生[1]　刘　贺[1]　邹小萍[1]　张秋红[1]　刘金海[2]

(1. 大港油田石油工程研究院；2. 青海油田公司第二采油厂)

摘　要　水平井固时由于固井段斜度很大，水泥浆固化后在纵向上易产生沉降和体积收缩，使得水平井的固井质量变差，投产后容易产生管外水窜现象。水平井由于井型特殊，因此管外水窜的封堵不同于直井，不但要求堵剂的强度高，能实现永久性封堵，而且要求堵剂性能均一，固化后体积不收缩，固化状态可控，使用安全。针对这些特点，我们研究了 PH606 堵剂，该堵剂强度可达到 15~20MPa，与地层和套管固结性能好，固化后体积膨胀 4%~8%，凝固时间和固化状态可控。该堵剂在跃西 H3 水平井成功的进行了水平段打塞和封窜矿场试验，取得了较好的效果

关键词　水平井　堵水　堵剂　施工工艺

1　堵剂的室内研究与实验

1.1　PH606 堵剂介绍

PH606 堵剂主要由 ZCT-08 颗粒材料，PH602 高分子活性聚合物和 HNJ 调节剂组成。

1.1.1　ZCT-08 颗粒材料

ZCT-08 是一种纳米到微米级的颗粒材料，平均粒径 5μm。由于其粒径小，因此固结后结构更加致密，强度高；与套管和地层接触面积大，粘结强度高，所以能获得更长的封堵有效期。

1.1.2　PH602 高分子活性聚合物

PH602 是一种纤维素类高分子活性聚合物，它主要具有以下性能：

（1）聚合物具有表面活性，能使 PH606 快速分散，不出现结块的现象。

（2）聚合物溶液具有较高的黏度，对 ZCT-08 颗粒的悬浮能力强。能形成类似"溶液"的均匀混合液，克服了颗粒的沉降对堵剂性能的影响。

（3）在堵剂的混配过程中能产生丰富的泡沫，使堵剂凝固后体积产生较大的膨胀。

1.1.3　HNJ 调节剂

HNJ 调节剂主要用来调节堵剂的凝固时间，其用量可根据油井地层温度及施工要求来调节，以保证施工安全和施工效果。

1.2　PH606 堵剂的性能

1.2.1　堵剂的凝固时间

在 ZCT-08 堵剂浓度一定的条件下，堵剂的凝固时间主要靠 NHJ 的用量来调节和控制。对于水平井来说，井型比较复杂，堵剂的凝固性能必须满足以下要求：

(1)堵剂的稠化时间要求比较短，即在较短的时间内在静态下失去流动性，这样可以保

证堵剂在注塞和封堵管外水流通道时，在凝固前不会由于重力的作用发生水平流动。

（2）堵剂的凝固时间要求长，以保证施工的安全。

表1为ZCT-08浓度为65%，不同NHJ调节剂用量的条件下堵剂的稠化和凝固时间。从表中可以看出，当NHJ调节剂浓度大于2%时，堵剂的稠化时间比较适宜，固化时间大于4h，能满足施工的要求。

表1　70℃下不同 HNJ 浓度下堵剂的稠化和凝固时间

HNJ 用量/%	1	2	3	4
稠化时间/h	0.5	1.5	2.5	4
初凝时间/h	2	4	8	12

1.2.2　堵剂的抗压强度

在温度一定的条件下，堵剂的强度主要受ZCT-08浓度的影响。表2是不同ZCT-08浓度的堵剂在70℃下养护24h，48h和72h后的抗压强度。

表2　堵剂抗压强度测定

ZCT-08 浓度/%	55	58	62	65
养护时间/h	72	72	72	72
抗压强度/MPa	7.8	11.6	14.7	16.9

从表2可以看出：堵剂的强度主要受ZCT-08浓度的影响，浓度越大，堵剂的强度越高。

1.2.3　堵剂的膨胀性能

对于水平井封堵管外水窜通道来说，堵剂凝固后体积收缩会造成堵水措施的失败。PH606堵剂具有悬浮稳定性好，凝固后体积膨胀的特点。表3是不同配方的堵剂在70℃下的稳定性和膨胀。

表3　不同配方堵剂的稳定性和膨胀性能测试结果

ZCT-08 浓度/%	溶液体积/mL	静置 4h 后析水量/mL	凝固后体积/mL
58		0	52.4
62	50	0	52.9
65		0	53.4

从表3可以看出，堵剂在静态下静置4h后堵剂无自由水析出，说明堵剂有很好的稳定性。堵剂凝固后，体积膨胀4%~7%，完全能满足水平井封堵管外水窜和井筒打塞的需要。

2　跃西 H3 井矿场试验

2.1　跃西 H3 井简况

跃西平3井位于跃西油田跃75井区，于2006年11月完钻，完钻井深2348m（斜深）采用三开井身结构，生产套管采用177.8mm套管接139.7mm筛管完井，筛管共分6段。具体的完井井身结构如图1所示。该井于2006年12月3日投产，生产一个月，日产液约30m³，含水100%，后关井。

根据对地质情况的研究和分析，该井高含水的原因主要是该井水平段1810~1830m位置存在高渗透水层，水层段未固井，无管外封隔器，水层的的水经套管外的环空进入割缝筛管段产出。

234

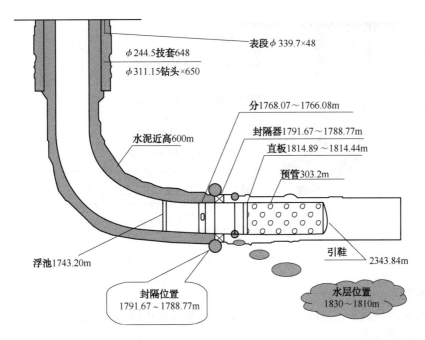

图 1　跃西 H3 井完井井身结构图

2.2　堵水施工

2.2.1　注油层保护液

（1）下光油管至 2343m。

（2）配制油层保护液 $7m^3$（自降解聚合物+油溶性暂堵剂）。

（3）打开套管闸门，正替油层保护液 $6.5m^3$，正替清水 $5.4m^3$。上提油管至 1845m，反洗井，直到进出口液性一致。

2.2.2　注塞：

（1）注塞井段 1815~1835m。

（2）正替 PH606 堵剂 $0.5m^3$，候凝 48h。

（3）探塞面，塞面位置 1810m，合格。

（4）试压：下 K341-114 封隔器至 1801m，正试压 15MPa 合格。

2.2.3　射孔

（1）射孔井段 1799~1800m。

（2）采用 89 枪，89 弹，孔密为 8 孔/m。

具体堵水施工井筒准备如图 2 所示。

2.2.4　堵水施工：

（1）配制 PH606 堵剂 $4.0m^3$。

（2）打开套管闸门，正替 PH606 堵剂 $2.5m^3$，淡水 $5.0m^3$。

上提油管至 1560m，关油管闸门，反挤清水 $1.4m^3$，压力 26MPa，立刻关井候凝 48h。

（3）钻塞：螺杆钻+ϕ114mm 高效滚珠磨鞋钻塞至 1810m，挤清水测试地层吸收量，压力 15MPa，10min 压力不降，试压合格。继续钻完井内所有灰塞。

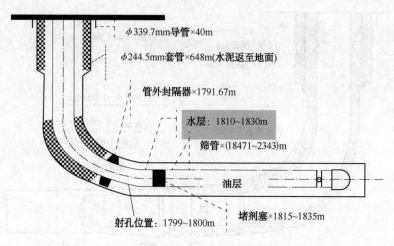

图 2　跃西 H3 井堵水井筒准备示意图

2.3　堵水效果

该井堵水后见到了较好的效果，总体上表现为液量比堵前大幅下降，含水下降，产油量上升。具体效果见表 4。

表 4　跃西 H3 井堵水前后生产情况对比

时间	工作制度	日产液/(t/d)	日产油/(t/d)	日产水/(m³/d)	含水/%
堵前	φ44×1656m	30	0	30	100
堵后	φ44×1646m	5	3	2	40

3　结论和认识

（1）针对水平井的特点研究了 PH606 高强度可膨胀型堵剂，堵剂稠化和凝固时间可控，能满足水平井水平段打塞和封堵管外水窜通道的需要。

（2）K341 封隔器试压、高效滚珠磨鞋钻塞在跃西 H3 井的成功应用说明，这些井下工具在水平井作业中具有较好的适用性，为今后水平井的堵水作业积累了经验。

（3）堵剂的研究和现场试验的成功为裸眼完井的水平井堵分段堵水工艺的研究积累了宝贵的经验。

参　考　文　献

［1］　白宝军，李宇乡．国内外化学堵水调剖技术综述．断块油气田，1998，5(1)．
［2］　韩进．分层挤注工艺技术管柱．中原油田采油新技术文集钻采工艺，2000(5)．
［3］　陈建业，李侠．化学堵水管柱的研制与应用．油气井测试，2002．
［4］　陈超峰，王维君．高压超深井水泥封堵施工分析．试采技术，2003．
［5］　肖国华．K341-115 多用途封隔器的研制．江汉石油科技，2002．

作者简介：

于永生，男，高级工程师，毕业于西安石油学院，现在大港油田钻采工艺研究院从事调剖堵水技术研究工作。

港西油田污水聚合物驱注入压力
异常问题分析与解决对策

赵 英

(大港油田第五采油厂)

摘 要 大港油田三次采油工作自 1986 年第一个聚合物驱先导试验成功开展以来，主要方法为清水体系聚合物驱。2007 年 5 月在港西三区实施的污水聚合物驱工业化试验，掀开了大港三次采油工作的新篇章。目前国内外虽然有一些关于污水聚合物驱方面的研究和技术，但大多是针对室内试验和驱油机理的研究，很少涉及现场实施后出现的问题的分析和研究。实际上在现场实施后，因井而异，会出现很多室内试验不能预计的问题。本文主要针对污水聚合物驱在现场实施后，部分注入井注入压力异常的问题，进行影响因素及解决对策的研究分析，达到进一步改善注聚开发效果目的，为大港油田今后将要实施污水注聚的区块，提供指导和借鉴的经验。

关键词 污水聚合物驱 压力异常 地层堵塞 解堵 增压

引言

港西三区自 2007 年 5 月 22 日正式实施污水聚合物驱，注聚区控制含油面积 3.023km²，聚驱控制石油地质储量 703×10⁴t。有注入井 38 口，受益油井 65 口。经过两年多的现场注入，无论是从注入井还是从采出井评价，都见到了良好的反应，注聚效果初步显现。随着港西三区注聚开发的逐步深入，在注入过程中也出现了一些问题。主要表现为注入井注入压力异常井在逐渐增加。

借鉴其他油田区块注聚经验，在注入两年后，注入压力平均升幅应在 2~3MPa 之间。目前共有 38 口注聚井，而压力异常井 21 口，占总注入井的 55.26%。其中 17 口注入井井口注入压力高，井口注入压力在 10MPa 以上，接近高压污水干线压力(干线压力 11~11.5MPa)，压力上升空间仅 1MPa，目前已有部分井表现出注入困难；另外有 4 口注入井压力升幅小，注入两年了，压力升幅小于 1MPa，注聚后未建立一定的地层阻力。

1 影响压力异常的主要因素

1.1 注入压力高的注入井的主要影响因素

通过两年的注入，目前有 17 口注入井的注入压力高。与注聚前相比，17 口注聚井平均套压由 6.32 MPa 上升至 10.74 MPa，上升了 4.43 MPa；平均油压由 6.21 MPa 上升至 8.98 MPa，上升了 2.78 MPa(表1)。

通过对 17 个注入压力高的井组的分析，发现引起注入井压力高的原因主要有三类：

表1　注入压力高的注入井数据表

井　号	注聚时间	注聚前		目前		增加	
		套压/MPa	油压/MPa	套压/MPa	油压/MPa	套压/MPa	油压/MPa
西 3-10	2007.5.26	0	8	0	10.7	0	2.7
西 4-8-1	2007.5.26	7.1	6.9	10.68	3.5	1.4	
西 3-8 新 2	2007.5.26	8.5	5.3	11.1	7.3	2.6	2
西 9-8-5	2007.5.26	9.5	9.5	11.5	11.5	2	2
西 9-9-5	2008.3.12	7.1	7.3	10.7	10.8	3.6	3.5
西 6-9-2	2007.5.17	5.5	5.5	8	10.8	2.5	5.3
西新 11-9	2007.5.17	10.3	5.4	11	10.1	0.7	4.7
港 167	2006.11.25	5.7	6	9.9	10	4.2	4
西 1-9-2	2007.5.26	6.4	4.6	10	6.5	3.6	1.9
西 4-9-1	2007.5.26	6.3	6.5	10.9	6.4	4.6	-0.1
西 7-7-2	2007.6.9	6.4	6.9	11.6	10.5	5.2	3.6
西 13-9-1	2007.6.14	5.1	5.7	11.6	9.8	6.5	4.1
西 7-8-2	2007.5.27	5.1	5.2	11	7	5.9	1.8
西 13-8-4	2006.11.25	2.8	5.4	11.3	7.4	8.5	2
西 9-8-3	2006.11.25	4.6	4.6	11.4	7.3	6.8	2.7
西新 1-7	2007.5.26	2.5	3.9	11.3	8.3	8.8	4.4
西 38-7-1	2007.5.17	8.2	8.8	10	10	1.8	1.2
合计：17 口		6.32	6.21	10.74	8.98	4.43	2.78

1.1.1　注聚初期近井地带地层迅速堵塞

注入井突出特点表现在：注聚后短期内注入压力快速上升。

主要影响因素：在聚合物溶液试注初期，由于聚合物混配不均，溶解不充分，聚合物团块在井筒炮眼附近长期堵塞和堆积，聚合物溶液在炮眼前后，由于流动速度变化(减小)，长期在井筒和地层近井地带堆积，造成聚合物浓度大幅度升高，黏度大幅度提高，造成井底管柱和近井地带堵塞，致使注入压力升高。

如：西 9-8-5 井，注入层位明二 9-2，日注 50m³。2006 年 11 月 25 日试注聚，注聚前正常注水时压力 6.3 MPa，注聚后压力快速上升，12 月压力升至 8.5 MPa，2007 年 1 月升至 10.7 MPa，2 月升至 11.7 MPa，3 月底开始出现完不成地质配注。

(1) 从注采对应关系分析：西 9-8-5 井区是一注四采，受益油井为西 9-9-2、西 10-8-2 新 2、西 9-8-1K、西 8-8-5 井(见图 1)，井组日产液量 49.5m³，配注量 50m³，井组月注采比 1.01。从注入采出状况分析，井区注采相对平衡。

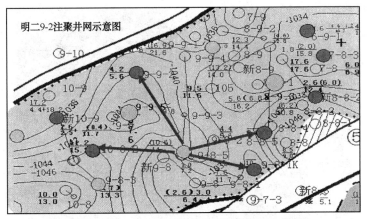

图 1　西 9-8-5 井区明二 9-2 注聚井网示意图

（2）从西 9-8-5 井注入层的孔渗数据表可看出，西 9-8-5 井注入层物性较好，不属于低孔低渗地层（表 2）。

表 2　西 9-8-5 井数据表

井号	注入层位	注入量/m³	解释井段/m	原始解释	孔隙度	渗透率/%
西 9-8-5	明二 9-2	50	1107.5~1113.7	油水同层	37.8	1900

（3）从西 9-8-5 井的吸水指数和启动压力示意图可看出：在注入过程中，随着注入启动压力上升，吸水指数同时也上升，这说明部分井在注聚后，在近井地带建立了一定的地层阻力，同时说明聚合物段塞作用不明显（图 2）。

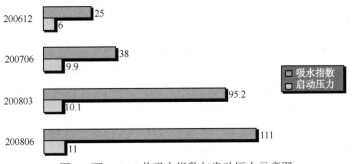

图 2　西 9-8-5 井吸水指数与启动压力示意图

综合以上分析：西 9-8-5 井是试注期间造成近井地带堵塞，致使注入压力升高。在目前 17 口注入压力高的井中，属于注聚后短期压力快速上升的注入井有 5 个井组。

1.1.2　注聚过程中地层近井地带缓慢堵塞

注入井突出特点表现在注聚后注入井注入压力持续缓慢上升，压力增幅大。

其主要影响因素：

（1）由于前期注入时，聚合物母液喂入泵出口未安装过滤器，聚合物溶液未经过滤，在注入过程中，聚合物不溶滞留物，另外还有少量的沙子和其他杂质，在注入过程中滞留在井筒壁、炮眼附近和地层近井地带，长期的注入使这些胶结物不断堆积，造成堵塞，从而使注入压力不断升高逐渐堵塞地层（图 3）。在目前 17 口注入压力高的注入井中，主要有 5 个井组属于这种类型。

（2）由于部分注入井长期没有进行水换作业，在注聚过程中又常常因为钻井占用、作业

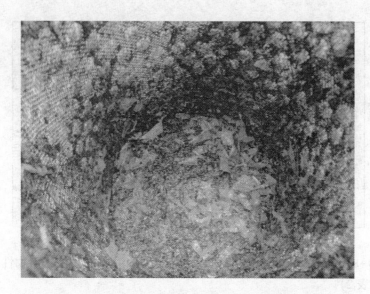

图3 过滤芯为20目的过滤网上的杂质图

占用频繁开关井，导致地层出砂，因砂埋部分注聚层而导致地层吸水能力下降，注入压力持续缓慢上升。

港西三区污水注聚自2007年5月25日正式注聚以来，截止目前已累计注入两年了，在两年的注入工程中，只有11口井13井次的注入井进行有目的的上修（重分注、调剖、补层完善）。在目前的38口注入井中，有71.1%的注入井在两年的注入期间未进行过水换。目前有部分井根据吸水剖面资料及动态注入资料分析，已砂埋部分注聚层。在目前17口注入压力高的注入井中，主要有4个井组属于这种类型。

1.1.3 注水时注入压力较高导致注聚后注入压力更高

注入井突出特点表现在注聚后压力持续缓慢上升，压力增幅较小。

其主要影响因素：由于储层物性差、注采平衡问题等因素制约注水时压力高（平均注入压力大于8MPa），导致注聚后注入压力更高。

在目前17口注入压力高的注入井中，主要有3个井组属于这种类型。

1.2 注入压力升幅低的注入井的主要影响因素

通过两年的注入，目前仍有4口注入井的注入压力与注聚前相比，升幅小于1 MPa（表3），注聚后未建立一定的地层阻力。

表3 注入压力低的注入井数据表

井号	注聚时间	注聚前		目前		增加	
		套压/MPa	油压/MPa	套压/MPa	油压/MPa	套压/MPa	油压/MPa
西37-5-2	2007.5.26	0	8.2	0	7.7	0	-0.5
西14-8-3	2007.5.17	0	6.5	0	6.4	0	-0.1
西新38-6	2007.5.28	7.6	7.8	7.8	7.8	0.5	0
西12-8-5	2007.7.15	4.8	5.1	5	6	0.2	0.9

通过对4个注入压力低的注入井组的分析、归纳，发现引起注入井压力升幅低的原因主要有两类。

1.2.1　边底水油藏干扰

注入井突出特点表现在注聚后注入井注入压力基本保持稳定，压力增幅小。

其主要影响因素：在注入井的注入层中含边底水油层，由于边底水的存在，聚合物部分注入边底水中，发生聚合物外溢，导致注聚后注聚压力变化不明显。在目前4口注入压力增幅低的注入井中，有3个井组属于这种类型(图4)。

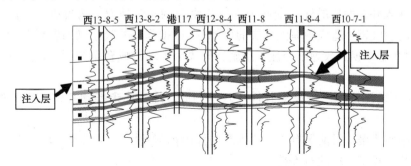

图 4　注入压力低的井区油藏剖面图

1.2.2　井况因素干扰

注入井突出特点表现在注聚过程中注入井的注入压力突然下降。

其主要影响因素：在注入井的注入过程中，由于注入层段发生套管窜干扰，导致聚合物未全部注入进目的层中，发生了部分外溢，导致注入井压力变化异常。在目前4口注入压力增幅低的注入井中，有1个井组属于这种类型。西37-5-2井设计注入层位是10号层，但在注入过程中，由于9号层与10号层窜，导致目前只能是9号层和10号层合注，注入两年了，注入压力增幅小(图5)。

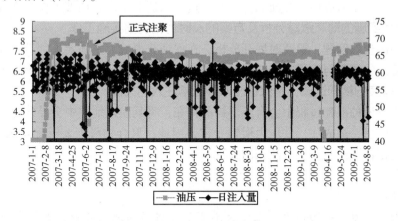

图 5　单井注入曲线

2　采取的技术对策

2.1　通过实施解堵措施，解决部分注入井因近井地带堵塞注入压力高而导致注入困难的问题

在17口注入压力高的注入井中，目前已有6口注入井完不成配注，日欠注275 m³，累计欠注2.13×10⁴m³。按目前的注入井注入压力预测，短期内将还会有9口注入井将陆续面临完不成配注的问题。针对这部分注入井，通过实施解堵措施，向注聚井中加入适量的聚合

物降解剂，降解井筒中堆积物，疏通管道，降低井口注入压力，实现正常注聚，解决部分注入井因近井地带堵塞注入压力高而导致注入困难的问题，以增强整体注聚效果。

2.2 通过实施水换、改地下分注等措施，排查地面分注注入井因砂埋造成套压持续缓慢上升导致注入困难的问题

针对港西三区地面分注注入井套压普遍较高的现象，结合目前注入的 38 口注入井中，有 71.1% 的注入井在两年的注入期间未进行过水换的实际情况，为排查、验证浅层因出砂较为严重、沉砂口袋小造成砂埋注入层的可能性（根据部分井吸水剖面资料及动态情况分析结果），通过实施水换、改地下分注等措施，解决因砂埋造成套压持续缓慢上升导致注入困难的问题。

2.3 通过实施增注措施，解决部分井注入压力低，注聚后未能建立起一定的地层阻力的问题

经过两年的注聚，目前仍有 4 口注入井与注聚前对比，注入压力升幅小于 1MPa。针对这部分注入井，我们采取的对策是：

（1）调大外溢井区的整体注采比，使得井区注入井的注入量在扣除外溢量的前提下，保持井区整体的注采平衡。

（2）采取污水注聚中期增压先导试验，即在注聚过程中加入强凝胶段塞，以提高注入压力，改善层间、层内矛盾，增强整体注聚效果。

3 结论与认识

3.1 注入现场生产问题分析是一项多学科，多部门合作的工作

在现场注入过程中，油水井的每一点动态变化，都要从体系研究，室内试验，到油藏地质再认识、工艺技术适应性多方面综合分析，这是保证下步措施调整工作行之有效的关键。

3.2 注重现场实施的动态跟踪分析及方案的及时优化调整实施工作

针对现场出现的问题，要及时展开分析，在保证获得最大实施效果，最小经济投入的前提下，进行方案的调整与优化，并及时付诸与实施，这是保证污水注聚效果的关键。

3.3 聚合物母液的精细过滤，是保证注入井正常注入的关键

在聚合物溶液的混配过程中会有不溶物的存在，将其注入地层中会导致地层堵塞，为今后的注入埋下隐患，造成注入井压力增幅异常，因此，聚合物母液要混配均匀、充分溶解、精细过滤，这是保证注入井正常注入的关键。

作者简介：

赵英，女，工程师，1993 年毕业于大港石油学校石油地质专业，多年来一直从事三次采油现场应用分析与研究工作。通讯地址：天津市大港油田第五采油厂，邮编：300283，电话：022-25931235。

套管完井水平井定向射孔实践分析

王树强　陈　琼　康　玫　王艳丽　王军恒

（大港油田石油工程研究院）

摘　要　2004~2005年大港油田所完成的6口水平井，尽管油藏特点各不相同，有边、底水油藏、出砂油藏和不出砂油藏，但我们经过研究攻关，在保护好油气层的条件下，取得了大港油田钻探水平井以来最佳的开采效果。6口水平井一次点火成功，施工成功率100%，安全无事故。定向射孔技术一次点火射开水平段长达225m，创造了大港油田水平井射孔的新记录。在地面进行的不同尺寸射孔枪弯曲试验，为水平井的安全、可靠射孔奠定了基础。所完成的定向射孔套管用有限元法模拟破坏试验，为水平井的长期安全开发提供了依据。本文从几个方面对水平井试油测试技术进行了回顾和总结，对大港油田水平井的后期开发提供了宝贵的经验。

关键词　套管　完井　水平井　射孔　油层保护

引言

水平井技术是提高勘探开发综合经济效益的重大技术之一。水平井的最突出优点可用四个字来概括，"即少井高产"，这一突出优点可缩短油田建设时间，加快资金回收，少占土地，减少排放，有利于环保。

2004年大港油田共完成了6口水平井的钻井、试油、投产任务，并且取得了单井最高日产226m³的成果（表1）。2004年大港油田所完成的6口水平井，尽油藏特点各不相同，有边、底水油藏、出砂油藏和不出砂油藏，但试油技术主要体现在油层保护、延时点火的负压射孔技术、金属毡滤砂管防砂技术等几个方面。

1　油层保护的实施为确保水平井的高产提供了保障

近几年来，水平井油层保护越来越受到人们的重视，发展更为迅速。为了提高水平井的油层保护工作，我们主要进行了两个方面的工作：

（1）于地层胶结好，不出砂地层的水平井，采用负压射孔技术，在射孔的瞬间返排，清洗射孔孔眼，最大限度的保护油层。为了进行负压射孔我们在直井中进行了最大掏空深度试验和延时点火试验。

（2）延时点火技术的研究为实现理想负压值射孔提供了可能。

由于水平井斜度大，常规的投棒点火不能应用，为了保证水平井的点火成功，只能采用液压点火，而采用液压点火，为了实现负压射孔技术，根据我们油田井下工具和射孔现状，通过研究，最终采用的是降低套管液面+开孔装置+延时起爆方式来实现的。

其基本原理是：在射孔前，根据负压射孔需要的液柱高度，先将套管掏空到预定的深度，然后通过油管加压，引爆点火头，进入延时状态，继续加压，使开孔装置打开，油管与套管连通，利用延时时间，使油管与环空液面（压力）达到平衡，再引爆射孔器，从而实现负压射孔, 为了确保负压射孔, 就必须要求在射孔枪起爆前使套管和油管的液面达到平衡, 即在点火头延时时间内达到压力平衡, 否则就不能够实现真正的负压射孔(图1)。

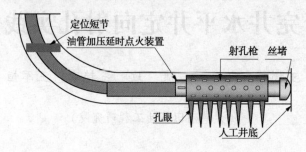

图1 射孔管柱示意图

我们对延时时间进行了理论研究, 并用软件对延时时间进行了模拟计算(图2), 并在(板835-8井等)3口直井及定向井中有目的的进行了延时点火试验, 取得了延时的准确时间, 进行了理论验证。该技术在6口水平井得到了成功运用。

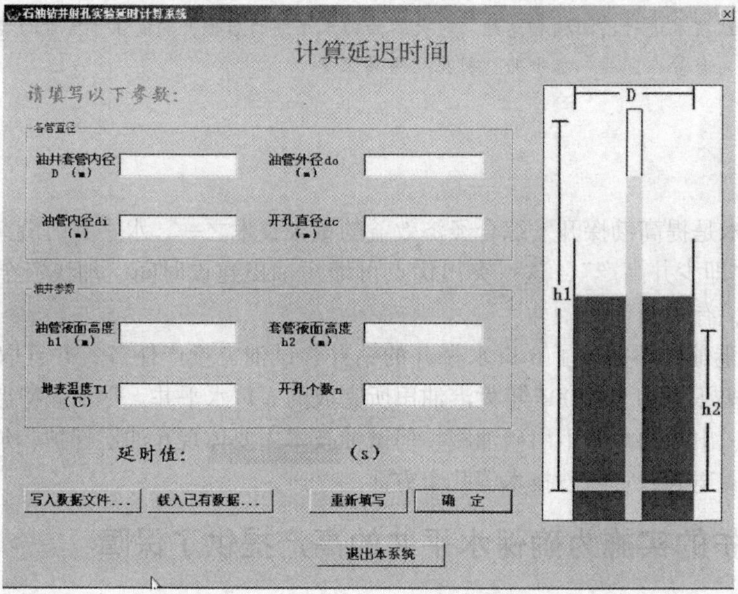

图2 计算延时时间

(3) 针对不同类型、不同储层的水平井, 前期对储层进行研究, 通过岩心或岩屑对储层进行敏感性评价, 筛选入井液, 从而达到保护油层的目的。

例如扣H1井, 为了优选射孔液, 我们采用扣H1井井岩屑进行了岩屑酸溶蚀率性能实验、钻井泥浆溶蚀率性能实验、淡水等各种流体引起的黏土膨胀及相关的配伍性能实验。并根据实验结果进行了射孔液的优选。

① 酸溶蚀率性能实验。

实验方法: 取扣H1井岩屑两等份, 一组粉碎成粉状过80目筛, 烘干后称重; 另一组未过筛; 在90℃条件下与过量的酸液反应, 2h后过滤、烘干称重, 并计算溶蚀率等数据。实验结果见表2。

244

表 1　2004~2005 年水平井情况统计表

序号	井号	油藏特点	区块	层位	目的层深度/m	完钻井深/m	靶前距/m	水平段长/m	井段/m	试油方式	枪型	相位	孔密	投产日期	工作制度	泵径泵深/m	液量/m³	油量/t	含水/%	累计产油量/t
1	西 H1	出砂	西 13-13 断块	明三 7	1367.07	1564	349.98	235	1296.0~1415.0; 1425.0~1478.0	加压 8~12MPa 延时 8min	89 枪 89 弹	向下 180+120°	16	2004.10.28	5/4	57×820	22.8	22.8	0	252
2	港 H1	底水	港 221 断块	Ng 四	2471.57	2490	355.35	174.2	1, 2378.0~2418.30 2, 2290.0~2350.0	加压 8~12MPa 延时 8min	89 枪 89 弹	向下 180+120°	16	2004.12.13	6/2.5	57×1000	43	23.4	45.6	68
3	女 MH4	不出砂	舍女寺	中生界	3419.91	3445	276	169	3263.0~3300.0 3312.0~3398.0	负压 2100~2160m 加压 8~12MPa 延时 8min	89 枪 89 弹	向下 150+90° 全方位	16 20	2004.10.15	7/2	44×2500	48.8	9.2	81.1	553
4	扣 H1	底水	扣村	Es3	2635	2656	240	193	2478.0~2554.0 2559.0~2631.0	负压 1600~1700m 加压 8~12MPa 延时大于 8min	89 枪 89 弹	90°	16 20	2004.03.20	6mm		72	71.3	1	13897
5	唐 H2	底水	唐家河	馆 13	2003.3	2039	172.5	142	1897.0~1924.0; 1927.8~1950.0	加压	89 枪 89 弹	低边 150° 定向	13	2004.01.02	4/4	70×1000	77	74	4	12933
6	羊 H1	出砂	羊三木	馆 I1	1700	1742	301.08	334	1395.0~1425.0 1425.0~1520.0 1520.0~1620.0	加压 8~12MPa 延时 8min	89 枪 89 弹	低边 150° 定向	16 16	2004.09.09	6/1	57×900	26	22	13	1362

表 2 酸溶蚀率性能实验

样品		酸液类型	实验温度/℃	反应时间/h	反应前重量/g	反应后重量/g	溶蚀率/%	反应现象
1	岩心粉	15%HCl	90	2	5.0060	1.4328	71.38	反应剧烈,有大量的气泡
2		15%HCl		2	5.0803	1.5140	70.91	反应剧烈,有大量的气泡
3	岩屑	12%HCl		2	5.0835	1.4148	72.17	反应剧烈,有大量的气泡
4		12%HCl		2	5.0582	1.3728	72.84	反应剧烈,有大量的气泡
5	岩心粉	12%HCl+3%HCl		2	5.0791	1.3091	74.23	反应剧烈,有大量的气泡
6		12%HCl+3%HCl		2	5.0119	1.2816	74.43	反应剧烈,有大量的气泡
7	岩屑	12%HCl+3%HCl		2	5.0778	1.7015	66.49	反应剧烈,有大量的气泡
8		12%HCl+3%HCl		2	5.1670	1.6864	67.36	反应剧烈,有大量的气泡

② 泥浆(正电胶体系)酸溶蚀率性能实验。

实验方法:取扣 H1 井泥浆烘干后两等份,一组粉碎成粉状过 80 目筛,烘干后称重;另一组未过筛;在 90℃ 条件下与过量的酸液反应,2h 后过滤、烘干称重,并计算溶蚀率等数据。实验结果见表 3。

表 3 泥浆酸溶蚀率性能实验

样品		酸液类型	实验温度/℃	反应时间/h	反应前重量/g	反应后重量/g	溶蚀率/%	反应现象
1	过筛泥浆粉	15%HCl	90	2	5.0547	2.6147	48.18	反应缓慢,有少量气泡
2		15%HCl		2	5.0475	5.5402	49.67	反应缓慢,有少量气泡
3	泥浆块	15%HCl		2	5.0712	2.6578	47.59	反应缓慢,有少量气泡
4		15%HCl		2	5.0162	2.6504	47.16	反应缓慢,有少量气泡
5	过筛泥浆粉	12%HCl+3%HCl		2	5.0421	1.5267	69.72	反应缓慢,有少量气泡
6		12%HCl+3%HCl		2	5.0680	1.5530	69.36	反应缓慢,有少量气泡
7	泥浆粉	12%HCl+3%HCl		2	5.1370	1.6494	67.89	反应缓慢,有少量气泡
8		12%HCl+3%HCl		2	5.1042	1.6211	68.24	反应缓慢,有少量气泡

③ 淡水引起的黏土膨胀实验。

实验方法:取扣 H1 井岩心粉碎成粉状过 60 目筛,烘干后称重,在 80℃ 条件下于淡水、煤油及模拟扣 50 井地层水及盐水等流体中浸泡,2h 后计算黏土膨胀数据。实验结果见表 4。

表 4　淡水引起的黏土膨胀实验

	井段/m	溶液类型	浸泡时间/h	配伍性能评价实验	防膨率/%
1		淡水	2	—	51.0
2		淡水	2	有轻微乳化现象，均匀流动	50.4
3		煤油	2		98.2
4		煤油	2	有轻微乳化现象，均匀流动	99.0
5		模拟地层水	2		89.3
6	2383.0~2400.4	模拟地层水	2	均匀流动	88.2
7		煤油	2	—	98.1
8		3%KCl	2		74.2
9		7%KCl	2		85.1
10		5%NH4Cl	2		62.3
11		5%NH4Cl	2		60.8

通过扣 H1 井井岩屑的室内实验，我们最终确定了采用 7%KCl 做为该井的射孔液。

(4) 在水平井的油层保护上，采用了不压井作业装置，在国内的水平井作业中是一创新。

下射孔管柱时，在 1000m 处下入一根堵塞器坐落工作筒(内无堵塞器)，射孔完成后，通过钢丝作业投堵塞器在工作筒内，封堵油管。成功后，拆除采油树，安装防喷器组和不压井作业设备，通过不压井作业机防喷器组控制油套环形空间的压力，在带压环境下上提射孔管柱至完井设计深度，然后拆除防喷器组和不压井作业设备，捞出堵塞器，将射孔管柱提出水平段。采用此技术在水平井中避免了压井对油层造成二次污染(图 3)。

图 3　油管封堵工具设备图

扣 H1 井 2004 年 3 月 20 日下油管输送 89 枪 89 弹射开 2478.0~2554.0m；2559.0~2631.0m 井段，点火 11min 后关井自喷，先后采用 10mm、8mm 制度求产，累计出液 14.2m³，其中 7.4m³(含水 0%，含砂 0%)。

2　定向射孔技术、变孔密射孔技术为出砂油藏和底水油藏的合理开发提供了条件

2.1　扣 H1 变孔密设计

考虑水平井水平段的摩阻，越到底部摩阻越大，在射孔器材上采用变孔密射孔方案，人

为控制生产压差，使水平段从远井地带到近井地带，在固定生产压差生产。另外从长远生产考虑，减缓后期边水上升速度，设计了变密度射孔方案。

射孔井段 2478.0~2554.0m，采用 89 弹，16 孔/m。

2559.0~2631.0m，采用 89 弹，20 孔/m。

2.2 羊 H1 变孔密

根据水平井生产时井筒流动特性耦合数学模型：

$$\Delta p_{w}=\frac{2f_{hw}\rho}{\pi^{2}D^{5}}(2Q+q)^{2}\Delta x+\frac{16\rho q(2Q+q)}{\pi^{2}D^{4}} \tag{1}$$

式中 Δp_{w}——水平井筒内某段的压降，MPa；

ρ——密度，kg/m³；

Q——水平井筒内某段主流上游端流量，m³/d；

q——从油藏流入某段内的流量，m³/d；

D——水平井筒直径，m；

Δx——水平井筒内某段长度，m；

f_{hw}——摩擦阻力系数。

通过耦合数学模型计算，可得到金属毡防砂完井沿水平井长度的生产压差分布曲线（图4）。

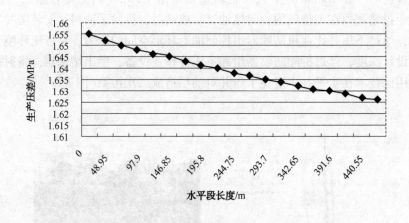

图4 金属毡防砂完井时沿水平井长度的生产压差分布曲线

从图4可以看出水平井生产压差沿水平长度上分布，跟部大，指部小。

射孔器材孔密选用 13 孔/m、16 孔/m 变密度射孔。

① 1395.0~1425.0m，30m，采用 13 孔/m 射孔；

② 1425.0~1520.0m，95.0m，采用 16 孔/m 射孔；

③ 1550.0~1620.0m，70.0 m，采用 16 孔/m 射孔。

3 射孔器材地面弯曲试验为水平井的安全射孔提供了保障

为了使射孔器材顺利的下入水平段，提前在地面做了不同曲率下的枪体弯曲试验。目前国内外水平井的钻探曲率主要分为以下四种(表5)。

248

表5　水平井钻井曲率

超短曲率半径		短曲率半径		中曲率半径		长曲率半径	
曲率半径/m	造斜率/[(°)/30m]	曲率半径/m	造斜率/[(°)/30m]	曲率半径/m	造斜率/[(°)/30m]	曲率半径/m	造斜率/[(°)/30m]
0.3~0.6	45~60	6~12	2~5	91~244	6~20	305~914	2~6

根据资料显示，目前我油田所钻探的水平井的曲率半径全部为中曲率半径，即曲率半径在91~244m之间。基本上在12°/30m左右，为保险我们按6°/10m计算（相当于井壁造斜18°/30m）。将10m枪管水平放置，中间加外力使枪体弯曲，根据理论计算最低点与水平线垂直距离达133.69mm就能满足要求。测试水平井用φ89、φ102射孔枪，接头在通过井壁造斜12°/30m时因受井斜构造影响导致枪身弯曲而是否使枪身、接头连接的螺纹及密封面发生渗漏。

3.1　试验步骤

（1）先把检验合格的枪两端及接头做好标记，然后测量其密封面尺寸及公差的大小并记录下来。

（2）将两只2m枪放中间，两只3m枪放两端，分别用接头连接牢固。

（3）把连接好的射孔器两端抬至高1m的架子上，给枪内加压20MPa。

（4）在枪串中间加外力，第一次80kg，测量出枪体下垂最低点与水平线距离为150mm，相当于井壁造斜20°/30m；第二次160kg，测最出枪体下垂最低点与水平线距离为190mm，相当于井壁造斜26°/30m。并持续施加外力和内部加压30min。最后观察所有密封面有无渗漏。

（5）把试验过的枪和接头卸开，再分别测量枪管和接头的密封面尺寸和公差，经对比试验前后尺寸及公差，结果有无变化。

（6）校核试验后枪管下垂最低点与水平线距离。

3.2　结论

（1）通过研究可以看出：曲率为18°/30m以下的水平井中，使用φ89型水平井射孔器是安全的。

（2）φ102型水平井射孔器在试验时能够安全的达到18°/30m，但是由于φ102型水平井射孔器外径与5½in套管内径相差不大，只有22.3mm（注：124.3-102=22.3mm），同时由于射孔后枪体存有2mm的毛刺，使间隙进一步减小，只有18.3mm。为了施工安全，建议φ102型水平井射孔器在造斜曲率小于8°/30m的条件下使用。

4　定向射孔的套管破坏试验为水平井的长期安全开发提供了保证

对于水平井采用不同的相位、孔密和孔径对水平井5½in套管强度的损害，在国内目前没有专门开展此项研究。为了保证水平井后期的生产，我们对该项进行了深入的研究。采用有限元法，对不同射孔弹的排布方式对套管的影响进行了模拟分析。

4.1　有限元分析

图5为射孔前及射孔弹以几种排布方式射孔后套管在承受43.3MPa压力作用后的有效塑性应变云图。

图6为四方位、下角四种方案的射孔后套管射孔后套管在不同压力作用下的有效塑性应变云图。

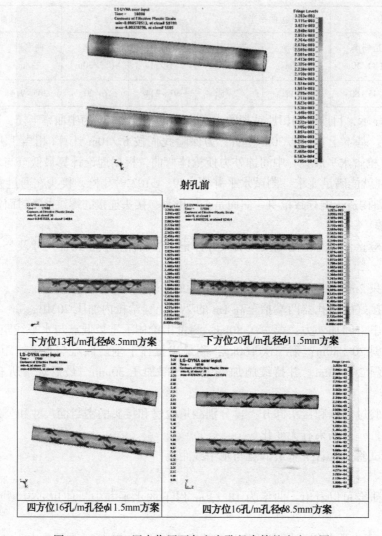

射孔前

下方位13孔/m孔径φ8.5mm方案   下方位20孔/m孔径φ11.5mm方案

四方位16孔/m孔径φ11.5mm方案   四方位16孔/m孔径φ8.5mm方案

图 5　43.3MPa 压力作用下各方案孔径套管的应变云图

4.2　计算结果分析

通过数值分析可得出如下结论：

（1）不论交错 4 方位排列还是下角定向排列射孔方式，射孔后 5½in 套管的强度都有一定程度的下降；但 4 方位排列比下角定向排列方式射孔后套管承受挤压能力要强；孔密越大，套管破坏可能性越大；射孔孔径越大，套管越易发生破坏，但是起决定性作用的是射孔弹的排列方式。本文计算方案套管易发生破坏的顺序依次为：

从大到小

① 下方位孔密 20 孔/m，孔径 8.5mm 的套管；

② 下方位孔密 13 孔/m，孔径 11.5mm 的套管；

③ 全方位 16 孔/m，孔径 11.5mm 的套管；

④ 全方位 16 孔/m，孔径 8.5mm 的套管。

（2）5½in 套管在射孔后，套管的破坏强度将下降。依据确定的计算准则，各排布方式

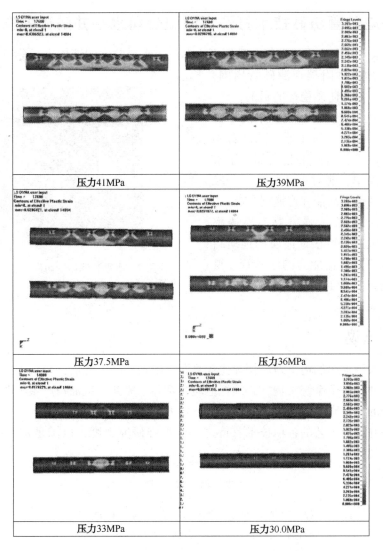

压力41MPa	压力39MPa
压力37.5MPa	压力36MPa
压力33MPa	压力30.0MPa

图6 下方位(13孔/m)套管典型压力作用下的应变云图

射孔后套管破坏强度下降见表6。

表6 $5\frac{1}{2}$in 套管射孔后套破坏强度

套 管 方 案	破坏强度/MPa	下降幅度/%
无孔	43	
下角定向13孔	36~37.5	13.4~16.8
下角定向20孔	35.0~37.5	13.4~19.2
四方位16孔(孔径8.5mm)	37.5~40	7.6~13.4
四方位16孔(孔径11.5mm)	37.5~40	7.6~13.4

通过以上的研究,使我们明确了上述四种射孔器射孔后对 $5\frac{1}{2}$in 套管强度的影响,对以后的射孔方式的选择具有指导意义。

5 水平井滤砂管防砂技术打开了油田公司水平井防砂的先河

在羊 H1 水平井中应用滤砂管防砂原理，对流入水平井内的液体进行分级过滤，将一定粒径范围内的地层砂阻挡在滤砂管周围，形成稳定砂桥，达到防砂稳产的目的。

水平井滤砂管防砂管柱主要采用平置式，由封隔器、光管、扶正器、滤砂管构成。平置式防砂管柱留井部分全部置于水平段内，结构简单，能对水平段实施分段开采，最大限度地提高油井产能(图7)。

工艺特点：①抗压强度高，渗透率好，流通面积大；②可根据油层的地质结构特点而制造不同渗流能力的滤砂管，得到最佳防砂效果；③工序简单，采用一次性管柱，作业周期短。

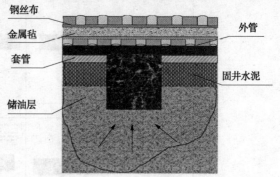

图 7 水平井滤砂管防砂工艺原理图

6 问题和建议

(1) 由于大港油田的地下地质情况比较复杂，给地质和工程设计带来了难度和风险。

(2) 水平井是一个系统工程，必须把地质、钻井、完井、试油投产系统考虑，地质的先期研究与工程的衔接有待进一步加强、加深，使方案设计更加科学有效。

(3) 水平井试油工艺的各项技术有待进一步加强研究力度，以满足水平井地质开发的要求。

参 考 文 献

[1] 胡坚. 科学试油系统工程. 河北：油气 井测试编辑部 出版，1992.
[2] 樊世忠，陈元千. 油气层保护与评价. 北京：石油工业出版社，1988.

作者简介：

王树强，男，1972 年 8 月出生，工程师，一直在大港油田钻采院从事试油采油工艺研究工作。

水平井酸洗入井液优化研究与应用

王津建　贾金辉　温　晓　郭树召　任　民

（中国石油大港油田公司石油工程研究院）

摘　要　水平井完井后通常需要采用酸洗措施来清除滤饼，恢复地层渗透率。本文研究了水平井酸洗液体系和酸洗方案，加强了入井液的针对性和各项性能指标，简化了施工程序，最大限度地保护水平井的产能。使用新工艺进行了现场实施，取得了良好的效果。

关键词　水平井　酸洗　滤饼　入井液

引言

水平井在钻井工程中，无论采用何种钻井液体系均会在井壁表面形成一定厚度的滤饼，直接投产均会影响油井的产能。而水平井完井方式基本上都采用筛管完成，它不能通过射孔方式来提高储层完善程度；同时，在下筛管的过程中，滤饼和钻井液中的固体、有机类物质会造成筛管孔眼的堵塞，通常需要采用酸洗措施来清除滤饼，恢复地层渗透率。现场试验及室内分析结果表明，常规酸液处理效果不理想。因此，需要进行酸洗方案的优化和酸洗液体系研究，最大限度地保护水平井的产能。

1　水平井酸洗措施难点分析

大港油田 2008 年水平井目标区块的地质特征和流体性质见表 1。

表 1　目标区块地层流体性质统计表

油层	层位	脱气原油物性					地质水性质		
		密度/ （g/cm³）	黏度/ mPa·s	凝固点/ ℃	含蜡/ %	胶质+沥青/ %	水型	总矿化度/ （mg/L）	氯根/ （mg/L）
羊三木	明馆	0.9598	991.06	−20~19	5.4	21.5	NaHCO₃	3661	1756
孔店	馆一、 二、三	0.9655	1054.46	−12.5~11	3.5	26.8	NaHCO₃	5538	3332
港西	明馆	0.9229	137.50	−21.1~30.6	8.2	17.0	NaHCO₃	9358	1297

水平井酸洗措施存在的难点及分析：

（1）目标区块的胶质沥青含量普遍偏高（17%~26.8%），在堵塞筛管的同时容易形成酸渣，影响酸洗效果，故酸洗液体系对原油必须具有优越的清洗性能。

（2）钻井液中含有一定量的聚合物，进入地层后难以破胶，降低储层的渗透率，故酸洗液体要具有良好的破胶性能，特别是在破胶过程中，不能产生絮状物、沉淀，引起二次伤害。

（3）钻井液滤饼中固相是难以避免的，固相溶蚀率差，滤饼就不易解除。故要求酸洗液体系对黏土和岩屑的溶蚀能力要强。

（4）由于冲洗液、酸洗液量大，处理过程每一段的时间要求较短，故要求解堵速度要快，否则破胶、溶蚀效果发挥不出来。

（5）由于水平井井下工具较多且复杂，因此要求处理程序要简化，以降低了施工难度和危险性。

2 水平井完井酸洗入井液评价

根据水平井酸洗技术难点要求，开展了室内研究工作，提高了液体主要性能指标，如清洗原油能力，清洗泥浆能力，破胶能力以及溶蚀等性能。

2.1 ZCY酸洗入井液体系主要指标测定

2.1.1 清洗率测定试验（表2）

表2 清洗率测定试验结果

体系名称	温度/℃	清洗率/%		综合清洗效果
		油	正电胶	
地层清洗液	50	93.96	88.34	182.3
冲洗液	50	10.28	76.80	87.08
解堵液	50	5.01	97.07	102.1

2.1.2 破胶试验（表3）

表3 破胶试验结果

体系名称	温度/℃	破胶（降黏率/%）				
		FLOVIS	改性淀粉	流型调节剂	大钾	综合破胶
冲洗液	50	55	57	96	89.6	297.6
地层清洗液	50	63.0	65	98	88.4	314.5
解堵液	50	52.1	30.4	98	93.7	274.3

2.1.3 溶蚀试验（表4）

表4 溶蚀试验结果

体系名称	滤饼溶蚀率/%				单组分溶蚀率/%			
	正电胶	聚合物	甲酸盐	综合溶蚀	OCMA土	地层砂	细目钙	综合溶蚀
解堵液	38.2	25.6	57.7	121.5	17.2	18.9	97.6	133.7

2.2 酸洗入井液性能评价对比

下面对前期我油田水平井完井中所用3家服务单位的酸洗入井液进行了现场取样，并与我们研制的酸洗入井液同时进行室内评价工作，对比其综合性能。结果见表5。

表 5 酸洗入井液性能对比总表

服务单位	体系名称	清洗效果		破胶效果		滤饼溶蚀效果		腐蚀速率/(g/m²h)		防膨率/%		界面张力/(mN/m)		铁离子稳定能力/(mg/mL)		综合排位	
		综合清洗	排序	综合破胶	排位	综合溶蚀效果	排位	测定值	排位	测定值	排位	测定值	排位	测定值	排位	Σ	排位
ZCY	冲洗液	182.3		297.6		/		/		86		0.4		/			
	地层清洗液	87.1		314.5		/		/		95		0.3		0			
	处理液	102.1	2	274.3	1	121.5	1	0.10	1	87	1	0.4	1	40	1	8	1
	加权值	371.5		886.4		121.5		0.10		268		0.37		40			
SZ	防膨液	89.6		/		/		/		14		7.9		/			
	酸液	106	4	236.4	4	35.2	4	0.265	2	15	4	1.8	3	5	2	23	2
	加权值	195.6		236.4		35.2		0.265		29		4.9		5			
SC	优质完井液	137.2		/		/		/		95		0.5		/			
	酸液	156.3	3	317.4	3	99.3	2	0.684		92		2.5		5	2	17	2
	加权值	293.5		317.4		99.3		0.684		187		1.5		5			
CN	高黏清洗液	194.3		/		/		/				20		/			
	破胶液	131.9	1	210.5	2	/	3	0.576	4	90	2	0.1	4	0	4	18	3
	隐形酸	151.9		239.8		35.4		0.382		92		0.12		0			
	加权值	479		450.3		35.4		0.958		192		6.74		0			

通过综合统计分析，给各个指标不同的权重进行划分排序，得出了各家体系综合性能排序：ZCY >SC> CN >SZ。

3　水平井酸洗工艺方案优化

对多种酸洗方案进行了对比分析见表 6。

表 6　各厂家水平井酸洗工艺对比表

厂家	工作液	工艺流程	作用	用量/m³	反应时间
CN	KCl 盐水	清洗液→KCl 盐水+高黏洗液+KCl 盐水→破胶液→KCl 盐水→隐形酸填充液→KCl 盐水	洗井、顶替	200	
	清洗液		洗井、清洁管壁	15	
	高黏洗液		洗井、清洁管壁	10	
	破胶液		破胶解堵	20	8~10h
	隐形酸液		解除近井地带污染	20	30 min
SZ	防膨液	防膨液替泥浆→注入混合酸液→泵入防膨液（停泵 30min）→泵入防膨液替出残酸	替浆、顶替	50	
	混合酸液		处理泥饼和近进井地带	10	60min
SC	优质完井液	优质完井液→暂堵酸液→优质完井液→施工区块污水	洗井、顶替	60	
	暂堵酸液		解除近井地带污染	25	20min

从以上数据分析可以看出：不同方案在处理液种类、处理步骤、处理液用量上有很大差异。CN 方案比较复杂，步骤多，用液量也较大；而 SZ 方案处理过于简单，若在处理液性能

相当的情况下，这种方案简单，处理效果会打折扣。

为了简化处理程序，以降低施工难度和减少工期，同时减少液体用量，又不影响施工效果，同时结合水平井特点和完井工具，我们进行了工艺方案的优化，提出了两套方案，可以根据单井情况不同选用(表7)。

表7 水平井酸洗工艺方案优化结果表

方案	工作液	工 艺 流 程	作用	用量/m³	反应时间/min
一	冲洗液	反替冲洗液→反替地层清洗液→反挤入地层清洗液→反替解堵液→反挤解堵液→反替冲洗液	洗井、顶替	60	
	地层清洗液		洗井、清洁管壁	30	
	解堵液		破胶，解除近井地带污染	20	120
二	冲洗液	反替冲洗液→反替地层清洗液→反替解堵液→反替冲洗液	洗井、顶替	60	
	地层清洗液		洗井、清洁井筒	30	
	解堵液		破胶，解除污染	20	20~40

以上是以水平井段长200m，井深1500m为例设计的，其用量可以根据井深和水平段长度变化进行调整。方案一优点是可以解除近井地带污染，处理渗入地层内的污染物，缺点是施工工艺复杂，施工时间长，适用于污染严重的井。方案二的优点是施工工艺简单，施工时间短，缺点是无法处理深入地层的污染物，该方案适用于轻度污染井。

4 现场实施及措施效果

通过大量的室内试验和研究，确定了每口水平井酸洗入井液体系和工艺，进行了10口井的现场试验，取得了良好的效果，其中房37-38H井酸洗后日产液90.98 m³，日产油26.38t；羊3H2井酸洗后日产液27.38 m³，日产油22.18t；西34-13-6H酸洗后日产液27.0 m³，日产油20.79t(表8、表9)。

表8 酸洗井基本情况统计表

井号	层位	压力系数	孔隙度/%	渗透率/%	泥浆类型	泥浆密度/(g/cm³)
孔1074H	NgⅢ1-3	0.96	31.8	2078.9	有机正电胶	1.15~1.18
孔1079H	NgⅢ1-3	0.96	33.3	1111.5	有机正电胶	1.15~1.18
孔1057H2	NgⅡ3-2	1	33.5	2654	有机正电胶	1.15~1.17
羊3H2	NgⅠ1	0.97~0.98	31	1490	有机正电胶	1.15~1.17
羊3H5	NgⅠ1	0.97	32	1902	有机正电胶	1.15~1.17
西34-13-6H	NgⅠ2-2	0.94	34	1303	有机正电胶	1.20~1.30
西58-2-3H	NmⅡ9	1.00~1.07	30.01	709.6	有机正电胶	1.15~1.18
西8-13-8H	NgⅠ2-2	1.01~1.06	34	1303	有机正电胶	1.20~1.28
西34-16H	NmⅡ9	1.02	30.16	715.8	有机正电胶	1.20~1.23
房37-38H	NgⅢ上	0.96~1.01	24.6	293	有机正电胶	1.15~1.18

表 9 酸洗井施工情况和措施后效果统计表

井号	施工日期	施工液体用量			措施后生产情况			
		冲洗液/m³	清洗液/m³	解堵液/m³	日产液/m³	日产油/t	日产水/m³	日产气/m³
孔 1074H	2008.11.10	60	30	20	15.91	9.31	6.60	
孔 1079H	2008.11.28	60	30	20	15.33	6.35	8.98	
孔 1057H2	2008.12.7	60	30	20	11.82	7.38	4.44	
羊 3H2	2008.11.10	90	30	20	27.38	22.18	5.2	
羊 3H5	2008.11.15	60	30	25	11.52	10.60	0.92	
西 34-13-6H	2008.10.12	90	30	25	27	20.79	6.21	
西 58-2-3H	2008.12.7	50	25	16	19.20	15.13	4.07	
西 8-13-8H	2008.9.20	90	30	25	28.80	11.06	17.74	
西 34-16H	2008.10.24	70	30	20	18.90	17.15	1.75	
房 37-38H	2008.11.29	90	30	25	90.98	26.38	64.60	9737

5 结论与建议

（1）完成了羊 3H2 等 10 口水平井完井酸洗区块地质特征资料收集与分析，明确了酸洗措施的难点及必须要解决的问题。

（2）根据水平井酸洗需要研制的酸洗液体对原油具有良好的清洗效果和破胶性能，特别是在破胶过程中，对聚合物不能产生絮状物、沉淀，不会引起二次伤害。

（3）根据水平井酸洗需要研制的酸洗液体对黏土和岩屑的溶蚀能力较强，反应速度较快，能有效解除钻井液滤饼中固相堵塞，缩短施工时间。

（4）进行了酸洗工艺适应性分析和方案优化，简化了处理程序，降低了施工难度和减少工期。

（5）研究确定了合理的酸洗工艺，进行了羊 3H2 等 10 口水平井酸洗施工，取得了良好的效果，其中三口井日产油 20t 以上。

（6）应用该技术提高了水平井完井酸洗增产效果，达到提高整体开发效益和单井增产效果的目的，建议进一步推广应用。

参 考 文 献

[1] 米卡尔 J. 埃克诺米德斯、肯尼斯 G. 诺尔特著，张宝平、蒋阗等译《油藏增产措施》. 北京：石油工业出版社，2002.
[2] 张绍槐、罗平亚等.《保护储集层技术》. 北京：石油工业出版社，1993.
[3] 万仁溥. 采油工程手册. 北京：石油工业出版社，2003.

作者简介：

王津建，女，1970 年 3 月出生，1992 年毕业于厦门大学，高级工程师，一直从事酸化工艺技术研究和现场应用工作。电话：022-25921451。

压裂充填防砂工艺
在吐哈油田鲁克沁采油厂应用总结

孙 涛 李怀文 王艳山 槐春生 李 强 张凤霖

(大港油田石油工程研究院)

摘 要 吐哈油田地理位置处于新疆维吾尔自治区鄯善县鲁克沁乡境内,由鲁克沁区块、玉东及吐玉克区块组成。鲁克沁油区储层以细砂岩为主,这些岩石胶结疏松、出砂严重,防砂层段多、长,防砂难度极大。自2008年8月,开展了4井次的压裂防砂工艺试验,取得了良好的效果,本文针对压裂充填防砂工艺在吐哈油田应用情况,做一个系统的总结分析,以优化和完善压裂充填防砂工艺技术,为吐哈油田的合理高效开发提供了技术保证。

关键词 吐哈油田 鲁克沁 压裂充填防砂技术 现场应用

引言

鲁克沁区块储层岩性以细砂岩为主,占69.4%,其主要岩石类型为岩屑砂岩,岩石中碎屑颗粒以岩屑为主,石英、长石次之,储层岩系欠压实、成岩性差、胶结疏松。现生产阶段该区块油井注水受效,电泵提液后出砂更加严重。鲁2块1号、2号油层组埋深在2160~2393m间,采用常规防砂方法很难向目的层挤入支撑剂。针对鲁2块稠油层纵向埋藏深度大。层多、长等特点。吐哈油田从2008年8月引进压裂充填防砂工艺技术,至2008年12月进行了4井次的防砂试验,在鲁克沁油区中多层、薄层、厚间互油藏的出砂井中取得了一定的成果。

1 压裂充填防砂工艺原理

该项工艺技术是在井筒内对准目的井段下入内外通径的割缝管防砂管柱,然后对目的地层进行变排量、高砂比压裂填砂,并采用端部脱砂技术(在施工后期采用提高砂比、降低排量的手段进行砾石充填,人为提高泵压)在地层深部、近井带、射孔孔道、筛套环空形成均匀、密实、稳定的高渗透滤砂屏障,改善近井带导流能力,从而达到既防砂又增产的目的(图1)。

2 压裂充填防砂工艺主要技术特色

(1)该工艺大砂量、高砂比施工,处理范围大,能在地层深部形成一条高导流能力的支撑裂缝,有效突破原有的近井伤害带,在较大范围内改善了地层深部的渗流条件,为增产奠定了基础。

(2)在破裂压力以上大砂比、大砂量挤注,支撑剂更容易形成稳定的"平行六面体"排列(图2),使筛套环空及射孔孔眼和地层充填层更密实、更稳定,与简单沉砂形成的"立方

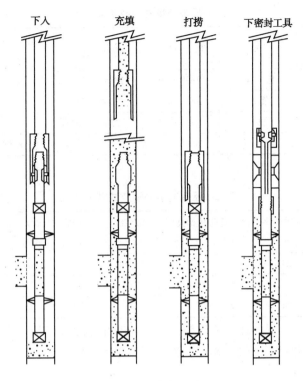

图 1　工艺流程图

体"排列(图 3)相比,"平行六面体"排列(颗粒之间的孔隙直径为 $d_1 = 0.1547D$)要比"立方体"排列(颗粒之间的孔隙直径为 $d_2 = 0.4142D$)紧密得多($d_1 = 0.3735D$),也就是说,对于相同尺寸砾石,压裂充填可挡住更细的地层砂。

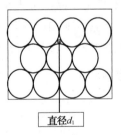

图 2　平行六面体排列示意

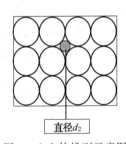

图 3　立方体排列示意图

(3)大排量正压挤注前置液,利于清洗炮眼和近井带地层砂,把游离砂推向地层深处,保持稳定的填砂空间,尽量减少充填砾石与地层砂交混。

(4)采用高砂比充填,可减少携砂液用量,尽可能降低油层污染程度,并缩短加砂时间,减少松散易坍塌的地层砂与充填砾石交混的机会,也有助于充填密实。

3　现场应用情况

压裂充填防砂工艺自 2008 年 8~12 月,在吐哈油田鲁克沁油区总共实施 4 井次,防砂成功率 100%,防砂有效率 87.5%,具体情况见表 1 和表 2。其中鲁 1-4 注水受效,但是大泵提液后目的层出砂加剧,防砂后恢复正常生产。鲁 2 井为报废停产井,鲁 23-4c 井射孔试油即出砂。

表 1　压裂充填井防砂效果统计

序号	区块		井号	施工日期/d	防砂井段/m	防前产油量/(t/d)	生产时间/d
1	鲁克沁	T2k	鲁1-4	2008.9.10	2385.6~2486	8.049	80
2			鲁2	2008.10.13	2290~2327	0	50
3			鲁23-4c	2008.11.10	2340~2362	0	45
4			鲁21-4	2008.12.1	2310.7~2360	8.57	—

表 2　压裂充填井投产试气资料

井号	工作制度		生产时间/h	掺稀泵排量	掺稀泵压/MPa	日产液/m³	日产稠油/t	含水/%	生产时间	累计增油
	冲程	冲次								
鲁1-4	4.8	2.6	24	75	3.5/5.0	35.20	13.09	60	80	404
鲁2	4.8	3	24	50	2.0/3.0	7.04	5.57	15	50	279
鲁23-4C	4.8	2.6	24	40	1.0/2.5	4.80	3.79	15	45	171

从表 2 中可以看出，采用压裂充填防砂工艺的油井在防后可以通过调整工作制度放大生产压差生产，平均单井日增油量 4.8t/d，说明压裂充填防砂工艺较大幅度的改造地层渗流条件，增加渗透率，防砂效果至今有效。

3.1　成功井例分析

3.1.1　鲁 1-4 井基本资料

鲁 1-4 井于完钻井深 2550.0m，最大井斜 41.01°。投产层为 T2K（2385.60~2486.00m），共计 14 个小层，有效厚度 80.57m（表 3）。该井于 2007 年 12 月化学吞吐后出砂严重，采用小泵生产，影响油井产能。为提高油井产能，保证下大泵提液井筒挖潜需求，决定采用压裂充填防砂工艺技术。该井从 2008 年 9 月防砂施工至今没有出砂，日产液 35.2m³，日产油 13.09t，日增产油量 5.05t，累计增油 378t，取得了较好的效果。

表 3　鲁 1-4 井的地质情况表

完钻井深/m	2550.0	油层套管下深/m	2548.22
目前人工井底/m	2522.0	油层套管钢级	N80
水泥返高/m	1975.0	油层套管外径/mm	177.8
固井质量	合格	油层套管壁厚/mm	10.36
最大井斜/[(°)/m]	41.01/2550	油补距 m	4.10

3.1.2　防砂施工

（1）前期泵入前置液阶段。

排量（2.4~2.5）m³/min，最高泵压 32.2MPa，后泵压稳定在 27MPa，在前置液阶段完成了地层破裂及造缝阶段。该地层实际破裂时所需压力为 32.2MPa，裂缝造开后继续延展时所需泵压为 27MPa。

（2）加砂阶段。

在泵压相对平稳后，进行地层加砂。加砂初期泵压由 26.73MPa 升至 28.4MPa，后缓慢稳定在 27MPa 左右，最低泵压 25.7MPa，泵的排量由 $(2.4 \sim 2.5)$ m³/min 降至 $(1.8 \sim 2.0)$ m³/min，平均砂比 18.2%，共加砂量 28m³，用液 169.9m³。

（3）顶替阶段。

加砂后排量由 1.8m³/min 降至 0.7 m³/min，液量 6m³，停泵等待 10min 后继续以 0.7m³/min 顶替 2m³ 泵压升至 32.9MPa，关井口，完成高压充填防砂施工。

3.1.3 防砂效果

鲁 1-4 共计 14 个小层，有效厚度 80.57m，根据该井的特点，在设计中结合以往成功的经验，将施工排量相应调整，保证了施工后的效果，而在施工中也未出现异常情况。该井压防前因出砂间开，防砂后放大压差生产，至今无出砂迹象，日增油 5.05⁴t/d，防砂增产效果显著。

4　结论与认识

由于吐哈油田鲁 2 块 T2K2 段纵向上有两套油水组合，普遍保持着高孔隙度、高渗透率的特点，孔隙度在 27.31% 左右，平均有效渗透率 $625.34 \times 10^{-3} \mu m^2$ 左右，远高于普通储层的渗透性。该区块油层温度在 $66.1 \sim 63.5℃$；压力系数为 0.872。按稠油分类标准，该块原油属普通稠油。采用压裂充填防砂工艺，由于裂缝的存在，改变了流体渗流方式，防砂效果明显。

从表 1 看出，压裂充填防砂工艺在吐哈油田鲁克沁油区鲁 2 断块均有一定的适应性并取得了较好的效果：

① 压裂充填防砂完井方法是控制吐哈油田出砂的有效方法；
② 压裂充填防砂够有效的解除近井地带的堵塞及穿透深部污染带；
③ 压裂充填防砂是恢复停产井生产的一种可行的方法；
④ 压裂充填防砂能够大幅度提高油井的单井产量。

通过对先导性 4 口井防砂综合分析，压裂充填防砂工艺是吐哈油田鲁克沁油区出砂治理的一种可行性方法。该工艺的成功实施，为压裂充填防砂工艺在新疆吐哈油田的广泛应用奠定了良好的基础。

参 考 文 献

［1］ 谢桂学等. 端部脱砂技术初探. 油气采收率, 1996, 3(1).
［2］ 宋友贵等. 压裂—充填综合防砂技术的研究与应用. 石油钻探技术, 1999; 27(2): 45~47.

作者简介：

孙涛, 助理工程师, 2005 年毕业于中国石油大学(华东), 现主要从事采油工程技术研究工作。地址：(300280) 天津市大港区。电话：(022)25923564。

浅析油管加压延时点火射孔技术中液面恢复时间计算

王树强　杨小方　王军恒　柴希军

(大港油田石油工程研究院)

摘　要　在水平井射孔时，由于水平井斜度大，只能采用液压点火，而采用液压点火，为了实现负压射孔技术，一般采用的是降低套管液面+开孔装置+延时起爆方式来实现的，即在射孔前，根据负压射孔需要的液柱高度，先将套管掏空到预定的深度，然后通过油管加压，引爆点火头，进入延时状态，继续加压，使开孔装置打开，油管与套管连通，利用延时时间，使油管与环空液面(压力)达到平衡，再引爆射孔器，从而实现负压射孔，为了确保负压射孔，就必须要求在射孔枪起爆前使套管和油管的液面达到平衡，即在点火头延时时间内达到压力平衡，否则就不能够实现真正的负压射孔。因此延时点火时间的计算非常重要，本文介绍了延时点火恢复时间的计算方法，经过现场应用误差在10%以内，有非常重要的实际意义。

关键词　负压射孔、油管、加压、点火、研究

1　概论

由于水平井斜度大，常规的投棒点火不能应用，为了保证水平井的点火成功，只能采用液压点火，而采用液压点火，为了实现负压射孔技术，目前国内外水平井负压射孔技术，主要集中采用以下方式：

(1) 氮气+延时点火；需要增加氮气设备，成本高，工艺复杂，所以现在国内很少采用这种方式。

(2) 负压阀+水平井封隔器。由于水平井封隔器的限制，在我油田也基本上不予以采用。

根据我们油田井下工具和射孔现状，通过研究，最终采用的是降低套管液面+开孔装置+延时起爆方式。

它与氮气+延时点火负压射孔方式比较：都需要降低油气井液面，但是我们所采用的方法不需要氮气设备，工艺更简单，成本低，作业时效快。

与负压阀+水平井封隔器负压射孔方式比较：它的缺点是需要降低油气井的液面；由于不使用水平井封隔器，所以不能进行测试作业。

2　油管加压延时点火基本工作原理

其基本原理是：在射孔前，根据负压射孔需要的液柱高度，先将套管掏空到预定的深度，然后通过油管加压，引爆点火头，进入延时状态，继续加压，使开孔装置打开，油管与套管连通，利用延时时间，使油管与环空液面(压力)达到平衡，再引爆射孔器，从而实现负压射孔，为了确保负压射孔，就必须要求在射孔枪起爆前使套管和油管的液面达到平衡，

262

即在点火头延时时间内达到压力平衡，否则就不能够实现真正的负压射孔(图1)。

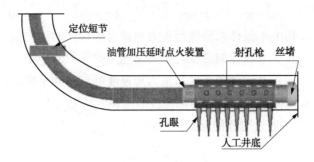

图1　射孔管柱示意图

3　油管加压延时点火液面恢复时间的计算

在确定了工艺之后，下面我们主要研究油管与环空的液面达到平衡所需要的时间。

为了确保负压射孔，就必须要求在射孔枪起爆前使套管和油管的液面达到平衡，即在点火头延时时间内达到压力平衡，否则就不能够实现真正的负压射孔。

3.1　基本概况

我油田的水平井深度基本上在 2000～4000m(各油田的情况不同)，套管在目的层采用 5½in，有时表套采用 7in 以上的套管；油管采用 ϕ73 油管。

3.2　技术难点

① 油管与套管需要选择的系列多，有时同一井眼还采用不同规格的套管与油管(本次研究暂不考虑)。

② 流体的性质变化大，摩擦阻力不好预测，所以在研究过程中以清水介质为主。

3.3　负压延时点火液面恢复时间计算

为了确保负压射孔，就必须要求在射孔枪起爆前使套管和油管的液面达到平衡，即在点火头延时时间内达到压力平衡，否则就不能够实现真正的负压射孔。

图 2 为石油钻井射孔液面恢复的示意图。油管套管内径为 D，油管外径为 d_o，油管内径为 d_i，射孔开孔直径为 d_c，油管液面与射孔的高度差为 h_1，套管液面与射孔的高度差为 h_2，液体在油管内的流速为 v_1，液体在油管套管内的流速为 v_2。

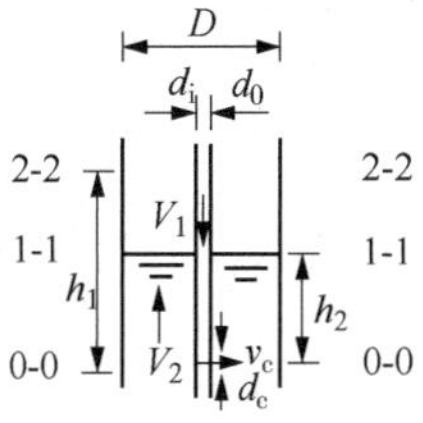

断面 2-2 和 1-1 的总能量之差为流体通过射孔的局部阻力和流体从断面 2-2 流到断面 0-0 再由断面 0-0 流到断面 1-1 的沿程阻力，其中局部阻力取决于流体通过开孔的流速 v_c 和局部阻力系数，沿程阻力取决于流体的流速、流道面积、流体流动的流程长度及沿程阻力系数，为简化起见，将局部阻力与沿程阻力之和写成 $\zeta_1 \cdot \dfrac{v_c^2}{2 \cdot g} \cdot \gamma_c + \zeta_2 \cdot \dfrac{(h_1 - h_2)}{d_i} \cdot \gamma$，$\zeta_1$、$\zeta_2$ 由实验确定。

图2　石油钻井射孔液面
恢复的示意图

对断面 2-2 和 1-1 列能量方程：

$$(h_1-h_2) \cdot \gamma + \frac{v_1^2}{2 \cdot g} \cdot \gamma_1 - \frac{v_2^2}{2 \cdot g} \cdot \gamma_2 = \zeta_1 \cdot \frac{v_c^2}{2 \cdot g} \cdot \gamma_c + \zeta_2 \cdot \frac{(h_1-h_2)}{d_i} \cdot \gamma \tag{1}$$

式中　γ——断面 2-2 和 1-1 流体的密度与重力加速度的乘积的平均值，N/m³；

γ_1——断面 2-2 和 0-0 流体的密度与重力加速度的乘积的平均值，N/m³；

γ_2——断面 1-1 和 0-0 流体的密度与重力加速度的乘积的平均值，N/m³；

γ_c——断面 0-0 流体的密度与重力加速度的乘积，N/m³。

内管中的流量应等于通过射孔的流量，即：

$$\frac{\pi}{4} \cdot d_i^2 \cdot v_1 = \frac{\pi}{4} \cdot d_c^2 \cdot v_c \cdot n \tag{2}$$

式中　n——射孔的个数。

式（2）整理得

$$v_1 = n \cdot \left(\frac{d_c}{d_i}\right)^2 \cdot v_c \tag{3}$$

外管中的流量应等于通过射孔的流量，即：

$$\frac{\pi}{4} \cdot (D^2 - d_o^2) \cdot v_2 = \frac{\pi}{4} \cdot d_c^2 \cdot v_c \cdot n \tag{4}$$

式（4）整理得式（5）

$$v_2 = n \cdot \frac{d_c^2}{D^2 - d_o^2} \cdot v_c \tag{5}$$

将式（3）和式（5）代入式（1）并整理得式（6）

$$v_c = \sqrt{\frac{2 \cdot g \cdot (h_1-h_2) \cdot \gamma \cdot \left(1-\dfrac{\zeta_2}{d_i}\right)}{\dfrac{n^2 \cdot d_c^4 \cdot \gamma_2}{(D^2 - d_o^2)^2} + \zeta_1 \cdot \gamma_c - n^2 \cdot \left(\dfrac{d_c}{d_i}\right)^4 \cdot \gamma_1}} \tag{6}$$

令 $\Delta h = h_1 - h_2$，则有式（7）

$$\frac{d \Delta h}{d \tau} = v_1 + v_2 \tag{7}$$

将式（3）和式（5）代入式（7）得

$$\frac{d \Delta h}{d \tau} = n \cdot \left(\frac{d_c}{d_i}\right)^2 \cdot v_c + n \cdot \frac{d_c^2}{D^2 - d_o^2} \cdot v_c \tag{8}$$

将式（6）代入式（8）得

$$\frac{d \Delta h}{d \tau} = n \cdot \left[\left(\frac{d_c}{d_i}\right)^2 + \frac{d_c^2}{D^2 - d_o^2}\right] \cdot \sqrt{\frac{2 \cdot g \cdot \Delta h \cdot \gamma \cdot \left(1-\dfrac{\zeta_2}{d_i}\right)}{\dfrac{n^2 \cdot d_c^4 \cdot \gamma_2}{(D^2 - d_o^2)^2} + \zeta_1 \cdot \gamma_c - n^2 \cdot \left(\dfrac{d_c}{d_i}\right)^4 \cdot \gamma_1}} \tag{9}$$

将式（9）积分得式（10）

$$2 \cdot \sqrt{\Delta h} = n \cdot \left[\left(\frac{d_c}{d_i} \right)^2 + \frac{d_c^2}{D^2 - d_o^2} \right] \cdot \sqrt{ \frac{ 2 \cdot g \cdot \gamma \cdot \left(1 - \frac{\zeta_2}{d_i} \right) }{ \frac{n^2 \cdot d_c^4 \cdot \gamma_2}{(D^2 - d_o^2)^2} + \zeta_1 \cdot \gamma_c - n^2 \cdot \left(\frac{d_c}{d_i} \right)^4 \cdot \gamma_1 } } \cdot \Delta\tau + C \quad (10)$$

当 $\Delta h = 0$ 时，$\Delta\tau = 0$，故 $C = 0$，由式（10）

$$\Delta\tau = \frac{ \sqrt{2 \cdot \Delta h} }{ n \cdot \left[\left(\frac{d_c}{d_i} \right)^2 + \frac{d_c^2}{D^2 - d_o^2} \right] \cdot \sqrt{ \frac{ g \cdot \gamma \cdot (1 - \frac{\zeta_2}{d_i}) }{ \frac{n^2 \cdot d_c^4 \cdot \gamma_2}{(D^2 - d_o^2)^2} + \zeta_1 \cdot \gamma_c - n^2 \cdot \left(\frac{d_c}{d_i} \right)^4 \cdot \gamma_1 } } } \quad (11)$$

式（11）中 $\zeta_1 = 11.5$，$\zeta_2 = 0.05787$

计算举例：$D = 0.121m$，$d_o = 0.073$，$d_i = 0.062$，$d_c = 0.0083$，$h_1 = 3000m$，$h_2 = 2000m$，$n = 14$

将上列参数代入式（11），得到 $\Delta\tau = 523.1s$

通过计算，使我们能够准确掌握油管与环空的液面恢复时间，为实际施工中选择射孔器的延时时间起到指导作用，真正实现负压射孔。

4 现场应用

我们对延时时间进行了理论研究，并用软件对延时时间进行了模拟计算，并在（板835-8井等）3口直井及定向井中有目的的进行了延时点火试验，取得了延时时间的准确时间，进行了理论验证。该技术在6口水平井得到了成功运用（表1）。

表1 软件计算结果与现场实际对比

井　号	软件计算结果延时时间/s	现场实际延时时间/min	误差率/%
港新73K	531.5s	8（480s）	9.7
马浅4-7K	529.1	8.5（510s）	3.6
小5-7K	590	9.5（570s）	3.4
女34K	645	10.5（630s）	2.3
港8-5K	525	8（480s）	8.6

5 结论及建议

（1）通过油管加压延时点火技术研究，得到了水平井在不同时刻的恢复液面，为水平井负压射孔提供了可靠的理论依据。

（2）由于水平井完井复杂，应研究对于不同套管完井和组合套管完井的延时点火液面恢复的计算方法。

参 考 文 献

[1] 禹华谦，工程流体力学．西安：西南交通大学出版社，1995.4.
[2] 祁德庆，工程流体力学．上海：同济大学出版社，1995.6.
[3] 刘玉芝．油气井射孔井壁取心技术手册，北京：石油工业出版社，2000.3.
[4] 万仁溥．现代完井工程，北京：石油工业出版社 1996.

作者简介：

王树强，工程师。1993 年毕业于大港石油学校采油工程专业，主要从事采油工艺、试油工艺设计及新技术研究。地址：天津大港油田团结东路，邮编：300280 电话：022-25973510。

油井长效防砂技术优化研究与应用

曹庆平　李怀文　董正海　邵力飞　王乐英　孙淑凤　王艳山

(大港油田石油工程院)

摘　要　大港油田大部分区块属疏松砂岩油藏，易出砂，随着油田进入中、后期开发，油井出砂日益严重，使得防砂难度加大。根据油井出砂情况分析，开展了多项技术攻关，取得了一定的成效，由于技术参数的匹配、油层稳定和保护措施欠缺、以及施工过程和质量控制等因素，导致部分井防后产液量下降、防砂有效期短的问题，影响了防砂的总体经济效益。针对这种情况，开展了油井长效防砂技术优化研究与应用，采取挤压、循环充填工艺、油层保护、技术参数匹配以及防砂施工过程的实时监测等措施，延长了防砂有效期，稳定了出砂井的产能，实现了油井长效防砂。

关键词　充填工具　长效防砂　工作液　实施监测软件

引言

大港油田是一个多断层、多断块的复杂油气田，出砂油田遍及港西、港东、羊三木等诸多油田。随着油田开采时间的增长，地层压力降低，油井含水的上升，采液强度的增大，再加上生产压差加大的综合因素，地层结构开始破坏、骨架砂大量排出，地层坍塌、挤压套管造成套损套变，大大降低了油井的利用率和采收率。这时应该采用稳定地层，防、挡结合的综合配套措施，向亏空地层挤入充填颗粒作为支撑剂，在近井地带及环空形成具有一定渗透的挡砂屏障，而筛管阻挡充填颗粒的双层作用，稳定地层砂体，才能保证油井正常生产。因此，如何通过充填工具及防砂工作液研究、优化完善配套技术，从而延长防砂有效期以及稳定油井产能，真正实现长效防砂，是疏松砂岩油藏持续开发的关键。

1　工艺原理

将充填工具、防砂筛管、桥塞等组合的防砂管柱下入，使防砂筛管对准油层，采用具有低黏、清洁无污染、保护油层、低伤害的防砂工作液，携带充填砂，施工过程通过采用一套能进行防砂施工数据监测、解释、参数动态图形模拟和施工过程保存、回放的防砂施工实时监测和解释系统进行充填，在近井地带、射孔孔眼和筛套环空填满充填颗粒，形成一个高渗透挡砂屏障，从而达到防砂的目的。

2　工具研究

2.1　工具结构示意图(图1)

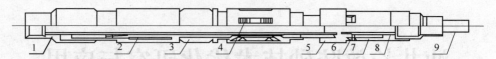

1—液压部分；2—锁紧部分；3—密封部分；4—卡瓦锚定部分；5—转换充填开关；

6—充填部分；7—关闭部分；8—丢手部分；9—循环部分

1—液压部分；2—锁紧部分；3—密封部分；4—卡瓦锚定部分

图1 DGFS系列挤压(循环)充填工具图

2.2 工具主要技术参数(表1)

表1 主要技术参数

循环充填工具		空心桥塞	
适用套管/mm	$\phi139.7$、$\phi177.8$	适用套管/mm	$\phi139.7$、$\phi177.8$
最大外径/mm	$\phi115$、$\phi150$	最大外径/mm	$\phi115$、$\phi150$
坐封压力/MPa	10~15	坐封压力/MPa	15~22
打开充填通道压力/MPa	15~25	上、下压负荷/t	8
密封压差/MPa	≤30	座封钢球直径/mm	$\phi38$
工作温度/℃	<120	工作温度/℃	<120

2.3 工具特点

DGFS系列循环充填工具具有悬挂、封隔、充填、充填口反复开关、反洗、丢手等基本功能，可以实现挤压、循环充填，确保地层及井筒充填实，提高防砂的成功率。

DGKQ系列空心桥塞工具具有悬挂、封隔、丢手等基本功能，可以延长沉砂口袋，配合各种管柱，可以实现单防单采、选防合采等功能。

3 防砂工作液研究

随油田开发进入中、后期，油井含水上升，采液强度增大，以黏土胶结的砂岩油层见水后，地层黏土遇水膨胀变松散，降低胶结强度，进而发生颗粒运移，随流体运移到近井地带充填带，而降低渗透性。为了有效抑制黏土矿物的水化膨胀和分散运移，室内进行了防砂工作液的优化，旨在满足悬砂和携砂能力的同时，还要有良好的稳定黏土膨胀性能，具有低残渣、易破胶、对地层伤害小的特性，能够有效控制黏土矿物的进一步剥离运移以及骨架砂的剥落，可实现油层内防砂材料的高质量排列、保证充填带的渗透性。

防砂工作液基本组成：清水+增黏剂+破胶剂+防膨剂+助排剂

3.1 动态悬砂性能

以对应施工排量 0.5~1.0m³/min 时的液流速度，携砂比为 5%~40%，用400型泵车联结油管和有机玻璃，携带 0.6~1.18mm 的砾石，目测悬砂情况，结果显示没有任何沉砂现象。

3.2 常温放置稳定性

将防砂工作液在25℃下密封保存，每隔8h用黏度计测其视黏度，结果见表2。

表2 常温放置稳定性数据表

时间/h	0	8	16	24	32	40	48	56	64	72
黏度/mPa·s	35	35	35	35	35	34.7	34.7	34.5	34.4	34.3

由结果可以看出：在25℃下放置3d后，黏度下降不到2%，常温稳定性好。

3.3 黏温变化数据

在黏度计测量筒内装入防砂工作液，在30℃时恒温10min，测其视黏度，用水浴升温，升温速度为5℃/min，每升高10℃，恒温10min，测一次视黏度，结果见表3和图2。

表3 黏温变化数据

温度/℃	30	40	50	60	70	80
视黏度/mPa·s	37.0	35.0	32.5	31.0	29.0	26.0

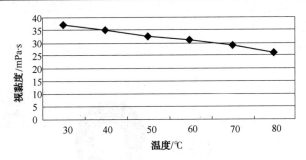

图2 防砂工作液黏温曲线

通过黏温变化可以看出，变化幅度不大，稳定性较好。

3.4 水化及残渣

防砂工作液在50~80℃的井温条件下恒温5h，水化后黏度为2.1mPa·s，因此可在较短时间内水化降黏顺利排出。水化后残渣较低，为71mg/L。

3.5 岩心伤害试验

选取港西14-7-2井，深度为982.49~984.21m、层位为明化镇的岩心，通过岩心流动试验仪注入相应层位的地层水后测定其渗透率，再注入防砂工作液后测定其渗透率，结果见表4。

表4 岩心伤害试验结果

岩心片	1	2	3
注地层水后的渗透率/×$10^{-3}\mu m^2$	117.7	114.5	116.9
注携砂液后的渗透率/×$10^{-3}\mu m^2$	112.9	108.2	108.7
渗透性保持率/%	95.9	94.5	93.0

实验结果：防砂工作液对地层伤害小，渗透性保持率平均为94.5%。

3.6 防膨性能测试

取优质皂土，采用页岩膨胀仪进行膨胀率测定，结果见表5。

表5 防砂工作液的防膨性测试

液 体 名 称	ZCY-02B	2%KCl	防砂工作液
防膨率/%	92	81	85.7

由结果可以看出，与两种防膨剂进行对比，防砂工作液对地层也具有较好的防膨作用。

4 砾石充填方式优化和技术参数匹配

4.1 砾石阶梯式注入充填方式

研究表明：在径向流状态原油呈放射状自远处渗流到井底的过程中，越靠近井壁，压力梯度越大，原油流动阻力大部分消耗在近井地带，从而使近井地带压降变化较大，井壁周围的压力变化曲线呈一个陡峭的漏斗状，如图3所示。

为了最大程度的保持地层渗透性、保持防后产量，应在有效防、挡地层砂的基础上，提高井底流压降低生产压差。我们运用室内渗流实验，针对不同的地层砂粒径，尤其是针对含有细砂(<0.08mm)的油层，正确合理应用 $D=(5\sim6)d$ 防砂理论，提出多级砾石阶梯式注入充填的思路，有效地防、挡地层砂，最大程度的保持地层渗透性、保证防后产量。图4为多级砾石阶梯式注入示意图。

P_e：地层压力
P_f：井底流压
ΔP：生产压差
R_e：泄油半径

粗砾石充填区
(渗透性较高)
用于防挡细砾石

细砾石充填区(渗透性较低)
根据地层砂粒经确定，
用于阻挡地层砂

图3 原油渗流压降变化图　　　　图4 阶梯式注入多级砾石充填示意图

4.2 地层砂、石英砂、割缝管三者的系列化配伍试验

大港油田疏松砂岩油藏岩性以粉细砂岩为主，地层砂粒径分布比较广，粒度中值在 $0.07\sim0.167$mm 之间。在砾石充填防砂方法中，优化砾石充填组合，可以减少防砂井在生产过程中，地层砂反充填至砾石充填带降低渗透率的现象发生，以获得最大产能。因此，室内对地层砂的筛析试验至关重要，采用 Winner2000 激光粒度分析仪进行地层砂筛析(图5)。

为了提高防砂井目的层近井地带和筛套环空的渗透率，减少生产过程中细粉砂运移引起的堵塞，根据现行业标准优选了 $0.425\sim0.85$mm 与 $0.6\sim1.18$mm 的砾石进行组合作为防砂用砾石，并在室内进行了单级($0.425\sim0.85$mm)砂粒、两级($0.425\sim0.85$mm、$0.6\sim1.18$mm)砂粒以及两者混合砂粒实验测试，结果如图6所示。

由实验结果可以看出：1号两级($0.425\sim0.85$mm、$0.6\sim1.18$mm)石英充填砂流量数据测试比其他两种砂粒组合高，也就是两级石英充填砂渗透性好。

为提高砾石充填带质量，有效提高防、挡能力，对防砂工具、材料的几何参数进行优化，形成了石英砂、割缝管和地层砂三者之间的参数匹配。

充填砾石(石英砂)粒度的确定依据架桥理论，即：

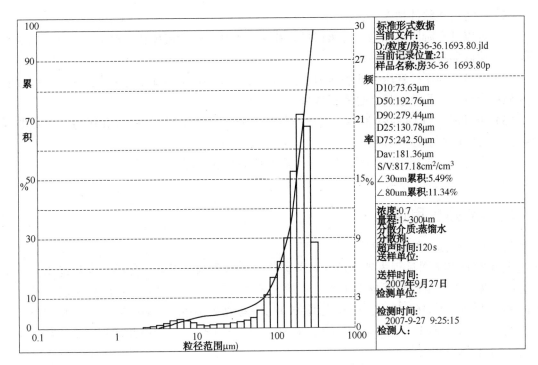

图 5　Winner200 激光粒度分析仪进行地层砂筛析

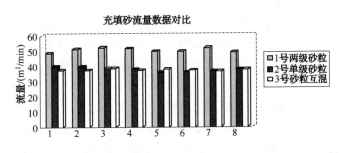

图 6　石英充填砂不同粒径组合流量测试

$$D_{砾石} = (4-6) \times d_{地中}$$

式中　$D_{砾石}$——充填砾石（石英砂）粒度中值，mm；

　　　　$d_{地中}$——地层砂粒度中值，mm。

机械筛管（割缝管）缝隙的确定依据，为有效挡住充填的砾石，即：

$$T \leqslant 2/3 \times D_{砾石}(\min)$$

式中　　　T——割缝管缝宽，mm；

　　$D_{砾石}(\min)$——石英砂最小粒径，mm。

5　防砂施工实时监测解释系统的开发应用

在进行防砂施工过程中，为了保证施工顺利进行、及时调整施工参数提高施工质量，针对砾石充填防砂工艺开发应用了防砂施工实时监测和解释系统。该系统可以进行小型压裂挤注测试和充填验证，能够做到防砂施工数据监测、解释、参数动态图形模拟和施工过程保存、回放，并及时做出充填质量评估。

施工实时监测软件功能为：

（1）可以计算阶段累积量、总累积量、井底压力和各阶段流体在井筒中的位置，以及根据排量、输砂器排量计算出砂比。

（2）可显示油压、套压、井底压力、入口排量、出口排量、砂比、阶段时间、总时间、阶段累积液量、累积总液量、总累积砂量等数据。

（3）实时记录施工曲线(油压、套压、排量、砂比与施工时间关系)和压力双对数曲线(油压、井底压力与施工时间关系)。

（4）实现超压报警(超过地层破裂压力和充填完全的预警)。

（5）充填状态的动态显示。

6 现场实施应用情况

6.1 大港油田应用情况

截至 2009 年 6 月底，大港油田针对砂害防治措施采取的以油层保护、参数优化、充填工艺改进和施工质量控制等技术手段为主的长效防砂工艺共采用割缝管砾石充填技术防砂 258 井次(挤压充填 163 井次，循环充填 95 井次)有效 229 井次，防砂有效率为 89.5%，防砂平均有效期达 569d，较以前防砂有效期 280d 延长了 1 倍，平均单井恢复产量达到 1200t，取得了明显的防砂效果。

典型井：

（1）港 3-34-1 井，为港东油田一区一断块，泥质含量 12.4%。根据历年资料统计，该区块出砂严重，故对该井进行先期防砂。针对该类井油层特点，优选防砂工艺优选，2005年 10 月采用挤压循环充填工艺进行现场实施，应用了防砂施工实时监测、解释系统进行小型压裂挤注测试和充填验证。防砂投产后日产油 7.47t，有效生产 1236d，累计生产原油 8524t。

（2）西 26-6 井位于六间房开发区房 19 断块，明二油组，防砂井段 944.0～949.0m，有效厚度 5.0m。该井油层顶部距水层 4.9m，底部距水层 3.5m，由于其射孔后试油出砂严重，2004 年 6 月决定对其进行防砂作业，由于该井上下距水层都非常近，因此我们采用了挤压循环充填防砂工艺对其进行施工。利用现场实施监测系统，采集数据，准确计算出该井的破裂压力用来指导现场防砂施工，该井施工泵压始终控制在 10MPa 以内，施工排量控制在 0.6～0.8m³/min，累计填砂 5m³。该井防砂作业后日产油 9.8t/d，含水为 0，有效生产 687d，累计增产原油 5972t，取得了明显防砂效果。

6.2 印度油田防砂情况

Assam 油田位于印度西北部，油层埋藏深，平均深度达 3000～4000m，井斜平均达到 25°，地质构造条件复杂。在油藏构造形成后，未经充分压实即受大陆板快运动影响，被埋入地层深部，因此在该油田伴随生产开发出现了比较严重的出砂情况。油品性质随油田内区块位置不同具有一定差异，除个别区块外，大部分区块的原油黏度、胶质含量中等，流动性能较好，但含蜡较高。因此，对入井工具、施工设备、化学材料及砾石等相关项目材料的技术标准要求是很高的。为此，印度防砂采用了目前国际先进的、技术含量很高的循环充填一次完成防砂工艺技术。在 15 口井防砂实施过程中，应用计算机监控系统对施工进行全程监测，保证了防砂施工的顺利进行，防砂有效率 100%，施工步骤及防后效果见表 6 和表 7。

表6 印度防砂项目作业施工步骤

序 号	施 工 步 骤
1	用过滤后的2%KCl液压井
2	探砂面,冲砂至设计的指定位置
3	刮削套管,在射孔段反复刮削三次
4	测井,记录套管短节位置
5	下入通井规至设计指定位置
6	座封封隔器对套管、油管进行试压
7	依据设计进行酸浸(5%HCl+2%KCl)浸泡0.5h,用2%KCl反洗
8	反循环,BN-6对套管进行反洗,并浸泡8h
9	炮眼冲洗
10	下入空心桥塞座封,提出丢手头
11	下入防砂管串总成
12	进行砾石充填防砂作业,提出丢手头
13	下入生产管串

表7 印度ASSAM油田防砂效果统计表 统计至2006.9.30

井号	防前日产		防后日产		完井日期	生产天数/d	恢复产油/t	累积增油/t
	油/t	水/t	油/t	水/t				
HAPJAN19	14	2	16	2	2004.11.17	682	10912	1364
NHK429	0	0	6	0	2004.12.28	641	3846	3846
HAPJAN30	28	28	37	8	2005.1.26	612	22644	5518
MAKUM5	45	14	51	9	2005.2.28	579	29529	3474
HAPJAN2	25	3	29	2	2005.4.18	530	15370	2120
HAPJAN12	22	2	29	5	2005.4.18	497	14413	3479
MAKUM13	32	5	46	12	2005.6.12	475	21850	6650
KUMCHAI4	0	0	15	0	2005.8.19	407	6105	6105
HAPJAN34	16	38	23	13	2005.9.27	368	8464	2576
HAPJAN33	14	40	14	34	2005.10.24	341	4774	0
HAPJAN31	30	28	34	20	2006.2.28	214	7276	856
HAPJAN3	26	2	29	1	2006.3.25	189	5481	567
HAPJAN32	13	33	15	25	2006.4.27	156	2340	312
HAPJAN29	12	45	17	19	2006.7.5	87	1479	435
HAPJAN35	0	22	10	22	2006.8.8	53	530	530

7 结论

（1）通过产能比和压力剃度分布曲线分析而确定的充填材料、阶梯式砾石充填方式，以及对油层保护、技术参数优化、施工工艺完善等配套工作是保证防砂长效性、提高措施水平和开发效益的基础。

（2）优化出的低伤害防砂工作液体系、充填砾石的粒径组合与筛管缝隙匹配以及施工实施监测系统的开发，满足了保护油层、提高充填质量实现防后产量稳定的需要。

（3）DGFS 充填工具具有悬挂、封隔、充填、充填口反复开关、反洗、丢手等基本功能，既能充填、又能循环，可以在充填完成后验证充填质量和进行二次充填，功能完善。

（4）现场应用施工监测与解释系统，可以进行挤注测试和充填验证测试，为施工参数的优选、是否二次填砂以及防后效果分析提供了科学的依据。

参 考 文 献

［1］ 万仁溥，罗英俊，采油技术手册 . 北京：石油工业出版社，1991.
［2］ 陈炳谦等 . 大港油田科技丛书-防砂工艺技术 . 北京：石油工业出版社，1999.

作者简介：

曹庆平，女，1970 年生，1989 年毕业，现读华东石油大学石油工程专业，助理工程师，长期从事油田防砂工艺技术研究与应用工作。联系地址：大港油田公司石油工程院，邮编 300280，联系电话：022-25923427。

液压式多层机械找卡水一次完成技术研究与应用

张宏伟[1]　舒　畅[1]　宋艳军[2]　扬天成[1]　翁　博[1]　宋志勇[1]

(1. 大港油田石油工程院；2. 大港油田第四采油厂)

摘　要　针对大港油田常规机械卡水工艺作业次数多，施工量大，效率低的问题，研究并应用了液压式多层机械找卡水一次完成技术。该技术集找水、卡水、换层、抽油生产为一体，一次下入可不动管柱完成油井生产层与卡水层的多次相互转换；同时也能适应套变直径≥105mm 套变井的找水、卡水、换层、抽油生产一次完成，现场应用表明：该技术减少了找卡水的作业次数和工作量，解决了大港油田常规井及套变井找卡水的技术难题，实用性强，成功率高，提高了油井生产效率。

关键词　找卡水　一次完成　工艺　封隔器　液控开关

1　前言

随着油田开发的深入，大港油田生产井油水关系复杂，层间矛盾突出，生产效益降低。实施机械卡水对油井的各个生产层实现分层开采，以达到控制高含水油层产液量，减少产水量，减少层间干扰，提高采出程度，降低生产费用的目的。油井机械找卡水工艺技术是油田实现合理开采的重要措施之一。但目前找卡水工艺技术及配套工具现场应用适应性差、成功率低、有效期短、重复作业等问题越来越突出，主要存在问题为：

（1）找水、卡水工艺分开进行，找卡水施工后换层需再次作业，作业次数多，施工量大，效率低。

（2）在常规井、套变井中进行多层找卡水时，封隔器多级使用无法验证封隔器的密封性，造成工艺有效封堵率低的原因不明确。

（3）在套变井中，由于套管变形、缩径的原因常规多层找卡水工具无法下入套变位置以下，造成套变井实施找卡水工艺困难。

根据生产需要，研制出了适用于常规井及套变井的液压式多层机械找卡水工艺管柱及配套工具。该工艺技术实现了下井管柱找水、卡水、换层、抽油生产一次完成的目标，在不动生产管柱的情况下完成多次重复换层生产，现场操作简便，实用性强，成功率高，提高了大港油田找卡水工艺技术水平。

2　找卡水工艺管柱研究设计

2.1　管柱结构(图1、图2)

管柱主要由 Y341 自验封封隔器、ZYK 液控开关、机械式封隔器、油管连通短节等井下工具，可组配成一级两段、两级三段及三级四段找卡水管柱。其中自验封封隔器设置在各油层间，可有效封隔油套环空，是实现分层找水、卡水、换层生产的保证；ZYK 液控开关设置在各油层中部，使油套连通或封闭油套液体通道，实现各层的找水、卡水、调层生产；机械式封隔器可选用 Y221、Y211，锚定支撑整个管柱，封隔油套环空，保证上部的套压导入下部油管，实现 Y341 自验封封隔器、ZYK 液控开关坐封、换向的作用。

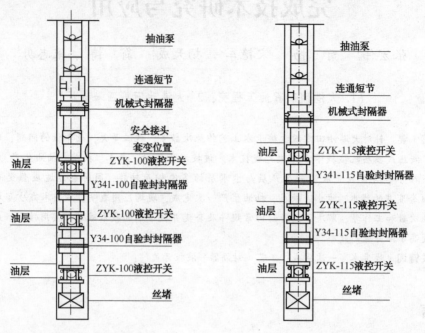

图 1　常规井管柱结构示意图　　　　图 2　套变井管柱结构示意图

2.2　工艺原理

（1）下入：按工艺设计要求下入施工管柱到达预定位置。

（2）坐封：先坐封机械式封隔器，然后从油套环空加压，液压经连通短节进入油管，坐封 Y341 自验封封隔器，同时锁紧机构也自行锁紧，泄压后密封件胶筒不能回弹，达到密封油套环空的目的。

（3）验封：机械封隔器坐封后，从油套环空打压，验证各级封隔器的密封性；根据压力变化情况，可判断封隔器及管柱的密封性能，达到逐级验封的目的。

（4）调层：通过实际生产，观察产液量及含水的情况，需要调整生产层位时，油套环空打压，液压控制 ZYK 液控开关的开或关的状态。当达到换层控制压差时，ZYK 液控开关的状态被改变，实现开关转换后的地层分层求产、分层取样，以此类推可进行多层找水、卡水功能的转换，达到换层生产的目的。

（5）解封：上提管柱，机械式封隔器、Y341 自验封封隔器解封机构发生动作，即可起出施工管柱。

2.3　技术特点

（1）施工管柱和生产管柱一次完成，工艺过程简单，降低了作业费用。

（2）施工管柱可实现在不动生产管柱的情况下多次重复换层生产，通过套管加压的方法进行换层，不需要专用设备，方法简单方便，提高工作效率。

（3）在同一个压力下实施卡层、换层，卡层可靠，换层准确，操作方便。

3 找卡水配套工具研制

研制了适应于常规井及套变井的 Y341 自验封封隔器(包含 Y341-148 自验封封隔器、Y341-115 自验封封隔器、Y341-100 自验封封隔器)。

3.1 Y341 自验封封隔器

该封隔器的主要结构包括坐封机构、密封机构、自验封机构、解封机构(图 3)。

图 3 Y341 自验封封隔器结构示意图

3.2 工作原理

坐封:油管内加压,高压液体经封隔器中心管的传压孔将压力传到上、下活塞和外筒形成的环腔内,上、下活塞在高压液体作用下,压缩上下两组胶筒,封隔油套管环形空间。同时封隔器的锁紧机构被锁紧,释放掉油管内的座封压力,封隔器也不会解封。

验封:封隔器坐封后,油管加压,检验封隔器胶筒的密封性能。

解封:需要解封时,上提油管,封隔器解封。

3.3 技术特点

(1)封隔器采用锥形隔环,坐封时对胶筒有挤压和扩张双重作用,增大了胶筒的抗压能力和密封性,充分满足了工艺需要。

(2)采用特种锁紧机构,增强了封隔器坐封、锁紧的可靠性。

(3)采用液压坐封,上提管柱解封的方式,现场施工方便。

(4)封隔器采用无刚性锚定结构,避免了长期在井下工作造成解封困难情况的发生。

3.4 主要技术参数(表 1)

表 1 Y341 自验封封隔器技术参数表

技 术 参 数	Y341-80	Y341-100	Y341-115	Y341-148
钢体最大外径/mm	$\phi80$	$\phi100$	$\phi115$	$\phi148$
钢体最小内径/mm	$\phi40$	$\phi50$	$\phi60$	$\phi62$
坐封压力/MPa	15	15	15	15
工作压力/MPa	20	20	25	25
工作温度/℃	120	120	120	120
适应套管内径/mm	$\phi88\sim\phi100$	$\phi105\sim\phi114$	$\phi121\sim\phi124$	$\phi154\sim\phi161$
总长/mm	1400	1400	1450	1550

3.5 ZYK 液控开关

根据工艺和管柱设计要求研制了两种直径的液控开关,适应于常规井找水、卡水的 ZYK-115 液控开关、适应套管变形找水、卡水的小直径 ZYK-100 液控开关。

3.5.1 ZYK液控开关结构

主要结构包括轨道换向机构、分流机构、压力调节机构(图4)。

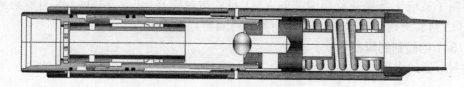

图4 ZYK液控开关示意图

3.5.2 工作原理

下井：开关在地面根据油井资料确定开关在井下的"开""关"状。

换向：从套管打液压至换向压力(10MPa)。在液压的作用下球座压缩弹簧下行，同时控制滑块在轨道中换向，泄压后弹簧回弹，即可实现换向。当滑块由轨迹管短轨道进入轨迹管长轨道时开关状态为由关转换成开，反之则原理相同。

3.5.3 技术特点

① 开关换向机构采用轨道滑块机构，可实现开关的多次重复换层生产。

② 当油井需换层生产时，可实现不动管柱的情况下换层生产。

③ 分流机构为一桥式连通机构，具有三个作用：保证液压封隔器打压坐封时液体向下传压至下面的多级封隔器和液控开关；保证液压封隔器打压坐封时液体不进入套管；生产时保证液体从套管通过打开的开关侧壁的横向孔进入生产管柱。

3.5.4 主要技术参数(表2)

表2 ZYK液控开关技术参数表

技 术 参 数	ZYK-100液控开关	ZYK-115液控开关
钢体最大外径/mm	$\phi100$	$\phi115$
换向压力/MPa	10	10
工作压差/MPa	25	25
工作温度/℃	120	120
适应套管内径/mm	$\phi105\sim\phi124$	$\phi121\sim\phi161$
总长/mm	1200	1350

4 现场应用及效果

从2006年8月开始，在大港油田不同区块采油井中进行了现场应用，常规井应用40井次，套变井应用8井次。其中最大井深3378.74m，最大井斜32.4°，套管变形后最小变径为110mm，现场调层成功率100%，施工有效率100%。以乌19-9、港3-72井2口井为例，调层后油井产量明显增加，含水率下降，以高了生产效率。

4.1 乌19-9井

乌19-9井位于乌马营构造带乌17断块，目前人工井底2783.03m。该井施工前，生产井段为2418～2540.9m、2567.5～2598.5m、2719.4～2925.5m(表3)。

278

表 3　乌 19-9 井找卡水施工效果表

日期	平均日产油/t	平均日产气/m³	平均日产水/m³	平均含水/%
施工前生产情况				
2006.12	3.31		102.25	95
2007.01.05 施工后生产 B 层				
2007.01.25	3.28		106	97
	3.15		101.85	97
2007.1.26 关 B 层换 A 层生产				
2007.02	7.3		33.3	82
2007.03	6.85		42.1	86
2007.04	6.25		45.8	88
2007.05	6.43		36.4	85

4.2　港 3-72 井

位于港东二区二断块，目前人工井底 1900m，套变位置 1437.4m，套变后井径为 112mm，施工前生产井段为 1436.0～1482.8m。该井于 2007 年 10 月施工，一级两段，调层 2 次，施工效果见表 4。

表 4　港 3-72 井找卡水施工效果表

日期	平均日产油/t	平均日产气/m³	平均日产水/m³	平均含水/%
施工前生产情况				
2007.08	1.32	304	47.68	97.3
2007.09	1.26	269	39.21	96.9
2006.10.5 施工后生产最上层				
2007.10	0.4		53	99
2006.10.26 换下层生产				
2007.11	6.14	747	4.2	40.6
2007.12	6.98	369	3.63	34.2

5　结论

（1）液压式多层机械找卡水一次完成工艺技术适用于常规油井、套变油井多层找卡水应用，现场应用 48 井次，施工成功率 100%，换向成功率 100%，最大井深 3378.74m，最高温度 133℃，最大井斜 32°58′，提高了大港油田找卡水工艺技术总体水平，满足了现场生产需求。

（2）工艺管柱集找水、卡水、调层、抽油生产的功能为一体，可实现在不动生产管柱的情况下多次重复换层生产，使找水、卡水工艺一体化，解决了机械卡水工艺中找水、卡水、换层生产工艺分开进行，多次作业的问题，提高了作业效率，提高了油井生产时率，节约了生产成本。

（3）液压式多层机械找卡水一次完成工艺技术具有找水准确，卡层可靠，可验证封隔器密封性能的特点，现场操作简便，实用性强，成功率高。

参 考 文 献

[1] 陈宁, 刘成双, 陈恒, 张铁军等, 一种新型分层可调找堵水工艺管柱, 石油机械, 2005, 23[7]: 73~75.

[2] 郭东, 方玉斌, 刘敏, 张勇, 机械找堵水一体化工艺技术在濮城油田的应用, 钻采工艺, 2005, 28 [4]: 46~48.

[3] 于斌, 向明兰, 祝清勇, 常晓亮, 不动管找堵水研究在文南油田的应用, 特种油气藏, 2005, 12 [3]: 72~74.

作者简介:

张宏伟, 男, 生于 1970 年, 工程师, 现在大港油田钻采工艺研究院从事采油工程技术研究应用工作。地址(300280)天津市大港区。电话: 022-25921449。

钻井污染深度优化计算

赵　英

（大港油田第五采油厂）

摘　要　钻井液的侵入深度在射孔优化设计中尤为重要，本文提出了一种新的钻井液污染深度计算方法，经过大量的现场试验，与实验结果对比，证实该方法的模型及计算方法正确。

关键词　钻井液　泥浆　研究　射孔

1　前言

为了防止地层流体进入井筒，钻井液柱压力必须大于地层孔隙内的流体压力。因此，钻井液就会侵入油气层，并在近井眼周围形成一个伤害区，其伤害半径和伤害程度可用 F. Civan(1994) 模型来计算。该方法在建立了预测侵入近井眼地带钻井液的浓度随径向距离变化的数学模型，并通过数值计算确定钻井液侵入伤害半径。

2　钻井液侵入数学模型

侵入多孔介质中钻井液的浓度可用对流—扩散方程和有关约束条件来描述，径向流条件下，物质的运移可由下述质量守恒方程表示：

$$\frac{1}{r}\frac{\partial}{\partial r}\left(Dr\frac{\partial c}{\partial r}\right)=\frac{u}{\varphi}\frac{\partial c}{\partial r}+\frac{\partial c}{\partial t}\qquad r_w<r<r_e,\ t>0 \tag{1}$$

初始条件：

$$c=0,\ r_w\leqslant r\leqslant r_e;\ t=0 \tag{2}$$

边界条件：

$$u_oc_o=u_c-D\phi\frac{\partial c}{\partial r};\ r=r_w;\qquad t>0 \tag{3}$$

$$\frac{\partial c}{\partial r}=0;\ r=r_e;\ t>0 \tag{4}$$

辅助方程：渗滤速度可表示为：

$$u=\frac{q}{2\pi rh} \tag{5}$$

受滤饼影响的渗滤流量的经验方程为：

$$q=a\exp(-bt) \tag{6}$$

扩散系数由关于渗滤速度的经验函数式确定：

$$D=D_m+fu^g \tag{7}$$

其中，q 为钻井液渗滤流量；r 为径向距离；r_w 为井眼半径；r_e 为外边界半径；t 表示时间；u 为渗滤速度；ϕ 为孔隙度；D 为扩散系数；D_m 为分子扩散系数；可以忽略 c 为钻井液浓度；a 和 b 钻井液滤失参数，可由钻井液滤失实验获得；f 和 g 为经验参数，根据 F. Civan 建议取 $f = 51.7 (m^2/h)^{1-g} (m/h)^{-g}$，$g = 1.25$。

为了计算方便，方程(1)～(7)转化为无量纲形式：

$$c_D = \frac{c}{c_o}, \quad r_D = \frac{r}{r_w}, \quad t_D = \frac{t}{t_o} \tag{8}$$

其中 t_o 为当前未知的比例因数。

将方程(8)代入到方程(1)中可得：

$$\left(\frac{t_o}{r_w^2}\right)\frac{1}{r_D}\frac{\partial c_D}{\partial r_D}\left[r_D D \frac{\partial c_D}{\partial r_D}\right] = \left(\frac{ut_o}{\phi r_w}\right)\frac{\partial c_D}{\partial r_D} + \frac{\partial c_D}{\partial c_D} \tag{9}$$

在方程(9)中，扩散系数 D 和渗滤速度 u 都为变量，因此，这些参数由相关的特征值 D_o 和 u_o 标准化：

$$\left(\frac{t_o D_o}{r_w^2}\right)\frac{1}{r_D}\frac{\partial}{\partial r_D}\left[r_D\left(\frac{D}{D_o}\right)\frac{\partial c_D}{\partial r_D}\right] = \left(\frac{u}{u_o}\right)\left(\frac{u_o t_o}{\phi r_w}\right)\frac{\partial c_D}{\partial r_D} + \frac{\partial c_D}{\partial t_D} \tag{10}$$

取 $u_o t_o/(r_w\phi) = 1$，则 t_o 定义为 $t_o = (\phi r_w)/u_o$，就可得到无量纲的对流—扩散方程：

$$\frac{1}{P_e}\frac{1}{r_D}\frac{\partial}{\partial r_D}\left[r_D\left(\frac{D}{D_o}\right)\frac{\partial c_D}{\partial r_D}\right] = \left(\frac{u}{u_o}\right)\frac{\partial c_D}{\partial r_D} + \frac{\partial c_D}{\partial t_D} \tag{11}$$

其中 Peclet 数 P_e 定义为：

$$P_e = \frac{u_o r_w}{\phi D_o} \tag{12}$$

u_o 为井眼中出现的最大渗滤速度，即 $t = 0$ 时，井眼中的渗滤速度由方程(5)、方程(6)可表示为：

$$u_o = \frac{a}{2\pi r_w h} \tag{13}$$

由方程(13)和方程(7)可推出 D_0 的方程为：

$$D_o = f u_o^g = f\left(\frac{a}{2\pi r_w h}\right)^g \tag{14}$$

因此，扩散系数和渗滤速度的比值很容易写成为：

$$\frac{u}{u_o} = \frac{1}{r_D}\exp(-bt_o t_D) \tag{15}$$

$$\frac{D}{D_o} = \left(\frac{u}{u_o}\right)^g \tag{16}$$

同样的方法，可得到无量纲的初始条件和边界条件：

$$c_D = 1, \quad 1 < r_D < \frac{r_e}{r_w}, \quad t_D = 0 \tag{17}$$

$$\left(\frac{u}{u_o}\right)C_D - \frac{1}{P_e}\left(\frac{D}{D_o}\right)\frac{\partial c_D}{\partial r_D} = 1, \quad r_D = 1, \quad t_D > 0 \tag{18}$$

$$\frac{\partial c_D}{\partial r_D} = 0, \quad r_D = \frac{r_e}{r_w}, \quad t_D > 0 \tag{19}$$

无量纲对流—扩散方程可写为如下形式：

$$\beta(r_D,\ t_D)\frac{\partial^2 c_D}{\partial r_D^2}=\alpha(r_D,\ t_D)\frac{\partial c_D}{\partial r_D}+\frac{\partial c_D}{\partial t_D} \tag{20}$$

方程(20)为线性的，因为变量 α 和 β 的定义为：

$$\alpha(r_D,\ t_D)=\frac{1}{r_D}\left[\exp(-bt_o t_D)-\frac{1}{P_e}\frac{(1-g)}{r_D^g}\exp(-gbt_o t_D)\right] \tag{21}$$

$$\beta(r_D,\ t_D)=\frac{1}{P_e}\left(\frac{1}{r_D^g}\exp(-gbt_o t_D)\right) \tag{22}$$

3 数学模型的数值解法

方程(17)~(22)按照 Crank-Nicholson 提出的隐式数值方法求解。采用块中心网格系统。该模型中的待求变量为无量纲钻井液滤液浓度。方程的解说明钻井液滤液浓度从井眼壁面到外边界(r_e)随时间的变化情况。方程(20)应用差分概念的离散形式为：

$$\lambda\left[\beta_i^N\frac{C_{Di+1}^N-2C_{Di}^N+C_{Di-1}^N}{\Delta r_D^2}-\alpha_i^N\frac{C_{Di+1}^N-C_{Di-1}^N}{2\Delta r_D}\right]+(1-\lambda)$$

$$\left[\beta_i^{N+1}\frac{C_{Di+1}^{N+1}-2C_{Di}^{N+1}+C_{Di-1}^{N+1}}{\Delta r_D^2}+\alpha_i^{N+1}\frac{C_{Di+1}^{N+1}-C_{Di-1}^{N+1}}{\Delta r_D}\right]=\frac{C_{Di}^{N+1}-C_{Di}^N}{\Delta t^D} \tag{23}$$

下标 i 表示空间位置，上标 N 表示时间，可直接用 Thomas 算法求该方程，且方程(23)可简单地写为：

$$\left\{(1-\lambda)a_i C_{Di-1}+\left[-(1-\lambda)b_i-\frac{1}{\Delta t_D}\right]C_{Di}+(1-\lambda)c_i D_{i+1}\right\}^{N+1}$$

$$=\left\{-\lambda a_i C_{Di-1}+\left[\lambda b_i-\frac{1}{\Delta t_D}\right]C_{Di}-\lambda c_i D_{i+1}\right\}^N,\ i=2,\ 3\cdots,\ n-1 \tag{24}$$

系数定义为：

$$a_i^K=\frac{\alpha_i^K}{2\Delta r_D}+\frac{\beta_i^k}{\Delta r_D^2}$$

$$b_i^k=\frac{2\beta_i^k}{\Delta r_D^2}$$

$$c_i^k=\frac{-\alpha_i^k}{2\Delta r_D}+\frac{\beta_i^k}{\Delta r_D^2}\quad k=N,\ N+1 \tag{25}$$

方程(25)右边的所有项在前一个时间段内，并且已知。因此，用右边的系数建立一个矩阵。

初始条件和边界条件离散为：

初始条件

$$C_{Di}^{N=0}=0,\qquad i=1,\ 2,\ \cdots,\ n, \tag{26}$$

因此，对初始条件，方程(24)右边项的解都为零。

对块中心网格，边界条件应用于 $i=\frac{1}{2}$ 和 $i=n+\frac{1}{2}$，则：

$r_D=r_e/r_w$ 处离散为：

$$\frac{C_{Di}-C_{Di-1}}{\Delta r_D}=0,\ \text{即}\ C_{Di-1}=C_{Di}$$

$$i=n, \quad C_{Dn+1}^{N}=C_{Dn}^{N}; \quad C_{Dn+1}^{N+1}=C_{Dn}^{N+1}; \tag{27}$$

因此离散的方程(24)在外边界处可写为：

$$\left\{\left[\,(1-\lambda)a_i\,\right]C_{Di-1}+\left[\,(1-\lambda)(c_i-b_i)-\frac{1}{\Delta t_D}\right]C_{Di}\right\}^{N+1}$$

$$=\left\{\left[-\lambda a_i\right]C_{Di-1}+\left[\lambda(b_i-c_i)-\frac{1}{\Delta t_D}\right]C_{Di}\right\}^{N}; \quad t_D>0, \quad i=n \tag{28}$$

方程(18)在内边界条件$i=\frac{1}{2}$可写为：

$$\left(\frac{u}{u_o}\right)_{i=\frac{1}{2}}^{N}\bar{C}_D^N-\frac{1}{P_e}\left(\frac{D}{D_o}\right)_{i=\frac{1}{2}}^{N}\frac{C_{Di}^N-C_{Di-1}^N}{\Delta r_D}=1 \quad i=1, \quad t_D>0 \tag{29}$$

其中算术平均值$\bar{C}_D$定义为：

$$\bar{C}_D=\frac{1}{2}(C_{Di-1}+C_{Di}) \tag{30}$$

对假设点求解，并将算出结果代入下面的方程中：

$$C_{Di-1}^N=\eta C_{Di}^N+\xi \tag{31}$$

$$\xi=\frac{1}{x+y}$$

$$\eta=\frac{y-x}{x+y}$$

其中：

$$x=\frac{1}{2}\exp(-bt_o t_D) \tag{32}$$

$$y=\frac{1}{P_e\Delta r_D}\exp(-gbt_o t_D) \tag{33}$$

对$i=1$时，方程(22)可写为：

$$\left[(1-\lambda)(a_i\eta-b_i)-\frac{1}{\Delta t_D}\right]C_{Di}^{N+1}+\left[(1-\lambda)c_i\right]C_{Di+1}^{N+1}=\left[-\lambda(a_i\eta-b_i)\right.$$

$$\left.-\frac{1}{\Delta t_D}\right]C_{Di}^N+\left[-\lambda c_i\right]C_{Di+1}^N-\left[\lambda a_i\xi\right]^N-\left[(1-\lambda)a_i\xi\right]^{N+1}; \quad t_D>0; \quad i=1 \tag{34}$$

结合方程(34)，方程(28)和方程(24)的最终矩阵如下所示：

$$(1-\lambda)\begin{bmatrix} a\eta-\left(b+\dfrac{1}{\Delta t_D}\right) & C & 0 & 0 & 0 \\ a & -\left(b+\dfrac{1}{\Delta t_D}\right) & C & 0 & 0 \\ 0 & \vdots & \vdots & \vdots & 0 \\ 0 & 0 & \vdots & \vdots & C \\ 0 & 0 & 0 & a & c-\left(b+\dfrac{1}{\Delta t_D}\right) \end{bmatrix}^{N+1}\begin{bmatrix} C_{D1} \\ C_{D2} \\ \vdots \\ C_{D_{n-1}} \\ C_{D_n} \end{bmatrix}^{N+1}=\lambda\begin{bmatrix} C_{D1} \\ C_{D2} \\ \vdots \\ C_{N-1} \\ C_{Dn} \end{bmatrix}^{N} \tag{35}$$

4 现场应用

我们编制了试油优化设计软件，钻井污染参数计算部分采用了该模型。现场应用20口井，与表1试验结果对比，误差在5%以内。图1为一口井的泥浆侵入深度曲线。

由图1可知，泥浆侵入深度2m，污染半径0.8m，污染程度67%。此结果与北京石油勘探开发科学研究院周福建等人在《钻井液与完井液》（2000年第四期）所发表的论文实验数据（表1）结果基本相同，证明钻井液侵入油层深度数值模拟计算的数学模型和方法是正确的。

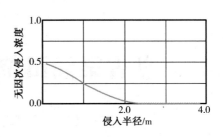

图1 官68-40井泥浆侵入深度曲线

表1 不同时间下的钻井液侵入深度实验值

时间/d	2.5	5	10	20
侵入深度/m	0.59	0.85	1.05	1.55

5 结论

（1）该模型中考虑了以下因素：①地层特性：渗透率、孔隙度、孔喉直径；②泥浆特性：固相含量、失水量、泥浆黏度、泥浆密度；③钻井工艺参数：泥浆浸泡时间、液柱压差；但泥浆屏蔽技术未考虑，有待研究。

（2）通过现场应用，证明本文所述方法紧密结合生产实际，实用性强，能科学的评价油藏特性。

参 考 文 献

[1] 万仁溥. 现代完井工程. 北京：石油工业出版社. 1996.

作者简介：

赵英，女，工程师。1993年毕业于大港石油学校石油地质专业，一直在大港油田第五采油厂从事地质生产研究工作。

盘古梁油田整体封堵裂缝技术研究

王兴宏 徐春梅 李永长 陈洪涛 陈荣环

(长庆油田公司油气工艺研究院)

摘要 盘古梁油田属于低渗透油藏,油井初期采用压裂方式投产,油井附近均存在明显的裂缝,随着油藏注水不断深入,水井也存在明显裂缝,部分裂缝已连成线,导致油井暴性水淹,严重制约油田的发展,年损失产油量达 20×10^4t 以上。为了提高注入水的波及面积和波及效率,对裂缝条带进行封堵,同时对侧向油井进行相应的引导工艺,提高措施后对侧向井的作用,通过不断的室内实验研究和现场试验完善及改进,措施效果逐年提高。2003 年采取点对点堵水调剖的方式进行先导试验,但效果不理想,侧向油井难以见效,经过总结和不断的研讨,2006 年后调整思路,制定沿裂缝线连片整体治理的方案,对裂缝进行治理,由上往下进行分步实施,对 17 条裂缝线上的注水井先后实施化堵调剖,化堵调剖后油藏剖面整体吸水厚度增加,油藏存水率及水驱动用程度得到提高,为油田的稳产奠定了坚实的基础。

关键词 裂缝 低渗透 深部调剖 封堵 波及效率

1 盘古梁油田基本概况

1.1 盘古梁油田基本情况

盘古梁油田的油藏发育受几个鼻窿构造控制,导致天然裂缝发育。由于裂缝的存在,注入水易沿单向突进,造成油井含水上升快,水驱效果差,严重影响油藏采收率的提高,老井稳产难度较大。

盘古梁长 6 油藏于 1995 年投入试采,2001 年开始大规模产能建设。油藏共发育长 $6_1{}^1$、长 $6_1{}^2$、长 $6_2{}^{1+2}$、长 $6_2{}^3$、长 6_3 五个油砂体,其中长 $6_1{}^2$、长 $6_2{}^{1+2}$ 油砂体是区内的主力开发层系,长 $6_1{}^1$ 仅在北部局部井点发育,动用程度较低,长 $6_2{}^3$、长 6_3 油砂体厚度小、连通性差,暂未动用。

1.2 盘古梁长 6 油藏精细油藏描述

1.2.1 历年压力状况

通过历年压力变化趋势图(图 1)可以看出,盘古梁长 6 油藏自开发以来到 2002 年初,压力基本保持平稳,之后压力平缓上升,到 2006 年 8 月油藏注采比达 1.73,累积注采比达 1.64,油藏存水率 88.8%,平均网格压力从 12.96MPa 上升至 15.98MPa,油藏压力保持水平高,压力驱替系统已经建立,油藏注水开发效果较好。

1.2.2 历年含水状况

长 6 油藏没有无水采油期(<2%),从一开始就进入低含水阶段(2%~40%),伴随注水开发工作的继续,含水逐渐上升,至 2004 年 12 月油田含水上升到 22.6%,之后油田含水变化开始趋于平缓,截至 2006 年 8 月,油田综合含水为 24.2%。油藏含水变化说明开发初期由于油藏储层相对较差,含水上升快,开发一段时间后,由于油田注水开发技术政策合理,

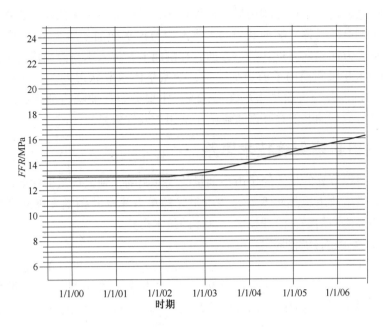

图 1　盘古梁长 6 油藏历年压力趋势图

有效的控制了油田含水上升速度。

　　1.2.3　平面开发效果分析

　　油藏整体上压力保持水平高，但由于油藏物性差异以及平面注采情况不一，压力平面分布也不一致(图 2)，油藏累计注采比高的区块如：分层注水区块、油藏中边部低产区域及西南部低产低效区块压力较高，而高产区块及无注水井的边部则压力相对较低。

　　物性差异不仅造成油田区域压力的不均衡(图 3)，油藏含水也存在明显的区域特征，油层厚、采出程度底的区域含水变化不大，表明注入水向油井的推进速度较慢，从渗流机理角度分析，这主要是由于储层的特低渗性所致。裂缝存在的区域则有部分主向油井含水快速上升或出现水淹的情况。

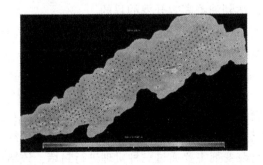

图 2　盘古梁 2006 年 8 月压力平面分布图

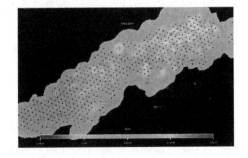

图 3　盘古梁 2006 年 8 月平面含水分布图

1.3　主要存在的问题

　　盘古梁长 6 油藏通过不断合理注水开发技术政策和综合治理措施的实施，油藏开发形势较为稳定。但油藏进一步稳产还将面临着以下问题：①油藏注多采少，注采系统不协调、不配套，油藏产能难以有效发挥，油藏表现出注水井局部高压、采油井局部低压，形成了注采井之间高压力梯度、高注采压差的格局，这种现状将直接导致水驱微观指进加剧，水驱效果变差，产能得不到有效发挥。②油藏局部水驱不均与控水稳油矛盾突出，一方面在平面上，注入水易沿主应力方向单向突进；另一方面，在剖面上，注入水易沿高渗段突进，引起一次性动用多层的注水井层间层内矛盾更加严重，油藏整体水驱状况差。③油藏低产井仍然较多，产量小于 2t 的油井约占油井总井数的 32%，主要分布在油藏边部物性差部位以及裂缝性见水区块，这些低产油井的存在严重影响了油田的开发效果。

2   盘古梁油田封堵裂缝技术思路

盘古梁油田封堵裂缝的技术经历由小剂量的浅部调剖，到大剂量的深部调剖，再到复合调剖技术，工艺措施效果也逐年变好。并由最终的单点注水井调剖发展到裂缝带为主的调剖，以及区块的整体调剖综合治理技术。具体的技术思路如下。

2.1   早期（2005 年以前）调剖思路

为了控制油井含水上升速度，减少水淹井数量的上升，早期进行单井的先导试验，在室内对堵剂进行筛选，筛选出梳形聚丙烯酰胺 KYPAM 作为添加堵剂，苯酚/甲醛体系为添加交联剂体系，和颗粒水驱流向改变剂进行单井先导试验。只针对裂缝见水井组，实施单井点化堵，单井堵剂用量 1200m³。

注入段塞优选：第一段塞为细颗粒水驱流向改变剂+缔合聚合物；第二堵塞为梳型聚合物凝胶；第三段塞为中颗粒水驱流向改变剂+缔合聚合物；第四段塞为水驱流向改变剂+缔合聚合物+交联剂；第五段塞为大颗粒水驱流向改变剂进行封口塞。

2.2   目前（2006 年以后）调剖技术思路

由单井点化堵向井组（区块）整体化堵转变、由裂缝性见水井组化堵向孔隙性见水井组化堵转变、由单纯化堵向深部化堵调剖转变。且堵剂用量由 1200m³ 增加到 2000m³。对于油藏东北部水线沟通裂缝带，进行沿裂缝带堵水调剖改变水驱方向、改善水驱效果。

技术思路：为抑制裂缝的延伸，采取封堵整条裂缝，同时在对应的高含水油井进行先堵两个端点注水井后逐步堵中间注水井的治理思路，堵剂采取预交联—水驱流向改变剂、缔合聚合物复合调剖体系，通过调剖剂在裂缝中的不断重新分布，增加注入流体在裂缝中的渗流阻力，从而改变水驱方向，提高水驱波及效率，达到油藏高效开发的目的。

注入段塞：第一段塞为细颗粒的水驱流向改变剂；第二段塞为缔合聚合物+水驱流向改变剂；第三段塞缔合聚合物；第四段塞大颗粒水驱流向改变剂封口。

3   堵剂室内研究

针对盘古梁油田存在天然和人工裂缝，裂缝分布具有明显的规律，表现出东西走向，存有一定的夹角。针对存在裂缝的特点，在室内进行堵剂的研究，筛选出抗盐、抗剪切的缔合聚合物。以及抗盐的水驱流向改变剂。水驱流向改变剂主要通过三种机理进行封堵，该堵剂可达到近井调剖+深部液流转向+驱油等多功能作用于一体的目的。具有能变形，可膨胀等特性，其粒径可调，封堵率较高，目前国内在现场比较成熟。主要对缔合聚合物弱凝胶进行室内实验研究和改进。

3.1   聚合物浓度的优化

用模拟水将 ZND-5 配制成母液稀释成不同浓度的目标液，加入不同浓度的交联剂和相同浓度的交联助剂，放入 60℃ 的烘箱中，在不同时间测定胶体的强度变化，确定聚合物浓度对成胶时间、成胶强度的影响见表1。

表1 聚合物浓度对凝胶体系的影响

聚合物浓度/	交联剂和助剂浓度/（mg/L）				成胶时间/	成胶强度/
（mg/L）	HM	PN	HB	CS	h	mPa·s
500	300	200	110	800	—	不成胶
1000	350	250	110	800	72~96	7500
1500	400	300	110	800	48~72	17200
2000	450	350	110	800	48~60	23900
2500	500	400	110	800	36~48	33200
3000	600	500	150	800	24~36	39800
3500	700	700	150	800	24~36	47900
4000	800	800	150	800	12~24	53800

3.2 交联剂浓度的优化

用模拟水将ZND-5母液稀释，配制成为相同浓度的目标液，加入不同浓度的交联剂，放入60℃的烘箱中，在不同时间测定胶体的强度变化来确定成胶时间和成胶后强度。将ZND-5母液分别稀释至2000mg/L、2500mg/L、3000mg/L、3500mg/L，确定PN、HB、CS的量，改变交联剂HM的加量，观察其成胶时间和成胶强度的变化。交联剂HM的浓度对凝胶体系的影响如图4所示。

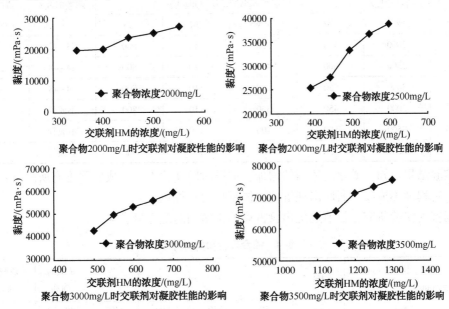

图4 不同聚合物浓度下交联剂浓度变化对凝胶的影响

3.3 凝胶体系交联剂的确定

交联助剂是影响凝胶体系性能的重要因素，选择的交联助剂应能满足现场施工工艺要求、调控灵活的配方体系。在室内通过对交联助剂的类型和浓度对凝胶的性能影响，最终选择出二种交联助剂和相应的浓度(表2)。

表 2 交联助剂 CS 对凝胶体系的影响

表 2 交联助剂 CS 对凝胶体系的影响

聚合物浓度/ (mg/L)	交联剂/(mg/L)			交联助剂/(mg/L)	2d 后强度/ mPa·s	2 个月后强度/ mPa·s
	HM	PN	HB	CS		
3000	550	500	110	0	14485	78.5
3000	550	500	110	400	24800	7500
3000	550	500	110	600	48400	14500
3000	550	500	110	1000	51200	36100

实验结果表明交联助剂 CS 是一种常用的 pH 调节剂和稳定剂, 随着交联助剂 CS 加量的增加, 可以延长成胶时间, 且稳定性较好。加入交联助剂 CS 使凝胶体系的成胶强度增加, 并有较好的稳定性。因此, 选用 CS 作为该凝胶体系的交联助剂。交联助剂 CS 遇水中的钙镁离子易产生沉淀, 所以必须现配现用, 且浓度越大越易在凝胶体系的底部沉淀出来。随着交联助剂 CS 加量的变化, 能延长交联时间; 初始强度差别不大, 但随时间的变化强度有所变化。

3.4 矿化度对凝胶体系的影响

扩大实验模拟洛河水的矿化度 3 倍 (总矿化度为 3350mg/L, 钙镁离子含量为 446mg/L) 配制模拟水, 和实验室另一种矿化度为 16156mg/L 的模拟水配制该堵剂, 观察其成胶时间和成胶强度见表 3。

表 3 矿化度对凝胶体系性能的影响

矿化度/ (mg/L)	聚合物浓度/ (mg/L)	交联剂和助剂浓度/(mg/L)				成胶时间/ h	成胶强度/ mPa·s
		HM	PN	HB	CS		
3350.07	2000	450	350	110	800	48~72	18000
	2500	500	400	110	800	24~48	27100
	3000	550	500	110	800	24~48	32800
16156.6	2000	450	350	110	800	不成胶	—
	2500	500	400	110	800	不成胶	—
	3000	550	500	110	800	不成胶	—

由实验结果可知, 矿化度适当的增加, 成胶时间变化不大, 成胶强度有所降低; 矿化度增加到一定程度不成胶, 瓶底出现沉淀, 体系变为红棕色。

根据室内实验研究, 目前选优出盘古梁油田堵剂的配方见表 4。

表 4 缔合聚合物配方体系

编号	浓度/(mg/L) 交联剂/(mg/L)	MA	HM	PN	HB	CS	成胶时间/h	成胶强度/ mPa·s
1	2000	—	450	350	110	800	48~72	25000
2	2500	—	500	400	110	800	36~48	35000
3	3000	—	550	500	110	800	24~36	50000
4	3000	—	800	800	150	800	22~28	60000
5	3500	—	1200	1200	150	800	18~24	70000
6	4000	4000	—	—	300	—	6	100000

4 方案优化与设计

为了提高措施效果，加强对窜流通道类型的识别，更好地提高措施的针对性，目前主要有动态分析方法、水驱特征曲线分析方法、模版法。对窜流通道更好地识别后，对工艺方案进行优化，提高整体效果。

4.1 窜流通道识别技术

4.1.1 动态分析

通过油水井注采对应关系分析，高含水或水淹井投产时间与注水井投产关系进行分析，在此基础上对注水井关停一段时间，观察周围油井生产变化，从而判断出油水井的窜流通道。为措施提供相应的技术依据。

4.1.2 水驱特征曲线分析

通过注水井对应的一线高含水油井，作出累积产油与产水的关系，即水驱特征曲线，通过曲线的特征判断出窜流通道的类型，如存在明显的拐点，则存在裂缝的窜流通道类型；如拐点不明显，存在微裂缝或高渗透层带。

4.1.3 模版法识别技术

通过示踪剂测试结果与油井动态形式的结合，可以大体定性地确定不同类型见水油井的水驱速度。同时根据达西定律，结合油井水流速度，可以大体确定出目前油井渗透率基本情况。

根据上述水驱状况描述，采用的堵剂类型将根据油水井间渗透率情况选择。将调堵井储层渗透率划分为三类：$k<100mD$、$100mD<k<200mD$、$k>200mD$，以此选择相应的调堵类型。因此见水油井类型划分总体见表5。

表5 见水油井类型判定

见水时间	储层渗透率划分/%	月产水量/t	水驱流速/（m/min）	主要窜流通道类型
早期（第1年）	$k<100$	$Q<100$	$v<20$	孔渗
	$100<k<200$	$100<Q<200$	$20<v<50$	孔渗+微裂缝
	$k>200$	$Q>200$	$v>50$	裂缝
中期（第2年）	$k<50$	$Q<50$	$v<20$	孔渗
	$50<k<150$	$50<Q<100$	$20<v<35$	孔渗
	$150<k<200$	$100<Q<200$	$35<v<50$	孔渗+微裂缝
	$k>200$	$Q>200$	$v>50$	裂缝
后期（第3年）	$k<100$	$Q<100$	$v<20$	孔渗

对各井组的油井与此表格的进行对比分析，将其进行归类，最终得出窜流通道的类型。通过多种方法结合，判断出盘古梁油田的裂缝的分布规律如图5所示。

4.2 工艺方案优化

4.2.1 PI决策选井选层技术

通过PI决策软件判断区块调剖的必要性；决定区块上需要调剖的注水井；选样适合地层特征的调剖剂；计算调剖剂用量；评价调剖效果；调定调剖周期。通过对整个油田的PI值进行测试、分析，判断出调剖井。

4.2.2 调剖剂用量优化

堵剂用量越多，调剖效果越好。虽然数值模拟可解决调剖用量问题，但建立精确的地质

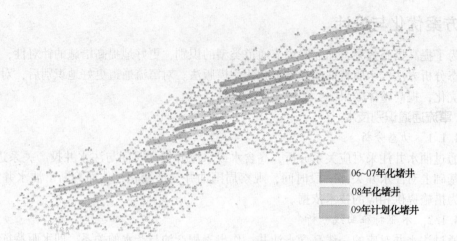

图5　盘古梁油田长6油藏裂缝分布图

图例：
06~07年化堵井
08年化堵井
09年计划化堵井

模型和数学模型实际上很难达到。目前常用的主要有经验法和公式法，一般认为长期注水后形成的大孔道占井组地层孔隙总体积的1%~5%，因此堵剂用量参照地层孔隙总体积1%~5%确定。同时通过现场试验总结分析，目前堵剂经验用量达到2000m³，效果较为理想。

4.2.3　注入压力和注入速度的确定

合理的注入泵压下，调剖剂能优先有选择地进入裂缝、高渗透层，达到调剖的目的，为了使调剖剂不进入或少进入低渗透层，在调剖中必须控制注入泵压，选择施工最高泵压有两个原则：一是不大于注入泵压，另一个是施工泵压小于折算至井口的油层破裂压力。

合理的注入速度是控制施工泵压的关键，可根据注水井的配注量及其正常注水压力和优化施工设计确定注入速度。一般采用限压快注方式，一是因为堵剂为拟塑性流体，具有剪切变稀特性，流量大时更易注入；二是高速注入时降低堵剂失水，使堵剂向地层深部进入，形成较长冻胶封堵段塞。

在实际施工设计中，一般根据封堵目的不同，采用不同的注入速度：对层内或层间笼统调剖堵水的井，采用低压慢速注入；注入速度保持在5~8m³/h，保证优先封堵大孔道。对层厚但射开层厚度小时，则采用先慢后快挤注法，使堵剂先进入大孔道，一般规律井眼附近高渗透带宽，越往深部地层大孔道越狭窄，所以注入速度先控制在8m³/h后加大到12~14m³/h效果良好。

5　措施效果分析

2005年以前盘古梁油田进行实施14井组，化堵后注水压力由6.0MPa升至7.1MPa，3口可对比井吸水厚度由6.7m增至8.4m。但是化堵有效期较短，仅为4~8个月，主向油井含水继续上升，化堵初期侧向油井见效，最终效果未达到预期效果。

2006~2008年共实施堵水调剖措施37口井，统计实施效果堵水后压力由6.7MPa上升至8.8MPa，注水井由原来的控制注水变为正常注水，水驱动用程度49.7%上升至62.4%，存水率0.91上升至0.94，累计增油15184t、累计降水16816m³，效果明显。

5.1　措施后注水井生产状况发生明显变化

5.1.1　注水压力上升

2006~2008年整体先后对裂缝实施封堵后，由原来的控制注水恢复到正常注水，注水井

292

油管压力由 6.7MPa 上升至 8.8MPa。注水压力的提高说明裂缝通道和高渗带被初步控制；同时，也为低渗透油层的动用和侧向油井见效创造了有利条件。

5.1.2 吸水厚度增加

18 口可对比井单井吸水厚度由 9.62m 上升至 14.7m，平均单井上升 5.13m。

5.1.3 压降曲线缓解

注水井井口压降曲线是指关井后测得的注水井井口压力随时间的变化曲线。2006～2008 年通过对比 21 口井化堵前后压降曲线得知，压降曲线均由化堵前的迅速下降转变为化堵后的缓慢下降，说明化堵后油藏水驱状况变好(图6)。

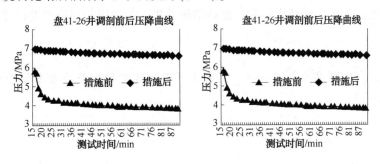

图 6　调剖前后压降曲线变化

5.2　一线油井增油降水效果明显

2006～2008 年共实施堵水调剖措施 37 口井，累计增油 15184t、累计降水 16816m³，效果明显。

5.3　油田整体开发效果转好

整体调剖后油田综合含水上升速度明显下降，日产油量得到回升，开采状况发生明显好转。自然递减速度得到有效地控制，具体如图 7 所示。

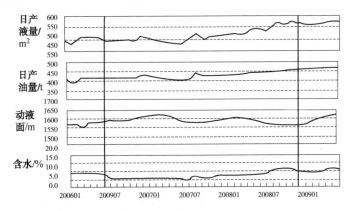

图 7　盘古梁长 6 油藏 2006～2008 年开采状况变化

6　结论及建议

盘古梁油田具有低渗、存在天然裂缝或人工裂缝的特点，在室内实验研究基础上，优选出水驱流向改变剂与疏水缔合聚合物复合堵剂，对 17 条裂缝治理后，油田的综合含水上升速度得到有效地控制，水淹井数量减少，取得较好的效果。

293

（1）室内优选出的水驱流向改变剂、疏水缔合聚合物二种堵剂，具有较好的耐盐性能，能满足油田的调剖堵水的要求。

（2）通过对窜流通道的综合识别，对盘古梁油田裂缝的分布规律得到认识和加强，为调剖堵水指明方向。

（3）由单井点化堵向井组（区块）整体化堵转变、由裂缝性见水井组化堵向孔隙性见水井组化堵转变、由单纯化堵向深部化堵调剖转变。

（4）盘古梁油田整体调剖后，油田的一线油井增油降水效果明显，油田整体水驱开发效果得到好转，达到预期的目的。

（5）建议加强重复调剖技术研究，提高措施效果，为油田长期稳产提高技术支撑。

作者简介：

王兴宏，男，1974 年生，工程师，主要从事石油地质勘探与开发方面的研究工作。电话：0937-8920372。

油层保护阀在港西油田洗井中的应用

屠 勇 陈功科 赵 英

(大港油田采油五厂)

摘 要 大港油田公司采油五厂管辖的油田，原油含蜡量高，生产过程中油井结蜡严重，影响了油井的正常生产，在油井热洗清蜡时，部分油井漏失严重，导致清蜡效果差，同时也对油层造成了不同程度的污染。针对洗井漏失严重、污染油层、清蜡效果差的问题，应用油层保护阀，配套应用封隔器，从而防止洗井漏失，提高洗井效果，减少油层污染，取得了明显效果。

关键词 结蜡 洗井 漏失 地层保护阀

引言

采油五厂的港西油田是一个已经开发了 40 多年的老油田，由于长期开采，注采不平衡导致地层亏空，部分井能量较低。油井清蜡主要以热洗清蜡为主，在洗井时洗井液漏失严重，致使油井洗井不彻底、洗井后产量恢复期长、洗井液污染油层。针对这一问题，应用油层保护阀配套应用封隔器来防止洗井漏失，提高洗井效果，减少洗井危害。

1 油层保护阀的结构及其工作原理

1.1 结构

该装置由液控蝶形阀、弹簧片、平衡孔、单流球阀(图 1)。

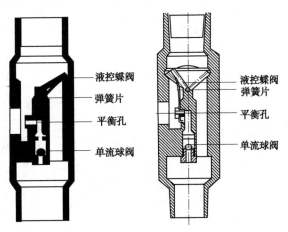

图 1 油层保护阀结构示意图

1.2 工作原理

油层保护阀必须与封隔器配套使用，通常安装在抽油泵下方，封隔器上方。油井正常生

295

产时上行液流推动液控蝶形阀打开产出液流道，单流阀开启，流道截面大，完全畅通，有利于减小流阻，充分利用地层产能；油井在洗井时，洗井液推动液控蝶形阀关闭产出液流道阻止洗井液进入地层，同时单流阀关闭。

2 主要技术参数(表1)

表1 油层保护阀主要技术参数

阀体外径/mm	两端螺纹	工作压力/MPa	工作温度/℃	单流阀球直径/mm	阀座孔径/mm	节流压差/MPa
112	平式2⅞in油管螺纹	<25	<120	38.1	31.5	<0.1

3 适用井况及选井条件

(1)油井结蜡严重，洗井时洗井液漏失严重，清蜡效果差。

(2)油井井况良好，油层保护阀下入井段以上没有套变。

4 应用效果分析

2008~2009年8月配合油井作业共应用油层保护阀16口井，解决了油井洗井液漏失，洗井不彻底、洗后产量恢复期长、洗井液污染油层等问题。返出时间平均减少1.12h，返出温度平均提高19.8°，洗井后无漏失，从洗井前后电流及功图载荷对比均有明显的下降。其中延长洗井周期井6口，减少洗井28井次，节约洗井用油526t，减少油井停产作业8井次，节约修井费用42万元，共创经济效益49.67万元。具体效果见表2。

表2 洗井效果统计表

措施前		措施后											
井号	下入时间	洗井用量/m³	漏失量/m³	返出时间/h	返出温度/℃	电流/A	载荷/kN	洗井用量/m²	漏失量/m³	返出时间/h	返出温度/℃	电流/A	载荷/kN
西35-7-2	04.1	30	11.0	1.7	51	26/28	45/12	24	0	0.6	72	21/22	40/19
西11-7-1	04.1	32	8.5	2.1	50	31/34	51/16	25	0	0.8	69	29/33	46/18
西15-8-3	04.2	32	9.0	1.8	48	28/34	54/17	24	0	0.6	70	27/31	50/17
西新46-4	04.3	40	14.6	2.5	51	38/43	56/19	28	0	1.0	66	36/40	50/16
西新37-6	04.4	35	12.0	2.0	47	33/35	46/13	25	0	0.9	67	32/33	45/16
西35-5-2	04.5	35	10.6	1.6	51	29/33	45/15	25	0	0.7	68	25/28	40/16
西43-3-3	04.5	30	8.4	2.3	48	36/34	38/16	24	0	0.7	66	37/31	37/17
西42-7-2	04.6	32	13.0	1.6	49	27/33	42/20	22	0	0.9	71	25/28	40/19
西35-4-1	04.6	30	9.0	1.8	52	26/29	39/12	24	0	0.8	69	23/27	36/18
西2-5-1	04.8	30	6.0	1.4	53	25/22	40/16	24	0	0.6	70	24/26	39/17
西12-8-4	04.8	35	10.5	2.0	49	27/23	44/18	24	0	0.8	64	26/22	43/17
西2-6-4	04.9	35	9.5	2.1	45	35/31	51/21	24	0	0.9	66	34/29	46/20
西12-7-3	04.11	30	10.0	2.2	48	28/26	47/18	24	0	0.7	70	27/25	46/17
西新7-6	04.12	32	11.5	1.9	50	36/39	50/21	24	0	1.0	69	34/36	44/18
西8-7-1	05.1	30	9.6	1.7	49	33/36	49/16	24	0	0.8	67	30/32	44/19
西5-7-4	05.3	35	10.2	1.9	51	36/39	46/13	28	0	0.9	71	34/36	41/15

由表 2 可以看出，油层保护阀的应用很好地解决了油井洗井漏失、易造成停产的问题，提高了洗井效果，减少了洗井用量。

5 结论与建议

（1）油层保护阀很好地解决了油井洗井时洗井液漏失的问题，在洗井过程中洗井液返出时间短、温度高、化蜡排蜡都很彻底，洗井效果好。

（2）油层保护阀避免了洗井液对油层的污染，对于低能井不会造成压井，不会影响油井产量。

（3）应用油层保护阀后，洗井液不会直接冲击地层，避免了加剧地层出砂，从而减少了洗井后导致砂埋、砂卡而作业的几率。

（4）在出砂严重井上应用时，有可能砂卡住与之相配套的封隔器而造成大修，所也在出砂严重井上不宜应用这种该清蜡工艺。

作者简介：

屠勇，1993 年毕业于大港石油学校采油工程专业，现从事机械采油工作，工程师。

冀东油田水平井分段控水配套技术研究

肖国华 王金忠 王 芳 陈 雷

（冀东油田钻采工艺研究院）

摘 要 水平井是提高油井产量、提高油田开发效益的一项重要开发技术，冀东油田根据油田开发的需要在疏松砂岩油藏完钻了 272 口水平井，对油田的快速上产和提高开发效果起到了积极的作用。但随着油田的开发，水平井含水上升较快，目前达到 95.7%。为了降低或控制水平井含水上升，延长水平井生产寿命，近年来研究了相应的配套技术：水平井分段调流控水技术，水平井分段遥控分采技术，水平井管外分段管内分采技术。本文主要介绍这几种配套技术管柱的结构、工作原理以及现场试验情况。

关键词 水平井 分采 控水 管柱

1 前 言

水平井是特殊油气藏开采的重要技术手段，是通过扩大油层泄油面积来提高油井产量、提高油田开发效益的一项开发技术。水平井开发技术具有产能高、建产能快、投资少、回收快的特点，发挥水平井能够抑制含水上升、提高油井产能、提高采收率、节约投资等优势，为已开发油田提供一种经济有效的挖潜途径和手段。近年来，冀东油田根据油田开发的需要，在高尚堡、柳赞、老爷庙等浅层疏松砂岩油藏完钻了 272 口水平井，对油田的快速上产和提高开发效果起到了积极的作用，但随着油田的开发，水平井含水上升较快，目前平均综合含水达到 95.7%，严重影响了水平井的开发效果，为了降低或控制水平井含水上升，延长水平井生产寿命，近年来研究了相应的控水稳油配套技术：水平井管内分段调流控水二次完井技术，水平井分段遥控分采技术，筛管完井水平井管外分段管内分采技术。经过两年多的研究、试验、改进和完善，各项技术均得到了发展和完善，并在现场应用中取得了初步的效果。

2 水平井分段调流控水技术

水平井分段调流控水技术是采用调流控水防砂筛管与封隔器配合使用，将水平井段分隔成多个分段。根据储层物性、生产动态或找水结果等资料确定每段下入控水筛管或油管，将经过每段筛管的流体集中控制，分别配置不同大小的水嘴，地层流体流经水嘴时将产生不同的流动阻力，用水嘴来限制个别分段的大流量，通过调节每段控水筛管的"水嘴"大小，控制每段的产液量，实现均衡产液的目的。

2.1 管柱结构

该管柱由丢手接头、Y441 封隔器、扶正器、Y341 封隔器、调流控水筛管、导锥丝堵组成。管内调流控水管柱图如图 1 所示。

2.2 技术原理

2.2.1 调流控水筛管控水原理

（1）流量按预期全井最大日产液量来设计。地层和控水筛管流动示意图如图2所示。

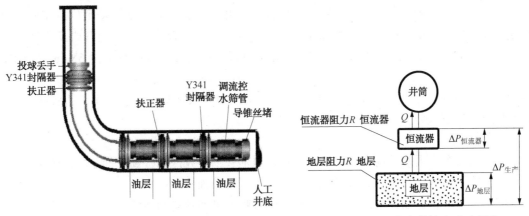

图1　管内调流控水管柱图

图2　地层和控水筛管流动示意图

生产压差满足公式：$\Delta P_{生产} = \Delta P_{恒流器} + \Delta P_{地层}$

（2）当地层流体流入速度高于设定流量流入井筒时，恒流开始起作用，速度越大，$\Delta P_{恒流器}$越大，控制筛管流体流入速度，避免大量出水，降低含水。

（3）当地层流体以低于设定流量流入井筒时，恒流器压差$\Delta P_{恒流器}$很小，该井段流体可以无阻力通过控水筛管，达到相对增加该井段产出液量的目的。

2.2.2 调流控水筛管结构

调流控水筛管是在筛管每个过滤单元安装可调油嘴起到恒流器作用，采用封隔器分段以及配置不同直径的喷嘴系列，适当增加地层液体流入井筒的流动阻力，均衡水平井各段筛管的生产压差和产液量，达到调整产液剖面，延缓边底水突进的目的。调流控水防砂筛管结构示意图如图3所示。

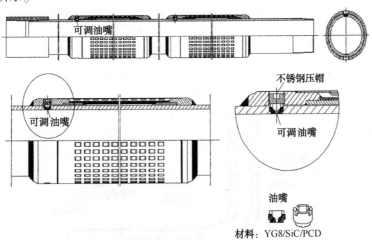

图3　调流控水防砂筛管结构示意图

喷嘴的大小根据设计产能和井底流动阻力计算结果，运用专门的调流喷嘴优化设计软件确定。准备好各种不同孔径的调流喷嘴后，根据需要现场调配安装喷嘴、编号、依次下入。筛管流道设计由可设定流量的恒流器，通过恒流器控制流量。喷嘴压降与产液量的关系：

$$Q = 3.2787d^{1958}\sqrt{\Delta P} \qquad (1)$$

式中，Q 为产液量，L/min；D 为喷嘴当量直径，m；ΔP 为喷嘴压降，MPa。

2.3 施工工艺

将工艺管柱缓慢下放至设计位置，保持液面在井口，测出井下管柱悬重后，座好井口，连好流程。采用泵车排量大于 700l/min，管线试压 25MPa，合格后，向油管内灌入洗井液，当压力升至 1MPa 停泵，之后采用泵车大排量向井筒正向打压，保持压力由 5MPa～10MPa～15MPa，每个压力点要稳压 5min，完成封隔器座封。向油管内投入 ϕ45mm 钢球一个，待球到位后，继续从油管缓慢正打压 8～12MPa，直至压力突然下降，套管返水，丢掉丢手，完成卡封施工，下泵分采。

2.4 技术特点

（1）沿整个水平井段均衡生产压差，均衡出油，消除死区，提高产油量和采收率；

（2）延缓边底水突进，见水后能够稳油控水，延长油井生产期；

（3）集防砂、稳油控水为一体，可通过筛管喷嘴可实现均匀注酸。

2.5 现场应用情况

2008 年 12 月水平井管内分段调流控水两次完井技术在 L102-P2 井进行试验。L102-P2 井是射孔完井，措施前生产 27#～30#，共 234.4m。结合该井地质情况，卡封 28# 和 29# 上半段，下入调流控水筛管生产 27#、28# 下半段，控制 29# 下半段和 30#，关闭 28# 和 29# 上半段。该井在 2008 年 12 月下入调流控水筛管后，液量由 180m³/d 下降至 130m³/d；含水由 99% 下降为 98.1%；产油量上升并稳定在 2.7t/d 左右；动液面由 450m 下降至 1450m；产气量由 0m³/d 增加至最高日产气达到 5896m³/d，平均产气达到 3000m³/d。由此看出调流控水筛管起到了改变井底流态的作用。

3 水平井管内分段遥控分采技术

水平井管内分段遥控分采技术是将由遥控分采控制器和封隔器组配的管柱下入井内后，通过地面进行加压，改变分采控制器间的开关位置状态，实现分段找水、堵水和采油于一体的新技术。

3.1 管柱结构

该管柱由丢手接头、Y441 封隔器、遥控分采开关、扶正器、Y341 封隔器、导锥丝堵等组成。水平井管内遥控分采管柱图如图 4 所示。

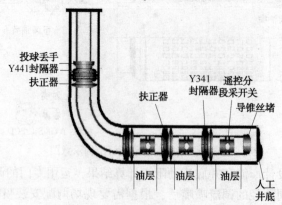

图 4 水平井管内遥控分采管柱图

3.2 技术原理

3.2.1 遥控分采开关

它是一种能实现油层分段找油、堵水和采油技术一体化的新型井下遥控分采技术的关键工具，如图5所示。当控制器接收到遥控压力时，大直径 D 与小直径 d 间的面积差产生推力使中心轴组件2向右运动，到位后发出示位信号；卸压后，芯轴在复位弹簧的作用下向左运动，并由定位销9确定中心轴复位后的位置，使控制器处于开启或关闭状态。当控制器处于开启状态时，地层中的液体经由防砂钢丝4、流体通道5和单向阀6进入油管中；当流体通道5处于壳体1的小直径段内，并在密封圈的作用下，控制器处于关闭状态。

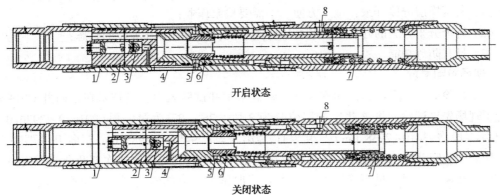

开启状态

关闭状态

图5 遥控分采开关

1—壳体；2—中心轴组件；3—示位组件；4—防砂钢丝；5—流体通道；6—单向阀；7—复位弹簧；8—定位销

3.2.2 开关调层

通过封隔器将水平井段分隔为若干段，每个井段对应安装遥控分采开关，自下而上分别处于开、关、关状态，首先生产下段，测试完下段生产参数；然后通过套管内憋压关闭下、上分采开关，打开中间分采开关，生产中段，测试完中段生产参数；再通过套管内憋压关闭中、下分采开关，打开上分采开关，生产上段，测试完上段生产参数。最后根据测试各段的生产资料确定需要生产和关闭的井段，通过向套管打压来开启生产井段分采开关和关闭封堵井段分采开关。

3.2.3 开关示位

井下各开关器能在地面打压时反馈各自独立不同的示位信号，每个开关器的泄压压降和时间分别不同，每个遥控分采开关都有独立压力和稳压时间示位信号。即控制每次打压的压力和稳压时间，使地面工作人员完全了解每次操作后是哪一个开关进行了换向，可避免多次打压后造成的开关状态混乱。

3.2.4 防砂

通过在遥控分采开关进液孔安装绕丝筛管实现防砂。

3.3 施工工艺

下井之前各开关分别处于不同的开关状态，按设计要求配好管柱下至设计深度。油管内憋压，压力由5~20MPa，每点稳压5min，完成封隔器坐封。投 ϕ45mm 钢球至，油管打压直至压力突降或套管返水，丢手成功后起出上部油管。下泵生产第一个层段，通过地面采出情况了解该层段的产液、含水、液面等情况；当生产一段时间以后，如果采出液含水较高，就需要进行调层开采。在调层时可不动管柱，由套管环空向井内泵入液体，当压力达到设计值

301

时，液压调层开关器开关换向，换层生产，即关闭原生产层，打开原关闭的中间层位，这时可以通过地面采出情况了解该层段的产液、含水、液面等情况；生产稳定以后，如果采出液含水下降，则表示目前状况为开采低含水油层，封堵了高含水水层。如果生产一段时间以后，如果采出液含水仍然较高，则可以重复以上的调层方法进行换层生产直至找到低含水层进行开采。

3.4　主要技术指标

工作压力：35MPa；开关控制压力：≤ 20MPa；生产层段：≤7 层。

3.5　技术特点

（1）液压换层分段开采，施工方便，不需要检泵作业；

（2）每个分采开关的开启压力和稳压时间不同，可区分各开关器的状态；

（3）具有防砂功能。

3.6　现场应用情况

为了试验遥控分采可靠性和安全性，降低水平井试验风险，该技术在定向井 G91-4 井进行了现场先导试验。将该井生产层位分为 3 段，26#～27# 为第一段（2916.0～2926.0m），28# 为第二段（2934.0～2938.0m），29#～31# 为第三段（2945.5～2985.0m）。各开关器在下井之前均处于关闭状态，坐封时，管柱内憋压并稳压，坐封封隔器并依次打开全部开关，下泵进行全井开采。一周后进行换层开采，由套管加压关闭上部两级开关，生产下层，动液面2463m，日产液 2.93m³/d，日产油 0.15t，含水 95.1%；2009 年 7 月 27 日由套管加压26MPa 并稳压关闭上下两级开关，生产中间层，目前动液面 524m，日产液 16.1m³/d，日产油 1.03t，日产气 280 m³，含水 93.6%。三次换层液量、产油、含水、动液面均明显变化，试验取得了成功。

2009 年 9 月 12 日，在 M7-P2 井试验遥控分采技术，将该井水平生产井段分为 3 段，第一段 2857～2878m，第二段为 2900～2920m，第三段为 2920～2950m。各开关器在下井之前均处于关闭状态，坐封时，管柱内憋压并稳压，坐封封隔器并打开第三段开关，生产第三段，日产液由 102m³/d 下降至 15m³/d，日产油 1t/d 上升至 3.63t/d，含水由 99% 下降至75.8%；动液面由 495m 下降至 1383m，见到了明显的控水增油效果，试验取得了成功。

4　水平井管外分段管内分采技术

对于筛管完井水平井，由于管外没有固井和分段，处于全井连通状态，因此需要采用先挤注 ACP 将水平井筛管段管外分隔为若干段，然后在管内进行分段试采。

4.1　筛管完井水平井管外分段技术

4.1.1　管柱结构

筛管水平井管外分段管柱由 K344 封隔器、扶正器、定压阀、水平井球座组成。筛管水平井管外分段管柱如图 6 所示。

4.1.2　技术原理

筛管水平井管外分段技术是借助油管和封隔器实现堵剂的定向注入（图 6），然后在筛管与井壁之间的环空放置可形成化学封隔层的可固化液（ACP），形成不渗透的高强度段塞，达到隔离筛管外环空区域的目的。如果出水部位在水平井段上部或下部，需要 1 个 ACP；如果出水部位在水平井段中部，则需要设置 2 个 ACP。通过在管外挤注 ACP 将水平筛管段管外分隔为若干段，而 K344 扩张式封隔器的使用可以实现一趟管柱挤注多段。

4.2 筛管水平井管内分采技术

4.2.1 管柱结构

筛管水平井管内分采管柱由液压丢手头、扶正器、Y441 封隔器、开关阀、K341 封隔器、导锥丝堵组成。调层开关管柱由连续油管、安全接头、开关工具、洗井工具、导向单流阀组成。管柱图分别如图 7、图 8 所示。

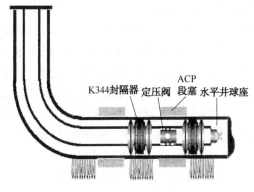

图 6　挤 ACP 管柱图

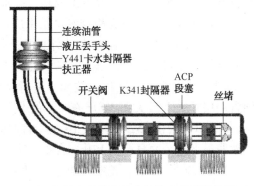

图 7　筛管水平井管外分段管内分采管柱图

4.2.2 技术原理

通过下入连续油管及开关阀配套开关工具，采用机械方式打开或关闭开关阀实现不同层段的分段开采，达到找水和开采低含水层段的目的。使用连续油管开关工具换层试采，对应开关阀状态明确，可多次重复开关，多段分采。适应套管不能承压井，可后期进行分段酸化改造以及挤注堵剂施工。

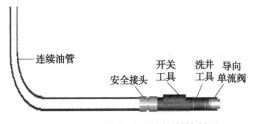

图 8　连续油管分采开关控制管制图

4.3 施工工艺

将挤注 ACP 管柱按如图示平稳下放至设计位置，套管灌满液。关套管闸门，正挤水测地层吸收量，满足施工要求后正挤前置液、ACP 溶液，聚合物溶液，清水等，施工最高压力控制在 20MPa 以下。挤注施工完成后缓慢上提管柱一段距离后关井候凝 48h，起出管柱。下入分采控水管柱，地面管线试压 25MPa，合格后正憋压，压力由 5MPa～10MPa～15MPa～20MPa，每个压力点稳压 5min。继续打压(≤25MPa)直至压力突降，套管返水，封隔器坐封，起出丢手管柱。将气举管柱下放至丢手头接头处，与丢手头对接，在油管内下入调层管柱(调层开关工具+连续油管)，先下至 2#开关阀位置，打开 2#开关阀，进行气举生产(气举生产过程中每小时测量含水和液量)。再通过连续油管调层开关工具关闭 2#开关阀，然后上提开关工具打开 1#开关阀，气举生产(气举生产过程中每小时测量含水和液量)。根据气举试采生产请况，再决定生产和关闭层段。

4.4 技术特点

(1) 通过挤注 ACP 实现管外分段。

(2) 管内采用机械方式打开或关闭开关阀，对应开关阀状态明确直观。

(3) 可多次重复开关、可多段分采。

(4) 可后期进行分段酸化改造以及挤注堵剂施工。

4.5 现场应用情况

筛管水平井管外分段管内分采技术 2009 年 5 月份以来已经在 G104-5P79、M28-P7、G104-5P44 进行了 3 口井的现场试验。3 口井均进行了管外挤 ACP 分段施工，对 ACP 分段的密封性均进行了验封合格，达到了管外分段的目的。其中 G104-5P79 和 G104-5P44 管内采用开关阀分段试采，并采用连续油管对开关阀进行开启和关闭；M28-P7 井采用双卡出水井段，开采低含水井段，均取得了成功，控水稳油效果明显，工艺成功。

G104-5P79 井。首先根据测试结果决定挤堵剂封堵 2110m 以下水平段，挤注 ACP 将上段由管外分隔为两段。对 ACP 管外封其进行验封，6MPa 稳压 30min，ACP 密封合格。下入分采管柱，坐封、丢手，下入气举管柱与丢手头对接，然后下入连续油管及配套工具，先下至 1#开关阀位置，打开 1#开关阀，进行气举生产，累计排液 100m³，有油花；再通过连续油管调层开关工具关闭 1#开关阀，但开关工具遇卡，解卡后下泵生产，目前该井动液面 1464m，日产液由 152.6t 降至 16.5t，日产油由 2t 升至 4.8t，含水由 98.7% 降至 70.9%。日产液明显下降，而日产油上升，含水下降，说明 ACP 稳油控水起到较好的效果。

M28-P7 井。首先挤注 ACP 将水平段由管外分隔为两段：2079～2173.5m 和 2173.5～2240.28m，对 ACP 管外密封段进行验封，6MPa 稳压 30min，ACP 密封合格，然后下入双卡管柱，卡堵 2079m～2173.5m 段生产 2173.5m～2240.28m 段，日产液由 55.2m³/d 下降至 29.2m³/d，日产油 0.55t/d 上升至 3.1t/d，含水由 99% 下降至 89.4%；动液面由 450m 下降至 810m，见到了明显的控水增油效果，试验取得了成功。

5 结论及建议

（1）调流控水筛管完井技术在 L102-P2 井试验取得了较好的效果，起到改变井底流态、均衡出液的作用，建议继续选井进行试验。

（2）管内分段遥控分采技术经过在定向井 G91-4 井和水平井 M7-P2 井进行了现场试验，多次换向均按设计进行了换层生产，取得了初步成功，建议继续扩大水平井试验。

（3）筛管水平井管外分段管内分采技术经过 G104-5P79、M28-P7、G104-5P44 等井现场试验，均见到了明显的控水增油效果。管外挤注 ACP 分段工艺技术取得成功，且 ACP 经过检验密封良好，起到了管外分段的目的；管内连续油管分段试采技术可行，需要继续研究完善技术，提高可靠性。

作者简介：

肖国华，男，1966 年出生，高级工程师，1989 年毕业于江汉石油学院采油工程专业，在冀东油田钻采工艺研究院从事机械采油及井下工具研究工作。通讯地址：河北省唐山市路北区光明西里甲区冀东油田钻采工艺研究院，邮政编码：063004　电话：0315-8768060 E-mail：xgh320@126.com。

超深井高效水力压裂技术研究与应用

刘建权

(中油辽河油田公司钻采工艺研究院)

摘　要　深层低渗储藏由于储层物性差、非均质性严重等造成区块无自然产能；同时由于埋藏较深，使压裂施工难度大、规模小，压后稳产期短、产量低。本文针对辽河低渗储藏压裂改造存在的技术难点，进行了压裂液体系、工艺技术及测试技术的研究，形成了深层低渗储藏水力压裂配套工艺技术。通过室内研究与现场应用相互验证，为辽河油田深层低渗难采储量的有效动用提供了可靠的技术保证。

关键词　低渗透　压裂液　剪切　残渣　排量　测试压裂

引言

辽河油田低渗难采区块有 20 多个，原油地质储量约 1.6×10^8 t，这些区块基本需要依靠压裂改造来有效开发。近年通过压裂技术的进步，中深及浅层低渗难采储量动用程度明显提高；但由于多数深层储藏岩性特殊、储层物性差、非均质性严重、地层温度高等因素，使压裂施工难度大、加砂规模小，导致储藏受效程度低，无法取得理想效果。

1　难点分析

(1) 埋藏深、地层温度高，对压裂液体系的高温稳定性要求较苛刻。

(2) 压裂液残渣伤害对低渗储藏产生的影响更明显，造成的伤害大。

(3) 较低的渗透率使压后返排困难，增加了对地层的二次污染程度。

(4) 施工井段深，使得地面压力高，排量提高范围小，对压裂工艺的实施有极大的限制。

(5) 非均质性严重使支撑剂无法进入地层深部，储藏受效程度低。

(6) 储藏物性差、岩性复杂，严重影响对地层各参数的评估，大大增加施工难度。

从以上难点分析，必须以压裂液体系的高温稳定性及低残渣伤害为基础、压裂测试为辅、施工工艺的快速返排、降泵压增排量、控缝高增缝长为突破点进行研究，才能有效提高深层低渗储藏的动用程度。

2　工艺研究

2.1　压裂液体系研究

2.1.1　材料与仪器

材料：羟丙基瓜胶、破乳助排剂(PZ-1)、互溶剂(HR-1)、温度稳定剂(DJ-5)、络合剂(LH-1)、黏土防膨剂(FP-3)、PH 调节剂(HC-2)、有机硼交联剂(BC-3)、APS 等。

仪器：RS-600流变仪、吴茵混调器、恒温水浴、油浴等。

2.1.2　实验方法

参照 SY/T 5107-2005 进行压裂液体系耐温、破胶及残渣等方面评价。

压裂液配方：0.6%HPG+0.2%PZ-1+0.3%HR-1+0.15%DJ-5+0.15%LH-1+0.2%FP-3+0.18%HC-2+0.4%BC-3+0.001%APS。

2.1.3　耐温性能

将流变仪加热至90℃，装入样品，$170s^{-1}$下、以3℃/min速度加热至170℃，连续剪切180min，测压裂液黏度随时间的变化情况(图1)。

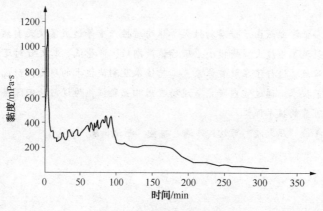

图1　压裂液黏时曲线

压裂液连续剪切180min后，黏度仍大于130MPa，表明在170℃下具有良好的稳定性，可满足压裂携砂要求。

2.1.4　破胶性能及残渣含量

将配制好的冻胶压裂液，装入不锈钢容器罐中加热170℃恒温4h使彻底破胶，测破胶液表观黏度、表面张力；将破胶液全部倒入已烘干恒量的离心管中，将离心管放入离心机内，在3000r/min的转速下离心30min，然后倾倒上层清液，用纯净水50mL洗涤后倒入离心管中，用玻璃棒搅拌洗涤残渣样品，再放入离心机中离心20min，倾倒上层清液，将离心管放入恒温电热干燥箱中烘烤，在温度105℃±1℃条件下烘干至恒量。

残渣含量=残渣质量/压裂液用量，mg/L。

分别测定本课题研究的体系与常规体系压裂液的破胶液黏度、表面张力及残渣含量，结果见表1。

表1　破胶及残渣含量

压裂液类型	破胶液黏度/mPa·s	表面张力/(mN/m)	残渣含量/(mg/L)
新型	3.9	19.7	133
常规	4.2	22.3	168

实验表明，由于高性能破乳助排剂、互溶剂的引入，使压裂液体系在破胶性能及残渣含量等方面均得到改进，从根源上较大程度减少了对地层的伤害。

2.2　压裂液泵注组合工艺

高温体系压裂液破胶缓慢，滞留在地层的液体会对地层产生严重二次伤害，必须提高压裂液的破胶速度、减少返排时间，以充分保证压裂工艺的有效性。

高温与中温体系压裂液的组合使用，在携砂性能不受影响的情况下将加快破胶速度、缩短排液时间，减少储层伤害，同时降低压裂液成本。

根据高中温体系压裂液流变性的测试，调整交联剂及破胶剂用量，使两种体系压裂液在施工结束后半小时内同时破胶。施工中采用高温压裂液、中温压裂液先后注入的方式并辅以延缓分类交联、胶囊过破胶等技术。方案编制过程中，根据压裂目的层地质资料，计算地层温度及破裂泵压等相关参数，确定使用比例，通过现场小型压裂测试调整交联及破胶参数。

压裂液泵注组合工艺既可保证施工的顺利进行，同时具有破胶迅速、排液快的优点，提高了返排率、有效降低了施工产生的二次污染，充分发挥水力压裂改造工艺的作用。

2.3 降泵压增排量工艺

压裂施工中排量的大小对工艺能否顺利实施起着至关重要的作用。但由于目的层较深、摩阻高、储藏破裂压力高，施工排量的轻微变化将使地面泵压大幅提高，而一旦泵压超过设备限压保护，施工将强行停止，严重影响了压裂改造工艺的实施。

现有条件下进行深层储藏压裂工艺改造，只能在确保证液体携砂性能、破胶性能不受影响的前提下，通过调整液体性能参数，实现降低泵压、提高排量的目的，突破储藏对压裂的限制。

2.3.1 延缓交联控制

常规体系交联速度快，将导致压裂液在管道内流动阻力增大，消耗太多的动力；同时压裂液在深井中连续剪切，难以保持其性能[1]。根据施工需要，对有机硼交联剂(BC-3)改进，对不同浓度的交联剂在不同 pH 值下的配方进行延缓交联实验，测定液体黏度达到 150mPa·s 的时间，如表 2。

表 2 延缓交联实验

交联剂浓度/%		3	3.5	4	4.5
时间/s	pH = 8	75	69	58	46
	pH = 8.5	65	54	47	38
	pH = 9	133	102	83	69
	pH = 9.5	128	112	97	88
	pH = 10	189	151	139	126
	pH = 10.5	243	224	199	177
	pH = 11	309	273	253	210

由实验可知，延缓交联时间最长 309s，施工中可使压裂液在地面管汇中流动时，不发生交联或部分交联，而在进入井筒、达到目的层前逐渐形成所需黏度的压裂液。这样，既有利于施工泵注，同时又能保持压裂液的良好性能。

2.3.2 密度控制剂

根据施工需要，筛选了密度控制剂，密度控制剂用量与溶液密度关系如图 2 所示。

根据加量及测定的密度，得出典型配方及降压系数(表 3)。

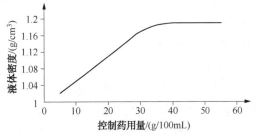

图 2 密度控制剂用量与液体密度关系

表3 基液及交联剂密度控制典型配方及参数

	稠化剂/%	稳定剂/%	破乳助排剂/%	密度控制剂/%	液体密度/（g/cm³）	千米降压/MPa
基液	0.5	0.2	0.2	20～35	1.11～1.18	1.3～1.7
交联液	0.5	0.2	0.2	30～40	1.17～1.19	1.4～1.9

密度达到最高为1.19g/cm³，施工井段为3000m时，可降低泵压5MPa，相当于在限压保护不变的情况下，增加1.2m³/min的排量。对于深层低渗储藏的压裂改造来说，具有重大的现实意义。使压裂设备在可以更大程度提高排量，保证了施工的连续性及成功率。

2.4 控缝高增缝长工艺

受地应力分布状态影响，压裂改造常在地层内形成短高缝，而压裂目的是在地层内形成作用范围更大的细长缝，将支撑剂推入地层更深处，最大程度提高增产幅度和有效期。

2.4.1 理论论据

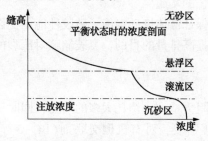

图3 支撑剂垂向分布图

用巴布库克方法对砂子在垂直裂缝中的分布进行试验研究。在平衡状态下，裂缝中的砂子在垂向上的分布如图3所示，分为沉砂区、滚流区、悬浮区及无砂区[2]。

在裂缝三维扩展过程中，缝内净压力不断增加，如果大于隔层应力差，裂缝在纵向上会不断扩展，在延伸压力逐渐平稳后，提高排量并泵注低砂比含有小粒径支撑剂的压裂液，在近井地带裂缝易形成一条低渗甚至不渗透的人工隔层，可控制裂缝纵向延伸[3]。

在平衡状态下增加泵注排量，沉砂区、滚流区变薄，而悬浮区变厚。再进一步增加泵注排量，缝内的浓度梯度剖面消失，成为均质的悬浮流。

2.4.2 实施方式

（1）低排量造缝，沉砂区砂堤沉降，在裂缝底界桥架成一个低渗透或不渗透的人工隔层，可控制裂缝向下延伸。

（2）瞬间提高排量，高浓度沉砂区、滚流区变薄，悬浮区变厚，可将更多的支撑剂带入裂缝深处。

（3）由于滤失、摩阻原因，砂堤在较远处重新形成动态平衡，分段提高排量，破坏动平衡，将支撑剂推向更远处。

采用低排量造缝、瞬间提排量、分段塞粉砂、变排量加砂的施工工艺，可在控制裂缝向下延伸的同时将支撑剂尽可能地输送到裂缝深处，将缝高有效控制在产层内，形成作用范围更大的细长缝，并可在缝口形成楔形砂堤，降低油流的压降损失，从而提高整个裂缝的导流能力。

2.5 测试压裂技术

2.5.1 原理

测试压裂技术是在主压裂施工前通过小规模注入液体，利用各种工艺方式对现场实际压力、滤失、裂缝复杂程度进行实时分析，根据分析情况对主压裂前置液用量和排量以及施工方式进行实时修正的一项技术。进行注入压力数字模拟、参数校准，并根据停泵以后的压力递减变化确定流体滤失系数的曲线拟合及压裂施工程序设计结果分析。

通过储层进行小型压裂测试，可分析、总结各种特征参数的临界范围，包括停泵压力梯度、近井摩阻、滤失系数等，为判断施工难点，并采取适应性措施提供重要依据[4]。

2.5.2 现场实施

施工前泵入清水、压裂液、携砂液进行开泵、关泵测试。通过小型压裂后的压力降曲线拟合，得出渗透率 K、地层的杨氏模量、闭合压力 P_c、闭合时间、净压力、综合滤失系数、缝长、缝宽、液体效率等重要参数。通过分析各种特征参数的影响因素及后果，对压裂设计进行现场调整，制定相应的处理措施，使压裂改造顺利进行。

3 现场应用

截止目前，现场应用 30 余井次，施工成功率 100%。井深超过 4000m 的部分共计 10 井次。最深井段 4772m，最高施工泵压 86MPa。

本项技术的综合应用，使压裂液性能、施工过程得到有效控制，显著提高压裂工艺在深层低渗储藏应用的有效性。

4 结论及建议

（1）本项目技术提高压裂工艺在深层低渗储藏应用的有效性。

（2）对老井进行的压裂改造效果一般，应考虑堵老缝、造新缝技术。

（3）应开展并推广裂缝监测工艺，以确定造缝情况并为下一步改造或其他工艺措施提供依据。

参 考 文 献

[1] 李秀花，陈进富．国外延缓交联和延缓破胶技术的发展概况[J]．钻井液与完井液，1994，11(5)：8~11.
[2] 韩慧芬，陈明忠，杨淑珍．变排量压裂技术在白马-松华地区的应用[J]．钻采工艺，2005，28(2)：46~48.
[3] 牟善波，刘晓宇．高 89 块低孔、特低渗薄互层大型压裂技术研究与应用[J]．断块油气田，2006，13 (2)：74~76.
[4] 张有才，戴平生，王磊等．测试压裂分析诊断技术在海拉尔油田的应用[J]．油气井测试，2005，14 (3)：37~39.

作者简介：

刘建权，男，1977 年 7 月出生，1999 年毕业于东北大学，学士学位，辽河油田钻采院压裂酸化技术研究中心，工程师，长期从事压裂酸化新工艺、新技术的研究与推广。通信地址：辽宁盘锦辽河油田钻采院压裂酸化技术研究中心（124010）。电话：0427-7821792，E-mail：ljqryn@sohu.com。

火山岩油藏压裂改造配套工艺技术

刘建权

（中油辽河油田公司钻采工艺研究院）

摘　要　针对火山岩油藏的地质、岩性、地应力以及开发特点，在进行大量试验的基础上，合理地制定了不同区块的油层改造措施，研究出适应性较强的压裂配套工艺技术，有针对性地进行压裂施工设计，在现场应用过程中取得了较好的施工效果，为今后火山岩油藏油层改造打下坚实的基础。

关键词　火山岩　降滤失　预处理　摩阻　防砂堵

引言

火山岩油气藏的勘探和开发已成为一些油田储量、产量增长的一个突破点。辽河盆地中-新生代有强烈的火山运动，从而在沉积岩层中夹杂有大小不一、岩性各异的火山岩体，有一定储集空间的火山岩体处于生油凹陷及其邻近地区，在其他地质条件的配置下可能形成油气藏。近年来，辽河油田相继发现了黄沙坨、欧利坨、大民屯、牛心坨等火山岩油气藏，岩性主要有粗面岩、混合花岗岩等，并通过压裂方法，进行了成功的开发和生产，取得了良好的开采效果。

1　火山岩油气藏储层压裂难点分析

与常规砂岩油藏相比，火山岩油藏的储油方式、流体滤失机制、岩石特性等方面有很大的不同[1]，这为火山岩储层的压裂施工增加了更大的难度。

（1）储油空间和渗滤通道以天然裂缝、微裂隙为主，流体为孔隙-裂隙双重滤失，滤失量大，常规方法压裂极易出现砂堵。如黄沙坨粗面岩油藏初期采用常规方法压裂的 9 口井，有 7 口井加砂不足 10 m³ 就出现砂堵，造成施工失败。

（2）岩性致密、坚硬，破裂压力梯度、杨氏模量、抗张强度、断裂韧性等均较常规砂岩高，造成压裂裂缝在破裂、扩展、延伸过程中的施工压力均较高，个别井甚至在现有压裂设备条件下无法压开裂缝。

（3）埋藏较深，一般均超过 3500 m，造成储层温度较高，大多在 130℃ 以上，对压裂液的交联、携砂等性能提出了更高的要求。

从增产机理上，辽河油田火山岩油藏储层压裂采取了大排量、中低砂比、大规模、造长缝为主体工艺，以使人工裂缝沟通尽量多、尽量远的天然裂缝为主导的设计思想，此外，还针对其不同于常规砂岩压裂的特点和难点，研究了针对性的配套工艺技术。

2 火山岩油藏压裂配套工艺研究

2.1 降滤失工艺研究

2.1.1 粉砂降滤失剂

在前置液中以低砂比(一般在10%左右)分段加入100目粉砂,可以封堵天然微裂隙及主裂缝两侧的微裂缝,降低压裂液的大量滤失,同时,可以保证主裂缝向远处延伸。当压裂结束裂缝闭合后,虽然粉砂形成的支撑裂缝导流能力相对较低,但在9.2MPa的闭合压力下渗透率仍可达到$9.2\mu m^2$,仍然远远高于储层的原始渗透率,开井生产后,不仅从主裂缝,而且也从众多微裂缝和天然裂缝中向井眼排液,提高压裂增产效果[2]。

2.1.2 油溶性降滤失剂

油溶性降滤失剂由压裂液携入地层,暂时封堵裂缝壁面微裂隙、降低压裂液滤失。生产后溶于原油排出,解除封堵。它对储层无伤害,不降低裂缝导流能力。

2.1.3 液体降滤失剂

液体降滤失剂是利用表面活性剂将烃类物质与压裂液在注入过程中混配成油水乳状液,起到暂时封堵油层裂隙,防止液体滤失的作用。施工结束后,在地层温度下,这种不稳定的乳状液破乳,返排出地层。

对于火山岩压裂,一般不单独使用液体降滤失剂,而是将其与粉砂或油溶性降滤失剂一起配合使用,其效果好于分别单独使用其中的某一种降滤失剂,如图1所示。

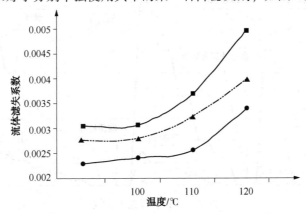

图1　不同降滤失工艺降滤失实验效果结果

现场应用中证明,采用降滤失工艺后,火山岩压裂施工中砂堵现象明显减少,加砂量显著提高。

2.2 降启裂泵压工艺研究

2.2.1 压前酸预处理工艺

由于埋藏较深,一些压裂井启裂泵压高是由于在钻井、完井、作业、生产等过程中的近井地带严重污染造成的,对于这种情况,可在压裂前进行酸化预处理,在酸前必须进行酸溶性实验评价和酸液类型优选。

2.2.2 小型测试压裂辅助补孔工艺

一些火山岩压裂井,由于射孔时没有准确考虑孔眼相位角和最小主应力方向的对应关系,造成孔眼与裂缝方向垂直或呈较大角度,压裂时会产生比较严重的裂缝弯曲现象,导致近井摩阻成倍增加,从而造成启裂泵压或施工泵压很高,甚至导致施工失败。

对于这类井，可借助小型测试压裂工艺，在主压裂前测出孔眼摩阻、近井裂缝弯曲摩阻等参数，并由此判断产生高压的原因，若的确是由射孔方位不当造成的，可进行相应的补孔作业，降低压裂启裂泵压和施工泵压。

2.2.3 多脉冲加载破岩启裂技术

多脉冲加载破岩启裂技术是以多种不同燃速复合炸药优化组合匹配，使其燃烧产生的大量高温高压气体，通过特殊控制技术，有序释放，形成多个高压脉冲波（多个峰值压力），对地层实施多次连续高压脉冲波冲击加载压裂，使地层产生和形成多条较长的裂缝体系，达到降低压裂启裂泵压目的。

针对不同情况，以上三种工艺可以单独使用，有时也可以配合使用。典型井例如表1所示，破岩启裂现场施工曲线和水力压裂施工曲线如图2、图3所示。

表1 破岩启裂现场施工表

次数	1	2	3	4	5
措施	压裂	补孔试压	多脉冲	酸化	压裂
排量/（m³/min）	0.1	0.3	3.0	3.0	3.4
压力/MPa	81	80	81	75	71
加砂/m³	未压开	未压开	未压	试压	23

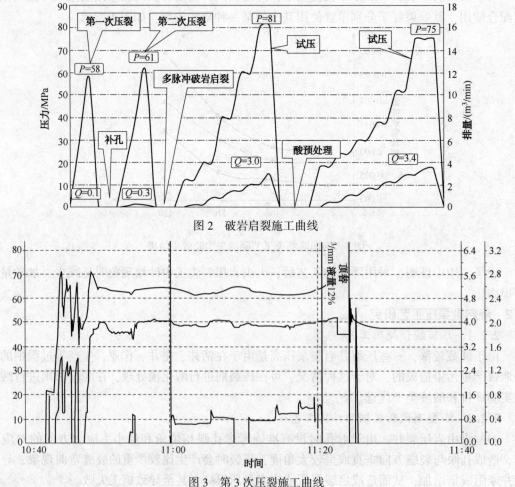

图2 破岩启裂施工曲线

图3 第3次压裂施工曲线

2.3　降摩阻工艺研究

2.3.1　低摩阻前垫液造缝工艺

在注入冻胶前置液造缝前，先注入原胶前垫液，由于原胶摩阻相对较低，特别是由于黏度低，使其在进入地层微裂隙的阻力减小，裂缝压开后，再注入冻胶前置液进行裂缝的扩散和延伸。

2.3.2　压裂液高效降阻剂技术

由于井深造成压裂液沿程摩阻高，通过高效压裂液降阻剂的加入，可使压裂液的摩阻系数从 0.55 左右降至 0.40 左右，大大减小高摩阻压力对地面、井下设备的耐高压要求。

2.4　降砂堵工艺研究

2.4.1　段塞稀隔液加砂工艺

除了前置液外，在携砂液注入过程中分段间隔加入原胶作为段塞稀隔液，它可以补充一部分压裂液滤失，从而降低砂堵机率，同是，可利用原胶与冻胶间的黏度差，使携砂液继续进入地层，进行支撑剂的合理运移，避免造成砂堤铺置的不连续性。

图 4 和图 5 是段塞稀隔液和常规两种加砂工艺的支撑剂在裂缝中的铺置浓度分布模拟计算结果，对比两图可见，采用段塞稀隔液工艺时裂缝中支撑剂的铺置浓度分布更加合理。

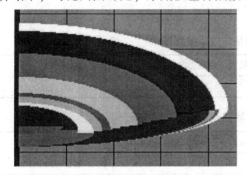 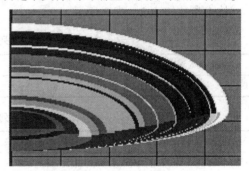

图 4　段塞稀隔液加阶铺砂浓度分布图　　　　　图 5　常规加阶铺砂浓度分布图

2.4.2　坡阶式加砂工艺

由于火山岩油藏岩性异常致密、坚硬，即使在大排量施工下，造缝宽度仍然要比常规砂岩小得多，由于裂缝宽度较小，如果采用常规的台阶式加砂工艺施工，每段加砂砂比提高幅度过大，很容易形成砂桥，造成近井地带末端砂堵，在黄沙坨粗面岩油藏的前期压裂试验中多次出现这种情况。

理想的加砂工艺要求在地下裂缝中形成楔形支撑剖面，一方面是由于这种支撑剂分布可提供较高的导流能力，另一方面有利于支撑剂的均匀、平稳输送，避免造成近井地带末端砂堵。采用线性加砂工艺，即砂比是一条直线式增加，可实现理想的楔形支撑剖面，但在现场实际施工中很难操作，因此，研究了坡阶式加砂工艺，即尽可能使砂比增加幅度减小，保持在 5% 以下，这样，也会形成较理想的支撑剖面和较平稳的支撑剂输送。

增加加砂阶数，减小每段加砂砂比提高幅度，使常规压裂设计中的台阶式加砂变为坡阶式加砂，保证加砂的平稳性，降低出现砂堵的机率。

2.5　耐高压压裂工具研究

2.5.1　KL65-105 型压裂井口

与 LH50-70 型压裂井口相比，所研制的 KL65-105 型压裂井口在耐压性、稳定性、安全性、可靠性均有较大提高，满足了火山岩油藏压裂要求。其最高耐压可达105MPa，试验压力可达158MPa，特别是在套管出口设有安全爆破阀，当压力出现油套串通时，可以保证地面设备和人员安全。

从2003年开始，辽河油田已在火山岩压裂过程中应用该千型压裂井口300多井次，最高施工泵压达94MPa，成功率达100%。

2.5.2 Y422系列深井压裂封隔器

Y422系列深井压裂封隔器有如下特点：

（1）具有上下双卡瓦结构，可有效防止管柱上串；

（2）具有大通道旁通阀，可最大限度的减小工具下入及起出时的抽吸效应，使工具顺利下入及起出；

（3）开放的轨迹管滑道避免落物堆积，确保工作可靠；

（4）具有独特的解封系统，上卡瓦中配有解封卡瓦，使解封过程容易可靠；封隔器上设计有应急解封机构，如因种种情况正常程序不能使封隔器解封，可正转管柱若干圈，上提管柱，剪断剪环，即可将工具从井下起出，确保工具封的住、起的出；

（5）操作简单，右转管柱1/4圈，下放，完成坐封；右转管柱1/4圈，上提，解封。

技术参数如表2、表3所示。

表2 Y422系列封隔器整体性能参数

最大下入深度/m	最高耐温/℃	最大工作压差/MPa	最大耐压/MPa
4500	180	70	100

表3 Y422系列压裂封隔器结构参数

规格型号	适用套管/mm	钢体最大外径/mm	最小通径/mm	连结形式
5^{in}	108.6~112	102	49	$2\frac{3}{8}^{in}$ UPTBG
$5\frac{1}{2}^{in}$	118.6~121.4	114	60.3	$2\frac{7}{8}^{in}$ UPTBG
7^{in}	154.8~161.7	150	63.5	$2\frac{7}{8}^{in}$ UPTBG

从2003年开始，辽河油田已在火山岩压裂过程中应用该深井压裂封隔器80多井次，最高施工泵压达94MPa，最高地层温度138℃，坐封、解封情况良好，成功率达100%。

3 现场应用与效果分析

自2003年起，采用上述火山岩油藏压裂配套工艺技术，辽河油田已在现场施工320井次，累计增油$232×10^4$t，平均单井增油7250t，取得了良好的增产效果。

4 结 论

（1）辽河油田火山岩油藏压裂较常规砂岩压裂有高储层温度、高施工压力、高流体滤失、高沿程摩阻、高启裂泵压、高砂堵机率的特点，压裂难度较大。

（2）辽河油田初步形成了相对比较完整的火山岩油藏压裂配套工艺技术。

（3）辽河油田在火山岩油藏压裂降滤失、破岩启裂技术方面有较大突破。

（4）所研制的火山岩油藏压裂配套工艺技术在辽河油田进行大规模的现场推广应用，取得了良好的增产效果和经济效益。

（5）总体来看，辽河油田火山岩油藏压裂在加砂量、改造规模上还有待于进一步加大，相关配套技术还有待于进一步的提高。

参 考 文 献

[1] 黄太明. 牛心坨地区太古界变质岩储层特征研究[J]. 特种油气藏，2003，10（5）：22~25.
[2] 陈小新，魏英杰. 粉砂在压裂施工中应用效果显著[J]. 钻采工艺，2002，25（4）：99~100.

作者简介：

刘建权，男，1977年7月出生，1999年毕业于东北大学，学士学位，辽河油田钻采院压裂酸化技术研究中心，工程师，长期从事压裂酸化新工艺、新技术的研究与推广。通信地址：辽宁盘锦辽河油田钻采院压裂酸化技术研究中心（124010）。电话：0427-7821792，E-mail：ljqryn@sohu.com。

三塘湖油田牛东区块火山岩油藏
压裂改造技术研究与应用

党建锋　刘建伟

（中国石油吐哈油田公司工程技术研究院）

摘　要　三塘湖油田牛东区块火山岩油藏储层具有岩石成分复杂、基质物性差、天然裂缝发育、温度压力低等特点，给火山岩的压裂改造带来了诸多难题。针对这些难题，以提高火山岩油藏压裂施工成功率、有效率、单井产量为目标，对火山岩油藏压裂改造技术进行了研究攻关，形成了低伤害低温水基压裂液快速破胶返排技术、火山岩油藏深穿透压裂工艺技术及水平井、筛管方式完井、小井眼井等特殊结构井相配套的压裂改造技术体系，该技术体系应用于牛东区块火山岩油藏，增产效果显著，取得了较好的经济效益，为同类油藏的开发提供了强有力的技术保障。

关键词　火山岩油藏　压裂改造　水基压裂液　低伤害　深穿透　水力喷射

引言

三塘湖油田火山岩油藏是确保吐哈原油产量增产最主要的战略接替区。储层岩性、孔隙结构复杂，而且具有强烈的非均质性，为中低孔低渗、裂缝-孔隙型储层，裂缝较发育。由于油藏裂缝分布复杂，单井自然产能差异大，目前自然投产的井低产或无产，严重影响了该区块的开发。国内外火山岩油藏开发实践表明，压裂改造技术是开发此类油田的核心与关键技术。但由于火山岩岩性和内部结构的复杂性，给火山岩的压裂改造带来了诸多难题。针对牛东火山岩油藏特征，围绕提高压裂效果和成功率，提高单井产量和减少储层伤害等问题，配套与完善了火山岩储层压裂改造技术，形成了适合于牛东火山岩油藏的压裂改造工艺技术体系，为高效开发牛东火山岩油藏提供了技术保障。

1　油藏主要特征

三塘湖油田火山岩油藏是近年来吐哈油田评价试采效果最好的区块，其目的层为下二叠统卡拉岗组，控制石油地质储量 $5437.3×10^4t$、技术可采 $689.9×10^4t$，为中型、低丰度、中产、中浅层、低孔-特低渗的轻质油藏。

1.1　构造特征

为块状断块型油藏，整体油柱高度 412m；油气分布比较复杂，油气纵向分布位置各不相同，平面上油气分布亦不稳定，表现出火山岩油藏分布受喷发期次、相带控制的特点。

1.2　岩性特征

储层岩石主要以玄武岩为主，其次为安山岩，其中比较发育的次生溶蚀孔洞或原生气孔、孔洞，是储油的主要空间，微裂缝、裂缝是出油的主要通道。部分玄武岩遭受风化或淋滤，裂缝、洞隙、气孔发育。储层岩心矿物成份复杂，大体分为黏土、碎屑岩、碳酸盐岩和其他岩性四类，其中以碎屑岩为主，随着深度的增加，黏土矿物呈降低的趋势。

1.3 物性特征

牛东 P1K 油藏储层井层之间物性差异大，非均质性强，测井渗透率与岩心渗透率之间、岩心渗透率与有效渗透率之间难以建立规律性的关系，属于低孔-低渗裂缝-孔隙型储层，声波时差一般为 $205 \sim 265 \mu s/m$，孔隙度为 8.4% ~ 14.2%，平均 10.33%；岩心渗透率一般小于 $0.05 \times 10^{-3} \mu m^2$，油层段有效渗透率在 $(0.75 \sim 18.87) \times 10^{-3} \mu m^2$ 之间。裂缝较发育，裂缝是主要的储集空间和渗流通道。

1.4 温度、压力系统

地层温度低，一般在 50℃ 左右，属于低温地层；压力系数低，一般小于 1.0，属于低压（异常低压）-常压系统。

1.5 储层流体特征

地面原油具中密度、中黏度、低凝固点、中等含蜡量、低胶质沥青质和低汽油含量的特点。其中地面原油密度平均 $0.854g/cm^3$，黏度在 30℃ 时为 10.38 ~ 20.45mPa·s，凝固点在 4~15℃ 之间，含蜡量为 13% ~ 16.05%，胶质及沥青质含量为 1.2% ~ 13.57%，汽油含量为 8.45% ~ 27.8%。

地层水总矿化度 2992~98503mg/L，马 18 井上油层和马 17 井、马 19 井水型为碳酸氢钠型，马 18 井下油层和马 801、牛东 8-5 井水型为氯化钙。

1.6 地应力分布特征

岩石比较坚硬，储层岩心杨氏模量 22180~28270MPa，泊松比 0.20~0.25，孔隙弹性系数 0.82-0.84。根据前期压裂施工曲线和压降曲线分析，该区块停泵压力在 16.3~28.4MPa 之间，平均延伸压力梯度为 0.0243MPa/m。

根据钻井时井眼跨塌方向，可以反映出地层最大主应力方位，通过对牛东区块井眼跨塌方向的测定，井壁崩落方向为北西向东南，最大水平主应力方向为北东向东南，垂向为最大应力方向，约为北东 80° 左右。

2 压裂施工主要难点及技术思路

2.1 压裂施工主要难点

（1）对压裂液性能要求高。区块内低温低压储层，因此要求压裂液既要有良好的携砂性能，保证施工顺利；又要具有很好的破胶性能，确保压后及时返排，降低地层伤害，保证压后效果。

（2）火成岩储层的沉积特点决定了非均质性非常强，垂向上厚度大，小层多，基本上无隔层或隔层差，施工过程中容易使缝高失控，裂缝有效支撑差，因此，有必要采取措施控制裂缝高度的延伸。

（3）裂缝性储层，压裂液滤失大，岩石致密坚硬，压裂施工过程砂堵几率大。

（4）地层复杂，储层基质低渗，岩石杨氏模量高，物性在平面上和垂向上差异大，使得各井的压裂施工压力变化大，可借鉴性差，压裂增产改造难度大。

2.2 压裂改造技术思路

针对该区块油藏低温低压、非均质性非常强、裂缝天然发育、岩石较坚硬、地应力较高的特征，制定出以下压裂改造技术思路：

(1) 以造长缝增加沟通远井缝洞几率和扩大渗滤面积为原则，坚持大砂量、高排量，中高砂比，尽可能提高人工裂缝沟通远井天然裂缝、孔洞的机率的思路。

(2) 在裂缝方位和油藏孔洞预测的基础上，实施深穿透大规模的压裂技术路线，形成一条高导流的连续铺砂的有效支撑裂缝，并有效地保护好裂缝、溶孔和溶洞。

(3) 根据不同的特殊结构井，如小井眼井、水平井、筛管方式完井等，配套和试验相应的压裂技术与工具，提高火山岩储层压裂效果。

3 配套压裂工艺技术

3.1 低温水基压裂液

针对牛东区块火山岩储层埋藏较浅（1500~1700m），低温（50℃左右），地层压力正常，水敏性较强的特点，重点解决压裂液防膨性能，尽可能减少对储层和裂缝的水敏伤害，长时间加砂施工中的携砂性能以及实现低温条件下快速破问题。保证施工成功率和压后效果。

该体系以特级羟丙基胍胶为主体，以无机硼胶联剂、高效发泡剂、助排剂、黏土稳定剂等作为优选添加剂的新型泡沫压裂液体系，具有低摩阻、低滤失、低界面张力、返排彻底、对地层伤害小、携砂性能好等特点，尤其适用于低压、低渗、水敏性强地层压裂。图1为50℃地层条件下，满足不同施工规模的低温水基压裂液黏温性能图。

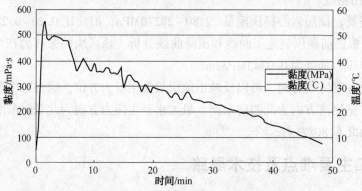

图1　50℃无机硼交联压裂液黏温性能曲线

3.2 深穿透压裂工艺技术

3.2.1 压裂规模优化

依据储层射开厚度与缝高的关系，结合现场实施的可行性，利用裂缝模拟软件模拟计算了不同储层厚度条件下形成不同支撑裂缝长度所需的加砂规模，见表1。可见对于油层厚度15~30m的井，达到200~250m的裂缝支撑长度，其加砂规模为32~87m³，目前探井射开的单层厚度大多数在15~30m，因此，而达到200m的裂缝支撑长度所需的加砂量为32~54m³，按平均砂液比25%，前置液百分数50%计算，用液量为256~432m³，依据三塘湖压裂施工的设备能力，具备组织实施加砂60.0m³以下的施工任务。由此确定裂缝支撑长度200~250m。

表 1　不同支撑裂缝长度所需的加砂量预测

油层厚度/m	裂缝支撑长度(m)下的加砂量/m³			
	250	100	150	200
15	12.0	17.0	32.0	50.0
20	15.0	20.0	38.0	60.0
25	19.0	25.0	45.0	72.0
30	26.0	34.0	54.0	87.0

3.2.2　导流能力优化

根据储层地质资料，通过 FracProPT 三维压裂设计软件模拟，在一定缝长(250m)下，对于井距 500m 井网，当裂缝的导流系数增大到 40D.cm 之后对油井的产能和生产动态影响能力逐渐就非常微小，即导流系数增大到一定值后，裂缝的导流能力趋于无限导流。裂缝导流能力取 30~40D.cm，相对应的地面平均砂比为 35%~40% 左右。

3.2.3　泵注程序优化

针对区块天然裂缝发育，施工中压力变化大的特点，适当提高前置液百分数与施工排量，并且在前置液阶段加入 2~3 个低砂比段塞，以降低滤失、降低裂缝扭曲带来的摩阻，以确保施工成功。同时，为保证裂缝的连续铺砂，以 15% 砂比起步，在低砂比段快速上提，30%、35%、40% 为主加砂段，后期尾追少量高砂比，提高缝口导流能力。

依据上面的优化结果，针对牛东区块不同的地层特点，采用不同的压裂工艺。

解剖区：裂缝较发育，主要以缝孔型及裂缝型为主。

坚持前期成功经验，大规模、中高排量(4.5~5.5)m³/min、高前置液(50%~55%)，多段塞 5%~7%~10%，平均砂比 30%~35%，支撑裂缝缝长达到 200m 以上。

外围区：主要以孔缝为主，裂缝相对不发育，地应力低。

中低排量(3~4)m³/min，较低前置液 40%~45%，多段塞 5%~10%~15%，大砂量，平均砂比 35%~40%，支撑裂缝缝长达到 250m 以上。

3.3　水力喷射压裂技术

3.3.1　技术机理

水力喷射压裂技术是集射孔、压裂、隔离一体化的增产措施。施工时，在基液中加入常规压裂作业中使用的磨料(石英砂)和支撑剂即可实现射流成孔和后续的分层压裂作业。一方面，根据伯努利原理，喷射进入地层孔眼的流体由于速度衰减、动能转化为势能，致使地层孔眼中压力升高；另一方面，在压裂开地层前孔眼中的流体要高速返回井筒，返回的流体在套管壁面孔眼处起到了"水力密封环"的作用，致使孔眼内压力进一步高于环空压力，因此，只有在喷射位置的孔眼内裂缝才可能最先起裂、扩展，支撑剂此时将沿着起裂的裂缝进入地层，即实现地层中的裂缝仅在水力喷射形成的孔眼位置破裂、扩展，但在其他层位控制环空压力低于地层起裂压力，裂缝将不再开裂、扩展。重复上述步骤即可实施多层压裂。该技术对薄差储层、水平井、定向井、筛管完井等井况压裂具有很强的针对性，具有良好的技术推广前景。

3.3.2 水力喷射工具

水力喷射压裂(图2)的核心之一就是水力喷射工具,它包括喷枪、喷嘴、单向阀、扶正器以及导向头等结构设计(图3)。

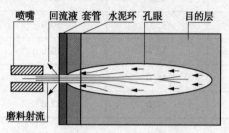

图 2 水力喷射压裂原理示意图

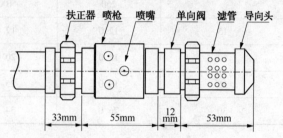

图 3 水力喷射压裂管柱结构图

喷枪:喷嘴的载体,起到稳定、连接、保护喷嘴的作用。

喷嘴:高压水力喷射射流发生装置的执行元件,通过喷嘴内孔横截面的收缩,将高压水的压力能量聚集并转化为动能,以获得最大的射流冲击力,作用于井底岩石上进行破碎或切割。

单向阀:在大排量时呈封闭状态,小排量时单向阀开启,该结构的特点是在施工时能很好的控制流体向下移动,又能很好的实现反洗。

扶正器:固定喷射工具处于井筒中心位置。

导向头:使喷射根据顺利下至目的层段。

3.3.3 工艺流程与特点

水力喷射压裂集射孔、压裂于一体,其主要的工艺流程与特点如下。

工艺流程:①地面喷射管柱连接合格后下入目的井段。②进行水力喷砂射孔。③射孔顶替完毕后进行加砂压裂。④拖动管柱,重复步骤②~④进行上层施工。

工艺特点:①射孔、压裂一趟管柱完成。②不需要机械封隔,施工风险小。③一趟管柱可进行多段压裂,施工周期短。④定向喷射压裂,准确造缝。⑤对裸眼井、筛管、水平井、薄差层具有很强的针对性。

3.3.4 水力喷射压裂难点与对策

经研究试验表明,该技术在实施过程中存在如下难点:

① 喷嘴工作强度大:以 6 个 6mm 喷嘴 $1m^3/min$ 排量计算,喷嘴处速度达到 100m/s,喷嘴工作强度大。对策:喷嘴采用进口复合材料加工制作,并设计挡板对喷嘴进行保护。

② 环空压力控制要求严格:控制环空压力不能超过地层破裂压力,否则会产生新的裂缝,无法达到造单一主缝的目的。

对策:对目的层破裂压力预测,计算其压力上限,根据施工情况实时调整,严格控制。

③ 压裂液剪切严重:在喷嘴处压裂液由于流速增大,剪切严重,对压裂液携砂性能要求高。

对策:采用低温水基压裂液并适当提高稠化剂浓度,提高其抗剪切性能,试验表明在 $510s^{-1}$ 剪切速率下,冻胶黏度保持在 $150mPa \cdot s$ 以上,满足施工要求。

3.3.5 现场应用情况

对牛东平 2 井(水平井)与牛东 7-9 井(筛管完井)进行了现场试验,通过施工管柱以及施工参数的精细化设计，施工一次性成功。压裂改造后，牛东平2井日产油量由施工前的2t 增加到施工后的19.4t，日增油18.2t，增产8倍；牛东7-9井日产油量由压裂前的0.6t，增加到10.5t，增产效果显著(表2、表3)。

表2 牛东平2井2103-2105m井段喷射压裂施工参数

施工工序	油、套管液量/t	油、套管排量/t	监测阶段压力/MPa		砂量 m³
			油压	套压	
顶替	5.4	1.5~2.0	29.3~31.2		
射孔	36.8	2.6~2.7	43.4~31.1		2.4
顶替	21.1	2.8	41.6~41.0		
前置液	47.2/14	2.6~3.0/0.9~1.0	57.8~49.1	11.6~15.2	
携砂液	82.6/29	2.7~2.9/0.9~1.0	54.7~32.1	15.2~18.8	18.1
顶替液	9/2.5	2.8~3.0/0.4~0.5	32.3~21.4	19.1~17.9	
油、管入井净液量	128.7/45.6m³		最高砂比	34%	
入井总砂量	18.1m³		平均砂比	25%	

表3 牛东平2井1989.6-1991.6m井段喷射压裂施工参数

施工工序	油、套管液量/t	油、套管排量/t	监测阶段压力/MPa		砂量 m³
			油压	套压	
顶替	15	1.9~2.3	30.0~43.1		
射孔	35	2.5~2.6	41.9~40.5		2.4
顶替	20	2.6	43.1~42.1		
前置液	45/23.9	2.4/0.7~1.2	55.3~46.7	13.4~18.1	
携砂液	81.35/29.3	2.5/0.7~1.3	55.2~33.4	17.8~23.8	17.8
顶替液	8.53/0	2.6/0	33.8~29.7	23.4~24.5	
油、管入井净液量	124.8/53.2 m³		最高砂比	35%	
入井总砂量	17.8 m³		平均砂比	25.1%	

3.4 小井眼井压裂改造技术

针对开窗侧钻油井压裂改造，研制了Y341-70小直径封隔器适用于ϕ89mm小套管。具有以下特点：

① 采用液压座封，易操作，可实现反洗；

② 设计ϕ114mm水力锚，防止管柱受压上窜；

③ 采用加强短节连接，避免因管柱受压产生弯曲，而导致工具窜动失封。

室内实验：采用内径ϕ77mm套管试压，先后实验四次，最高压力35MPa，达到不刺不漏，稳压5min，压力稳定。地面试压合格。

技术方案：采用Y341-70封隔器，液压座封，ϕ114mm水力锚锚定，在套管悬挂器以下3.5~4m处座封。满足小通径(70mm)、高压差(70MPa)、大排量(6m³/min)、大砂量(60m³)技术需求。

应用情况：对牛东9-8井开展了小井眼压裂试验，为保证压开地层和不砂堵，压前进行小型压裂测试，然后调整参数进行主压裂，通过优化设计，使压裂风险很大的井施工一次性成功，压后日增油 26.9t(表 4)。

表 4 小井眼压裂施工参数和效果统计表

井号	时间	厚度/m	入井液量/m³	前置液比例/%	加砂量/m³	缝长/m	平均砂比/%	加砂强度/(m³/m)	日增油/(t/d)
牛东 9-8	2008.4.7	18	305	64.0	34	200	30.4	1.88	26.9

4 实施概况及效果

截至 2008 年 12 月 31 日，牛东火山岩卡拉岗组统计压裂 138 井次，施工成功率 92.0%，平均设计缝长 222.4m，平均砂比 32.2%，裂缝延伸压力梯度 0.025MPa/m(表 5)。

表 5 牛东火山岩卡拉岗组压裂参数统计

年份	施工井次	施工成功井次	施工成功率	平均压裂有效厚度	入井总液量	入井加砂量	设计缝长	平均砂比	加砂强度	延伸压力梯度
	口	口	%	m	m³	m³	m	%	m³/m	MPa/m
2007	26	23	92.3	27.9	385.2	45.3	225	31.2	2.3	0.025
2008	112	103	92	24.8	274.8	38.7	222	32.6	1.9	0.0243

牛东火山岩卡拉岗组可对比井 114 井次，增油有效率 83%，压后平均单井日增液 10.45m³，平均单井日增油 8.7t，累计增油 68500t(表 6)。

表 6 牛东火山岩卡拉岗组压裂效果统计

年份	可比井次	有效井次	增油有效率	措施前产量			措施后产量			累计增油
				平均单井日产液	平均单井日产油	平均含水	平均单井日产液	平均单井日产油	平均含水	
			%	m³/d	t/d	%	m³/d	t/d	%	t
2007	25	21	84	0.4	0.3	0	20.6	16.1	5.9	30951
2008	112	93	83	1.68	0.48	12.13	10.45	8.7	9.05	68500

5 认识及结论

(1) 水基压裂液完全能够满足牛东区块深穿透大规模施工的需求，压裂性能稳定，破胶快速彻底。

(2) 深穿透大规模的压裂技术路线是可行的，能够满足储层和压裂施工的需求，压裂改造后增油效果明显。

(3) 针对牛东区块筛管井、小井眼井、水平井等特殊结构井，通过工具的完善、施工参数的优化，现场试验成功，取得了一定的认识与效果。

(4) 不同地层类型影响压后的稳产效果，牛东火山岩储层存在孔隙型、孔缝型和缝洞型等多种储层类型，取得好的效果的以缝洞型为主，而以孔隙型为主的储层一般压裂效果较差。

(5) 火山岩储层的沉积特点决定了非均质性非常强，垂向上厚度大，没有明显的分层标志，小层对应和划分油、气水层非常困难。因此，选准含油层作为压裂目的层是获得高产的关键。

参 考 文 献

[1] 冯程滨等．大庆深部裂缝性火山岩储气层压裂技术实验．天然气工业，2006(6)．
[2] 王守刚等．辽河坳陷火山岩油藏勘探压裂配套技术与应用．勘探技术，2005(4)．
[3] MJ 埃克诺米德等。油藏增产措施。北京：石油工业出版社，1991．
[4] Nolte K. G. Determination of Fracture Parameters from Fracturing Pressure Dcline. SPE8341.
[5] 刘合，闫建文等．松辽盆地深层火山岩气藏压裂新技术．大庆石油地质与开发，2004(8)．
[6] 戴平生，杨东等．松辽盆地北部深层火山岩气藏压裂配套工艺技术．勘探开发，2005(4)．
[7] 李军等．三塘湖油田火山岩储层压裂技术现状及对策[J]．吐哈油气，2008，13(3)：275~276．
[8] 陈作等．低渗低温低压水敏性储气层压裂改造技术研究与应用[J]．油气井测试，2006，15(3)：33~34．

作者简介：

党建锋，硕士研究生，工程师，2006 年毕业于中国石油大学(北京)应用化学专业，现在吐哈油田公司工程技术研究院新技术研发中心从事压裂技术研究及现场服务工作。通信地址：新疆吐鲁番鄯善县火车站镇吐哈油田工程技术研究院新技术研发中心，邮编：838202，联系电话：0995-8371204，手机：13179957639E-mail：dangjianfeng@ petrochina. com. cn。

吐哈油田油井防腐防垢技术研究与应用

邓生辉　孙忠杰　熊汉辉

（吐哈油田工程技术研究院采油工艺研究所）

摘　要　吐哈油田目前有机采井653口，综合含水已经达到56%左右，由于油田含水增加，使得油水井腐蚀结垢现象日益突出。通过开展油井腐蚀结垢机理研究，对油井腐蚀结垢原因有了清楚的认识，找到了影响油井腐蚀结垢的关键因素，同时针对吐哈油田油井腐蚀结垢的特点研究配套了固体缓蚀阻垢技术和牺牲阳极油管保护技术。吐哈油田开展油井防腐防垢技术已达90井次，油井检泵周期在原来的基础上延长一倍，有效抑制了油井腐蚀结垢问题。

关键词　吐哈油田　腐蚀结垢机理　防腐防垢　固体缓蚀阻垢　牺牲阳极

1　前言

随着油田的深度开发，原油含水逐年上升，目前吐哈油田各采油厂部分油井含水高达80%以上。由于含水增加，使得腐蚀结垢现象日益突出，尤其以温米采油厂、鄯善采油厂的电潜泵井结垢、腐蚀最为严重，机抽井次之，其中电潜泵井结垢率为100%，机抽油井结垢、腐蚀率达60%，不但降低油井产量、造成生产管线或设备堵塞，还缩短了检泵周期，增加成本，针对这些问题下面对油井结垢原因和机理进行分析，并通过防垢技术调研，研究配套了固体缓蚀阻垢技术和牺牲阳极阴极油管保护技术。

2　吐哈油田腐蚀结垢机理研究

吐哈油田油井腐蚀结垢位置主要集中在井深1000~2000m的油管内壁和抽油杆上。腐蚀结垢产物性质：褐色、黑色为主，平均厚度2~4mm，产物硬、脆、致密。腐蚀结垢产物中元素含量主要以S、Ca、Fe为主，S平均含量17%，Ca平均含量8%，Fe平均含量56%，表明油井结垢和腐蚀并存。油井腐蚀结垢产物以FeS、$FeCO_3$、$CaCO_3$为主，表明鄯善油田油井腐蚀因素主要为硫化物和CO_2，结垢为$CaCO_3$垢。

2.1　结垢影响因素分析

吐哈油田油井结垢的类型为碳酸钙垢，产生油井结垢的主要原因有：

（1）吐哈油田采出水中富含HCO_3^-、Ca^{2+}、Mg^{2+}成垢离子，其中Ca^{2+}为221.50~644.02mg/L，HCO_3^-为556.84~811.73mg/L，提供了成垢的基本化学条件。

（2）CO_2分压降低。

CO_2分压降低是油井结垢的根本原因，CO_2分压降低，$CaCO_3$结垢趋势增大，当CO_2分压降低到一定数值时，就会在井筒内产生结垢。

吐哈油田伴生天然气中CO_2的平均含量为0.13%，地层压力为28.8MPa，由此可计算出吐哈油田产出流体的CO_2平均分压为：28.8MPa×0.13% = 0.0368MPa（约0.36atm）。在采出过程中，产出水进入井筒，压力降低，当CO_2分压降低到 0.1atm 以下，其饱和指数大于 0，就会在井筒内产生结垢。

2.2 油井腐蚀影响因素分析

2.2.1 温度对腐蚀的影响

一般来说，升高温度加速电化学反应和化学反应速率，从而加速腐蚀，为此，考察了吐哈油田采出水在不同温度下的腐蚀速率。实验结果表明，在 40℃~60℃ 之间，腐蚀速度随温度增加而增大，60℃ 左右达到最大值，然后腐蚀速率随着温度增加而减小。

2.2.2 pH 值对腐蚀的影响

pH 值是腐蚀的重要影响因素之一。为此，考察吐哈油田采出水在不同 pH 值下的腐蚀速率，在 80℃ 下利用电化学极化曲线法进行评价，电极材质为 N80 钢，结果见表 1。

表 1 采出水在不同 pH 值下的的电化学测试结果

pH 值	4.2	5.8	7.4	8.3	9.5
Tafel 斜率 B_a/mV	72.26	47.49	127.56	220.59	213.77
Tafel 斜率 B_c/mV	131.81	2710.75	73.60	59.20	59.71
电流密度 I_o/(mA/cm²)	0.18.61	0.0834	0.0254	0.0186	0.0181
开路电位 E_o/V	-0.69589	-0.74401	-0.74007	-0.58854	-0.60263
腐蚀速率/(mm/a)	2.1829	0.9782	0.2975	0.2185	0.2121

由表 1 可以看出，随注入污水 pH 值的增大，腐蚀速率显著减小，pH 值大于 7 以后，随着 pH 值的增大，其腐蚀速率减小趋缓。

2.2.3 CO_2 对腐蚀的影响

吐哈油田大部分油井采出水中的 CO_2 含量均超标（标准≤10mgL）。向模拟采出水 S5-221 中通入 CO_2，研究不同浓度侵蚀性 CO_2 对腐蚀速率的影响，在 20℃ 下利用电化学极化曲线法进行评价，电极材质为 N80 钢，实验结果表 2。

表 2 采出水（S5-221）不同 CO_2 浓度下的电化学测试结果

侵蚀性 CO_2 含量/(mg/L)	13.7	35.5	62.8	99.1	144.7	281.2
Tafel 斜率 B_a/mV	59.41	61.07	55.19	47.86	53.16	47.65
Tafel 斜率 B_c/mV	111.35	105.95	129.98	203.20	142.78	207.1
电流密度 I_o/(mA/cm²)	0.0129	0.0141	0.0154	0.0265	0.0276	0.0600
开路电位 E_o/V	-0.70608	-0.70058	-0.72276	-0.69135	-0.71997	-0.72073
腐蚀速率/(mm/a)	0.1517	0.1655	0.1805	0.3111	0.3232	0.7043

由表 2 可以看出，当采出水中溶解有 CO_2 时，金属的腐蚀速度随 CO_2 含量的增加而增大。根据去极化理论，在 CO_2 含量较低时，CO_2 的腐蚀作用主要是由水中的水合氢离子来完成。随阴极周围水合氢离子的消耗，远处的氢离子要靠扩散作用来补充阴极，腐蚀速率较小。随 CO_2 含量的增大，水中碳酸的浓度提高，以吸附碳酸离解的氢离子去极化作用占优势，腐蚀性增强，腐蚀速率显著提高。

2.2.4 H_2S 浓度对腐蚀的影响

为了考察 H_2S 及 S^{2-} 对腐蚀的影响，采用向模拟采出水（S5-221）加入 Na_2S 以及等当量的盐酸溶液，制成硫化物含量不同的腐蚀溶液，用电化学方法测试腐蚀速率，电极材质为N80钢，测试温度为80℃，结果见表3。

表3　采出水(S5-221)在不同 S^{2-} 浓度下的电化学测试结果

S^{2-} 浓度/(mg/L)	0	5	10	15	20
Tafel 斜率 B_a/mV	63.40	114.54	49.71	69.20	207.29
Tafel 斜率 B_c/mV	172.87	78.76	762.94	143.35	60.23
电流密度 I_o/(mA/cm²)	0.0197	0.0259	0.0325	0.0429	0.0454
开路电位 E_o/V	-0.73196	-0.74777	-0.79865	-0.77985	-0.81039
腐蚀速率/(mm/a)	0.2310	0.3036	0.3813	0.5036	0.5330

由表3可以看出，水中的硫化物或硫化氢即便是在含量很少的情况下，对金属的腐蚀作用也是十分显著的。随着水中的 S^{2-} 浓度的增大，金属的腐蚀速度显著增加。

2.2.5　矿化度对腐蚀的影响

吐哈油田采出水的矿化度为600~18000mg/L。对S5-221井的模拟采出水，采用蒸馏水稀释和加NaCl的方法调节矿化度，制得不同矿化度的溶液，用电化学方法测试腐蚀速率，电极材质为N80钢，测试温度为80℃，结果见表4。

表4　采出水(S5-221)在不同矿化度下的电化学测试结果

矿化度/(mg/L)	1000	5000	10000	25000	50000	100000
Tafel 斜率 B_a/mV	92.08	107.16	63.40	1825.10	214.09	28.56
Tafel 斜率 B_c/mV	30.97	82.68	172.87	47.90	59.68	73.57
电流密度 I_o/(mA/cm²)	0.0103	0.0161	0.0197	0.0212	0.0230	0.0252
开路电位 E_o/V	-0.78710	-0.76204	-0.73196	-0.78113	-0.74713	-0.73865
腐蚀速率/(mm/a)	0.1204	0.1887	0.2310	0.2491	0.2703	0.2961

由表4可以看出，随着矿化度增加，腐蚀速率显著增大，当矿化度达10000mg/L以上时，随着矿化度增大，腐蚀速率缓慢增大。

2.2.6　腐蚀原因分析

通过腐蚀产物分析及腐蚀实验研究，吐哈油田油井腐蚀产物主要为 FeS、$FeCO_3$，产生腐蚀的主要原因有：

（1）吐哈油田(温米、鄯善油田)采出水 Cl^- 含量(5000~10000mg/L)高，矿化度(9000~18000mg/L)也高，提供了电化学腐蚀基本条件。

（2）吐哈油田伴生天然气中含 CO_2，采出水在井底条件下，CO_2 含量高，pH值低，导致采出水腐蚀性强。

实验结果表明，当采出水中溶解有 CO_2 时，金属的腐蚀速度随 CO_2 含量的增加而增大。根据去极化理论，在 CO_2 含量较低时，CO_2 的腐蚀作用主要是由水中的水合氢离子来完成。随阴极周围水合氢离子的消耗，远处的氢离子要靠扩散作用来补充阴极，腐蚀速率较小。随 CO_2 含量的增大，水中碳酸的浓度提高，以吸附碳酸离解的氢离子去极化作用占优势，腐蚀性增强，腐蚀速率显著提高(表5)。

表5　部分井采出水在不同 CO_2 分压下的 pH 值(80℃)

P_{CO_2}/atm	S3-17	S3-141	S4-131	S4-231	S5-231	S5-221	S5-111
0.010	7.751	7.712	7.790	7.777	7.637	7.681	7.640
0.050	7.052	7.013	7.091	7.078	6.938	6.982	6.941
0.100	6.751	6.712	6.790	6.777	6.637	6.681	6.640
0.250	6.353	6.314	6.392	6.379	6.239	6.283	6.242
0.500	6.052	6.013	6.091	6.078	5.938	5.982	5.941
1.000	5.751	5.712	5.790	5.777	5.637	5.681	5.640
2.500	5.353	5.314	5.392	5.379	5.239	5.283	5.242
5.000	5.052	5.013	5.091	5.078	4.938	4.982	4.941

吐哈油田 CO_2 平均分压：28.8MPa×0.13% = 0.0368MPa(约 0.36atm)，则 pH 值为 5.938 ~ 6.392，小于7。

(3)在采出水中含硫化物，S^{2-} 的存在将强烈促进腐蚀作用，导致钢材的局部腐蚀。前面实验结果表明，水中的硫化氢即便是在含量很少的情况下，对金属的腐蚀作用也是十分显著的。

实验研究表明，引起油井腐蚀结垢的主要原因是受油井伴生气中 CO_2 的影响。

3　固体缓蚀阻垢技术

目前固体阻垢剂的固化剂多采用有机物，反应温度在 200℃ 以上。因此，在生产过程中，液体防垢剂往往遭到破坏，使得固体阻垢剂中的防垢有效成分降低，从而影响防垢剂效果，因此在固化配方研制上，确定以下原则。

(1)与所研制的缓蚀剂、阻垢剂配伍性好，不发生化学反应。

(2)固化后的缓蚀阻垢剂易于加工生产，反应温度不能超过 60℃。

(3)固化后的缓蚀阻垢剂在油井中释放速度易于控制、缓蚀阻垢率高。

依据以上的原则，研制出固体阻垢剂的固化配方，该配方在常温下即可反应、固化、定型，制得固体缓蚀阻垢剂。

3.1　固化对缓蚀剂和阻垢剂的伤害性研究

将缓蚀剂和阻垢剂含量取固化剂若干，再取油井污水若干，保证有效成分含量为30mg/L，然后再与配伍性试验相同的条件下进行阻垢率与缓蚀率的研究(表6)。

表6　固化前后固体缓蚀阻垢剂缓蚀率和阻垢率统计表

缓蚀阻垢剂配方		GFG 固体缓蚀阻垢剂	
阻垢类型		碳酸钙垢/%	硫酸钡锶垢/%
固化前	A3 钢缓蚀率	95.6	92.1
	阻垢率	92.3	91.1
固化后	A3 钢缓蚀率	94.1	91.2
	阻垢率	90.8	90.1

由表6可看出，固化后的缓蚀阻垢剂效果有略微降低，但仍然达到90%以上，证明采用的固化工艺伤害率低，效果好。

3.2 固体阻垢剂的耐温实验

对成型的固体阻垢剂进行耐温实验(表7)。

表7　固体阻垢剂耐温性能实验结果表

阻垢剂类型	防碳酸钙垢阻垢剂		防硫酸钡锶垢阻垢剂	
实验温度/℃	缓蚀率/%	阻垢率/%	缓蚀率/%	阻垢率/%
60	95.2	91.5	93.5	92.5
70	94.8	91.2	93.2	91.6
75	94.6	90.7	92.6	90.1
80	94.1	90.8	92.1	89.8
90	91.2	90.1	91.2	87.5
100	82.2	82.9	70.2	72.9
120	60.2	64.1	40.2	54.1

由表看出，固体缓蚀阻垢剂在小于90℃条件下的缓蚀率、阻垢率稳定性较好，但在120℃条件下的缓蚀率、阻垢率均受到了较大影响，稳定性差，因此该固体缓蚀阻垢剂的使用温度要求在90℃以下。

温米、鄯善吐哈油田储层中部温度在75℃左右，因此药剂完全可以满足油田的需要。

4　牺牲阳极油管保护技术

4.1　电位差测量

牺牲阳极材料的选择要求阳极材料的电位要足够低，以保证阳极与被保护金属之间有一定大的电位差，因此进行了电位测试。实验采用CorrTest电化学测试系统，用N80钢作为被保护材料，实验结果见表8、表9。

表8　N80钢材和牺牲阳极材料的开路电位

材料	N80	镁合金	锌合金	铝合金
开路电位/V(SCE)	−0.716	−1.48	−1.03	−1.12

表9　N80钢材与牺牲阳极材料之间电位差

材料	N80钢-镁合金	N80钢-锌合金	N80钢-铝合金
电位差/V	0.764	0.314	0.404

由表8和表9可以看出，镁合金、锌合金和铝合金的电位比N80钢材都低，油管N80钢材与镁合金之间电位差最大(为0.764V)，与铝合金其次(为0.404V)，与锌合金最小(为0.314V)。由此可见，镁合金、锌合金和铝合金作为牺牲阳极材料均能有效保护油管N80钢材。

4.2　电偶电流

在通有CO_2和加有5mg/L S^{2-}的模拟采出水中测量N80钢材与牺牲阳极材料(锌合金、镁合金和铝合金)之间的电偶电流，试验温度为80℃，结果见表10。

表10　N80钢材与牺牲阳极材料之间电偶电流

材料	N80钢-镁合金	N80钢-锌合金	N80钢-铝合金
电流密度/(A/cm^2)	0.015867	0.0012665	0.0014782

由表 10 可以看出，油管 N80 钢材与镁合金之间电偶电流最大，为 0.015867 A/cm^2，与铝合金其次，为 0.0014782 A/cm^2，与锌合金最小，为 0.0012665A/cm^2，结果与其电位差排列顺序是相一致的。

将 N80 钢材与锌合金、镁合金和铝合金牺牲阳极材料之间进行偶接，其腐蚀速度≤0.076mm/a，明显低于未偶接 N80 钢。可见，锌合金、镁合金和铝合金牺牲阳极均可保护油管 N80 钢。

阳极材料选择除了要考虑电化学参数外，还应考虑使用环境。镁合金阳极其表面不容易极化，腐蚀产物易脱落，对 N80 钢阴极保护的电位差大；锌阳极的表面不易极化，电流效率高，材料来源广，价格便宜。不足的是对 N80 钢阴极保护的电位差小，因此应用范围较窄；铝合金阳极，资源广、价格便宜，其单位重量产生的电量大。不足的是电流效率和溶解性能随阳极成分、制造工艺的不同而发生变化。因此，对于油井牺牲阳极保护，阳极材料宜选择锌铝合金。

4.3 FSH-Ⅰ牺牲阳极阴极保护器

在优选阳极材料的基础上，针对油井管柱结构特点，研制了用于油管和抽油杆防腐的 FSH-Ⅰ牺牲阳极阴极保护器。装置主要由上接头、下接头、内合金层及筛管和密封套等部件组成。

技术参数：2⅞in，平式、外加大油管；最大外径：ϕ115mm；保护距离：200m；最高工作温度：150℃；工作压力：20MPa；有效发生电量≥1.2A·h/g；消耗率≤16.3kg/A·a；电流效率≥70%。

安装方法是将牺牲阳极阴极保护器直接连接到完井管柱上，下到油井存在腐蚀的位置即可起到保护油管和抽油杆的作用。

5 结论

（1）吐哈油田产出水结垢程度随着温度升高而增大，二氧化碳分压降低是油井结垢的根本原因，随着 CO_2 分压降低，$CaCO_3$ 结垢趋势增大。

（2）吐哈油田采出水中含有二氧化碳和二价硫，CO_2 含量 8~40mg/L，二价硫含量 0.5~2mg/L。二氧化碳和二价硫的存在是造成油井腐蚀的主要原因，随油井深度增加，P_{CO_2} 越大，CO_2 含量就越高，油井腐蚀越严重。油田井口平均温度为 33℃，温度梯度 2.5℃/100m，井深在 1000m 以下时，温度大于 60℃，受温度影响腐蚀速率大。

（3）针对吐哈油田油井腐蚀结垢的特点研究配套的固体缓蚀阻垢和牺牲阳极阴极保护技术，已实施油井防腐防垢措施 90 井次，平均延长油井检泵周期 6 个月，油井检泵周期与措施前相比延长 1 倍，措施有效率达到 85% 以上，防腐防垢效果显著。

作者简介：

邓生辉，1979 年出生，男，甘肃永登人，工程师，2002 年毕业于西南石油学院应用化学专业，现从事油田防腐防垢工作。联系电话：0995-8371810。

侧钻井压裂技术研究与应用

杨永利　尚绍福　魏建军　翟洪冬　保万明

(吐哈油田公司吐鲁番采油厂)

摘　要　随着油田开发深入，小井眼侧钻井数量不断增加。由于小井眼射孔井射孔穿透有限，同时侧钻井钻井在过程中油层浸泡时间长，污染严重，投产后往往不能达到预期开发效果，必须实施压裂改造，因此吐哈组织了 φ89mm 套管小井眼压裂工艺技术攻关，完成了 Y341-70 封隔器工具研制和改进，并配套了井下工艺管柱，优化了压裂施工工艺，并完成了 10 井次现场试验，均顺利完成施工，并见到良好增液、增油效果。

关键词　φ89mm 套管　小井眼　压裂

1　前言

油田进入开发中后期，小井眼侧钻井数量不断增加，截止 2008 年 12 月，吐哈油田共钻成各类小井眼井侧钻(加深)井 54 口，全部采用下入 φ89mm 套管固井后，采用 60 枪 60 弹 90° 螺旋布孔射孔完井，平均穿深仅 266mm，只有常规 127 枪 102 弹平均穿深 658mm 的40.4%，同时由于侧钻井钻井本身的限制，钻遇油藏后浸泡时间均在 8d 以上，超过常规钻井 4d，油层污染严重，造成侧钻井投产后 60% 未达到预期开采指标，因此必须实施压裂改造。

小井眼侧钻(加深)井压裂施工工艺的主要难点在于对 φ114mm 套管悬挂器的保护(该工具承压能力 25MPa，内通径 76mm)，而压裂目的段井斜普遍大于 50°，近井筒孔眼摩阻、裂缝扭曲摩阻大，施工压力高；因此，要求配套工具既要耐压差能力强(35~65MPa)，又要有合适的内、外通径及耐冲蚀能力，以满足安全的需要，因此小尺寸封隔器的研制及管柱配套是决定施工顺利与否的关键。

2　小井眼压裂工艺技术研究

2.1　小井眼压裂改造技术对策

(1) 研制小直径封隔器，配套小井眼卡封压裂管柱，对悬挂器和上部套管进行保护，性能满足小通径(70mm)、高压差(70MPa)、大排量(6m³/min)、大砂量(60m³)的技术需求。

(2) 开展斜井压裂裂缝启裂机理、延伸机理和渗流机理方面研究，对施工泵注程序和参数优化，提高施工成功率，确保压后效果。

2.2　Y341-70 封隔器工具研制和改进

2.2.1　结构及工作原理

水力压缩式封隔器，主要由上、下接头、座解封装置、胶筒和液缸等部分组成(图 1)。座封时向油管内投球，油管压力上升至 12~19MPa，封隔器座封；继续提高油管压力

3~5MPa，喷砂滑套打开，提高油管压力至25MPa，稳压20min，压力不降，就可准备压裂施工；解封时，在原井下管柱悬重基础上加10~20kN上提力，试提油管，解封剪钉剪断，封隔件释放回缩，继续上提管柱，解封，起出油管。该封隔器具有现场施工操作简便、座、解封灵活、耐高温、高压，具有良好的使用性能的特点。

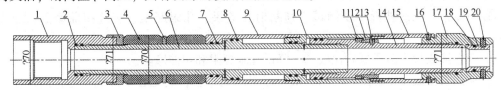

图1　Y341-70封隔器结构图

1—上接头；2—密封圈；3—中心管锁帽；4—较筒；5—隔环；6—上中心管；7—密封圈；8—密封圈；
9—上液压缸；10—下液压缸；11—锁环；12—锁环限位套；13—锁钉；14—下中心管；15—定位锁套；
16—定位锁钉；17—下导引头；18—密封圈；19—坐封滑套；20—坐封剪钉

2.2.2　主要技术改进措施

（1）钢体主要零件采用42CrMo材料，提高工具整体抗变性能，保证封隔器整体强度要求。

（2）设计长度补偿机构，封隔器下部为自由端，在遇阻时或砂卡时可以活动管柱，防止管柱卡死。

（3）导压通道采用间隙滤砂结构设计，胶筒内腔进液不进砂，防止胶筒进砂后不回收引起砂卡。

（4）采用特殊结构封隔器胶筒，提高胶筒的承压性能和伸展性能。

（5）采用液压坐封，容易实现坐封操作；同时为减少入井工具数量，将喷砂器与封隔器一体化设计，封隔器坐封后继续打压，打开喷砂滑套，试压合格，就可压裂。

2.2.3　性能技术指标

最大外径ϕ70mm；最小内通径ϕ30mm；长度700mm；坐封压力17~20MPa；耐压差75MPa；抗拉能力500kN；工作温度120℃。

2.3　井下工艺管柱设计

2.3.1　井下工艺管柱结构：（自下而上）

Y341-70封隔器（自带滑套喷砂器）+ϕ70mm加强短节+反洗循环阀+防砂水力锚+ϕ115mm变扣+ϕ89mm外加厚压裂油管+井口悬挂器（图2）。

2.3.2　井下工艺管柱特殊部件作用

（1）ϕ115mm变扣防砂水力锚：由于ϕ88.9套管内径小，管内无法锚定，在上部大套管内锚定，防止管柱受压上窜。外径ϕ114mm；内径ϕ50mm；长度360mm；耐压75MPa。

（2）加强短节：连接水力锚和封隔器，避免因管柱受压产生弯曲，而导致工具窜动失封。外径ϕ70mm；内径ϕ36mm；长度120mm；与Y341-70封隔器外径一致，没有变径连接。

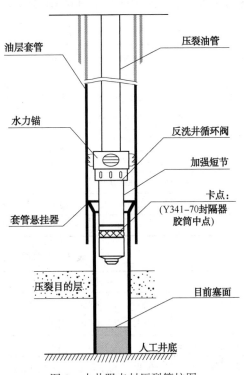

图2　小井眼卡封压裂管柱图

(3) 反洗阀：为防止压裂砂堵后砂埋管柱，可及时反洗出压裂砂。外径 ϕ110mm；内径 ϕ36mm；长度 400mm；耐压 75MPa。

2.4 压裂施工工艺优化技术

（1）泵注程序及施工参数优化。

① 对复杂井压前进行小型测试，判断射孔效果、孔眼摩阻、裂缝扭曲摩阻、滤失系数等。

② 前置液段加入多段低砂比段塞，降低孔眼摩阻和扭曲摩阻。

③ 采用大排量变排量施工。前置液阶段采用大排量，满足合压形成宽缝，高砂比段逐步降低排量，减少对工具的破坏。

（2）压裂防砂。

针对部分斜井压后易出砂，在高砂比段尾追涂敷砂，解决压裂后的支撑剂回流问题。

（3）压裂过程中尽可能保证排量稳定，坡阶式加砂，最大排量 6m³/min，入井砂量 60m³ 以内，最高施工压力 90MPa，平横压力根据现场情况控制在 25MPa 以内。

（4）现场施工时应根据实际管柱结构对顶替液量重新核实计算，并考虑井底口袋大小，过顶替 1~1.5m³。

3 现场应用

已在吐哈油田鄯善、温米、丘陵、吐鲁番区块完成现场施工 10 井次，施工成功率 100%，解封成功率 100%，施工最大排量 5.4m³/min，入井砂量 39.58m³，最高施工压力 87.8MPa（表 1）；可比井 3 井次，有效率 100%，平均单井日增液 18.6m³/d，日增油 9.6t/d，目前继续有效，见到良好应用效果（表 2）。

表 1 小井眼卡封压裂施工参数统计

序号	井号	施工时间	油田区块	前置液/%	总砂量/m³	最高砂比/%	平均砂比/%	入井总液量/m³
1	温气 7	2007.6.15	温米	51.86	20.54	50	32.2	181.5
2	鄯 18-7c	2007.6.27	鄯善	64.10	13.3	45	30.5	179.4
3	温西 3-79s	2007.8.9	温米	49.47	39.58	50	35.6	345.7
4	陵 15-301	2007.7.11	丘陵	63.93	11.5	45	29.9	152
5	陵 10-161	2007.9.9	丘陵	58.2	15.8	45	30	235.2
6	温 5-11	2007.9.13	温米	52.1	18.3	55	35	145
平均	—	—		206.47	56.61	19.84	48.33	31.70

表 2 小井眼卡封压裂施工参数效果统计

序号	井号	措施前产状			措施后产状			对比	
		产液/(t/d)	产油/(t/d)	含水/%	产液/(t/d)	产油/(t/d)	含水/%	产液/(t/d)	产油/(t/d)
1	鄯 18-7c	0	0	0	5.23	1.45	86	5.23	1.45
2	温西 3-79	6.49	5.0	1	36.1	27.6	8	29.6	22.4
3	温 5-11	1.93	1.56	1	22.86	16.84	10	20.93	15.28

序号	井号	措施前产状			措施后产状			对比	
		产液/ (t/d)	产油/ (t/d)	含水/ %	产液/ (t/d)	产油/ (t/d)	含水/ %	产液/ (t/d)	产油/ (t/d)
平均		2.81	2.19	—	21.40	15.3	—	18.59	13.11

4 结论和认识

（1）89mm 套管小井眼卡封压裂技术突破了 ϕ89mm 套管小井眼不能压裂的技术界限，提高了 ϕ89mm 套管小井眼油井储量动用程度，扩大了油田开发后期压裂选井选层的范围。

（2）小井眼卡封压裂技术具有较强的适应性。目前已完成 10 井次压裂施工，该技术与常规压裂相比，压裂施工时的压力、排量、砂比、程序基本相同，压裂施工费用与常规压裂费用相同。配套工具具有外径小（ϕ70mm）、耐压差高（75MPa）、坐封解封便利、性能稳定的特点，可满足一次加砂 60m^3，井深 3500m 以内小井眼压裂技术需求。

（3）该技术具有广泛的应用前景和巨大的经济效益。可比井有效率 100%，平均单井日增液 18.6m^3/d，平均单井日增油 13.11t/d，远高于同期常规老井压裂效果，见到了良好增液、增油效果；同时随着油田"二次开发"的实施，小井眼钻井数量不断增加，该技术将具有更广泛的应用前景和巨大的经济效益。

参 考 文 献

［1］中国石油天然气股份有限公司勘探与生产分公司编.2007 年压裂酸化技术论文集［M］.北京：石油工业出版社，2007，223~228.
［2］何生辉等 小井眼固井技术［J］钻采工艺，2006，4：52~56.

作者简介：

许云春，1976 年生，工程师，1999 年毕业于江汉石油学院石油工程专业，本科，现吐哈油田吐鲁番采油厂从事油藏改造技术研究和管理工作。电话：0995-8377657，13909954128。

低伤害压井液技术的研究与应用

许云春　尚绍福　杨永利　翟洪冬　李　翔　单慧玲　任　坤

(吐哈油田公司吐鲁番采油厂)

摘　要　吐哈油田针对低压油气井常规压井液的大量漏失造成的地层污染和潜在的安全风险等问题，攻关研制了一种新型的低伤害压井液，通过现场应用，较好的解决了上述问题，具有较广阔的推广应用前景。

关键词　低压油气井　常规压井液　地层污染　安全风险　低伤害压井液

1　前言

吐哈油田经多年开采已进入开发中后期，地层能量不足，大部分区块井底压力低于静水柱压力(表1)，其中神泉、红台、红南压力系数低于1.0，三塘湖油田压力更低，为0.56~0.85，平均只有0.71。而葡萄沟油田存在多个压力层系，压力系数为1.0~1.21，鄯勒(1.09~1.14)、温米(0.69~1.10)、丘陵(0.67~1.06)也是如此。因此，要求具有不同密度范围的压井液体系及具有针对不同压力特点的系列压井液体系。大部分区块储层水敏性中等到强，要求压井液体系必须具有较低的滤失量、较强的抑制性和低的岩心伤害即良好的油层保护效果。

表1　吐哈油田油藏压力系数及敏感性分析

区块	敏感性	压力系数
神泉	水敏中到强	0.95
红台	强水敏	0.86~0.96
红南	中水敏	0.88~1.0
雁木西	水敏中到强	1.05
葡萄沟	水敏中等偏弱	1.0~1.21
鄯勒	水敏中到弱	1.09~1.14
温米	水敏中等	0.69~1.10
丘陵	水敏中等到强	0.67~1.06

为了有效解决上述问题，有必要开展低压油藏储层保护系列压井液研究，形成一整套满足低压油气井及含有多套压力层系油气井修井作业要求的低伤害压井液技术，防止修井作业过程中低压地层漏失，减少压井液对储层的伤害，增加压井作业安全性，简化压井工艺，降低作业成本。

2 主要研究内容

2.1 作用机理

低伤害压井液是采用新型高分子吸水材料(固化剂)配制而成的压井液体系,这种高分子吸水材料可以束缚其本身重量 100 倍以上的清水,使水不能参与自由流动,同时,还可以在产层表面形成具有一定承压能力的暂堵层,阻止体系内液体向产层的渗漏。因此,可大大降低因滤液进入储层而导致的水敏、水锁等储层伤害。该高分子材料是生物性材料,安全环保无污染。压井液体系加入破胶剂,能够完全破胶,可及时返排。

2.2 固化剂优选

室内通过固化剂固化水能力来对几种固化剂进行评价优选,即在清水中分别加入 0.7%的不同固化剂,充分搅拌后测其流变性及 API 失水,黏度、切力越高,滤失量越低说明固化水能力越强,实验结果见表 2。

表 2 强吸水固化剂优选结果

配方	$\rho/$ (g/cm^3)	$AV/$ $mPa \cdot s$	$PV/$ $mPa \cdot s$	$YP/$ Pa	API 失 水/mL	HTHP 失 水/mL
清水+0.7%KEG-CA-1	1.01	40	28	12	30	65
清水+0.7%KEG-CA-2	1.01	40	27	13	28	61
清水+0.7%KEG-CA-3	1.01	41.5	27	14.5	24	50

从实验结果可以看出,在清水中加入固化剂后,清水的黏度、切力大幅度上升,相比而言,KEG-CA-3 加入清水后形成的固化水体系,黏度上升幅度最大,滤失量最低,因此优选 KEG-CA-3 作为低伤害压井液用固化剂。

2.3 固化剂加量确定

在清水中分别加入 0.7%、1.0%、1.2%的 KEG-CA-3,测其流变性、滤失量,砂床滤失量及进入深度。优选流动性好,滤失量低的加量作为固化剂的加量。实验结果见表 3。

表 3 固化剂加量实验结果

固化剂 加量/%	$\rho/$ (g/cm^3)	$AV/$ $mPa \cdot s$	$PV/$ $mPa \cdot s$	$YP/$ Pa	$API/$ mL	$HTHP/$ mL	砂床滤失 量/mL	进入深度/ cm
0.7	1.01	41.5	27	14.5	24	50	全滤失	全进入
1.0	1.01	45	25	20	22	43	0	18.6
1.2	1.01	无法测出						

从实验结果可以看出,在清水中加入 0.7%的 KEG-CA-3 时,压井液体系流动性较好,但滤失量较大,在砂床中是全滤失;当加量为 1.0%,体系表观黏度有所上升,但流变性及流动性均较好,滤失量也较低,砂床无滤失;当加量达到 1.2%时,黏度太大,流动性差,无法测出其表观黏度,因此选择加量为 1.0%。

2.4 配方优选

室内通过对固化引发剂、胶体保护剂等处理剂的优选及与固化剂的优配等一系列的实验,最终确定了低伤害压井液体系配方,其中胶体保护剂主要是提高体系的抗温性。压井液体系配方如下:

清水+1.0%KEG-CA-3+0.3%固化引发剂+0.5% 胶体保护剂+0.2%其他处理剂

该压井液体系的常规性能见表4。

表4 低伤害压井液常规性能表

$\rho/(g/cm^3)$	$AV/mPa \cdot s$	$PV/mPa \cdot s$	YP/Pa	API/mL	$HTHP/mL$	砂床滤失量/mL	进入深度/cm
1.01	50	26	24	19.6	29	0	14.3

从表4可以看出，低伤害压井液体系流动性好，表观黏度为50mPa·s，滤失量低，砂床无滤失，进入砂床深度也只有14.3cm，说明该体系能在砂床表面进行有效封堵，可以阻止压井液的固相及滤液进入储层，防止造成水敏等伤害。

2.5 性能评价

2.5.1 稳定性评价

由于吐哈油田油气储层的地层温度一般在80℃左右，因此，为了了解该压井液体系在高温状态下的稳定性，将压井液在80℃的恒温箱中进行老化，测定不同放置时间下压井液的黏度及失水，实验结果见表5。从实验结果可以看出，即使在80℃条件下放置30d后，体系的黏度、切力变化不大，失水略为增加，说明体系具有良好的热稳定性，可以满足井下长时间修井作业的要求。

表5 压井液老化不同时间的性能变化情况(80℃)

放置时间/d	$\rho/(g/cm^3)$	$AV/mPa \cdot s$	$PV/mPa \cdot s$	YP/Pa	API 失水/mL
0	1.01	48	25	23	22.4
5	1.01	50	29	21	23.6
10	1.01	52	28	24	25
20	1.01	58	36	22	27.5
25	1.01	53.5	31	21.5	26.5
30	1.01	52	29	23	26

2.5.2 抗温性评价

室内利用滚子加热炉将优选的压井液在100℃下热滚16h，实验结果见表6。从实验结果可以看出，压井液流变性变化不大，只是失水略有上升，说明该压井液体系可以抗100℃的高温。

表6 低伤害压井液抗温性评价结果

实验条件	$\rho/(g/cm^3)$	$AV/mPa \cdot s$	$PV/mPa \cdot s$	YP/Pa	API 失水/mL	$HTHP$ 失水/mL
常温	1.01	50	26	24	19.6	29
100℃，热滚16h	1.01	48	25	23	22.4	36.2

2.5.3 抑制性评价

若储层水敏性强，压井液滤液进入储层将会造成较为严重的水敏性伤害，为此室内利用页岩膨胀仪进行了压井液滤液对页岩的膨胀性实验，实验结果见表7。从实验结果可以看出，压井液滤液的抑制性好，16h页岩膨胀高度由3.04下降到了0.63，下降幅度达到79.3%。说明该压井液滤液就算进入储层也不会造成严重的水敏性伤害。

表 7 压井液滤液对页岩的膨胀实验结果

膨胀高度/mm 时间/h	0	2	4	6	8	10	12	14	16
清水	0	2.62	2.84	2.92	2.96	2.99	3.02	3.03	3.04
压井液滤液	0	0.38	0.49	0.55	0.58	0.60	0.62	0.63	0.63

2.5.4 抗原油污染评价

由于井筒中存在原油，压井液在接触原油后固化效果及性能变化将影响到压井液的稳定性能和保护储层效果：室内将所优选的压井液与原油按 1∶1 的体积比加入到 100mL 有刻度的试管中，振荡 5min 后在常温下静置 1 周，观察有无分层或是否被乳化。实验结果见表 8。从实验结果可以看出，压井液与原油分层明显，没有出现乳化现象，说明压井液具有良好的抗原油污染能力。

表 8 压井液抗原油污染实验结果

密度/(g/cm³)	振荡 5min 后，静置一周后现象
1.01	分层明显，无乳化现象

2.5.5 岩心伤害评价

岩心伤害评价的目的是为了了解该压井液体系对储层的伤害情况，主要通过返排解堵、污染深度和暂堵层强度来评价。用压井液体系污染岩心后，其返排渗透率恢复值越高、污染深度越浅说明该体系对储层的伤害越小。

返排解堵实验：用低伤害压井液及加入破胶剂后的压井液体系分别污染岩心，测污染前后岩心渗透率，并求渗透率恢复值。污染条件：3.5MPa，80℃，3h。实验结果见表 9。从实验结果可以看出，用压井液污染岩心后，岩心渗透率恢复值均大于 80%，说明对岩心的伤害小。

表 9 岩心暂堵实验结果

污染液	岩心号	$K_{01}/\times10^{-3}\mu m^2$	最大返排压差/MPa	$K_{02}/\times10^{-3}\mu m^2$	渗透率恢复值/%
压井液	2-1	25.20	1.35	21.3	84.5
	2-2	25.14	1.42	20.7	82.4

注：表中 K_{01}——污染前岩心油相渗透率，K_{02}—污染后岩心油相渗透率，以下同。

污染深度评价：用低伤害压井液污染岩心后，在污染端切去一定长度后再测其渗透率，与污染前渗透率进行对比，渗透率恢复值达 95% 以上时，其切去长度视为污染深度，实验结果见表 10。污染条件：3.5MPa，80℃，3h。从结果可以看出，在污染端切去不到 2cm 后，岩心渗透率恢复值为 96.7%~98.7%，均大于 95%，说明污染深度非常浅。

表 10 岩心暂堵实验结果

岩心号	$K_{01}/\times10^{-3}\mu m^2$	岩心切长/cm	最大返排压差/MPa	$K_{02}/\times10^{-3}\mu m^2$	渗透率恢复值/%
2-6	26.35	1.5	0.98	26.0	98.7
2-8	26.21	1.3	0.85	25.58	97.6
2-12	26.91	1.8	0.92	26.02	96.7

承压能力实验：把用低伤害压井液污染后的岩心取出，轻轻刮下岩心表面的滤饼，重新装入岩心夹持器中，加围压，用岩心流动实验仪测其承压能力。实验结果见表11。从结果可以看出，低伤害压井液暂堵层一旦形成，可承受12MPa以上的压差而不破裂，暂堵效果良好。如果储层属于正常的渗透性漏失，压井液可以形成很好的暂堵。

表11 暂堵强度的评价试验结果

岩心号	$K_0/$ $\times 10^{-3} \mu m^2$	不同压差下渗透率/$\times 10^{-3} \mu m^2$				
		3.5MPa	5MPa	7MPa	9MPa	12MPa
2-11	25.06	0	0	0	0	0

2.6 施工工艺优选

由于实验室不能进行防气侵模拟实验，但考虑该压井液体系的配方组成，遇气后极易形成泡沫，所以在条件容许下优先选用正循环压井，压井液液量为1.2倍井筒容积。

3 应用效果

低伤害压井液自2007年8月13日在红南9-12一举试验成功后，已推广应用27井次，施工成功率100%，安全率100%，从应用情况来看，施工过程中基本无压井液漏失，完井后排液周期短，措施后增油效果明显。区块可比井效果明显，与相同区块红南9-18井转抽后效果进行对比评价，红南9-12井仅用时23h就恢复到稳定水平，措施后井口日产液18.60m³/d，产油15.11t/d，含水6.00%。而红南9-18井采用常规压井液恢复到产量稳定期用时共27d，措施后初期井口日产液24.73m³/d，产油1.98t/d，含水90%，稳定后井口日产液49.35m³/d，产油25.69t/d，含水35%（表12及图1、图2）。

表12 红南9-12井现场施工参数

压井液长度	1900m	压井液排量	400/（L/min）
井筒压井液体积	19.95m³	总压井时间	90min
压井液位置	0~1900m	返出压井液量	15m³
总压井液用量	35m³	注入方式	反循环压井

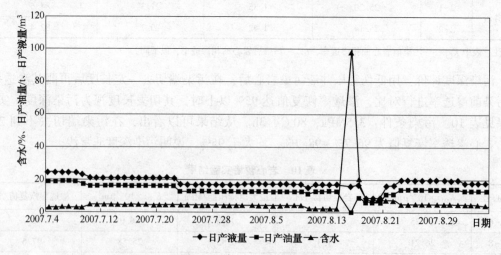

图1 红南9-12井采油曲线

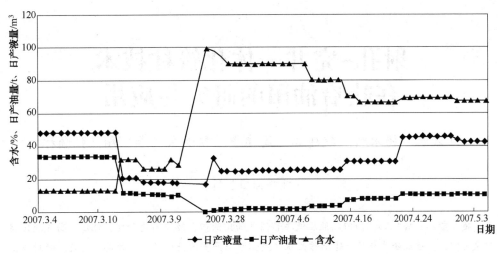

图 2　红南 9-18 井采油曲线

4　结论及认识

（1）低伤害压井液具有无游离液体、无固相、流动性好、悬砂能力强、稳定时间长、破胶方便等特点，可以在产层表面形成具有一定承压能力的暂堵层，安全环保无污染。

（2）现场施工工艺简单，配制比较方便。

（3）现场应用表明，低伤害压井液压井施工过程安全，性能稳定，未发生漏失，返排时间短。

（4）液油层保护效果好，对地层基本无污染。

参 考 文 献

［1］郭元庆，崔俊萍等，防漏型压井液研究与应用，石油钻采工艺，2005，1.

［2］贾虎，杨宪明，固化水工作液在压井修井过程中的成功应用，钻井液与完井液，2007，24（B09）.

［3］赵福麟．油田化学，石油大学出版社，2007.

作者简介：

许云春，1976 年生，1999 年毕业于江汉石油学院，学士学位，工程师，现在吐哈油田吐鲁番采油厂从事井下作业管理工作。电话：0995-8377657，13909954128。

射孔-完井一体化管柱技术
在吐哈油田的研究与应用

许云春　杨永利　魏建军　周伟华　翟洪东　李　翔　张顺林

（吐哈油田公司）

摘　要　吐哈"三大"油田属低压低渗和高气油比油田，经过高速开发，低压、高气液比特征更为突出，造成油井补层后转抽作业压井液倒灌而严重污染地层，无效甚至返效。针对以上难题，吐哈油田开展了射孔-完井一体化管柱技术研究，研制了井下控制工具、芯筒打捞工具、螺旋式防砂气锚和复合防砂管，改进了射孔工艺，成功解决了油套环空和油管内部的密封、射孔和不压井作业一体化等问题；在 S3-231 井现场试验一次成功并推广应用 102 井次，实现了补层和转抽的全过程不压井作业，作业后无需产量恢复期，应用前景广阔。

关键词　吐哈油田　补层　转抽　不压井作业

1　前言

吐哈"三大"油田属低孔低渗、低压和高原始气油比的多层系稀油油田。储层孔隙小、喉道窄，平面、剖面非均质性严重；地层原油的低密低黏、地饱压差小及原油体积系数、饱和压力和中间烃含量高等特点，使井筒内油气乳化程度较高。经过十五年的高速开发，由于油藏注入能力长期低于生产能力（视吸水指数仅为米采油指数的 0.6~0.7 倍）、油田产能接替的二类、三类储层连通性和渗透性变差所造成的注水受效困难，使注采不能平衡，地层压力逐年下降导致层内脱气、气油比急剧上升。同时由于多层系油田合层高速开采和储层严重的非均质性，造成层间差异加大，导致井筒内高压层和低压层交互存在，作业过程中，"上吐下漏"、"上漏下喷"现象普遍，压井作业中对低压层的污染严重。统计油田 2005 年 43 井次补层后压井转抽的效果，高达 85% 的油井压井液漏失，造成 15.6% 的井产量无法恢复和 33.2% 的井需要长的恢复时间（30d 以上），累计损失产量 6712.6t。解决高气油比、低压的油井补层后不压井转抽是增加措施产量的有效途径。

2　技术难点分析

目前，吐哈低压、高气油比的井层在常规转抽作业时主要表现出以下问题。

（1）高气油比和较低的井底压力使地层原油中所溶解的大量天然气在近井附近脱气所形成的天然气短塞流常常造成井涌，常规转抽作业必须压井。

（2）由于多层合层不均衡开采所形成的井筒内高压层和低压层交互存在，低密度压井液无法保证作业平稳，选用较高密度的压井液又造成大量的地层漏失，使产层污染严重，作业后排液期长、产能恢复慢。

（3）由于常常边作业边压井，一次转抽作业需要多次循环压井或挤压井，压井液量大，施工周期长，作业费用高。

针对油田射孔技术普遍采用负压传输射孔工艺和使用杆式泵技术进行转抽的技术现状，在保证地面作业安全的前提下，要实现射孔补层后不压井直接转抽或补层停喷后不压井转抽以及新投不喷或停喷后不压井直接转抽，既要快速、安全、顺利地起下井内管柱，也要防止外来液体大量漏入油层，保护和维持地层的原始产能，必须解决以下技术问题。

2.1 高溶解天然气所造成的油套环空和油管内的密封控制问题

目前，吐哈低压、高气液比油井具有井口压力低（<5MPa）、井底压力低（10~20MPa）、单井产液量低（30<50m³/d）的特点，根据 Duns-Rose 法计算，在井口放喷的情况下，不压井作业过程中由于起下管柱和地层返吐在井筒内形成的气油乳化段塞压力较低，经计算上顶压力最大不超过5t，只可能对起、下管柱的后、前期产生上顶威胁。

表 1　吐哈油田油井井涌压力计算结果

产量：5m³/d					
气油比＼含水	10%	20%	40%	60%	80%
100	18.3	18.9	21	23.4	25.7
200	14.4	15.4	17.9	20.8	24.6
300	11.6	12.8	15.5	19.4	23.6
产量：10m³/d					
气油比＼含水	10%	20%	40%	60%	80%
100	16.8	17.8	19.9	22.3	25.3
200	12	13.2	16.1	19.4	23.6
300	9.8	10.9	13.6	17.5	22.3
备注	计算条件：井口回压 0.5MPa；井深 2800m；计算方法为垂直管流 Duns-Rose 法。				

由表 1 可见，针对目前吐哈油井地层压力 10~20MPa，在高气液比的情况下，可以形成井涌的条件，不压井作业过程中预防井涌是必须的。吐哈夏季气温较高（地面50°以上），该类井层的不压井作业的主要预防对象不是抑制高压地层的返吐，而是高气液比低压地层的脱气所形成的气油乳化段塞的上窜所造成的安全问题。

2.2 射孔工艺与不压井井下控制工具、防气（砂）工具的配套联作问题

由于吐哈油田低孔低渗平均孔隙度 12.5%~15.4%，平均渗透率（6.9~51）×10⁻³ μm²、低压（原始压力系数 0.75~0.83）和高原始气油比 160~230m³/m³、地饱压差小（3~10MPa），油井生产流压均小于饱和压力，游离气体入泵，造成泵充满程度和泵有效液体排量降低，有杆泵生产气体影响严重。因此，自开发初期，普遍推广了偏心气锚防气技术（表 2）。

表 2　吐哈油田油井气体入泵对泵容积效率影响计算结果

入泵游离气体比率/%	100	50	30	20	10	0
容积效率/%	17.46	29.47	40.56	50.17	65.52	94.38

同时，由于油田低孔低渗，油井出砂程度低，防砂问题不需要特别设计，因此，结合油

田目前使用成熟的负压传输射孔工艺和杆式泵转抽技术，必须设计配套不压井井下控制工具、防气工具，实现投杆射孔、油管密封、不压井下泵转抽和防气功能的一体化。

2.3 作业速度、作业时效与单井作业价格问题

目前带压不压井作业井口控制设备主要使用于对油水井液体密封的不压井带压作业，难以适应天然气的动密封问题；同时靠控制装置液力缸的上下举升起下管柱，作业速度慢，时效低，作业速度问题难以解决；另外，据试验井试验数据，对吐哈3000m内的中深低产井，起下一口井需要20d，近40万的作业费用，而常规作业3~4d和15万元左右。

3 技术原理与应用情况分析

3.1 技术原理介绍

经过以上分析，高气液比低压油井射孔-完井一体化管柱技术的井控对象主要是油套管内脱气的气油乳化段塞，起下管柱过程中要实现对天然气的动密封和静密封是保证作业安全的关键，井控风险较大，因此，吐哈不压井一体化管柱技术应在突出井下控制的同时，加强井口控制，采取井口放喷以减少控制难度，同时解决作业速度和作业时效问题，主要技术原理如下：

（1）井口天然气控制：采取井口零压力作业以降低起下管柱过程中对天然气动密封的实施难度，采用双级油管挂、液压环形防喷器、自封封井器和井口液体循环等措施，对天然气进行四级井口控制。

（2）井下天然气控制：设计XCHHM-40型井下控制工具，其结构特点：①下井过程中在心筒的作用下使活门活页处于打开状态，提供投棒射孔射孔棒顺利通过的通道或投棒射孔未引爆射孔棒的打捞通道及射孔后自喷投产油流通道，要求心筒必须能顺利通过泵座，并提供射孔棒通过或打捞的40mm通径；②射孔后如不自喷，用投捞钢丝连接专用打捞工具捞出心筒后实现油管空间的井下控制；③在XCHHM-40型井下控制工具捅杆的作用下提供杆式泵采油的油流通道。主要由筒体、活门、弹簧、密封套及桶杆等零件组成(图1和表3)。

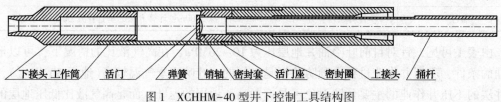

| 下接头 | 工作筒 | 活门 | 弹簧 | 销轴 | 密封套 | 活门座 | 密封圈 | 上接头 | 桶杆 |

图1　XCHHM-40型井下控制工具结构图

表3　XCHHM-40型井下控制工具参数表

最大外径	最小内通径	长度	材质	上接头	下接头
105mm	40mm	745mm	35CrMO	2⅞in	2⅞in

（3）设计XQM90-3700防气高效气锚，解决一体化管柱防气问题。

结构特点：螺旋型高效气锚是针对补层-投产一体化管柱设计制造的，这种气锚主要用于油气比效大的抽油井中，将气体充分的分离出来，提高原效。

技术特点：①螺旋型高效气锚中心管内径为ϕ40mm，能顺利通过ϕ28mm的起爆杆；②中心管螺旋部分的空间充填清洁丝，目的是充分增大液体流入中心管前的接触面积，与计量缸中的分离伞相比，其面积可增大上百倍，有利于液体中气泡的分离脱出，使油气更加高效分离；③排气孔为两种不同孔径组成，在同一进液力下，大孔由于阻力小为主进液孔，小

孔由于阻力大主要排气，半圈进液，半圈排气，可提高分离效果。

主要由上接头、外筒、中心管、螺旋接片、下接头组成(图2和表4)。

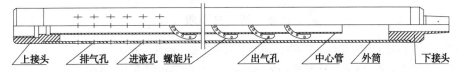

图2   XQM90-3700气锚结构图

表4   XQM90-3700气锚参数表

最大外径	最小内通径	长度	材质	上接头	下接头
100mm	40mm	745mm	35CrMO	2⅞in	2⅞in

（4）设计大工具起下工作筒、液压安全卡瓦：井口配套双闸板防喷器和液压环形防喷器，通过倒换防喷器，使封隔器、射孔枪等大工具或外径较大、较长的井下管串出入井口时进行密封和防顶，保证了在作业的整个过程中井口时时有防喷器控制。

（5）射孔-完井一体化管柱结构：丝堵+射孔枪+筛管+起爆器(点火头)+气锚+XCHHM-40型井下控制工具+杆式泵泵座+定位校深短节+油管；杆柱结构：捅杆+杆式泵+加重杆+抽油杆。

（6）选井条件：适合于新井投产及老井补层需要；适用泵型规格$\phi32$、$\phi38$、$\phi44$、$\phi57$等不同型号杆式泵，满足中、深油井的开发；井斜角<45°地层不出砂或出砂微。

3.2   工艺程序

① 搬家安装；② 放压；③ 不压井起原井抽油杆；④ 不压井起油管；⑤ 不压井通井；⑥ 下射孔管柱，投棒射孔；⑦ 自喷生产完井；⑧ 若不喷，则根据出砂情况，上提管柱100～350m；⑨ 不压井捞活门心筒；⑩ 不压井下泵，试抽完井。

3.3   应用情况分析

S3-231井试验情况：为提高该井产能决定补射 Q11（2884.00-2888.28、2888.88-2894.50），有效厚度9.8m；在不压井起出原井管柱后，于2006年7月12日采用$\phi102$枪配127弹进行油管传输射孔-转抽不压井一体化管柱技术试验，孔密13孔/m，总孔数119孔。井下管柱为YD102射孔枪+引爆器+油管+气锚+井下控制工具+油管1根+$\phi38mm$杆式泵泵座+油管。井口投杆引爆和捞活门心筒一次成功，上提管柱350m，不压井下泵完井。该井从上修到完井，历时4.2d，比常规压井作业节省0.8d；作业过程中无外来流体进入井内，避免了压井液对新射开层的污染，开抽后日产液28.39m³/d，日产油4.22t/d，比上修前增加18.3m³/d、3.2t/d。

到目前，完成102口井射孔补层—转抽不压井一体化管柱技术施工，安全施工率100%，平均单井节约周期2.1d费用3.2万元，累计减少排出废水近2000m³，创效1000多万元。现场应用证明，装置安装方便、快速，控制系统安全、可靠、运行平稳，管柱功能齐全。

4   结论与认识

（1）射孔-完井一体化管柱技术是吐哈油田适应本油田特点开发出的低压油井特色作业技术，具有施工安全便利、保护地层、完井后无产量恢复期和节约资金等特点。

（2）该技术能够有效避免井内流体喷出造成的污染和减少压井液、洗井液等工业废水，属于"绿色环保"型井下作业施工技术，应用前景广阔。

（3）低压油层的不压井作业技术是一个技术系列，还需要开发压裂—转抽—体化管柱技术等新技术，同时必须不断完善不压井作业工具性能，提高其适用性。

参 考 文 献

［1］刘玉芝．油气井射孔井壁取心技术手册．北京：石油工业出版社，2000.
［2］胡盛忠．石油工业新技术及标准规范手册．哈尔滨：哈尔滨地图出版社，2004.
［3］文浩，杨存旺．试油作业工艺技术．北京：石油工业出版社，2002.

作者简介：

许云春，1976 年生，工程师，1999 年毕业于江汉石油学院石油工程专业，本科，现吐哈油田吐鲁番采油厂采油工程室从事油藏改造技术研究和管理工作。电话：0995 - 8377657，13909954128。

神泉、雁木西油田注水井套变分析与治理

张顺林　单慧玲

(吐哈油田分公司吐鲁番采油厂)

摘　要　雁木西油田注水开发9年以来，随着注水井以及注水强度的增加，套变井越来越多，为油田开发带来诸多不利因素，对此我们从现场收集第一手资料，经过整理、查阅相关文献、分析，确定出套变的相关因素，并针对性的总结出预防及治理套变的几点认识，为后期管理油田注水井提供理论参考。

关键词　注水井　套变　机理研究　套变预防　维护治理

1　前言

随着油田的开发，地层能量不断下降，为补充地层能量，常规注水和增压注水措施不断实施，加之处理后的污水的回注，套管老化和腐蚀日趋严重，套管变形井次逐年增加，从1999年发现第一口注水井(神228井)套管变形至今已有16口井发生套变，其中套变井中能正常注水的仅为4口，大部分井次停住，这对油田开发带来诸多不便及损失，本文就我对神泉、雁木西油田水井套管变形的详细资料的整理及分析，总结出了维护、管理以及治理的粗浅认识。

2　神泉油田、雁木西油田水井套变现状(表1、表2)

表1　神泉油田水井套损情况统计表

井号	区块	发现时间	水泥返高	套变位置/m	套变位置固井质量	套管钢级
神241	神泉	2001.3	2119.2	2563.6	合格	N80
神202	神泉	1999.8.29	1195	2449.1~2468	合格	N80
神228	神泉	1999.7.4	1774	2444.4~2448.4 2452.0~2459.6 2506.0~2518.1	合格	N80
神247	神泉	2003.11	2025	2593.25	合格	TP110
神278-2	神泉	2003.11	2400	2791.33	合格	N80
神108	神泉	2005.8	2283	2400.51	合格	N80
神245	神泉	2007.5.10	2120	1460~1462	合格	N80

表 2　雁木西油田水井套损情况统计表

井号	区块	发现时间	套变层位	水泥返高/m	套变位置/m	套变位置固井质量	套管钢级
雁6-24	雁木西	2004.8	Esh2+3		1597.474	合格	N80
雁6-29	雁木西	2006.3	油层中部	1234	1628	合格	N80
雁6	雁木西	2006.3	油层上部	1186	1591.54, 1626.38	合格	N80
雁607	雁木西	2007.3.23	油层中顶部	1340	1789	合格	N80
雁6-11	雁木西	2007.7	油层顶部	1180.8	1556.5~1557 变形 1570.4~1574.83 破裂	合格	N80
雁6-13	雁木西	2007.9	油层顶部	1036	1561	合格	N80
雁6-1	雁木西	2008.3	油层中部	1058.4	1612		N80

3　神泉、雁木西油田套变井原因分析

3.1　神泉油田套变原因分析

（1）断层影响：神泉油田变形井均集中在断层附近（图1）。

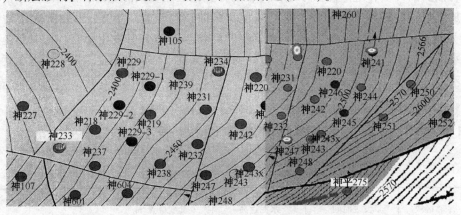

图1　神泉油田变形井分部图

（2）生产影响：神泉油田变形井共有7口井，其中5口井均在油层附近，占总套变井数的71.4%。

① 注入井注入水进入不封闭断层接触面时，两层接触的抗剪应力大为降低，当这两种力共同作用时，断层就开始活动，断层复活将引起套管的损坏。

② 注水井中，注入水质不达标对套管各部位的腐蚀，会使套管壁变薄、强度降低、内径缩小，造成套管变形。

3.2　雁木西油田套变原因分析

（1）地质及岩性特点：地层疏松，为极易出砂地层（表3）。

（2）出砂加剧造成套管损坏。

① 雁木西共套变形井中变形位置均在油层位置，其中6口井中出砂严重。

② 作业因素：雁木西大部分套变井进行过防砂作业，挤入压力在25MPa左右，历经几

次防砂作业加速了套管变形的可能性。

表 3 雁木西 ESH 储层物性

层系		细砂岩	粉砂岩	中砂岩	砂粒岩	泥岩
ESH		50%	24.80%	10.67%	0.63%	7.40%
胶结方式	孔隙式胶结	58%				
	基底式胶结	42%				
胶结物含量 16.9%	碳酸岩	9.70%				
	泥质	7.20%				

3.3 神泉、雁木西油田套变共性原因分析

3.3.1 泥岩的膨胀

不合理注水开发，是诱发套管损坏的直接原因(图2)。

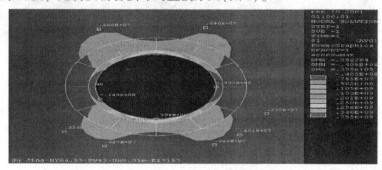

图 2

注：红黄颜色表示应力较大

3.3.2 水质不合格造成腐蚀严重

注入水水质不合格，腐蚀速率超标(表4)。

表 4   2007 年井口挂片腐蚀速率监测

挂片地点	雁 6	神 252	雁 6	神 204
挂片时间	2007.6.24	2007.6.24	2008.9.15	2008.9.15
取片时间	2007.8.10	2007.7.25	2008.10.21	2008.10.21
平均腐蚀速率/(mm/a)	0.23	0.11	0.19	0.14

3.3.3 作业影响

在作业过程中，由于井身轨迹弯曲较大、出砂卡管柱，在进行上下活动管柱解卡时，对套管壁造成磨损，在打捞井下卡封工具及磨鞋钻塞过程当中也不同程度的损坏了套管。

4 套变井预防和治理措施

4.1 套变井预防措施

（1）钻井完固井时保证质量。

（2）实施酸化压裂等高压措施时下封隔器保护套管。

（3）合理控制注水压力，合注、单注井下封隔器保护套管。

（4）加强水质处理，尤其污水，尽量达到注水水质标准。

（5）出砂井提前采取防砂措施。

（6）特殊层位采用特殊材质套管，提高抗挤、耐腐强度。

4.2 套变井治理措施

4.2.1 小通径缩径：机械整形

现在现场应用的小通径套管缩径井整形扩径工具主要有偏心胀管器、顿击器、活动式导引磨鞋、探针式铣锥、滚柱整形器等几类工具(图3)。

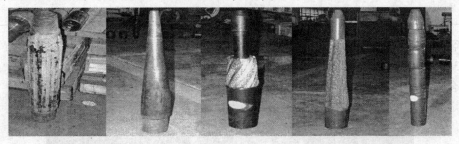

图 3　工具图

4.2.2 大通径缩径：液压整形与机械整形配合

技术指标：工作液压力：20MPa；最大外径：105mm；工作推力：500kN；分瓣式胀头外径：系列化。

液压胀管工艺的特点：

（1）分瓣式胀头设计可以减少整形作业中井下施工事故的发生。

（2）现场施工方便，液压整形平稳容易操作，不易对套管造成损伤。

（3）可以实现一次管柱多段长距离整形。

4.2.3 小通径错断井打通道

（1）对作业设备要求低，采用现有设备和常规油管，配套部分工具就可以完成施工。

（2）施工工艺简单。

（3）配套的扶正对接工具具有液压、倒扣双重丢手功能，进一步降低了施工风险。

（4）该工艺对错断口形状没有要求，也不要求错断部位以上井段未固井，更不需要打捞出上部错断套管。

5　效果与存在问题

作业以及在高压注水的情况下，使用封隔器卡封保护套管措施，完善污水处理流程及装置，确保回注污水水质达标，有效减缓了套管损坏(2008 年发现 1 口套变井)速度。

虽然在认识到套变井对油田生产的危害后，提前做了许多预防措施，套变发生后，也积极采取一些补救措施，使一小部分轻微套变井恢复利用，但套变井的成因是相当复杂的，难以根治。随着注水井套管的逐年老化，套变井会越来越多，因此套变井的预防和治理迫在眉睫。

参 考 文 献

[1] 王德良. 中原油田套管损坏原因分析及预防. 石油钻探技术, 2003. 31 (2): 36~38.

[2] 谢荣华, 刘继生等. 油水井固井质量综合解释方法及应用. 测井技术, 2003 (3), 295~297.

[3] 孙书贞. 高抗挤厚壁套管的开发与应用. 石油转采工艺. 2002, 24 (2): 28~30.

作者简介:

张顺林, 1982 年生, 助理工程师, 2005 年 7 月毕业于大庆石油学院石油工程专业, 现在吐哈油田公司吐鲁番采油厂采油工程室从事注水工艺研究, 联系电话: 0995-8378810。

高含水油井堵水技术研究与应用

张顺林　保万明

（吐哈油田分公司吐鲁番采油厂）

摘　要　由底水锥进、层间窜等引起的油井高含水治理难度较大，同时随着油田开采时间的延长，该类井的数量也会不断扩大，这将严重制约油藏采收率的提高，同时也是困扰各个油田稳产的难题之一。因此针对该类高含水油井的治理，研究与储层物性条件相匹配的化学堵剂显得尤为紧迫。本文根据雁木西油井高含水类型不同提出针对性的解决方案，以有效解决雁木西油田油井高含水问题。

关键词　底水　化学堵剂　雁木系

1　前言

雁木西油藏厚度大，储层物性为中孔低渗，纵向渗透率级差较大，达到 $30 \sim 73$ 倍，储层渗透率变异系数为 $0.8 \sim 1.15$，综合评价储层为非均质-严重非均质型。开发过程中，容易造成注入水或边底水沿高渗透层窜进；大部分油井经压裂投产后，压裂裂缝容易沟通边底水或油井与注水井之间的大水窜通道，而导致油井含水快速上升；由于水窜通道较大，地层流体矿化度较高，普通堵剂由于其耐盐性能差、强度弱，很难在水窜通道内形成较大的、高强度的封堵屏障，注入水（或边底水）很容易突破屏障进入油层，导致该区堵水效果很差，严重制约着雁木西油田的稳产。针对该类高含水油井的治理，研究与储层物性条件相匹配的化学堵剂显得尤为紧迫。

目前的堵水剂基本上能满足国内各类油藏条件下堵水调剖的需要，但能满足某些特殊要求的品种较少，许多堵水剂的性能需要完善。因此，需要根据雁木西油井高含水类型不同提出针对性的解决方案，以有效解决雁木西油田油井高含水问题。

2　高强度颗粒封堵剂 YM-1 研究

为解决雁木西油田底水上窜和层间窜引起的油井高含水问题，满足雁木西油田油藏物性条件和油井堵水施工要求，高强度颗粒封堵剂必须达到的性能是：

① 封堵剂具有良好的悬浮稳定性，8h 析水小于 10%；

② 封堵剂的初始黏度低，流变性好，具有较好的注入特性，能够有效进入地层进行封堵；

③ 封堵剂稠化时间可调（55℃，24h），满足现场施工安全要求；应大于 10h；

④ 封堵剂固化后具有良好的强度，$8.0 \sim 10.0 \text{MPa/m}$。

2.1　颗粒堵剂悬浮性的研究

室内实验表明，堵剂体系中悬浮剂用量的增加，使堵剂的悬浮性明显变好。当悬浮剂用量小于4%时，堵剂悬浮性较差，堵剂析水量大于15%；当悬浮剂用量6%～12%时，堵剂的悬浮性较好，且堵剂的悬浮性随悬浮剂用量增加成正比例关系，此时堵剂析水量小于5%；当悬浮剂的用量大于12%时，堵剂的黏度骤然增大，泵注性变差。因此，悬浮剂在体系中的用量不易过高。实验室确定合理的悬浮剂用量为6%～10%。

2.2 高强度超细颗粒堵剂的泵注性研究

高强度超细颗粒作为堵剂使用，需要考虑不同的地质情况对堵剂强度的要求及使用成本，因此实验室对高强度超细颗粒用量与强度关系进行正交实验。

固定悬浮剂用量8%，调整高强度超细颗粒用量，在55℃下考察堵剂的胶凝情况。实验结果显示，高强度颗粒的用量在10%以下，固化后的强度很弱，不适宜作堵剂；当高强度超细颗粒用量达到10%以上时，各样均可固化，且随着高强度超细颗粒用量的增加，堵剂强度也随之提高；当高强度超细颗粒用量18%～25%时，浆体密度合适，马氏黏度在25mPa·s左右，堵剂可泵入性良好；当高强度超细颗粒用量大于25%时，浆体密度增大，马氏黏度增大，可泵性变差。

实验室确定合理的高强度超细颗粒用量为18%～25%。

2.3 颗粒堵剂各种添加剂用量的研究

在确定了主剂和悬浮剂用量范围后，对颗粒堵剂的各种添加剂用量进行了系统的研究，以合理确定添加剂的用量，满足堵剂性能及现场施工安全要求。在30～55℃条件下（25%高强度超细颗粒，8%悬浮剂），所选用的活化剂均可使高强度超细颗粒发生活化反应，且随着温度的升高，堵剂的初凝时间大大缩短；1∶0.5的活化剂复配比能使堵剂体系具有良好的悬浮性稳定性、合适固化时间及较高强度。

2.4 高强度化学堵剂 YM-1 胶结强度测定

从试验结果可以看出，所研究的高强度化学堵漏剂与水泥相比具有截然不同的性能。水泥浆进入漏层后不能形成具有一定承压能力的网状结构，击穿压力很低，说明水泥与钢筒的胶结界面存在一个结构薄弱、易被冲蚀破坏的过渡层。而堵漏剂进入岩心后能够在很短时间内形成具有一定承压能力的网状结构，有利于堵漏剂在漏失层内的驻留；而且由于活性材料与胶结固化材料形成的水化反应，使界面过渡层硬度和强度大大提高，再加上堵剂的微膨胀作用，强化了界面胶结强度。

从实验结果可以看出，动态养护过程中，油井水泥的钙溶出量最大，说明在水化固化过程中，油井水泥产生了大量的结晶，由于是不断保持水流动的动态养护，因此水化过程中形成的氢氧化钙被大量冲蚀溶解，造成了油井水泥与钢管胶结界面的抗窜能力大大降低。相比而言，堵漏剂在水化过程中被冲蚀溶出的钙较少，有较高的抗窜能力，界面胶结质量较高。

通过试验结果可以看出，高强度化学堵剂 YM-1 具有优良的抗水流冲蚀能力。

2.5 高强度化学堵剂 YM-1 封堵层形成速度和强度测定

从表数据可以进一步看出，高强度化学堵漏剂进入漏失层后能快速形成封堵层，不会从模拟漏失层中全部漏失掉，有较强的驻留性。并且封堵层的形成速度越快，其强度越高（表1）。两种水泥浆在模拟漏失层中都没有驻留性。

表 1 高强度堵剂 YM-1 封堵层形成情况

封堵层质量评价	塑性黏度/Pa·s	钢管胶结强度/MPa	封堵层抗压强度/MPa	析水/%
完好	23	30.5	10.5	1.0

2.6 YM-1 性能评价

2.6.1 封堵剂黏度

堵剂的黏度关系到堵剂的注入特性。堵剂在放置过程中由于黏土的水化及触变性，使黏度增加、变稠，以致失去流动性。因此，堵剂的黏度对于现场施工非常重要。将配制好的堵剂，用马氏漏斗黏度计测定堵剂在不同时间的黏度。实验结果如图1所示。

由图1可见，堵剂的初始黏度较低，在室温下放置8h后，黏度值变化不大，仍小于24s，具有很好的流动性，满足现场注入要求。

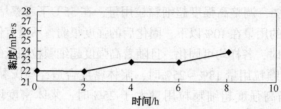

图1　室温(22℃)下堵剂在不同时间里的黏度变化

2.6.2 堵剂抗压强度实验

用万能液压实验机测试了堵剂凝固后的抗压强度，实验结果如图2所示。

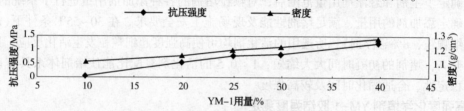

图2　YM-1用量与抗压强度及密度的关系曲线

从图2中可以看出，随着YM-1用量的增加，堵剂的抗压强度也随之增强。YM-1用量为10%时，堵剂的抗压强度较低为0.06MPa；当YM-1用量达到20%后，堵剂的强度迅速提高到0.57MPa以上；而当YM-1用量大于25%时，堵剂强度在0.82MPa以上；YM-1用量为40%时，堵剂强度达1.27MPa。另外，我们测得同样条件下，水泥含量为40%时强度为0.86MPa。与水泥堵剂相比，YM-1含量为25%的堵剂强度与水泥含量为40%的堵剂强度基本相当。因此，YM-1堵剂具有用量少，强度高的特点。

2.6.3 堵剂的稠化过程

堵剂的稠度随时间变化特性对现场施工非常重要。在70℃下，堵剂的稠化时间大于7h。满足施工要求。堵剂在450min前稠度变化平缓，稠度在12~15Bc之间，500min后稠度随时间变化明显，由17Bc上升到31Bc，到600min后稠度急剧上升到60Bc。此后，堵剂逐渐失去流动性，开始稠化。

2.6.4 温度的影响

为了考察堵剂在不同温度下的胶凝情况，配制好堵剂后，将堵剂分别放置到25℃、35℃、50℃、70℃的环境下观察堵剂的初凝时间，随着温度的升高，堵剂的初凝时间变短，但最终固化后的强度却没有明显的变化。可见在25~70℃之间，温度只对堵剂胶凝的快慢有影响，而对强度影响不大。

2.7 YM-1 高强度堵剂人工岩心封堵实验

实验采用人造岩心进行，将二块不同渗透率的岩心并联后，注入堵剂，观察堵剂对不同渗透性的岩心的封堵情况，实验结果见表2。

表2　YM-1对不同渗透率岩心封堵实验结果

岩心	堵前岩心渗透率/μm²	堵后岩心渗透率/μm²	封堵率/%	水注入量/mL
石英砂	22.8	1.92	91.6	139
	1.78	1.63	8.4	118

对于渗透率不同的石英砂岩心，封堵后，低渗透岩心的渗透率下降幅度为8.4%，而高渗透岩心渗透率下降幅度达91.6%，说明堵剂易进入高渗透层。

通过大量的室内实验研究，得出YM-1堵剂的基本性能如下：

① 堵剂具有良好的悬浮稳定性，8h析水可小于3%；

② 在30~70℃条件下，调节活化剂复配比量就可控制堵剂凝固时间。胶凝时间可控制在3~24h之间；

③ 堵剂的初始黏度低，8h后黏度仅为24mPa·s，流变性较好，具有较好的注入特性；

④ 堵剂的抗压强度：8~13MPa/m。

3　树脂强凝胶堵剂的研制

3.1　聚合物选择

选择不同类型的高分子聚合物，采用矿化度12×10^4mg/L的水配制成不同的浓度，测定其黏度，其中DQ1450和DQ1800代表普通高分子聚合物，NDQ1800代表耐盐高分子聚合物，后缀的数字是代表相对分子质量，试验结果看出在相同浓度下NDQ1800对应聚合物黏度较高。

选择不同类型的高分子聚合物，采用矿化度12×10^4mg/L的水配制凝胶体，在50℃恒温水浴中放置不同的时间，观察凝胶体的变化。试验结果清晰地看出普通高分子聚合物形成的凝胶体，在水浴中封管放置15d后，开始出现破胶现象，到80d以后彻底破胶，而NDQ1800聚合物由于经过了改性后，具有良好的耐盐性，成胶后在相同条件下，放置100d未出现破胶现象。

3.2　树脂强凝胶对温度的敏感性实验

采用我们选定的NDQ1800耐盐高分子聚合物，采用矿化度12×10^4mg/L的水配制凝胶体，在不同温度下测定成胶情况见表3。

表3　温度对成胶性能的影响

温度/℃	40	50	60	70	80	90
成胶时间/h	5	4	3	2	1.5	1.5
凝胶强度/MPa	4.3	4.3	4.3	4.5	4.5	4.5

3.3　树脂强凝胶堵剂对不同渗透率地层的适应性试验

在温度50℃、改变岩心原始渗透率的条件下，进行岩心流动试验，以测定其堵水率和突破压力等参数，试验结果见表4。

表 4 不同渗透率岩心的堵水情况

组数	1#	2#	3#	4#	5#	备注
$K1/\mu m^2$	0.9478	1.5638	1.3502	0.4508	1.6713	堵水 1h
$K2/\mu m^2$	0.0114	0.0125	0.0095	0.0041	0.0110	堵水 24h
$K3/\mu m^2$	0.0085	0.0103	0.0041	0.0036	0.0099	堵水 7d
24h 后堵水率/%	98.80	99.27	99.34	99.14	99.34	
7d 后堵水率/%	99.17	99.34	99.78	99.23	99.41	
突破压力梯度/(MPa/m)	23.67	56.71	58.89	29.43	61.42	

　　从表看出，堵剂在不同岩心渗透率的条件下，都能在岩心中很好地交联，且堵水率、突破压力梯度都很高，同时 7d 后的堵水率大于 24h 后的堵水率。证明该堵水剂基本不受地层渗透率的影响，且在研究的岩心渗透率范围内，其堵水效果随着时间的延长，都略有提高。

3.4　树脂强凝胶堵剂耐冲刷试验

　　在岩心流动试验中，测得突破压力后，继续用水冲刷或油冲刷，考察堵剂的耐冲刷性，当堵剂在岩心中成胶，且被注入水突破而继续被水冲刷的过程中，冲刷压力在 18MPa 以上且有逐渐增加的趋势。这表明堵剂具有很好的耐冲刷能力。当堵剂在岩心中成胶，且被油突破而继续冲刷的过程中，冲刷压力不高，小于 6MPa，且注入油量超过 10PV 以后，压力又有下降的趋势。这有利于油井堵水后的后期采油。

3.5　高强度凝胶复合 YM-1 高强度堵剂封堵实验

　　室内采用不同用量的树脂强凝胶堵剂复合 YM-1 堵剂，进行岩心封堵实验，结果见表 5 和图 3。

表 5　0PC NDQ1800 凝胶+0.2PV YM-1 封堵试验（并联岩心）

岩心原始渗透率/$10^{-3}\mu m^2$	试验温度/℃	进入堵剂量/PV	突破压力/MPa	吸水量/%
275	55	1.11	15	52
30	55	0.09	/	48

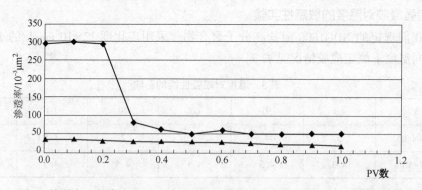

图 3　并联岩心封堵试验 1.0PVNDQ1800 凝胶+0.2PVYM-1+0.05PV 弱凝胶

4　暂堵凝胶堵剂研究

　　对于高含水油井化学堵水来说，由于油井含水高，故出水通道的压力高于出油通道的压力，在挤注堵剂前如果不对油流通道进行保护，堵剂将进入阻力较低的出油通道。为保护油层，我们进行暂堵胶的研究。要求暂堵凝胶达到以下性能：

① 适应温度 30~60℃；

② 求暂堵凝胶的初始黏度较低，凝胶前流动性良好；

③ 暂堵凝胶的初凝时间可调，满足现场施工安全要求；

④ 暂堵凝胶成胶后要有一定的强度和稳定性，达到暂堵油层，分流后续堵剂的目的；

⑤ 要求暂堵凝胶破胶后黏度，易于排液。

针对上述暂堵胶性能要求，我们筛选以下材料作为暂堵凝胶的基本材料：

① 有机聚合物颗粒；

② 无机交联剂 A、B。

4.1 暂堵凝胶堵剂配方筛选

4.1.1 聚合物浓度对暂堵凝胶性能的影响(55℃)

采用 0.15%交联剂 A，0.2%交联剂 B，55℃下，对不同聚合物浓度下暂堵凝胶性能进行试验，实验结果显示，聚合物浓度对成胶时间和强度影响较大，随聚合物浓度的增加，凝胶的初凝时间变短，强度逐渐增加；聚合物浓度在 0.3%~0.45%时，胶体强度较高，成胶时间较短，能够起到暂堵油层的作用。实验室确定暂堵凝胶聚合物用量 0.3%~0.4%。

4.1.2 交联剂 A 对暂堵凝胶性能的影响(55℃)

聚合物浓度和交联剂 B 的浓度保持不变的情况下，改变交联剂 A 的浓度对暂堵凝胶性能的影响，实验结果显示，交联剂 A 对成胶时间影响较大，在交联剂 A 浓度小于 0.15%时，暂堵凝胶初凝时间较长，不利于后续堵剂的分流；在交联剂 A 浓度大于 0.2%时，暂堵凝胶凝胶时间快，不利于现场施工。实验室确定暂堵凝胶交联剂 A 用量 0.15%。

4.1.2 交联剂 B 对暂堵凝胶性能的影响(55℃)

聚合物浓度和交联剂 A 的浓度保持不变的情况下，改变交联剂 B 的浓度对暂堵凝胶性能的影响，交联剂 B 对成胶时间影响较大，在交联剂 B 浓度小于 0.2%时，暂堵凝胶初凝时间较长，强度较弱，不利于后续堵剂的分流；在交联剂 B 浓度大于 0.2%时，暂堵凝胶凝胶时间过快，不利于现场施工。实验室确定暂堵凝胶交联剂 B 用量 0.2%。

4.1.3 不同温度对暂堵凝胶性能影响

根据配方筛选试验，对性能优化配方：0.35%聚合物，0.15%交联剂 A，0.2%交联剂 B，进行不同温度下试验，考虑暂堵凝胶性能，实验数据显示，温度对暂堵凝胶的初凝时间和凝胶时间影响较大，温度越高，凝胶稳定时间越短，当温度大于 90℃时，暂堵凝胶初凝时间迅速缩短，不适合现场施工安全要求；温度对胶体的终凝强度影响不大；胶体破胶时间随温度的升高而减弱，当温度大于 90℃时，破胶时间下降明显。

试验室测定 0.35%聚合物、0.15%交联剂 A、0.2%交联剂 B 配方的暂堵凝胶初始黏度 17.5~18mPa·s，暂堵凝胶完全破胶后的黏度为 7.5~9mPa·s。室内将配制好的暂堵剂溶液使用 RS600 流变仪和高温高压密闭测量头 PZ38 测定了暂堵剂。该交联体系在 50℃、剪切速率 $5s^{-1}$ 下，溶胶黏度约为 270mPa·s，恒温 15min 后开始交联，30min 后达到最高黏度，约为 10000mPa·s，12h 后开始破胶，72h 后凝胶几乎完全水化，表观黏度降至 2~3mPa·s。所以该体系是一种良好的暂堵剂。

4.2 暂堵凝胶分流液体试验

利用天然岩心进行试验，驱替过程均采用相同流量 0.3mL/min。岩心之一饱和标准盐水，测定水相渗透率和孔隙体积，然后在出口端接入静水压头装置造成 0.01MPa 的回压压差。岩心之二作为油层，首先饱和标准盐水，测定水相渗透率和孔隙体积；然后用雁木西原油驱替至压力平衡，测定油相渗透率。并联上述岩心，注入 0.7PV 堵剂主剂（ZDJ-1），检测并联岩心两个出口的流出物体积。尽管油层的原油黏度高，注入阻力大，但由于水层具有 0.01MPa 的回压压力使暂堵前水层/油层的堵剂注入 1PV 时的分液比达到 0.13/0.87，绝大部分的堵剂主剂进入了油层。所以，在出水层压力高于油层压力条件下进行笼统注入堵水，不进行暂堵处理可能导致堵油而不堵水。

4.3 暂堵凝胶最终达到的技术指标：

① 适应温度 30~90℃；

② 初始黏度 <20 mPa·s；

③ 胶体稳定性 1~3d；可调；

④ 破胶后黏度 <10 mPa·s。

5 油层保护剂研究

室内将我们研制的油层保护剂与雁木西原油按照不同的配比进行乳化试验，结果如表6、图 4 所示。

表 6 YH 油层保护剂实验结果

YH:原油	7:3	6:4	5:5	4:6	3:7	2:8	0:10
黏度（50℃）/mPa·s	54.84	37.97	68.71	32.65	22.68	14.7	8.43

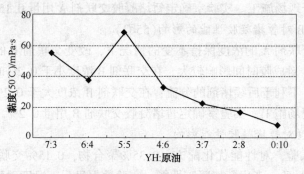

图 4 YH 油层保护剂实验结果

6 施工工艺优化及现场施工情况

6.1 施工工艺优化

根据施工井具体井况，施工选择光油管挤注和下管柱挤注的不同施工工艺。分析油井高含水原因，选择堵剂配方，对于因压裂等措施造成的油井高含水，采取先注入油层保护剂，保护油流通道，然后注入树脂强凝胶，最后采用高强度 YM-1 堵剂对大孔道进行封堵，并采取过量顶替的方式，让出近井地带的油流通道。要求做到以下几点：

① 施工前测试地层吸水能力。

② 根据设计要求分段注入各段工作液。

③ 立即通过正反挤，挤入设计量的顶替液。

④ 关井候凝。

6.1.1 直井

采用 YH 油层保护液+树脂强凝胶堵剂+高强度 YM-1 堵剂+顶替液。

YH 油层保护液：遇油增黏，遇水黏度不变，增加了堵剂向基质渗透的阻力，从而起到保护油层的作用。

树脂强凝胶堵剂：该堵剂成胶后具有较高的强度，可以有效的封堵水窜通道，同时在大的水窜通道中铺填，为后续堵剂进入起到架桥作用。

高强度 YM-1 堵剂：提高封堵强度，增加措施有效期。

6.1.2 水平井

由于出水层段位于水平段前端，因此先下入桥塞水平段前端出水段以下 10m 处，封隔割缝管以下油层，然后注入 YH 油层保护液+凝胶暂堵剂+高强度 YM-1 堵剂+顶替液的注入工艺。

暂堵剂的作用主要是充满桥塞以下水平井段，保护水平井段不受后续堵剂的伤害。

6.2 现场施工情况(表 7~表 10)

表 7 雁 6-26 井施工参数与设计参数的对比

序号	施工步骤	设计参数			实际施工参数		
		液量/m³	泵压/MPa	排量/(m³/min)	液量/m³	泵压/MPa	排量/(m³/min)
1	YH 油层保护剂剂	15.0	≤25	0.5~0.8	15.0	5~11	0.2~0.3
2	强凝胶堵剂	120.0	≤25	0.2~0.4	120.0	5~15	0.3~0.5
3	YH-1 堵剂	40.0	≤25	0.2~0.4	37.0	11~13	0.2~0.64
4	正挤清水	8.0	≤25	0.2~0.4	8.0	12~14	0.3
5	反挤清水	8.0	≤25	0.2~0.4	8.0	9~10	0.3

施工过程压力变化相对平稳，注强凝胶堵剂过程末端，压力略有上升，从 13MPa 上升至 15MPa，说明前期注入的强凝胶堵剂对地层孔道造成了一定的封堵作用，为后续堵剂的进入创造了条件。注 YM-1 堵剂阶段，考虑密度差的影响，较注强凝胶堵剂阶段压力上升了 1MPa，压力相对较为平稳。

表 8 雁 609 井施工参数与设计参数的对比

序号	施工步骤	设计参数			实际施工参数		
		液量/m³	泵压/MPa	排量/(m³/min)	液量/m³	泵压/MPa	排量/(m³/min)
1	YH 油层保护剂剂	15.0	≤25	0.5~0.8	15.0	5~11	0.5
2	强凝胶堵剂	120.0	≤25	0.2~0.4	100.0	12~13	0.3~0.5
3	YH-1 堵剂	40.0	≤25	0.2~0.4	40.0	11~13	0.3~0.4
4	正挤清水	7.0	≤25	0.2~0.4	7.0	12	0.3~0.4
5	反挤清水	8.0	≤25	0.2~0.4	8.0	12	0.3~0.4

表 9　雁 615 井施工参数与设计参数的对比

序号	施工步骤	设计参数			实际施工参数		
		液量/m³	泵压/MPa	排量/(m³/min)	液量/m³	泵压/MPa	排量/(m³/min)
1	YH 油层保护剂	30.0	≤25	0.5~0.8	30.0	7~8	0.5
2	强凝胶堵剂	100.0	≤25	0.2~0.4	100.0	10~12	0.4~0.5
3	YH-1 堵剂	60.0	≤25	0.2~0.4	60.0	10~12	0.4~0.5
4	正挤清水	7.5	≤25	0.2~0.4	7.0	12~13	0.3~0.4
5	反挤清水	3.0	≤25	0.2~0.4	7.0	12~13	0.3~0.4

表 10　泉平 4-4 水平井施工参数与设计参数的对比

序号	施工步骤	设计参数			实际施工参数		
		液量/m³	泵压/MPa	排量/(m³/min)	液量/m³	泵压/MPa	排量/(m³/min)
1	下挤注工桥塞于 2020.0±2.0m 处						
2	油层保护剂	30.0	≤25	0.5~0.8	30.0	5~6	0.5~0.6
3	凝胶暂堵剂	30.0	≤25	0.5~0.8	30.0	10~12	0.8~0.9
4	顶替液	6.1	≤25	0.3~0.5	6.1	8~10	0.5~0.6
5	上抽油管两根，管脚于 2000m 处，进行下步施工						
6	凝胶暂堵剂	10.0	≤25	0.3~0.5	10.0	10~11	0.8~0.9
7	顶替液	6.1	≤25	0.3~0.5	6.1	10~11	0.5~0.6
8	上提油管 53 根，管脚于 1500m 处，进行下步施工						

　　施工过程压力变化相对平稳，但从注油层保护剂和最后顶替过程中压力的变化情况看，注入压力上升了 5MPa，说明前期注入的堵剂已经发挥了作用，对地层孔道进行了有效的封堵，这从堵水后的产液量变化也可证明这一点。

　　施工过程压力变化相对较大，注油层保护剂阶段压力较低，说明地层吸液能力非常好，注 YM-1 堵剂阶段和顶替阶段压力变化较大，净注入压力上升了 8~10MPa，套压从 6MPa 上升到 11MPa，说明 YM-1 堵剂对地层起到了较强的封堵作用，造成了注入压力的上升。

7　堵水效果及原因分析

　　（1）堵水效果见表 11。

表 11　堵水效果图

井号	施工前/m³			施工后/m³			目前/m³		
	液	油	水/%	液	油	水/%	液	油	水/%
雁 6-26	关	0	100	65	10.26	80	42.87	8.42	76.1
雁 609	25.9	1.3	95	12.6	3.07	75.6	21.04	1.45	91.5
雁 615	25	2.1	91.6	3.96	0.10	98	11.25	1.6	85.8
泉平 4-4	150	8.5	93	56	0	1000			

　　（2）雁 609、雁 615 井堵后低效原因分析如下：

　　①顶替量不足，没有给近井地带留出足够的油流通道，是造成两口井堵水后产油量较低的最主要原因。特别是雁 615 井，压裂设计半缝长 75m，缝高为 68m，缝宽 3.35mm，要

让出 30m 的空间，在不考虑基质吸液的条件下，顶替液量至少在 20m³ 以上，实际顶替 14m³，堵剂对近井地带污染较大，影响了油流的产出。虽然后期进行了解堵作业，但由于我们认识不足，用酸量相对保守（15m³），处理半径仅为 0.9m，解堵规模较小，不足于解除近井地带储层污染。可能后期防砂作业也对产液量造成了一定影响。

② 从堵后产液量的变化分析，高强度 YM-1 堵剂用量偏大，加上顶替液量不足，造成了近井地带严重的污染，进一步加大了近井眼地带的压降漏斗，造成了堵水后油流阻力加大，影响了原油的产出。

③ 针对上述情况采取单一的堵水措施，很难将油层解放出来，应采取复合措施，首先对对应的注水井进行调剖，从纵向上调整注水井的吸水剖面，防止注入水锥进，然后对油井进行堵水，提高油井堵水的成功率。

8　取得的主要技术成果

（1）通过对雁木西油田的地质特征和油藏流体特性的研究分析，确定了雁木西油田堵水工艺的研究方向。

（2）根据雁木西油田储层物性较为发育、地层水矿化度较高的特点，完成了高强度 YM-1 堵剂和耐盐强凝胶堵剂的研制，有效地解决了堵剂在大孔道的滞留问题和普通凝胶堵剂遇盐强度减弱的问题。

（3）在室内模拟试验基础上，完成了 YH-1 油层保护剂和暂度凝胶堵剂的研制，为堵水作业过程中的油层保护提供了依据。

（4）通过试验研究，建立了室内封堵模拟实验方法，为合理评价堵剂，优化施工工艺提供了实验依据。

（5）根据雁木西油田的具体实际及各类堵剂的特点，在模拟实验的基础上，确定了雁木西油田堵水作业实施工艺。

9　几点认识

（1）加强堵水工艺技术的基础研究，提高堵剂配方、堵水工艺和和地层的适应性，是提高雁木西油田堵水措施有效率的关键。

（2）加强堵水和油藏的结合，优化施工设计、优化堵剂配方，精心组织施工是堵水作业成功的保证。

（3）从四口井的堵水施工效果来看，采用的堵剂配方和堵水工艺对雁木西油田有着一定的适应性，但堵剂配方和堵水工艺还有待进一步的优化，特别是如何堵水的同时尽量不伤害油流通道的问题还有待进一步的探索。

（4）对于雁木西油田，近井地带是水产出的通道，也是原油流入井筒的主要通道，堵水作业应尽可能避免堵剂对近井地带的伤害，顶替液量的确定要在保证堵水施工安全的前提下，将堵剂推向地层深部，至少保证给近井筒地带让出 2m 左右的液流通道。

（5）雁木西油田储层物性较好，堵水作业有其特殊性，通过前期的堵水施工和室内基础研究的进一步完善，也取得了一定的认识。

参　考　文　献

[1] 黎刚等. 水溶性酚醛树脂作为水基聚合物凝胶交联剂的研究. 油田化学，2000，17（4）：310~313.

［2］巨登峰，张克勇，张双艳．华北油田裂缝性油藏的堵水实践．断块油气田，2001，8(6)：39～42.

［3］张学峰等．砂岩油藏高含水期封堵大孔道工艺技术研究及应用．石油钻采工艺，1999，5(21)：87～90.

［4］朱圣举．带隔板底水油藏油井见水时间预报公式的改进．大庆石油地质与开发，1999；18(3)：36～38.

［5］曹建坤，杨生柱，张宏强等．底水油藏堵水技术研究．石油勘探与开发，2002；29(5)：80～81.

［6］吴长胤，王玉明，李泽清等．羊二庄油田底水封堵技术研究应用．石油钻采工艺，2000；22(5)：73～76.

作者简介：

张顺林：1982 年生，助理工程师，2005 年 7 月毕业于大庆石油学院石油工程专业，现在吐哈油田公司吐鲁番采油厂采油工程室从事注水工艺研究，联系电话：0995-8378810。

大港油田港西区块污水聚合物
现场实施情况分析

赵　英

（大港油田第五采油厂）

摘　要　港西三区污水聚合物驱区块是大港油田的污水聚合物工业化试验区块，2006年开始进行矿场实施，2007年5月根据方案部署的注采系统开始全面投注聚合物。由于港西三区污水聚合物驱采用依托老井为主体的注聚井网构建模式，在现场实施的过程中，受井况等因素的制约，增加了后续大量的调整工作量。本文主要围绕港西三区实施污水聚合物驱以来，现场的实施效果及针对现场实施中遇到问题的解决方法进行阐述，侧重介绍了一套以注聚单砂体动态变化研究为基础，以方案再优化调整为手段，确保污水注聚现场效果的工作方法。

关键词　污水聚合物驱　现场试验效果　注采调整　水质与黏度

1　前言

大港油田三次采油工作自1986年第一个聚合物驱先导试验成功开展以来，主要方法为清水体系聚合物驱。目前，由于清水水源的限制，以及国家相关政策的限制，清水聚合物驱已经不具备继续推广应用的条件。在污水聚合物驱单井组先导试验（港东港8-25-2井组）和单井组扩大扩大试验（港西一区三）的基础上，在港西三区开展了污水聚合物驱工业化试验，旨在进一步完善污水注聚配套技术，验证和评价污水注聚技术经济适应性和可行性，为下一步规模应用大幅提高老油田采收率做好技术评价和储备。

港西三区污水聚合物驱自2006年11月26日开始5口井试注，2007年5月25日实现区块的整体投注。截止目前，港西三区污水聚合物区共有注入井38口，日注水平3167m³，受益油井65口，受益井日产水平315.38t，含水91.44%。自污水注聚以来，港西三区经历了2007年10月和2008年6月两次方案调整变更，截至目前，已有44.6%的受益油井见到不同程度的增油降水的效果，按照大港油田三次采油评价软件计算，已实现见效井单井累计增油$2.7×10^8$t，注入效果已初步显现。

2　污水注聚现场实施效果评价

港西自2007年5月整体投入注聚以来，经过两年多的现场实施，无论是从注入井还是从采出井评价，均见到了良好的反应，目前注聚效果已初步显现。

2.1　注入井效果评价

2.1.1　注入井井口注入压力得到明显提高

港西三区污水注聚区目前正常注入井38口，经过两年多的注入，注入井压力整体上升。与注聚前对比，可对比井次58井次，注聚前压力6.02MPa，目前8.76MPa，增加了

2.73MPa，注入压力上升明显。其中套管注入井中可对比数据 27 个，与注聚前相比平均套压增加 3.29MPa。油管注入井中可对比数据 31 个，与注聚前相比油压增加 2.24MPa。

2.1.2 注入井建立起一定的地层阻力

根据注入井霍尔曲线对目前正常注入井进行计算(图1、图2)，截止目前，阻力系数大于 1 的井有 33 井次，占总井次的 73.3%。经过两年多的注入，目前已有 73.3% 的注入井建立起地层阻力。

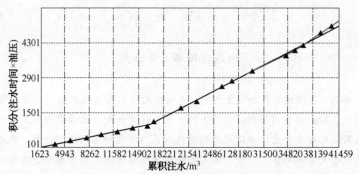

图 1 注入井霍尔曲线

西 9-8-3 霍尔曲线分析结果

直线段编号	时间阶段	线性回归公式	斜率	分析结果
1	2006.04~2006.10	$Y = 0.060782X + 25.121520$	0.060782	$Rf = 2.610661$
2	2006.11~2008.08	$Y = 0.158681X + -1558...$	0.158681	$Rff = 0.00000$
3	2008.09~2008.09	$Y = 0.000000X + 0.000000$	0.000000	$Ueff = 0.000000$

图 2 注入井霍尔曲线分析结果

2.1.3 注入井启动压力上升，吸水指数下降

注聚前平均启动压力为 6.4MPa，视吸水指数 185，注聚后启动压力上升到 7.8MPa，吸水指数 153。注聚前后对比，注入井启动压力上升 1.4MPa，视吸水指数下降 32(图3)。

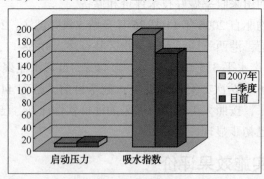

图 3 注聚前后对比图

2.2 受益油井效果评价

2.2.1 见效油井陆续增加，增产效果明显

经过两年的注入，港西三区污水注聚试验区取得了一定的阶段效果。自 2007 年 9 月起部分受益油井陆续见效，截至目前共有 28 口油井出现过较明显的增油降水的效果，占了总受益油井的 44.7%。见效井数在持续增加，聚驱效果越来越明显(图4)。

362

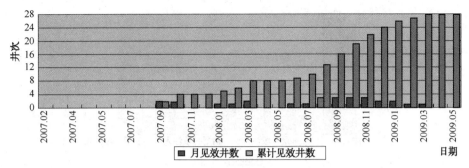

图4 油井见效时间分布柱状图

运用"大港三次采油效果评价系统"软件对目前注聚见效井进行了单井增油量计算，截止目前，注聚见效井累计增油 2.7×10^4 t。通过对见效井组的分析，我们得出一些见效井见效规律的认识。

（1）单层受益见效早且效果较明显。

（2）见效油井多为双向以上受益油井。

（3）注入井与采出井位于同一河道沉积微相。

（4）见效对应注聚井均建立起了较高阻力系数，阻力系数在 1.2~1.5 之间。

（5）对应注聚井注入剖面得到了明显改善，聚驱起到了扩大波及体积的作用。

2.2.2 污水注聚区的产量由下降转为上升，递减趋势得到有效遏止

港西三区注聚区井组的递减趋势得到大幅度改善，由 2007 年 9 月开始结束了递减趋势，产量有所回升，注聚区井组的产量由最低时的 297.22t/d，最高上升到 351.43t/d，增加 54.21t/d，含水由 94.2% 下降到 91.61%，下降了 2.59%。

2.2.3 港西三区开发形势好转，实现控递减增油 1×10^4 t

由于污水注聚区产量上升带动整个港西三区开发生产形势好转。2008 年底自然老井年产油 15.9×10^4 t，与 2007 年对比实现自然老井年增油 1×10^4 t（表1）。

表1 港西三区生产数据表

区块	年月	断块年产油/10^4t	新井年产油/10^4t	自然老井年产油/10^4t	措施年产油/10^4t	综合递减/10	自然递减/%	综合含水/%
三区	200412	20.4601	1.761	17.419	1.2801	7.61	13.94	91.99
三区	200512	18.721	0.2076	16.9153	1.5981	7.27	15.28	92.06
三区	200612	17.7726	0.6775	16.0029	1.0922	10.79	16.49	93.25
三区	2007121	26.4234	0.5911	14.9561	0.8762	5.5	10.73	93.32
三区	200812	16.3731	0	15.8838	0.4893	2.33	5.25	92.32

3 现场实施中的出现问题与调整对策

3.1 注入井多层合注，层间干扰严重，部分砂体未实现聚驱

应用聚合物驱三次采油方法能够在一定程度上改善注入井的注入剖面状况，扩大注入波及体积，进而改善开发效果。但港西三区注入的 40 口井，有 60% 的注入井属于多层合注（图5），层间干扰严重，致使部分砂体未实现聚驱。

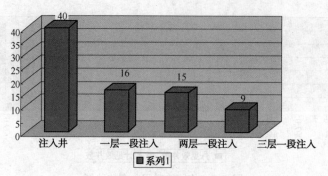

图 5　注入井注入层段分类示意图

通过对注入井注聚后井间示踪迹监测资料统计分析，结合吸水剖面资料显示，发现注聚后注入层平面矛盾有所缓解，但层间干扰仍很严重。在可对比的 22 口吸水剖面资料中，仍有 11 口井/16 层 91.3m 的注入层不吸水，未实现聚驱，导致连通油井低能生产。针对这部分井，我们采取的对策是：

（1）对于井况复杂井，利用邻井代替，实施"井层置换"注入。

如：西 6-7-1 井为方案设计中的一口注聚井，原设计注聚层为 NmⅡ5-3/6-2（分注）。该井区另 2 口注聚井西 6-7-3 和西 7-8-2 井（套变）经过多次吸水剖面显示，由于层间干扰严重，目的层 NmⅡ7-2（西 6-7-3）和 NmⅡ9-2（西 7-8-2）一直不吸，导致注聚井网减少了受益方向，为了弥补该受益方向，经过研究后决定，由西 6-7-1 井通过补层分注后替代，实施实施"井层置换"注入。因此变更方案，西 6-7-1 井的注聚层位变更为 NmⅡ5-3、6-2、7-2/9-2（15.16.18.23 号），实施一级两段分注，即：NmⅡ5-3、6-2、7-2/9-2。

下步制定补层后细分注工作量井 3 口。

（2）井况完好井，实施进一步细（重）分注措施。

针对层间矛盾突出的注入井，实施进一步细（重）分注措施。下步制定细（重）分注工作量 6 口。

3.2　注入井压力上升幅度呈现明显的差异性

在目前正常注入的 38 口井中，按注入压力增加幅度进行分类，与注聚前相比注入压力增加 1MPa 以下的有井 5 井次；注入压力增加 1~2MPa 的井有 15 井次；注入压力增加 2~4MPa 以上的有 20 井次；注入压力增加大于 4MPa 的有 18 井次。可见，注入井压力上升幅度呈现明显的差异性。压力是评价注聚井注入反应的重要指标之一。通过对两年来注入压力的对比分析，我们得出一些影响注入井压力变化幅度的主要因素。

3.2.1　前期注水时压力的高低对注聚后压力上升幅度有一定的影响

由于储层物性、注采平衡等因素制约注入井在注水时注入压力就高的井，注聚时，压力升副相对较低。注聚前后对比，压力升幅小于 1MPa 的井，注水时压力平均 7.1MPa，而压力升幅大于 2MPa 的井，注水时压力平均 4.89MPa。

3.2.2　井口注入黏度的高低对注聚井的压力上升幅度有一定的影响

注入井的井口注入黏度低的井，压力升幅就相对较低。注聚前后对比，压力升幅小于 1MPa 的井，井口注入黏度低主体在 40mPa·s 以下，而压力升幅大于 2MPa 的井，井口注入黏度低主体在 55mPa·s 以上。

3.2.3　前期处理对注聚井的压力上升幅度有一定的影响

为提高三次采油效果，对 40 口注入井中的 25 口注聚井进行注聚前期处理，确定了深部调驱处理工艺方案,一方面可使因水窜严重、未受注水波及的低渗区的剩余油得到有效驱替,另一方面可有效抑制聚驱过程中聚合物的过早窜流。但前期处理后,对注入压力上升幅度有一定的影响。主要表现在压力上升幅度大的井有 82% 的井经过前期处理。

注聚井中压力上升幅度大的井的时间均在注聚后短期急剧上升。

在注入过程中,我们发现,注聚井的压力上升幅度大的井的上升过程不是一个缓慢的过程,而是均在注聚后短期内急剧上升。如:西 9-8-5 井 2006 年 11 月开始试注,试注前 2006 年 10 月的压力 6.3MPa,试注后压力在 2 个月后上升到 11.5MPa,期间受益井无任何变动。

对策 1:针对压力升幅小于 1MPa,未建立起地层阻力的注入井。

① 通过调大井区注采比,解决因边底水油藏外溢造成注入井压力升幅小的问题。

② 通过实施"增压"措施,解决因注入黏度低造成注入井压力升幅小的问题。

对策 2:针对压力升幅大,目前因注入压力高注入困难的注入井。

① 通过实施工艺"解堵"措施,解决近井地带堵塞造成注入井注入困难的问题。

② 通过定期实施水换作业,解决因砂埋部分注聚层造成注入井注入困难的问题。

3.3 部分砂体注采失衡,影响油井正常生产,影响注聚效果的显现

在现场实施中,随着油井的逐步归位,发现部分井区、部分砂体注采失衡,影响油井正常生产,影响注聚效果的显现。

对策:采用"动态配注法"与"孔隙体积法"相结合进行复算,确定合理注采比。

在现场注入过程中,随着油井的逐步归位,发现部分井区、部分砂体注采失衡。于是,我们以方案最初制定的"孔隙体积法"计算的注入量为基础,结合现场实施过程中应用的"动态配注法"相结合,对正常注入的井进行注入量的复算。港西三区整体注采液量基本保持平衡,但仍有 8 个井组在归位后存在一定的注采矛盾。制定下步配注调整工作量 8 口。

3.4 由于井况、出砂等因素制约,导致部分油井、层不能按方案设计归位

港西三区污水注聚井网的主体是建立在原井网基础上,通过油水井归位后形成的,因此决定了三区注聚井网在很大程度上将受到诸多因素(井况恶化、套变、出砂)的制约。

在现场实施中,井况、出砂等问题随时间的延续在逐渐暴露出来,导致现场实施中无法按照原方案实施的井陆续出现。为了确保方案的实施效果,在保证最大实施效果,最小经济投入的前提基础上,我们采取了:

对策:立足原井网,采用"错层生产"、"错井生产",确保方案实施效果。

如:西 39-6-1 井是港西三区一断块的一口注聚受益井,设计受益层为 NmⅡ2-2、3-1,2007 年 7 月套变(NmⅡ2-2 中部)最小变径为 85m,导致注聚受益层无法生产,为了确保方案的实施效果,用邻井西 39-6-4 井替代该井生产,西 39-6-4 原设计生产层 NmⅡ3-2,目前生产 NmⅡ2-2、3-1、3-2。下步制定工作量 6 口。

3.5 由于个别受益井聚合物产出浓度高,影响油井的正常生产

港西三区经过两年的注入,受益油井聚合物产出浓度主体在 20mg/L 以下,20~40mg/L 有 2 口井,40~100mg/L 的井有 2 口井,大于 100mg/L 有 7 口井。在 7 口产出高的油井中,有 3 口已出现聚窜趋势,影响油井的正常生产。

对策:针对聚窜油井采取"间开的生产方式",改变聚驱方向,进一步扩大波及体积。

如:西 37-7-2 井进入 2009 年产出高达 125mg/L,而该井区的其他 3 口受益油井产出均在 20mg/L 以下,为了防止进一步聚窜,我们对低产油井西 37-7-2 井采取关井,关井后邻

井很快见到明显的效果，液量明显上升。有效解决了聚窜问题，也进一步扩大聚驱波及体积。

4 结论与认识

（1）油藏地质再认识与工艺技术紧密相结合，做好港西三区聚合物驱试验的动态跟踪分析及方案的及时优化调整，是保证污水注聚效果的关键。

（2）注入水质的好坏直接决定了黏度能否达标，而注入黏度的高低直接决定了注聚效果。因此稳定水质，保证注入黏度是确保注聚效果的关键。

（3）港西三区污水聚合物驱采用依托老井为主体的注聚井网构建模式，节省了大量投资。但受井况等因素的制约，增加了部分不可控因素和实施风险，对实施进度、方案执行率和效果造成一定程度的影响，增加了后续大量的调整工作量。今后，在其他区块实施整体注聚时，建议新建一套"以新井为主，老井点（无井况问题）补充为辅"的注聚井网。

参 考 文 献

［1］赵福麟.EOR 原理.东营：石油大学出版社，2001.

［2］万仁溥，采油工程手册.北京：石油工业出版社，2000.

［3］国外油田堵水调剖技术的发展及应用，中国石油勘探开发研究院采油工程所，2000.11.

［4］三次采油调剖控制管理系统 中国自动化网.2005.

［5］魏淋生，唐金星，卢祥国.聚合物及聚合物交联微凝胶调驱效果评价.大庆石油地质与开发，2001，20（5）：56～58.

［6］陈元千.现代油藏工程，北京：石油工业出版社.2001.1.

［7］克纳夫特BC，豪金斯MF.童宪章等译.油气田开发与开采的研究方法.北京：石油工业出版社.1994.

作者简介：

赵英，工程师，1993 年毕业于大港石油学校地质专业，主要从事三次采油研究工作。

套损井压裂工艺技术的研究与应用

许云春　保万明　张顺林　刘　静

（吐哈油田公司）

摘　要　针对吐哈油田套损井修复难度大以及修复后改造难的问题，提出了措施改造提高采收率的技术思路，开展了套损井压裂技术攻关，完成了压裂管柱及配套工具研制，解决了工具的锚定问题，通过现场试验，满足了通径大于105mm套损井压裂改造技术要求，并见到良好增液、增油效果。

关键词　套损井　压裂管柱　锚定

1　前言

油田投入开发以后，随着生产时间的延长，开发方案的不断调整和实施，特别是注水开发的油藏，由于地质、工程和管理等方面的原因，油、水井套管技术状况不断变差，甚至损坏，目前吐鲁番采油厂发现套损井 52 口，且逐年呈上升趋势，部分区块（葡 5、雁木西等）套损严重，有整体套变趋势。而吐哈油田套损井治理工作整体滞后，特别是针对雁木西和葡5 等区块复杂套损井治理目前国内可借鉴案例较少，同时由于地下油水关系分布等认识问题，更新井风险大，侧钻井存在后期采油配套难等问题。因此，套损井的存在及发展趋势已严重的制约了油田的正常生产和可采储量的动用。为此，必须在认识清楚油藏的情况下，在油水井发生严重套变以前（内通径大于105mm 以前）对油层实施增产措施改造，跟套损速度抢时间，通过提高油井采油速度来提高采收率。

2　技术难点与对策

2.1　技术难点

2.1.1　封隔器的耐压问题

封隔器要通过 105mm 的变形点，从施工安全角度出发，其外径不能超过 103mm，封隔器通过变形点到内径为 124.26 mm 的正常套管内工作，封隔的间隙远远大于常规封隔器的封隔间隙，而性能必须满足内通径（>48mm）、高压差（70MPa）、大排量（6m³/min）、大砂量（60m³）的压裂改造技术需求，因此提高封隔器的耐压能力是封隔器研究的难点。

2.1.2　管柱的锚定问题

由于压裂施工过程中的排量波动以及柱塞泵的工作特征，导致施工过程中封隔器承受交变载荷，为了防止在压裂施工过程中由于蠕变造成的封隔器解封，必须对封隔器进行锚定，避免发生封隔器窜引起的工程事故的发生。

2.2　技术对策

研制小直径高压差封隔器及水力锚和配套工具，满足压裂施工要求。

3 主要研究内容

3.1 Y341-103(自带水力锚)封隔器工具研制

3.1.1 结构及工作原理

为水力压缩式封隔器，主要由上、下接头、坐解封装置、胶筒和液缸等部分组成（图1）。坐封时向油管内投球，油管压力上升至 12～19MPa，封隔器座封；继续提高油管压力 3～5MPa，喷砂滑套打开，提高油管压力至 25MPa，稳压 20min，压力不降，就可准备压裂施工；解封时，在原井下管柱悬重基础上加 10～20kN 上提力，试提油管，解封剪钉剪断，封隔件释放回缩，继续上提管柱，解封，起出油管。该封隔器具有现场施工操作简便，坐封、解封灵活，耐高温、高压，具有良好的使用性能的特点。

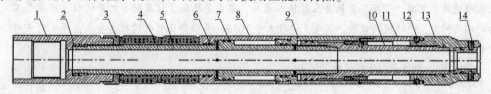

图1 Y341-103 封隔器结构图

1—上接头；2—密封圈；3—锁帽；4—密封元件；5—上中心管；6、7—密封圈；
8、9—液缸；10—下中心管；11—定位销外筒；12—定位锁钉；13—下接头；14—坐封剪钉

3.1.2 性能技术指标

① 最大外径 ϕ103mm；②最小内通径 ϕ48mm；③长度 700mm；④坐封压力 17～20MPa；⑤耐压差 75MPa；⑥抗拉能力 500kN；⑦工作温度 120℃。

3.2 水力锚

3.2.1 结构与原理

SLM-103 防砂水力锚主要由锚体、锚爪、压帽、压板、弹簧、衬套、螺钉及密封圈组成。当水力锚内部压力大于外部压力达到 0.5MPa 左右时，锚爪向外部伸出，随着压差地增加，锚定力随之增大，水力锚就可靠地锚定在套管上；当压差消失后，锚爪在弹簧力作用下自动收回，完成水力锚解锚（图2、图3）。

图2 高压水力锚

图3 KSL-100 水力滑套

3.2.2 主要技术指标

① 最大外径 103mm；②最小通径 48mm；③工作压差 70MPa；④抗拉强度 60t；⑤锚定力 60t。

3.3 坐封阀套

开启原理：从油管打压，当压力升高一定值完成封隔器坐封后继续增压 5MPa，剪断外滑套剪钉，打开外滑套，实现油套沟通；

关闭原理：从油管投球打压，当压力升高一定值后，剪断内滑套剪钉，钢球推动锁爪及内滑套在惯性作用下下移至下死点，关闭出液孔，实现油套隔离。

3.4 管柱设计（自下而上）

坐封阀套+Y341-105 封隔器+SLM-103 水力锚+φ73mm 外加厚压裂油管+井口悬挂器（图4）。

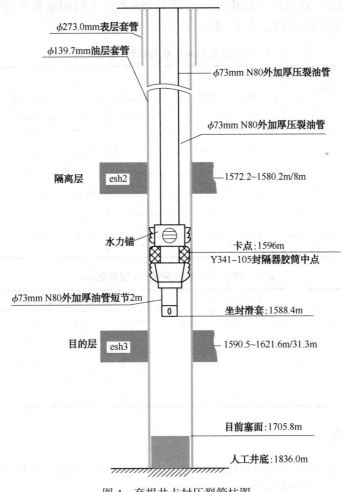

图 4　套损井卡封压裂管柱图

3.5 施工工艺研究

（1）采用二次加砂工艺技术，降低一次加砂规模及施工砂比，减少砂堵风险。

（2）前置液段加入多段低砂比段塞，降低孔眼摩阻和裂缝摩阻，特殊井采用压前预处理，降低施工压力，确保封隔器使用安全。

（3）采用大排量变排量施工。前置液阶段采用大排量施工，形成宽缝，满足高砂比对缝宽的要求，降低砂堵风险，高砂比段逐步降低排量，减少对工具的破坏。

（4）尾追涂敷砂，解决压裂后的支撑剂回流问题，避免砂埋管柱。

（5）最大排量控制在 6m³/min 以内，入井砂量控制在 60m³ 以内，最高施工压力 90MPa 以内，平横压力根据现场情况控制在 25MPa 以内。

（6）现场施工时应根据实际管柱结构对顶替液量重新核实计算，并考虑井底口袋大小，过顶替 1~1.5m³。

4 现场应用

该套管柱研制成功后首先在雁 6-6 井进行了现场试验，截至目前，应用 3 井次，有效 2 井次，施工成功率 100%，单井最高加砂量 37.7m³，最大排量 5m³/min，最高砂比 55%，最高施工压力 86.2MPa，措施后平均单井日增油 12.58t，高于同期压裂平均单井日增油水平 4.58t，取得了良好的应用效果（表 1、表 2）。

表 1 套变井压裂施工参数统计（鄯善区块）

井号	施工井段/m	前置液/m³	最高砂比/%	平均砂比/%	加砂强度/（m³/m）	总砂量/m³	入井总液量/m³	施工最高压力/MPa	平均排量/（m³/min）	施工时间/min	备注
雁 6-6	1590.5~1621.6	75.1	45	29.4	0.85	23.1	170.2	18.8	2.8	64	套变井通径 φ106mm
鄯 712	3128.27~3140	101.1	55	35.9	1.53	37.7	171.1	66.6	4.5	41	套变井通径 φ105mm
勒 4-2	2716.4~2734	160.7	40	31.3	1.38	24.3	275.4	86.2	5.0	55	套变井通径 φ105mm

表 2 套变井压裂效果统计（鄯善区块）

井号	施工井段/m	措施前产状			措施后产状			对比	
		产液/（t/d）	产油/（t/d）	含水/%	产液/（t/d）	产油/（t/d）	含水/%	产液/（t/d）	产油/（t/d）
雁 6-6	1590.5~1621.6	12.07	7.84	20.73	44.33	29.4	28.9	32.26	21.56
勒 4-2	2716.4~2734	0	0	0	33.8	3.6	87	33.8	3.6

5 结论和认识

（1）封隔器坐封及锚定性能可靠，有效防止封隔器解封造成的卡管柱事故的发生，能满足通径 105 mm 以上的套变井压裂的强度要求。

（2）套损井压裂技术具有较强的适应性。目前已完成 6 井次压裂施工，该技术与常规压裂相比，压裂施工时的压力、排量、砂比、程序基本相同，压裂施工费用与常规压裂费用相同。配套工具具有耐压差高（75MPa）、座封解封便利、性能稳定的特点，可满足一次加砂 60m³，井深 3500m 以内小井眼压裂技术需求。

（3）套损井压裂管柱的研制为套损井压裂提供了硬件支持，使套损井获得压裂改造，提高储量的动用程度，为油田创造出可观的经济效益。

参 考 文 献

[1]《油田用封隔器及井下工具手册》编写组.油田用封隔器及井下工具手册(第一版)[K].北京:石油工业出版社,1981.

[2] 中国石油天然气股份有限公司勘探与生产分公司编.2007年压裂酸化技术论文集[M].北京:石油工业出版社,2007.

作者简介:

许云春,1976年生,工程师,1999年毕业于江汉石油学院石油工程专业,本科,现吐哈油田吐鲁番采油厂采油工程室从事油藏改造技术研究和管理工作。电话:0995-8377657。

人工裂缝堵水技术在吐哈油田的研究与应用

许云春　杨永利　魏建军　保万明　张顺林　刘　静

（吐哈油田公司）

摘　要　压裂沟通注水前缘造成油井暴性水淹是目前吐哈油田压裂无效的主要方式，本文针对该种类型出水的出水机理、堵水技术思路、设计原则、方案优选以及堵剂优选、段塞优选和堵后养护等方面作了简要介绍，并在雁6-26井进行试验并取得成功和良好增油降水效果，为同种类型井堵水提供了借鉴经验。

关键词　压裂裂缝　注水前沿　暴性水淹　化学堵水

1　前言

雁6-26井是雁木西构造上的一口开发井。于2000年3月射开ESH(1568.4~1575.0m/1590~1610.8m)后丢手防砂管投产。初期日产25t，不含水。2006年2月21日检泵作业过程中管柱抽吸自喷出水，分析认为Esh1注入水突破。3月卡封Esh1(1568.4~1575.0m/6.6 m)，单采Esh2+3，措施后日产油2.67 t，不含水，5月挤封Esh1同时压裂Esh2+3，措施后日产液34.32 m³，日产油15.48 t，含水45%。2007年4月注入水突破，日产液43.44m³，含水100%，同位素测试证实该井不窜不漏，2007年4月13日对该井实施防砂作业，措施后该井日产液44 m³，日产油10t，含水70%。2007年8月该井出现注入水突破，含水达到100%，取样含有大量地层砂，2007年8月又对该井同时实施堵水和防砂作业，施工后不出，进行了酸化作业，日产液量25t，含水100%，关井至今(表1)。

表1　雁6-26油井基本数据

地理位置		新疆吐鲁番市西			构造位置		雁木西6号构造			
座标	X	4754910.44			地面海拔		-31.20m			
	Y	15662930.33			补心海拔		-27.70m			
开钻日期		2000.02.14			完钻日期		2000.02.23			
完井日期		2000.02.26			联入		4.3m			
完钻层位		Esh			完钻井深		1850.00m			
人工井底		1840.0			完井方式		射孔完成			
油层温度		50.3℃			地层中部压力		16.42MPa			
套　管　程　序						固　井				
尺寸/mm	内径/mm	壁厚/mm	套管总长/m	下入深度/m	水泥返高/m	固井质量	加压/MPa	历时/min	降压/MPa
273.05	255.27	8.89	273.92	278.82	地面	合格			

套　管　程　序					固　井				
尺寸/ mm	内径/ mm	壁厚/ mm	套管总 长/m	下入深度/ m	水泥返高/ m	固井 质量	加压/ MPa	历时/ min	降压/ MPa
139.70	124.26	7.72	1844.60	1848.9	1113.00	合格	15	30	0

短套位置：1532.19~1537.47，1746.79~1752.15m

2　主要研究内容

2.1　出水原因分析

雁6-26井投产初期供液能力较好，不含水，2006年3月因注入水突进造成上层Esh1（1568.4~1575.0m/6.6m）水淹，卡封后不含水，后改为挤封后对Esh2+3进行压裂改造，压前不含水，压后含水45%，2007年4月，因注入水突进导致含水上升，2007年8月对该井进行了堵水、防砂作业，施工后不出，又进行了酸化作业，开井生产含水100%，详细情况如图1所示。

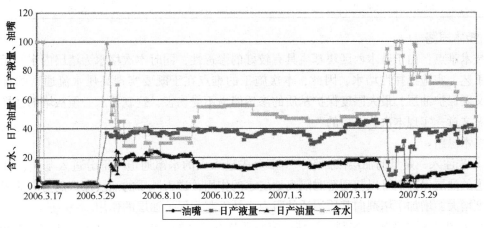

图1　雁6-26井采油曲线

分析出水原因：

①从水分析资料判断，水型为注入水。

②从生产情况分析，压裂前不含水，压裂层位上下隔层较厚，同时控制施工规模，压后未出现暴性水淹，因此分析认为纵向上没有沟通油层上部及下部水层，同时，高含水后通过同位素找串确认层间不存在管外窜，对应层位水井注水调控效果比较明显。

③水淹后防砂见到一定效果，主要原因是近井地带基质解堵，同时注入化学药剂具有一定的选择性堵水作用，后因堵剂失效及油水流度比差异，出现水淹，采用无机堵剂防砂堵水后，不出，主要原因是不具备实施选堵工艺条件，堵剂又不具备选择性，故裂缝和基质全部堵死。

因此，分析认为压裂裂缝成为注水前缘推进后主要的水窜通道（表2）。

表2 雁6-26油井测井解释成果数据

层位	层号	层顶深度/m	层底深度/m	有效厚度/m	孔隙度/%	渗透率/mD	含油饱和度/%	解释结论	备注
Esh	1	1553.0	1556.4		24.2	17.6	51.3	致密层	
	2	1567.8	1577.0	8.2	25.3	22.8	61.9	油层已挤封	
		1575.0	1576.0					致密层	
	3	1590.8	1594.8	4	25	21.2	60.2	油层	
	4	1597.2	1610.8	13.6	20.6	5.4	57.4	油层	
	5	1610.8	1633.0	11.4	20.6	5.2	57.3	差油层	
		1610.8	1612.2					致密层	
		1615.8	1616.6					致密层	
		1619.3	1620.6					致密层	
		1622.2	1623.5					致密层	
		1624.8	1625.8					致密层	
		1628.0	1633.0					致密层	
	6	1633.0	1640.0		23.8	15.9		水层	

2.2 技术思路

技术难点：由于雁木西区块基质具有较好的渗透性，同时本次堵水为堵层内水，无法从施工工艺上实施选择性堵水，因此，本次施工的难点在于既要实现高压水流通道的有效封堵，又要保护油层，最大限度保护基质的渗透能力不受伤害，这就要求必须从堵剂选择和组合上做文章，实现本次施工目的。

技术思路：

① 先注入一定量的油层保护剂，一部分先进入大的水窜通道一部分进入基质，进入水窜通道的油层保护剂可以起到暂时隔离地层水的作用，进入基质的油层保护剂与原油相遇后其黏度增大，增加了堵剂向基质渗透的阻力，从而起到保护油层的作用。

② 再注入树脂强凝胶堵剂，该堵剂成胶后具有较高的强度，可以有效的封堵水窜通道，同时在大的水窜通道中铺填，为后续堵剂进入起到架桥作用。

③ 尾部追加高强度堵漏堵剂 YM-1，既可以防止凝胶堵剂的返吐，同时可以提高封堵强度，增加措施有效期。

④ 采用过顶替技术，尽可能保留人工裂缝近井端导流能力，提高堵水后增油效果。

2.3 堵剂优选(表3~表5)

表3 YH油层保护剂性能

原溶液黏度/mPa·s(25℃/40s⁻¹)	1.0	和油相遇后的黏度/mPa·s(55℃/40s⁻¹)	≥25
原溶液黏度/mPa·s(55℃/40s⁻¹)	1.0	破乳时间/h	48

表4 强凝胶堵剂基本性能

基液初始黏度/mPa·s(25℃/40s⁻¹)	≤25	胶体稳定性	好
成胶时间/h	55℃：3h	耐温性	≤90℃
凝胶强度	≥3.0MPa/m		

表 5　高强度 YM-1 堵剂基本性能

粒径	300~320 目	成胶后强度/（MPa/m）	8.0~10.0
成胶前马氏黏度/mPa·s	15~38	密度（25℃）/（g/cm³）	1.17~1.36
稠化时间（55℃）/h	≥10	终凝时间（55℃）/h	24

2.4　施工规模确定

根据该井的油层厚度和裂缝形态大小计算堵剂用量。

2.4.1　YH 油层保护剂用量的确定

$$V_1 = \pi R_1^2 h_1 \phi \tag{1}$$

式中　V_1——堵剂用量，m³；

　　　R_1——堵剂所封堵的半径，m；

　　　h_1——堵剂所封堵的厚度，m；

　　　ϕ——地层的孔隙度。

已知 $\phi = 25\%$。若设 $R_2 = 1.5$m，$h_2 = 20.4$m；则

$V_2 = 3.14 \times 1.5^2 \times 20.4 \times 25.0\% \times 0.3 = 10.8$m³（考虑余量后备 15m³）

2.4.2　树脂强凝胶用量的确定

压裂裂缝为主要的水窜通道，同时，从测井解释结果可以看出，生产段渗透性相对较高层段有效厚度为 4m，因此，为了提高堵水效果，本次堵水将该 4m 高渗透层段也作为堵水对象，故按照本井射孔段 30% 为高渗段，堵剂以进入高渗段和水力压裂裂缝为主，处理半径 5.0m，则需堵剂：$V_{12} = 3.14 \times 5^2 \times 20.4 \times 0.3 \times 0.25 = 120$m³。

2.4.3　YM-1 堵剂用量的确定

为增加本次作业的封堵强度，需备 40m³ 高强度 YM-1 堵剂，并根据现场注入压力的大小调整具体注入量。

2.4.4　顶替液量的确定

堵剂要求推离井眼，因此采取过顶替，顶替水体积按 1.5 倍的井筒容积计算，需顶替液 8 m³。

2.5　施工工艺

施工采用油管+笔尖笼统注入的方式，施工排量控制在 0.2~0.6m³/min。在小于地层破裂压力下施工，最高施工限压 25.0MPa。

2.6　施工后管理

候凝 5d 后，测试目的层的吸收性，若吸收性良好则直接下泵生产。

3　施工效果

本井于 2008 年 5 月 14 日采用小排量 0.25~0.5m³/min 进行堵水施工，共注入油层保护剂 15 m³（注入压力从 2MPa 上升为 11MPa，施工排量从 0.5 m³/min 降为 0.25 m³/min），说明油层保护剂起到了良好的增黏效果，注入高强度冻胶 120m³（注入压力从 5MPa 上升为 11MPa，施工排量 0.45~0.5 m³/min），注入 YM-1 堵剂 40m³（注入压力从 11MPa 上升为 15MPa，施工排量从 0.5m³/min 降为 0.3 m³/min）。施工后养护 5d，测吸水指数由 0.3m³/min 降为 0.2m³/min，措施后稳定产量为：日产液 57.44m³/d，产油 8.76t/d，含水 81.4%，累计增油已达 237t（图 2）。

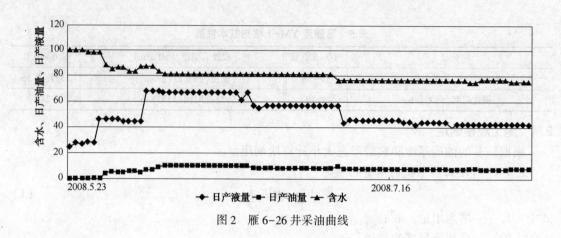

图2　雁6-26井采油曲线

4　结论及建议

（1）该井施工达到预期目的，成功实现了出水裂缝的有效封堵，同时，措施后产液稳定，说明对基质未造成较大伤害，该井的成功，未同类型油井出水堵水提供了较好的借鉴作用；

（2）由于本区块油井出砂严重，建议该区块以后实施堵水作业的同时考虑防砂作业，既提高堵水的有效期，又解决了油田出砂难题。

参 考 文 献

［1］刘一江 王香增．化学调剖堵水技术，北京：石油工业出版社，2002.

［2］赵福麟．油田化学，石油大学出版社，2007.

［3］殷艳玲，张贵才．化学堵水调剖剂综述．油气地质与采收率，2003(6).

作者简介：

许云春，1976年生，1999年毕业于江汉石油学院，学士学位，工程师，现在吐哈油田吐鲁番采油厂从事井下作业管理工作。

雁木西油田出砂原因及治理效果分析

张顺林　李　翔　单慧玲

(吐哈油田公司吐鲁番采油厂)

摘　要　雁木西油田自开采以来一直伴随着出砂经历，这对油田的开采带来诸多不利因素。一方面，造成部分油井降产，提高了开采成本；另一方面，造成部分井次套变至报废。通过雁木西油田出砂原因分析得出，出砂原因主要是该区块储层黏土矿物含量低，岩石胶结差，加上注入水造成黏土胶结物运移，使出砂现象加剧。本文总结了近几年防砂的现场工艺试验及效果评价，优选出采用高压充填防砂及化学防砂应用效果较好。

关键词　雁木西油田　出砂　防砂效果

1　前言

雁木西油田位于新疆维吾尔自治区吐鲁番境内，东距吐鲁番市 13km。构造位置位于台北凹陷西部胜南-雁木西构造带西端。油田总地质储量 $995×10^4$t，产能规模 $12.5×10^4$t，含油面积 $6.0km^2$。

纵向上分布着第三系(Esh)油藏和白垩系油藏两套油水系统，属于中孔低渗砂岩油藏。它的开发始于 1998 年，雁木西油田目前共有油井 58 口，开井数 47 口，4 口电泵井，其余均为机采井。油井出砂在投入开发后的第二年就已经暴露明显，2000 年 9 月转入注水开发，2002 年 9 月便发现注水井出砂现象，从历年的数字统计发现，雁木西油田共 88 口井，有出砂史井 68 口，因出砂造成套变井 15 口，因此开展雁木西出砂油水井的治理研究和攻关已是迫在眉睫。

2　雁木西油田出砂机理分析

2.1　剪切破坏

由于井壁附近或炮眼周围岩石承受过高的压应力所致，即生产压差的存在，引起生产压差的主要原因有以下几个方面：

(1) 钻井打开储层：第三系、白垩系富含盐膏，侵入钻井液后总矿化度可达$(15～20)×10^4$ppm，钻井液性能降低，黏度、失水急剧上升，造成近井地带应力急剧变化后出砂。

(2) 射孔打开储层：根据计算雁木西油田射孔的合理负压值在 4.9～8MPa；实际上前期的设计多数采用了 8～10MPa。

(3) 生产压差的建立：油井生产后近井地带形成压力降，流压越低，生产压差越大，超过临界生产压差后就会导致剪切破坏，造成出砂。

2.2　拉伸破坏

由于开采速度过高，使岩石承受拉应力超过岩石的抗拉强度所致(油井生产过程中地层液的流动产生对岩石的拖曳力，超过岩石的抗拉强度后产生拉伸破坏，造成出砂）。

2.3 自由微粒运移

在雁木西疏松砂岩油藏，更为重要的一点出砂因素是储层内部存在大量的自由砂粒，微粒运移是雁木西油田尤其是第三系出砂的重要机理。微粒运移的过程受孔喉发育的影响，不断的裹集效应在注水窜通后会形成大通道，并造成井筒近井地带岩石崩落，甚至套变，如雁6-26井。

3 雁木西油田出砂规律认识

（1）受储层特征影响，雁木西油田出砂是必然趋势。

（2）由于黏土矿物含量较低，岩石胶结差，第三系微粒运移现象比白垩系的严重，出砂程度远高于白垩系。

（3）雁木西出砂与水驱紧密相关，油井见注入水后黏土胶结物颗粒运移，出砂程度明显增加。

（4）累计采出程度越高、采液强度越大的井越容易出砂，且出砂规模越大。

4 雁木西油田防砂工艺技术

4.1 防砂泵

满足一定的携砂采油要求，但含砂比范围要求较高。

4.2 防砂管

（1）可采取多级过滤，技术成熟，可供选择的工艺方式很多，因而对油井适应性很好。

（2）防砂管应用后油井产能损失约小于30%。

（3）防砂管挡砂范围与其孔缝大小有关，雁木西地层非均质差异大，时间一长，与孔缝大小接近的地层砂卡入防砂管内造成堵塞会导致渗透率大幅下降；此外井底留有筛管，防砂一旦失效时，后期处理(大修)困难，费用较高。

（4）雁木西油藏为多层系油藏，经常调换层系开采的油井需慎用套管丢手防砂管。

4.3 化学防砂

（1）化学防砂的主体思路是从胶结物入手，用树脂等化学药剂充当胶结物，改善地层胶结强度。

（2）化学防砂通过向地层亏空带注入树脂等化学药剂，将近井带地层重新胶结，形成人工胶结带，改善地层胶结强度。

（3）化学防砂使用的化学药剂必需与地层流体进行配伍试验，避免化学药剂与地层流体快速反应造成储层污染或降低胶结强度。

（4）人工胶结带长期承受地层流体的冲击和破坏，另外原油中含有的化学物质会对树脂等化学药剂产生化学反应，缩短人工胶结带寿命。

4.4 充填防砂

所有充填防砂都是在近井筒附近用砾石建立人工井壁，人工建立挡砂带，区别在于以下几个方面：

（1）压裂充填后改变地层流体流动特征，变径向流为双线性流，双线性流降低了生产压差和流动压力梯度，减小了地层岩石应力差，提高了岩石的稳定性，缓解了地层出砂趋势和程度；裂缝内充填的砾石对地层砂有阻挡作用。

（2）JTS 与涂敷砂充填均是在充填防砂的基础上，结合化学防砂对充填颗粒进行预处理，充填颗粒表面化学药剂在地层条件下反应胶结，从而提高人工井壁的强度，延长有效期同时满足较大的生产压差。

（3）纤维复合防砂是在压裂防砂的基础上，在压裂砂中加入纤维组分，在充填颗粒的点式胶结基础上增加纤维束缚作用，进一步提高人工井壁的强度。

（4）绕丝筛管充填防砂是将充填防砂与筛管防砂相结合，用人工充填井壁隔挡地层砂，筛管隔挡人工井壁，提高了挡砂带的强度，同时人工充填井壁能较好防止地层砂卡入防砂管导致堵塞。

以上几类防砂方式在一定的时期内满足了大部分油水井的生产需要。随着油田的注水开发，中高含水期也凸现了更多的问题，我们又引进了绕丝筛管高压充填防砂技术，在雁 6-21 井、雁 6-33 等 8 口井实施取得成功。针对套变、侧钻等小井眼井，我们在雁 6-14C 井开展了微粒运移控制剂防砂试验并取得成功。在此基础上分别在雁 6-5 套变井、雁平 1 水平井开展了超分子堵水防砂应用试验并取得成功。雁平 1 井的成功为我们在水平井防砂提供了技术支持。

5 雁木西油田防砂效果及结论

5.1 防砂效果

2008 年雁木西油田共实施油井防砂 19 井次。完成 18 井次，其中高压充填防砂 6 井次，对比增油 43.3t/d；循环充填防砂 1 井次；化学防砂 3 井次，增油 23.02t/d；压裂防砂 8 井次，增油 54.74t/d；合计日增油 121t/d。注水井防砂 2 井次，防砂均能达到配注要求。

5.2 结论

（1）防砂泵、防砂管均能满足出砂轻微的油井防砂。

（2）开展的高压充填防砂及化学防砂试验项目均达到了预期目的。

（3）雁 6-33、雁 6-35、雁 6-39 井防砂后含水均有不同程度降低，说明充填防砂堵塞了前出砂、水窜形成的高渗通道；雁 6-33、雁 6-39 增油是由于地层自身供液能力较强，同时高压充填改善原低渗区域渗透性，注入水改从原相对低渗区域推进，改善储层剩余油动用情况。

（4）雁木西采用压裂防砂达到了增产的目的。

（5）尾追涂敷砂的压裂防砂建立的人工挡砂带强度较低，防砂能力较差。小规模尾追涂敷砂并未在近井带起到封口挡砂的作用。

（6）从雁木西充填防砂与压裂施工情况，说明雁木西宜采用高压充填方式防砂。

参 考 文 献

[1] 王俊魁，万军，高树棠．油气藏工程方案研究与应用．北京：石油工业出版社，1998.
[2] 万仁傅，罗英俊．采油技术手册．第九分册．北京：石油工业出版社，1997.

作者简介：

张顺林，1982 年生，男，青海湟中人，助理工程师，石油工程专业。联系电话：0995 -8378810。

油井驱排剂解堵技术研究与应用

张顺林　刘建涛　任　坤　周伟华

(吐哈油田公司吐鲁番采油厂)

摘　要　自油田投入开发以来，油井污染问题越来越严重。从钻井固井到油井生产时热洗、补层、检泵或更换人工举升方式等修井作业过程中都会对油气层造成污染，油井产量剧减，水井注不够水，这就要求我们要解除污染，本文就对驱排挤解除油气层污染的机理，采用工艺技术已经使用后的效果进行分析和总结。

关键词　驱排挤　污染　解堵

1　前言

吐哈油田自投入开发生产以来，油井污染问题伴随至今，污染半径也越来越大，不仅有无机物和细菌代谢产物的污染，同时也有有机物污染。随着油田含水不断升高，地层流体从油层流入井筒时，不仅有两相流，有时甚至是三相流，相与相之间的相互影响，使油层流体流入井筒的难度越来越大，宏观上表现为油井被污染。

油井在热洗、补层、检泵或更换人工举升方式等修井作业过程中，因油层漏失，作业液或作业液中的固相颗粒浸入地层，形成水锁或固相颗粒堵塞。油井在生产过程中，因注入水或地层水矿物离子因温度场或因载体的 pH 值的变化，导致 Ca^{2+}、Mg^{2+}、Fe^{2+}、Fe^{3+} 形成无机垢，在油井附近形成堵塞，导致油井产量下降。

上述污染何种比例较大，在地面很难做出准确的判断，所以对解堵工艺带来了很大的困难。吐哈油田每年采用不同体系的酸液进行解堵作业，但对复杂的堵塞，特别是污染半径 1m 外的深部堵塞效果不明显，如何开展对上述堵塞的解除，特别是复杂有机垢的堵塞，是研究人员一直探索的课题。本文在成熟无机垢解堵的基础上，研究配合以氧化剂，辅以黏土防膨剂、表面活性剂的复合解堵技术，旨在能实现对无机垢、有机垢和细菌代谢形成的污染的解除，恢复油井产能。

驱排剂是一种具有对有机垢分散、增溶、洗涤并能改善油水两相微观流的两性表面活性剂，我们在充分研究了驱排剂解堵机理和功效后，认为酸液+驱排剂或酸液+氧化剂+驱排剂适合吐哈油田目前的油井的复杂堵塞。

2　解堵机理研究

经现场取样分析，油井存在的无机垢污染主要是 Ca^{2+}、Mg^{2+}、Fe^{2+}、Fe^{3+} 等引起的氢氧化物、碳酸盐、以及硅酸盐垢为主；细菌以硫酸盐还原菌及其代谢产物为主；有机物污染为胶质、蜡质、沥青质和大分子有机物为主；其次还有水锁和多相流引起的物理因素"堵塞"。

针对上述堵塞因素，我们开展了酸溶，氧化降解，驱排剂洗涤、增溶、分散和改善油水气多相微观流的综合解堵技术研究，以求实现高效解堵效果。

2.1 无机垢解堵机理

无机垢的解除主要以酸溶为主，下面是其化学反应方程式：

$CaCO_3 + 2HCl = CaCl_2 + CO_2 + H_2O$，$MgCO_3 + 2HCl = MgCl_2 + CO_2 + H_2O$，

$Fe(OH)_3 + 3HCl = FeCl_3 + 3H_2O$，$SiO_2 + 4HF = SiF_4 + 2H_2O$，$SiF_4 + 2HF = H_2SiF_6$

2.2 细菌及代谢产物解堵机理

2.2.1 杀菌剂法

无论氧化型或非氧化型杀菌剂，其杀菌机理可归纳为以下几点：

（1）阻碍菌体的呼吸作用。细菌的呼吸靠一种酶，杀菌剂进入菌体，影响酶的活性，使能量代谢中断或减少，呼吸就会停止而死亡。

（2）抑制蛋白质的合成。蛋白质是细菌生命的基础物质，杀菌剂阻止蛋白质合成过程中肽键的形成，使蛋白质沉淀而失去活性。

（3）破坏细胞壁。细胞壁是代谢并保持内外平衡的屏障物质，杀菌剂能溶化细胞壁，或阻止间质中的蛋白酶的作用，破坏细菌内外平衡。

（4）阻止核酸的合成。核酸是遗传的物质基础，杀菌剂破坏丁核酸分子的某一环节，一起突变，从而破坏了细菌体的繁殖，实现解堵。

2.2.2 氧化剂法

细菌是一种生物蛋白质，与强氧化剂接触后，发生氧化反应，生成碳氧化合物和水；细菌代谢作用生成的硫化亚铁FeS沉淀，与强氧化剂作用，生成硫酸盐和水，实现解堵目的。

2.3 有机垢解堵机理

有机物垢主要因为油井近井地带温度场、压力变小后胶质、蜡、沥青质和大分子有机物为主形成的网状结构的大"分子"堵塞孔喉所致，要解除其形成的堵塞，可以采用溶剂，使其网状大"分子"溶于溶剂，也可以采用氧化剂使其降解成易溶于原油的小分子，还可以利用表面活性剂的增溶、分散特性破坏有机物垢的网状结构，实现解堵的目的。

下面介绍这几种方法的解堵原理。

2.3.1 有机溶剂法

依据相似相溶的原则，采用有机溶剂，例如粗苯，可以部分的溶解有"分子"，使其单独分散在有机溶剂中，实现解堵目的。

2.3.2 表面活性剂法

渗透原理：驱排剂能大幅度地改变地层岩石表面的润湿性。在亲油岩石表面上，残余油以吸附方式存在岩石表面，驱排剂可使岩石表面润湿性发生改变，由亲油变为亲水，使残余油脱离附着物，分散在水中流入井筒。

降低界面张力(改善多相流)：驱排剂能大幅度降低油水界面张力，使残余油流动。其机理是当油水界面张力降低以后，油滴在驱动力的作用下极容易变形，通过狭小通道时阻力降得很低。

分散原理：驱排剂能够增加原油在水中的分散作用，随着油水界面张力的降低，原油可以分散在水中，形成水包油型乳状液，油滴不再重新沾附回岩石表面。同时驱排剂能分散原油中胶质、沥青质和蜡质形成的"团块"，使之分散在原油中，实现解堵目的。

增溶降黏：能够改变原油的流动性能。原油中的胶质、沥青质和蜡质是具有复杂结构的

高分子物质，容易形成分子与分子间的空间网状结构，在原油流动时，所形成的网状结构"分子"大时，这种大"分子"的胶质、沥青质和蜡质所形成的分子团，动力学黏度很高，通过孔喉所需动力也很大，所以需要很大的驱动力才能打破这种分子网络才能重新参与流动。驱排剂进入地层后，能够吸附在沥青质分子(分子团)的表面上，形成溶剂化外壳，减少分子(分子团)间的吸附力，削弱大分子间空间网状结构的形成，从而降低了原油的黏度，利于原油的渗流，同时驱排剂可以降低油-水、油-固、水-固各相之间的界面张力，降低微毛细管的流动阻力，并将其中的原油驱替出来，达到提高波及系数，提高产量，实现解堵目的。

2.3.3 氧化剂法

油水生产过程中，油井在地层附近会形成大分子有机垢、水井会产生细菌及细菌代谢产物形成堵塞；油水井在压裂，调剖(驱)时，有大量的高分子聚合物注入地层内，其黏度很高，不易流动，主要是因为分子间的高价金属离子交联形成更大的分子造成，这种情况下，会造成地层堵塞。

三氯异氰尿酸溶液进入地层，与高分子物质、细菌及细菌的代谢产物发生作用，其结合能较强的 Cl 原子，首先会与结合能较差的聚合物高价金属离广交联剂，使大分子被切割成小分子：同时，Cl 原子和有机垢内的 H 原子结合，破坏了有机垢分子的原有结构，使之分解。

三氯异氰尿酸在水中缓慢形成的游离"Cl、O"与有机垢、细菌及细菌的代谢产物作用，使之变成小分子或氧化物，解除其形成的堵塞。三氯异氰尿酸在水溶液中时，发生缓慢分解化学方程式：

$$C_3N_3O_3Cl_3 + H_2O \longrightarrow C_3N_3O_4HCl_2 + Cl$$
$$C_3N_3O_4HCl_2 + H_2O \longrightarrow C_3N_3O_4H_2Cl + Cl$$
$$C_3N_3O_4H_2Cl + H_2O \longrightarrow C_3N_3O_4H_3 + Cl$$
$$Cl + H_2O \longrightarrow HClO + O \uparrow$$
$$R + O_2 \longrightarrow R_1 + R_2 + R_3 + CO_2 + H_2O$$

大分子的烃 R 被氧氧化成小分子的烃 R_1、R_2、R_3、CO_2 和 H_2O，小分子的烃 R_1、R_2、R_3 不再对地层形成伤害。

3 现场应用工艺研究

结合垢的判断，为了有机的把各种解堵液结合起来，实现高效解堵目的，首先在工艺设计前确定伤害的特征，并分析井产出液流体样品和固体样品特性。要提高措施的有效率，仅依据油井未达到经济开发指标并不表明产能受损，要识别出与预计产能相比产能低的井，然后评估这些井可能存在的污染，这些信息来自钻井记录、油藏特征、生产井史、各种修井记录等，按可能的污染原因进行排序，并针对最可能的哪些情况假设多个伤害类型，并做全盘考虑。

结合油藏特点，确定解堵的处理半径，解堵液主剂浓度和各添加剂浓度，确定泵注程序和泵注压力，同时要根据井况要求，确定泵注方法。

我们结合吐哈油井泵注压力低的特点，采用不动管柱解堵作业，程序为反洗井(压井)、反替第一段解堵液到油层上部、把光杆放入泵体、卸盘根盒、装高压闸门(配合适的油管短节)、反挤解堵液、卸高压闸门及防喷短节、恢复井口。

确定注入方式为"酸–驱排剂"二段式、"酸–氧化剂–驱排剂"三段式、"驱排剂–酸–驱排剂"三段式、"驱排剂–酸–氧化剂–驱排剂"四段式进行解堵。

4 现场应用效果评价

该技术 2004 年在温米油田应用了 18 井次，增液有效率 100%，平均单井增液 13.7m³/d，增油有效率 90%，平均增油 3.5t/d。

2005 年推广了 32 井次，有效率为 90%，平均增液 10.6 m³/d，平均增油 3t/d。

2006 年使用 30 井次，平均增液 11.5m³/d，平均增油 2.1t/d。

2007 年使用 33 井次，平均增液 11.7m³/d，平均增油 3.1t/d。

2008 年在吐鲁番采油厂推广使用 10 井次，有效率 100%，平均增液 13.2m³/d，平均增油 1.3t/d 。

同时施工采用的不动管柱作业，大大降低了施工费用和施工周期。

以措施后增液量 $\Delta Q_1 \geq 15\text{m}^3/\text{d}$，$15\text{m}^3/\text{d} \leq \Delta Q_1 \geq 5\text{m}^3/\text{d}$，$\Delta Q_1 \leq 5\text{m}^3/\text{d}$ 进行分类，结果如下：

Ⅰ类井（$\Delta Q_1 \geq 15\text{m}^3/\text{d}$）占统计井 42%，其特点是地层有明显堵塞和地层能量充足。例如 W24 井，当解堵液进入地层后，压力从 25MPa 下降到 16MPa，说明地层存在严重堵塞，解堵后增液 26.21 m³/d，说明工艺设计和解堵液配方确定合理。又如 WX3-429，措施后增液 40.47m³/d。该井 2005 年 2 月补层 S22-S32，地层能量充足。从解堵工艺分析 WX3-429 该井多次作业污染油层，导致油井低产液，分析造成堵塞的原因是压井液进入地层后无机固相颗粒浸入地层所致，同时长期生产造成孔隙表面润湿性油亲变为亲水，形成水锁，另外，原油中所含蜡因温度场和压力场变化，近井地带发生"凝固"形成了有机垢堵塞，所以选择酸液加驱排剂解堵 。

Ⅱ类井（$15\text{ m}^3/\text{d} \leq \Delta Q_1 \geq 5\text{ m}^3/\text{d}$）占统计井 39%，其特点是地层有明显堵塞，但地层物性较差，例如 WN6 井，从施工曲线分析，酸进入地层以后，压力从 14MPa 下降到 11MPa，下降了 3MPa，说明有堵塞，但该井渗透率和空隙较低，解堵后增液 10.01 m³/d。

Ⅲ类井（$\Delta Q_1 \leq 5\text{m}^3/\text{d}$）特点是历史上产油量较多，地层能量不足。例 WX6-511，该井已累计采油 6.3×10^4t，从采出程度看，地层物质基础较薄弱，从施工分析看，380L/min 注入排量，施工压力 8MPa，说明地层严重亏空，能量不足是导致解堵效果不明显的原因。

通过上述分析，在科学选井选层的基础上，确定合理的工艺和解堵配方是实现高效解堵的关键，下列井别解堵有效：修井、洗井或压井后产量明显递减的井；新井投产后存在的泥浆污染的井；注采系统不完善，但有一定供液能力的井；采油速度不快，但产量递减过快的井；压裂后排液不彻底的井。

5 认识和建议

该技术进一步完善了吐哈油田油井解堵技术，解决了油井应用粗苯解堵成本偏高和安全环保方面存在的问题，该技术预计在今后几年将成为吐哈油田油井解堵的主要技术之一，经济效益和社会效益十分显著，推广应用前景十分广阔，目前已经在鄯善和吐鲁番采油厂推广应用，取得了如下认识：

（1）对于堵塞复杂的油井，采用以深部综合解堵为特色的复合解堵技术是十分有效的。

（2）修井、洗井或压井后产量明显递减有明显堵塞的井，驱排解堵十分有效。

（3）新井投产后存在泥浆污染的井，应用土酸、缓速酸解堵十分有效。

（4）有一定供液能力，井长期生产，有细菌及细菌代谢产物堵塞，同时因温度和压力场变化导致有机物堵塞的井，选用氧化剂+驱排剂解堵十分有效。

（5）压裂后排液不彻底，导致目的层水锁、滤饼伤害的井，选用氧化剂+驱排剂解堵有效。

（6）深部综合解堵技术目前仅用于油井解堵，应进一步完善技术，尽快用于水井解堵。

参 考 文 献

[1] 郑延成，郭稚孤，赵修太．地渗透地层酸化改造进展．河南化工，2000，（4）：3~5.

[2] 马喜平．提高酸化效果的缓速酸．钻采工艺，1996，19(1)：55~62.

[3] 黄志宇，何雁，吉淑梅．砂岩地层深部延缓酸化酸液配方研究．西南石油学院报，2002，22(2)：67~69.

作简简介：

张顺林，1982 年生，助理工程师，2005 年 7 月毕业于大庆石油学院石油工程专业，现在吐哈油田公司吐鲁番采油厂采油工程室从事注水工艺研究，联系电话：0995-8378810。

新疆油田同心管分层注水工艺应用现状及展望

黄新业　李　璐　张　茹

（新疆油田公司采油工艺研究院）

摘　要　本文介绍了新疆油田同心管分层注水工艺的发展及现状，并对现有同心管分层注水工艺的管柱结构、工艺原理、管柱特点、应用效果做了详尽阐述。根据分层注水的发展趋势，结合自身特点，提出了同心管分层注水在新疆油田的发展方向。

关键词　同心管　分层注水　应用　发展

1　前　言

我国大部分油田都是非均质多油层砂岩油藏，各油层的层间、层内渗流特性上存在明显差异，特别是我国近年来加大力度开发的Ⅱ类、Ⅲ类油藏，其储层物性差、夹层薄、层间非均质严重的特点导致层间、层内渗流特性差异加大。这类储层随着油田的不断注水开发，层间矛盾越来越突出。为了降低层间矛盾对注水的影响，使各油层能按照配注量合理、均匀注水，以提高各油层的水驱油效率，国内油田多采取分层注水工艺。因此提高分层注水对各储层的配注合格率、配注有效期成为解决油田开发中的层间矛盾，实现有效注水，保持地层能量，维持油田长期稳产、高产，提高水驱动用储量和采收率关键。目前国内常用的分注工艺有液力投捞分注工艺、同心集成式分注工艺、偏心分注工艺，同心管分注工艺等。在这些分层注水工艺中，同心管分层注水工艺做为分层注水工艺的一种，以其独特的管柱结构，可形成3条独立的注水通道，能够有效避免水质、管柱蠕动、层间压差、配注量对注水的影响，使注水量能按照地质配注要求通过地面管汇进行实时、精确配注。保证了配注合格率在90%以上。通过多年的现场应用表明：同心管分层注水工艺具有工艺管理方便、配注有效期长、配注合格率高等特点。

2　新疆油田同心管分层注水工艺的发展

新疆油田同心管分层注水工艺的研究开始于20世纪80年代初，其结构组成主要由两级无卡瓦的静液压封隔器、密封插管及注水滑套组成，此种管柱存在封隔器承压低、密封不好；管柱无锚定、有效期短；坐封时要用钢丝投捞涨压杆、解封需下专门的解封工具；由于水质腐蚀等因素导致的不易解封等缺点。针对过去同心管分层注水的不足，我们做了多方面的改进。使同心管注水工艺得到了较大程度的发展，其发展主要分为以下3个方面：

2.1　工具的发展

众所周知，分层注水有效期的长短，关键取决于与之配套的井下工艺管柱的结构，而井下管柱工作性能(承压、使用寿命)主要取决于与以之配套的井下封隔器性能的好坏。新疆油田同心管分层注水封隔器的发展经历了从无卡瓦的静液压封隔器到可钻封隔器到带液压缸的可钻封隔器的过程。其中从无卡瓦的静液压封隔器到可钻封隔器的过程使封隔器的承压性能、使用寿命得到了大幅度的提升(从 15MPa 升到 50MPa),而带液压缸的可钻封隔器的研制又使管柱减少一趟提下作业,缩短了施工周期、节约了费用。

2.2 施工工艺的发展

新疆油田同心管分层注水施工工艺的发展经历了由繁至简,由难到易的过程。一方面早期的封隔器需要用录井钢丝投捞涨压杆进行坐封,而采用了可钻封隔器作为基础封隔器后,只需投球打压便可完成封隔器的坐封,简化了施工工艺;另一方面在早期为改善注水层吸水性而进行的酸化作业时,当压差大于 15MPa 时就需要泵车打平衡,以保证封隔器的密封性,随着封隔器承压能力的提高,耐压差提高到了 50MPa,降低了施工难度。

2.3 管柱力学分析、防腐技术的发展

随着对管柱力学分析认知程度的提高及防腐技术的发展,逐步加大了对这方面的应用,现有的同心管分层注水工艺管柱,一方面通过管柱力学分析(管柱强度校核)、水力摩阻损失等相关计算优化了内外油管组合。另一方面通过防腐处理,提高了工具的防腐性能。

3 新疆油田同心管分层注水工艺现状

目前新疆油田的同心管分层注水工艺是在早期同心管分层注水工艺技术的基础上,针对哈国让那若尔油田(层间矛盾较为突出、注水水质差、地质要求对各层的注水量较大,全井最大注水量达 $700m^3/d$)及新疆油田采油三厂的特点研究开发的,分为一级两层、两级三层分层注水工艺(特殊需求)。

3.1 管柱的结构

管柱结构包括地面井口及配注管线(图 1)和井下同心分层注水管柱两部分(图 2、图 3)

同心管分层注水管柱的外管主要由可钻封隔器、导向头、延长管、密封插管、可取封隔器(两级三层注水时使用)定位接头、注水工作筒等组成;内管主要由导向头、延长管、密封插管、压井滑套等组成。

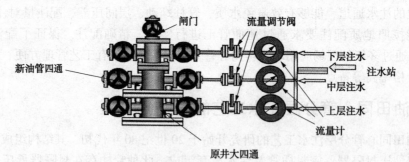

图 1 地面井口配注管线

3.2 工艺原理

一级两层同心管分层注水工艺是在同一井筒内下入内外两层油管,一层外管,一层内管。首先用 KCY453 可钻封隔器将需要隔开的上下层封隔,然后用外管连接密封插管和注水工作筒等配套工具插入封隔器,最后内管上连接压井阀,下接另一个密封插管插入注水工作筒内。通过内管向下层注水,通过内外管环空向上层注水,从而达到分层注水的目的。调配

测试工作均在地面进行，上下层注入量的调节分别通过上下层所安装的流量调节阀完成，具体流量的大小由流量计显示。

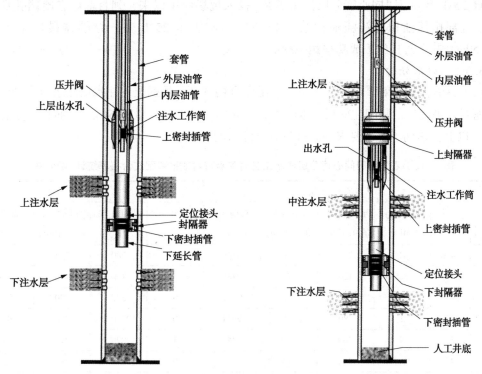

图2 一级两层同心管分层注水管柱结构图   图3 两级三层同心管分层注水管柱结构

两级三层同心管分层注水主要针对层间矛盾突出，采用常规井下分注工艺无法实现分层注水要求的特殊工况，其原理是在一级两层的基础上通过外管下入第二个封隔器，实现对中层的卡封，并通过油套环空向上层注水，其上中下层的注入量由井口装置所安装的流量调节阀完成。

3.3 工艺主要特点

（1）有各自独立的注水通道，能有效地消除层间干扰，尤其适合于深井、大排量、水质差、层间压差大的水井的分层注水。

（2）地面控制各层配注量，配注准确，便于计量和现场管理。

（3）管柱无需投捞作业，不存在堵水嘴的问题，对水质的适应性好，并可在不动管柱重复对上、下层进行酸化处理。

（4）注水封隔器采用带液压缸的可钻封隔器，管柱密封性好、耐压差高、使用寿命长、安全系数高，并可减少一趟提下作业。

（5）工具采取了防腐措施，耐 H_2S 和 CO_2 气体腐蚀。

3.4 技术指标

（1）工作压差：≤50MPa。

（2）工作温度：≤120℃。

（3）适用井深：≤4500m。

（4）适用套管：$5\frac{1}{2}$in、$6\frac{5}{8}$in、7in。

3.5 现场应用情况及效果分析

3.5.1 现场应用情况

自 2004 年 11 月"同心管分层注水工艺"投入现场应用以来，到目前已在哈国扎那若尔油田、北部扎其油田、新疆油田公司采油三厂施工了 25 口井，封隔器最大下入深度 3789.50m，井下管柱施工成功率达 100%。

3.5.2 效果分析

（1）封隔器密封效果好、注入量大、配注合格率高。根据上下注水层注水压力判断，封隔器密封效果较好。从配注效果（表 1）来看单井的日最大注入量为 640m³，而且配注合格率在 90% 以上，达到了地质要求的大排量分层注水的要求。

表 1　让那若尔油田同心管分层注水工艺封隔器密封效果和配注合格率统计（部分井）

序号	井号	上层				下层			
		注水压力/MPa	设计注水量/(m³/d)	实际注水量/(m³/d)	合格率/%	注水压力/MPa	设计注水量/(m³/d)	实际注水量/(m³/d)	合格率/%
1	3460	10	250	250	100	9	280	273	97.5
2	2579	6.5	120	120	100	3	150	150	100
3	2435	2	280	268	95.7	0	320	320	100
4	2335	1	280	270	96.4	0	380	370	97.3
5	2353	9	260	260	100	7	220	210	95.4
6	2474	17.5	250	245	98	0	290	290	100
7	2541	13.5	220	220	100	11.5	260	250	96.1
8	2396	19	130	128	98.4	15	170	170	100

（2）配注准确、方便、可靠。让那若尔油田层间压差大，下层强吸水，上层弱吸水甚至不吸水，层间干扰大，层间最大压差为 17.5MPa，而且水质不合格，清水、污水混注。采用同心管注水工艺后，有效的消除了层间干扰，避免了因水质问题对注水效果的影响，而且无需投捞作业及动管柱便可根据地质要求对上下注水层配注量进行调整，配注准确，便于计量和现场管理。

（3）配注有效期长、施工成功率高。让那若尔油田 3460 井是 2004 年 11 月施工的同心管分层注水工艺井，至目前为止已有 5 年时间在连续注水，全井和分层配注合格率保持在 90% 以上，注水压力由原来的 4.6MPa 上升到 10MPa，这些数据间接反映出管柱工作正常，地层压力正在恢复，从而延长了该井组油井的免修期。

4　新疆油田同心管分层注水工艺的发展方向

随着近年来新疆油田对深层油藏、低渗透性、薄层油藏开发力的加大及钻井水平的提高，超深井、大斜度井、水平井越来越多。而分层注水工艺作为保持油层压力、调整油田层间矛盾的有效措施，必将应用于超深井、大斜度井、水平井的开发中。但由于超深井的井深及大斜度井、水平井的特殊井身结构导致了这类井的分层注水工艺必然与常规分层注水工艺不同，并且施工难度增大。同心管分层注水工艺作为分层注水工艺的一种也将面临诸多难题，具体表现为：

4.1 超深井的影响

受超深井井深的影响，为保证油管强度同心管分层注水工艺必须选择更高钢级的油管，而过高钢级的油管将导致施工成本大幅增加。为了能降低成本、选用普通钢级油管，我们设想采用封隔器多级悬挂油管的方式解决这一问题。虽然这能有效地降低施工成本，但也加大了作业的难度，对施工工艺、现场作业提出了更高的要求。

4.2 大斜度井、水平井的影响

受大斜度井、水平井特殊井身结构的影响，同心管分层注水工艺将面临封隔器下入难度大、内外管下入难度大、管柱不好压重等难题。因此我们首先从降低施工风险出发设计出具有防中途坐封能力的封隔器。然后针对内外油管下入摩阻大、插管插入难的问题选用合理的管柱结构(配套有效的油管扶正装置及采用降摩涂层)，降低油管在下入过程中的摩阻；最后通过建立完整的大斜度井、水平井管柱水力摩阻、管柱受力分析等模型，为大斜度井、水平井的内外油管组合优选提供有力科学依据，最终实现大斜度井、水平井的同心管分层注水工艺。

5 结论

新疆油田同心管分层注水工艺经过近30年的发展，技术已趋于成熟。此工艺以可钻封隔器作为基础封隔器，能够有效避免水质、层间压差、配注量对注水的影响。可按照地质配注要求，通过地面管汇对注水层进行实时、精确配注，满足了不同工况下2~3层分层注水的要求，尤其适合于深井、大排量、水质差、层间压差大的水井的分层注水。具有承压高、对水质适应性好、使用寿命长、配注合格率高、配注有效期长等优点。目前正向超深井、大斜度井、水平井的方向发展。

同心管分层注水工艺做为分层注水工艺的一种有其明显优点，即配注有效期长，配注合格率高等，但也存在一定得局限性，如水井的一次投入费用高(更换井口和油管的费用)、现场施工相对复杂(因在同一井筒内下两次油管)、最多只能分注3层等，这些无法克服的缺陷，使其应用条件及规模受到一定限制。但如果能有效的将同心管分层注水工艺特点与各个油田、区块注水的要求相结合，同心管分层注水工艺必将对油田的高产、稳产作出更大的贡献。

参 考 文 献

[1] 聂海光，王新河. 油气田井下作业修井工程. 北京：石油工业出版社，2002.
[2] 万仁傅，罗英俊等. 采油技术手册(修订本)第5分册. 北京：石油工业出版社，2005.

作者简介：

黄新业，工程师，出生于1980年，2003年毕业于大庆石油学院机械制造及其自动化专业。现在新疆油田公司采油工艺研究院从事井下工具研究工作。地址：新疆克拉玛依市胜利路87号，邮编：834000，电话：0990-6881900。

新型化学封窜剂治理油水井管外窜技术

赵玲莉　王容军　王晓惠

(新疆油田公司采油工艺研究院)

摘　要　针对新疆油田各区块油水井管外窜漏的问题，成功研发新型油水井化学封窜剂及配套施工工艺，该剂在地层中能够快速形成网架结构，有效驻留在漏层和窜槽中，并在一定温度下能够发生多次水化反应，具有修补受损界面的"自愈"功能。该技术主要用于油水井破损套管的修复堵漏、堵炮眼、堵大孔道和调层增产等作业，2006～2008 年在陆梁、彩南等油田进行了多井次的油水井封窜堵漏作业，取得了良好的效果。

关键词　新型化学封窜剂　管外窜　封堵

引言

随着油田开采程度的不断加大，开发过程中油水井的强采强注，各种增产措施的高压憋挤，化学剂对封固段水泥环的浸泡、腐蚀，致使目的层水泥环受到损害，管外窜问题日趋普遍，严重影响了油水井的正常生产。目前，新疆油田各区块存在管外窜现象的油水井不断增多，给其他采油工艺的实施带来一定的困难。对于油井而言，管外窜极易沟通高渗水层，使其产液、含水短时间内急剧上升，在很大程度上压制了原油的开采；对注水井而言，管外窜使注入水窜入非目的层，导致水驱效率低下；对于底水丰富的油藏，管外窜极易引起注入水驱动底水，导致油井底水锥进速度加快，生产井含水迅速上升。

常规的油水井封窜堵漏剂与周围界面不能形成良好的胶结，在强采强注的动态冲蚀下容易被破坏，封堵有效期短，因此，在保证封堵层本体强度的基础上(达到或超过水泥)，通过强化封堵层与封堵界面的胶结强度和封堵层自身的韧性和致密性，增强抗冲蚀能力，是提高油水井封窜堵漏有效期的技术关键。

1　新型化学堵漏剂室内研究

1.1　封窜堵漏机理的研究

堵剂中含有多种纤维及增强材料，进入地层后能够快速形成网架结构，驻留于漏层和窜槽中，施工中通过动态调整施工参数，不断提高堵层在漏层中的密实性，最后通过堵剂本身特有的界面胶结强度增强机制，达到封堵窜槽和漏层的目的。通过以下两种机制得以实现：

(1) 网架结构快速形成机制。

新型化学封窜剂进入封堵层后，能够通过特殊的机制，快速形成网架结构，有效地滞留在封堵层内。

(2) 界面胶结强度的增强机制。

新型化学封窜剂在胶结界面形成高强度、耐高压水流冲蚀的低碱性水化产物，同时可使胶结界面产生多次水化反应，新生成的凝胶具有修补受损界面的"自愈"作用。

1.2 新型化学封窜剂的室内评价试验

1.2.1 化学封窜剂驻留性和胶结强度评价实验

新型化学封窜剂在模拟漏层中能够快速形成网状结构，并且形成的网状结构具有一定的承压能力，终凝后胶结界面具有较高的突破压力和击穿压力。而普通油井水泥不能形成网架结构，突破压力和击穿压力都较低，试验结果见表1。

表1 新型封窜剂和普通油井水泥结构对比

样品号	网状结构形成时间/s	网状结构形成后的承压能力	突破压力/MPa	击穿压力/MPa
1#配方	45	2.5	6.0	12.0
2#配方	34	3.5	7.5	16.0
3#配方	20	4.0	8.5	24.0
油井水泥	无网状结构形成	0	3.8	7.5
超细水泥	无网状结构形成	0	4.5	8.2

试验选用不同堵剂随时间变化的强度表征如图1所示，新型堵剂在漏层中几分钟之内能快速建立起强度，而普通水泥堵剂需要较长的时间，新型堵剂在24h之内可达到较高的击穿压力，而普通水泥强度只有新型堵剂的1/3。

1.2.2 封堵层结构形成速度和强度实验

试验选用不同配方的新型封窜剂和普通油井水泥、超细水泥室内模拟漏层时考察其封堵层形成的时间、封堵强度和封堵层黏结强度，试验结果见表2。

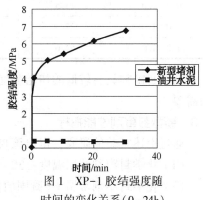

图1 XP-1胶结强度随时间的变化关系(0~24h)

表2 新型封窜剂封堵层形成时间及强度对比试验数据

样品号	封堵层形成时间/s	封堵层形成时间/s	封堵层黏结强度/kPa	备注
封窜剂 1#	28	32	50.39	
封窜剂 2#	67	28	32.66	
油井水泥	无封堵层形成	0	0	全部穿过模拟漏层
超细水泥	无封堵层形成	0	0	全部穿过模拟漏层

封窜剂在模拟实验装置上能够快速形成一定厚度的堵层，并且形成的堵层具有一的黏结强度，而普通油井水泥和超细水泥全部穿过模拟漏层，不能形成堵层。

1.2.3 动态养护下胶结强度实验

实验采用的是不断保持水流动冲刷的动态养护。实验结果表明新型堵剂动态养护过程中水流冲蚀对界面胶结强度的影响较小(表3)。

表3　XP-1凝固体在动态冲蚀条件下的胶结强度与油井水泥对比结果

实验数据 胶凝材料		养护过程中压力及钙含量变化情况/h						突破压力/ MPa	击穿压力/ MPa
		0	2	4	6	8	24		
封窜剂 (优选配方)	压力/MPa	2	0.1	0.6	2.8	4.0	7.0	>20.00	>20.00
	钙含量/%		0.8	0.0	0.0	0.0	0.2		
油井水泥	压力/MPa	0	0.1	0.1	0.1	0.1	0.1	0.20	0.20
	钙含量/%		1.0	0.5	0.0	0.0	0.4		

实验表明：两种凝固体在动态养护过程中，油井水泥的钙溶出量最大，说明水泥在水化固化过程中，形成的水化硅酸钙凝胶被大量冲蚀溶解，造成了油井水泥与钢管胶结界面的抗窜能力大大降低。相比而言，新型封窜剂在水化过程中被冲蚀溶出的钙较少，这与新型堵剂的水化过程和水化产物与油井水泥不同有关，使得封固液有较高的抗窜能力，界面胶结质量较高。

1.2.4　新型封窜剂施工性能(表4)

表4　新型封窜剂不同配比下的性能数据

堵剂：水/g	表观黏度/mPa·s	塑性黏度/mPa·s	动切力/Pa	初切/终切/Pa	初凝/终凝/h
0.8：1.0	15.5	15.0	0.5	2.5/5.0	15/17.4
1.0：1.0	27.5	25.0	2.5	2.8/5.5	12/13.5
1.2：1.0	54.0	43.0	11.0	3.0/6.0	9/10.5

新型封窜剂具有较低的初始黏度，初终凝时间较长，施工安全性好，能够满足现场施工的需要。

1.3　新型封窜剂性能指标

通过上述实验的研究，得出该封窜剂的实际性能指标如下：

(1) 化学封窜剂适用温度：30～150℃。

(2) 化学封窜剂常温下(凝固前)黏度：≤30mPa·s。

(3) 化学封窜剂常温下2h内析水：<4%。

(4) 化学封窜剂稠化时间：4～8h，可调。

(5) 化学封窜剂形成网架结构的时间：<50s。

(6) 化学封窜剂封堵漏失层(凝固后)抗压强度>30MPa。

2　现场施工工艺研究

2.1　空井筒全井平推工艺

主要方法是施工前提出井内全部结构，将封窜剂从套管内注入，堵剂遇到漏层后迅速形成封堵层，封堵窜漏通道。该技术主要适用于套管窜漏点多，无法测试出漏点的复杂井。

2.2　光油管挤堵工艺

方法是将封窜剂通过管柱替至目的层，并将其全部顶替出油管，然后采用套管平推调压。该工艺主要适用于漏点明确，且窜漏点较少的井，采用该工艺，施工安全性高，出现问题可以随时冲沙洗井。

(1) 留塞工艺，普通封窜堵漏采用的一种方法。堵后在井筒遇留一定高度的灰塞，保证封窜的效果。

（2）不留塞工艺，该工艺是将堵剂全部挤入地层，短暂侯凝后，钻塞冲沙洗井至井底。

2.3 下管柱、下封隔器挤堵工艺

对确定封堵的漏层，下入封隔器后，通过挤堵管柱进行挤封，挤封过程中靠油管调压达到封堵的目的。该工艺适用于封层作业。

3 现场应用情况

2006~2008 年，采用新型封窜剂在陆梁油田油水井封窜 16 井次，在彩南油田油井封窜 11 井次，稠油井封堵汽窜通道 1 井次，现场施工成功率为 100%，注水井的剖面得到改善，窜槽得到有效封堵，并取得了明显的增油降水效果，据统计累计增油 28200 余吨，见表 5 和表 6。

表 5　2006~2008 年陆梁油田封窜施工井次及效果统计表

序号	井号	井别	施工日期	施工目的	封窜剂实际用量/m³	挤注工艺	效果评价
1	LU1106	注水井	06.04.29	封窜	8.5	不留塞	剖面改善，井组增油 1179t
2	LU6041	注水井	07.06.10	封窜	2.3	留塞	剖面改善，井组增油 945t
3	LU7105	油井	07.07.08	堵漏	20.0	留塞	增油 547t
4	LU7105	油井	07.07.17	封窜	1.53	留塞	
5	LU2014	注水井	07.08.03	封窜	1.64	留塞	剖面改善，井组增油 2342t
6	LU2224	注水井	07.08.19	封窜	1.22	留塞	剖面改善，井组增油 2491t
7	LU9135	注水井	07.08.27	封窜	3.03	留塞	剖面改善，井组增油 1516t
8	LU9155	注水井	07.09.02	封窜	2.64	留塞	剖面改善，井组增油 2915t
9	LU1027	油井	07.09.11	封窜	1.16	留塞	增油 285t
10	LU6051	油井	07.09.27	封窜	0.9	留塞	增油 346t
11	LU2147	油井	07.10.11	封窜	2.1	留塞	增油 477t
12	LU5205	注水井	07.10.15	封窜	2.3	留塞	剖面改善，井组增油 6005t
13	LU9115	注水井	08.05.22	封窜	2.64	留塞	剖面改善，井组增油不明显
14	LU1046	注水井	08.05.23	封窜	2.5	留塞	剖面改善，井组增油 945t
15	LU2068	注水井	08.09.07	封窜	2.6	留塞	剖面改善，井组增油 1518t
16	LU2084	注水井	08.09.16	封窜	2.4	留塞	剖面改善，井组增油 1974t

表 6　2007~2008 年度彩南油田封窜施工井次及效果统计表

序号	井号	井别	层位	施工日期	施工目的	实际挤堵剂/m³	挤注工艺	效果评价
1	C3521	油井	J_1S（彩 135）	07.07.29	封窜	XP：2.0	留塞	窜槽被封堵
2	C1037A	油井	J_1S（彩 10）	07.07.25	封窜	XP：2.5	留塞	—
3	C3503	油井	J_1S（彩 135）	07.08.29	封层+封窜	KZ：60+XP：5.0	挤注桥塞	增油 1520t

序号	井号	井别	层位	施工日期	施工目的	实际挤堵剂/m³	挤注工艺	效果评价
4	C139	油井	J₁S (彩8)	08.04.27	封层+封窜	KZ: 40 +XP: 5.0	挤注桥塞	增油983t
5	C1031 (第一次)	油井	J₁S (彩10)	08.05.21	封层+封窜	KZ: 40 +XP: 2.0	挤注桥塞	增油517t
6	C1031 (第二次)			08.07.11	封窜	XP: 3.0	留塞	
7	C3515	油井	J₁S (彩135)	08.06.12	封层+封窜	KZ: 20 +XP: 3.0	留塞	增油1106t
8	C1037a	油井	J₁S	08.10.15	封窜	XP: 3.0	留塞	增油600t
9	D204	油井	K₁h	08.11.05	封窜	XP: 3.0	留塞	/
10	C1110	油井	J₁S	08.11.06	封窜	XP: 3.0	留塞	/
11	C3518	油井	J₁S	08.11.25	封窜	XP: 3.0	留塞	窜槽被封堵

4 典型井例分析

4.1 不留塞挤注工艺

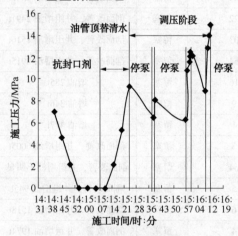

图2 LU1106井封堵管外窜
施工过程压力变化图示

LU1106是陆9井区西山窑组的一口注水井，位于油藏的东南部，测试吸水剖面显示主力吸水段集中在射孔段以下，存在明显的管外窜。施工采用不留塞的挤注工艺，以逐级憋压变频的方式注入，实际挤入XP-1封窜剂8.5m³，当堵剂进入地层时，在一定的憋挤压力下快速形成滤失层，并逐步压实固化，从而形成有效封堵，施工最高压力达到16MPa。施工曲线如图2所示。

LU1106井封窜后的剖面测试结果显示（图3和图4），主力吸水层上移，说明窜槽得到了有效封堵，截止目前，该井组累计增油1179t。

4.2 留塞挤注工艺

LU7105井2006年10月查窜找漏结果显示，在848.0~850.3m处套管破损存在漏点，该漏点位于水泥返高位置之上，套漏点与地层直接相通，同时该井在1517.0~1522.0m存在管外窜，因此对该井进行了封窜堵漏施工。

施工先对该井的套漏点（848.0~851.0m）进行封堵，挤入封窜剂（XP-1）19m³，施工结束后试压13MPa，合格，漏点被有效封堵。

然后对管外窜槽进行封堵，施工采用堵后留塞的挤注工艺，堵剂从射孔段进入窜槽，实际挤窜剂2.6m³，憋压至13MPa，后对其重新射孔，灰面位置在油层上部100m。

LU7105封窜后剖面测试结果显示，主力吸水层由原来的射孔段下部转移至了射孔段中部，说明窜槽被有效封堵（图5、图6），截至2009年1月累计增油547t。

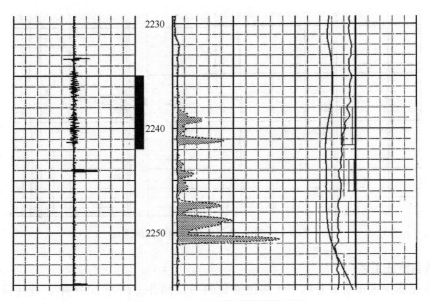

图 3 LU1106 井封窜前剖面测试图

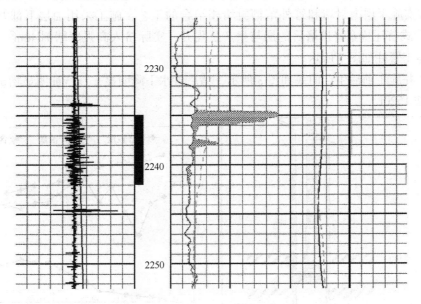

图 4 LU1106 井封窜后剖面测试图

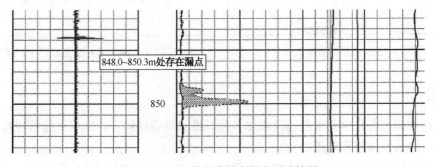

图 5 LU7105 井封堵前套漏点测试结果

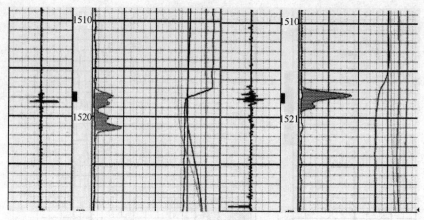

图 6 LU7105 井封窜前后剖面测试图

4.3 下桥塞挤注工艺

C3503 是彩南油田彩 8 井区三工河组油藏的一口油井，该井 2007 年 5 月转抽投产，含水 100%，查窜找漏结果显示该井存在管外窜，结合三工河组油藏底水发育的特点，2007 年 7 月对该井实施了层内封堵和管外窜槽封堵相结合的工艺，施工采用油层下部开窗挤注堵剂，下插管式挤注桥塞将挤堵目的层与生产层隔开，实际挤入高强度堵剂 40m^3，化学封窜剂 4m^3，施工管柱如图 7 所示。

C3503 井施工前后生产曲线如图 8 所示，堵后含水下降明显，日产油明显增加，截止目前累计增油 1520t。

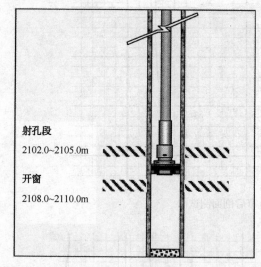

图 7 C3503 油井封堵施工管柱

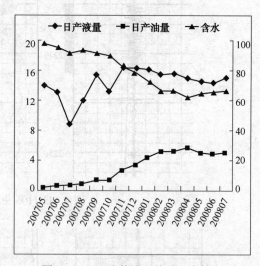

图 8 C3503 油井施工前后生产情况

5 结论

（1）新型油水井化学封窜剂通过添加多种纤维和增强材料，在地层中能够快速形成网架结构，有效驻留在漏层和窜槽中。

（2）新型油水井化学封窜剂通过运用新的界面胶结强度增强机理，能够在胶结界面形成可自我修复、耐冲蚀和高强度的固化体，提高了措施有效期。

（3）通过现场实施，应用该封窜剂施工工艺成熟，封堵效果完全优于油井水泥，该技术在新疆范围内是最好的堵漏和封堵管外窜槽的化学堵剂。

（4）该封窜剂既可以解决油水井在二次固井成功率低的问题，还可以和不同的堵剂组合使用，如与调剖剂结合对注水井的剖面进行调整，与KZ堵剂结合对油井的高含水问题进行综合治理等。

参 考 文 献

[1] 乔贺堂. 生产测井原理及资料解释. 北京：石油工业出版社，1992.
[2] 测井在石油工程中的应用论文集. 北京：石油工业出版社，1996.
[3] 杨振杰等. 不同养护条件下油井水泥与钢管胶结界面微观结构的对比研究（Ⅱ）. 石油钻采工艺，2002，24（5）：1~4.
[4] 杨振杰等. 油水井破损套管的化学堵漏修复. 石油钻采工艺，2001，23（4）：68~71.

作者简介：

赵玲丽，女，1963年生。1980年7月毕业于新疆独山子石油学校石油工程专业，高级工程师，现从事油田化学方面的研究工作。通讯地址：新疆克拉玛依市胜利路87号，邮编：834000，联系电话：0990-6881104。

青海油田"十一五"储层改造取得的成绩及后几年需求

张启汉　郭子义　张文斌　曾立军　万有余

(中国石油青海油田公司)

摘　要　"十一五"以来，青海油田油气勘探与开发呈现出一个显著特征，低渗透储层勘探开发力度逐年加大，以压裂、酸化为主的储层改造措施工作量呈明显的上升趋势。压裂、酸化增产、增注措施得到广泛应用，为低渗透储层油气勘探与开发提供了强大的技术支撑，起到了较好的增产、增注作用。

本文通过对青海油田"十一五"期间压裂、酸化为主的增产、增注措施的应用情况、措施效果、经济效益、与国内各油气田的各项指标的对比分析，找出青海油田增产、增注工艺存在的主要问题，并提出今后几年加快低渗透储层开发步伐急需解决的技术关键，寻求国内各兄弟油田的支持与帮助。

关键词　低渗难采　压裂　酸化　柴达木盆地

1　青海油田增产措施实施情况

1.1　压裂增产、增注措施实施情况

油井 4 年累计进行压裂措施 240 井次，有效井 206 井次，措施成功率 88.35%，措施有效率 85.8%，累计增产原油 13.024×10^4t，单井当年平均增油 378.1t，单井平均累计增油 729.6t。水井压裂增注量相对较少，4 年累计完成 10 井次压裂增注作业，措施成功率 90%，措施有效效率 80%，累计增注 5.69×10^4m^3，平均单井累计增注 5687.6m^3。

1.2　酸化解堵增产、增注措施实施情况分析

酸化解堵增产措施 4 年累计进行酸化措施 552 井次，有效 432 井次，措施有效率平均为 78.26%，累计增产原油 19.35×10^4t，单井当年平均增油 265.17t，单井平均累计增油 429.0t。4 年累计完成酸化增注 156 井次，有效 123 井次，措施有效率平均为 78.85%，累计增注 35.3×10^4m^3，平均单井累计增注 2152.84m^3。

1.3　探井、评价井措施情况

4 年共在各类探井、评价井共进行酸压、压裂储层改造 94 井次，其中酸压 6 井次，油基压裂 1 井次，水基压裂 87 井次，措施成功率平均 71.3%措施改造后累计有 23 层组获工业油流，占措施总层数的 24.5%，探井、评价井储层改造层组明显增加。

2　增产措施工艺与国内各油田的差距对比分析

为了评价储层改造工艺技术水平，寻找青海油田与国内先进水平的差距，对近 4 年来各油气田储层改造工艺应用规模、措施有效率、当年增油量、累计增油量、累计增注量、措施有效期、投入产出比等技术经济指标进行对比并得出如下一些主要结论：

2.1　酸化工艺技术经济指标对比分析

（1）青海油田油、水井酸化应用规模相对较大，其中油井酸化 57.4 井次/（100×10⁴t 产能/年），是平均水平的 5.97 倍，水井酸化 18.5 井次/（100×10⁴t 产能/年），与平均水平持平。

（2）青海油田油井酸化措施有效率 81.2%，与国内平均水平（81.7%）相差不大，而水井酸化措施有效率相对较低（76.2%），与平均水平（93.4%）相差较大。

（3）青海油田油、水井酸化当年增油平均 313.4t，与平均水平（362.0t）有一定的差距，油井酸化累计增油量为 411.3t，与平均 585.5t 的水平相差较大。

（4）青海油田酸化工艺平均措施有效期为 197.0d，与均 255d 的水平相差较大，投入产出比为 1∶2.77 处于中等水平，与平均水平（1∶2.94）相差不多。

从总体上分析，青海油田油井酸化增产应用规模偏大，水井措施有效率偏低，措施累计增油少，措施有效期相对较短，提高水井措施有效率和酸化措施有效期是今后酸化工艺研究的重点。

2.2　压裂工艺技术经济指标对比分析

（1）与国内各油气田相比，油、水井压裂工艺应用规模相对较小，其中油井 72.3 井次/（100×10⁴t 产能/年），仅平均水平的 1/3，水井 2.3 井次/（100×10⁴t 产能/年），仅平均水平的 1/10。

（2）油井压裂措施有效率 86.2%，与平均水平（91.1%）相差较大，而水井压裂措施有效率相对较低，仅 80.0%，与 89.3% 的平均水平相差较大。

（3）单井平均加砂量与平均施工砂比虽然逐年增加，但与平均水平相差较大（23.9m³ 和 24.7%），受到青海薄互层、高应力、高泥质含量的储层特点的制约，砂量和砂比的提高难度相当较大。

（4）油井压裂当年增油平均 395.0t，比平均 370t 的水平稍高，油井压裂累计增油量为 786.2t，与平均 770.5t 基本持平。青海油田水井压裂增注 5720.0m³，远远超平均 3445.4m³ 的水平。

（5）压裂措施平均措施有效期为 481d，与股份公司平均 478.2d 稍高，投入产出比为 1∶3.20 相对较差（平均为 1∶4.47），具有较大的提升空间。

从总体上分析，青海油田油井、水井压裂措施应用规模偏小，单井加量和平均施工砂比相对较低，当年增油量与累计增油量与股份公司平均水平持平，但措施成本高，造成压裂措施投入产出比与股份公司平均水平相差较大。

2.3　储层改造措施对比分析小结

从以上分析可以得出，青海油田压裂、酸化增产、增注工艺基本适应青海油田储层改造的要求，但存在如下一些主要问题：

（1）增注工艺实施力度不够，特别是低渗透油藏压裂增产、增注实施力度偏小，没有形成低渗透油藏以水井为中心的开发压裂理念，政策与技术均不配套，难以从整体上提高低渗透油藏开发速度与开发水平，加强水井增注措施的实施力度是今后储层改造的重中之重。

（2）进一步提高压裂工艺技术水平，提高薄互、高应力、高泥质含量地层单井加砂量和措施有效期，改善措施效果，提高压裂措施的适应性。

（3）降低措施成本，提高措施效益是青海众多低渗、低压、低产储层有效动用的关键，"低成本措施战略"是青海油田储层改造工艺进步的基础，也是原油产期稳产上产的要求。

3 储层改造工艺近几年取得的主要成绩

3.1 形成了柴达木盆地压前评估技术，为措施改造提供了基础

对青海柴达木盆地主要区块分布、储层岩性物性、储层敏感性及及地层参数分析与评估，得出如下一些主要认识：

（1）柴达木盆地受地质构造影响明显，平面上分布范围广，受众多断层的分隔，储层在平面上的连续性差，在纵向上地层的对比难度大，储层改造工艺只能是点对点的研究与应用，重点研究、全面推广的研究模式，难以得到很好应用。

（2）储层纵向分布井段长，层数多，油、气、水、薄泥层间互，地层压力低，平面上断层多而复杂，属典型的薄、多、散、杂型储层，为储层改造成功率的提高、技术方案的设计以及工艺的实施带来极大难度。

（3）储层岩性复杂、泥质含量高、敏感性强，为储层改造工艺技术的选择、提高措施的有效率和效果，增加了困难。

3.2 选择出主要油区适合储层特点的增产措施工艺

结合储层改造措施选择的关键因素和以上分析，形成了柴达木盆地储层改造工艺选择基本思路，各主要区块储层改造工艺选择结果见表 1。

表 1 青海主要区块储层改造工艺选择结果

储层主要类型	渗透率级别	主要油田	储层改造工艺
砂岩类储层	低渗透	南翼山中浅层、红柳泉、乌南—绿草滩、七东、尖顶山、冷湖、昆北、咸水泉	不同液体体系、不同工艺的水力加砂压裂
	中高渗透	跃进、花土沟、马北、东部气田、油泉子等	解堵酸化
	裂缝性	狮子沟深层	酸压或酸压加砂
复杂岩性油藏	低渗透	尕斯灰层、跃西	稠化酸酸压或交联酸酸压加砂
	中高渗透率	南翼山深层、开特米里克、油泉子	变粘酸酸化

3.3 形成了措施后评估技术，找出了制约措施成功率提高的的关键因素

形成了以压裂施工压降曲线为基础，以 FracPT 软件为平台，压裂施工曲线拟合、时间平方根曲线评价、G 函数曲线评价和双对数曲线评价为主的措施后评估技术，找到了制约措施成功的关键因素，并提出相应的对策：

（1）由于储层泥质含量高、储层塑性强、杨氏模量高，水力形成的人工裂缝较窄，高砂比施工易早期砂堵，采用 30~50 目的小粒径支撑剂以降低施工风险。

（2）多数井有天然裂缝存在且施工易形成多裂缝，造成地层滤失严重，采取粉陶进行降滤工艺降低压裂液的滤失，保证施工的成功。

（3）根据净压力拟合分析结果，施工过程中受多裂缝因素影响严重，造成缝宽较窄、裂缝延伸困难。建议对于有些深井，支撑剂可以采取 30~50 目小直径支撑剂，以解决支撑剂的输送困难问题。

（4）由于压裂层段厚度薄，射孔孔眼数量有限，近井筒附近摩阻高，裂缝扭曲严重，给施工带来困难，在前置液期间采取支撑剂段塞技术，对裂缝进行打磨，消除近井筒附近高摩阻和裂缝扭曲。

3.4 形成了多种措施液体系，选择出不同区块适合的措施液

通过几年的努力，形成了油基、清洁、常规胍胶、低聚合物为主的压裂液体系和稠化酸、清洁自转向酸、地面交联酸为主的酸液体系，并选择出适合不同区块储层的措施液（见表2）。

表 2　青海主要区块压裂液体系选择结果

序号	区块名称	储层埋藏深度/m	压裂液体系	压裂液渗透率恢复/%
1	尖顶山	300~1000	低聚物压裂液	75.3
2		1200~2000	低浓度胍胶	67.5
3		2000 以上	有机硼压裂液	71.4
4	南翼山	300~1000	低聚物压裂液	73.4
5		1000~1500	清洁压裂液胶	80.5
6		1500~2300	中温胍胶体系	71.4
7		2300 以上	有机硼体系	69.5
8	七个泉	500~1900	油基压裂液	87.6
9		2000~2500	清洁压裂液	81.5
10	红柳泉、七东	2500 以上	有机硼体系	76.3
11	乌南、绿草滩、乌东	130~1500	低聚合物	78.9
12		1500~2200	中温胍胶体系	74.5
13		2500 以上	有机硼体系	69.6
14	昆北	1500~1700	中温胍胶体系	82.4
15		1700 以上	有机硼体系	78.6

3.5 形成了复杂断块油藏岩石力学参数与地应力分析技术

通过室内实验与测井资料回归，形成了岩石力学参数与地应力剖面回归技术，在总结分析基础上，得出了青海主要区块储层岩石力学参数与地应力特征，取得如下一些主要认识。

（1）从岩心典型应力——应变试验曲线可以看出，柴达木盆地储层砂岩成熟度较低，应力—应变图上具有明显的塑性特征，这不仅对裂缝破裂和延伸有较大的影响，而且改变了正常的裂缝形态，降低了人工裂缝的渗流效率，压裂施工设计时要充分考虑到地层的塑性而采取针对性工艺技术。

（2）从储层岩石力学参数可以看出，储层岩石杨氏弹性模量高于其他油田 20%~40%，压裂施工形成的人工裂缝宽度较窄，施工过程易形成砂堵，造成措施失败，使得压裂加砂难度大，成功率低。

（3）由于复杂岩性储层碳酸质、碎屑质及泥质含量基本成三等分，为储层改造工艺优选和技术优化带来困难，也增大了储层改造过程中油层保护的难度。

（4）从最小地应力大小分析可以看出，柴达木盆储层地应力相对较大，有些储层达到 0.016~0.019MPa/m 的水平，比常规储层高出近 20%，反映出高应力区的储层特征，压裂施工必然出现高施工压力。

（5）从测井回归和压裂施工统计结果表明，柴达木盆地储层破裂压力梯度较高，多数大于 0.025MPa/m，部分区块达到近 0.03MPa/m 的水平，压裂施工过程会出现高施工压力，有的裂缝太窄而加不进砂，以及深层破裂压力高而压不开地层的危险。

总之，高杨氏弹性模量、高应力、高破裂压力、储隔层小应力差以及强塑性特征，也是青海油田柴达木盆地储层改造工艺的难题之一。

3.6 形成了支撑剂及粉陶段塞技术，提高了施工砂比及措施成功率

乌南—绿草滩地区、乌东、七东潜伏构造、红柳泉以及南翼山中浅层储层岩石致密、低孔、低渗，构造倾角大，储层薄、多、散、杂。由于措施储层薄，储隔层间互，射孔方位与压裂主裂缝方向不一致，压裂施工导致近井带裂缝扭曲形成后，裂缝扭曲处石破碎形成众多小裂缝，使主裂缝宽度变窄，高砂比施工易出现砂堵，形成了支撑剂段塞施工技术。

室内研究及现场试验结果表明，要使支撑剂段塞起到较好的打摩近井裂缝扭曲的目的，必须控制好 3 个关键因素。一是段塞砂比不能太低，平均砂比要在 10% 左右；二是支撑剂段塞中砂浓度要从小到大，防止段塞施工造成砂堵，通常采用 2 级段塞施工，起步砂比 7%，第二段砂比为 10.5%；三是用液强度要达到一定的量才能起到较好的打摩近井裂缝扭曲的效果，一般用液强度 2.5~3.5m³/m 之间。

根据以上因素，结合青海油田压裂用支撑剂，在前置液压开地层形成一定规模的人工裂缝时，加入砂比为 10.5% 的 40~70 目（0.212~0.45mm）的粉陶堵塞近井多裂缝和天然裂缝，达到降滤失的目的，用液强度 5.0~8.0m³/m。

3.7 前置酸预处理工艺

柴达木盆地青海油田储层岩石胶结物以方解石、硬石膏、钙质和泥质为主，其次为云母和泥灰质胶结，胶结类型以接触式和孔隙式胶结为主。酸液可以溶解储层岩石骨架之间的胶结物，从而降低储层岩石的破裂压力和施工压力。

（1）预处理液配方。10%HCl+1%KCl+1%YHF-03（防膨剂）+2% 铁离子稳定剂+2% 缓蚀剂+0.5%BZ-8 破乳助排剂。

（2）预处理液液量及泵注优化。由于预处理液仅仅是为了预处理拟压裂储层近井地带，处理半径不能大于 2.0m，因此处理液用量不能太大，根据相关资料计算预处理液强度为 1.5m³/m，同时预处理液泵注排量控制在 0.5m³/min 以内。

现场试验结果表明，地层预处理技术能降低破裂压力 5~10MPa，大大提高了设备的适应能力，降低了施工风险。

3.8 形成了低压油藏热化学返排工艺

针对红柳泉油田和乌南、油泉子、尖顶山地层压力低，措施液返排难度大的问题，形成了简单实用的热化学返排工艺，取得了较好的效果。

3.8.1 返排液体系配方

经实内评价以及红柳泉油田和乌南、油泉子、尖顶山多口井现场试验，优化出适合低压、低渗透油藏适合的热化学返排液体系配方。

（1）热化学返排液 A 液配方。1%KCl+1%YHF-03（防膨剂）+0.5%BZ-8+20%CH-40（生成剂）。

（2）热化学返排液 B 液配方。1%KCl+1%YHF-03（防膨剂）+0.5%BZ-8+5%CH-41（引发剂）+15%HCl+2% 酸液缓蚀剂+2% 分散剂。

3.8.2 热化学返排液量优化

理论研究和现场试验结果表明，热化学返排液最好返排效果是进入地层 5~10m，因此，根据储层孔隙度、渗透率关系对热化学返排液用量、和施工排量进行了优化，结果见表 3。

表 3 热化学返排参数优化结果

序号	渗透率/×10^{-3}μm^2	有效厚度/m	施工排量/（m^3/min）	液量/m^3
1	1.0~5.0	5.0	0.6	16.0
2		10.0	0.7	18.0
3	5.0~10.0	5.0	0.7	20.0
4		10.0	0.8	22.0
5	10.0~15.0	5.0	0.8	18.0
6		10.0	0.9	20.0

3.9 形成了复杂岩性油藏储层改造工艺

根据储层岩性、泥质含量，以往酸压措施效果，狮子沟深层、尕斯灰层由于储层泥质含量高，常规酸压形成的酸蚀裂缝易闭合，造成措施效果不佳。因此，狮子沟深层、尕斯灰层选择酸压加砂，跃西区块选择稠化酸酸压进行改造，各油藏裂缝参数和施工参数优化结果见表4。

表 4 复杂岩性储层施工规模及施工参数优化结果

区块名称	渗透率/×10^{-3}μm^2	措施类型	裂缝长度/m	施工排量/（m^3/min）	酸液用量/m^3	加砂量/m^3	平均砂比/%
狮子沟深层	1~5	胶联酸酸压加砂	113	2.5~2.8	240	14.4	12.0
	5~10		84	2.5~3.2	180	13.05	14.5
	10~20		75	2.6~3.3	140	10.5	15.0
	备注	支撑剂选择阳泉30~50目高密高强陶粒					
尕斯灰层	1~5	胶联酸酸压加砂	130	2.4~2.8	260	13.65	10.5
	5~10		110	2.5~3.0	210	12.915	12.3
	10~20		90	2.7~3.3	160	11.68	14.6
	备注	支撑剂选择阳泉30~50目高密高强陶粒					
跃西	1~5	稠化酸酸压	85	2.5~2.8	230	采用三段式前置酸酸压+闭合酸化工艺	
	5~10		65	2.5~3.2	180		
	10~20		50	2.6~3.3	140		

3.10 以水井为中心的低渗油藏压裂先导性试验取得显著成效

低渗透油藏效益开发一直是青海油田面临事关全局大问题，因涉及到多个部门和单位，加之油藏地质条件复杂，一直未能取得突破性进展。针对这一问题，七个泉第二开发层系选择七4-33井进行了以水井为中心的压裂先导性试验（表5）。

（1）从水井增注情况分析，水井压裂后30d左右井组油井见效，说明水井压裂目的其一是增注，其二是改造水驱方向，有利于油井受益。

（2）以水井为中心压后稳产期内井组单井平均产量为3.72t/d，较仅油井压裂提高了43%，单井平均日增油2.98t。

（3）青海油田众多低压、低渗透油藏（乌南、南翼山浅层）实施这种以水井为中心的压裂工艺是必要的，如果将开发井网和压裂有机结合起来，将会取得更好的措施效果。

表5 七4-33井组压裂措施效果统计结果

井号	措施前		措施后稳产期		措施有效期/d	单井平均日增油/(t/d)	累计增油/t	备注
	产油/(t/d)	含水/%	产油/(t/d)	含水/%				
七3-33	1.56	10	4.23	32	205	2.92	598.76	
七3-34	1.89	4	9.75	7	196	8.43	1652.13	
七4-32	0.34	7	2.76	10.3	96	2.35	225.6	
七4-34	0.43	30	2.63	16	141	1.90	268.12	仍然有效
七5-32	0.42	4	1.89	4.5	207	1.42	293.35	
七5-33	0.51	14	2.41	29	237	1.64	389.54	
七5-34	0.15	8	2.37	12	205	2.24	458.76	
合计/平均	0.77	11	3.72	15.8	189.8	2.98	3886.26	

3.11 薄互层压裂工艺取得阶段性成果

青海薄、互层压裂先后在尕斯 E_3^1 油藏试验 2 井次，南翼山浅层试验 4 井次。其中南浅 5-09 井采用避射工艺，其余 5 口井均采用人工隔板缝控高工艺技术，工艺成功率 83.3%，措施有效率 83.3%（图 1 和表 6）。

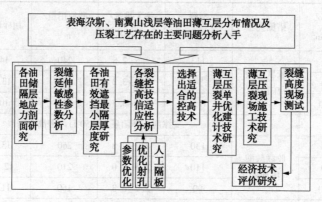

图 1 青海油田薄互层压裂优化设计思路

表 6 薄互层压裂措施效果统计结果

井号	措施日期	措施前		措施后		日均增油/(t/d)	措施有效期/d	累计增油量/t
		产油/(t/d)	含水/%	产油/(t/d)	含水/%			
跃6-38	2008.06.07	0.0	16.7	3.3	23.6	3.3	110.0	363.0
跃新9-10	2008.07.06	2.3	6.78	7.8	8.96	5.5	82.0	451.0
平均		1.2	11.74	5.56	16.28	4.4	96.0	407.0
南浅5-09	2007.05.25	0.0	新井平均 30.23	6.7	15.6	6.7	485.0	3249.5
南浅4-3	2007.05.19	0.0		2.5	16.7	2.5	496.0	1240.0
南浅3-010	2007.05.22	0.0		1.3	13.5	1.3	493.0	465.7
南浅4-8	2007.05.30	0.0		3.8	12.6	3.8	485.0	1843.0
平均		0.0	30.23	3.58	14.6	3.58	489.6	1699.5

4 今后几年需要重点研究、攻关及推广的技术

4.1 分层压裂工艺技术急需完善

（1）完善储层、隔层地应力和岩石力学参数剖面技术和三维压裂裂缝模拟技术的研究。

（2）加大分层压裂封隔器系列产品研究力度，开展分层压裂工艺管柱结构的研究，形成适应于不同储层分布的分层压裂工艺管柱，提高分层压裂工艺的成功率。

（3）进行压裂工艺技术研究，优选各油田的分层压裂工艺。

4.2 急需形成低渗透油田的开发压裂配套技术

（1）配套人工裂缝方位监测设备，完善各低渗油田地应力方向和人工裂缝分布方向数据库。

（2）优化油田区块开发压裂井网类型、井距以及最佳裂缝参数。

4.3 对重复压裂工艺技术进行前期研究

（1）进行压裂井重复压裂时机的研究，选择各油田重复压裂的最佳时机。

（2）进行油田重复压裂选井、选层标准的研究。

（3）进行重复压裂裂缝转向技术的研究与应用。

（4）进行重复压裂压裂规模、裂缝参数、压裂施工参数和压裂工艺技术的研究。

4.4 碳酸盐岩油藏酸压加砂工艺技术的研究与应用

（1）交联酸酸液酸蚀性能和压裂液综合性能评价研究。

（2）加砂酸压工艺选井、选层原则研究。

（3）酸压加砂单井压裂优化技术研究。

4.5 裂缝性油藏水力压裂工艺技术研究与应用

（1）裂缝性砂岩油藏压前地质评估技术的研究。

（2）裂缝性储层压裂早期砂堵影响因素研究。

（3）压裂液降滤失技术研究。

4.6 中高含水期油藏增产措施工艺技术研究与应用

（1）进行中高含水油田现有增产工艺技术评价，评价各储层改造工艺技术在油藏的适应性。

（2）进行中、高含水油田压裂、酸化等增产措施选井、选层研究，提出选井、选层具体参数指标。

（3）进行中高含水油藏选择性压裂工艺技术的研究。

（4）进行中高含水储层层内、层间暂堵酸化工艺技术研究。

参 考 文 献

[1] 王鸿勋. 水力压裂有理. 北京：石油工业出版社，1987.

[2] 章跃. LHPG-2000 型油压裂液室内实验研究. 特种油气藏，2001(3).

[3] 赵永胜. 关于压裂裂缝形态模型的讨论. 石油勘探与开发，2001(12).

[4] Michael Economides. 油藏增产措施. (第三版).

作者简介：

张启汉，1966 年生，中国石油大学(北京)博士研究生，高级工程师，青海油田钻采工艺研究院副院长，主要从事石油工程技术研究与管理工作。电话：0937-8933209，邮箱：zhangqhqh@ petrochina. com. cn。

埕岛油田分层防砂分层注水技术的发展及应用

姜广彬　郑金中　陈　伟　姜道勇　张国玉

（胜利油田采油工艺研究院）

摘　要　针对埕岛油田先后采用的 3 种不同的分层防砂分层注水工艺的特点进行了简单的介绍分析，由于前 2 种不能满足海上注水要求，逐渐被淘汰。目前大通径分层防砂二次完井分层注水工艺成为目前海上注水主导工艺技术。同时介绍了以大通径分层防砂为主的二次完井的类型特点以及发展方向。

关键词　埕岛油田　分防分注　发展及应用

1　前言

胜利浅海埕岛油田自 1999 年对主力油层——馆上段转入注水开发阶段，其斜度大、油层厚、跨度长、易出砂。对注水工艺提出了较高的要求，注水开发要求与先期防砂相结合，要求整套工艺防得住、分得开、注得进、测得准、寿命长、效率高。

埕岛油田自开始注水以来，先后采用了 3 种分层防砂分层注水工艺：密闭注水分层防砂同心双管注水工艺、密闭注水分层防砂同心单管注水工艺以及大通径分层防砂二次完井分层注水工艺。

2　密闭注水分层防砂同心双管注水工艺

2.1　结构原理

该管柱在井口采用双四通，在井内由外管和内管同心油管组成。外油管上带有水力锚、

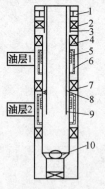

图 1　密闭注水分层防砂同心双管注水管柱

1—水力锚；2—可洗井封隔器，Y341；

3—注水外管；4—Y445 丢手封隔器；

5—注水阀；6—滤砂管；7—分层封隔器；

8—皮碗封隔器；9—注水内管；10—底部球座

扶正器和 Y341 型可洗井环空保护封隔器。内油管上带有用于分层的皮碗封隔器。注水时，由内外油管之间的环空注上层，由内油管注下层。对上层注入水通过注水阀和滤砂管进入地层，对下层注入水通过注水阀和滤砂管进入地层，各层注入水量在井口控制，通过在平台上调节闸门或更换水嘴即可满足配水要求（图 1）。

2.2　技术特点

（1）分层注水量及注水压力均在井口控制，注水量分层测试及调配可在地面进行，因此后期管理比较方便。

（2）能够满足井下测地层压力的工艺要求。

（3）对井斜的要求低，可应用于大斜度井。

2.3 应用情况

在埕岛油田一共应用该技术 3 井次，分别是 CB11F-1 井、CB22A-6 井、CB22A-3 井，目前已经全部改成一级两段空心注水方式。

2.4 应用分析

（1）最多只能分注 2 层。

（2）不能反洗注水内管，不能清洗油层。

（3）管柱上无安全阀等快速关断装置，难以满足海上油田开发的环保和安全要求。

（4）内外管之间皮碗封并不可靠，无法对这类井进行吸水剖面测试。

3 密闭注水分层防砂同心单管注水工艺

3.1 结构原理

该工艺中的防砂管柱主要包括 Y445 丢手封隔器、注水阀防砂管、分层封隔器等，注水管柱主要包括水力锚、可洗井封隔器、多层配水器及皮碗封隔器等工具。该工艺的主要特点就是通过多层配水器一个工具控制 3 个不同层位的注水量(图 2)。

3.2 技术特点

（1）最多能够分注三层，注水量的分层测试或调配可进行液力投捞或钢丝投捞。

（2）作业用料少，管柱一次下井即可完井，施工周期较短。

（3）管柱上具有安全阀和环空封隔器，能够快速关井，满足海上油田开发的环保和安全要求。

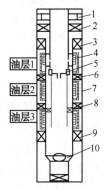

图 2　密闭注水分层防砂
同心单管注水管柱

1—水力锚；2—可洗井封隔器，Y341；
3—Y445 丢手封隔器；4—注水阀滤砂管；
5—多层配水器；6—分层封隔器；
7—套管；8—皮碗封隔器；
9—Y441 封隔器；10—底部球座

3.3 应用情况

先后应用该技术共 15 井次，到目前为止已经全部重新作业，更改为单管空心注水方式。

3.4 应用分析

（1）只能清洗到油层以上的管柱，不能洗至油层部位。

（2）分层注水可靠性低。

4 大通径分层防砂二次完井分层注水工艺

4.1 大通径分层防砂工艺管柱

大通径分层防砂的核心技术就是通过增大整趟工艺管柱的内径，使得注水管柱能获得充分的设计和使用空间，从总体上提高整套技术的可靠性。

4.1.1 结构原理

整套管柱主要包括丢手封隔器、分层封隔器、油管锚、滤砂管及其他辅助配套工具(图 3)。与之配套的内部坐封管柱主要包括丢手工具及系列坐封组合工具等(图 4)。

大通径分层防砂管柱内外管同时下入，采用一次丢手管柱实现多层细分层防砂。管柱丢手后内管随油管起出，可形成主通径为 $\phi108mm$ 的防砂完井井眼，便于以后的注水管柱作业。

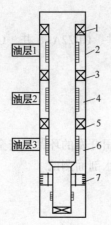

图3 防砂管柱外管
1—丢手封隔器；2、4、6—金属毡滤砂管；
3、5—分层封隔器；7—油管锚

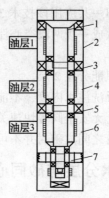

图4 防砂管柱坐封内管
1—丢手坐封机构；2、4、6—金属毡滤砂管；
3、5—分层封隔器坐封机构；7—油管锚坐封机构

4.1.2 技术特点

① 可实现多级分层防砂，预留井眼通径大，易实现分层注水、调配工艺。

② 使防砂和注水各成体系，注水检管或采取增注工艺措施时，可只起出注水管柱。

③ 防砂管外径大，地层出砂后充填层薄，注流阻力小。

④ 配备多级安全接头，便于打捞滤砂管。

⑤ 能够满足后续分层测试的需要。

4.1.3 应用情况

从2002年下半年开始应用，到目前为止共应用140余井次，取得了良好的防砂效果。

4.2 分层注水管柱

目前在埕岛油田使用的注水管柱有2种：常规分层注水管柱和液控式分层注水管柱，目前常用的是液控式分层注水管柱。

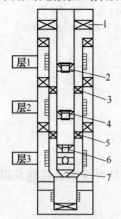

图5 常规分层注水管柱
1—Y241可洗井封隔器；
2、4、6—配水器；
3、5—可洗井分层封隔器；
7—导向丝堵

4.2.1 常规分层注水管柱

4.2.1.1 工作原理

该管柱主要由Y241可洗井封隔器、Y341可洗井封隔器及配水器等工具组成(图5)。按设计将注水管柱调配好，下到预定位置，油管加压，各级封隔器坐封，其中配水器内都带有相应的死芯子下入。封隔器坐封后，利用钢丝绞车带着配水器芯子的打捞工具将各级死芯子捞出，然后根据测试资料将配好水嘴的注水芯子从油管投入，再利用钢丝绞车带下加重杆和球头将各级注水芯子送至空心配水器内工作位置。然后开始正常注水。

4.2.1.2 特点

(1) 可以彻底反洗防砂后的井眼内壁。

(2) 防砂和注水各成体系，注水检管或采取增注工艺措施时，可只起出注水管柱。

(3) 具有环空保护功能，能满足海上油田的开发要求和环保要求。

4.2.1.3 应用情况

该技术共应用 100 余井次，到目前为止，还有部分井处于正常注水状态。

4.2.1.4 应用分析

（1）可洗井封隔器反洗井通道相对来说比较狭窄，加上现场各种条件的限制，注入水水质差，导致洗井通道堵塞，以至于无法进行正常反洗井。

（2）注水分层封隔器为 Y341 型封隔器，在注水压力波动的情况下，管柱的蠕动容易产生封隔器自动解封或胶筒失效的问题，无法达到分层注水的目的。

（3）调配以钢丝投捞为主，施工工艺繁琐。

4.2.2 液控式分层注水管柱

4.2.2.1 工作原理

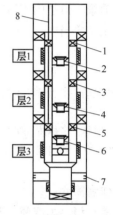

该管柱主要包括液控封隔器、液控管线及配水器等工具（图6）。液控封隔器多级连用，它通过控制管线传递液压完成坐封与解封，从而实现分隔油层与大排量洗井的目的。液控管线用来传递液压，实现液控封隔器的坐封与解封。

4.2.2.2 技术特点

（1）具有独立的液压控制系统，在地面可以控制井下封隔器的坐封与解封。

（2）无洗井阀结构设计，提高了分层可靠性，同时可避免洗井通道堵塞，解决了洗井压力过高或洗井不通的问题。

（3）不用钢丝绞车捞配水器死芯子，减少了钢丝绞车作业工作量。

图 6　液控式分层注水管柱

1、3、5—液控封隔器；

2、4、6—配水器；

7—油管锚；8—液控管线

4.2.2.3 应用情况

该技术从 2008 年开始推广以来共应用 70 余井次，取得了良好的分层注水效果。分层合格率为 100%。

4.2.2.4 应用分析

（1）注水时，各层间不存在洗井通道，密封可靠，分层可靠性高；

（2）洗井通道大，不易堵塞，可以实现大排量反洗井。

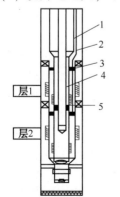

图 7　液控式同心双管注水管柱

1—外管；2—液控管线；

3—液控封隔器；4—内管；

5—定位密插

5　发展方向：液控式同心双管注水管柱

5.1　工作原理

井口采用双悬挂器，由外油管配注上层，由内油管配注下层，配注量由井口采油树闸门控制；正常注水时通过液控分封和密封插头来分隔上下两层，实现分层注水；停注洗井时，液控管线泄压，可分别冲洗双管环空和内管（图7）。

5.2　特点

（1）分层注水量在井口控制，操作方便、调配精确。

（2）采用液控封隔器与密封插头实现分层，可靠性更高。

（3）可以实现全井筒大排量洗井。

（4）防砂管柱结构不变。

6 结论

（1）由于前两种防砂注水工艺在应用过程中不能满足海上油田对注水工艺的更高要求，逐渐被淘汰。

（2）目前埕岛油田主要是以大通径防砂为主的配套的注水工艺管柱。

① 由于常规注水工艺在应用过程中逐渐暴露的问题，正逐渐被液控注水工艺所代替。

② 液控注水工艺的应用有效的提高分层合格率，降低分层验封工作量，提高洗井效率，有效延长注水管柱的使用寿命。

③ 由于液控式同心双管注水该管柱在分两层注水方面具有独特的优越性，具有很广的应用前景。但是由于该工艺还没有安全控制装置，还没有在海上应用，目前安全控制装置正在研制试验当中。

参 考 文 献

[1] 刘殷韬，申兴哲，王进京. 埕岛油田出砂油藏分层防砂分层注水技术. 油气地质与采收率，2005，12（5）：73~75.
[2] 王增林，辛林涛，崔玉海. 埕岛油田注水管柱及配套工艺技术. 石油钻采工艺，2001，23（3）：64~67.
[3] 李长友，刘明慧，贾兆军. 液控式分层注水工艺技术. 石油机械，2008，36（9）：102~104.

作者简介：

姜广彬，工程师，硕士，生于 1980 年，2006 年毕业于中国石油大学（华东）机械设计及理论专业，现从事浅海采油工艺技术研究。电话：（0546）8550273，E-mail：cyyjgb@slof.com，地址：山东省东营市西三路 306 号 257000。

液力驱动井下螺杆泵采油技术

李临华　刘玉国　黄辉才　于昭东

(中国石化股份公司胜利油田分公司采油工艺研究院)

摘　要　液力驱动螺杆泵是主要针对油井生产中管杆偏磨、腐蚀、磨蚀和油稠等问题而研发的一种新的人工举升装置。它采用油田注水/掺水系统水作动力源，驱动井下马达旋转，带动下部螺杆泵采油。具有采用油田注水/掺水管网水作动力，不用另设专门的水动力系统，可有效节约紧缺的电能；采用油水混出，以水包油的形式自内管与油管环空上行，可实现芯部加热，解决稠油降粘问题；对含砂井、含气井具有良好的适应性；无管杆偏磨现象，可大大延长管柱使用寿命等显著优势。本文将对液力驱动螺杆泵装置的工作原理、系统组成、管柱配套、工艺流程设计、现场试验情况及应用前景作简要介绍。

关键词　液力驱动　螺杆泵　结构设计　室内试验　现场试验

1　系统工作原理、技术特点及技术指标

液力驱动螺杆泵是主要针对油井生产中管杆偏磨、腐蚀、磨蚀和油稠等问题而研发的一种新的人工举升装置。整套系统由地面处理系统、井下泵组部分和联系地面与井下的中间部分组成。井下泵组部分主要由马达和螺杆泵组成，是由两者融合在一起重新设计的一种新型举升装置。其工作原理是：系统采用油田注水/掺水系统水作动力源，驱动马达旋转，带动下部螺杆泵采油。采出液与上部动力液汇合，在泵的增压举升作用下沿管柱上返至井口，完成井下液体举升的目的。

由于其工作原理与常规螺杆泵和有杆采油系统不同，因而具有以下技术特点：

（1）采用油田注水/掺水管网水作动力，不用另设专门的水动力系统，可有效节约紧缺的电能。

（2）采用油水混出，以水包油的形式自内管与油管环空上行，可实现芯部加热，解决了稠油降黏问题。

（3）无管杆偏磨现象，大大延长了管柱使用寿命。

液力驱动螺杆泵的主要技术指标为排量 $50 \sim 100 \mathrm{m}^3/\mathrm{d}$，扬程 $\leqslant 1500\mathrm{m}$，井下工作温度 $100 \sim 120℃$。

2　系统组成及工艺流程设计

液力驱动螺杆泵系统从功能上区分由地面处理系统、井下管柱、井下液压驱动螺杆泵组3部分组成。

地面处理系统(图1)由油水分离系统、动力液净化系统、储罐、高压泵、管汇等组成。该系统主要完成采出液的分离、净化及动力液的增压注入功能。

井下管柱包括内管、外管、快速插入装置及专用井口4部分组成。其功能是为动力液注

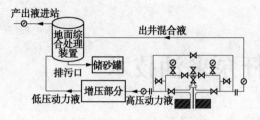

图 1 液力泵地面处理系统

入、乏动力及采出液上返提供通道，并实现井口与地面系统对接，井下部分与双螺泵系统列对接。

井下液力泵组及辅件主要包括液力泵组、锚定器、尾管等。该部分的功能是通过液力驱动螺杆泵实现采油液举升，并实现井下管柱锚定及采出液进泵前的除砂工艺。

动力液系统可采用闭式动力液系统或开式动力液系统。如果采用闭式动力液系统，须在井下另外下一根动力液管柱，将乏动力液由此管返到地面。由于动力液罐比较小，适用于市区和海上平台。采用开式动力液系统，只需两个井下通道，一个泵入动力液管，另一个是将乏动力液和采出液一起送到地面的管柱，可以采用空心抽油杆和小油管，也可以采用 3.5in 油管并利用与套管环空作为两个通道。

如果选用开式动力液系统，将整体泵与油管连接后，再将连接金属密封快速接头的中心管下入井中，与井下泵组上方的插入装置对接，形成动力液注入、混合液上返两个通道。

设计配套的液力驱螺杆泵工艺管柱主要包括 1.9in 内管、3.5in 外管，内外管下部与快速插入接头相联，上部与专用井口相联。管柱采用固定式，配备泄油装置，泵组起下作业时，上提管柱，打开泄油装置泄油，确保满足井场施工作业的安全、环保要求。

3　管柱和工具配套

经过反复研究对比，设计配套了两套管柱(图 2、图 3)。

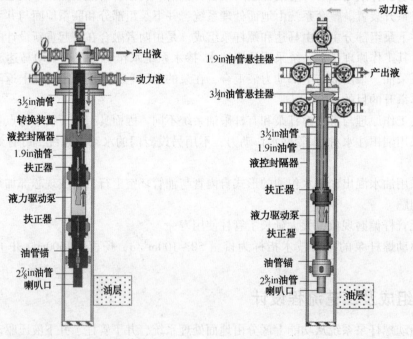

图 2　液力驱动泵生产管柱 1　　图 3　液力驱动泵生产管柱 2

管柱 1 结构自下而上为：喇叭口、$2\frac{7}{8}$ in 油管、油管锚、扶正器、液力驱动泵、扶正器、液控封隔器、转换装置、$2\frac{7}{8}$ in 油管、1.9in 油管。地面动力液自套管阀门进入油管和套管之间的环空，经由转换装置进入 1.9in 油管内腔，动力液通过 1.9in 油管到达液力泵，驱动井底马达，泵排出的地层液和马达排出的乏液由2⅞in油管上行至地面。

管柱2结构自下而上为：喇叭口、2⅞in油管、油管锚、扶正器、液力驱动泵、扶正器、3½in油管、1.9in油管、3½in油管悬挂器、1.9in油管悬挂器。动力液通过1.9in油管到达液力泵，驱动井底马达，泵排出的地层液和马达排出的乏液由3½in油管和1.9in油管之间的空腔共同上行至地面。

管柱1和管柱2分别适用于不需要测取动液面和需要测取动液面的情况。

4 现场试验

液力驱动螺杆泵自2007年开始研制，经过室内试验、改进和现场应用试验，目前在结构优化和系统、工艺配套方面已基本成熟。

截止2009年9月，液力螺杆泵累计已试验应用11井次（表1），在应用中经过不断改进和完善，基本取得了预期目标。除由于油井本身砂堵和水质问题而检泵外，液力泵井井口掺水量和掺水压力变化不大，日产液量和产油量基本稳定，检泵周期明显延长。

同时，从砂埋井的检泵解剖情况看，液力螺杆泵的耐砂性能突出。比较典型的是GO2-18N163井。该井由于化学防砂失效，2009年3月停井。经作业检泵发现，砂埋至泵上油管19.8m。经室内液力泵解剖发现，除了轴承略有损伤外，其余部件均完好。该井试验情况表明，在性能参数方面达到了预期设计目标。液力泵采油在适应大斜度井、含砂油藏的开采方面具有一定的优势。

5 结论与建议

从2007年开始，液力驱动螺杆泵系统经过研制、改进和完善，性能已日趋稳定，基本取得预期目标，证明液力螺杆泵采油方式是可行的，是深井、斜井及含砂、含气量较高油井较理想、颇有前途的采油设备。不仅解决了恶劣井况的举升难题，而且能有效解决目前油田开发中大量存在的杆管偏磨现象，延长油井的工作寿命，大大减少作业量和作业次数，降低生产成本。同时由于不用另设专门的水动力系统，可有效节约紧缺的电能，具有较好的经济效益（表1）。

表1 液力泵井生产情况统计

井号	套管/井斜	下泵时间	泵挂深度/m	换泵前		换泵初期			目前			备注
				日油/t	日液/t	日油/t	日液/t	掺水量/掺水压力/(m³/d)/MPa	日油/t	日液/t	掺水量/掺水压力/(m³/d)/MPa	
GO6-23-1474	7in/无	20070712	789.49	0.82	20.4	0.86	86.3	70/5.7				20090621检泵
GO6-23-1474	7in/无	20080420	895.79			0.9	140	70/2.7	2.4	120	66/1.1	20090803改自喷
GO2-13-47	7in/无	20080516	955.66	0.9	19.2	4.9	51.5	80/1.5	0.4	31.3	81/9.8	20090901砂卡检泵
GO2-13-47	7in/无	20090902	955.66									尚未收到生产数据
GO7-20-215	7in/1.06	20080617	1101.66	4.3	51.7	2.1	48.2	69/6.4	3.1	33.7	100/7.0	
GO2-18N163	7in/0.6	20080712	793.51	6.2	73.8	6.1	47	98/5.8	2.4	10.2	120/6.0	20081101进水管堵检泵
GO2-18N163	7in/0.6	20081102	793.97	2.4	10.2	3.1	42.6	102/6.5				20081205砂卡检泵

井号	套管/井斜	下泵时间	泵挂深度/m	换泵前		换泵初期			目前			备注
				日油/t	日液/t	日油/t	日液/t	掺水量/掺水压力/(m^3/d)/MPa	日油/t	日液/t	掺水量/掺水压力/(m^3/d)/MPa	
GO2-18N163	7in/0.6	20081218	801.54			2.0	47.6	115/8.1	1.1	29.6	92/6.5	
GO4-15-223	7in/无	20080821	1114.97	2.8	56.8	2.3	48.6	94/8.0	0.2	22.7	46/8.0	20090308 进水管堵检泵
GO6-24-1415	7in/无	20090817	790.5			0.1	46.2	87.3/5.2				
GO2-17-252	7in/无	20090829	1100			1.2	48.9	79/4.1				

作为一种新的人工举升系统，其经历的研发周期虽然较短，系统的长期稳定性、可靠性还需在进一步的应用中继续观察和完善，但是，根据目前现场试验结果，相信经过不断的完善和优化完全可以实现工业化应用。

参 考 文 献

李增亮，蔡秀玲. 液力驱动式单螺杆泵设计计算. 石油机械，2001.12(12)：21~23.

作者简介：

李临华，女，1962 年 12 月，1986 年毕业于胜利油田职工大学石油地质专业，高级工程师，山东东营胜利油田采油院浅海所，257000，0546-8797593。

水力深穿透射孔—酸化联作复合增注技术研究与应用

韦良霞 罗 杨 王 磊

(胜利油田分公司采油工艺研究院)

摘 要 介绍了水力深穿透射孔技术的工作原理、增注机理,针对胜利油田低渗透油藏注水开发过程中单一酸化存在重复酸化处理半径小、有效期短、效果变差的问题,引进水力深穿透射孔增注技术,并与酸化技术相结合,形成了具有低渗透特点的水力深穿透-酸化联作复合增注技术,增加了酸液穿透距离,有利于解除深部堵塞及改善深部渗流能力,提高注水效果,现场应用效果表明该技术不但有效率高且有效期长。

关键词 水力深穿透射孔 联作 复合增注 深部解堵

1 引言

胜利油田开发主要以注水开发为主,注水开发油田占 80% 以上,油藏储层性质复杂,同时由于注水水质达不到油田开发要求,因此注水井欠注日趋严重。近几年来随着增注治理力度的加大,欠注井有所减少,但是胜利油田注水井欠注严重问题依然突出,特别是低渗透油田注水井欠注井、日欠注量在不断增加。据统计目前注水井 8332 口,开井 6073 口,其中欠注井 1350 口,日欠注量 $6.02 \times 10^4 m^3/d$,低渗透油田欠注井 538 口,日欠注量 $1.53 \times 10^4 m^3/d$,低渗透油田采收率仅有 22.1%。为此,对欠注井实施攻欠增注,有效调整注水开发油田平面和纵向上的矛盾、完善注采关系,进一步挖掘剩余油潜力,提高水驱油藏最终采收率,具有重要意义。

2 水力深穿透射孔技术

水力深穿透射孔技术是一项用于油气井近井带的改造,进而改善油井流入、注入动态的新技术,具有射孔穿透深、孔径大、流通能力强、定位准确、易于实现定向等诸多优点。该技术最早于 1984 年在美国发明,经多年研究发展,形成了 PeneDrill、JetDrill、SLS1 14-15 等各具特色的深穿透射孔作业系统,国外在美国、加拿大作业数百口井,国内在大庆、辽河、江汉、吐哈等油田已先后作业了数 10 口井,取得了显著的应用效果,验证了该项技术的工业推广价值。2008 年胜利油田采油院引进了该项技术,并在史 3-14-9 井进行了现场试验。

2.1 工作原理

射流深穿透射孔工艺技术是以高压水射流理论为基础,采用先进的液压控制技术,以高压水为动力,利用冲头对套管切割开窗,再以高压水射流穿透地层形成通道,通过高压软管对地层不断射流切割成孔,致使该软管不断深入,在地层中切割出径向距离长、孔径大、清洁无污染的通道(图1)。

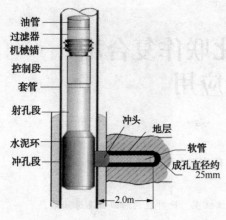

油管
过滤器
机械锚
控制段
套管
射孔段
水泥环
冲孔段

冲头
地层
软管
成孔直径约
25mm

2.0m

图1 水力深穿透射孔管柱及射孔示意图

作业时，用油管将井下工具下至预设井深并定位，通过在地面调节泵压控制井下工具动作，首先由冲孔控制阀控制冲孔机构以液力驱动的机械方式刺穿套管形成喷管和喷嘴进出的通道，然后再由喷射控制阀控制喷射送进系统沿此通道将带喷嘴的挠性喷管径向送入地层，由喷嘴喷出的高速射流钻透地层，边送进边喷射，形成一定孔径、一定深度的径向水平孔。一次下井可完成多个水平孔。

目前，常规聚能弹射孔深度一般在 $300\sim800mm$，国内外研究的大孔径射孔弹和深穿透射孔弹的最大穿透深度也不超过 1.37m，直径为 17.5mm；而水力深穿透射孔能产生清洁的泄油通道，射孔孔深可达 1.5~ 2.0m，孔径大于20mm，渗流面积是常规射孔的10倍以上。其主要的增注机理是：高速高压水射流的冲击没有形成压实污染带；减轻近井筒地带应力集中，有利于提高近井筒地带渗透率；穿透近井筒污染带，波及面积增大，有利于注水泄压，增加了井筒向储层的渗流速度，提高未污染地层流注入能力，从而提高注水量。

2.2 作业系统

射流深穿透作业系统分为地面作业车、数据处理系统、井下工具三部分。

地面作业车是地面专用设备，它的作用是为井下工具提供动力，可提供清洁的超高压水。地面作业车上的主要装备包括：

（1）操作室：液、气、电系统控制柜，计算机。

（2）低压水系统：空气压缩机，离心泵，低压水过滤器组件，水箱，液位控制器，低压水管汇总成。

（3）高压水系统：高压水单元(包括250马力柴油机，70MPa超高压三柱塞泵，高压水管汇总成，长手柄离合器)，安全报警系统等。

井下工具是该系统的核心，主要部件包括：①起锚定作用的机械锚或水力锚；②过滤作业用水的5级过滤器，以防止管柱中的污物微粒进入工具控制部分；③转向工具：可90°或180°转向；④控制部分：以各种精密液压阀控制冲孔、射孔及回收的顺序及速度；⑤射孔部分：喷嘴、软管及驱动螺杆组件；⑥冲孔部分：液压缸、楔块、冲头等。

主要参数：公称外径：96mm，最大外径：118mm，长度：8234mm，重量：350kg。

2.3 应用范围

（1）高污染井。

（2）新井完井中避免对油藏的破坏和压实性伤害。

（3）常规射孔不能穿透侵蚀段或在注水泥作业中形成厚水泥环的井。

（4）需要压裂但无隔层阻止裂缝垂直延伸而进入邻近地层的层段。

（5）很难达到配注量或吸水剖面不统一的注水井。

（6）注入处理液会进一步造成污染的酸敏地层。

（7）由于结垢、结蜡和氯化物等造成二次污染的井。

（8）低渗透率(1~25md)油藏要获得较经济的开采速度，应用效果理想。

特别利用射流深穿透射孔技术能有效改善Ⅱ、Ⅲ类储层开采状况，尤其是对无法压裂的薄层、薄夹层的改造。Ⅱ、Ⅲ类储层欠注严重，运用射流深穿透射孔可以增强地层渗流面积，加强注水，在注入井中改善注入剖面和注入量，提高水驱动用程度。射流深穿透还可用于二次污染井的产能恢复、顶油底水井减缓、遏制水锥发生以及出砂井防砂增产(水泥封堵后进行深穿透射孔)和新井完井、老井、边缘井、稠油井的增产措施等。

2.4 施工工序

起出井内管柱，井通井、刮管合格后进行如下施工：

(1) 管柱下到预定的射孔井段，校深合格后坐封油管锚定器，升压使控制部分换向阀切换到"外伸"位，此时压力 28~42MPa。

(2) 冲孔器和喷射软管同时外伸，一旦冲孔器完成套管冲孔后，过一段时间(一般为10min 左右)喷射软管从工具腔内伸出喷射切割固井水泥环和地层岩石。

(3) 升压至 50~60MPa，喷射软管沿着冲头的中心孔径向伸出，伴随着高压喷射流体贴近地层射孔。在高压喷射软管切入地层的过程中，同时它还以较慢的速度旋转着，以确保地层射出的孔水平、规则。

(4) 当喷射孔完成后(以喷射时间来确定)，降压使控制部分复位到"回缩"位，使冲孔器的喷射软管回退到工具腔内。

(5) 降压到零后准备射下一个孔。

2.5 问题分析与技术评价

该技术在国内已应用数 10 口井，现场试验表明，从技术及设备配套上讲该技术已比较成熟、完善，从现场应用效果看取得了较好的增产增注效果。在现场推广应用中受限的主要表现在：一是下井工具外径大，给实施井况提出了严格的要求；二是现场作业用水水质较高，给现场实施提出了较高的要求，下步应在这两方面加以改进。

3 胜利油田增注技术现状

胜利油田分公司注水井的增注主要以化学增注为主，物理增注为辅，近年来通过配套完善创新增注技术，形成了适合于胜利油田储层特点的增注工艺技术，年增注工作量在 450 口左右，增注有效率大于 85%，平均当年增注有效期为 145d。主要创新应用了水力深穿透射孔-酸化联作复合增注技术，多氢酸复合酸化增注技术，缩膨降压复合增注技术，聚能冲压解堵增注技术，完善了聚硅纳米增注技术，稠化酸复合增注技术，砂岩复合酸增注技术，配套应用了井口过滤、油层清洗、酸液浸泡、分层酸化工艺及负压、液氮、泡沫排液工艺。

化学增注主要的还是各种酸液，基础的还是最终形成 HCL、HF。物理增注主要有振荡解堵、高压旋转水射流、声波助排、聚能冲压解堵增注技术等；物理增注具有施工简单、无二次污染特性，但是由于其单独使用效果不明显，通常现场实施主要是采用物理-化学复合解堵增注。

目前胜利油田注水井攻欠增注存在主要问题是：一是随着油田的不断开发，欠注井层变化使欠注情况日趋复杂，导致增注难度越来越大；二是普通酸化增注处理半径一般在 1~2m，使增注效果受限，在一定程度上影响了增注有效期；三是堵塞及欠注机理的基础研究不够，对增注规模没有系统研究，增注新技术的研究滞后，新技术的推广应用力度不够等。

4 水力深穿透射孔—酸化联作复合增注技术工艺优化

单纯的水力深穿透射孔虽然其射孔孔大、孔深，但是其射孔数量往往受到限制，增注效果在一定程度上仍然受到限制，如在胜利油田现河采油厂史 3-14-9 井，初始仅实施时水力深穿透射孔增注，实施后由原来的 37MPa，注不进下降至 35MPa，日注 $20m^3/d$，仅注 $100m^3$ 水便注不进，后补充酸化增注，压力降至 32MPa，日注 $40m^3/d$，累计增注 $4918m^3$，有效期 235d。

水力深穿透射孔—酸化联作复合解堵增注技术是充分利用水力深穿透射孔与酸化处理各自优势进行互补的一项增注工艺技术。酸化增注技术存在处理半径受限，近井地带堵塞严重导致近井地带形成高压区，使得酸液进入困难，堵塞不易处理彻底，影响了增注效果。水力深穿透射孔孔径大 25mm，容易使酸液波及到污染严重区，提高近井地带的解堵效果，射孔孔深可以达到 2m，酸液容易穿透近井污染带，增大酸液作用范围，处理半径，提高了增注有效率，延长了增注有效期。该技术自 2008 年引进以来，共计在胜利油田低渗透注水井实施 8 井次，有效率 100%，其中实施单独水力深穿透射孔 5 井次，实施水力深穿透射孔—酸化联作 3 井次，均取得较好效果。

4.1 油藏的适应性分析

注水井的伤害解堵中，通常结垢、敏感性伤害及注水伤害能延长至油层深部，低渗透油田确定解堵规模时应该统筹兼顾，在经济界限合理的前提下可以处理到 3~5m，因此水力深穿透—酸化联作复合增注技术更适合于注水井的解堵增注，特别是对于低渗透油田、薄互层、压力高酸液注入困难的井。

普通增注措施难以处理的注水井。低渗透油藏。由于低渗透油藏渗流阻力大，同时由于长期注水，油藏更易受到污染而且伤害深度更深，近井地带形成超高压，而水力深穿透射孔的近井压差小且为直线型，可穿透深度污染层，同时沟通微裂缝，之后进行酸化处理，不但恢复或提高近井带渗透率，而且可大大增加处理的有效深度。提高增注有效率，延长增注有效期。

薄油层。在薄互层的处理中，水力深穿透射孔作业可显著提高与油层的接触面积，在薄油藏中接触面积的增量要比在厚油藏中的增量高许多，因而该技术在薄油层中效果更为明显。另外，因每次只射 1 个孔，更易定深定向，可适应薄油层精确定位的要求。

压力高或酸液注入困难的井：对于渗透率低、污染严重的油藏，以定向水力深穿透射孔作为预处理措施，可降低施工压力，可降低酸液注入压力，并增大酸液穿透的深度与浸蚀面积，实现定向酸化。

4.2 施工工艺的优化

（1）水力深穿透射孔增注：根据实施井处理井段情况，1 孔/m，方位：均匀分布。

（2）酸化增注。在酸化增注中主要做了前期预处理液上着重考虑处理注水污染及碳酸盐、灰质成分等；深部处理上主要针对不同井进行酸液优化；后期配套延长增注有效期的稳定处理。

处理液规模的优化：根据堵塞程度、特征，综合分析确定处理液用量。

（3）工艺优化。

先期实施水力深穿透射孔作业，之后实施酸化增注，预处理中配套浸泡，后期配套泡沫、混气、液氮等助排工艺，以提高效果。

4.3 典型井例

营 12-136 井是东辛采油厂营 12 块一注水井，由于该区块储层为稠油油层，同时渗透率低，注水水质又差，造成该区块欠注严重，曾实施过 3 次酸化增注，其中 2 次有效期均不到

2个月，一次无效。针对这一问题，实施水力深穿透射孔-酸化复合增注技术，利用水力深穿透射孔增注技术，射孔深度至2m，使酸化增注时有利于穿透污染带实施深部解堵增注；在解堵增注液上进行了优选，同时兼顾稠油、注水污染及低渗，为防止注污水伤害，添加稳定剂以延长增注有效期；在施工工艺上采用不同类型处理液的多段塞处理工艺，达到既治标又治本的目的。现场施工压力由26MPa，降低至8MPa；施工后该井注水压力由实施前的25MPa降低至6MPa，降低了19MPa，日注量又原来的20m³上升至90m³，增加了70m³/d，至目前已累计增加注水量2300m³（图2）。

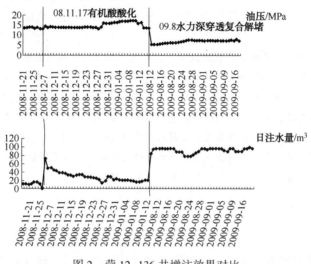

图2　营12-136井增注效果对比

5　结论与认识

（1）水力深穿透射孔增注技术虽然已证明有较好的增注效果，但是由于技术自身的局限性，其增注效果受限。

（2）水力深穿透射孔与酸化联作复合解堵增注技术是一项复合解堵技术，在实施过程中可以优化酸化增注措施，配合不同的化学处理剂以解除不同类型堵塞、欠注原因的注水井。

（3）该技术同时克服了单一的化学解堵和物理解堵自身的缺点，复合应用后可以实现深部处理，增注效果更加显著。

（4）该技术具有有效率高，有效期长的特点，因此应用该技术，经济效益显著。

参 考 文 献

[1] 胡强法，马卫国，张友军．水力深穿透射孔用于近井带改造的分析．石油机械，2004，32(增刊)：11~14.
[2] 覃忠校，张兴建．高压喷砂水射流深穿透解堵技术的研究与应用．石油钻探技术，2003，31(2)：49~51.
[3] 王鑫，张志翔，单永卓．低渗透油田注水井解堵规模的探讨．大庆石油地质与开发，2004，23(3)：70~71.

作者简介：

韦良霞：女，1967年3月出生，大学胜利油田分公司采油工艺研究院，高级工程师。主要从事水质处理及注水工艺研究与应用。

VES-SL 清洁压裂液研究与现场应用

张潦源　李爱山　冯绍云　于　永　左家强

（中国石化股份胜利油田分公司采油工艺研究院）

摘　要　常规的瓜胶类水基压裂液破胶后，不能全部返排，压裂液残渣滞留在储层中，造成地层伤害，对支撑剂的导流能力产生损害，严重时使压裂效果趋于无效。因此，为降低压裂改造过程中压裂液对油藏和支撑裂缝的伤害，开发研制了 VES-SL 黏弹性表面活性剂清洁压裂液。通过室内流变实验，对该压裂液的性能进行了研究评价，同时详细介绍了 VES-SL 黏弹性表面活性剂清洁压裂液在大港油田及华北分公司的现场应用情况。VES-SL 黏弹性表面活性剂清洁压裂液的成功应用，为提高低渗透油气藏的压裂改造效果和开发水平提供了强有力的技术支撑！

关键词　储层伤害　清洁压裂液　低伤害　压裂　现场应用

1　问题的提出

在我国油气产量构成中，低渗透油气产量的比例逐年上升，地位越来越重要，我国未来油气产量稳产、增产将更多地依靠低渗透油气藏。低渗透储量占有较大比例，特别是近 3 年来每年新增低渗透石油探明储量均超过总探明储量的三分之一。压裂是开发低渗透油气藏的主导工艺，但压裂液中的残渣、水不溶物以及压裂液的返排不彻底均会对地层造成伤害。对返排液的分析表明，压裂后至多有 30%~45% 瓜胶基聚合物可返排出来，其余留在压开的裂缝中，对支撑剂的导流能力产生严重损害，严重时使压裂效果趋于无效。

为降低压裂液对油藏和支撑裂缝的伤害，开发了种类繁多的压裂液体系。其中，由于 VES-SL 清洁压裂液体系对油藏和支撑裂缝伤害小且易返排，而成为压裂液领域的研究重点。VES-SL 清洁压裂液不含高分子聚合物，其增稠性能是由特殊的表面活性剂分子来实现的，这些具有特定结构的表面活性剂分子溶解到水中后，能够形成一种类似于高分子线团结构的胶束，从而使得水溶液具有较高的黏度，因此可以作为压裂液使用。由于表面活性剂是小分子，对油藏和支持裂缝伤害小，所以，这类压裂液又称为清洁压裂液或零伤害压裂液。经过多年室内合成，研制了 VES-SL 黏弹性表面活性剂压裂液（VES-SL 压裂液），并在室内研究的基础上，将该压裂液在现场进行了推广应用，为提高低渗透油藏的压裂改造效果和开发水平奠定了基础。

2　VSE-SL 清洁压裂液优点

该体系不含高分子聚合物，可完全破胶化水，基本不对裂缝导流能力造成影响，此外，还具有操作简便，易于配制，使用设备少，不需聚合物水基压裂液那样的溶解/水化过程，无需添加杀菌剂、交联剂、破胶剂等特点。

VES-SL 压裂液在现场中使用的主要优点是：

（1）添加剂相对分子质量小，溶解速度快，现场配制方便。

（2）不在裂缝中留下残余物，对渗透率和导流能力的伤害小。

（3）低摩阻，可用内径较小的压裂管柱施工。

（4）自身具有三维网状结构，可大大地降低滤失速度和滤失量。

（5）携砂能力强（远高于HPG压裂液）。

3 VES-SL清洁压裂液体系研究

3.1 新型表面活性剂的合成

表面活性剂的合成是研究黏弹性表面活性剂压裂液的关键。由于烃基中的碳原子数和不饱和度对黏弹性表面活性剂压裂液的黏度有一定影响，因此，首先利用不同烃基结构的脂肪酸，合成了一系列不同的表面活性剂体系；然后，在表面活性剂浓度为5%，助剂Ⅰ（一种阴离子表面活性剂）浓度为1%，试验温度为90℃的条件下，测试了烃基结构对表面活性剂压裂液的性能影响。试验发现，表面活性剂中碳原子数越多，形成的压裂液黏度越高；而当碳原子数相同时，表面活性剂中烃基不饱和度对所形成的压裂液黏度影响不大。通过室内合成及评价，将油酸和另外3种化工原料作为合成SL表面活性剂的初始原料，在175℃的条件下，经过一系列化学反应后，合成了SL表面活性剂。

3.2 VES-SL清洁压裂液综合性能测试

3.2.1 流变性测试实验

3.2.1.1 高温剪切稳定性（图1）

在恒定温度100℃条件下，体系黏度在135mPa·s左右，且在测试进行1.5h期间基本保持稳定。说明体系具有很高的剪切稳定性和热稳定性，压裂液耐温100℃。

3.2.1.2 黏度-温度关系（图2）

在升温到100℃以前，体系在55℃左右黏度上冲至1000mPa·s左右，出现极大值。然后在80℃时保持在550mPa·s，100℃时降到200mPa·s以下，随后升温到120℃且恒温保持一段时间，体系黏度维持在35mPa·s左右，且不随时间的延长进一步降低。随后温度降低回到100℃时，体系黏度具有很好的恢复性，继续在100℃保温，其黏度值保持在140mPa·s左右。说明，此类压裂液与常用HPG类不同，具有很好的抗热降解和剪切降解的能力。

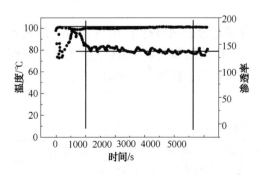

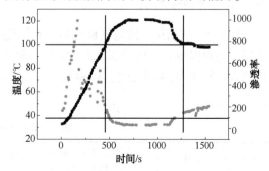

图1 VES-SL清洁压裂液的黏-时特性曲线图　　　图2 VES-SL清洁压裂液的黏-温特性曲线图

3.2.2 伤害实验

通过VES-SL清洁压裂液与HPG压裂液对扎尔则油田岩心伤害对比试验结果显示：VES-SL清洁压裂液伤害率比HPG压裂液低50%左右。因此，利用VES-SL压裂液施工可以大大减小对油藏的伤害，提高压裂施工的效果(表1)。

表1 岩心伤害对比试验

扎尔则油田岩心	ZR515-1	ZR515-3	ZR180	ZR180-4
VES-SL压裂液伤害率/%	20.12	15.5	11.1	10.21
HPG压裂液伤害率/%	38.86	35.1	25.88	22.87

3.2.3 表界面张力实验

该试验可以对该压裂液的返排特性作出评价，同时又为表面活性剂、助排剂的优选提供参考。通过实验表明VES-SL清洁压裂液的表界面张力均远低于HPG压裂液，升温到50℃以后，表界面张力值略有下降。低的表界面张力有利于降低水锁现象，加速破胶液的返排(表2)。

表2 表界面张力实验

试样	室温20℃		50℃	
	表面张力/(mN/m)	界面张力/(mN/m)	表面张力/(mN/m)	界面张力/(mN/m)
VES-SL(1%)	24.95	1.2	23.49	1.12
VES-SL(3%)	24.4	0.97	23.22	0.82
VES-SL(5%)	24.13	1.5	23.49	0.67
HPG(0.6%)	42.16	14	34.54	10.2
HPG(0.55%)	34.19	8.9	30.8	6.7

3.2.4 破胶性能

实验表明：

(1) VES-SL压裂液体系可以被柴油、煤油和原油等破胶化水。温度对这一过程具有明显的促进作用。温度约70℃条件下，压裂液体系在5%(体积比)柴油加量条件下，约在20min内完全破胶化水；

(2) VES-SL压裂液体系也可以被高浓度盐水破胶化水。

4 现场应用情况

VES-SL清洁压裂液研制成功后，在大港油田及华北分公司进行了10井次以上的现场应用，均取得成功，见表3。最大应用井深4413.9m，应用最高井温140℃，最大加砂规模达到65m³，现场应用表明，VES-SL清洁压裂液具有返排快、低伤害、耐温、携砂性能好等优点。

表3 清洁压裂液应用效果表

编号	井号	层段，井段/(m~m) 厚度/层数	加砂/m³	措施前，液/油/(m³/d)	措施后，液/油/(m³/d)	增产倍数
1	张27X1井	4178.3~4191.3 8.1/4	15	2.34/2.34	33.6/25.2	14.4
2	张27X1井	3532.5~3566.1 17.4/6	25	0	10.07/10.07	
3	张海101井	3806.0~3813.3 7.3/1	18	0	161.45/带油花	
4	张28X2井	4328.6~4413.9 85.3/11	65	1.8/1.8	34.65/34.65	19.2

编号	井号	层段，井段/（m~m） 厚度/层数	加砂/ m³	措施前，液/油/ （m³/d）	措施后，液/油/ （m³/d）	增产倍数
5	滨33X1井	3808.1~3841.3　33.2/1	41	0.21/0	74.37/带油花	
6	张海13−25L	3536.6m~3678.9　72.1/6	30	无显示	88.8/12.4	
7	张海13−21L	3291.5~3304.0　12.5/1	20	4.8/0	58.97/58.38	12.2
8	张海13−22L	3419.6~3432.4　12.8/2	7.5	压裂后日注水量96m³		
9	张海11−22L	3220.7m~3303.8　36.6/3	50	4.0/3.36	81.6/0	20.4
10	大47−36	2273.4m~2279.5	42.5		气4.4017×10⁴	

4.1　D47-36井盒1气层应用情况

D47−36井 H1 层，气藏井段2273.4～2279.5m，气层厚度6.1m/1层。设计砂量为42m³，实际加砂42.5m³，压后无阻流量$4.4017×10^4 m^3/d$，超过预测最高无阻流量$3.6×10^4 m^3/d$，取得较好的压裂效果(图3)。

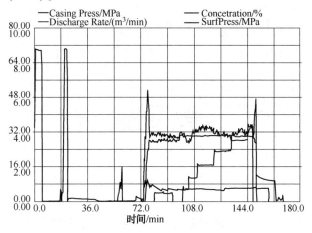

图3　D47−36井施工曲线

从施工曲线可见，该井的施工压力比相邻井的施工压力明显低，说明VES−SL压裂液体系的摩阻小，顶替阶段的压力升高明显地印证该结论。

该井压后共排液200.78m³，返排率为72.9%，天然气量增大，无阻流量为$4.4017×10^4 m^3/d$，在D47井区盒1层属高产井，说明了VES−SL清洁压裂液易返排，对地层伤害小，适用于低压、低孔、低渗的气藏(表4、图4)。

表4　D47−36井盒1层和D47井区盒层效果对比表

类　　型	单井加砂	每米加砂强度	平均无阻流量	每米无阻流量
常规压裂	68.44	6.95	2.0559	0.208721
VES−SL	42.5	7	4.402	0.721639

4.2　张28X2井应用情况

张28X2井压裂井段4328.6～4413.9m，压裂目的层有11个小层且跨度85.3m，油层段井温高达140℃，最大井斜48.22°，压裂改造难度较大(图5)。

该井施工用液量 524.73m³，排量 3.5~6.1m³/min，共加砂 65m³，砂比 5%~45%，储层得到有效改造。压前测液面恢复，平均液面深度 2349.5m，折日产液 1.8m³/d，压后自喷，4mm 油嘴制度下日产油 34.65t/d，压裂取得较好的改造效果。

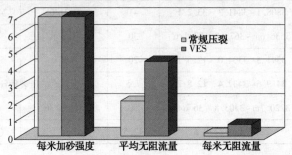

图 4　D47-36 井盒 1 层 VES 清洁压裂液效果与常规压裂对比

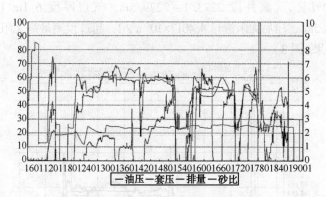

图 5　张 28X2 井压裂施工曲线

5　结论与认识

（1）通过室内实验研究表明 VES-SL 清洁压裂液对岩心基质伤害率低（10%~20%）。

（2）VES-SL 清洁压裂液的表界面张力均远低于 HPG 压裂液，低的表界面张力有利于降低水锁现象，加速破胶液的返排，降低对储层的伤害，增大其油相渗透率。

（3）研制开发的清洁压裂液在 100℃，170s⁻¹ 剪切速率下剪切 1h，黏度为 135mPa·s；遇原油或高浓度盐水自动破胶，说明该压裂液体系能满足油气藏的压裂改造需求。

（4）VES-SL 清洁压裂液在胜利油田、大港油田、中原油田、鄂尔多斯气田等进行了 50 井次以上的现场应用，成功率 90%，最大加砂 65m³，最大加砂强度 7.0m³/m，应用最大井深 4413.9m，最高温度 140℃。现场应用表明，VES-SL 清洁压裂液携砂性能强，返排率较高，对油层伤害较小，压裂增产效果明显，尤其适用于低压、低渗致密油气藏。

（5）通过一系列的现场应用表明：该清洁压裂液一剂多能，具有防膨、杀菌防腐、野外作业适应性强的特点，具有良好的市场前景。

参 考 文 献

[1] 李民河，李震，平锐. 低渗透裂缝性油藏水力缝延伸特征分析——以克拉玛依油田百 31 井区佳木河组油藏为例. 油气地质与采收率，2005，12(4)：70~73.

[2] 尹忠. 抗高温清洁压裂液的性能研究. 钻采工艺，2005，28(2)：37~40.

［3］SamuelMM, Card R J, Nelson E B, eta. l Polymer-free fluid for fracturing applications. Society petroleum Engineers Drilling Completion, 1999, 14(4): 240~245.

［4］Hughes T, Jones T, Tustin G. Viscoelastic surfactant based gelling composition forwellbore service fluids: US, 6232274［P］. 2001.

［5］Jones T, Tustin G. Mixed viscoelastic surfactant gel system: GB, 2332224［P］. 2000.

作者简介：

张潦源，男，工程师，2003年毕业于中国石油大学(华东)石油工程专业，2006年获得中国石油大学(华东)油气田开发工程硕士学位，现主要从事压裂酸化技术研究工作。联系电话：(0546)8781237，E-mail：zhangliaoyuan5@126.com。

油气井防砂综合决策技术及软件系统平台开发

董长银　武　龙　王爱萍　张　琪

(中国石油大学(华东)石油工程学院)

摘　要　首次提出了油气井防砂综合决策的基本理念及其基本内容。从定性经验出砂预测、出砂临界生产压差预测、实际出砂半径及出砂量预测等4个层面系统的研究了出砂预测工作的基本内容和主要技术。考虑各种防砂工艺的技术适应性及其对油气井产能的影响，提出了一套基于综合模糊评判理论的防砂工艺方案决策的过程与方法。砾石尺寸、携砂比、充填排量、携砂液黏度、筛管参数等是影响防砂效果的主要因素，结合上述参数的设计，研究出了一套防砂工艺参数优化设计理论与方法。针对防砂措施对油气井产能的影响引入产能比评价指标，根据补孔和防砂措施造成的附加表皮系数，结合防砂前油气井流入动态预测防砂后的产能，建立了一套可用于各种防砂工艺的系统且行之有效的产能评价及预测方法。防砂措施对油气井生产动态的影响体现在挡砂效果、增产效果和改善井底流动条件效果3个方面，基于上述3个方面效果评价，提出了一套防砂效果综合评价技术体系及相关的评价标准。根据上述研究内容，开发了油气井防砂综合决策系统平台-Sandcontrol Office，介绍了其基本模块与功能及应用情况。

关键词　油气井防砂　出砂预测　防砂工艺设计　产能预测　方案优选　效果评价　综合决策　软件系统

油气井出砂与防砂已经成为国内外疏松砂岩油气藏开发过程中存在的普遍问题。石油工程师在解决油气井出砂与防砂问题过程中，尚缺乏系统的相关理论、方法和技术支撑，一定程度上影响防砂与开采效果。笔者长期以来一直从事油气井出砂与防砂的研究工作，在本文中从科学决策理念出发，系统研究与总结了油气井防砂工作各个环节中的基本做法、理论依据和主要技术，以期对广大石油工程师处理出砂与防砂问题有所裨益。

1　防砂综合决策理念及其基本内容

防砂综合决策即根据储层岩石特征、流体物性、生产条件等预测出砂规律，优选防砂工艺类型，优化防砂施工设计参数，准确预测与评价防砂后产能，合理评价实际防砂措施的效果并反馈改进上述过程中的各个环节。综合决策包含三层含义：一是防砂工艺类型的决策，二是具体防砂工艺参数的决策，三是科学合理的效果评价与反馈。

按照决策过程的先后顺序，防砂综合决策的基本内容包括：①油气井系统出砂预测；②防砂工艺方案优选；③防砂工艺参数优化设计；④防砂井产能预测与评价；⑤防砂措施效果综合评价及反馈。

2　油气井系统出砂预测技术

无论从生产安全还是节约成本的角度考虑，系统的出砂预测对油气井工作制度的制定、合理防砂方法的筛选以及防砂工艺技术措施的设计等都十分重要。系统出砂预测包括 4 个层次的内容：①经验定性出砂预测；②出砂临界生产压差预测；③实际生产条件下的出砂半径预测；④出砂速度即出砂量预测。这些不同层面的预测结果对于疏松砂岩油气藏不同阶段的开采决策都具有重要参考价值。

2.1　经验定性出砂预测

经验定性出砂预测主要是使用一些经验方法来定性预测地层是否可能出砂和出砂的程度。使用测井资料分析、室内岩心试验、现场资料统计分析和必要的计算来进行。主要包括声波时差法、出砂指数法、斯伦贝谢比法和组合模量法。进行定性出砂预测所需要的资料比较简单，包括岩石声波时差、弹性模量、岩石密度等，因此预测结果只用于定性解释。值得注意的是，单个数据点的出砂定性预测往往并不可靠，研究上述定性出砂预测指标的纵向分布更有实际意义。

2.2　出砂临界生产压差预测

出砂临界生产压差预测即预测油气井在多大的生产压差下开始出砂。预测方法基于井筒周围地层地应力分布模型以及所选定的岩石破坏准则。弹性形变条件下井筒周围地应力分布模型的建立需要考虑油气藏孔隙流体压力分布、弹性岩石材料的应变平衡，得到地层岩石的弹性应力解。目前主要应用 Lubinski 模型及其改进模型。岩石破坏准则目前多大十几种，其中 Mohr-Coulomb 准则、极限塑性应变、Drucker-Prager 准则应用较多，应用最广泛的当属 Mohr-Coulomb 准则。

地层发生弹性形变条件下，使用应力分布模型计算井壁围岩地层某一特征位置 r_x 处的应力分布为：

$$\sigma_z(r_x) = f(h, r_x, \sigma_H, \sigma_h, \sigma_v, P_{wf})$$
$$\sigma_r(r_x) = g(h, r_x, \sigma_H, \sigma_h, \sigma_v, P_{wf}) \tag{1}$$
$$\sigma_\theta(r_x) = h(h, r_x, \sigma_H, \sigma_h, \sigma_v, P_{wf})$$

式中　　　　h——地层深度，m；

r_x——预测特征位置处半径，m；

σ_H、σ_h、σ_v——原始最大水平、最小水平和垂向主应力，MPa；

σ_r、σ_θ、σ_z——弹性区径向、切向与垂向应力，MPa；

P_{wf}——井底压力，MPa。

假设使用考虑孔隙压力、用主应力表示的 Mohr-Coulomb 准则，当满足下式时，岩石发生破坏：

$$\sigma_1 - \beta \cdot P \geq 2S_0 \tan\alpha + (\sigma_3 - \beta \cdot P) \cdot \tan^2\alpha \tag{2}$$

其中，$\alpha = \dfrac{\phi_f}{2} + \dfrac{\pi}{4}$，$\sigma_1 = \max\{\sigma_r, \sigma_\theta, \sigma_z\}$，$\sigma_3 = \min(\sigma_r, \sigma_\theta, \sigma_z)$。

式中　β——Biot 孔隙压力系数，无量纲；

α——失效角，(°)；

ϕ_f——内摩擦角，(°)；

S_0——岩石内聚力，MPa；

P——孔隙流体压力，是井底流压、地层外边界压力以及半径 r 的函数，MPa。

假设在特征位置 r_x 处的岩石正好处于临界破坏状态，则方程(2)等式应成立，将方程

(1)代入方程(2)得到关于井底流压 P_{wf} 的平衡方程:

$$\sigma_1(P_{wf}) - \beta \cdot P(P_{wf}) = 2S_0 \tan\alpha + [\sigma_3(P_{wf}) - \beta \cdot P(P_{wf})] \cdot \tan^2\alpha \qquad (3)$$

以 P_{wf} 为目标,求解方程(3)即得到特征位置处刚好开始出砂时的临界井底流压。根据地层平均压力可转换得到出砂临界生产压差。使用其他岩石破坏准则时的计算过程类似,只是方程(2)的具体形式不同。

2.3 实际生产条件下的出砂半径预测

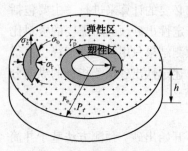

图 1 弹、塑性地层应力分布

出砂半径预测则是根据油气井的实际生产条件,预测实际出砂的地层半径范围。预测结果对设计防砂参数具有重要的参考价值。对于已出砂井,如图 1 所示,地层中靠近井筒的地层为塑性区,外围地层为弹性区。弹塑性区的边界即出砂半径。

2.3.1 初步估算出砂半径

油气井实际生产过程中,在给定井底压力 P_{wf} 条件下,弹性地层应力分布 σ_r、σ_θ、σ_z 只是半径 r 的函数。其中的最大、最小主应力可表示为

$$\sigma_1(r) = \max\{\sigma_r(r),\ \sigma_\theta(r),\ \sigma_z(r)\}$$
$$\sigma_3(r) = \min\{\sigma_r(r),\ \sigma_\theta(r),\ \sigma_z(r)\} \qquad (4)$$

由于塑性区内原来的弹性应力突破岩石破坏准则,使得方程(2)成立,岩石产生塑性破坏形成出砂区。而在弹塑性边界的弹性应力(4)则应正好满足岩石破坏准则方程(2)取等式的情况。即

$$\sigma_1(r) - \beta \cdot P(r) = 2S_0 \tan\alpha + [\sigma_3(r) - \beta \cdot P(r)] \cdot \tan^2\alpha \qquad (5)$$

以 r 为目标,求解上述方程(5)即得到塑性出砂半径的初步估算值 r_0,但该值并不是实际出砂半径,还需要进行进一步核算。

2.3.2 核算实际出砂半径

研究表明,塑性区地层岩石破坏会影响原始弹性区的应力而重新分布。如图 2 所示,曲线 A、B 表示假设未发生塑性破坏时的地层切向、径向应力分布。而当在半径 r_0 范围内发生塑性破坏后,则井筒附近地层应力,尤其是 r_0 以外弹性区的应力会重新分布,如曲线 A'、B' 所示。重新分布的应力可能会继续引起主应力超出破坏准则条件而引起塑性破坏出砂。

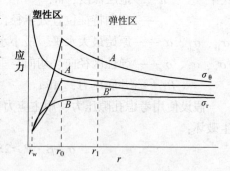

图 2 塑性破坏引起地层应力重新分布示意图

根据上述分析,初算得到出砂半径 r_0 后,应使用塑性区应力分布模型以及弹性区应力分布模型,重新计算应力分布,然后使用方程(4)、方程(5)再次计算新的出砂半径。重复上述过程,直到方程(5)无解,此时的出砂半径 r_i 既为实际的弹塑性边界即出砂半径。

2.4 出砂速度与出砂量预测技术

出砂速度与出砂量预测是指根据生产条件、地层岩石及流体物性,预测油气井含砂浓度和出砂速度。出砂速度预测对于合理制定未来的开采及防砂方案具有重要指导作用。出砂速

度预测是出砂预测领域的难题之一，现有的出砂量预测模型一般是基于理论分析，结果与现场实际相差较大，但依然可以用来进行一些参数相关性分析和敏感性分析。

文献根据液固多相渗流条件，应用 Mohr-Coulomb 破坏准则和达西定律，导出了疏松砂岩油藏不同产液量下油井出砂量预测的数学模型：

$$q_s = \left\{ \frac{\phi}{(1-\phi)(1-n)} \left[\left(\frac{r_c}{r_w} \right)^{1-n} - 1 \right] \right\}^{-1} \ln \frac{r_e}{r_w} \left[\Delta q_f - \frac{2\pi\beta \dfrac{kh}{\mu}(P_{wf} - P_{wfc})}{\ln \dfrac{r_e}{r_w}} \right] \tag{6}$$

式中　q_s——出砂量，m^3/s；

　　　　ϕ——孔隙度，无量纲；

　　　　β——压力梯度分量系数，由生产出砂数据拟合得到，无量纲；

　　　　k——地层渗透率，m^2；

　　　　μ——流体黏度，$Pa \cdot s$；

　　　　r_w——井眼半径，m；

　　　　r_e——供给半径，m；

　　　　P_{wf}——井底压力，MPa；

　　　　P_{wfc}——出砂临界井底流压，MPa；

　　　　r_c——出砂半径，m；

　　　　Δq_f——超出出砂临界产液量的流量，m^3/s。

值得一提的是，可靠的地层岩石力学参数是进行准确出砂预测的基础条件。岩石力学参数以往主要通过岩石力学试验获得。但由于疏松砂岩地层岩心的获取和保存困难、岩心数量限制、实验结果代表性等问题，依靠实验测试数据探索区域性的横向和纵向出砂规律存在较大的困难。近年来，发展了根据测井资料获取丰富的地层岩石力学参数的理论与方法，这为大规模横向及纵向出砂规律预测提供了可能。

3　防砂工艺方案决策

根据岩石特征、流体物性、生产条件、出砂情况等因素选择合理的防砂工艺类型，是防砂成功的首要条件。防砂方法的选择是一个非常复杂的问题，考虑的因素繁多且很多因素的适应界限难以确定，这都给防砂方法的优选造成了很大困难，导致目前防砂方法的选择主要靠经验确定，不可避免地存在一些片面性和局限性。科学合理的防砂工艺方案优选的基本步骤如下：

（1）各种防砂工艺适应性及适应条件数据库的建立。

（2）针对给定的油气井条件，以适应条件知识库为基础，采用综合模糊评判或人工神经网络方法对各种防砂工艺的适应性进行评价，获得技术适应性评价指标。

（3）设定防砂工艺参数，对各种防砂工艺施工后的防砂井产能进行评价对比，计算附加表皮系数和产能比等指标。

（4）考虑技术适应性、产能比、成本等几个方面，设定权重，计算防砂工艺的综合评价指标，筛选评价指标较高即综合适应性较好的防砂工艺类型，供决策者选用。

采用综合模糊评判进行防砂工艺技术适应性评价时，需要将防砂工艺对某因素的适应性视为模糊集合，使用隶属函数计算油气井具体条件对于适应范围模糊集合的隶属度；考虑各因素的权重系数，计算综合适应性评价指标。另外还可以使用反向传播（B-P）神经网络模型用于防砂工艺适应性的评价。两种方法都克服了防砂方法优选中由于影响因素繁多、适应界限难以确定而造成的局限性，而且可以最大程度地将以往的成功范例或专家经验用于指导未来的防砂方法选择，使之更加全面合理。

4 防砂工艺参数决策

油气井防砂工艺参数设计的基本原则一是能有效防止地层出砂，二是获得尽可能高的防砂产能比，三是能够保证顺利施工。

4.1 机械筛管缝宽/挡砂精度设计

机械滤砂管包括绕丝筛管、割缝衬管、金属棉滤砂管等十几种。根据防砂方法不同，分为直接阻挡地层砂和支撑阻挡砾石层两种情况。根据地层砂或砾石筛析数据设计筛管的缝宽或挡砂精度对于其挡砂效果至关重要。

4.1.1 阻挡砾石层时筛管精度设计

对于筛管支撑阻挡砾石层的情况，只要求筛管缝宽/精度小于最小砾石尺寸即可。一般采用如下设计：

$$W = \left(\frac{1}{2} \sim \frac{2}{3}\right) D_{gmin} \tag{7}$$

式中 W——筛管的缝宽或精度，mm；

D_{gmin}——砾石最小尺寸，mm。

4.1.2 阻挡地层砂时的筛管精度设计

最早一般采用 Coberly 的设计公式，但实践证明，该方法设计的缝宽/精度明显偏大，应用效果并不好。笔者根据多年来的研究和应用结果，总结出一套新的筛管精度设计公式：

$$W = 0.1366 \times \ln(d_{50}) + 0.4187, \ d_{50} > 0.08$$
$$W = d_{50}, \ d_{50} < 0.08 \tag{8}$$

式中 d_{50}——地层砂粒度中值，即筛析曲线上累重百分数 50% 对应的粒径，mm。

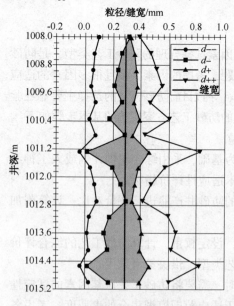

图3 P Markestad 模型设计筛管精度实例

对于防砂层段较长且纵向上有多套地层砂筛析资料的情况，推荐使用 P Markestad 设计模型。该模型通过筛管挡砂驱替实验定义如下四个临界缝宽：

$d--$：出现明显堵塞现象的临界缝宽；$d-$：开始出现堵塞现象的临界缝宽；$d+$：不会出现砂粒通过筛管的临界缝宽；$d++$：明显出现砂粒通过筛管现象的临界缝宽。

$[d-, d+]$ 即为安全的筛管缝宽或精度范围。此范围内既不会出现砂粒通过的现象，也不会发生堵塞。笔者利用实际应用资料，回归得到了上述 4 个临界缝宽与地层砂 d_{10}、d_{40}、d_{50}、d_{90} 之间的经验关系。图3为利用该方法对埕岛油田某井地层(共有 18 套地层砂筛析资料)设计筛管缝宽的结果。图中阴影区域既为安全筛管精度区域，红线为设计结果筛管精度。

4.2 砾石尺寸设计优化

砾石尺寸的大小会影响防砂效果和油气井生产动态,其设计目标是不但具有良好的挡砂效果,而且能够避免砂侵从而具有较高的渗透性。砾石尺寸设计方法主要分为如下三类。

第一类砾石尺寸设计方法比较简单,仅依据地层砂粒度中值 d_{50} 或其他特征尺寸。见表1。

表1 第一类砾石尺寸设计方法

方 法	设计点	设 计 方 法
Karpoff 方法	d_{50}	$D_{50} = (5\sim10) \cdot d_{50}$, $C<3$;$D_{50} = (4\sim8) \cdot d_{50}$, $C \geq 3$
Smith 方法	d_{50}	$D_{50} = 5 \cdot d_{50}$
Saucier 方法	d_{50}	$D_{50} = (5\sim6) \cdot d_{50}$
Tausch-Corley 方法	d_{10}	$D_{gmin} = 4 \cdot d_{10}$;$D_{gmax} = 6 \cdot d_{10}$

其中:D_{50}—砾石粒径中值,mm;D_{gmin}、D_{gmax}—砾石最小、最大粒径值,mm;C—地层砂均匀系数。

第二类砾石尺寸设计方法主要有 DePriester 模型和 Schwartz 模型,设计依据为地层砂筛析曲线,使用的地层砂信息丰富,充分考虑了地层砂均匀性、分选性、流体流速等因素,在国外使用广泛。

Schwartz 方法将半对数地层砂累积重量百分数曲线上砾石-地层砂直径比为6作为设计准则,其图解法设计步骤如下:

(1)按照表2,根据地层砂均匀系数 C_s,在 d_{10}、d_{40} 或 d_{70} 选择设计点;

(2)在图4地层砂筛析曲线上找到设计点 d_E(d_{10}、d_{40} 或 d_{70})对应的点 A,向左平移 A 点得到6倍于地层砂设计点粒径的点 B;

(3)过点 B 做直线即为砾石的半对数筛析曲线,要求该直线满足 $\dfrac{D_{40}}{D_{90}} \leq 1.5$;

(4)延伸砾石尺寸分布直线到0%和100%,该直线段对应的粒径范围即为选定的砾石尺寸范围。

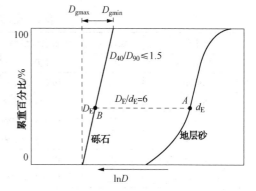

图4 Schwartz 方法图解示意图

其中,d_E 为设计点地层砂粒径,mm;E 为设计点对应的累重百分比,%,根据情况 E = 10、40 或 70。

DePriester 设计方法与 Schwartz 类似,但具体步骤不同。随着目前地层砂分析工作的逐步规范化,此类方法受到足够的重视并且应用越来越广泛。

第三类砾石尺寸设计方法基于砾石层孔喉结构模拟,由文献提出,以砾石层孔喉模拟为基础,考虑砾石层孔喉尺寸分布与地层砂分布的匹配建立一种全新的砾石尺寸选择方法。其设计步骤如下[12]:

(1)对于给定的地层砂,绘制其重量分布曲线。

(2)根据地层砂的粒度中值,初选若干种匹配(在砾砂比中值比5~8之间为宜)的砾石尺寸。

(3)对每种砾石分别进行计算机孔喉结构模拟,绘制孔喉尺寸分布曲线。

（4）将每种砾石的孔喉尺寸分布曲线与地层砂筛析曲线绘制在一起。

（5）选择砾石尺寸：与地层砂尺寸分布曲线相近且小于地层砂筛析曲线的孔喉尺寸曲线所代表的砾石为最佳砾石尺寸。这样保证砾石层孔喉尺寸在整个分布范围内均小于地层砂尺寸，虽然较小尺寸的地层砂粒仍可通过较大尺寸的孔喉，但由于桥架作用，这些能够通过的地层砂会很少，从而达到较好的挡砂效果。

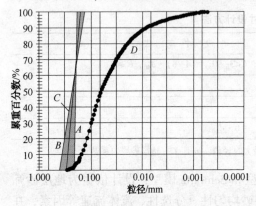

图 5 Schwartz 方法设计砾石尺寸结果

选取涩北气田某气井的地层砂数据，d_{10} = 0.151mm，d_{40} = 0.082mm，d_{50} = 0.065mm，d_{70} = 0.032mm，d_{90} = 0.008mm，分选系数 2.043，均匀系数 10.036，标准偏差系数 0.231。使用上述三类方法对该井进行砾石尺寸设计。使用 Schwartz 方法设计曲线如图 5 所示。各方法的设计结果对比如表 2 所示。

7 种设计方法得到的理论结果各不相同，经匹配标准砾石尺寸后，各有相同或差异；Karpoff、Saucier、DePriester、孔喉结构模拟法得到相同的结果；Smith 方法的结果也非常接近。此五种方法用于砾石尺寸设计是可靠的；由于 Schwartz 方法适用于均匀砂，而本例为非均匀粉细砂，其设计结果偏小。

表 2 全部方法的设计结果汇总

设计模型	设计点	砾石设计结果/mm	砾石中值	砾砂中值比	标准砾石匹配结果/mm
Schwartz	d_{70}	0.160~0.300	0.230	3.53	0.21~0.25（60~70 目）
Smith	d_{50}	0.264~0.388	0.326	5.01	0.25~0.30（50~60 目）
Karpoff	d_{50}	0.259~0.518	0.389	5.92	0.25~0.42（40~60 目）
Saucier	d_{50}	0.324~0.389	0.357	5.50	0.25~0.42（40~60 目）
DePriester	d_{50}	0.227~0.560	0.394	6.05	0.25~0.42（40~60 目）
孔喉结构模拟法	无	0.250~0.420	0.335	5.15	0.25~0.42（40~60 目）
Tausch&Corly	d_{10}	0.604~0.907	0.756	11.63	0.42~0.84（20~40 目）

4.3 其他防砂工艺参数的优化设计

其他防砂施工参数还包括砂比、排量、携砂液黏度、砾石用量、泵注程序、管柱组合等内容，限于篇幅，此处不再赘述，可参考文献[12]。

5 防砂井产能预测与评价

防砂井的产能评价是防砂方案评价与优选以及防砂井举升参数调整的重要依据。预测的主要内容是防砂措施造成的附加表皮系数以及造成的产能比计算。

油井水平井和垂直井的产油指数可用下式表示：

$$J = \frac{2\pi kh}{\mu B[f(x) + S]} \tag{9}$$

式中　J——采油指数，$m^3/(s \cdot Pa)$；

　　　k——地层渗透率，m^2；

　　　μ——地层原油黏度，$Pa \cdot s$；

B——原油体积系数，m^3/m^3；

h——油层厚度，m；

$f(x)$——计算项，取决于水平井还是垂直井以及相应不同的计算模型，无量纲；

S——总表皮系数，无量纲。

若S_0、S_1分别防砂前后的总表皮系数，则油井防砂前与防砂后的产油指数可分别表示为：

$$J_0 = \frac{2\pi kh}{\mu B \cdot [f(x)+S_0]}, \quad J_1 = \frac{2\pi kh}{\mu B [f(x)+S_1]} \qquad (10)$$

防砂产能比为：

$$PR = \frac{J_1}{J_0} = \frac{f(x)+S_0}{f(x)+S_1} \qquad (11)$$

式中 J_0、J_1——防砂前、后的产油指数，$m^3/(s \cdot Pa)$；

S_0、S_1——防砂前后的总表皮系数，无量纲；

PR——防砂产能比，无量纲。

根据上述分析，要计算防砂产能比，只要首先确定油井防砂前后的井底状态，然后计算出相应的防砂前后的总表皮系数S_0、S_1即可。其具体计算取决于具体防砂工艺在井底附近造成的附加渗流区域。见表3。

表3 不同防砂工艺防砂前后的渗流区域特征

完井方式	防砂工艺	钻井污染	管外固砂带	管外砾石充填带	筛管渗流带	井筒内充填带	射孔孔眼	射孔压实带	孔眼充填带
裸眼	不防砂	△	×	×	×	×	×	×	×
	机械滤砂管	△	×	×	√	○	×	×	×
	膨胀筛管	△	×	×	√	×	×	×	×
	化学固砂	△	×	√	×	×	×	×	×
	管内砾石充填	△	×	×	√	√	×	×	×
射孔	不防砂	△	×	×	×	×	√	√	×
	机械滤砂管	△	×	×	√	○	√	√	○
	化学固砂	△	√	×	×	×	√	√	×
	人工井壁	△	×	√	×	×	√	√	√
	管内砾石充填	△	×	×	√	√	√	√	√
	高压一次充填	△	×	√	√	√	√	√	√

表中：√—有；×—没有；△—可能有；○—当地层继续出砂形成堆积层后，存在。

以射孔完井采用高压一次充填防砂为例，防砂前后的表皮系数可表示为：

$$S_0 = S_{fl}+S_{ft}+S_{dl}+S_{dt}+S_{dpl}+S_{dpt}+S_p$$
$$S_1 = S_{fl}+S_{ft}+S_{dl}+S_{dt}+S_{gl}+S_{gt}+S_{ppl}+S_{ppt}+S_{dpl}+S_{dpt}+S_{al}+S_{at}+S_{sl}+S_{st}+S_p \qquad (12)$$

式中 S_{fl}、S_{dl}、S_{dpl}、S_{gl}、S_{ppl}、S_{al}、S_{sl}——分别为原始地层、污染带、射孔压实带、管外砾石充填带、孔眼充填带、筛套环空充填带、机械筛管渗滤带的层流表皮系数；

S_{ft}、S_{dt}、S_{dpt}、S_{gt}、S_{ppt}、S_{at}、S_{st}——分别为原始地层、污染带、射孔压实带、管外砾石充填带、孔眼充填带、筛套环空充填带、机械筛管渗滤带的紊流表皮系数;

S_p——射孔几何表皮系数,无量纲。

上述表皮系数的计算方法可参考文献。气井防砂井产能评价基本思路与油井类似,可参考文献。

6 防砂措施效果综合评价体系

对于已实施的防砂措施,只有进行客观科学客观的评价,才能确定防砂决策是否合理,总结成功的经验,寻找失败的原因。目前,防砂效果评价没有客观统一的做法或标准,评价结果的准确性和客观性有待进一步提高。笔者将根据实际矿场条件,考虑油气井防砂前后的生产状态,建立了一套系统的油气井防砂效果综合评价方法体系。

6.1 防砂措施效果评价的基本内容

防砂措施主要产生挡砂、增产以及改善井底流动条件等三方面的作用。防砂措施前后油气井的日产量的变化与采取的工作制度有关;而表皮系数、无阻流量、采油指数等指标的变化则与工作制度无关,才能更真实的体现防砂措施对油气井生产动态的实质影响。根据上述分析,防砂措施效果评价可分为三个层次:挡砂效果评价、增产效果评价和改善井底流动条件的效果评价。前两个层次的评价反应的是表面现象,而第三个层次的评价才真实反映防砂措施对油井流动条件的影响,对于分析防砂参数设计和施工是否合理具有重要意义。

6.2 防砂措施的挡砂效果评价

在对防砂措施的挡砂效果进行评价时,首先要确定防砂前后油气井的实际生产状态。判断油井防砂前后生产状态可以根据生产日报和含砂资料确定。防砂前后的生产状态任意可能的组合见表4。为了便于计算,提出挡砂效果评价指标 M_1,当 $M_1 = 1$ 时,表示效果最好,$M_1 = 0$ 时表示无效。指标 M_1 的计算方法见表4。

表 4 油气井防砂措施挡砂效果评价指标计算

防砂前后生产状态组合		评价指标 M 的确定或计算方法
防砂前	防砂后	
A	A	$M_1 = 1.0$
A	B	$M_1 = 0$
A	C	$M_1 = 0$
B	A	$M_1 = 1.0$
B	B	$M_1 = 1-(C_{s1}-C_{sc})/(C_{s0}-C_{sc})$
B	C	$M_1 = 0$
C	A	$M_1 = 1.0$
C	B	$M_1 = 0.5+0.5\times C_{sc}/C_{s1}$, $M_1 \leqslant 1$
C	C	$M_1 = 0$

其中,C_{sc} 为判断井口是否出砂的体积含砂率界限;C_{s0}、C_{s1} 分别为防砂前与防砂后的井口含砂率,%;M_1 为防砂措施挡砂效果评价指标,无量纲。A、B、C 分别表示不出砂正常生产、出砂正常生产、停产三种油井状态。

6.3 防砂措施的增产效果评价

防砂措施的增产效果是指直接由防砂措施带来的产量增加效果。根据增产百分比计算量化的防砂措施增产效果评价指标 M_2：

$$M_2 = q_D \times 2, \quad q_D \geq 0$$
$$M_2 = q_D, \quad q_D < 0 \tag{13}$$

式中，q_D 为平均日增油（气）比，无量纲；M_2 为防砂措施增产效果评价指标，无量纲。

6.4 防砂措施改善井底流动条件效果评价

防砂措施改善井底流动条件效果评价需要首先根据产能试井或生产日报资料计算防砂措施前后的产液指数或无阻流量，然后根据其变化情况计算评价指标 M_3：

$$M_3 = PI_D \times 2, \quad PI_D \geq 0$$
$$M_3 = PI_D, \quad PI_D < 0 \tag{14}$$

式中，PI_D 为采油指数或无阻流量变化率，无量纲；M_3 为改善井底流动条件评价指标，无量纲。

6.5 防砂效果综合评价

挡砂效果评价指标、增产效果评价指标、改善井底流动条件效果评价指标反映防砂措施对油气井影响的三个不同的方面；引入权重系数，将三方面效果评价指标加权得到综合效果评价指标：

$$M = M_1 \cdot W_1 + M_2 \cdot W_2 + M_3 \cdot W_3 \tag{15}$$

式中，W_1、W_2、W_3 分别为挡砂效果、增产效果、改善井底流动条件效果的权重系数，$W_1 + W_2 + W_3 = 1$；M 为综合评价指标，无量纲。

当 $M = 1$ 时，表示效果最好；$M \leq 0$ 时表示效果差或无效。由综合评价指标 M 可根据表5定性判断防砂措施的综合效果。

表5 综合效果评价定量指标与定性指标之间的关系

定量指标 M_1	定性指标	定量指标 M_1	定性指标
>0.6	好	0~0.20	较差
0.40~0.60	较好	<0	无效
0.20~0.40	一般		

上述防砂措施效果综合评价方法体积方便灵活，操作性强。既可以通过权重系数设置单独体现某一方面的效果，也可以体现考虑各方面效果的综合效果。除了采用本文提出的评价界限和标准外，还可以根据具体油气田的情况进行灵活调整，以期评价结果更加客观合理。

7 Sandcontrol Office 系统开发

笔者及所在课题组多年来致力于油气井出砂与防砂方面的研究工作，逐步形成了系统理论与技术体系，并历经十多年的努力，研制开发了具有完全自主知识产权的油气井防砂综合决策软件平台-Sandcontrol Office，目前已取著作权认证。Sandcontrol Office 是一套集系统出砂预测、防砂方案优选、防砂施工设计、防砂井产能预测、防砂效果评价、水平井防砂、防砂相关计算工具包、数据库系统于一体的综合软件系统，可以完成几乎所有的油气井防砂相关的管理、计算、分析、评价、设计、办公自动化等工作，涉及目前全部的防砂工艺，为油气井防砂工程师提供一套完整防砂工作平台。

Sandcontrol Office 系统平台的基本模块及功能如下：

（1）本机及网络数据库及查询系统。

（2）油气井系统出砂预测模块。a. 岩石力学实验数据处理；b. 根据测井资料获取岩石力学参数纵向分布；c. 原地主应力预测；d. 井筒附近地层地应力分布预测；e. 经验法定性出砂预测；f. 出砂临界生产压差和产量的预测；g. 出砂半径与出砂范围预测；h. 出砂量预测及敏感性分析。

（3）防砂工艺方案评价与优选系统。a. 防砂方法的适应性分析与对比、适应条件数据库；b. 防砂工艺技术适应性评价；c. 不同防砂工艺产能评价与对比；d. 防砂工艺成本与效益分析；e. 防砂工艺的综合优选与决策。

（4）防砂工艺优化设计系统。a. 地层砂特性分析；b. 砾石尺寸设计；c. 砾石层特性评价；d. 机械筛管评价与选型；e. 机械筛管缝宽/挡砂精度设计；f. 防砂施工砂比与排量设计；g. 防砂管柱及管柱图设计；h. 砾石与携砂液用量设计；i. 防砂施工泵注程序设计；j. 井筒压耗及防砂施工泵注过程模拟；k. 防砂施工步骤设计；l. 防砂施工设计书生成；m. 水平井与大斜度井防砂设计；n. 井筒携砂能力分析及冲砂参数设计；o. 砾石层沉降及空口结构计算模拟。

（5）防砂井产能预测与评价系统。a. 油气井理论流入动态预测；b. 防砂井井底流动压降及表皮系数分析；c. 防砂井产能比预测与分析；d. 油气井实际流入动态预测；e. 防砂前后流入动态对比分析；f. 适用于油井、气井、垂直井和水平井。

（6）防砂措施效果评价系统。a. 防砂措施挡砂效果评价；b. 防砂措施增产效果评价；c. 防砂措施改善井底流动条件效果评价；d. 防砂措施效果综合评价。

（7）油气井防砂相关计算分析工具包。

目前，Sandcontrol Office 系统的各版本已经在青海、辽河、胜利等油气田应用，在出砂预测、防砂决策及办公自动化等工作中发挥了重要作用，取得了良好的效果。目前软件在进一步推广应用中。

8 体会与建议

（1）油气井防砂是一个系统工程，从出砂预测到后期的防砂评价等设计多个环节，各个环节的工作相互影响。科学合理的防砂决策理念应该贯穿到上述各个环节中去。

（2）准确的地层岩石力学参数获取是系统出砂预测工作中非常基础但又十分至关重要。岩石力学试验是获得岩石物性参数的传统方法，但要获取平面或纵向上丰富的信息，就需要借助测井资料。由于井间差异、纵向差异以及数据的波动性，单井、局部的出砂预测结果很多情况下并不具有普遍意义。平面和纵向出砂规律的统计结果才更有实际意义。

（3）防砂方案的优选在国内目前还十分不规范。借助软件和实验手段，针对特定的区块，采用科学的评价程序优选防砂工艺类型是未来的发展趋势。防砂工艺参数的科学设计对于防砂效果至关重要。注重防砂新工艺、新方法的同时，应同样重视对现有防砂工艺的科学设计。

（4）本文从宏观角度研究与总结了油气井防砂决策中相关工作的基本做法和理论依据，并简要阐述了主要的设计与评价方法与技术，介绍了配套的软件系统平台，希望能够为油气井防砂工作的科学决策提供一些帮助。目前，在国内的油气井防砂的现场实际工作中，要做到防砂工艺决策科学化、规范化，还需要很长的路要走。

参 考 文 献

[1] 何生厚，张琪著. 油气井防砂理论及其应用. 北京：中国石化出版社，2003.3.

[2] 董长银，张启汉，饶鹏等. 气井系统出砂预测模型研究及应用. 天然气工业，2005，25(9)：98~100.

[3] 刘向君，罗平亚编著. 岩石力学与石油工程. 北京：石油工业出版社.2004.10.

[4] Rasmus Risnes. Sand Stresses Around a Wellbore. SPEJ.. 1982, December：883~898.

[5] 段玉廷. 近井塑性带应力状态与地层损害关系. 石油勘探与开发，1998，25(1)：76~79.

[6] 丛洪良，盛宏至等. 疏松砂岩油藏油井出砂良预测模型及应用. 石油天然气学报，2006，28(2)：120~124.

[7] 张红玲，曲占庆，张琪，董长银. 油井防砂方法优选技术及经济综合评价模型. 石油大学学报，2001，25(4)：44~46.

[8] 李志芬，董长银，张琪. 防砂方法优选的 B-P 神经网络模型. 石油钻探技术，2002，30(6)：50~52.

[9] Markestad, P., "Selection of Screen Slot Width to Prevent Plugging and Sand Production", SPE31087.

[10] 赵东伟，董长银，张琪. 砾石充填防砂砾石尺寸优选方法. 石油钻探技术，2004，32(4)：63~65.

[11] D H Schwartz. Successful Sand Control Design in High Rate Oil and Water Wells. JPT, 1969, 21(5): 1193~1198.

[12] 董长银，张琪，孙炜，王明. 砾石充填防砂工艺参数优化设计方法. 中国石油大学学报，2006，30(5)：57~61.

[13] 薄启炜，董长银，张琪，李志芬，赵东伟. 砾石充填层孔喉结构可视化模拟. 石油勘探与开发，2003，30(4)：108~110.

[14] 董长银，李志芬，张琪，李长印. 防砂井产能评价及预测方法. 石油钻采工艺，2002，24(6)：45~48.

[15] 董长银，饶鹏，冯胜利，张琪. 高压砾石充填防砂气井产能预测与评价. 石油钻采工艺，2005，27(3)：54~57.

[16] 董长银，李志芬，张琪. 基于油井流入动态曲线的防砂井产能预测研究. 石油钻探技术，2001，29(3)：58~90.

[17] 曲占庆，张琪，董长银等. 压裂充填防砂井产能预测方法研究. 石油钻采工艺，2003，25(5)：51~53.

作者简介：

董长银，男，河南卫辉人。博士，副教授。1976 年生，2003 年毕业于中国石油大学(华东)油气田开发专业，获博士学位。现从事采油(气)工程、油气井防砂、固液两相流、水平井开发等方面的教学与科研工作。电话：0546-8395860，E-mail：dongcy@ hdpu. edu. cn。

一种新型过油井封隔取样测试器研制与应用

许福东　华北庄　王子荣　李光军　井洪泉　张才元

(1. 长江大学机械工程学院；2. 河南油田测井公司)

摘　要　为了确定非主力原油层的薄差油层的可采储量或监测大水层的情况，研制了一种新型过油井封隔取样测试器(河南油田测井公司局级科研项目)。介绍了工作原理，整体结构特点，技术性能指标，井下电线连接，控制电路设计等内容。指出了该取样测试器研制是以大量试验为基础的。现场试验与应用表明：下井取样应用取得了成功。最后，阐明了该测试器具有极大的推广应用前景，并且经济效益明显。

关键词　测试器　取样　过环空测井　现场试验

1　引言

在油田开发进入中后期，实施"稳油控水"系统工程意义重大。新增可采储量技术难度明显增大时，为不使产油量大幅度下降，应确定非主力原油层中薄差油层的可采储量。因此，必须随时测取油井分层资料，如测取原油薄差层以及大水层的液样。通过取样液体的化验分析，可以得到井下各层产出液的含水率，电阻率，API密度及相关数据，可以计算地层流体在储集条件下的黏度，地层采油指数和天然气溶解度，为油井动态监测提供了新的手段，有利于地质分析。一口井的油藏动态测试资料，对开发调整井来说，是十分宝贵的资料，对油气田的开发有着十分重要的意义。然后，现有的环空测试仪还存在一些具体问题有待解决，如当含水率大于70%以后，测量精度非常低，误差达20%。又如聚合物驱等三次采油工艺技术的实施，出现高黏度带来的一系列难题。为满足油田生产测试的实际需要，长江大学机械工程学院受河南油田测井公司委托，承担了"Φ32油井过环空单层封隔取样测试器"的开发任务。整个任务分三个阶段进行。第一阶段是设计Φ32油井过环空单层封隔取样测试器。这个阶段已于2005年底完成并通过河南油田测井公司组织的验收。第二阶段是Φ32油井过环空单层封隔取样测试器研制，并签订了单独的合同。第三阶段是长江大学机械工程学院与河南油田测井公司合作共同进行现场试验。经过两次现场试验与修改，形成了Φ32油井过环空单层封隔取样测试器定型产品。这项研制任务的技术难度大，时间紧张，周期较短，技术指标要求较高。研制期间直接和间接的协作单位还有江汉油田分公司所属的采油工艺研究院测试所和沙洋第三仪表厂，大庆油田分公司测试技术公司所属仪器制造厂和思创公司，上海新仪机电技术公司，长江大学工程中心，长江大学测井重点实验室，奥星机械制造厂等单位。这些单位与公司的通力协作是完成研制任务的基本保障。

2　技术分析

2.1　结构组成

图1所示，Φ32油井过环空单层封隔取样测试器由电缆头总成、取样器总成、封隔器总

成和振动泵组总成等所组成。其中取样器总成包括有磁性定位仪，涡轮流量计及监测电路板，取样阀控制机构，取样筒等。

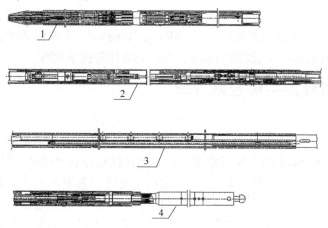

图1　32油井过环空单层封隔取样测试器结构示意图
1—电缆头总成；2—取样器总成；3—封隔器总成；4—振动泵组总成

2.2　工作原理

本取样测试器测试时，在每个层位进行膨胀皮球，取样测试，收缩皮球，取得测试层的液体。通过分析化验，获得该油层的含水率等物性参数。该测试器工作过程如下：①下井定层位；②鼓胀皮球：地面仪通过电缆芯线给井下取样测试器的电磁振动泵供110～420V交流电，泵给双皮球液体，胀开皮球到油套管环空，封隔测定层与其他油层。使仪器处于测试状态。③取样测试：双皮球实现单层封隔后，迫使封隔下部油层的液体经旁通管（主管）流出，被封隔的油层液体由取样管路流经涡轮流量计，过取样筒后流出。涡轮流量计作用是判断皮球起封隔作用，预估环空液体排空情况，确定何时进行取样。取样时，由地面仪通过电缆芯线给井下电机组供70V直流电，微电机接通旋转，带动滚珠丝杆使劲，将旋转运动变为螺母的直线运动，同时带动滑阀杆运动，直到关闭取样筒密闭液体，完成取样测试。④收缩皮球封隔器：将电流切换到直流，打开排泄阀，让皮球收缩，收缩到原来的状态后，电源断开，提取取样测试器，获得井下油层液样。

2.3　性能特点

该测试器研究技术路线是首先按功能将其模块化分解，分解成电缆头加取样器模块，双皮球封隔器模块以及电磁振动泵组模块等。其次，对逐个模块进行设计和结构性能研究，最后，综合起来研究整个取样测试器的结构性能，确保其满足实际工艺要求。这是一条顺理成章的研究技术路线。其结构性能特点如下：

（1）模块化结构。整个测试器模块化为电缆头总成，取样器总成，封隔器总成和振动泵组总成。这种结构便于结构优化设计和制造。也便于组装和运输。

（2）模块之间用由壬对接，方便，牢靠。

（3）电磁振动泵配双皮球集流系统，实现了可靠的单层封隔。主管作联通管，有效地减少了封隔器上下压差，实现了单层定位。

（4）滑阀杆式取样筒结构简单可靠，确保取样成功率。

（5）特殊滚珠丝杆螺母能实现行程限位，提高了操作运行的可靠性，也降低了成本。

2.4　主要技术参数

该取样测试器的主要技术参数如下：①外径 $\Phi32$（适用于 7 英寸套管）；②井下取液样大于 300mL；③双皮球封隔间距为 3m；④耐压为 40MPa，耐温为 150℃；⑤全井产量适用范围：2～150m³/d；⑥单层监控流量测量范围：2～80m³/d；⑦取样含水测量与实际含水误差小于 5%；⑧下井取样一次成功率 100%；⑨封隔液体替换率 95%。

3　电路系统设计的关键技术分析

3.1　电线连接

$\Phi32$ 油井过环空单层封隔取样测试器电路分为地面部分和井下部分。地面部分主要包括：给井下直流电机供电的直流稳压电源；数字测井仪和井下电磁振动泵综合控制仪。这其

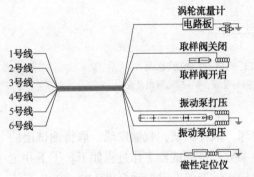

图 2　取样测试器电线连接示意图

中包括交流稳压电源和地面工控机。井下部分主要包括：流量信号检测电路；接箍信号检测与放大电路；井下电磁振动泵工作电路。取样测试器电线连接示意图如图 2 所示。

3.2　涡轮流量计的检测控制电路

所研制的涡轮流量计的检测电路板如图 3 所示。其技术指标要求：①最高工作温度：150℃；②最大工作压力：40MPa；③额定工作电压：25V±5V；④额定工作电流：35mA；⑤信号传输方式：负脉冲；⑥信号脉宽：50μs。

3.3　磁性定位仪的控制电路

所研制的磁性定位仪，型号为 AT+1。它由外壳，永久磁钢、绕组等组成。其电路如图 4 所示。主要技术指标如下：①仪器外径：25.4mm；②仪器长度：508mm；③零长：279mm；④额定压力：70MPa；⑤额定温度：150℃；⑥工作电流：0～15mA；⑦仪器重量：2.7kg。

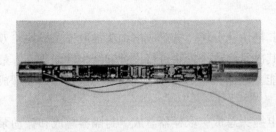

图 3　涡轮流量计信号检测电路板

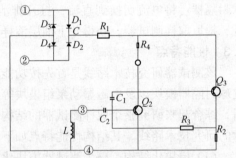

图 4　磁性定位仪电路图

3.4　直流电动机的控制电路

设计中采用了型号为 19SY06 直流减速机组。其控制电路如图 5 所示。其性能指标如下：①额定电压：70V；②额定电流：120mA；③额定转矩：1960mN·m；④额定转速：11r/min；⑤减速比：1076；⑥最高工作温度：150℃。

3.5　电磁振动泵的控制电路

所采用 9560 型电磁振动泵的控制电路如图 6 所示。其性能指标如下：①电磁振动泵工

作用交流电压：110~220V；②排液阀用直流电流：1.5A（瞬时启动），0.2A（稳定工作电流）；③电磁振动泵泵压：0.1~5MPa。

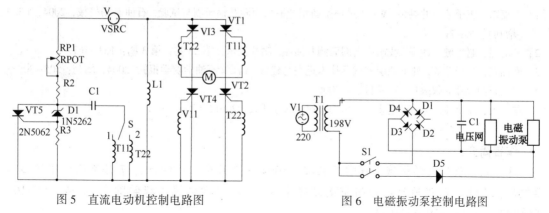

图 5 直流电动机控制电路图   图 6 电磁振动泵控制电路图

4 现场试验及经济效益分析

4.1 室内实验

该取样测试器研制是建立在大量实验的基础上的。其中，典型室内实验有：单皮球性能实验；双皮球集流原理性实验；自行设计双皮球集流性能实验；各种组焊件的试压实验；取样器主管的耐压实验；取样阀杆动作实验等。这些室内实验是现场试验取得成功的保障之一。

4.2 现场试验

2007 年 8 月 9 日，在河南双河 J104 井进行第一次现场试验，使用威盛 WILLSUN2000 便携地面软件系统检测流量和磁定位信号，使用自制便携电源给泵及卸压阀供电。在地面联试各部分正常后下井，下速 1000m/h 左右。到目的层后，按操作说明开启电机电源取样。起仪器，起速 1000m 左右。起出井口放样时，发现接线处进油，有气从过线管口刺出。拆开密封接线头，有原油滴出，拆下电路及电机外壳后，发现里面糊了一层原油。经过分析判断是过线管与壳体的焊接承压能力不够，导致其下井失败。经过重新修改焊接工艺，完成室内试压试验后，于 2008 年 8 月 1 日，在河南双河 T3105 井进行第二次取样试验。该井是 7in 套管井，油层深度 1590.8~1665.0m，供 8 个射孔层，人工井底 1729.13m。在完成井场联试、注脂，仪器正常后，下端挂接 $\Phi25$ 加重，下入取样器。下至井底后靠遇阻位置判断深度，上皮球定位大致 1640m 处，打泵，取样，泄泵，取出仪器。仪器取出井口后，放样工作正常。大约 300mL。仪器完好，无磨损松动。这次现场试验表明：下井取样试验取得了成功。

4.3 经济效益分析

长江大学机械工程学院和河南油田测井公司等单位合作共同攻关，开发出了一种新型过油井封隔取样测试器。它能够准确地对井下流体进行取样，具有很好的重复性，一致性和稳定性。它是探明可采储量较理想的工具。结合我国中部、东部油田都进入了开发中后期国情，该取样测试器具有极大的推广应用前景。其技术经济效益是非常显著的。一般现场服务每口井收取费用 2 万~4 万元。如果每年按 50~80 井计算，预计经济效益为 100 万~320 万元。不仅经济效益显著，而且因拥有领先的测试技术必将带来好的社会效益。

参 考 文 献

［1］许福东，王子荣，井洪泉. WJ-1 过环空新型产液剖面测井仪研制与试验. 石油矿场机械，2004，（33）（增刊）：69~71.

［2］王培烈，赵忠健，姚强. 我国产出剖面测井回顾. 测井技术，第25卷，第3期：163~167.

［3］许福东，王子荣等. 井下地层测试器技术进展与建议.《江汉石油学院学报》，2004，增刊：305~308.

［4］江汉石油管理局仪表厂. 产品目录，2000.

［5］左才工，左全璋. 对一种电磁泵计算的探讨. 电气开关，2001，（3）：5~7.

作者简介：

许福东，长江大学机械工程学院教授，1964年7月出生，1985年7月毕业于江汉石油学院矿机专业。通讯地址：荆州市南湖路1号（长江大学机械工程学院），电话：（0716）8061997，手机：15926524011。

复杂结构井增产增效技术研究与应用

王玉荣　王翠霞　刘立新　王德新

（大港油田采油一厂工艺研究所）

摘　要　油水井在生产过程中，地层受到各种污染，包括作业过程中的压井污染、流体中的机械杂质沉积、地层微粒运移、原油胶质与沥青质的吸附和沉积等，结果使油水井附近的地层渗透率下降而堵塞液流孔道，导致油井产量和注水井注入量下降，严重时甚至造成油水井停产、停注，严重地影响油田的开发效益。长期以来，我们一般采取压裂、酸化等措施以恢复油井产能，但存在工艺复杂、选择性差、成本高等问题，更为重要的是有时会给油层带来二次污染和伤害，不能有效地解决实际问题。因此对这类井必须采用特殊的采油方法。目前一种是化学解堵，另一种方法是机械解堵。该套增产增效解堵工艺技术是针对不同类型的油水井污染问题采取的不同解堵配套技术，该技术对解除油层近井地带堵塞，改善油层近井地带的渗流状况，恢复或提高油井产量具有重要意义。

关键词　复杂结构井　油层污染　油层解堵　化学解堵　机械解堵

1　现状

在勘探发开过程中，油层从钻开至生产均会受到伤害，尤其是低渗储层在生产作业过程中更容易收到伤害。一方面由于地层漏失导致冲砂不返；另一方面由于入井液与地层液不配伍伤害油层，导致作业后油井产量恢复率较低，有的甚至不出关井(表1)。

表1　2005~2007 年停产井产量恢复率统计表

年份	停产井次	停产前 日产水平/t	停产后 日产水平/t	日减产水平/t	产量恢复率/%	年损失原油/ ×10⁴t
2005	248	1192.57	1016.02	176.55	85.20	5.43
2006	236	912.5	754.8	157.7	82.72	4.58
2007	231	879.2	740.3	138.9	84.20	3.24
平均	238	994.7	837.04	157.7	84.14	4.41

2　储层伤害机理研究及敏感性分析(表2)

表2　与低渗储层损害关系密切的储层特征

影响因素	与低渗储层损害关系密切的储层特征	内容及数量
储层敏感性矿物组成、含量、产状	指储层中小于37μm的矿物颗粒，以黏土矿物为主。(不含蒙脱石，以高岭石、伊利石和绿泥石为主)	最小2.57%，最大19.6%，平均9.18%
储层的孔喉大小、形状、分布	喉道较小，以管状和片状细喉道为主；孔隙系统为中、小孔隙与中、细喉道组合而成	储层平均孔隙半径较小 5~20μm

影响因素	与低渗储层损害关系密切的储层特征	内容及数量
储层物性好坏	低渗透率、低孔隙度[<100(或50)×10⁻³ μm 划分标准]	渗透率小于 10×10⁻³；孔隙度最小 5%，最大 25%，平均 13.7%
储层流体性质、温度	原油性质较好，地层水矿化度较低，绝大多数储层不存在结垢损害储层的问题。50%左右的低渗储层埋藏深度超过 2000m	原油黏度小于 20mPa·s；50%以上储层温度可达到 80℃以上

2.1 地层伤害机理

储层潜在损害问题包括速敏、水敏、盐敏、酸敏、碱敏、水锁、压力敏等各种敏感性损害，外界液体中的固相侵入堵塞损害，有机垢和无机垢的损害等。具体说分三类：

2.1.1 化学伤害

储层黏土含量高，易吸水膨胀，水敏性强的黏土比例大，外来液体侵入后引起储层内黏土膨胀，堵塞孔隙(尤其是孔喉部位)降低岩石的天然渗透率。由于入井液与地层流体不配伍，或由于生产过程导致温度、压力变化在储层内产生化学反应，形成沉淀、结垢及稳定的油水乳化物。

2.1.2 力学伤害

颗粒堵塞，尤其是堵塞孔隙喉道，降低原始渗透率；岩石的润湿性以及毛细效应引起储集层中形成残余水带(例如水锁)降低渗透率。引起损害堵塞的原因有机械杂质堵塞、化学物质在地层高温下沉淀析出引起的堵塞、注入水与地层配伍性差引起黏土膨胀封锁喉道，形成的堵塞(即水敏)等。一般来说，由水敏引起的堵塞范围较大，凡注入水波及到的区域均存在；而由机械杂质和化学沉淀物引起的堵塞，由于地层致密低渗，主要集中在近井地带。

2.1.3 生物伤害

主要是指细菌堵塞。

2.2 油组储层特征

明化镇组是主要的地层出砂层系，也是油层污染最严重的层位。主要含油层组有明二、明三、明四油组。

明二油组蒙脱石矿物含量最高，达到了 78%，蒙脱石矿物遇水易膨胀脱落分散，水敏严重，造成储层污染。明二泥质含量达到了 17%，发生黏土伤害的可能性很大。不仅如此，对于明二来说，由于黏土包覆在颗粒表面，呈蠕虫状分布于岩石颗粒间和充填于孔隙内，这种分布状态易与外来不配伍液体充分接触，从而造成伤害。

明三油组伊利石含量是最高的，为 7.75%，伊利石在储层中可使储层孔道缩小，或将大孔道分割成小孔道，把水封闭起来，造成储层高含水饱和度，使油相渗透率降低。此外，伊利石矿物多呈卷曲毛发状微晶产出，对油层渗透率影响相当严重，当有淡水存在时，这些毛发状或丝状的伊利石微晶集合体可能会进一步分散，而降低渗透率。

明四油组高岭石含量较高，达到了 59%，由于高岭石颗粒较大而且在砂粒表面附着不紧，在液流冲击下易发生运移，堵塞油气流通道造成油层损害。

3 东营油组储层敏感性评价

通过参考地质研究院对唐家河东营油组主要层段不同物性的样品进行的五敏实验结果，发现东营油组存在敏感性。东三段岩心进行的 X 衍射分析表明，黏土矿物类型有：高岭石、伊蒙混层、绿泥石和伊利石，其中高岭石和伊蒙混层含量较高，平均为 36% 和 35%，且伊蒙混层中蒙脱石的混层比平均为 72.5%，可见本区储层可能存在潜在的水敏和速敏性，因此，我们对本区主要层段不同物性的样品进行了速敏、水敏、盐敏和酸敏实验。

3.1 速敏试验

在速敏试验的三块样品中（表3），有两块发生了增渗速敏，一块发生了降渗速敏。其中具增渗速敏的两块样品的物性较好，渗透率为 $(384 \sim 1239) \times 10^{-3} \mu m^2$，平均孔隙直径大于 $30\mu m$，喉道直径大于 $10\mu m$，连通性好，粒间充填的少量高岭石易被外来流体带走，从而使孔喉清洁畅通，渗透率升高两倍以上。另外发现了降渗速敏的样品，其物性中等，平均孔隙直径为 $21\mu m$，喉道直径为 $8.2\mu m$，由于喉道较窄，当流体流速增大时，孔道中微粒发生运移，易将喉道堵塞，使渗透率降低，其损害程度为 33.3%，速敏程度中等偏弱。

表 3　流速敏感性实验数据表

井号	层位	K	不同流速下水相渗透率/$(\times 10^{-3} \mu m^2)$										损害程度	临界流速
			0.25	0.5	0.75	1	1.5	2	3	4	5	6		
港 521	d3-4-2	280		54	42.3	39.1	36.9	36	37.4	38.9	38.3	37.5	中等偏弱	0.5mL/min
	d3-4-2	384	9.4	11.1	12.4	13.5	16.7	17	19.9	23	24.8	27	无	
	d3-6-1	1239	419	624	800	975	966	1121	1163	1114	1081	1066	无	

3.2 水敏试验

东三段三个砂体的水敏实验均出现强水敏性（表4），K_w/K_f 为 $0.03 \sim 0.15$，这是由于本区储层中 I/S 混层含量很高，且混层中蒙脱石的含量高达 72%。因此，实验中注入次地层水时渗透率降低 50%~70%，注入蒸馏水时渗透率最大可降低 97%，说明黏土矿物中蒙脱石遇水发生膨胀，堵塞了孔隙喉道，造成渗透率的降低。

表 4　水敏实验数据表

井号	层位	渗透率/%	不同流动介质下 $K_j/(\times 10^{-3} \mu m^2)$			水敏强度
			地层水	次地层水	蒸馏水	
港 521	d3-4-2	2984	2530	1234	162	强
港 521	d3-6-1	118	2.0	0.68	0.30	强
唐检 1	d3-6-1	103	9.0	2.8	0.30	强

3.3 盐敏试验

本区储层具强盐敏性（表5），1/2 地层水对渗透率的损害程度已达 12%~60%，因此其临界矿化度均为地层水矿化度。发生强盐敏的原因基本与水敏相同，主要为伊蒙混层中蒙脱石含量较高，遇低于地层水矿化度的流体时发生膨胀，堵塞孔喉造成渗透率降低。

表 5　盐敏实验数据表

井号	层位	渗透率/md	不同流动介质下 $K_j/(\times 10^{-3} \mu m^2)$					损害程度	临界矿化度/(mg/L)
			地层水	1/2 地层水	1/4 地层水	1/8 地层水	蒸馏水		
港 521	d3-6-1	902	22	8.9	7.6	5.5	2.5	强	8751
	d3-6-3	6861	1345	1127	681	452	4.50	强	8751
	d3-6-3	8163	2666	1812	956	626	28.1	强	8751

3.4 酸敏试验

对唐检 1 井三块渗透率较低的样品用 12%HCl+3%HF 进行了酸敏实验，结果表明无酸敏性，有两块样品的渗透率还增大了，因此本区东三段储层不具酸敏性(表6)。

表6 酸敏实验数据表

层位	渗透率/ ($\times 10^{-3} \mu m^2$)	注水前地层水渗透率/ ($\times 10^{-3} \mu m^2$)	酸液配方	注配后地层水渗透率/ ($\times 10^{-3} \mu m^2$)	酸敏评价
d3-6-1	48	0.93		0.92	无
d3-6-3	440	21.4	12%HCl+3%HF	23.7	无
d3-6-3	11.9	0.85		0.94	无

综上所述，通过对东营油组敏感性试验，该储层对于五敏性的评价结果如下(表7)：

表7 东营组敏感性评价结果

内 容	速 敏	水 敏	盐 敏	酸 敏
评价结果	中等偏弱	渗透率明显下降	渗透率明显下降	无
结论	无速敏	强水敏	强盐敏	无酸敏

结论：东营组储层普遍具有强水敏和强盐敏特征，入井液易造成地层的堵塞，降低地层吸水能力，建议对于东营油组油井、转注等措施时采取防膨措施。

4 解决储层伤害方案对策及现场应用

针对与地层伤害有关的储层特征物性、伤害机理、东营油组五敏性研究进行系统分析后，找出影响产量恢复及注水效果的因素，并提出治理对策(表8)。

表8 油井防膨剂技术参数

项 目	指 标	项 目	指 标
外观	乳状液体	固含量/%	≥15
水溶性	溶于水无不溶物	防膨率/%(使用浓度2%)	≥85
黏度(20℃)/mPa·s	≥50	耐水洗倍数	≥20
密度(20℃)/(g/cm³)	1.0~1.2	岩心伤害率	≤10
pH 值	6.5~8.5		

4.1 油水井防膨

针对地层泥质含量高，近井地带受黏土膨胀发生堵塞、渗透性变差的油井，通过向地层内打入一定浓度的防膨液，解除近井地带污染。由于是在油水井正常生产过程中实施，不增加二次污染，是油水井增产增注的一项日常措施。

主要用于：

a. 油井改造增产；

b. 注水投注井或转注井的预处理，无法正常注水的水井降压增注。

4.1.1 油井缩膨，解决近井地段筛管堵塞

港 H2 井是第一口采用精密微孔复合筛管完井的水平井，先后提液排量增大造成筛管局部严重破损。通过对港 H2 井的先期试验与不断摸索，对此类油井进行分析后，将次技术引

申到直井中泥质含量高、下有防砂筛管,分析存在堵塞的井进行实施。2008 年至今累计应用 6 口井 45 井次(表 9),有效 5 口井,有效率 83.3%,累计增油 2257t。

表 9　2008 年实施缩膨解堵技术效果统计表

序号	井号	实施时间	应用前			应用后			有效天数/d	累计增油/t	效果评价
			日产液/m³	日产油/t	含水/%	日产液/m³	日产油/t	含水/%			
1	港 H2	24 井次	143	18.7	87	254	27.7	89.1	290	1600.55	较好
2	联浅 6-9KH	15 井次	32.9	7.37	77.6	67.9	12	82.3	318	565.35	较好
3	港 7-38	2 井次	15.4	4.4	71.4	33	6.5	80.3	80	60	较好
4	港 7-21-1	08.8.22	4.96	1.71	65.5	0.6	4.58	2.15	73	16.8	较好
5	房 36-34	08.10.1	22	3.6	83.6	20.5	4.1	80.2	33	14.3	较好
6	港 5-38-2	08.9.27	86.9	7.04	91.9	106	4.9	95	/	/	差
合计				42.82			59.78			2257	

综合分析:

(1)地层缩膨适用于油层泥质含量高,因黏土膨胀导致产液量下降,含水上升的油井。

(2)筛管完井、防砂筛管防砂的井,由于油流在筛管附近受到阻力,容易在近井地带形成泥饼,堵塞通道,通过地层缩膨可起到较好效果。

(3)地层缩膨处理面积小,有效期短,一般为半个月至一个月,可依据有效期周期性实施。

4.1.2　水井防膨处理,提高地层吸水能力

针对东营组地层强水敏和强盐敏特征,对充分排液后的转注井,在转注前实施防膨处理,降低黏土膨胀程度,提高注水能力。2008 年结合注水工程的开展,在东营油组的转注井上实施防膨措施 6 口(表 10),实施后效果明显,满足了地质配注的需求。实施后,平均泵压 12.4MPa,平均油压 9.1MPa,日配注 980m³,日注 964m³。

表 10　东营组防膨措施效果统计表

序号	井号	实施时间	措施内容	注水情况				
				干压/MPa	油压/MPa	套压/MPa	配注/m³	日注/m³
1	东 16-2	07.9.18	转注分注	14.8	14	13	300	294
2	港 541	07.10.14	转注分注	12.5	10.8	10.7	80	80
3	港 3-41	07.10.1	转注分注	9.9	3.3	0	200	191
4	东 7-15-1	07.10.10	转注分注	13.1	13.1	12.8	200	204
5	港 531	07.10.30	转注分注	13	2.6	2.6	50	48
6	港东 16	08.3.2	转注分注	11.2	10.8	0	150	147
合计 6 口井							980	964

同时,在东营组防膨效果的基础上,2008 年在沙河街组转注井上推广实施了防膨措施(表 11),实施后与同层位注水井注水压力相比,有一定程度的下降。实施后,平均泵压 13.8MPa,平均油压 9.4,日配注 3040m³,日注 2996m³。

表 11 沙河街组防膨措施效果统计表

| 序号 | 井号 | 实施时间 | 措施内容 | 注水情况 | | | | |
				干压/MPa	油压/MPa	套压/MPa	配注/m³	日注/m³
1	中 11-69	07.10.7	转注	15	14	0	100	107
2	中 10-12	07.12.15	转注分注	13	5	6.5	100	100
3	红 7-1	08.4.9	转注	12.5	1.8	2.5	100	96
4	中 10-69	08.4.2	转注分注	15.5	11	9	80	78
5	港 49	08.5.18	转注	10.1	3.9	4.1	50	51
6	红 20-32	08.5.24	转注	7	5.8	0	50	50
7	红 22-38	08.5.24	转注	11.5	1	1	50	55
8	中 9-77	08.9.2	转注	18	16.5	6.5	80	86
9	中 7-78	08.6.18	转注	15	7	6.8	50	48
10	中 12-69	08.6.18	转注	16.5	14	14	100	96
11	港 353	08.6.18	转注分注	18	13.1	13.4	100	96
12	红 20-34	08.5.31	转注	14.5	3.5	4.8	50	45
13	中 9-47	08.10.24	转注	14.7	14	13	100	91
14	港 372-3	08.9.2	转注	12	6.8	6.7	70	69
合计 14 口							3040	2996

4.2 油井酸化

酸化的目的是使酸液大体沿油井径向渗入地层，从而在酸液的作用下扩大孔隙空间，溶解空间内的颗粒堵塞物，消除井筒附近使地层渗透率降低的不良影响，达到增产效果。2008年累计实施酸化 3 口井(表 12)，有效 2 口井，累计增油 653.8t。酸化解堵体系为盐酸+氢氟酸、NH_4Cl 解堵剂。

表 12 2008 年酸化实施效果统计表

| 序号 | 井号 | 日期 | 生产井段/m | 泵径/mm泵深/m | 工作制度/(m/次) | 实施对比 | | | | 初期日增/t | 累计增油/t | 效果评价 |
						液量/m³	油量/t	含水/%	液面/m套压/MPa			
1	中 10-74	08.5.19酸化	2435~2456	44×2000	4.2/3	0.7	0.09	87.1	2071/3.0	4.6	589.7	好
						8.65	4.74	45.2	2024/6.2			
2	港 372-5H	08.11.14酸化	2990.5~3120	44×2200	6.0/3	10.5	4.67	55.5	1978/3.6	/	/	含水升
						25.5	4.18	83.6	1138/1.6			
3	联浅 6-9KH	08.8.16酸化	1428.18~1558.87	70×949	4.0/5	5.83	0.4	93.2	385/0.6	3.92	64.1	好
						55.4	4.32	92.2	388/0.4			
合计							8.52				653.8	

4.3 解水锁

主要解决油藏泥质含量高，油层结构疏松，胶结性能差，低渗透水敏、水锁，原油物性变化大，作业污染造成产能降低问题。主要功能：①降低油水表界面张力，消除水堵；②消除油垢，清洁油藏，诱导油流；③快速分散泥饼，消除聚合物残渣伤害；2008 年试验 1 口

448

井。港东 12X1 井由于地层漏失严重，作业恢复后日产液 35m³，日产油 2.7t，含水高达 92.2%。采取解水锁工艺措施。应用水锁处理剂后，至今生产稳定(表 13)。

表 13　东 12X1 井实施前后效果对比表

日期/生产井段	解水锁剂用液/用量	实施前后对比						效果评价
		工作制度	液量/m³	油量/t	含水/%	套压/MPa	动液面/m	
08.5.30	46m³	4/2.5(8)	35.12	2.74	92	4.9	825	效果一般
1555~1558.5	4t	4/2.5(8)	30.66	3.19	89.6	3.9	647	

4.4　生物酶解堵

生物酶是一种生物活性蛋白，能够促进各种生物化学反应快速进行。实施效果见表 14。主要特点：①生物酶与地层水的配合性好，通过诱导和自发渗吸作用进入孔道，改善孔吼；②具有较强的剥离粘附在油砂上原油的能力；③能够清洗剥落油膜，降低原油的含蜡、黏度；④改变润湿接触角的功能。

表 14　2008 年生物酶实施效果对比表

井号	实施日期	用量/t	生产井段/m	实施前			实施后			有效期/d	增油/t	效果评价
				液量/m³	油量/t	含水/%	液量/m³	油量/t	含水/%			
港 3-39-1	07.05.13	60	1284.5~1289	19	3.06	83.9	27	5.1	81.1	365	985	好
	08.9.9	95	Nm二 8(6#)	23.9	3.08	87.1	24.3	3.26	86.6	15	65.2	一般观察
合计										380	1050	

港 3-39-1 井 2004 年 6 月投产，出砂严重在 15.7‰~26.5‰，8 月防砂作业后，日产油连续 8 个月稳定在 10t 以上，最高达 18.03t 缓慢下滑，含水逐步上升，由 21% 上升到 80.41%。通过分析认为产量变化的主要原因，是生产过程中在近井地带造成有机堵塞。因此利用生物酶的独特性质，降低油-岩界面张力，改变岩石润湿性，提高油相渗透率，从而达到解堵增产、降水增油的目的。实施生物酶吞吐后达到了解堵增液的作用，地层渗透性得到改善，增产效果比较明显，套压由 0.9 上升至 1.8MPa，动液面由 1165m 上升至 1114m，措施有效期在 1 年以上，累计增油 985t。

4.5　机械解堵

声波解堵助排技术是声波解堵和混气水排液工艺相结合，实施效果见表 15。技术关键部件是声波发生器(图 1)。通过将其下入油层部位，利用高压混气液流激发声波发生器产生强烈的振动纵波。由于声波具有较强的穿透能力，振动波作用于油层，通过声波的机械振动作用、空化作用等机理，使堵塞物质变为颗粒状而从附着介质上脱落，从而解除近井地带堵塞、疏通液流通道、提高地层渗透率、最终达到提高油田最终采收率(图 2)。

表 15　机械解堵实施效果统计

序号	井号	实施时间	应用前			应用后			平均日增/t	累计增油/t	效果评价
			日产液/m³	日产油/t	含水/%	日产液/m³	日产油/t	含水/%			
1	港深 4-4	4.5	/	/	/	4.98	2.44	76.2	2.44	1110	较好
2	红 7-1	3.28	/	/	/	13.71	3.52	74.3	3.52	942	较好
合计										2052	

449

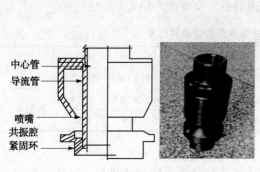

图 1 声波发生器结构及实物图

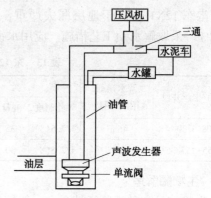

图 2 井下管柱及流程示意图

5 结论及认识

（1）对于新层，先期防膨为最好，可以稳定骨架，抑制黏土遇水膨胀，这时量不宜过大，压力不宜过高。早期防膨，即生产前就防，但这时对于黏土含量不是很高的井可以，砂的粒径中值较大的井有较强的适应性；但是对于砂的粒径中值很小，黏土含量较高的井，防膨与防砂是一对矛盾。特别是浅井，压实作用不明显，这样的井渗透率都较低、已出砂难控制，因此必须先排砂、在防砂、然后再防膨。

后期防膨是由于没有来得及防膨，黏土已经膨胀影响渗透率，这时注入一定防膨体系，就是使已经被水侵入到黏土中的水体带出来，消除电离层，黏土层之间排斥力减弱或消失，使黏土收缩，某种程度起到解堵的作用。在生产压差的作用下，这一部分黏土随产出液排出，深井地带的已经膨胀的黏土会迁移到近井地带，形成新的堵塞，防膨失效，因此有效期短。

（2）生物酶吞吐解堵，对频繁作业造成污染而液量下降的井有较好的实施效果；尤其是初期产量较高，因黏稠、结蜡等导致实际产量降低的油井。生产井最好为单采某一油层，油层有效厚度一般不超过 6m，孔隙度 ≥10%，渗透率 ≥30md。

（3）针对高压低渗井解堵，可以改善孔吼，恢复油层渗透率，增强导流能力，从而达到增加油井产量的最终目的。对于长期注含油污水造成地层堵塞、注水能力下降的注水井，通过防膨、生物酶可解除污油堵塞，达到降压增注的目的，同时能够使受益井达到更高的产量。

参 考 文 献

［1］王宁. 张店油田注水井防膨处理剂的室内筛选. 试采技术，2003.
［2］沈明道. 黏土矿物及微组构与石油勘探. 电子科技大学出版社，1993，5.
［3］徐洪波. 大庆油田水平井酸化技术研究. 大庆石油大学，2006.
［4］陶德伦，汤井会，张继勇. 系列酸化解堵技术研究及应用. 大庆石油地质与开发，1998(04).

作者简介：

王玉荣，女，工程师，油田公司机械采油专家，现在大港油田采油一厂工艺所工作。

射采联作技术在大港油田采油二厂的应用

李 影 冯 刚 阮 刚 唐兰芳 姜 楠 邬 栋

(大港油田公司第二采油厂)

摘 要 射采联作技术将射孔与下泵生产合二为一，射孔作业后无需起出管柱，便可进行油井投产，简化施工工序，降低作业成本，防止井喷事故。本文主要介绍了该工艺在大港油田采油二厂的使用情况，经过现场 9 井次的使用，证明该工艺可满足生产需求且达到了节能增产的效果，很好的减轻了油层的污染并缩短了占井的周期。该工艺技术在大港油田采油二产具有良好的适应性，将进一步推广使用。

关键词 射孔 采油 工艺管柱 抽油泵

1 技术现状

在传统工艺中，射孔和下抽油泵生产是分别进行的，即若自喷，则进站生产；如不喷，需起出放炮管柱，再按举升工艺下入完井管柱。不仅工期较长、成本高，而且施工过程中的压井作业容易对油藏造成伤害，如：黏土膨胀、堵塞油层的过流通道、水锁等，从而影响措施产量。

为降低油层污染、减少成本投入、延长措施有效期，适合油藏清洁开发的需要，通过工艺优选，将射采联作技术应用在采油二厂的庄 5-15-5、庄 84-2 井进行前期试验，通过跟踪确定效果良好。继而在采油二厂继续扩大规模推广该项新技术，截至目前共实施 9 口油井的补层措施。

射采联作技术将射孔与下泵工序合二为一，用一趟管柱将射孔枪与抽油泵连接下井，并遵循现有的油管输送投棒射孔方式，不改变施工作业、生产测试习惯，射孔作业后无需起出管柱，便可进行油井投产，简化了施工工序，缩短了作业周期。同时射孔时井口始终可控，可有效地防止井喷事故，避免对地层的二次污染。

鉴于该项技术的成功应用，其应用前景广阔，目标是将该项技术应用于我油田新、老井补层措施，从而实现油藏的清洁开发。

2 射采联作技术介绍

将射孔枪、射采联作泵及配套工具丈量后按射孔、下泵一次完成管柱要求下井。管柱就位后，钢丝绳输送定位仪下井校深，调整油管短节，使射孔枪对准射孔层位，然后进行投棒点火射孔。射孔后，若自喷按相应技术规程要求求产。非自喷层则按地质要求测压，投联作泵底阀，开泵输送，活动底阀就位后，增压至 10MPa，坐实底阀，稳压 30min，压降小于 0.5MPa，泵验封合格后，下入抽油杆和柱塞，投入生产。

2.1 射采联作泵的结构

联作泵由泵筒总成、柱塞总成、可活动底阀三部分组成(图1)。

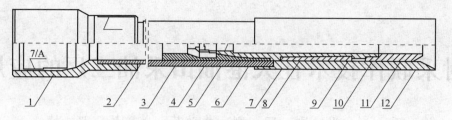

图 1　射采联作泵示意图

1—泵筒接箍；2—泵筒；3—固定阀罩；4—固定阀球；5—固定阀座；6—支撑芯轴；
7—密封皮碗；8—皮碗座圈；9—皮碗压圈；10—锁环芯轴；11—锁环；12—皮碗支撑短节

2.2　工艺管柱

新井投产投棒射孔：泄油器+射采联作泵+定位短节+筛管+点火头+射孔枪(图 2)；老井补层投棒射孔：泄油器+射采联作泵+封隔器+定位短节+筛管+点火头+射孔枪(图 3)。该工艺中的封隔器可采用 251-7 封隔器、Y221 封隔器、Y211 封隔器、PT 封隔器等。

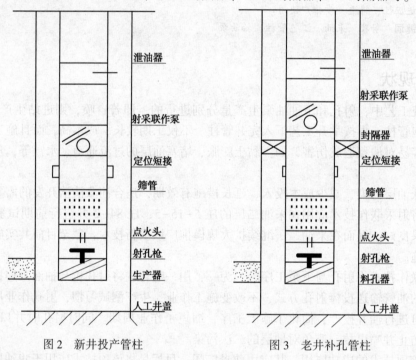

图 2　新井投产管柱　　　　　　　　　图 3　老井补孔管柱

2.3　适用范围

射采联作技术主要适用于新井投产及老井补层需要，适用泵型规格有 $\Phi 38mm$、$\Phi 44mm$、$\Phi 57.15mm$，可满足中、深油井的开发；井斜角<30°，但通过现场试验研究，以打破了井斜对该项技术的绝对限制。经过现场试验总结出对于出砂，含气量大、含蜡高的井不适宜应用，如庄 6-12-4 井，2009 年 3 月 12～18 日采用射采联作技术补层合采后自喷生产，生产至 4 月份停止自喷，而对其下柱塞生产，由于蜡的影响，而导致下柱塞遇阻，而再次检泵作业。

3　射采联作技术现场应用情况

根据对射采联作工艺的深入研究与调研，结合地质要求与该项技术的适用条件，优选庄 5-15-5、庄 84-2 两口油井补层作业应用射采联作技术，取得了试验成功，确保措施有效实现。在后期不断分析跟踪措施效果，继续优选油井应用该项技术，截至目前先后在庄 6-12-5、庄 6-12-4、歧 15-14、歧南 5-12、庄 4-16K、庄 6-12-1K、歧 603-3 等 7 口油井补层措施时应用该技术。其中庄 4-16K 和庄 6-12-1K 井为两口侧钻井，采用小直径射采联作泵，首次实现了本油田的侧钻井的射采联作，进一步的扩大了该技术的应用范围。

从这 9 口井的生产情况看，射采联作技术可基本满足生产需要(表 1)。其中庄 84-2 井因泵卡而检泵作业，庄 5-15-5 井射孔单采，庄 6-12-4 井措施后自喷生产，后停止自喷，投射采联作泵活塞遇阻，提出后发现活塞及下凡尔罩均被蜡堵死，歧 603-3 井封层补层措施后不出液，返工作业后发现油管漏失，返工作业后目前正常生产，歧 15-14 井于 4 月 16 日不出，检泵作业。下其余四口井庄 6-12-5、歧南 5-12、庄 4-16K、庄 6-12-1K2 目前仍采用深采联作泵生产，效果极为显著。下面为 9 口油井的应用情况，截至 2009 年 9 月底实现累增油 10258.19t。

表 1 射采联作技术应用效果统计表

井号	施工时间	施工内容	作业前生产情况			作业后生产情况			累产油/t	备注
			日产液/(m³/d)	日产油/(t/d)	含水/%	日产液/(m³/d)	日产油/(t/d)	含水/%		
庄 84-2	2008.5.27~6.1	封层补层	不出东西			27.8	4.41	84.15	809.51	09.2 泵卡作业
庄 5-15-5	2008.5.28~6.1	补层合采	44.63	2.1	95.3	32.45	2.83	91.27	185.24	09.8 射孔单采
庄 6-12-5	2008.8.7~8.14	补层合采	水井			18.55	11.78	36.5	3277.1	
歧 15-14	2008.12.30~2009.1.4	补层合采	关井			22.09	8.3	63.42	745	09.4 不出检泵
庄 6-12-4	2009.3.12~3.18	补层合采	18.35	3.08	83.2	18.7	12.07	84.34	319.59	09.4 检泵
歧南 5-12	2009.3.10~3.23	封层射孔	37.45	8.04	78.5	32.94	19.97	39.36	3401.2	
庄 4-16K	2009.5.13~5.18	射孔下泵				32.8	12.93	60.58	1327	
庄 6-12-1K2	2009.8.1~8.8	射孔测压下泵				21.61	4.82	77.7	193.55	
歧 603-3	2009.7.27~8.11	封层补层	31.09	0.82	97.4					作业后不出、返工发现油管漏失
合计									10258.19	

4 经济效益评价及安全环保评述

射采联作工艺使用安全，避免油层污染，既可满足油田采油生产的需要，又可适应油藏清洁开发需要。该工艺中射采联作泵结构简单，设计合理，为工艺提供了所需配套工具，并保证了工艺措施的成功率。

4.1 节约成本，创实效

截至 2009 年 9 月底累产油 10258.19t，预计年底可累计增油约 13000t；作业费用共计 105.3 万元；耗电费 9 口井约 40 万元；吨油成本按 543.72 元计算，9 口井创效 561.5 万元，投入产出比可达 1∶5(表 2)。

表 2 射采联作技术作业费用

井　号	施工时间	作业内容	作业周期/d	费用/元	备　　注
庄 84-2	2008. 5. 27~6. 01	封层补层	6. 66	77693	
庄 5-15-5	2008. 5. 28~6. 1	补层合采	5. 75	62117	
庄 6-12-5	2008. 8. 7~8. 14	补层合采	7. 96	128384	
歧 15-14	2008. 12. 30~2009. 1. 4	补层合采	5. 3	84416	
庄 6-12-4	2009. 3. 12~3. 18	补层合采	7. 03	102159	
歧南 5-12	2009. 3. 10~3. 23	封层射孔	17. 35	198926	填砂注灰封层，候凝时间为 48h
庄 4-16K	2009. 5. 13~5. 18	射孔下泵	3	86336	
庄 6-12-1K2	2009. 8. 1~8. 8	射孔测压下泵	8. 2	113397	
歧 603-3	2009. 7. 27~8. 11	封层补层	12. 762	199571	强造壁堵剂封层费用 39150 元
合计				1052999	

4.2　减少污染，缩短占井周期

由于射采联作技术射孔与下泵一趟管柱即可完成，不仅减少了压井作业工序，避免油层污染，降低了作业成本，而且减少占井周期。其中起下一趟管柱节按井深 2500m 估算，减少费用约 1 万元，9 口井共节约 9 万元；节省材料费用按 1 万元，9 口井可节省 9 万元。每口井可减少占井时间至少 48h，9 口井可缩短占井周期 400 多小时，日均产量约 8.6t 算，则可减少作业占井产量 154.8t，吨油成本按 543.72 元计算，可为油田多创效 26.4 万元。

4.3　避免井喷，具有一定的社会效益

一般井喷事故较容易发生在起下管柱过程中，一旦发生井喷不但会污染环境，也会对作业人员及周边人民的生命安全及财产造成极大威胁。射采联作技术减少了起下管柱过程中的压井作业工序，避免油层污染，降低了作业成本，同时对于减少井喷事故也有一定贡献，具有一定社会效益。

实践证明射采联作技术大大缩短了作业的占井周期，增加了油井的生产时率，为油田的稳产增产提供又一项技术支撑。

5　结论

射采联作技术可实现射孔、下泵工序一体化，简化施工工序，缩短作业周期，降低修井成本。射采联作泵的使用遵循现有的油管输送投棒射孔方式，不改变施工作业、生产测试习惯，无论在新井投产还是老井补孔中均有很强的适应性。可有效地防止井喷事故，并可避免对地层的二次污染，保护油气层。对封隔器卡层井实现过泵定位，能提高卡层措施的工艺成功率。

在我油田前期试验，以及后期应用中逐步验证了射采联作技术在我油田的应用，并逐步摸索出该工艺现场适用范围，并发展出适应我油田开发需要的小直径射采联作泵，实现了侧钻井的射采联作。正因为该工艺的优越性，使其具有良好的应用前景，其大规模推广应用对油田开发具有重要意义。

参 考 文 献

[1] 罗英俊，万仁溥等. 采油技术手册. 北京：石油工业出版社，2005.

[2] 张琪，万仁溥等. 采油工程方案设计. 北京：石油工业出版社，2002.

[3] 董志清，张荣军. 射采联作技术在文南油田的应用. 内蒙古石油化工，2006，11~116.

[4] 乔金中，李志广等. 射孔与下泵生产一次完成工艺. 石油钻采工艺，2005，27卷1期，49~60.

作者简介：

李影，助理工程师，1983年生，2006年毕业于大庆石油学院应用化学专业，现从事油水井修井设计工作。

新型作业油管的性能特点与用途

姬丙寅　杨　析　王双来　史交齐　韩　勇

（西安摩尔石油工程实验室）

摘　要　试油作业在油气勘探开发中占有重要的地位，选择作业油管对试油作业有重要的影响。国外已开发出专用的作业油管，收到了良好的效果；国内还没有专门针对试油作业用的油管。针对目前国内油气勘探试油作业存在的问题，提出了试油作业专用的作业油管。重点介绍了新型作业油管的结构、性能特点及用途，新型作业油管对解决目前试油作业存在的问题具有重要的意义。

关键词　新型　作业油管　特点

1　引言

随着油、气田开发的不断发展，勘探试油试气作业的要求越来越高，许多油田地质条件非常苛刻，井深且地层压力高，这给勘探试油试气作业带来很大的挑战。由此，试油作业管柱的设计和作业油管选择尤为重要，需要从强度和寿命两方面综合考虑，以预防试油作业管柱损坏事故的发生，只有提高试油作业管柱的承载能力和使用寿命，才能保证试油作业的安全性和可靠性。国外目前已开发出专用的作业油管，收到了良好的效果。

2　几种国外作业油管

2.1　Hydril 533(图1)

Hydril 533 的特点如下：

(1) 楔形螺纹结构，具有高抗扭性能，通过楔形螺纹承载面和导向面同时啮合，导向面对过扭矩起到约束作用。

(2) 接头内壁流线形状结构，使流体冲蚀的影响最小，为接头防腐涂层提供了较大的空间，接头的涂层不影响接头的整体连接性能。

(3) 接头内外加厚结构，接头的危险截面面积大于管体的横截面积，接头的连接性能大于管体的连接性能。

(4) 大锥度、大螺距螺纹，实现快速上卸扣能力。

(5) 适合用于酸性环境。

(6) 在压缩、拉伸、弯曲和扭矩组合工况方面具有优良的性能，适合用于在大位移井和其他苛刻的条件下使用。

2.2　Tenaris PJD(图2)

Tenaris PJD 的特点如下：

(1) 整体加厚设计，接头的危险面截面面积大于管体的横截面积，接头的连接性能大于

456

管体的连接性能。

（2）内平结构设计，为接头防腐涂层提供了便利。

（3）内压台肩为负 20°的台肩，外压台肩为直角台肩，具有高抗扭性能。

（4）大锥度、大螺距螺纹，实现快速上卸扣能力。

（5）六牙或者八牙螺纹，牙型导程面为 10°，牙型承载面为 3°，承载能力强，可实现快速上卸扣。

 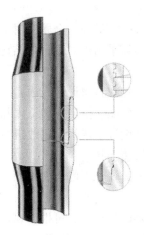

图 1　Hydril 533 作业油管结构示意图　　　　图 2　Tenaris PJD 作业油管结构示意图

3　国内作业油管存在的问题

目前国内试油作业用的油管多采用普通的圆螺纹油管或进口的特殊螺纹油管，采用普通的圆螺纹油管作为试油作业管柱，使用寿命短，往往满足不了工程要求，常常发生泄漏、脱扣等失效事故；而采用进口的特殊螺纹油管，成本较高，并且对于异常高温高压油气井，仍然存在安全隐患，所以从真正意义上讲，还没有一种专门针对试油作业用的油管。

目前试油作业用的油管有以下缺点：

（1）普通油管的螺纹设计是以细扣为主，与钻杆相比，缺少抗扭矩台肩，不能承受旋转扭矩，常出现超扭矩现象和错扣现象，损坏严重。

（2）普通油管的螺纹是以保证静态连接强度和密封液体为思路，上卸扣次数有限，而压裂以及修井作业需要大量的上卸扣、动态旋转、大载荷提拉和搬运，往往造成大量的粘扣和碰伤，所以也造成油管消耗量增加；特殊螺纹油管虽有扭矩台肩，但其设计是为了保证密封可靠性，不适应试油和修井作业的特殊工况。

（3）成本高，过去许多油田使用小规格钻杆进行酸化压裂和修井作业，但小规格钻杆是同规格油管(包括加厚油管)价格的 3~5 倍；现在多采用油管来进行试油作业，试油管柱往往要进行多重作业且反复使用，故要求该类油管的可靠性强、连接强度高、密封能力高且重复使用性强等特点，导致油管用量增加，进而增加成本。

（4）普通油管和特殊螺纹油管在材料的成分设计中并没有考虑到试油或井下作业要遇到的复杂工矿和可能遇到的各种有害介质。

针对目前国内试油作业存在的问题，西安摩尔工程实验室联合相关油田和制造厂已开发出了新型作业油管。

4 新型作业油管

4.1 新型作业油管结构特点

新型作业油管具有与小钻杆类似的连接性能,具有可旋转性(钻井)、重复使用性强的特点,又具有与特殊螺纹油管相类似的密封性能,同时在材料的成分设计上考虑耐蚀性、高强度性和高韧性。新型作业油管特点如下:

(1)整体加厚设计。管端加厚段可以增加螺纹接头的连接强度、抗扭强度。

(2)金属密封设计。金属密封采用双密封结构,内压密封采用锥对锥及负台肩自锁密封结构,外压密封采用锥对锥密封结构。内外压双密封结构起双重密封作用,适用于高压超高压试油工况。

(3)内、外双台肩设计。内台肩采用直角台肩,外台肩采用负台肩不仅可以保证准确上扣,并具有抗弯曲、抗压缩和抗大扭矩性能,同时对密封能力起到辅助作用。

(4)螺纹设计。接头采用改进的偏梯形粗牙螺纹,使接头的连接强度高于管体的连接强度,并实现快速上扣。

(5)内表面设计。内表面采用内平形结构,具有较大的作业空间,便于防腐涂层的施工处理。

(6)材料设计。材料可根据腐蚀的需求进行选择,具有抗腐蚀特点。

4.2 新型作业油管性能特点

部分新型作业油管规格及使用性能见表1。

表1 部分新型作业油管规格及使用性能

规格	钢级	外径/mm	内径/mm	壁厚/mm	抗拉强度/kN	抗挤强度/MPa	最小内屈服压力/MPa
2⅞	P110	73.02	62.00	5.51	886	100.2	100.1
2⅞	Q125	73.02	62.00	5.51	1007	110.7	113.8
2⅞	P110	73.02	59.00	7.01	1102	131.6	127.4
2⅞	Q125	73.02	59.00	7.01	1252	149.6	144.8
3½	P110	88.90	74.22	7.34	1425	114.9	109.6
3½	Q125	88.90	74.22	7.34	1620	130.6	124.5
3½	P110	88.90	69.85	9.53	1801	145.2	142.2
3½	Q125	88.90	69.85	9.53	2047	165.0	161.7

4.3 新型作业油管的主要应用领域

(1)适用于高压高温井、水平井、高压气井的生产管柱,并通过涂层可提高管内耐蚀性能。

(2)适用于作业及测试管柱,其拉伸、弯曲和扭曲强度均高于同壁厚和同钢级的油管管柱。

(3)高扭矩性特点可用于特殊工况下的作业油管钻井。

5 结论和建议

(1)国外已有专用的试油作业油管,国内还没有专用的试油作业油管,在试油作业中用普通油管作为作业油管经常发生失效事故,应推广应用专用的新型作业油管。

（2）新型作业油管具有良好的密封性能和连接性能，对解决目前国内试油作业存在的问题有重要的意义。

参 考 文 献

[1] 窦益华，张福祥，韩勇等. 试油作业高强度特种油管的创新研制. 石油机械，2007，35(7)，43~45.

作者简介：

姬丙寅，男，1983 年 7 月出生，2009 年 7 月毕业于中国石油大学(北京)工程力学专业，获工学硕士学位，通讯地址：陕西省西安电子一路 18 号电子社区 C 座 1501，邮编：710065，电话：029-88215537。

静电网络抑砂剂在复合防砂中的应用

付浩[1] 沈国辉[1] 王贵军[2] 贵常胜[1] 冯伟[1] 韩国峰[3]

(1. 冀东油田分公司老爷庙作业区;
2. 渤海钻探工程技术研究院; 3. 大港油田分公司采油四厂)

摘要 针对目前油田存在的防砂方法单一,防砂费用高,对于某些特殊油层的防砂针对性差,如泥质含量较高的地层,细粉砂含量高的地层存在的防砂后地层的渗透率下降,产能降低等问题提出复合防砂技术,本文在现场试验的基础上综述了静电网络抑砂剂与机械防砂相结合的复合防砂技术的现场应用效果,为防砂工艺提出了新的思路与研究方向。

关键词 抑砂剂 细粉砂 复合防砂

1 防砂工艺的主要方法

防砂完井一直是解决储层出砂问题的主要方法之一。目前使用的防砂完井方法有十几种之多,主要分为机械防砂和化学固砂两种,机械防砂包括割缝衬管、绕丝筛管、胶结成型的滤砂管、双层或多层砂管等防砂方法。化学防砂工艺分为三大类:第一类是树脂胶结地层,第二类是人工井壁,第三类是其他化学固砂法。

2 目前防砂工艺存在的问题

虽然目前的防砂方法较多,然而每种防砂方法都有各自的特点和适应性,对于特定的油井,应综合考虑各种地质与工艺方面的因素,否则将很难收到理想的防砂效果与经济收益。目前单一的防砂方法的局限性包括以下四点。

(1)难以兼顾各种因素,具有相当的片面性。防砂方案的选择是一个非常复杂的问题,影响防砂方案和防砂效果的因素很多,需要考虑油藏地质特征、流体物性、井深结构等诸多因素。在实际方案的选择时,由于资料难以采集、因素繁多很难全面的考虑影响防砂效果的各种因素,往往侧重考虑了某几个因素而忽略了其他因素,从而导致了防砂方式选择的片面性。

(2)防砂方法的适应界限很难确定。有些油井存在的问题很难用一种防砂方法来解决,如泥质含量高的油井,在考虑到防砂的同时还要保证油层在防砂作业后的渗透率不发生大的变化,这样才能保证防砂后油井的产能不受到影响,否则会出现"防而不出"的现象。

(3)单一的防砂方式对细粉砂的治理很难收到良好的效果,要么是防住砂的同时连地层流体也一同防住,过于注重防砂效果而忽略了地层的渗透性的改变,要么就是对地层渗透性影响不大,但是防砂方面的效果却很差。

(4)注重挡砂效果而忽略了经济效果。最优的防砂效果不仅要阻挡地层砂的产出,而且还要使油井的经济指标达到最高。

460

3 复合防砂工艺技术

通过对各种防砂工艺的优缺点及油藏适应性全面、系统的综合评价分析，认为目前单一的防砂工艺已无法满足高泥质油藏、粉细砂岩油藏的防砂需要，为此，提出了由"单一"防砂向"复合防砂"的转变战略，即根据油藏自身的特性将机械防砂与化学防砂进行有机结合的二维复合防砂技术来治理粉细砂油藏、高泥质油层。同时对于高黏土油层也可将解堵与防砂工艺结合来防止防砂后黏土膨胀造成的近井地带的污染，走出了一条全方面综合防砂的新路，提高了防砂效果，解除了近井污染，实现了防砂后稳产、增产的目标。

3.1 储层内部微粒运移造成的损害

流体在油气层孔隙通道流动时，带动地层中的微粒移动，大于孔喉直径的微粒便被捕集而沉积下来，对孔喉造成堵塞，也可能几个微粒同时聚集在孔喉处形成桥堵。防止微粒运移的方法：

(1) 控制流体在地层内流速低于临界流速。

(2) 加入黏土微粒防运移剂，阳离子型聚合物和非离子型聚合物，通过静电引力或者化学键合力，将微粒桥接到地层表面，增强对黏土微粒的束缚力。

细粉砂地层防砂效果差，有效期短，其中一个主要原因是细粉砂地层存在微粒运移现象，防砂后的生产过程中，粉砂随流体在运移或聚集过程中，堵塞地层孔道，造成近井地带渗透率不断降低。因此为了保证防砂措施的效果，必须在防砂设计过程中考虑微粒运移的防治。

3.2 静电网络抑砂剂原理

静电场网络抑砂剂采用酸液携带静电离子抑砂剂和固砂剂形成网络防砂层技术，该技术利用岩石表面与静电离子网络抑砂剂的微静电场和范德华力，形成一个分子筛防砂网络在油层阻止砂粒的运移，以配套酸化技术解除油井污染堵塞；实现又解又稳、远吸近聚、场网稳砂、解堵稳砂的最终目的。

3.3 静电网络防砂实验：

实验一：抑砂剂对地层砂的抑砂效果试验

实验仪器：2500mL 吊瓶、微量泵、氮气瓶、岩心夹持器、衡温箱

实验方法：把地层砂装入吊瓶；开动微量泵，泵入抑砂液，衡温76℃、12h；泵入地层液(油或水)；测定流量、压差、时间、出砂量(图1)。

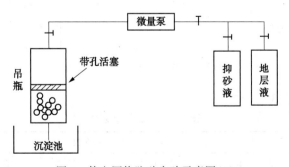

图1 静电网络防砂实验示意图(1)

实验结果数据见表1。

表 1　实验一结果数据

项　目	围压/MPa	压差/MPa	流量/(mL/s)	时间/h	出砂量/(mg/h)	备　注
处理前	1.5	0.31	0.42	4	38.5	岩心 $\phi=25.4$mm
处理后	1.5	0.32	0.41	4	2.7	$L=76$mm

结论：经抑砂液处理后的地层砂的砂粒运移程度仅为未处理前的1.37%。

实验二：抑砂剂对地层岩心的抑砂效果试验

实验方法：抑砂液恒温76℃、12h；泵入地层液(油或水)；测定流量、压差、时间、出砂量(图2)。

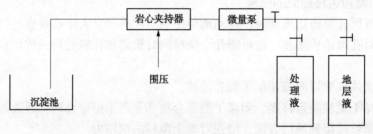

图 2　静电网络防砂实验示意图

实验结果数据见表2。

表 2　实验二结果数据

岩心原始渗透率(K_0)/μm^2	2.85	3.43	3.21	2.76	2.41
注入泫渗透率(K_1)/μm^2	2.76	3.29	3.05	2.71	2.37
伤害$(1-\dfrac{K_1}{K_0})$/%	3	4	5	2	1.5

结论：经抑砂液处理后的地层岩芯出砂量仅为未处理前的7%。

实验三：静电网络剂对岩心伤害

实验方法如图3所示。

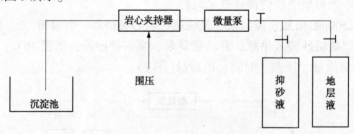

图 3　静电网络防砂实验示意图

实验结果数据见表3。

表 3　实验三结果数据

岩心原始渗透率(K_0)/μm^2	2.85	3.43	3.21	2.76	2.41
注入泫渗透率(K_1)/μm^2	2.76	3.29	3.05	2.71	2.37
伤害$(1-\dfrac{K_1}{K_0})$/%	3	4	5	2	1.5

结论：静电防砂剂对地层伤害低于 5%，平均为 3%左右。

3.4　静电场网络防砂综合技术特点

该技术在静电场理论，范氏场理论，相渗透理论基础上，研制两性离子网络抑砂剂在工艺技术上把酸化-物理场和化学场防砂相结合的综合工艺技术，因此显示出了它优越的应用效果和广泛的处理范围，其主要特点如下：

（1）对地层伤害率低于 5%。

（2）出砂量降低至为原出砂量 2%~7%。

（3）施工简单，施工成功率高。

（4）有效期一般为 6 个月以上。

3.5　防砂筛管防砂原理

悬挂筛管防砂是一种使用最早、简单而普遍的机械防砂方法，也叫滤砂管防砂。该工艺是在出砂油层射孔井段对应下入防砂筛管，当油井投入生产时，在油层压力的驱动下，液流克服各种阻力流入井筒。如液流速度超过临界速度，地层砂桥就会破坏，带砂液流通过炮眼进入井筒，开始有少量细粉砂通过滤砂管，随液流排出地面，还有一些堵塞于滤砂套的孔隙中，较粗的砂粒在滤砂套表面堆积，一直到堆满环形空间及炮眼形成砂桥，才能阻止油井出砂，起到防砂作用。

4　现场应用效果

冀东油田老爷庙作业区针对细粉砂治理存在的防砂效果差、有效期短，运移堵塞问题，通过静电网络抑砂剂与虑砂管的结合对细粉砂地层进行尝试性的综合治理。

例 1　冀东油田某作业区 M27-35 井于 2008 年 9 月对 Nm I 13 的 11# 小层进行防砂筛管+空心桥塞防砂，生产过程中存在严重的颗粒运移现象，需要定期进行推水才能维持生产。2009 年 4 月检泵过程中砂埋管柱 36m，防砂时采用先挤入抑砂剂防止颗粒运移，再对地层进行挂管防砂。目前已正常生产 210d，累计产油 652.74t。

例 2　M30-11 井是某作业区浅层庙 30-4 断块构造高部位的一口油井，该井于 2009 年 6 月份投产 Ng II 5 的 42#，投产一周后卡泵，且供液不足。怀疑地层有堵塞且存在微粒运移现象，对该井进行非酸解堵，生产 4d 后供液不足。为了解决地层污染与颗粒运移问题采用多氢酸酸液+抑砂剂体系对地层进行处理。目前该井已正常生产 150d。

5　经济效益分析

单一的悬挂虑砂管防砂或化学防砂对细粉砂的治理效果都不好，目前在细粉砂治理方面比较常用的方法是套管砾石充填，而砾石充填防砂工序复杂，成本高，施工风险大，一口砾石充填的油井防砂费用约 30 万左右。静电网络抑砂剂与防砂筛管相结合的防砂工艺具有投资小，成本低、施工工序简单，不需要大型的施工车组等特点，一口井的施工费用约 8 万~10 万左右，成本优势明显。

6　结论

（1）静电网络抑砂与悬挂防砂筛管相结合的方法在对细粉砂的综合治理方面有良好效果。

（2）防砂工作应由"单一"防砂向"复合防砂"转变。应该采用化学+机械的复合防砂方法来保证防砂措施的有效性及长期性。

（3）细粉砂的治理目前是世界难题，试图用一种单一的方法很难取得好的防砂效果，应将化学防砂、机械防砂、举升工艺、采油管理等方面进行全面优化，通过固-档-排结合的综合防砂工艺可取得良好的治理效果。

（4）静电网络抑砂剂选井条件是黏土含量在10%以上的细粉沙油藏。可直接用静电场网络抑砂剂对细粉砂油藏进行稳砂，也可与防砂筛管、酸液配合使用。

（5）施工难度小，工序简单，成本低。

参 考 文 献

[1] 大港油田集团钻采工艺研究院. 国内外钻井与采油工程新技术. 北京：中国石化出版社，2002.
[2] 万仁溥等. 采油工程手册(精要本). 北京：石油工业出版社，2003.

作者简介：

付浩，男，助理工程师，2006年毕业于西安石油大学石油工程专业，现主要从事采油工艺设计工作。联系电话：(0315)8761653，E-mail：shigong0203@163.com。

生产测井质量控制的几个关键环节

李 霞[1] 邢冬梅[1] 王东霞[2] 王 兵[2] 魏忠华[3] 韩国峰[4]

(1. 冀东油田分公司开发技术公司；2. 大港油田分公司采油一厂；
3. 渤海装备中成装备制造公司；4. 大港油田分公司采油四厂)

摘 要 生产测井涉及井下仪器、地面仪器设备及测井参数等部分，每部分都需要系统配套。文章从不同角度提出了提高测井资料的质量需要控制的几个关键环节及作法，为现场实施提供了指导。

关键词 生产测井 仪器性能 测井解释 测井参数

1 前言

生产测井是指油田自投产后至报废的整个生产过程中，采用测井技术进行井下测量并采集信息的作业，生产测井的任务贯穿于油田开发的全过程，是科学、合理开发油田、提高油田最终采收率不可缺少的重要手段。测井技术人员借助各种仪器测量井下地层物理参数及井筒技术状况。在测井的实际实施过程中，影响数据质量的因素有多个，为了获取准确、详细、信息量大的生产测井资料和提高测井成功率，测井质量控制就显得尤为重要。

2 生产测井质量控制环节

2.1 仪器性能

2.1.1 下井仪器

下井仪器是测井作业的主要设备，相对于故障率较低的地面仪，下井仪器的可靠性在很大程度上决定了测井的一次成功率，仪器性能的好坏就成为测井施工和录取资料质量的关键。

就测井仪器而言，高温稳定性是衡量仪器质量的一个重要方面。小直径自然伽马测井仪是用于生产井的常规测量仪器，是生产测井的主力设备，使用频率很高。这种仪器存在的主要问题是高压稳定性差、受探头的温度以及机械结构的影响。温度影响探头的效率，而随着效率的降低，将会很大程度地影响仪器的计数率(图1)，由于高温影响仪器的计数率，自然伽马曲线变形，影响了曲线校深的准确性。机械结构的影响主要表现在抗干扰能力较差、仪器探头容易磁化等方面，磁化后造成仪器计数率偏低，统计起伏偏大，甚至使探头损坏(图2)。由于仪器探头磁化，造成自然伽马曲线严重失真，致使原始资料不合格。

仪器本身的性能要用仪器的技术指标来衡量，用"三性一化"(重复性、一致性、稳定性和制度标准化)标准来检验。因此，仪器在下井前要确保仪器的性能指标符合要求，一方面取全取准资料，另一方面提高测井的一次成功率。

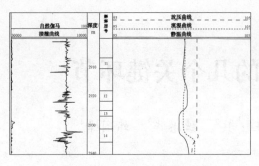
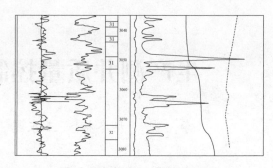

图 1　高温对仪器对计数率的影响　　　　图 2　机械结构对计数率的影响

2.1.2　地面仪器

地面仪器出现故障或数据处理方法不恰当，下井仪器性能再好，也不能获得高质量的测井曲线，因此，保持地面仪器的稳定性也是测井质量控制的重要一环。

2.2　仪器刻度

测井仪器刻度是测井质量控制的关键一环，也是测井仪器标准化的核心技术。对于小直径自然伽马测井仪，仪器工作状态对标准化的准确性影响较大，因此，应尽可能使仪器刻度时的工作状态与测井的工作状态一致。对于一个测井系统来讲，它始终要求井下仪器测前测后的刻度值在允许误差范围之内，以证明其测井前后和测井过程中具有高度的稳定性，这对于获取准确的测井资料非常重要。多数测井仪器都需要现场刻度，如果刻度值符合仪器的技术标准，那么就可实施测井作业。当测完井后，还需要进行测后刻度，以检查仪器在整个测井过程中有无漂移，如果测前测后刻度的数据误差符合仪器技术要求，则认为测井系统在整个测井过程中稳定性达到要求。

如图 3 所示，第一条自然伽马曲线为已刻度仪器所测，第二条为未刻度仪器所测，从幅度上就可以看出二者差异很大，因此仪器如果不进行刻度或刻度不准确，将会严重降低资料的准确性。

如图 4 所示，自由套管的最大声幅刻度值仅为标准刻度值的55%，如果用这个最大声幅刻度值计算胶结指数，会造成固井质量判断错误。

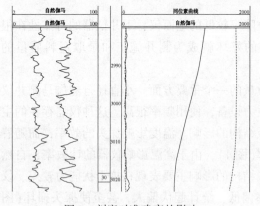
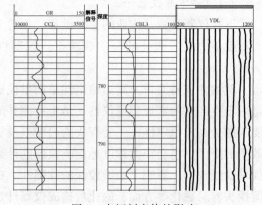

图 3　刻度对准确率的影响　　　　　　图 4　声幅刻度值的影响

2.3　测井准备

在进行测井项目前，测井操作员必须收集工程数据，对井下管柱要有明确的了解，以确保下井仪器的顺利起下，防止仪器遇卡、遇阻。

466

2.4 电缆故障分析

在实际测井过程中，经常遇到测井电缆缆芯断线、绝缘破坏等现象，严重影响测井任务的顺利完成。正确判断电缆缆芯断线、绝缘破坏位置，进行电缆拼接，使电缆主要性能指标达到使用要求，对提高测井时效、保证测井资料质量有着重要意义。在电缆的使用过程中要注意以下六点。

（1）新电缆因扭力较大，一般要在电缆车间或标准井中消除电缆扭力。

（2）在测井过程中要密切注意张力变化，发现仪器遇阻后立即停止下放电缆是防止电缆打结的有效手段。绞车工在工作中必须集中精力，遇阻后立即慢速上提电缆，使仪器离开遇阻位置后方可正常上提。

（3）正常测井过程中电缆所受拉力不能超过拉断力的 50%，如超过 75%，铜芯就会超过疲劳强度而永久变形，造成绝缘塑料破坏、断路或漏电短路。

（4）发现外层钢丝跳丝、电缆因扭力过大导致外层钢丝变松，应对电缆进行修理后再使用。

（5）经常检查电缆的磨损、腐蚀情况，检查外层钢丝是否变松，如果磨损严重要立即报废，防止仪器落井事故的发生。

（6）测井过程中电缆从滑轮处跳槽对电缆的破坏也很大，多数情况下会造成电缆绝缘破坏，避免电缆跳槽的有效方法是平稳操作绞车，经常检查滑轮。

因此，在电缆的使用过程中，要掌握科学的使用方法，严格遵守操作规程，将会有效减少事故的发生。

2.5 测井速度

测速是影响测井资料质量的一个非常重要因素，它不但影响测井曲线的幅度，而且对深度也有影响。对于不同的生产测井项目，对测速应有一定的限制，几种仪器组合测量时，采用其中最低测量速度的测速。

2.6 测井深度

测井曲线深度的误差如果超过技术标准，会严重影响测井资料的使用价值，质量是不合格的。影响测井深度的原因很多，但作为野外小队而言，主要是因为电缆的磁记号不准、绞车滚筒磁化、井口马达滑轮或马丁代克出现问题所致。因此测井前必须对深度系统进行检查。

2.7 现场验收

现场验收是对野外测井资料质量控制的重要一环。现场验收人员应严格按照测井资料验收工作标准对测井资料质量进行鉴定，对不合格曲线必须提出重测，对异常曲线经分析后也要进行验证。曲线质量评定合格后，方可结束测井任务。

2.8 资料解释

测井解释人员在确保原始测井资料准确、可靠的前提下才能对资料进行分析解释，在资料解释过程中，要严格执行解释规程，这是测井质量控制的最后一关。影响资料解释质量的因素很多，测井解释人员要重视以下几个注意事项：

（1）测井解释人员要加强对地质、工程资料的研究，减少人为误差对资料解释质量的影响。

（2）对于异常井段，要结合仪器情况和测井施工情况综合判断，防止只凭单一资料进行判断。

（3）对于注入、产出剖面资料，要对照历史资料进行分析解释。

3 结论及建议

生产测井质量控制是一个全过程的控制，无论哪一个环节都要严格执行技术标准。在测井过程中，做好每一个环节的质量控制会最大限度地消除影响测井质量的不利因素，从而高质量的完成测井任务，建议如下。

（1）提高测井仪器的综合性能指标。

（2）测井仪器必须按规定进行刻度。

（3）提高测井操作人员对设备故障的分析判断能力。

参 考 文 献

［1］郭海敏. 生产测井导论. 北京：石油工业出版社.

［2］郭海敏、戴家才、陈科贵. 生产测井原理与资料解释. 北京：石油工业出版社.

［3］姜文达. 放射性同位素示踪注水剖面测井. 北京：石油工业出版社.

［4］吴淑云，宋杰，任密珍，封士成. 同位素注入剖面测井资料影响因素及解释方法研究. 国外测井技术，2004，4.

作者简介：

李霞，1975 年生，1995 年毕业于大港石油学校测井专业，主要从事生产测井研究及应用工作，冀东油田开发技术公司、助理工程师，E-mail：lixia2005@ petrochina. com. cn。

钻修机天车轴设计计算分析

黄印国　顾　芳　张　超　黄圣楠

（中油集团渤海石油装备中成装备制造分公司）

摘　要　天车是钻修机关键部件之一，承受着钻修井过程的全部载荷。而在天车上，天车轴又是承载全部载荷的重要零件，正确分析天车轴的受力情况，正确进行强度校核计算，是保证天车安全工作的关键。在 API Spec4F《钻井和修井井架、底座规范》中对天车轴的安全有明确的规定，天车滑轮轴（包括天车死绳滑轮轴和天车快绳滑轮轴）弯曲至屈服的安全系数最小为 1.67。本文通过对天车轴受力分析，天车轴强度校核计算分析，为钻修机天车轴设计提供参考。

关键词　天车轴　受力分析　强度校核　许用应力

1　天车轴受力计算及分析

以传统的钻修机天车为例，通常均采用三轴天车即天车滑轮轴、天车快绳滑轮轴和天车死绳滑轮轴。以下以 5×6 轮系（游钩 5 个滑轮，天车 6 个滑轮）钻修机天车为例进行天车轴受力计算及分析，钩载及传递路径如图 1。

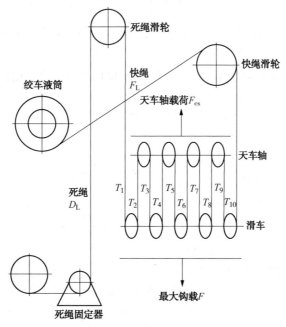

图 1　天车钩载及传递路径图

考虑到钻修机受冲击，所以设计计算时的最大钩载为钻修机设计最大载荷乘以系数 1.1，以保证钻修机工作的安全。

从图1可以看出，天车 $T_1 \sim T_{10}$ 共10根钢丝绳承受最大钩载 F，在实际工作状态下，考虑到滑轮的摩擦系数，每根钢丝绳承受的拉力不同，相互之间乘以一个经验系数 k，当滑轮轴承为滑动轴承时，取 $k = 1.09$；当滑轮轴承为滚动轴承是，取 $k = 1.04$。即：

$$T_1 = D_1 \times k$$
$$T_2 = T_1 \times k = D_1 \times k^2$$
$$T_3 = T_2 \times k = D_1 \times k^3$$
$$\cdots\cdots$$
$$F_1 = T_{10} \times k = D_1 \times k^{11} \tag{1}$$

由于游车受力平衡，所以最大钩载 F 为：

$$
\begin{aligned}
F &= T_1 + T_2 + T_3 + T_4 + T_5 + T_6 + T_7 + T_8 + T_9 + T_{10} \\
&= D_1 \times k + D_1 \times k^2 + D_1 \times k^3 + \cdots + D_1 \times k^{10} \\
&= D_1 \times k \times (1 + k + k^2 + \cdots + k^9) \\
&= \frac{D_1 \times k \times (1 + k + k^2 + \cdots + k^9) \times (1-k)}{(1-k)} \\
&= \frac{D_1 \times k \times (1 - k^{10})}{(1-k)}
\end{aligned}
$$

即：

$$F = \frac{D_1 \times k \times (1 - k^{10})}{(1-k)} \tag{2}$$

由公式（2）可以推导出死绳拉力为：

$$D_1 = \frac{F \times (1-k)}{k \times (1 - k^{10})} \tag{3}$$

由公式（3）计算出死绳拉力后，在利用公式（1）轻松的计算出快绳拉力，为快绳滑轮轴受力分析做好准备。

从图可以看出，天车滑轮轴承受 T_2 到 T_9 共8根钢丝绳拉力，由此可以推导出天车滑轮轴受力：

$$F_{cs} = T_2 + T_3 + T_4 + T_5 + T_6 + T_7 + T_8 + T_9 = D_1 \times k^2 + D_1 \times k^3 + \cdots + D_1 \times k^9 \tag{4}$$

从图1可以看出，天车快绳滑轮轴承受 T_{10} 和快绳两根钢丝绳的拉力。由于快绳与滑轮的垂线有一个角度，所以作用于快绳滑轮轴上的力需要进一步分解，根据图2可以计算出快绳作用于快绳滑轮轴的各个分力。如图2所示，快绳与滑轮垂线形成一个角度，这个角的大小可以根据几何尺寸来确定。

$$\alpha = \arctan\left(x = \frac{\sqrt{x_1^2 + y_1^2}}{x_1}\right) \tag{5}$$

由此可以推导出快绳在垂线方向的分力为：

$$F_{1z} = F_1 \times \cos\alpha \tag{6}$$

在水平方向的分力为：

$$F_{1h} = F_1 \times \sin\alpha \tag{7}$$

于是，快绳滑轮轴在 Z 向所受的力可以根据图3进行计算。快绳滑轮最终综合受力如下：

$$R_s = \sqrt{(F_{1h} + T_{10})^2 + F_{1h}^2} \tag{8}$$

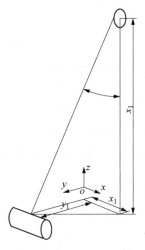
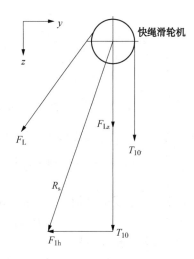

图 2 快绳拉力模型   图 3 快绳滑轮轴受力图

对于死绳滑轮轴，从图 1 可以看出承受 D_1 和 T_1 两根钢丝绳的拉力，在实际中，可以将两根钢丝绳看做垂直向下，因此死绳滑轮轴受力 R_d 可以直接由下式计算：

$$R_d = D_1 + T_1 = D_1 + D_1 \times k = D_1 \times (1 + k)$$

即：

$$R_d = D_1 \times (1 + k) \tag{9}$$

至此，天车上三个滑轮轴的受力情况可以全部分析计算出来了，下一步需要根据天车轴的受力情况，对天车轴进行设计并进行强度校核。

2 天车轴设计及强度校核

在天车中，天车滑轮轴、天车快绳滑轮轴和天车死绳滑轮轴三个轴的结构及安装型式是相同的，不同点在于每个轴的受力不同，所以此三个轴可以按同样的步骤进行设计计算和强度校核。

2.1 天车轴的设计

根据所选天车滑轮轴承的内径确定天车滑轮轴的直径 D，根据钢材的材料性能初步确定天车轴材料，由此可以得到天车轴如下参数：

天车轴直径 D

天车轴截面抗弯系数 $W_f = \dfrac{\pi}{32} D^3$

天车轴截面积 $A = \pi D^2 / 4$

根据天车轴所选用的原材料及其热处理方式确定如下参数：

最小屈服强度 σ_y

许用弯曲应力（API 规定安全系数 1.67）$\sigma_{ba} = \sigma_y / 1.67$

许用剪切应力 $\tau_a = \sigma_y \times 0.4$

根据天车轴支撑元件的材料（屈服强度为 σ_{y1}）确定天车轴的许用支撑应力 ba，取系数为 0.9，即：

$$Ba = \sigma_{y1} \times 0.9$$

作用在天车轴上的负荷在天车轴受力计算分析部分可以用公式(4)、式(8)、式(9)分别计算出来。天车轴的受力简图可如图 4 表示：

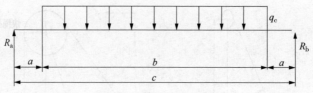

图4 天车轴受力简图

图4中 R_a 和 R_b 为天车轴的支撑力，a 为天车轴支撑点距受力面的长度，b 为天车轴受力长度，c 为天车轴总长，qc 为天车轴单位长度上所承受的载荷。由于天车轴受力已经计算出来，于是可求得：

天车轴单位长度上承受的载荷：（N/mm）$qc = F_{cs}/b$

天车轴两端支撑力：$\qquad\qquad R_a = R_b = F_{sc}/2$

2.2 天车轴应力计算、强度校核

在天车轴设计中，天车轴的各项参数已确定，受力模型也建立完成。从图4可以看出，最大弯曲力矩在天车轴的中间部位，可用下式进行计算。

$$M_{max} = R_a \times \left(a + \frac{b}{2}\right) - \frac{qc \times b^2}{2} \tag{10}$$

由此计算弯曲应力为：

$$\sigma_b = \frac{M_{max}}{W_r} \tag{11}$$

计算剪切应力为：

$$\tau = \frac{4}{3} \times \frac{R_a}{A} \tag{12}$$

计算轴的支持应力为：

$$b = \frac{R_a}{D_{xt}} \tag{13}$$

式中 t 为支座支撑宽度

通过公式(11)~式(13)可以计算出天车轴所承受的弯曲应力、剪切应力及天车轴的支撑应力，将所计算出的结果分别与其相对应的许用应力进行比对，如果计算出的应力小于许用应力则判定此天车轴设计满足要求。反之，则需要重新调整天车轴参数再次进行校核计算，直到满足设计要求为止。

3 总结

在设计天车轴时，首先要根据钻修机设计载荷对天车轴的受力情况进行详细的分析、计算，建立天车轴的受力模型，然后根据各项设计参数计算天车轴所承受的各项应力情况，并与相应的许用应力相比对，确保天车轴设计满足设计要求，保证天车的安全。

本文以5×6轮系天车为例，叙述了天车轴受力分析、强度校核的过程，为钻修机天车设计提供参考，为天车轴的设计提供依据。

作者简介：

黄印国，男，生于1970年，工程师，1992年毕业于吉林工学院，2005年赴意大利DRILLMEC公司学习钻修机设计制造，现主要从事钻采设备的设计与制造工作。

HG70 钢的焊接工艺评定试验

张文海　黄印国　龚章昌　魏忠华

(中国石油渤海装备中成装备制造公司)

摘　要　HG70 钢是一种低合金高强度的机械工程用钢，具有较高的机械性能及良好的焊接特性。本文展现了该种材料的化学成分及机械性能，研究了材料焊接特性，制定了相应的焊接工艺规范，并通过工艺评定进行确认，最终应用于生产。

关键词　低合金高强度结构钢　焊接特性　工艺评定

引言

随着现代焊接结构日益向大型化、复杂化发展，低合金高强度结构钢在机械工程、船舶、桥梁及压力容器等制造中得到了广泛应用。各类焊接结构中采用的低合金高强度结构钢材料已达百余种，常见的有 15MnV、Q345、Q420、14MnMoVB、HQ70 等。

低合金高强度钢结构是在碳素结构钢的基础上加入一定量的合金元素，如 Mn、Mo、Al、V 等，通常合金元素总含量不超过 5%，同时为了保证钢材具有良好的焊接性，钢材的含碳量多控制在 0.2% 以下，提高了钢材的强度，具有一定的塑性和韧性，并保证钢材具有良好的焊接性能。近 40 年来，低合金高强度结构钢受到世界各国的普遍关注，美国、日本、英国、德国等工业发达国家相继建立了高强度钢及焊接体系，研制出抗拉强度在 800MPa 以上的低合金高强度钢，如美国的 HY 系列、德国的 StE 系列。我国低合金高强度结构钢的研发工作起步于 20 世纪 60 年代初期，截至到目前也已取得了较好的成绩。HG70 钢就是武汉钢铁集团公司自主开发的抗拉强度在 700MPa 以上的低合金高强度结构钢，是除鞍钢的 HQ 系列、宝钢的 BQ 系列以外，我国钢材中又一种低合金高强度钢。它具有较高的强度、优良的韧性及良好的焊接性，可以满足桥梁、船舶、车辆和大型结构件制造中对强度、焊接的要求。

1　HG70 钢的化学成分及其机械性能参数

焊接工艺评定试验用 HG70 钢钢板为厚度 20mm、热轧状态，钢材化学成分见表 1。

表 1　HG70 钢材的化学成分　　　　　　　　单位 : %

板厚/mm	C	Si	Mn	P	S	Cr	Mo	Nb	V
20	0.08	0.25	1.48	0.014	0.004	0.30	0.21	0.05	0.04

HG70 钢机械性能参数见表 2。

表 2　HG70 钢母材的机械性能

板厚/mm	σ_s/MPa	σ_b/MPa	δ_5/%	A_{kv}/J
20	720	780	23	$\dfrac{26\quad 32\quad 42}{35}$

注 : 冲击功 A_{kv} 值为 -20℃ 测得。

2 HG70 钢的焊接特性

金属焊接性是金属材料对焊接加工的适应性，即在一定焊接工艺条件下，获得优质焊接接头的难易程度。它主要包括两个方面的内容：一是接合性能，即在一定焊接工艺条件下，一定的金属对形成焊接缺陷的敏感性；二是使用性能，即在一定焊接工艺条件下，一定的金属的焊接接头对使用要求的适应性。

影响金属材料焊接性的因素很多，可以归纳为材料、工艺、结构及使用环境等四方面。涉及材料的化学成分、物理性能、化学性能及冶炼方法；工艺因素中的焊接方法、焊接材料、焊接参数；结构因素中的焊接接头、应力状态等；工作温度、载荷种类及工作介质等。研究材料的焊接性能时，只有对各种因素进行全面地综合地评估，才能得到正确、全面的结论。

评价金属焊接性试验方法一般可分为：间接试验和直接试验。间接试验是以推理或模拟为主要特征，如碳当量推测焊接性法、裂纹敏感指数法及热裂纹试验或再热裂纹试验法；直接试验是在一定条件下通过直接焊接试件来评定焊接性的方法，如工艺焊接性试验，包括焊接冷裂纹、热裂纹、层状裂纹试验等、使用焊接性试验，如焊接接头力学性能试验、焊接接头抗脆断性能试验、析因理化试验等。

金属焊接性评估中，焊缝裂纹的影响最大。为了避免焊接产生裂纹，减少对高强度钢焊接结构的危害，世界各国对高强度钢焊接冷裂纹进行了大量的研究。根据日本钢结构协会对结构钢焊接事故的统计结果，焊接冷裂纹引起的事故占整个焊接事故的 90#。因此，材料对焊接冷裂纹的敏感性是反映材料焊接接合性能的一个至关重要的指标。

目前，对材料焊接冷裂纹敏感性的评估常用拘束焊接试验方法来测定。如果试验钢材在苛刻的拘束焊中没有产生裂纹，那么就可以保证在自由焊接时也不会产生裂纹。有试验表明：①HG70 试验钢的表面裂纹率、端面裂纹率和根部裂纹率都为零，HG70 试验钢的冷裂纹敏感性极低，具有良好的焊接接合性能；②粗晶区的组织为板条马氏体和粒状贝氏体，细晶区、回火区的组织均为贝氏体类型组织，HG70 钢具有较好的焊接使用性能（强度、塑性和韧性）；③加大焊后冷却速度，可以进一步改善 HG70 钢焊接接头的力学性能，焊后不需要热处理。

另外，应用间接试验，利用碳当量推测焊接性法、裂纹敏感指数法可以对 HG70 钢焊接性进行评估。对热轧状态的低合金结构钢的碳当量可以按下式计算。

$$C_{eq} = \left(C + \frac{Mn}{6} + \frac{Si}{24} + \frac{Ni}{40} + \frac{Cr}{5} + \frac{Mo}{9} + \frac{V}{14} \right) \% \tag{1}$$

HG70 钢的碳当量 C_{eq} 值如下：

$$C_{eq} = \left(0.08 + \frac{1.48}{6} + \frac{0.25}{24} + \frac{0.32}{40} + \frac{0.3}{5} + \frac{0.21}{9} + \frac{0.04}{14} \right) \%$$

$$= 0.423\%$$

HG70 钢的裂纹敏感系数 P_{cm} 可以按下式计算：

$$P_{cm} = \left(C + \frac{Si}{30} + \frac{Mn + Cu + Cr}{20} + \frac{Ni}{60} + \frac{Mo}{15} + \frac{V}{10} + 5B \right)$$

$$= 0.19\% \tag{2}$$

高强钢的淬硬倾向是产生延迟裂纹的主要原因，淬硬倾向越大，越易产生延迟裂纹。焊接时控制焊缝熔池的冷却速度，就能使钢材减少和避免淬硬组织。通常认为碳当量 C_{eq} 不应超过 0.44%，碳当量 C_{eq} 值越大，钢材淬硬倾向越大，焊接热影响区冷裂倾向也越大。钢的 P_{cm} 值越低，表明热影响区的冷裂纹敏感性越低。从计算结果可知，HG70 钢有一定淬硬倾向，焊接前应进行低温预热，并适当控制层间温度。参考有关试验结果：①HG70 钢焊接热影响区最高硬度(HV)<350，说明该钢淬硬倾向较小。无论预热与否，小铁研试验的表面、根部及断面裂纹率均为零。这也表明 HG70 钢具有较好的抗裂性能。②选用 J707 焊条焊接HG70 钢，焊接接头的强度、冲击性能均能满足该钢的技术要求。

但是进行本试验时已接近冬季，环境温度较低。为了保证试件质量，避免裂纹的出现，综合上述分析，确定试验采用焊前预热、温度不低于 100℃，控制层间温度，温度不低于 100℃，焊后保温的工艺进行试件的焊接，预热工具采用火焰喷枪。

3　HG70 钢坡口焊缝焊接及接头性能评定

由于 HG70 钢主要用于修井井架、天车等产品中，制造时执行美国石油学会(API)4F 标准。标准中规定焊接工艺应符合美国焊接协会(AWS)D1.1《钢结构焊接规范》，根据规范中焊接评定的要求，对 HG70 钢材进行非管材连接的接头完全熔透(CJP)坡口焊缝试验。试验母材选定 20mm 厚 HG70 钢板，采用手工电弧焊接方法，焊缝设计为 V 形坡口、多层多道焊缝。试件坡口形式如图 1 所示。

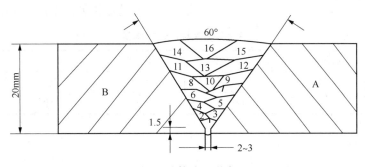

图 1　试件坡口形式

焊条的种类繁多，每种焊条都有一定的特性和用途，必须正确选用焊条。首先根据等强度原则，即按照焊缝与母材强度相等的原则选用焊条，要求焊缝与母材抗拉强度相等或相近，另外结合 HG70 钢材焊接结构的工作条件和特点，即结构件承受动载荷、冲击载荷，选用熔敷金属冲击韧性较高的碱性焊条。因此，本焊接评定试验的焊条选用与钢材强度相匹配的 E7015(GB5118)低氢焊条，满足等强度、韧性高的要求，焊接设备采用直流电弧焊机。手工电弧焊工艺参数如表 3。

表 3　电弧焊工艺参数

| 层数 | 焊接方法 | 填充金属 | | 电流特性 | | | 焊接速度/(cm/min) |
| | | | | 电流 | | 电压/V | |
		型　号	直径/mm	极性	安培/A		
1	手工电弧焊	E7015	3.2	直流反接	120~136	20~22	23
2~16	手工电弧焊	E7015	4	直流反接	160~170	25	20

图 2　试验取样位置

试件坡口采用刨床制作，坡口表面光洁、匀整、无毛刺。焊接前对试件表面进行认真清理，去除试样焊缝两侧 20～50mm 范围内表面的水分、油污、铁锈及氧化皮；焊条严格执行烘干规范，在加热炉内 350℃ 时保温 1～2h，焊接时放入保温桶内，随用随取。制作过程遵照表 3 工艺参数。

试件焊接完成 48h 后，进行目视检验、超声波无损检测，选择合格试件进行力学性能试验。力学性能试验按照美国焊接协会（AWS）D1.1《钢结构焊接规范》要求取样、试验。试件尺寸为 530mm×360mm，试验取样位置如图 2，拉伸、弯曲、冲击试样均用铣床从该板上截取。试验结果见表 4。

拉伸及冲击试验结果显示，遵照表 3 焊接工艺参数焊接 HG70 钢时，焊接接头拉伸试验断裂在母材中，表明焊接接头的强度不低于母材，接头力学性能满足相关技术标准要求。

表 4　力学性能试验结果

试　件	抗拉强度	破坏位置	面　弯	背　弯	冲击功
1	710	焊口外	合格	合格	35
2	713	焊口外	合格	合格	36

4　结论

（1）HG70 钢具有较高的机械性能及良好的焊接性能。

（2）设计的焊接工艺参数完全满足 HG70 钢焊接要求，可以应用于生产。

参 考 文 献

[1] 李亚江，王娟，刘鹏. 低合金钢焊接及应用. 北京：化学工业出版社，2003.
[2] 盛光敏，高长益. HG70 钢的焊接性分析. 焊接学报，2004，25(3).
[3] 章桥新，黄治军，陈淑虹. HG70 钢的焊接性能. 材料开发与应用，2001.

作者简介：

张文海，男，1968 年生，高级工程师，工程硕士研究生，1990 年毕业于天津理工大学，现主要从事钻采设备的设计与制造工作。

人工端岛模块钻机岩屑收集装置

魏忠华　黄印国　石　健　龚章昌

(中国石油渤海装备中成装备制造公司)

摘　要　钻井过程中会产生大量的岩屑,在人工端岛模块钻机钻井作业中,在一个地点往往要打数十口井,钻井岩屑需收集外运,对岩屑的收集、输送、暂存提出了更高的要求。本文介绍了一套钻井岩屑的收集、暂存、外运等环节的工艺流程及设备。

关键词　岩屑　收集　处理能力

1　钻井岩屑处理现状

在钻井过程中将产生大量岩屑,长久以来,这些岩屑均为就地直接排放,对环境造成严重污染。在人工端岛模块钻机钻井作业中,在一个地点往往要打数十口井,产生的大量岩屑不可能就地直接排放,而且随着中国环境保护政策越来越严格,钻井岩屑的无害化处理是大势所趋。在钻井过程中将产生大量岩屑进行收集外运,集中进行无害化处理后排放。

2　岩屑收集流程

2.1　岩屑收集系统组成

岩屑收集系统由无轴螺旋输送机、有轴螺旋输送机、混凝土输送泵、高架岩屑罐等设备组成(图1)。无轴螺旋输送机固定在罐壁上,用于输送固控设备处理后的岩屑;有轴螺旋埋地安装,上口与地面平齐,用于输送清罐废泥浆及罐底沉砂,在无轴螺旋发生故障时,可用于输送岩屑。混凝土输送泵安装在机泵坑中,螺旋输送机输送的岩屑可直接落入混凝土输送泵搅拌料斗,打入高架岩屑罐。混凝土输送泵一组两台,一用一备,一台发生故障,可利用接砂导砂槽快速切换到另一台,确保系统连续运行需要(图2)。

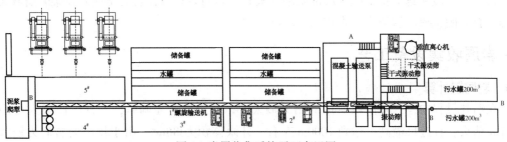

图 1　岩屑收集系统平面布置图

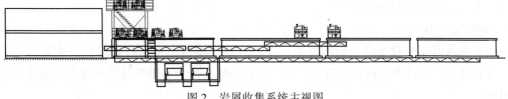

图 2　岩屑收集系统主视图

2.2 岩屑收集流程(图3)

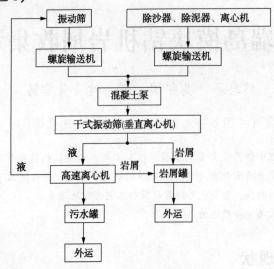

图3 岩屑处理流程

2.3 流程说明

(1) 在钻井过程中,由井底返出的泥浆经振动筛、除砂器、除泥器、离心机处理后,岩屑分别经导砂槽落入固定在罐壁上的无轴螺旋输送机,由螺旋输送机输送到混凝土泵,再由混凝土泵将岩屑输送到高架岩屑罐上的干式振动筛或垂直离心机,经干式振动筛或垂直离心机二次处理后,滤出的泥浆落入泥浆收集罐,岩屑直接落到锥形岩屑罐等待装车外运。

(2) 清罐时排出的废泥浆、罐底沉砂由清砂口排入地面有轴螺旋输送机,由螺旋输送机输送到混凝土泵,再由混凝土泵将岩屑输送到高架岩屑罐装车外运。

(3) 除砂器、除泥器、离心机产生的岩屑原则上不稀释,若需稀释,需采用罐内泥浆稀释,避免泥浆回流到主振动筛时污染泥浆。

(4) 二次处理产生的泥浆落入泥浆收集罐,经脱干离心机处理后可由泥浆导管输送至主振动筛参加泥浆循环或排入污水罐。

(5) 岩屑收集罐为锥形罐,底部安装闸板阀,岩屑装车时,岩屑车倒入高架岩屑收集罐下面,打开闸板阀,岩屑靠重力作用自动落入岩屑车。

3 岩屑收集设备工艺

3.1 岩屑量计算

在钻井过程中,一开阶段所用的钻头最大,钻速最高。经调研,一开阶段最大可用到 12.1in 钻头,日进尺最高可达到 1000m 左右,井眼体积为 86m³。由于排出的岩屑为松散堆积,且混有一定量的钻井泥浆,因此产生岩屑体积按井眼体积的 1.5 倍计算,岩屑量为 129m³/d,平均每小时约 5.4m³。

3.2 螺旋输送器

螺旋输送器输送效率高、成本低廉且安装方便,使用中无需特别维护。主要由驱动装置、螺旋体、U 型料槽、衬板、盖板、进出料口组成,分为有轴螺旋输送器及无轴螺旋输送器两种。

3.2.1 无轴螺旋输送器性能特点

无轴螺旋输送机与传统有轴输送机相比，具有以下突出优点。

（1）抗缠绕性强。无中心轴干扰，对带状、易缠绕物料输送有特殊的优越性。

（2）抗阻塞性强。无吊轴阻挡，对块状、易堵塞物料输送有特殊的优越性。

（3）输送量大。输送量是相同直径传统有轴螺旋输送机的1.5倍。

（4）扭矩大、能耗低。螺旋体可以低转速、大扭矩(4000N·m)平稳低耗运行。

（5）结构紧凑，操作简便，美观耐用。

（6）可输送传统有轴螺旋输送机和皮带输送机不能或不易输送的物料。如：颗粒状和块状物料、湿的和糊状物料、半流体和粘性物料、易缠绕和易堵塞物料、有特殊卫生要求的物料、袋装垃圾等。

无轴螺旋输送器的缺点。无轴螺旋输送机虽然有很多优点，但也存在一定的缺点如造价较高，因没有中心轴不可能做得太长，如需长距离输送物料，必须采用多级串联式方式才能完成。因此在本系统中固控设备排出的岩屑采用无轴螺旋输送机进行输送。

根据3.1计算的岩屑量，结合厂家设备参数及固控系统情况，每套系统选用三组WZ320-U-10000型无轴螺旋输送机，详细参数见表1。

表1 无轴螺旋输送器参数表

序　号	项　目	内　容	序　号	项　目	内　容
1	设备型号	WZ320-U-10000	6	螺旋厚度	$\delta = 20mm$
2	设备长度	10000mm	7	耐磨衬板	特制超高分子，$\delta = 8mm$
3	输送介质	岩屑、泥浆	8	防爆电机	5.5kW（380V，50Hz，IP56）
4	输送量	12m³/h	9	减速机	锥形斜齿轮型
5	U型料槽	DN320mm，$\delta = 4mm$	10	螺旋体	合金钢

3.2.2 有轴螺旋输送器

有轴螺旋输送器与无轴螺旋输送器相比虽然耐用程度较差，吊轴承浸泡在泥浆中已磨损。但是有轴螺旋输送器单根输送距离长，造价较低。在本方案中，清罐用螺旋输送器总长约50m，由于安装位置所限无法采用无轴螺旋多级串联式安装，且其为间歇式作业，因此清罐用螺旋输送器选用一组50m长的双电机吊轴承U型螺旋输送器。

3.3 混凝土输送泵(图4)

此泵广泛应用于城镇建设、路桥建设、水利水电、隧道建设等施工现场，用于混凝土的输送，在本项目种选用中联重科 HBT50.13.90SX型拖式混凝土输送泵，最大排量50m³/h，最大输送粒径40mm，完全满足岩屑输送的需要。

图4 混凝土输送泵

3.4 高架岩屑收集罐(图5)

岩屑收集罐最大容积16.5m³，混凝土输送泵料斗容积0.5m³，岩屑系统总容积17m³，有效容积按0.8计算为13.6m³。在岩屑最大排量时可提供2.5h的缓冲时间，有利于充分发挥岩屑运输车的运力。岩屑收集罐罐面安装干式振动筛、垂直离心机等二次泥浆处理设备，对岩屑进行二次脱干处理，最大限度减少外运岩屑数量，节约运输成本。岩屑罐出口位于罐底部，安装 400mm×400mm 手动闸板阀（如用户要求也可安装电动闸板阀），岩屑运输车倒入岩屑罐下部，打开闸板阀即可进行装车作业，无须额外机械设备。

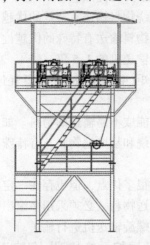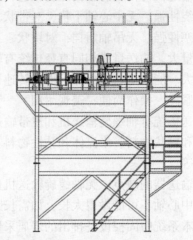

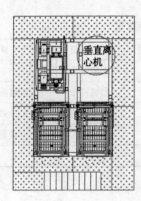

图 5　高架岩屑罐结构图

4　结束语

虽然岩屑集中处理目前仅在海洋钻井平台、滩海人工端岛等项目上采用，但是随着我国环保政策越来越严格，岩屑无害化处理将会是必然的要求。岩屑的收集、储运将会成为钻井作业过程中的一道必然工序，岩屑的收集、储运设备也必将作为固控系统必备设备得到越来越大的发展。

作者简介：

魏忠华，男，1972 年生，助理工程师，1992 年毕业于大港石油学校，现主要从事钻采设备的设计与制造及技术质量工作。

振动时效技术在井架制造中的应用

张文海　魏忠华　黄印国　王志强

(中国石油渤海装备中成装备制造公司)

摘　要　在金属钢结构等机械制造行业中，振动时效技术应用已比较普及，是消除残余应力的好方法之一。在钻修机井架制造中应用，消除了钢结构焊接应力，控制产品尺寸精度，保证产品质量。

关键词　井架制造　振动时效　消除残余应力

1　引言

金属结构制造、水利机械行业，广泛存在大型构件、现场焊接构件等制造过程，在铸造、焊接、冷热校直、热处理、机械加工等工序后工件内部不可避免的存在大量残余应力，从而降低材料的屈服极限及疲劳极限，加速材料的脆性破坏，这样容易使工件产生变形、开裂，影响了工件尺寸和设备精度。

通常，消除残余应力的放法有：自然时效、热时效、静态过载时效等方法。自然时效周期太长，不能满足生产进度要求，不适合现代市场经济要求；热时效设备投资较大，必须具备大型退火炉，处理时间长、易产生氧化皮及工件变形。振动时效设备简单，使用方便，且实验证明可消除和均化残余应力的20%~55%，是消除钻修机井架制造中残余应力比较理想的方法。

2　振动时效的特点及机理

2.1　振动时效的特点

振动时效工艺(Vibratory Stress Relief)，简称VSR技术，该技术在国外应用比较普遍。早在19世纪，人们就发现振动方法可以消除金属内的残余应力。20世纪初美国首次发表了关于振动时效的专利，但直到五六十年代该技术才开始应用于工业中。国外主要有英国、美国、德国等国家，生产和应用激振设备为零部件作振动时效处理，消除零部件的残余应力，目前全世界应用振动时效的厂家已超过万家。我国对振动时效的研究起步较晚，直到1974年由航空、工业部从英国带回VSR技术，并在所属企业进行推广和应用，JB/T5926-91《振动时效工艺参数选择及技术时效设备要求》标准使该技术得以快速推广和发展。近些年，振动时效技术发展较快，国内采用振动时效技术的已有300多家，但在石油机械制造中的应用较少。

振动时效具有以下特点。

(1) 工件应力消除和均化残余应力的20%~55%，产品机械性能显著提高。

(2) 使用方便，对操作人员要求低，易于实现机械自动化。

(3) 工件制造周期短。

(4) 适应性强，应用范围广。

(5) 节约能源，降低成本，无需投资大型设备。

(6) 可避免金属零件在热时效过程中产生的翘曲变形、氧化、脱碳及硬度降低等缺陷。

2.2 振动时效的机理

振动消除应力实际上是利用周期性的动应力叠加，使局部产生塑性变形而释放应力。振动时效处理时，通过激振器对被处理金属工件施加一个交变应力，如果交变应力与被处理金属工件上某些点存在的残余应力之和达到材料的屈服极限时，工件上的这些点将获得足够的能量，足以克服微观组织周围的井势(恢复平衡的束缚力)，尽管宏观上没有达到屈服极限，但同样会产生微观塑性变形，使产生残余应力的歪曲晶格得以慢慢地恢复平衡状态，使应力集中处的错位得以滑移并重新钉扎，达到消除和均化残余应力的目的。

这种塑性变形往往首先发生在残余应力最大点上，使这些点受约束的变形得以释放，降低残余应力。因此振动时效的一个突出特点是：高应力降低的比例大，特别是在应力集中处，残余应力降低较快。

3 振动时效的工艺过程

3.1 振动时效工艺装备

振动时效工艺装备如图1所示，它是将一个具有偏心重块的用卡具安放在工件上并将工件用胶垫等弹性物体支承。通过主机控制激振器，使工件处于共振状态。一般工件经30′的振动处理即可达到调整均化残余应力的目的。

振动时效工艺装备主要包括：主机、激振器、传感器、卡具、胶垫等部件。

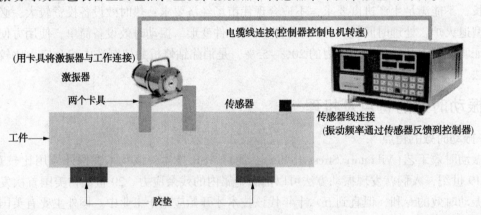

图1　振动时效工艺装备简图

主机：控制激振器内电机启动及调速、信号的收集、处理、显示及打印参数

激振器：强迫工件振动并将电机转速及激振频率反馈回主机

传感器：把振动响应如加速度幅值等反馈回主机

卡具：将激振器牢牢固定在工件正确位置上

胶垫：隔振、降噪。

3.2 振动时效的工艺选择

振动时效处理的关键就是结合工件特点，制定合理的工艺参数，包括技术参数(激振

力、激振频率、激振时间等)和位置参数(激振电机安装位置、加速度计安装位置、工件支承位置等)。

(1)激振频率。在振动时效过程中,选择共振区明显处,可用最小的振动能量,使工件产生最大的振幅,得到最大的动能量,工件中的残余应力消除的更彻底,尺寸稳定性果更好。一般铸件可以采用中频大激振力,焊接件可分频激振。

(2)激振力。激振力是在工件上产生一个附加动应力场,动应力越大残余应力降低越多,没有足够的激振力就无法有效地降低残余应力。激振力的大小由构件上最大的动应力来确定,即应保证 $\sigma_d + \sigma_r \geq [\sigma]$。

(3)激振时间。振动时间的长短对获得最佳的效果有一定影响,一般认为处理 20～50min 即可。

(4)激振点和支撑点。支撑点应该在工件振动节点上,激振点一般在两点支撑点间刚性较大的位置上,即工件振型的波峰处。

因此激振力、激振频率、激振时间是振动时效处理的三大要素,三者之间必须相互协调。另外,还必须辅之以正确的构件支撑形式、正确的激振器及拾振器安装位置等,这样才能达到理想的处理效果。

4 振动时效的应用

钻修机井架是车装钻修机重要部件之一,通常采用前开口、支架钢结构,由方管或圆管焊接而成。一般井架分上、下体两件,上体可以在下体中上下移动,结构如图 2 所示。

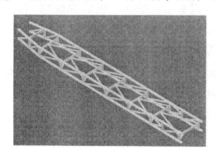

图 2 钻修机井架结构

井架制作过程中,各杆件通过焊接方法连在一起,形成钢结构的架体,焊缝分布不均匀,焊后杆件之间存在大量焊接应力,残余应力往往是降低承载能力、产生裂纹的因素,必须消除残余应力。另外,结构件中的残余应力还会导致井架制作后发生变形,前开口处尺寸变大,立柱变弯,井架上体不能在下体中滑动,而且,这时需要通过局部加热加以矫正。热校正过程中人为因素多,变形量不易控制,要求操作工人具有较高的技术水平。表 1 为未经校正、时效处理的井架横撑处尺寸。

表 1 未经校正、时效处理的井架撑处尺寸　　　　　单位:mm

位置	横撑 1	横撑 2	横撑 3	横撑 4	横撑 5	横撑 6	横撑 7
图纸尺寸	2010	2010	2010	2010	2010	2010	2010
焊后尺寸	2005	2000	1994	1993	1997	2003	2006

一个井架长 17m、宽 2.2m、高 1.1m,属于典型梁型工件,橡胶垫通常在距端部 2/9 的

长度处，激振器卡在中间或一端，传感器吸紧在另一端(图3)。

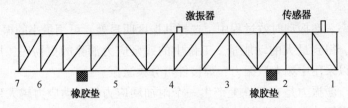

图 3　井架振动时效简图

试验使用 HK2000 全自动振动时效装置，主机为全自动控制设备，振动时效参数中的激振频率、激振力、激振时间均已设定，使用方便，减少了操作者人为因素的影响。振动时效设备首先进行振前扫描，测出时效工件的固有振动频率和施加于工件上振动能量的大小。其次，根据测得的振动频率对工件进行振动时效处理，在处理过程中随时监测振动参数及工件残余应力的变化，当残余应力不再消除时，便停止处理过程。

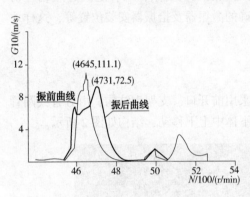

图 4　振动时效振幅–频率曲线

经过 20′ 的振动时效，设备显示振动时效处理完成，并自动进行振后扫频和打印时效曲线作为质检依据，处理结果如图 4 所示。

振动时效效果评定方法主要有曲线观测法、残余应力实测法及工件尺寸稳定性测试法三种，较为简单实用的是曲线观测法。从图 4 振幅–频率曲线可以看出：振动时效后的振幅–频率曲线比振动时效前的振幅–频率曲线有明显的降低和右移，比较振前、振后扫描的两条曲线，发现共振峰幅值由原来的 111.1m/s² 降低到 72m/s²，波峰由原来的 4645r/min 左移到 4731r/min，符合 JB/T 5926—2005(《振动时效效果评定方法》)标准中 6.1.3 规定，可以判定井架达到了振动时效工艺的处理效果，井架应力消除良好。检测井架各横梁开口处尺寸，结果见表 2。

表 2　振动时效后井架横梁处尺寸　　　　　　　　　　　　　　　　　　单位：mm

位置	横撑 1	横撑 2	横撑 3	横撑 4	横撑 5	横撑 6	横撑 7
图纸尺寸	2010	2010	2010	2010	2010	2010	2010
焊后尺寸	2011	2012	2012	2012	2011	2011	2010

可以看出经过振动时效处理的井架结构尺寸完全符合设计要求，不需要进行热校正。

5　结论

振动时效技术是一项工艺简单，行之有效的消除残余应力技术。它节约能源，生产周期短、效率高，减少环境污染，在井架制造中可以代替热时效、自然时效消除焊接应力，控制井架变形，保证结构件设计尺寸，在石油机械制造中的大型焊接件中效果尤为显著。

参 考 文 献

[1] 太重集团公司设计研究院. 振动消残余应力和变形的试验研究报告, 1999.

［2］赵显华. 振动时效原理及应用.

［3］房德馨. 金属的残余应力与振动处理技术. 辽宁：大连理工大学出版社，1989：72~79.

［4］陈永岭，尹忠俊. 振动时效动应力参数选取的探讨. 机械设计与制造，2006，4：102~103.

作者简介：

张文海，男，1968 年生，高级工程师，工程硕士研究生，1990 年毕业于天津理工大学，现主要从事钻采设备的设计与制造工作。

连续油管旋流脉冲解堵工艺
在高浅北区水平井中的应用

李　勇[1]　徐建华[2]　俞洪桥[2]　刘珍媛[2]　王东霞[3]　王　兵[3]

(1. 冀东油田高尚堡采油作业区；
2. 冀东油田分公司钻采工艺研究院；3. 大港油田分公司采油一厂)

摘　要　高浅北区水平井在钻、完井液污染和生产过程中会发生储层被堵塞现象，需要酸化解堵来恢复产能。水平井酸化技术难点是井段长，均匀布酸困难。使得常规分段解堵施工的使用管柱在水平井不同的完井、防砂管柱中施工风险较大。连续油管旋流脉冲解堵工艺，即能够满足不同完井、防砂方式对施工管柱的要求，又能够较好的解决高浅北区水平井基岩酸化中，液体均匀或定点置放的问题，同时实现防砂管、地层堵塞的解除。截至2008年，现场共应用5井次，满足了水平井均匀酸化的需要。

关键词　水平井　酸化解堵　连续油管旋流脉冲解堵　现场应用

1　高浅北区水平井酸化工艺难点

高浅北区块含油层系为馆陶组，油层埋深 1700~1900m。含油面积 6.8km²。区块储层孔隙度平均 32%，渗透率平均 1900×10⁻³μm²，属高孔高渗型储层，储层非均质性严重，储层岩矿总体特征是岩性粗，分选较差，胶结疏松，泥质含量高，黏土矿物以蒙脱石、高岭石为主。地下原油黏度 90.34mPa·s，饱和压力 9.02MPa，地层温度 65℃，边底水能量充足，属于未饱和边底水驱常规稠油油藏。水平井应用是该区块提高采收率的重要工艺之一。

该区块水平井堵塞类型主要有两种：一是钻、完井液污染，主要为固相堵塞和滤液污染。水平井水平段在钻、完井过程中受钻、完井液浸泡时间较长，易受到污染，受到的污染程度多沿井轴方向递减，远端的污染程度最低。二是生产过程中的颗粒运移堵塞。高浅北区储层胶结疏松，水平井在投产正常生产一段时间后，会出现颗粒运移堵塞油层导致供液不足或不出的现象。需要解堵工艺释放水平井得产能。长水平段的基岩酸化，在均匀酸化技术上存在较大困难。该区块水平井酸化工艺复杂，它与直井相比主要有两个技术难点。

（1）完井、防砂形式的复杂，对酸化工艺施工管柱要求不同。

（2）水平段较长，均匀置放酸液较难。同时水平段处于油藏构造位置的不同，对酸化液置放要求不同。

高浅北区平井水平段长度从几十米到上百米不等，最长的水平段 776m。有处于单一小层，有穿过多个小层的，有离油水边界较近，有泥质含量较高的。水平井污染伤害情况特殊且复杂，要求选择性酸化，并确保酸化水平段按不同污染程度布酸。一般酸化工艺无法实现整个水平井段的均匀布酸或定点酸化。普通油管要达到均匀酸化，由于水平井井深结构的特殊性，受到封隔器等工具的适应性、施工安全性等的限制。

采用连续油管旋流脉冲工艺进行解堵，即能够满足不同完井、防砂方式对施工管柱的要求，又能够较好的解决高浅北区水平井基岩酸化中，液体均匀或定点置放的问题。

2 水平井连续油管旋流脉冲工艺解堵工艺

同常规油管作业相比，连续油管酸化工艺的主要优点有：连续油管作业可进行过油管作业不需起出生产管柱，作业时间短、作业安全可靠；连续油管可以带压下人井内，避免采用压井液所产生的附加的油层伤害；避免油层与环空井液接触；作业过程中不需设置封隔器及起出管柱，避免了起下作业时对井口及井下压力密封所产生的损害等。

水平井连续油管拖动解堵酸化工艺技术的优势主要体现在以下三方面。①连续油管可以替出水平井段洗、压井液；②连续油管拖动与定点结合在水平井段布酸；③连续油管液氮气举排液技术，可大大减少酸岩反应时间，提高了酸液的返排速度。

2.1 连续油管旋流脉冲解堵施工原理

连续油管酸化工艺通过控制连续油管的上提速度和注入排量来控制水平井段整个井段地层的吸液量，以提高地层渗透率，达到增产的目的(图1)。连续油管可以在不动井下管柱的情况下，携带专用工具——旋流脉冲工具(图2)下至目的层。

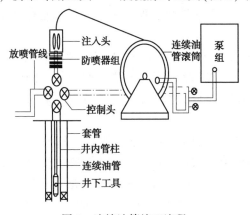

图1 连续油管施工流程

图2 旋流脉冲工具

在下连续油管之前，先在地面泵注预清洗液(稀盐酸或有机溶剂)清洗连续油管。先将酸化工作液替置至地层，下至目的层后，泵注酸液，泵酸同时拖动连续油管。由于连续油管实现低速拖动难度较大，连续油管拖动方式采用"点动"方式。同时旋流脉冲工具旋转冲刷防砂管。高浅北区水平井连续油管在储层段的拖动速度为1~5m/min；在隔层或非目的地段中的拖动>10m/min。当酸液到达连续油管底部时，按要求缓慢起出连续油管，速度应与泵速相协调，以保证目的层以上为不间断注酸。

按要求起管速度一定，随着连续油管深度的减小，压力降低，可调低泵压，保证排量恒定，排量过高，酸液会淹没连续油管，腐蚀连续油管。排量过低，则会出现酸往间断，影响酸化效果。在连续油管起出井口前，必须再次泵注清洗液，以替除连续油管内酸液。当连续油管起至井口，且注完清洗液，如果酸液没有全部注完，可继续通过地面管线从井口直接注人井内；酸液注完后，继续泵注顶替液，泵注量以酸液全部进人地层为准。将酸液挤人地层，关闭井口总闸门，待反应完毕后，打开井口总闸门，下人连续油管将残酸替出。也可采连续油管氮气排酸。排液合格后，起出连续油管，酸化结束。

2.2 水平井酸化工作液体系

高浅北区水平井酸化工作液体系采用砂岩酸体系。前置酸采用盐酸与有机溶剂的混合液，既可以对储层中沉积的胶质、沥青质起到溶解作用，又可以溶液碳酸盐矿物等。主体酸砂岩酸是缓速酸体系，有利于储层的深穿透。通过与常规土酸溶失率的对比，发现砂岩酸具有较好的缓速、螯合等作用。由于采用连续油注酸，对酸液的缓速性、降阻性和铁稳定性有特别的要求，同时顶替用水应具有较好的防膨作用。

3 水平井连续油管酸化现场实施

截至 2007 年 6 月底，1.5″连续油管在高浅北区共应用 5 井次。5 井次均通过连续油管下带旋转脉冲工具先进行水平段冲砂，后对防砂管进行清洗和近井油层酸化解堵。

结合高浅北区储层特征及井的井身结构等资料，确定连续油管+工具的参数和相关泵注程序是应用专用的连续油管优化设计软件 CirCa 对 5 口井作业过程中连续油管受力和进尺情况进行模拟分析。模拟计算结果是 1.5″连续油管在下井过程中，不会产生螺旋型锁死，井下工具串可以均可以到达井底。上提过程中最大悬重为 44.48kN，屈服极限为 108.9kN，在上拖过程中连续油管的截面受力低于强度限制，不会造成连续油管的损坏。通过旋转脉冲工具的液体作用在防砂管筛面压力 3.4~4.1MPa，不损害防砂，但对防砂管筛面能有很好的冲洗作用。

以 G104-5P1 为例。该井为高浅北区 Ng132 小层一口油井，人工井底 2192.2m。2003 年 8 月用 89 枪射孔 2000~2150m，下金属毡滤砂管防砂，丢手头位置 1997.6m。2007 年以来液量、液面下降，分析认为防砂管和地层存在堵塞。因防砂管内径为 62mm，采用连续油管对防砂管和地层能够较好的清洗和解堵。

连续油管施工采用冲砂、酸化一趟管柱。酸化施工中，连续油管下到 1997.6m 后，以 1.5m/min 速度运行至 2150m 后同速度上提至 1997.6m，此过程拖动置放顶替液。用前置酸充满油管后，仍以 1.5m/min 速度下放、上提，置放前置酸。用砂岩酸充满油管后，继续同速度下放、上提连续油管注入砂岩酸。最后用顶替液将酸液顶出连续油管。整个施工过程无油管出口程开启状态无液体返出。置放砂岩酸过程中，连续油管入口压力下降幅度较大，从 21.7MPa 下降到 16.3MPa。

该井用连续油管酸化后效果显著。液量由施工前的 68m³ 上升到 147m³，液面由−790m 上升到−542m。

4 存在问题

（1）使用的连续油管内径较小，排量较低。对于大套管酸化境，酸前需要冲砂，冲砂过程中是否能够将砂有效地携带出来，需要对施工参数进行深入优化。同时酸化过程中，单单靠连续油管拖动实现均匀酸化还是有限，需要研究与连续油管配套使用的封隔器和暂堵剂。

（2）要提高高浅北区连续油管解堵效果，加强对堵塞原因的分析，认清堵塞部位防砂管还是地层堵塞，以便优化工艺参数。

参 考 文 献

[1] 马连山，赵威，谢梅，王丽君. 连续油管技术的应用与发展. 石油机械，2000，11(9).

［2］杨旭，陈举芬，罗邦林. 水平井完井及酸化工艺技术在四川磨溪气田的实践与应用. 钻采工艺，2004，11(4).

［3］苏贵杰，舒玉春. 连续油管在增产作业中的应用和探索. 油气井测试，2007，11(16).

作者简介：

李勇，男，现在冀东油田高尚堡采油作业区工作。

MDT 资料在 E 国家 D 盆地 R 油田的应用

赵晓颖　贾红战　姬　智　王贵军　张映辉　党　伟

(渤海钻探工程技术研究院)

摘　要　针对斯伦贝谢公司第三代电缆地层测试仪(MDT),就其工作原理,结合 3 口井获得实际资料,判断地层的压力系统、温度系统,判断地层的流体性质。

关键词　MDT　模块组件　主要功能　压力梯度　温度梯度

1　地层压力测试仪介绍

MDT(MDT Modular Formation Dynamics Tester)地层压力测试仪,该仪器经过三次发展在 1955 年斯伦贝谢研制了地层测试器的原形称为(Formation Tester)FT。1975 年,第二代 RFT(Repeat Formation Tester)复地层测试器投入市场。1987 年,MDT(Modular Formation Dynamics Tester)正式进行实地操作测试,随后投入使用。

MDT 的模块组件分为两类:即标准模块和可选择模块。标准模块包括供电模块,液压模块和流管系统(MRPC,MRHY),单探针模块(MRPS),取样模块(MRSC/MRMS),可选择模块包括多探针系统(MRDP),流动控制模块,泵出模块(MRPO),双分隔器模块(MR-PA),PVT 多取样模块,OFA 光学流体分析模块(OFA),LFA 含气流体分析模块(LFA)。

主要功能:地层压力测试(Formation pressure measurement)、判断不同流体界面(fluid contact identification)、地层流体取样(Formation fluid sampling)、地层渗透性分析(Permeability measurement&Permeability anisotropy)、随钻测试(Mini-drillstem test(DST))、产能评价(productivity assessment)、模拟试井(In-situ stress and minifrac testing)。

2　R 油田概况

D 盆地位于 E 国家南部,是受一剪切带右旋走滑诱导发育起来的中新生代裂谷盆地。盆地近东西向展布,是一个形态比较宽缓的盆地。X 油田位于该盆地的北部,近北西西走向的两条深大断裂控制了本区的主要构造,将本基底定格为一隆两洼的构造格局。该油田目前还处于勘探开发阶段(表 1)。

表 1　原油性质(包括高压物性)数据统计

井名	地层	深度/m	地层压力/Pa	饱和压力/Pa	地层温度/℃	地面密度/(g/cm³)	体积系数	地层原油密度/(g/cm³)	地层黏度/mPa·s	气油比	API 重度
X-1	上油组	972	1370	670	53.8	0.924	1.063	0.906	83.8	72	21.6
		1060	1488	770	54.9	0.937	1.041	0.9	107	75	19.5
X-2	上油组	1066						0.91			22
		1078						0.92			24

该油田目前完钻的井中有 4 口井，都经过了 MDT 测试。其中只有 X-1 井试油。X 油田上油组原油密度 0.937g/cm³，黏度 110.8×10⁻³～203.4×10⁻³Pa·s，凝固点 52.8℃，依据原油标准判断属于高黏度中等密度油。

X 油田上油组地层水性质：Na^+ 含量 605mg/L，Cl^- 含量 13mg/L，HCO_3^- 含量 1630mg/L 总矿化度为 2380mg/L，地层水为 $NaHCO_3$ 型淡水。

3 MDT 测试资料在 R 油田应用-评价地层流体性质

3.1 评价地层温度压力

X-1 井 MDT 测试井段 RR 层 513～1308m 和 KK 层 1399～1652m 合计 54 个测量数据点。计算 X-1 井钻遇的地层压力系数 0.95～0.97 之间，属于正常压力系统，全井段折算的地层压力梯度 0.963MPa/100m。RR 层压力梯度为 0979MPa/100m。KkK 层压力梯度为 0.98MPa/100m。

X-2 井 MDT 测试井段 rr 层 494～1176m 和 KK 层 1200～1233m 合计 37 个测量数据点。计算 X-2 井钻遇的地层压力系数 0.95～1.07 之间属于正常压力系统，折算的地层压力梯度 0.965MPa/100m。RR 层压力梯度为 0.947MPa/100m。KK 油层压力梯度为 0.99MPa/100m。

X-3 井 961～1223m 井段合计测试 48 个数据点，成功 35 次。压力梯度 0.98MPa/100m，温度梯度 3.037℃/100m。压力属于正常压力系统。

Xs-1 井 953～2017m 井段测试 65 次，成功 20 次。Rs-1 井地层压力梯度 1.11MPa/100m。

X 油气构造 RR 层压力梯度 0.947～0.965MPa/100m，k 层压力梯度 0.98～1.11MPa/100m，层压力系数 0.95～1.07，属于正常压力系统。

根据四口单井不同地层的温度梯度图版（图 1～图 8）可以判断：RR 层温度梯度为 2.39℃/100m；KK 层温度梯度为 2.43～2.94℃/100m。只有 X-3 井地层温度属于高温系统。分析认为测量数据可能存在问题，该地区的地层对比标志显著，地层埋深没有特别大的变化，所建议该井试油时严格测量温度。

3.2 落实液性

电缆地层测试取样，直观反映了地层的流体性质及相对数量，为判断地层生产特性提供了依据。根据回收的流体类型和相对体积，可以分析以下几种情况：

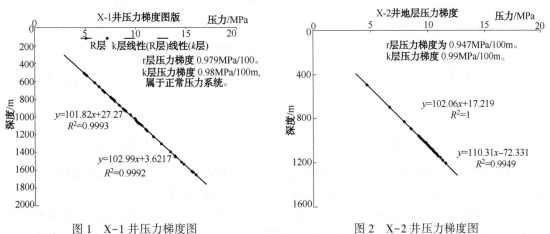

图 1 X-1 井压力梯度图　　　　图 2 X-2 井压力梯度图

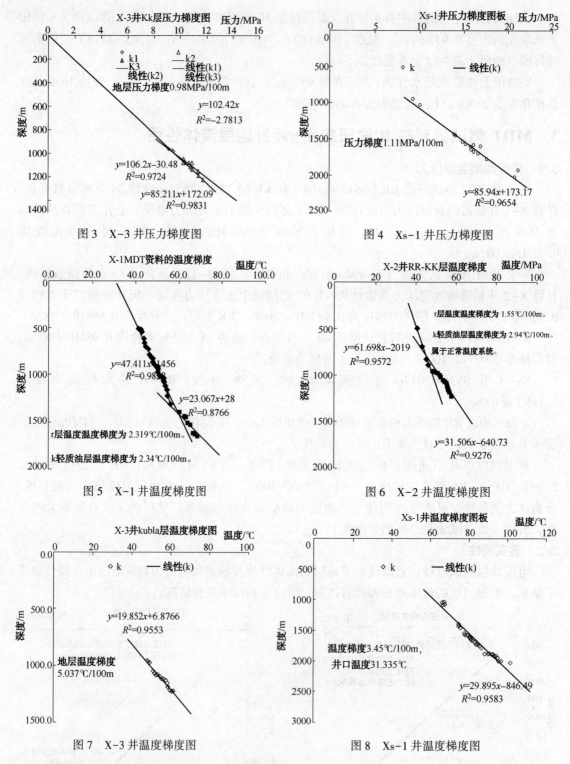

图 3 X-3 井压力梯度图

图 4 Xs-1 井压力梯度图

图 5 X-1 井温度梯度图

图 6 X-2 井温度梯度图

图 7 X-3 井温度梯度图

图 8 Xs-1 井温度梯度图

（1）回收到的液体只有油和气，地层是油气层。如果地层压力低于油藏的泡点（饱和）压力，地层内有气顶气。否则，地层内只含油，回收的气是溶解气。

（2）回收到的液体是油和水，需要根据流体矿化度的变化区分水中钻井液滤液和地层水的体积比例。若全是钻井液滤液，则地层产纯油；若有地层水，其含量超过回收流体体积的

15%时，则地层是油水同层，可按下式估算产水率：

$$F_W = V_{wf} / (V_{wf} + V_o) \tag{1}$$

式中，V 和 V_{wf} 分别是回收的油和地层水的体积。

这种判断对于高、中渗透性地层来说，一般是准确的。但是，对低渗透性地层，钻井液动失水及钻井液漏失可能侵入特别深，回收的流体全是钻井液滤液，地层也可能是水。但是，产水率无法估算。

（3）回收到的液体是气和水。若气量很少而地层水体积很大时，则地层将产水。这时的气只是水中的溶解气，地层可能是低矿化度或高温超压水层。若回收气的体积较大，而只有少量钻井液滤液，则地层可能只产气，并且可能需要采取增产措施提高气产量。当回收的气体积较大，地层水的体积超过回收流体总体积的15%时，地层可能产气和水。

（4）回收的液体是油、气、水都有。地层产出的流体将取决于回收流体的相对数量。当用 2.75gal（10.4L）的取样筒回收油的体积少于 1000cm³ 时，产液类型取决于回收气量和关闭压力。

（5）研究认为在压力与深度剖面上，对同一压力系统、不同深度进行测量所得到的地层压力数据，理论上呈线性关系，直线的斜率即为该压力系统的压力梯度。压力梯度通过简单的换算即可得到储层流体密度反映地层的流体性质。判断标准取决于本油田的油、气、水密度。

3.3 实例分析（表2）

分析认为在只有 X-3 井与只有 X-1 井、只有 X-2 井所在区块之间应该存在大的遮挡性断层，该断层控制着油气水的分布，X-3 井的测井解释的油层应该是含气较高的高温油气层。X-1 井、只有 X-2 井所在区块和 X-3 井的同一地层油品性质确实存在很大差异。

压力梯度通过简单的换算即可得到储层流体密度，可以表达为：

$$\rho_f = \frac{\Delta P}{\Delta H \times 1.422}$$

该地区判断标准：气层 0.23 ~ 0.35g/cm³；油层 0.71 ~ 0.96g/cm³；水层 0.95g/cm³；油、气混层：0.60~0.70g/cm³；油、气、水混层 0.89~1.0g/cm³。

表 2   R-3 井解释结论

Depth/m		CQG/（PSIA）		Result	Mob/（md/cp）
H1	H1	P1	P2		
961.0	963.6	1338.67	1342.13	0.94	12.5
963.6	964.2	1342.13	1343.03	1.05	18.1
973.0	974.0	1369.93	1378.31	5.89	12.8
1007.5	1018.6	1478.4	1488.66	0.69	4.6
1071.3	1072.5	1500.20	1500.57	0.22	14.30
1078.0	1078.8	1552.22	1545.26	-6.12	0.6
1132.4	1133.4	1585.75	1586.48	0.51	1.5
1220.6	1222.0	1704.24	1705.54	0.65	317.90

X-3 井对 KK 地层 1002.0~1012.6m 井段试油为凝析油气藏。在该井试油测试落实地层温度确很高。埋深 1000m 的地层温度 67℃。试油测试说明 MDT 测试数据靠性很强，同时说

明分析结论非常正确(表3)。

表3　X-3井试油数据表

深度/m	日产油/(bbl/d)	日产气/(×10⁴m³/d)	日产水/(bbl/d)	原油黏度/(×10⁻³Pa·s)	密度/(g/cm³)
1007~1018.6	120	9.16	0	2.1	0.763

4　结论

多数测井资料由于测井受众多因素的影响,以泥岩骨架值为基础,存在多解性和不确定性,使得测井资料判断储层特征和流体性质有很大的难度,特别是在地质条件、井眼条件较为复杂的情况下,测井资料评价储层流体性质的难度更大,只有通过地质、试油数据的标定才能获得较好的评价效果。而应用MDT要针对不同的评价对象和评价目的,有的放矢,在尽可能减小测井成本的同时,以求地质效果的最大化,以测井局部的高投入,换取整个勘探项目的高效益。最大的优越性是通过地下取样模块,实现现场条件不满足试油,而能够准确地落实储层液性,减少了施工程序及地面不能处理原油造成的污染。

作者简介:

赵晓颖,女,工程师,现在渤海钻探工程技术研究院从事钻探工艺技术研究工作。

冀东油田压裂防砂技术

吴 均 黄坚毅 王永刚 韩 东 刘 彝 王 兴 邢丽洁

（冀东油田分公司钻采工艺研究院）

摘 要 根据冀东油田浅层油藏特征和开发现状，综合压裂和防砂两项技术的优势，采用压裂方式在地层中造高导流能力的裂缝，树脂固结或筛管挡砂等防止地层砂进入井筒的工艺方法。成功应用了液态喷淋树脂，挤压循环充填技术；解决了疏松砂岩油藏大幅度提液的防砂问题。

关键词 压裂 防砂 无筛管 充填 塑性砂

引言

冀东油田浅层油藏大部分属天然边底水驱，目前综合含水已达 90% 左右，中低液量生产，产油量较低。大幅度提液是中高含水期提高单井产量，提高采出程度和最终采收率的有效方法。近年来，举升技术得到较快发展，螺杆泵、潜油电泵的广泛应用，使单井液量可达到 1000m³，可以满足不同液量的油井生产。但油藏埋藏浅，胶结疏松，提液必将加剧出砂，防砂技术是决定能否实现大幅度提液的关键环节。常规的防砂措施强度低、有效期短，已不能适应高液量生产，需要摸索防砂新工艺、新方法。

1 冀东浅层油藏的基本状况和存在的主要问题

高浅北区、高浅南区、柳南、庙浅是冀东浅层的主力开发油藏，地质储量 4102×10⁴t，平均采出程度 26%。层位分布为明化镇组–馆陶组，埋深 1500~2000m；接触胶结，泥质含量 12% 以下，疏松易出砂；孔隙度 20%~30%，渗透率 (350~5000)×10⁻³μm²。总井数 536 口，开井 322 口，日产液量 33087m³，单井平均日产液 102m³，最高单井液量 847m³（该井生产层厚 4.4m），日产油量 3240t，综合含水 90.2%。

根据油藏的开发现状制定了提液方案，单井目标液量 >200m³，以保证浅层油藏的稳产上产，实现高效开发。但大幅度提液存在几个方面问题。

1.1 地层出砂影响油井正常生产

高液量对近井地层岩石有较大的冲击破坏作用，在没有有效防砂措施情况下，地层局部垮塌，大量出砂，砂埋油层情况常常发生，直接造成不产液，检泵冲砂频繁，最短的不到 1d。

1.2 高速开采导致地层砂运移堵塞

疏松地层有大量散状的细粉砂或泥质成份，这些微粒在高速液流的搅动和冲击下逐渐运移，在近井地带大量聚集并形成桥堵，影响地层供液能力，产液量下降，油井供液不足。

1.3 产出液中含砂量增加造成卡泵或泵磨损

在大液量下，地层液体携砂能力增强，有一部分被带到生产管柱内，在通过泵凡尔或叶片时对机械表面产生较强的冲蚀作用，造成泵磨损加剧，缩短泵的寿命；同时因砂进入泵以上生产管柱后，在停电或其他原因停井时会很快沉积在泵出口或泵体内卡死。

1.4　加剧地面集输系统沉砂

部分砂在井内被高速流动液体带到地面集输管线，因地面流程流速相对较低，砂粒逐渐在管内沉积对地面设备和管线影响较大。柳南集输站在提液后缓冲罐清砂周期由2个月降为1周，砂量大幅度增加，严重影响系统运行。

2　压裂防砂技术

压裂防砂是采用端部脱砂技术，通过控制压裂液性能和施工参数，在人工裂缝最前端脱砂堆积使裂缝横向发展形成"短宽缝"。压裂防砂把压裂技术和防砂技术有机结合，增大了防砂处理范围，提高了防砂强度，改变了地层泄油方式，大大减缓了近井带液体流速。

2.1　Expedite 225无筛管压裂充填防砂技术

Expedite 225是哈里伯顿开发的液态树脂，施工时喷淋在支撑剂上，通过携砂液进入地层，它可以很好地粘附在支撑剂表面并在地层温度下实现高强度粘接，使充填在裂缝中的支撑剂之间，支撑剂与地层砂之间紧密固结，地层和人工砂成为一体，在井眼周围形成高强度挡砂壁。同时具有良好的渗透性能，渗透率可达到$6\mu m^2$，在地层中建立了一条特高渗通道。

2.2　压裂滤砂管充填技术

先实施压裂，在地层中造缝并实现有效支撑，再应用成熟的挤压充填技术实现井筒防砂。两种工艺方法结合，根据地层砂中值，选择合适的支撑剂粒径；在地层较大范围内形成人工砂挡地层砂，防砂管挡人工砂的稳砂、挡砂多重屏障。

2.3　塑性砂压裂防砂技术

塑性砂和刚性支撑剂混合充填入裂缝后，在地层闭合应力作用下产生一定程度形变而稳定、固定支撑剂。当闭合时，这些微粒可以起到衬垫作用，从而防止支撑剂被应力破坏，微粒的变形使得它们的表面产生缺口，从而锁闭支撑剂在适当的位置起效，从而增加支撑剂返排的阻力。

3　主要工艺做法

（1）应用陶粒代替石英砂作充填砂，抗压强度高，无粉尘，分选好，导流能力明显提高（表1）。

表1　石英砂与陶粒性能参数指标对比表

支撑剂	球度、圆度/%	破碎率/%	酸溶解度/%	浊度/NTU
石英砂	0.6	<14%（28MPa）	<5%	<100
陶粒	0.8	<10%（52MPa）	<5%	<100

（2）先进行压裂测试，根据结果校正主压裂参数，使施工方案更符合实际地层（表2）。

表2　LN6-2压裂防砂设计参数与校正后实际参数对比表

阶段	描述	胶液体积/L		砂浆泵速		阶段砂量/m³	
1	前置液	3800	4300	15	18		
2	携砂液	1500	1000	15	18	1500	1000

阶段	描述	胶液体积/L		砂浆泵速		阶段砂量/m³	
3	携砂液	600	600	15	18	1800	1800
4	携砂液	600	600	15	18	3000	3000
5	携砂液	600	600	15	18	4200	4200
6	携砂液	600	600	15	18	5400	5400
7	携砂液	1100	1000	15	18	11000	10000
8	顶替液	2280	2231	15	18		

表2为哈里伯顿公司负责的LN6-2井实施参数对比情况，可以看出调整幅度较大，主要原因是在现场测试压裂拟合过程中发现储层参数与原始资料相关较大，特别是有效渗透率和液体效率，相应采取了增加液量、提高泵速以控制滤失。

（3）优选性能较好的压裂液，降低地层伤害（表3）。

表3 三种压裂液体系性能对比表

液体类型	主剂浓度/%	视黏度/mPa·s	初滤失量/mL	滤失系数	残渣含量/(mg/L)	破胶时间/h
DeltaFrac200	0.3	168.6	0.101	6.44×10^{-4}	186.2	2
国内压裂液	0.5	162	0.3268	15.97×10^{-4}	235.7	>4

国外公司的压裂液技术指标比较稳定的，在高渗地层压裂不用其他降滤失措施，完全靠液体优良的控制滤失性能，主剂用量少，对地层的伤害相对较小。

（4）基本施工参数如下：

压裂防砂与常规压裂改造有较大的区别，施工过程中的显著特征是施工结束时呈现砂堵显示，压力急剧升高。实施过程中如何把设计砂量完全充填入地层并能"蹩宽"裂缝是技术的关键（表4）。

表4 主要压裂防砂施工参数汇总表

井号	施工参数最大值			加砂量/m³	泵注总液量/m³
	施工压力/MPa	施工排量/(m³/min)	砂比/%		
G108-5	28.3	3.03	56.6	6.13	94
G63-11	33.0	4.2	48.4	7.61	133
G206-4	46.3	4.5	43	15	109
GX105-6	46.8	5.09	32.8	4.98	77
LN6-1	26.9	3.16	56.8	5.98	98
M25-8	42.8	3.35	61.0	10.6	94

压开地层排量一般都在3m³以上，压力46MPa以下，加砂量小于10m³，最高砂比60%，泵注液体在100m³左右。

4 应用效果

截至2009年年底，冀东油田压裂防砂共实施25井次，累计增油10345t，有效率81%，平均单井日增油12.4t，恢复了2口长停井，效果明显。

5 几点认识

（1）国外技术报务公司的压裂防砂设计理论较为成熟，施工质量控制要求严格，实践经验丰富；能够根据现场测试压裂结果及时修正设计，做到精细施工，总体效果较好。

（2）从选井、选层来看，所选施工井必须具备较高能量，保证压裂防砂效果。

（3）压裂液和施工参数的控制是能否在低泵注液体、小砂量条件下造成"短宽缝"的关键因素。

作者简介：

吴均，1971 年生，1991 年毕业于重庆石油学校油田化学专业，主要从事化学采油研究工作，现任冀东油田钻采工艺研究院副总工程师、室主任，高级工程师，E-mail：wujun188@ petrochina. com. cn。

冀东油田注水井动态监测技术的应用

李　霞[1]　张彤林[1]　邢冬梅[1]　王　兵[2]　王东霞[2]　魏忠华[3]

(1. 冀东油田分公司开发技术公司；
2. 大港油田分公司采油一厂；3. 渤海装备中成装备制造公司)

摘　要　注水井动态监测井筒管柱工作状况，不同层位吸水差异。现场监测过程中常常存在许多干扰因素，文章主要从同位素沾污、大孔道识别、管柱异常等方面的特殊情况解释要点进行阐述，提高解释准确性，现场应用取得良好效果。

关键词　动态监测　同位素　沾污校正　大孔道

1　前言

对水驱开发油田而言，注入剖面动态监测资料能够为油田开发及综合调整提供依据和指导。注入剖面测井大致可分为同位素示踪法、多参数组合测量等方式，我们采用同位素示踪测井法。

由于同位素示踪测井受沾污、大孔道、窜槽等因素的影响，测井结果的准确程度具有很大的局限性，因此提高同位素测井资料的分析解释已成为注入剖面测井的主要课题。

2　几种特殊情况下的解释技术

2.1　沾污校正技术

测井实践表明，同位素示踪污染广泛存在，完全消除污染是不可能的。污染校正是改善和提高注入剖面测井解释成果的重要技术，其关键在于正确识别、判断污染类型(位置)，进行合理准确的污染校正。

沾污依据形态可分为吸附沾污、悬浮沾污、沉淀沾污等，吸附沾污分为管壁、接箍、工具等。

2.1.1　管壁沾污

对于管壁沾污，要进行壁面校正，即在计算吸水面积时扣除管壁沾污造成的异常面积(图1)。

2.1.2　接箍沾污

接箍部分沾污与吸水层段重合干扰了吸水面积的准确计算，对于图2所示的井，149#层上部两个接箍沾污面积大小基本一致，计算149#层吸水面积时扣除上一接箍沾污面积(图2)。

2.1.3　工具沾污

对于工具沾污(图3)，如果注入层吸水显示明显，在计算注入层吸水面积时必须扣除工具沾污面积。

2.1.4 悬浮污染

对于注入层吸水显示明显的井，在进行吸水面积计算时可消除悬浮污染的影响，否则资料不可用(图4)。

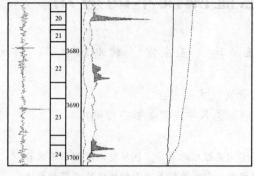

图1 L12-1井管壁沾污

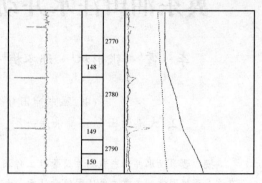

图2 L12-3井接箍沾污

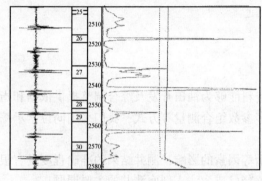

图3 L16-2井工具沾污

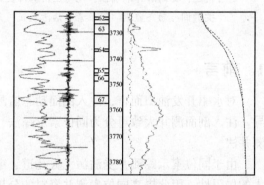

图4 G68-30井悬浮污染

2.2 大孔道识别技术

存在大孔道的地层，同位素载体不能滤积在井眼附近，深入地层的同位素所发射的伽马射线无法被测井仪器探测到，所以此时同位素曲线叠合面积不能体现实际注入量，静态井温在大量吸水的地层会显示较大的低温异常，可通过不同的分析方法识别大孔道层。

对于大孔道地层，增大同位素载体的粒径是一个可行办法，但粒径越大，相应的比重越大，沉降速度增加得越快，可能出现同位素无法上返至部分吸水差层段的现象。因此，利用各种解释方法识别大孔道层尤为重要。

2.2.1 利用井温资料定性识别大孔道

16#、18#层同位素曲线无异常幅度显示，但静态井温曲线在这两个层处有明显的低温异常，可定性识别16#、18#层为大孔道(图5)。判定51#层为大孔道层(图6)。

2.2.2 用时间推移方法识别大孔道

利用不同时间的同位素测井曲线，分析不同时间吸水层的吸水状况，定性识别大孔道层。46#层不同时间的吸水状况反映了同位素载体逐渐深入地层的过程，可判定46#层为大孔道层(图7)。

2.2.3 结合综合地质分析识别大孔道

静态井温曲线在21#、22#层有低温显示，怀疑为大孔道，但22#层为致密层，渗透率非常低，泥质含量高，不符合大孔道地层特点，因此排除22#层为大孔道层的可能性(图8)。

500

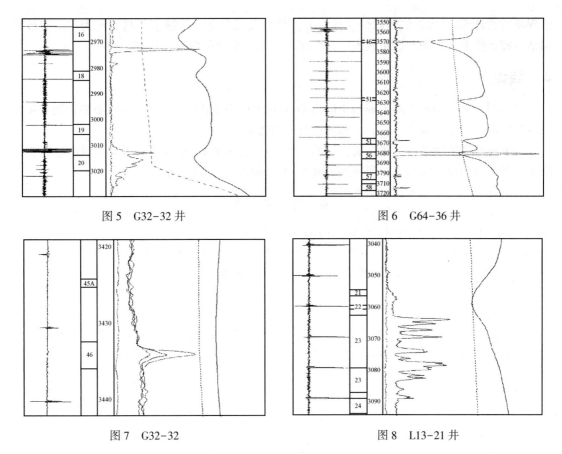

图 5　G32-32 井　　　　　　　　　　　　图 6　G64-36 井

图 7　G32-32　　　　　　　　　　　　　图 8　L13-21 井

2.3　评价管外窜槽

若存在管外窜槽，同位素示踪测井时同位素载体可沿管外水泥环通道进入未射孔地层，资料常显示同位素曲线在未射孔层段有较大的幅度异常，但这种曲线特征与沾污相似，若窜流流量较大，静态井温曲线则可能显示为从连通水泥环位置到未射孔地层有大段显著低温异常。图 9、图 10 分别为 L13-25 井两次吸水剖面测井资料，同时显示 36# 层以下有大段的低温异常、同位素幅度异常，可以判定该井 36# 层下窜至 39# 层。

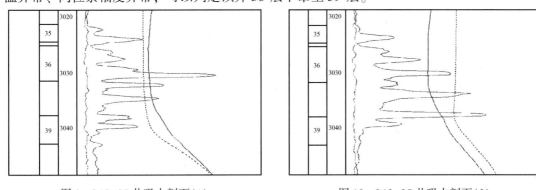

图 9　L13-25 井吸水剖面(1)　　　　　　图 10　L13-25 井吸水剖面(2)

3　应用情况

通过对冀东油田 48 口井 58 井次的吸水剖面资料进行统计，发现存在沾污、大孔道、窜槽现象的共计53井次，沾污以分注井居多，其中又以管壁、接箍、工具沾污为主。通过采用沾污校正技术、识别大孔道技术、评价窜槽技术，资料的解释率达到100%。

4 结论

（1）同位素污染校正的关键是正确识别和评价污染类型及污染量，污染类型识别宜从曲线与基线对比形态、幅度、管柱、测井过程等多方面综合分析。

（2）对非均质性强，又存在大孔道的注水井进行测量时，应从同位素到达目的层后连续跟踪测量多条同位素曲线，以便得到各吸水层不同时间的吸水状况。

参 考 文 献

[1] 郭海敏. 生产测井导论. 北京：石油工业出版社.
[2] 郭海敏、戴家才、陈科贵. 生产测井原理与资料解释. 北京：石油工业出版社.
[3] 姜文达. 放射性同位素示踪注水剖面测井. 北京：石油工业出版社.

作者简介：

李霞，1975年生，1995年毕业于大港石油学校测井专业，主要从事生产测井研究及应用工作，冀东油田开发技术公司、助理工程师，E-mail：lixia2005@petrochina.com.cn。